高职高专建筑工程专业工学结合规划教材

建筑力学

主　编　高　健
副主编　李　颖　刘明晖　田乐松

ZHEJIANG UNIVERSITY PRESS
浙江大学出版社

图书在版编目(CIP)数据

建筑力学/高健主编. —杭州:浙江大学出版社,
2011.3
ISBN 978-7-308-08353-9

Ⅰ.①建… Ⅱ.①高… Ⅲ.①建筑力学—教材
Ⅳ.①TU311

中国版本图书馆CIP数据核字(2011)第002892号

内容提要

本教材根据高职高专教育教学改革的新形势和高等教育大众化的特点,依照高职高专土建类各专业有关课程教学基本要求,结合力学课程体系、教学内容的改革成果编写而成的。内容涵盖了原理论力学的静力学、材料力学和结构力学的主要内容,包括绪论,建筑力学基础,平面力系的简化·平衡方程,平面图形的几何性质,杆件的内力分析,轴向拉伸和压缩的强度计算,扭转的强度和刚度计算,梁的强度和刚度计算,杆件在组合变形下的强度计算,压杆的稳定计算,平面体系的几何组成分析,静定结构的内力计算,静定结构的位移计算,用力法计算超静定结构,位移法和力矩分配法,影响线及其应用,平面结构计算机程序分析。每章都配有本章教学要求、一定数量的思考题和习题,并附有习题参考答案。带*号部分为不同专业选修内容

本教材可作为高等职业院校、高等专科学校、成人高校、本科院校的二级职业技术学院、继续教育学院和民办高校的土建类各专业的教材,如建筑工程技术、建筑工程施工、工程监理、地下与隧道工程技术,基础工程技术、工程管理、工程造价等专业及相关专业,以及专升本考前复习、自学辅导用书,也可作为有关工程技术人员的参考用书。

建筑力学
主编 高 健

策划组稿 樊晓燕 邹小宁
责任编辑 傅百荣
封面设计 联合视务
出版发行 浙江大学出版社
(杭州市天目山路148号 邮政编码310007)
(网址:http://www.zjupress.com)
排 版 杭州中大图文设计有限公司
印 刷 杭州丰源印刷有限公司
开 本 787mm×1092mm 1/16
印 张 23.75
字 数 592千
版 印 次 2011年3月第1版 2011年3月第1次印刷
书 号 ISBN 978-7-308-08353-9
定 价 47.00元

浙江大学出版社发行部邮购电话 (0571)88925591

前　言

为了更好地适应当前高职高专的发展需要和教学要求，本书依据高职高专土建类各专业力学课程教学基本要求，采用模块式和贯通式相结合的方式进行编写的。

本教材即满足学生学习相关课程的需要，又兼顾学生自我学习、自我提高发展的长远学习追求。根据"有所为、有所不为"的原则，精选传统内容、强调基本概念、突出分析思路与分析方法；简化理论与推导，淡化繁琐的数学推导与数字运算，重视定性分析和方法结论的应用；降低计算难度、突出工程应用、注重职业技能素养和创新能力及可持续发展能力的培养；注意内容的深入浅出、通俗易懂，着力体现理论与实践的统一，教学做练一体化。

这是一本满足土建类专业高职高专学生现状、就业现状，理论知识够用为度，侧重实际工程实用的《建筑力学》教材，适应当前的教改要求。内容包括：绪论，工程力学基础，平面力系的简化·平衡方程，平面图形的几何性质，杆件的内力分析，轴向拉伸和压缩的强度计算，扭转的强度和刚度计算，梁的强度和刚度计算，杆件在组合变形下的强度计算，压杆的稳定计算，平面体系的几何组成分析，静定结构的内力计算，静定结构的位移计算，用力法计算超静定结构，位移法和力矩分配法，影响线及其应用，平面结构计算机程序分析。每章都配有本章学习目标、一定数量的思考题和习题，并附有习题参考答案。带 * 号部分为不同专业选修内容

本书由浙江水利水电专科学校高健担任主编，李颖、刘明晖、田乐松担任副主编，刘送丽、陈建兰、富春伟、方旭慧等参加了编写工作。

本教材可作为高等职业院校、高等专科学校、成人高校、本科院校的二级职业技术学院、继续教育学院和民办高校的土建类各专业的首选教材，如建筑工程技术、建筑工程施工、工程监理、地下与隧道工程技术，基础工程技术、工程管理、工程造价等专业及相关专业，以及专升本考前复习、自学辅导用书，也可作为有关工程技术人员的参考用书。

鉴于编者水平有限，本书难免会有不足之处，恳请读者批评指正。

编　者

2010 年 12 月于杭州

前言

目　录

第 1 章 绪 论

教学要求

建筑力学是土建类专业课程体系中最重要的专业技术基础课，无论是从事设计还是施工、建设监理等各种土建专业技术工作，都离不开建筑力学知识。建筑力学知识是每一个从事土建专业工作的技术人员必须具备的基本素质。

通过本章学习，要求了解建筑力学的研究对象和任务，荷载的分类；初步掌握强度、刚度和稳定性的概念；掌握刚体、变形固体的概念及其基本假设；掌握杆件的几何特性与基本变形形式。

1.1 建筑力学的研究对象和任务

一、建筑力学的研究对象

建筑力学是研究工程结构的受力分析、承载能力的基本原理和方法的科学。它是土建类专业工程技术人员从事结构设计和施工所必须具备的理论基础。

在房屋建筑和道路桥梁等各种工程的设计和施工中都涉及土木建筑工程中的桥梁、水闸、电视塔、隧道和房屋等。建筑物中承受荷载并起到骨架作用的部分称为结构，组成结构的各单独部分称为构件。结构是由若干构件按一定方式组合而成的。例如，工业厂房建筑一般是由屋架、梁、柱、基础等组成的体系，如图 1-1 所示，它们在传力过程中起骨架作用，这个体系称为厂房结构。

工程中一般结构按宏观尺寸区分为：

(1)杆系结构。结构中构件的 3 个方向尺寸中某一方向的尺寸较其他两个方向的尺寸大得多的称杆系结构，如图 1-2(a)中 $l \geqslant b$ 与 h 的构件。

(2)板、壳结构。结构中构件的 3 个方向尺寸中某一方向的尺寸(如厚度)较其他两个方向的尺寸小得多的称板(无曲率变化)、壳(有曲率变化)结构，如图 1-2(b)所示中 $h \leqslant a$ 与 b 的平板和双曲扁壳。

(3)块体结构。此种结构 3 个方向尺寸相差不多，如图 1-2(c)所示的块体。

建筑力学的研究对象主要是杆件和杆系结构。

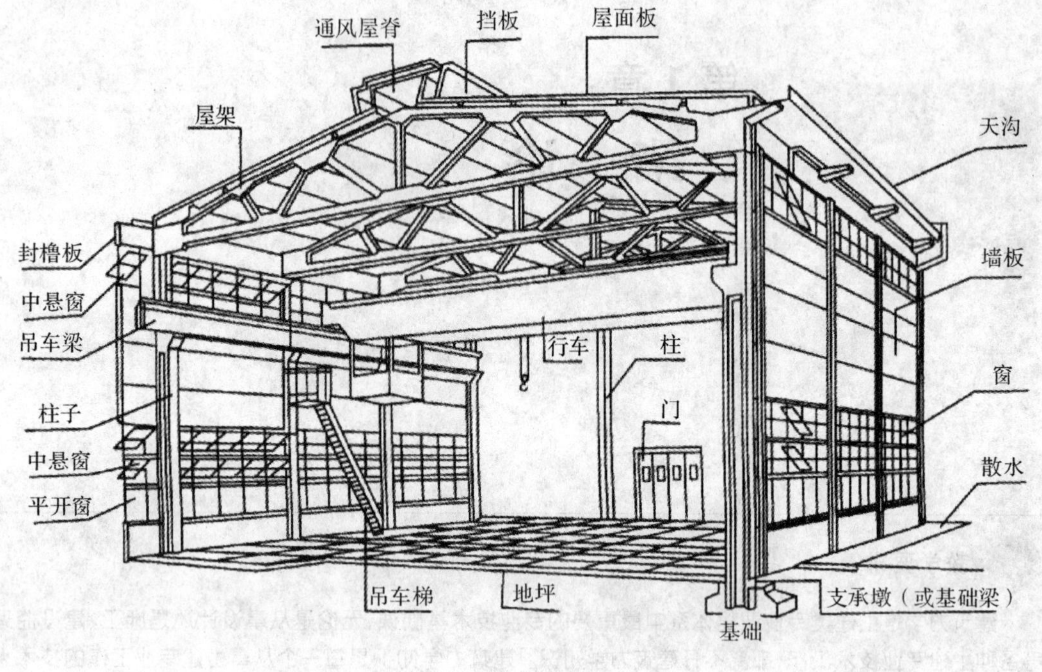

图 1-1

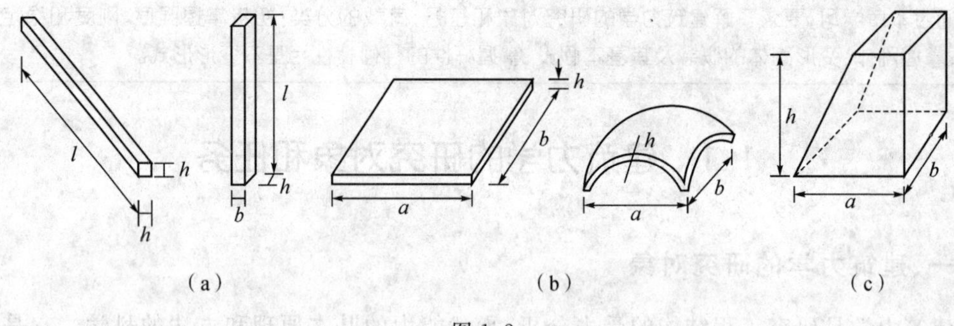

图 1-2

二、建筑力学的任务

在荷载作用下，承受荷载和传递荷载的工程结构和构件会引起周围物体对它们的反作用。同时，构件本身因受荷载作用而产生变形，并且存在着发生破坏的可能性。但结构本身具有一定的抵抗变形和破坏的能力，即具有一定的承载能力，而构件的承载能力的大小是与构件的材料性质、截面的几何尺寸和形状、受力性质、工作条件和构造情况等有关。在结构设计中，若其他条件一定时，如果构件的截面设计得过小，当构件所受的荷载大于构件的承载能力时，则结构将不安全，它会因变形过大而影响正常工作，或因强度不够而受破坏。当构件的承载能力大于构件所受的荷载时，则因多用材料，造成浪费。因此，建筑力学的主要任务是讨论和研究工程结构及构件在荷载或其他因素（支座移动、温度变化）作用下的工作状况，它可归纳为如下几个方面的内容：

（1）力系的简化和力系的平衡问题。研究和分析此问题时，我们往往将所研究的对象视为刚体。所谓刚体是指在任何外力作用下，其形状都不会改变的物体，即物体内任意两点间的距离都不会改变的物体。事实上刚体是不存在的，任何物体在受到力的作用时，都将发生不同程度的变形(这种物体称为变形体)，如房屋结构中的梁和柱，在受力后将产生弯曲和压缩变形。但在很多情况下物体的变形对于研究平衡问题的影响甚小，故变形可略去不计。这样，将会大大简化对力系平衡条件问题的研究。

(2)强度问题。即研究材料、构件和结构抵抗破坏的能力。例如，起吊重物时，吊车梁可能会弯曲断裂，在设计梁时就要保证它在荷载作用下，正常工作情况时不会发生破坏。

(3)刚度问题。即研究构件和结构抵抗变形的能力。例如，吊车梁或楼板梁在荷载等因素作用下，虽然满足了强度要求，即梁不致被破坏，但梁的变形过大，超出所规定的范围，也会影响正常工作和使用。

(4)稳定问题。对于比较细长的轴心受压杆，如图 1-3 所示，当压力超过某一定压力时，杆就不能保持直线形状，而突然从原来的直线形状变成曲线形状，改变它原来受压的工作性质而发生破坏。这种现象称为丧失稳定或简称失稳。例如，房屋承重的柱子，过细、过高，就可能由于柱子的失稳而导致整个房屋的突然倒塌。

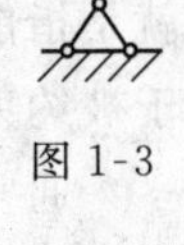

图 1-3

(5)研究几何组成规则，保证结构各部分不致发生相对运动。

本书只限于杆和杆系结构，分别对上述问题在以后各章中进行讨论。

三、建筑力学的主要研究方法

理论分析、试验分析和计算机分析是建筑力学中三种主要的研究方法。理论分析是以基本概念和定理为基础，经过严密的数学推演，得出问题的解析解答。它是广泛使用的一种方法。结构的强度、刚度和稳定性问题都与所选材料的力学性能有关。材料的力学性能是材料在力的作用下，抵抗变形和破坏等表现出来的性能，它必须通过材料试验才能测定。另外，对于现有理论还不能解决的某些复杂的建筑力学问题，有时要依靠试验分析得以解决。因此，试验分析在建筑力学中占有重要地位。随着计算机的出现和飞速发展，建筑力学的计算手段发生了根本性变化，使许多过去手算无法解决的问题，例如几十层的高层建筑的结构计算，现在仅用几小时便得到全部结果。不仅如此，在理论分析中，可以利用计算机得到难以导出的公式；在试验分析中，计算机可以整理数据、绘制试验曲线、选用最优参数等。计算机分析已成为一种独特的研究方法，其地位将越来越重要。应该指出，上述建筑力学的三种主要的研究方法是相辅相成、互为补充、互相促进的。在学习建筑力学经典内容的同时，掌握传统的理论分析与试验分析方法是很重要的，因为它是进一步学习建筑力学其他内容以及掌握计算机分析方法的基础。

1.2　荷载的分类与组合

一、荷载的分类

实际的工程结构由于其作用和工作条件的不同，作用在它们上面的力是多种多样的。广义地讲，作用在结构上的荷载和其他外来作用，都可以称为结构的荷载。如图 1-4 所示为房屋结构的屋架，屋架所受到的力有：屋面的自重传给屋架的力、屋架本身的自重、风及雪的压力，以及两端柱或砖墙的支承力等。

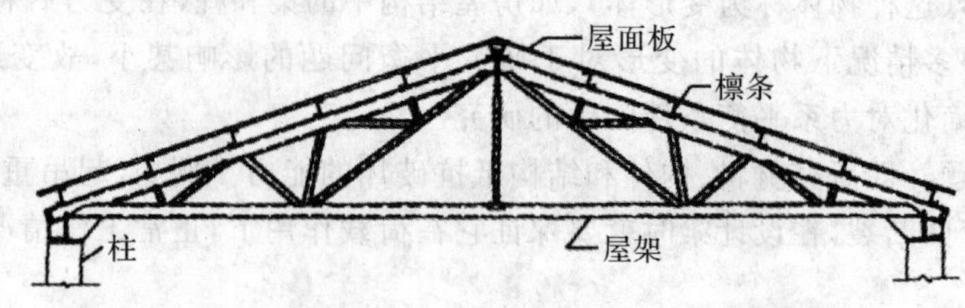

图 1-4

在建筑力学中，我们把作用在物体上的力一般分为两种：一种是使物体运动或使物体有运动趋势的主动力，例如重力、风压力等；另一种是阻碍物体运动的约束力，这里所谓约束，就是指能够限制某构件运动（包括移动、转动）的其他物体（如支承屋架的柱）。而约束作用于被约束构件上的力就称为约束力（例如柱对屋架的支承力）。

通常把作用在结构上的主动力称为荷载，而把约束力称为反力。荷载与反力是互相对立又互相依存的一个矛盾的两个方面。它们都是其他物体作用在结构上的力，所以又统称为外力。在外力作用下，结构内（如屋架内）各部分之间将产生相互作用的力称为内力。结构的强度和刚度问题，都直接与内力有关，而内力又是由外力所引起和确定的。在结构设计中，首先要分析和计算作用在结构上的外力，然后进一步计算结构中的内力。因此，合理地确定结构所受的荷载，是进行结构受力分析的前提。如将荷载估计过大，则设计的结构尺寸将偏大，造成浪费；如将荷载估计过小，则设计的结构不够安全。

本节主要讨论作用在结构上的荷载。在工程实际中，结构受到的荷载是多种多样的，为了便于分析，将从不同的角度，对荷载进行分类。

1. 荷载按其作用在结构上的时间久暂分为恒载和活载

(1)恒载

恒载是指作用在结构上的不变荷载，即在结构建成以后，其大小和位置都不再发生变化的荷载，例如，构件的自重和土压力等。构件的自重可根据构件尺寸和材料的密度进行计算。例如，截面为 20cm×50cm 的钢筋混凝土梁，总长为 6m，已知钢筋混凝土的密度 $\rho=2450\text{kg/m}^3$，则梁的重力为

$$G=\rho gV=2450\times9.8\times0.2\times0.5\times6=14400(\text{N})$$

式中 ρ—密度，即构件材料单位体积的质量，kg/m^3；

V—构件的体积，m^3；

g—重力加速度（$g=9.8\text{m/s}^2$）。

总重力除以长度就得该梁每米长度的重力，单位为 N/m，称线荷载，以 q 表示：

$$q=\frac{14400}{6}=2400(\text{N/m})$$

楼板每平方米的重力称面荷载，用 p 表示，单位为 N/m^2。例如 8cm 厚的钢筋混凝土楼板，其面荷载为

$$p=\rho g\times0.08=2450\times9.8\times0.08=1920(\text{N/m}^2)$$

重力的单位也可用“kN”来表示（1kN=1000N）。

(2)活载

活载是指在施工和建成后使用期间可能作用在结构上的可变荷载。所谓可变荷载,就是这种荷载有时存在、有时不存在,它们的作用位置及范围可能是固定的(如风荷载、雪荷载、仓库中堆放的货物等),也可能是移动的(如吊车荷载、桥梁上行驶的车辆、会议室的人群等)。不同类型的房屋建筑,因其使用情况不同,活载的大小就不相同。各种常用的活载,在《工业与民用建筑结构荷载规范》中都有详细规定,并以每平方米面积的荷载来表示。例如,住宅、办公楼、托儿所、医院病房、会议室等民用建筑的楼面活荷载,目前规范定为 $2000N/m^2$。

2. 荷载按其作用在结构上的分布情况分为分布荷载和集中荷载

(1)分布荷载

分布荷载是指满布在结构某一表面上的荷载,又可分为均布荷载和非均布荷载两种。

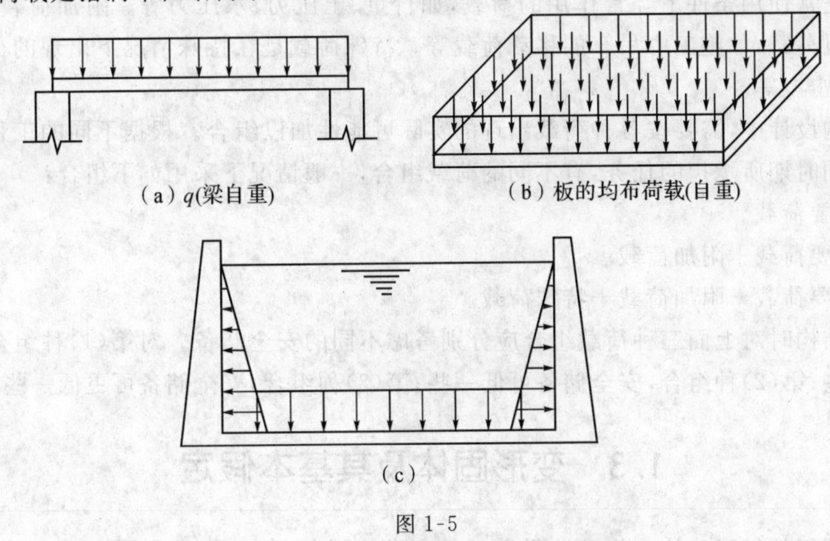

(a) q(梁自重)　　(b) 板的均布荷载(自重)

(c)

图 1-5

图 1-5(a)所示为梁的自重,荷载连续作用,大小各处相同,这种荷载称为均布荷载。梁的自重是以每米长度重力来表示,单位是 N/m 或 kN/m,又称为线均布荷载。图 1-5(b)所示为板的自重也是均布荷载,它是以每平方米面积重力来表示的,单位是 N/m^2 或 kN/m^2,故又称为面均布荷载。图 1-5(c)所示为一水池,壁板受到水压力的作用,水压力的大小是与水的深度成正比的,这种荷载形成一个三角形的分布规律,即荷载连续作用,但大小各处不相同,称为非均布荷载。

(2)集中荷载

集中荷载是指作用在结构上的荷载一般总是分布在一定的面积上,当分布面积远小于结构的尺寸时,则可认为此荷载是作用在结构的一点上,称为集中荷载。例如,汽车通过轮胎作用在桥面上的力、吊车的轮子对吊车梁的压力、屋架传给柱子或砖墙的压力等,都可认为是集中荷载。其单位一般用 N 或 kN 来表示。

3. 荷载按其作用在结构上的性质分为静荷载和动荷载

(1)静荷载

静荷载是指荷载从零慢慢增加至最后的确定数值后,其大小、位置和方向就不再随时间而变化，这样的荷载称为静荷载。如结构的自重、一般的活荷载等。

(2)动荷载

动荷载是指荷载的大小、位置、方向随时间的变化而迅速变化，称为动荷载。在这种荷载作用下，结构产生显著的加速度，因此，必须考虑惯性力的影响。如动力机械产生的荷载、波浪压力、地震力等。

以上是从三种不同角度将荷载分为三类，但它们不是孤立无关的，例如，结构的自重，它既是恒载，又是分布荷载，也是静荷载。

二、荷载的组合

通常在工程结构设计中，又把荷载分为主要荷载、附加荷载和特殊荷载三种。主要荷载是结构在正常使用条件下经常作用的荷载，如自重、土压力、水压力等。附加荷载是不经常出现的临时荷载，如施工中吊车的移动荷载等。特殊荷载是在特殊情况下出现的荷载，如地震、爆炸冲击波等。

在结构设计中，需要按各种荷载出现的实际可能性加以组合。根据不同的工程领域，按结构在不同时期所承担的任务，有不同的荷载组合，一般情况下采用如下组合：

(1)主要荷载。

(2)主要荷载＋附加荷载。

(3)主要荷载＋附加荷载＋特殊荷载。

设计结构时对上面三种荷载组合应分别考虑不同的安全储备。对第(1)种组合，安全储备应高一些；第(2)种组合，安全储备可低一些；第(3)种组合，安全储备可更低一些。

1.3 变形固体及其基本假定

构件所用的材料虽然在物理性质方面是多种多样的，但它们的共同点是在外力作用下均会发生变形。为解决构件的强度、刚度、稳定性问题，需要研究构件在外力作用下的内效应——内力、应力、变形、应变能等。这些内效应又与构件材料的变形有关。因此，在研究构件的强度、刚度、稳定性问题时，不能将物体看作为刚体，而应将组成构件的固体材料视为可变形固体。在进行理论分析时，为使问题得到简化，对材料的性质作如下的基本假设。

(1)连续性假设

认为在材料体积内部充满了物质，密实而无孔隙。在此假设下，物体内的一些物理量才能用坐标的连续函数表示它们的变化规律。实际上，可变形固体内部存在着气孔、杂质等缺陷，但其与构件尺寸相比极为微小，可忽略不计。

(2)均匀性假设

认为材料内部各部分的力学性能是完全相同的。所以，在研究构件时，可取构件内任意的微小部分作为研究对象。

(3)各向同性假设

对于各向同性的材料(如钢材、铸铁、玻璃、混凝土等)，认为材料沿各个方向的力学性能完全相同，即物体的力学性能不随方向的改变而改变，对这类材料从不同方向作理论分析时，可得到相同的结论。

有的材料沿不同方向表现出不同的力学性能，如木材、复合材料，称这种材料为各向异性材料。我们着重研究的是各向同性的材料。

构件在受外力作用的同时将发生变形。在撤除外力后构件能恢复的变形部分称为弹性变形，而不能恢复的变形部分称为塑性变形。在实际工程中，常用钢材、铸铁、混凝土等材料制成的构件在外力作用下的弹性变形与构件整个尺寸相比是微小的，所以，称之为小变形。在弹性变形范围内作静力分析时，构件的长度可按原始尺寸进行计算。

综上所述，当对构件进行强度、刚度、稳定性等力学方面的研究时，把构件材料看作连续、均匀、各向同性、在弹性范围内和小变形情况下工作的可变形固体。

1.4 杆件的几何特性与基本变形形式

建筑力学在研究杆件的强度、刚度和稳定性问题时，首先要了解杆件的几何特性及其基本变形形式。

一、杆件的几何特性

杆件的长度方向称为纵向，垂直长度的方向称为横向。工程上经常遇到的杆件是指纵向尺寸远较横向尺寸为大的杆件。在实际工程中的梁、柱等构件就是典型的杆件实例。

杆件有两个常用到的几何元素：横截面和轴线。前者指垂直杆件长度方向的截面，后者为各横截面形心的连线，两者具有互相垂直的关系，如图 1-6 所示。

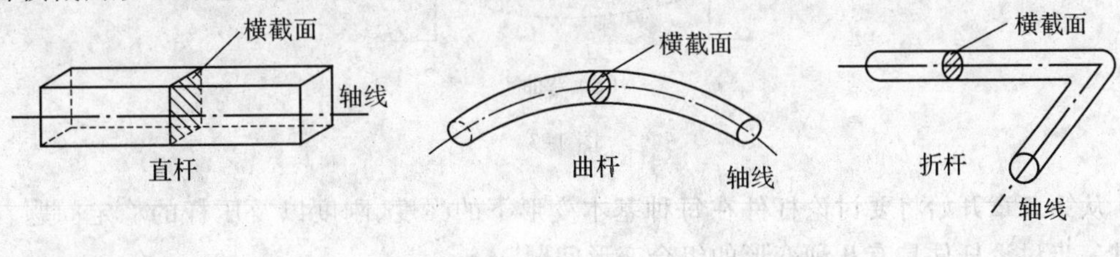

图 1-6

按杆件轴线的形状，分为直杆、曲杆和折杆。而等直杆就是轴线是直线且横截面形状、尺寸均不改变的杆件。

二、杆件的基本变形形式

在外荷载作用下，实际杆件的变形有时是复杂的。但此复杂的变形总可以分解为几种基本变形的形式。杆件的基本变形形式有下列四种：

1. 轴向拉伸或轴向压缩

在一对大小相等、方向相反、作用线与杆件轴线相重合的轴向外力作用下，使杆件在长度方向发生伸长变形的称为轴向拉伸(图 1-7(a))；长度方向发生缩短变形的称为轴向压缩(图 1-7(b))。

2. 剪切

在一对大小相等、方向相反、作用线相距很近的横向力作用下，杆件的主要变形是横截面沿外力作用方向发生错动(图 1-7(c))，这种变形形式称为剪切。

3. 扭转

如图 1-7(d)所示，在一对大小相等、转向相反、作用平面与杆件轴线垂直的外力偶矩 T 作用下，直杆的相邻横截面将绕着轴线发生相对转动，而杆件轴线仍然保持直线，这种变形形式称为扭转。

4. 弯曲

如图 1-7(e)所示，在杆的纵向平面内作用一对大小相等、转向相反的外力偶矩 M，使直杆任意两横截面发生相对倾斜，且杆件轴线弯曲变形为曲线，此种变形形式称为弯曲。

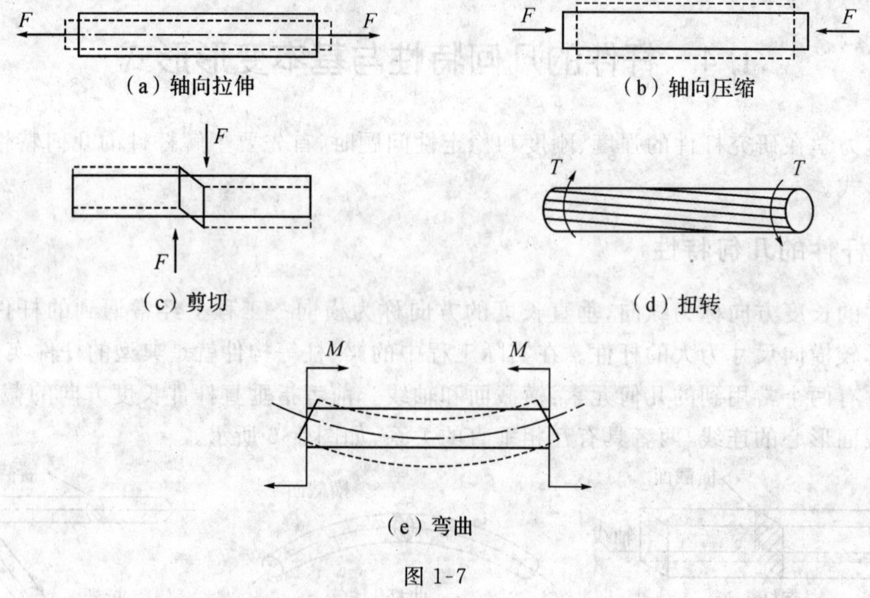

图 1-7

从第 5 章开始将要讨论杆件在每种基本变形下的强度、刚度以及压杆的稳定问题。然后进一步讨论杆件具有几种变形的组合变形问题。

思考题

1-1　建筑力学的研究对象是什么？

1-2　建筑力学的基本任务有哪些？

1-3　何为杆件？试举出工程中杆件的实际例子。

1-4　建筑力学中有哪些研究方法？

第 2 章 建筑力学基础

教学要求

通过本章学习，要求掌握力的概念、等效力系和平衡力系的概念、约束与约束反力的概念、力矩和力偶概念、力的平移定理；掌握力的基本性质(原理)，熟练掌握力在坐标轴上的投影、力矩计算、力偶的性质；掌握工程中常见约束类型的性质、计算简图、约束反力并能正确的绘制物体的受力图。

本章重点和难点是正确的绘制物体的受力图，培养学生定性分析问题的能力。本章是建筑力学静力分析的基础。

2.1 力的基本性质

一、基本概念

1. 力的概念

(1)力的定义。力是物体之间相互的机械作用，因此，力不能离开物体而存在，它总是成对地出现。物体在力的作用下，可能产生如下的效应：一是使物体的运动状态发生变化(称之为外效应)；二是使物体发生变形(称之为内效应)。例如，推小车是通过人手与小车的相互作用，使小车由静止开始运动——小车运动状态发生改变；弹簧受拉后会伸长，受压后会缩短；火车通过桥梁时会使桥梁变弯(弯曲变形)。

(2)力的三要素。力对物体的效应由力的大小、方向和作用点三要素所决定。力的大小反映了物体间相互作用的强弱程度。力的方向指的是静止质点在该力作用下开始运动的方向；沿该方向画出的直线称为作用线，力的方向包含力的作用线在空间的方位和指向。力的作用点是物体相互作用位置的抽象化。实际上两个物体接触处总会占有一定的面积，力总是作用于物体的一定面积上的。如果这个接触面积很小，则可将其抽象为一个点，这时作用力称为集中力。例如，汽车通过轮胎作用在

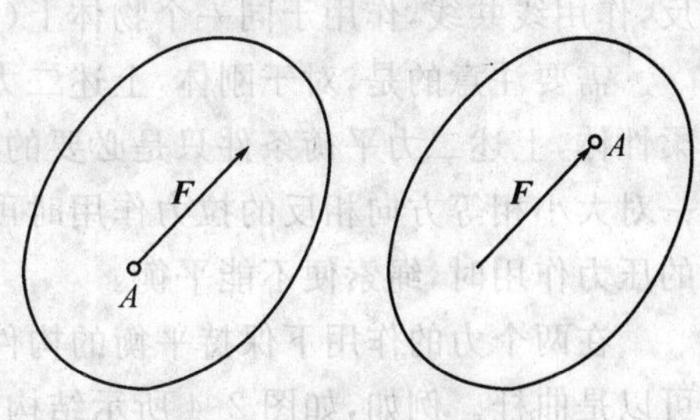

图 2-1

桥面上的力。如果接触面积比较大，力在整个接触面上分布作用，这时的作用力称为分布力。例如，桥梁的自重，沿整个桥梁连续分布。

(3)力的单位。力常用的国际单位为 N 或 kN。

(4)力的表示。用一个有向线段来表示。

力是一个矢量(如图 2-1 所示)，常常用黑体字表示，如 $\boldsymbol{F}$。当作图表示时，用线段的长度(按所定的比例尺)表示矢量的大小，用箭头表示矢量的指向，用箭尾或箭头表示该力的作用点。也常用普通字母(如 F)表示力的大小。

2. 力系的概念

所谓力系是指作用在物体上的一群力。

根据力系中各力作用线的分布情况可将力系分为平面力系和空间力系两大类。各力作用线位于同一平面内的力系称为平面力系，各力作用线不在同一平面内的力系称为空间力系。

若两个力系分别作用于同一物体上时，其效应完全相同，则称这两个力系为等效力系。在特殊情况下，如果一个力与一个力系等效，则称此力为该力系的合力，而力系中的各力称为此合力的分力。用一个简单的等效力系(或一个力)代替一个复杂力系的过程称为力系的简化。力系的简化是工程静力学的基本问题之一。

3. 平衡的概念

平衡是指物体相对于惯性参考系保持静止或作匀速直线运动的状态。

平衡是物体机械运动的一种特殊形式。在一般的工程技术问题中，常取地球作为惯性参考系。例如，静止在地面的房屋、桥梁、水坝等建筑物，在直线轨道上作等速运动的火车，它们都在各种力系作用下处于平衡状态。使物体处于平衡状态的力系称为平衡力系。研究物体平衡时，作用在物体上的力系应满足的条件是工程静力学的又一基本问题。

力系简化的目的之一是为了导出力系的平衡条件。而力系的平衡条件是设计结构、构件和机械零件时静力计算的基础。

二、力的基本性质

力的基本性质是人们在长期的生活和生产实践中积累的关于物体间相互机械作用性质的经验总结，又经过实践的反复检验，证明是符合机械运动本质的最普遍、最一般的客观规律。它是研究力系简化和力系平衡条件的依据。

性质 1:二力平衡原理。

作用于刚体上的两个力，使刚体平衡的必要与充分条件是:这两个力大小相等，方向相反，作用线共线，作用于同一个物体上(如图 2-2 所示)。

需要注意的是，对于刚体，上述二力平衡条件是必要与充分的，但只能受拉，不能受压的柔性体，上述二力平衡条件只是必要的，而不是充分的。例如，如图 2-3 所示之绳索，当承受一对大小相等方向相反的拉力作用时可以保持平衡，但是如果承受一对大小相等、方向相反的压力作用时，绳索便不能平衡。

在两个力的作用下保持平衡的构件称为二力构件，简称二力杆。二力杆可以是直杆，也可以是曲杆。例如，如图 2-4 所示结构的直杆 AB、曲杆 AC 就是二力杆。

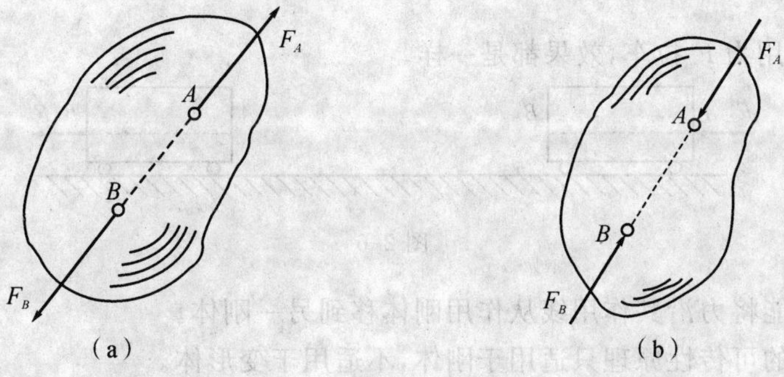

(a) (b)

图 2-2

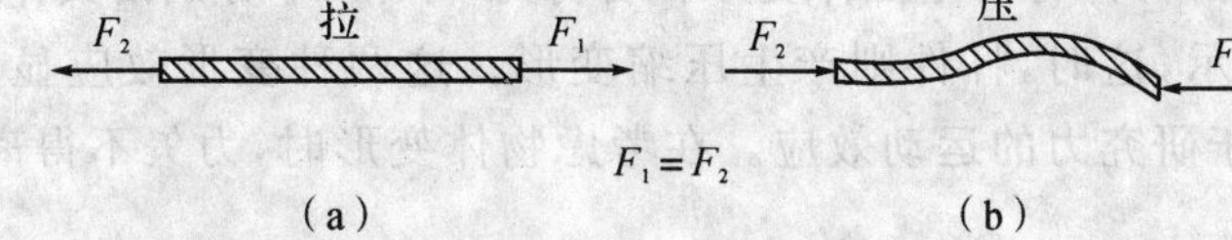

$F_1 = F_2$

(a) (b)

图 2-3

(a) (b) (c)

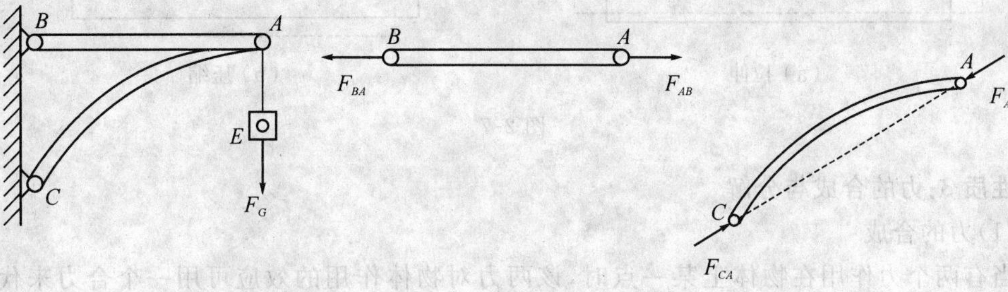

图 2-4

性质 2:加减平衡力系原理。

在作用于刚体的任意力系上,加上或减去任意平衡力系,并不改变原力系对刚体的作用效应。

该性质的正确性是显而易见的,因为平衡力系中的各力对于刚体的运动效应抵消,从而使刚体保持平衡。所以在一个已知力系上,加上或减去任意平衡力系,并不改变原力系对刚体的作用效应。

该性质表明,如果两个力系只相差一个或几个平衡力系,则它们对刚体的作用效应是相同的,因此可以等效替换。不难看出,加减平衡力系原理也只适用于刚体,而不能用于变形体。

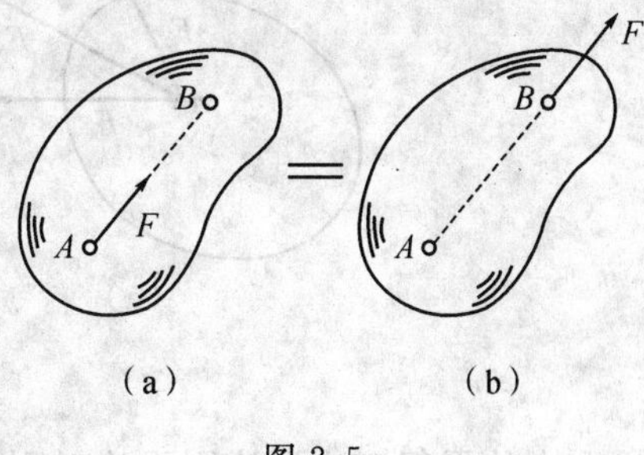

图 2-5

推论 1:力的可传性。

作用于刚体的力可沿其作用线移动而不致改变其对刚体的运动效应(既不改变移动效应,也不改变转动效应),如图 2-5 所示。

例如,用小车运送物品时(如图 2-6 所示),不论在车后 A 点用力 F 推车,亦或在车前同

一直线上的 B 点用力 F 拉车，效果都是一样。

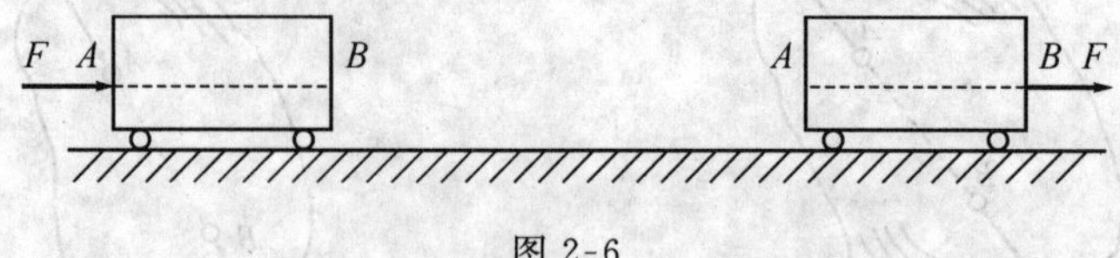

图 2-6

注意：(1)不能将力沿其作用线从作用刚体移到另一刚体。

(2)力的可传性原理只适用于刚体，不适用于变形体。

例如，如图 2-7(a)所示之直杆，在 A、B 两处施加大小相等，方向相反、沿同一作用线的两个力 F_1 和 F_2，这时，杆件将产生拉伸变形。若将力 F_1 和 F_2 分别沿其作用线移至 B 点和 A 点，如图 2-7(b)所示，这时，杆件则产生压缩变形。这两种变形效应显然是不同的。因此，力的可传性只限于研究力的运动效应。在考虑物体变形时，力矢不得离开其作用点，是固定矢量。

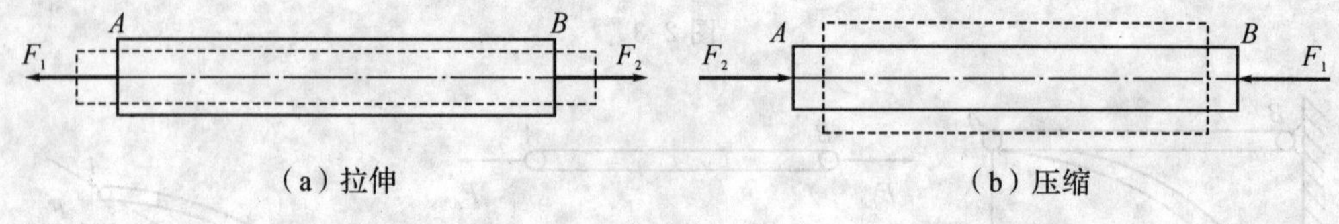

(a) 拉伸　　(b) 压缩

图 2-7

性质 3：力的合成与分解

(1)力的合成

当有两个力作用在物体上某一点时，该两力对物体作用的效应可用一个合力来代替。这个合力也作用在该点上，合力的大小与方向用这两力为边的平行四边形的对角线来确定。这个规律称为力的平行四边形法则。

如图 2-8(a)所示，既可用力的平行四边形法则来确定其合力

$$F_R = F_1 + F_2 \tag{2-1}$$

力的平行四边形法则可以简化为三角形法则，如图 2-8(b)所示，力三角形的两边由两分力矢首尾相连组成，第三边则为合力矢 F_R，它由第一个力的起点指向最后一个力的终点，而合力的作用点仍在二力交点。

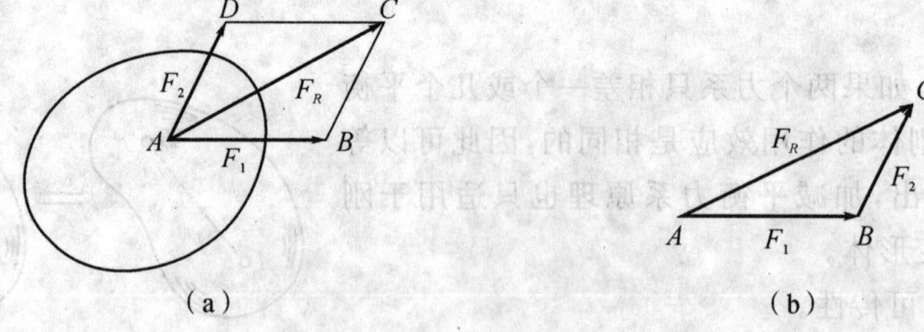

(a)　　(b)

图 2-8

力的平行四边形法则无论对刚体或变形体都是适用的，但对于刚体，只要两个分力 F_1，F_2 的作用线(图 2-9(a))相交于一点 O，那么，可根据力的可传性原理，先分别把两力的作用点移到交点 O 上(图 2-9(b))，然后，再应用力的平行四边形法则求合力，则合力 F_R 的作用线通过 O 点。

(2)力的分解

根据两力合成的原理,同样,可将一个力分解为两个汇交力。但是,以这个力为对角线时,可作出无数个平行四边形,可得无数多组分力,所以,人们可以根据工程实际的需要,给分力以附加条件:已知一分力的大小和方向;或已知两分力的方向,这样就得到一组确定的分力。例如,图 2-10 所示一楼梯斜梁 AB,其上作用一竖直向下的集中力 F,我们常将 F 力分解为垂直于斜梁的 F_y,和平行于斜梁的 F_x:

$$F_y = F\cos 30°$$

$$F_x = F\sin 30°$$

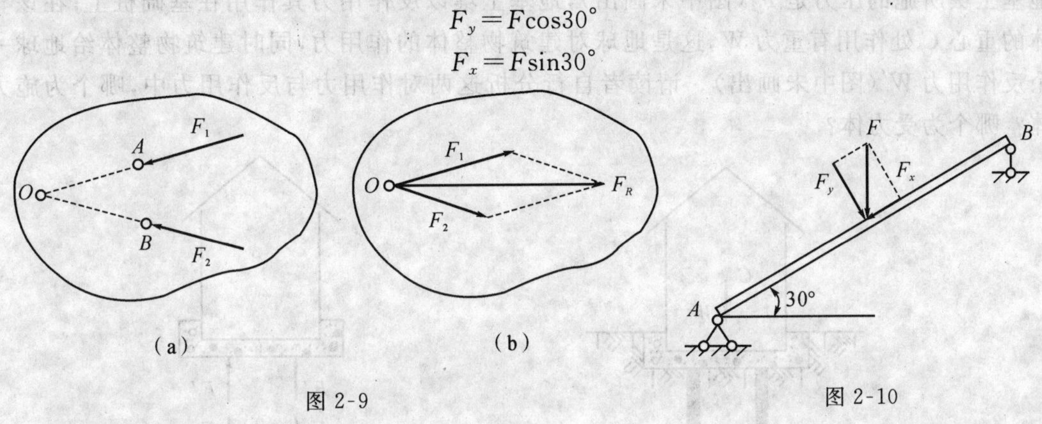

图 2-9　　图 2-10

推论 2:三力平衡汇交定理。

刚体受三力作用而平衡,若其中两力作用线汇交于一点,则另一力的作用线必汇交于同一点,且三力的作用线共面(必共面,在特殊情况下,力在无穷远处汇交——平行力系)。如图 2-11(a)所示。

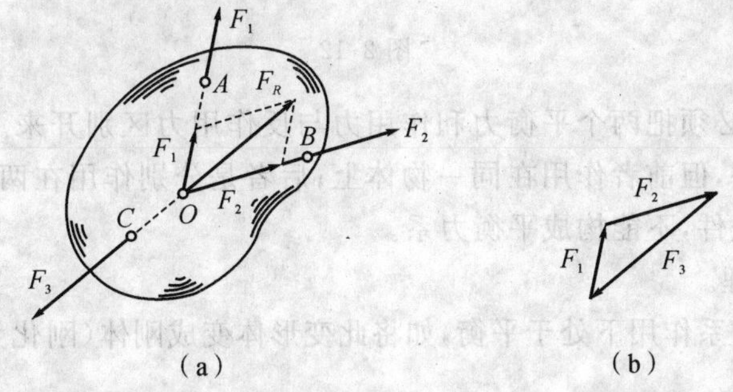

图 2-11

【证明】 因为 F_1, F_2, F_3 为平衡力系,所以 F_R, F_3 也为平衡力系。

又因为二力平衡必等值、反向、共线,所以三力 F_1, F_2, F_3 必汇交,且共面。

因此,三个力 F_1, F_2 和 F_3 构成封闭三角形,如图 2-11(b)所示。

性质 4:作用力和反作用力定律。

两个物体相互作用的力总是同时存在,两力的大小相等,方向相反,沿同一直线,分别作用在这两个物体上。即两力等值、反向、共线、异体,且同时存在。

这一定律就是牛顿第三定律,不论物体是静止的或运动着,这一定律都成立。注意,作用力与反作用力这一对力并不在同一物体上出现,分别作用在两个物体上。在研究某一物体的运动或平衡时,只应考虑它所受到的别的物体对它作用的力,而不应考虑它作用于别的物体的力。

例如，图 2-12(a)所示，一厂房建筑物坐立在基础桩上。图 2-12(b)所示，假设建筑物对每根桩的作用力为 F_1，那么，基础桩将以 F_1' 的反作用力作用在建筑物上。对于作用力 F_1，来说，建筑物是施力体，基础桩为受力体，而对反作用力 F_1' 来说，基础桩就是施力体，建筑物变为受力体。如果将建筑物与基础桩作为整体考虑(图 2-12(a))，那么，整体通过基础桩对地基土壤所施的压力是 F_2(图中未画出)，地基土壤以反作用力其作用在基础桩上；在该整体的重心 C 处作用有重力 W，这是地球对建筑物整体的作用力，同时建筑物整体给地球一个反作用力 W'(图中未画出)。请读者自行分析这两对作用力与反作用力中，哪个为施力体？哪个为受力体？

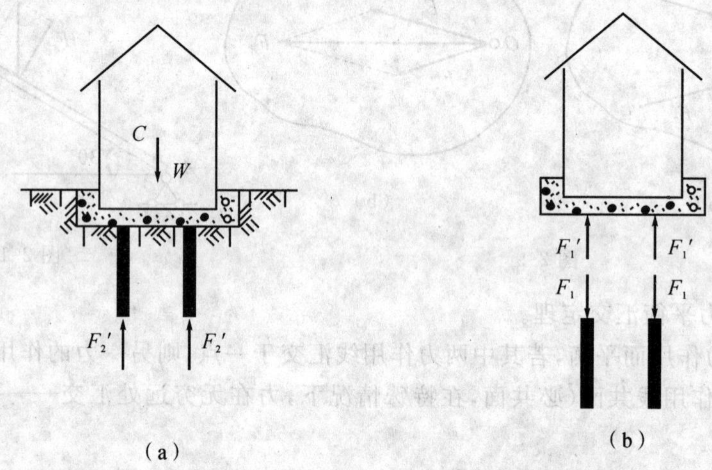

图 2-12

应当注意的是，必须把两个平衡力和作用力与反作用力区别开来。它们虽然都满足等值、反向、共线的条件，但前者作用在同一物体上；后者是分别作用在两个不同的物体上，它们不符合二力平衡条件，不能构成平衡力系。

性质 5:刚化原理。

变形体在某一力系作用下处于平衡，如将此变形体变成刚体(刚化为刚体)，则平衡状态保持不变。

此原理建立了刚体的平衡条件和变形体的平衡条件之间的联系，它说明了变形体平衡时，作用在其上的力系必须满足把变形体硬化为刚体后刚体的平衡条件。这样，我们就能把刚体的平衡条件应用到变形体的平衡中去，从而扩大了刚体静力学的应用范围，这在弹性力学和流体力学中有重要的意义。

应该指出，刚体的平衡条件对于变形体来说，只是必要的，而非充分的。因此，要研究变形体是否平衡，仅有刚体平衡条件是不够的，还需另外附加条件。

2.2　力在坐标轴上的投影

一、力在平面直角坐标轴上的投影

如图 2-13 所示，在力 F 作用的平面内建立直角坐标系 xOy。由力 F 的起点 A 和终点 B 分别向 x 轴引垂线，得垂足 a、b，则线段 ab 冠以适当的正负号称为力 F 在 x 轴上的投影，用 F_x 表示，即 $F_x=\pm ab$；同理，力 F 在 y 轴上的投影为 $F_y=\pm a'b'$。

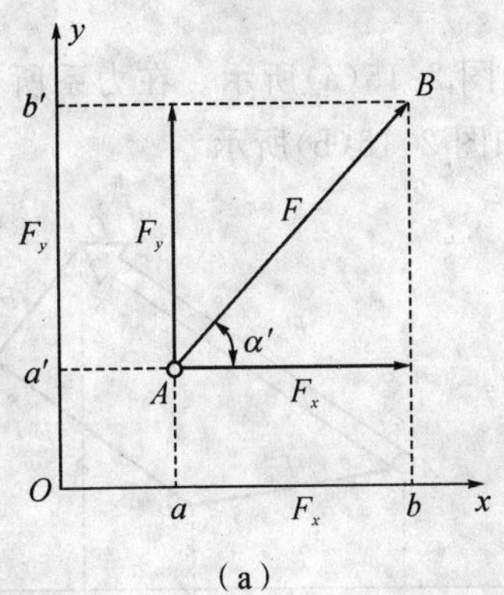

(a)

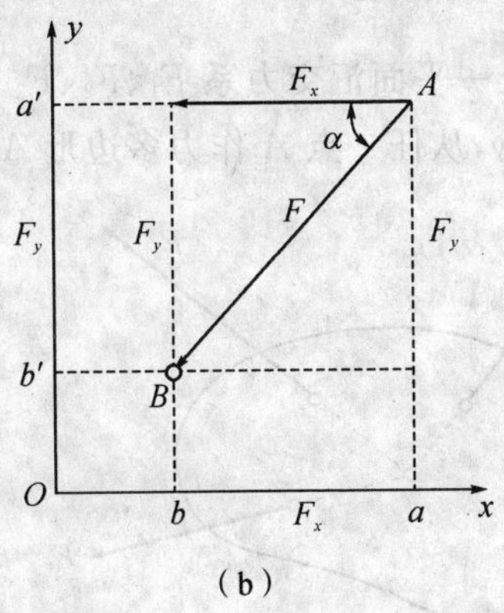

(b)

图 2-13

投影的正负号规定如下：若从起点到终点的方向与轴正向一致，投影取正号；反之，取负号。由图 2-13(a)(b)可知，投影 F_x 和 F_y 可用下式计算

$$\left.\begin{aligned}F_x&=\pm F\cos\alpha\\F_y&=\pm F\sin\alpha\end{aligned}\right\}\tag{2-2}$$

式中，α 为力 F 与 x 轴正向所夹的锐角。上式表明力在轴上的投影为代数量，投影的大小等于力的大小乘以力与轴所夹锐角的余弦，其正负可根据上述规则直观判断确定。

如图 2-13(a)(b)所示还画出了力 F 沿直角坐标轴方向的分力 F_x 和 F_y。应当注意，力的投影 F_x、F_y 与力的分力 F_x、F_y 是不同的，力的投影只有大小和正负，它是标量，而力的分力是矢量，有大小，有方向，其作用效果还与作用点或作用线有关。当 Ox、Oy 轴垂直时，力沿坐标轴分力的大小与力在轴上投影的绝对值相等，投影为正号时表示分力的指向和坐标轴的指向一致，而当投影为负号时，则表示分力指向与坐标轴指向相反。

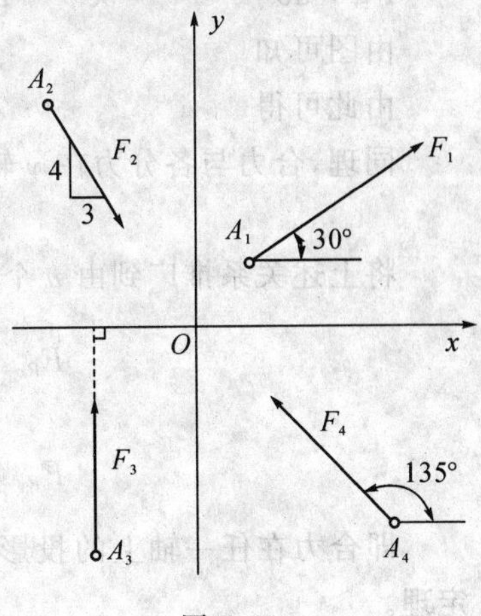

图 2-14

【例 2-1】　已知 $F_1=100\text{N}$，$F_2=50\text{N}$，$F_3=60\text{N}$，$F_4=80\text{N}$，各力方向如图 2-14 所示。试分别求出各力在 x 轴和 y 轴上的投影。

解：由式(2-2)可求出各力在 x、y 轴上的投影

$F_{1x}=F_1\cos30°=100\times0.866=86.6(\text{N})$

$F_{1y}=F_1\sin30°=100\times0.5=50(\text{N})$

$F_{2x}=F_2\times 3/5=50\times 0.6=30(\text{N})$

$F_{2y}=-F_2\times 4/5=-50\times 0.8=-40(\text{N})$

$F_{3x}=0$

$F_{3y}=F_3=60(\text{N})$

$F_{4x}=F_4\times\cos 135°=-80\times 0.707=-55.56(\text{N})$

$F_{4y}=F_4\times\sin 135°=80\times 0.707=56.56(\text{N})$

二、合力投影定理

设刚体受一平面汇交力系 F_1、F_2、F_3 作用，如图 2-15(a)所示。在力系所在平面内作直角坐标系 xOy，从任一点 A 作力多边形 $ABCD$，如图 2-15(b)所示。

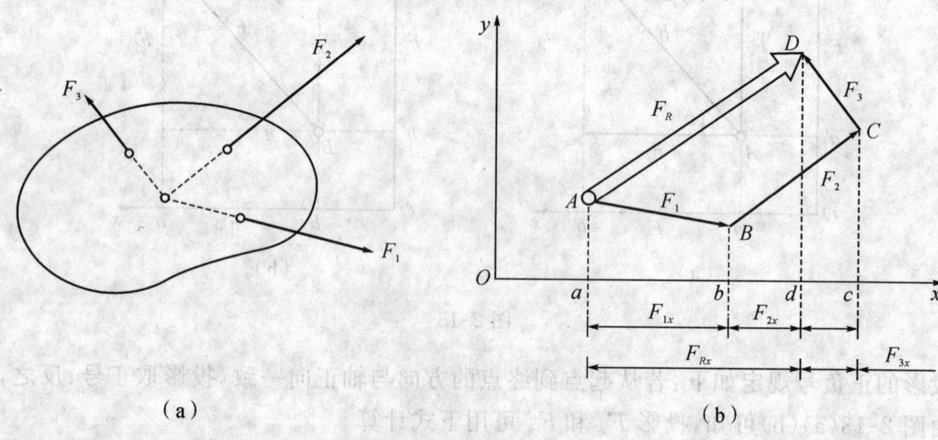

图 2-15

图中：$AB=F_1$，$BC=F_2$，$CD=F_3$，$AD=F_R$。

各分力及合力在 x 轴上的投影分别为

$F_{1x}=ab$　　$F_{2x}=bc$　　$F_{3x}=-cd$　　$F_{Rx}=ad$

由图可知　　$F_{Rx}=ad=ab+bc-cd$

由此可得　　$F_{Rx}=F_{1x}+F_{2x}+F_{3x}$

同理，合力与各分力在 y 轴上的投影关系是

$$F_{Ry}=F_{1y}+F_{2y}+F_{3y}$$

将上述关系推广到由 n 个力 $F_1,F_2,\cdots,F_n$ 组成的平面汇交力系，则有

$$\left.\begin{aligned} F_{Rx} &= F_{1x}+F_{2x}+\cdots+F_{nx}=\sum_{i=1}^{n}F_{ix} \\ F_{Ry} &= F_{1y}+F_{2y}+\cdots+F_{ny}=\sum_{i=1}^{n}F_{iy} \end{aligned}\right\} \tag{2-3}$$

即合力在任一轴上的投影等于各分力在同一轴上的投影的代数和。这就是合力投影定理。

2.3　力矩

一、力矩的基本概念

力矩概念最早是由人们使用滑车、杠杆这些简单机械而产生的。使用过扳手的读者都能体会到:用扳手拧紧螺母(如图 2-16 所示)时,作用在扳手上的力 F 使螺母绕 O 点的转动效应不仅与力的大小成正比,而且与点 O 到力作用线的垂直距离 h 成正比。点 O 到力作用线的垂直距离称为力臂。

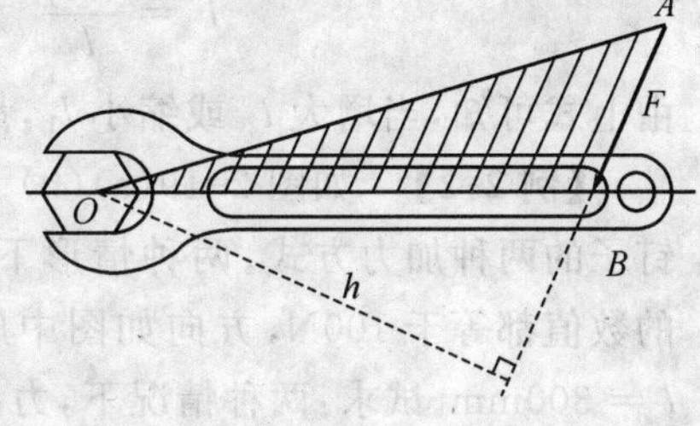

图 2-16

由此,定义力 F 与力臂 h 的乘积作为力 F 使螺母绕点 O 转动效应的度量,称为力 F 对 O 点之矩,简称力矩,用符号 $M_O(F)$ 表示。即

$$M_O(F) = \pm Fh = \pm 2S_{\triangle ABO} \tag{2-4}$$

其中 O 点称为力矩中心,简称矩心;$S_{\triangle ABO}$ 为三角形 ABO 的面积;式中 ± 号表示力矩的转动方向。通常规定:若力 F 使物体绕矩心 O 点逆时针转动(或转动趋势)的力矩取为正值,反之,则为负值。例如,图 2-16 中的 F 力对矩心 O 的矩应取负值。当力的作用线通过矩心时,因力臂为零,故力矩等于零,此时无论力多么大,也不能使物体绕此矩心转动。力矩常用的国际单位为 N·m 或 kN·m。

力矩的矢量表示:为表示图 2-17(a) 所示的力 F 对矩心 O 的力矩,可从矩心 O 沿力 F 作用平面的法线 O_n 作一矢量来表示(图 2-17(b) 所示),矢量的模表示力矩的大小,矢量的指向按右手螺旋规则确定,即四个手指表示力矩转向(图 2-17(b) 中虚线所示),拇指表示力矩矢量的指向。

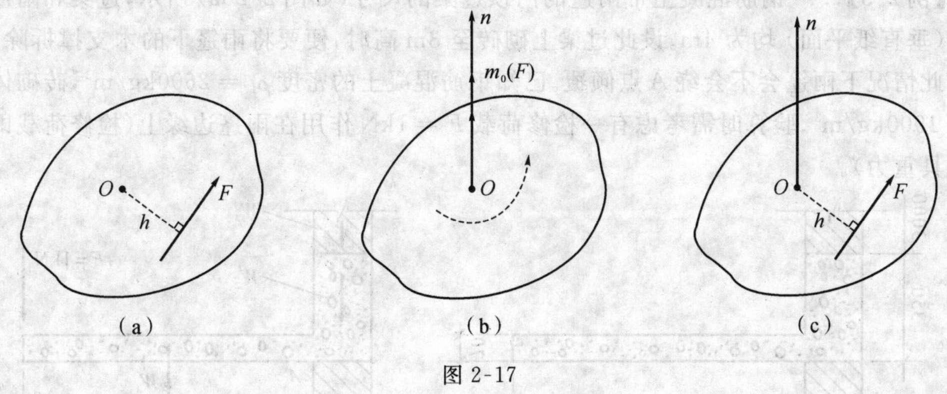

图 2-17

由图 2-17(b),我们可联想到,如何度量一力对垂直该力作用平面的某一轴的转动效应。如图 2-17(c) 所示,若 F 力作用平面与垂直轴(O_n)的交点为 O,由 O 点向 F 力作垂线 h,那么,力对该轴之矩为

$$M_n(F) = Fh \tag{2-5}$$

又如图 2-18 所示,利用撬棍撬起重物时,常在离重物较近的撬棍下填上一作为支点 O 的铁块,人手加力点则尽量远离此支点,这样就使撬棍绕着支点转动,而容易将重物撬起。所

以，撬起重物的力矩是力 F 乘以力臂 l_2，而重力为 W 的重物对 O 点产生一个反力矩为重力 W 乘以力臂 l_1，当 $F l_2 > W l_1$ 时，重物才能被撬起，而考虑重物刚刚被撬动的情况，此时可认为两力矩的数值相等：

$$Fl_2 = Wl_1$$

$$F = \frac{Wl_1}{l_2}$$

由上式可知，当增大 l_2 或缩小 l_1，都能减少 F 力值。

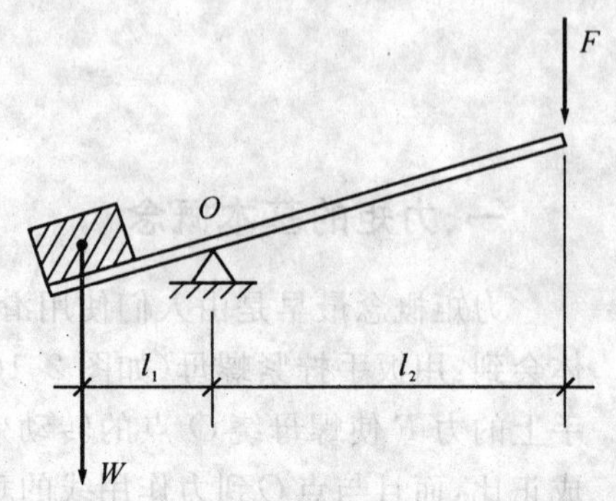

图 2-18

【例 2-2】 如图 2-19(a)(b) 所示为用小手锤拔起钉子的两种加力方式。两种情形下，加在手柄上的力 F 的数值都等于 100N，方向如图中所示。手柄的长度 $l = 300\text{mm}$。试求：两种情况下，力 F 对点 O 之矩。

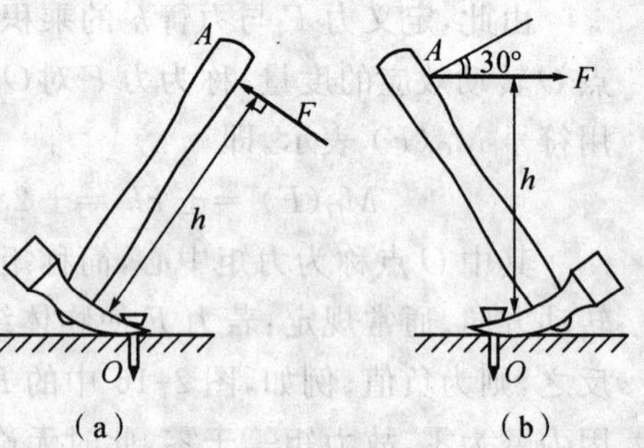

图 2-19

解 (1) 如图 2-19(a) 所示中的情形下，力臂为点 O 到力 F 作用线的垂直距离 h 等于手柄长度 l，力 F 使手锤绕 O 点逆时针方向转动，所以 F 对 O 点之矩的代数值为

$$M_O(F) = Fh = Fl$$
$$= 100 \times 300 \times 10^{-3} = 30(\text{N} \cdot \text{m})$$

(2) 如图 2-19(b) 所示中的情形下，力臂为 $h = l\cos30°$

力 F 使手锤绕 O 点顺时针方向转动，所以 F 对 O 点之矩的代数值为

$$M_O(F) = -Fh = -Fl\cos30° = -100 \times 300 \times 10^{-3} \times \cos30° = -25.98(\text{N} \cdot \text{m})$$

【例 2-3】 一钢筋混凝土带雨篷的门顶过梁的尺寸(如图 2-20a) 所示，过梁和雨篷板的长度(垂直纸平面) 均为 4m。设此过梁上砌砖至 3m 高时，便要将雨篷下的木支撑拆除，试验算在此情况下雨篷会不会绕 A 点倾覆。已知钢筋混凝土的密度 $\rho_1 = 2600\text{kg/m}^3$，砖砌体密度 $\rho_2 = 1900\text{kg/m}^3$。验算时需考虑有一检修荷载 $F = 1\text{kN}$ 作用在雨篷边缘上(检修荷载即人和小工具重力)。

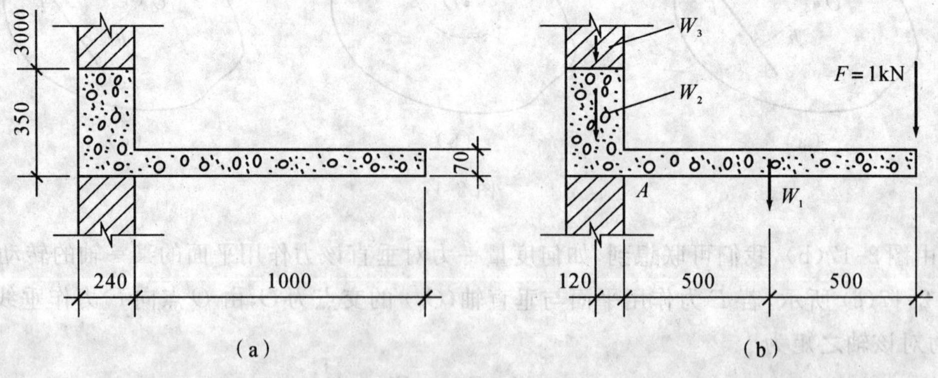

图 2-20

解 令雨篷、过梁及 3m 高砖墙的体积分别为 V_1, V_2, V_3，则

雨篷重 $\quad W_1 = \rho_1 g V_1 = 2600 \times 9.8 \times (70 \times 10^{-3} \times 1 \times 4) = 7134(\text{N})$

过梁重　　$W_1 = \rho_1 g V_2 = 2600 \times 9.8 \times (350 \times 10^{-3} \times 240 \times 10^{-3} \times 4) = 8561(\mathrm{N})$

砖墙重　　$W_1 = \rho_2 g V_3 = 1900 \times 9.8 \times (240 \times 10^{-3} \times 3 \times 4) = 53625(\mathrm{N})$

各荷载作用位置如图 2-20(b) 所示。

使雨篷绕 A 点倾覆的因素是 W_1 和 F，它们对 A 点产生的力矩称为倾覆力矩，而阻止雨篷倾覆的因素是 W_2 和 W_3，它们对 A 点产生的反力矩为抗倾覆力矩。分别计算如下：

倾覆力矩 $= -W_1 \times 0.5 - F \times 1 = -7134 \times 0.5 - 1000 \times 1 = -4567(\mathrm{N \cdot m})$

抗倾覆力矩 $= +W_2 \times 0.12 - W_3 \times 0.12 = +(8561 + 53625) \times 0.12 = +7462(\mathrm{N \cdot m})$

由上面计算结果可知，抗倾覆力矩大于倾覆力矩，所以，雨篷不会倾覆。

二、合力矩定理

前面我们讨论了力矩的概念和计算式子。在工程实际中，有时直接计算一力对某点力臂的值较麻烦，而计算该力的分力对该点的力臂值却很方便，因此，我们要讨论一下合力对某点之矩与该合力的分力对某点之矩间的关系。

如果平面力系$(F_1, F_2, \cdots, F_n)$可以合成为一个合力 F_R，则可以证明

$$M_O(F_R) = M_O(F_1) + M_O(F_2) + \cdots + M_O(F_n)$$

或者简写成

$$M_O(F_R) = \sum_{i=1}^{n} M_O(F_i) \tag{2-6}$$

即平面力系的合力对平面内任一点之矩，等于其各分力对同一点之矩的代数和。这说明合力矩对物体的转动效应与各分力对物体转动效应的总和是等效的，但应该注意相加的各个力矩的矩心必须相同。它适用于任何平面力系。由此可简化力矩的计算。

【例 2-4】　如图 2-21 所示 AB 悬臂梁的自由端 B，作用一个在 xOy 平面内、与 x 方向夹角 30° 的力 $F = 2\mathrm{kN}$。AB 梁的跨度 $l = 4\mathrm{m}$，求 F 力对 A 点之矩。

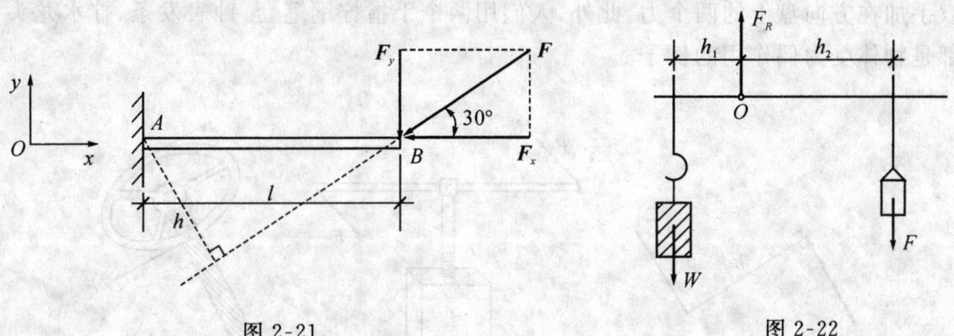

图 2-21　　　　　　图 2-22

解　解题时直接求力臂 h 的大小稍觉麻烦，如利用合力矩定理，可较为方便地计算出 F 力对 A 点之矩。把力 F 分解为水平分力 F_x 与垂直分力 F_y，由合力矩定理得：

$M_A(F) = M_A(F_x) + M_A(F_y) = 0 - F\sin 30° \times 4 = -2 \times 0.5 \times 4 = -4(\mathrm{kN \cdot m})$

请读者自己算一下 $M_A(F)$ 值，是否与$[M_A(F_x) + M_A(F_y)]$值相等。

三、力矩的平衡

在日常生活中，常常用秤杆来称物体的重力(图 2-22)。物体的重力 W 随着不同物体而改变着，但左边 h_1 是不变的，另一边秤砣的重力 F 也是不变的。而 h_2 随着 W 的改变而改变。

当秤杆保持水平而不发生转动，秤杆处于平衡状态，此时秤杆力矩平衡的条件为

$$Wh_1 = Fh_2$$

当考虑力矩的正负号时，可将上式写成

$$Wh_1 + (-Fh_2) = 0$$

推广到物体受到很多力作用时，要保持物体的平衡，也应有

$$M_O(F_1) + M_O(F_2) + \cdots + M_O(F_n) = 0$$

或写作
$$\sum_{i=1}^{n} M_O(F_i) = 0 \tag{2-7}$$

简写为
$$\sum M_O = 0$$

这就是物体在力矩作用下的平衡条件：作用在物体上同一平面内的各力，对支点或转轴之矩的代数和应为零。

2.4 力偶

一、力偶的概念

作用在同一物体上的两个大小相等、方向相反，且不共线的平行力，叫做力偶。

力偶常用记号(F,F')表示。力偶中两力作用线所确定的平面称为力偶作用面，两力作用线之间的垂直距离称为力偶臂，如图 2-23 所示。

在日常生活和工程实际中，物体受力偶作用的情形是常见的。如图 2-24 所示，钳工用丝锥在工件上加工螺纹孔时，双手加在铰杠两端的力；又如图 2-25 所示，汽车司机转动方向盘时，双手加在方向盘上的两个力。此外，人们用两个手指拧钢笔套、钟表发条、拧水龙头、瓶盖等，都是物体受力偶作用的例子。

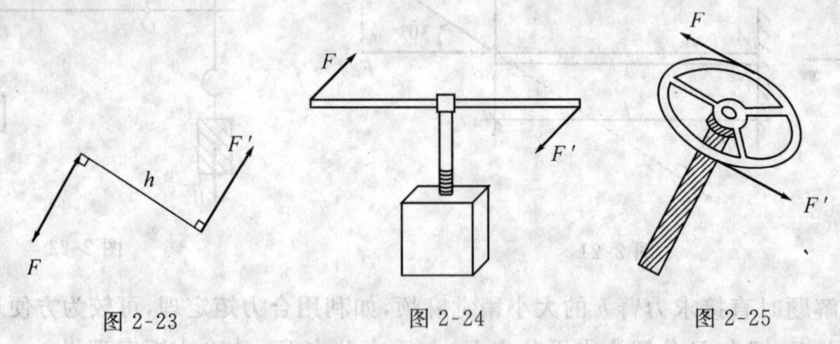

图 2-23　　图 2-24　　图 2-25

需要注意的是，组成力偶的两个力虽然等值、反向，但由于不在一条直线上，因此力偶并不是平衡力系。

实践表明，平面力偶对物体的转动效应取决于组成力偶的力的大小和力偶臂的长短，同时也与力偶在其作用平面内的转向有关。力与力偶臂的乘积称为力偶矩，用记号$M(F,F')$表示，简记为M。即

$$M = \pm F \cdot h \tag{2-8}$$

在平面问题中，力偶矩是代数量，其绝对值等于力的大小与力偶臂的乘积，正负号表示

力偶的转向。通常规定:力偶使物体逆时针方向转动时,力偶矩为正;反之为负。

力偶矩的单位与力矩单位相同,即为 N·m 或 kN·m。力偶矩的大小、力偶的转向、力偶的作用平面称为平面力偶的三要素。

二、力偶的性质

力偶是大小相等、方向相反,且不共线的一对力,它对物体产生的是转动的效应,而力对物体产生的是移动的效应,所以力与力偶是两个互相独立的量,不能用一个力来代替或平衡力偶。

那么,力偶与力矩有什么共同点呢?它们的相同之处为都使物体产生转动的效应,使物体产生逆时针转动为正,顺时针转动为负;两者的量纲是相同的,为[力的单位]×[长度的单位]。它们的不同点为力矩是力对物体上某一点而言的,对于不同的点,力臂不同,故力矩值也异;而力偶在其作用平面内可任意移动或转动,而不改变该力偶对物体的转动效应。

由力偶的定义及其对刚体的作用效应,可得力偶如下性质:

(1) 力偶不能简化为一个力,即力偶不能与一个力等效,也不能与一个力平衡,力偶只能与力偶平衡。

(2) 力偶对其作用平面内任一点之矩恒等于力偶矩,与矩心位置无关。

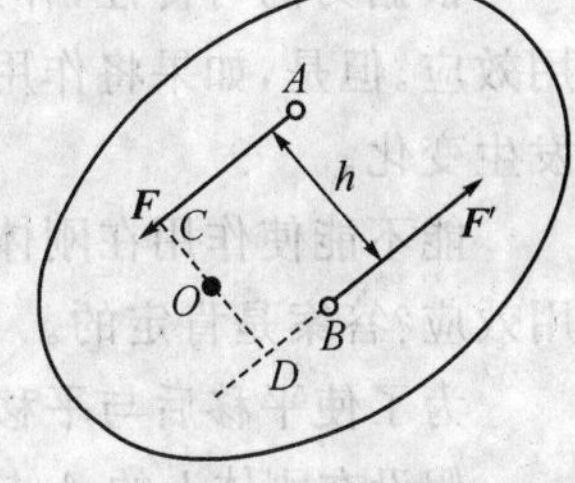

图 2-26

【证明】 设有力偶(F,F'),其力偶矩

$$M=\pm F\cdot h$$

如图 2-26 所示,在力偶作用平面内任取一点O为矩心。设O点到力F作用线的垂直距离为x。力偶对O点的力矩,即组成力偶的两个力对O点力矩的代数和为

$$M=M_O(F)+M_O(F')=F\times\overline{OC}+F'\times\overline{OD}=Fh$$

这个性质表明,力偶使物体绕其作用面内任一点的转动效应都是相同的。

(3) 作用在同一平面内的两个力偶,若两者力偶矩大小相等,转向相同,则两力偶等效。

由力偶的等效性质可以得到以下两个推论:

推论 1:只要保持力偶矩的大小和转向不变,力偶可以在其作用平面内任意转移,而不改变它对刚体的作用效应。即力偶对刚体的作用效应与力偶在其作用平面内的位置无关。

推论 2:只要保持力偶矩的大小和转向不变,可以同时改变组成力偶的力的大小和力偶臂的大小,而不改变力偶对刚体的作用效应。

此外,还可以证明:只要保持力偶矩的大小和转向不变,力偶可以从一个平面移至另一个与之平行的平面,而不会改变对刚体的效应。

关于力偶等效的性质和推论,不难通过实践加以验证。如钳工用丝锥加工螺纹和司机转动方向盘,只要保持力偶矩大小和转向不变,双手施力的位置可以任意调整,其效果相同。

由力偶的性质可知,在平面问题中,力偶对刚体的转动效应完全取决于力偶矩。因此,分析与力偶有关的问题时,不必知道组成力偶的力的大小和力偶臂的长度,只须知道力偶矩的大小和转向即可,故可以用带箭头的弧线来表示力偶,如图 2-27 所示。图中弧线所在的平面代表力偶作用面,箭头表示力偶的转向,M表示力偶矩的大小。

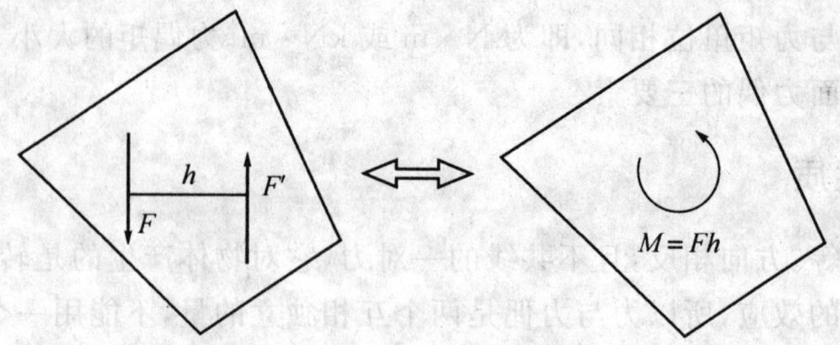

图 2-27

2.5 力的平移定理

根据力的可传性，作用在刚体上的力，可以沿其作用线移动，而不会改变力对刚体的作用效应。但是，如果将作用在刚体上的力，从一点平行移动至另一点，力对刚体的作用效应将发生变化。

能不能使作用在刚体上的力平移到作用线以外的任意点，而不改变原有力对刚体的作用效应?答案是肯定的。

为了使平移后与平移前力对刚体的作用等效，需要应用加减平衡力系原理。

假设在刚体上的 A 点作用一力 F，如图 2-28(a) 所示，为了使这一力能够等效地平移到刚体上的其他任意一点(如 B 点)，先在这一点施加一对大小相等、方向相反的平衡力系(F,F')，这一对力的数值与作用在 A 点的力 F 数值相等，作用线与 F 平行，如图 2-28(b) 所示。

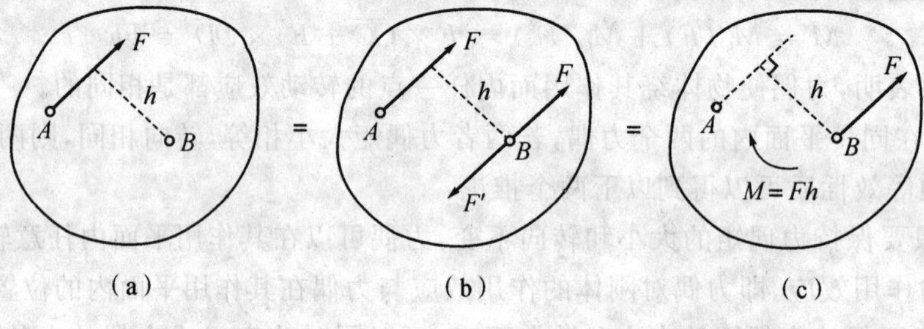

图 2-28

根据加减平衡力系原理，施加上述平衡力系后，力对刚体的作用效应不会发生改变。因此，施加平衡力系后，由 3 个力组成的新力系对刚体的作用与原来的一个力等效。增加平衡力系后，作用在 A 点的力 F 与作用在 B 点的力 F' 组成一力偶，这一力偶的力偶矩 M 等于力 F 对 O 点之矩，即

$$M = M_O(F) = - Fh$$

这样，施加平衡力系后由 3 个力所组成的力系，变成了由作用在 B 点的力 F 和作用在刚体上的一个力偶矩为 M 的力偶所组成的力系，如图 2-28(c) 所示。如果将作用在 B 点的力 F 向 A 点平移，则所得力偶的方向如图 2-28 所示力偶方向相反，这时力偶矩为正值。

根据以上分析，可以得到以下结论：作用在刚体上的力可以平移到任一点，而不改变它对刚体的作用效应，但平移后必须附加一个力偶，附加力偶的力偶矩等于原力对于新作用点之矩。此即为力的平移定理。

力向一点平移结果表明，一个力向任一点平移，得到与之等效的一个力和一个力偶；反之，作用于同一平面内的一个力和一个力偶，也可以合成作用于另一点的一个力。

应当注意的是，力的平移定理只适用于刚体，而不适用于变形体，并且力只能在同一刚体上平行移动。

力线的平移定理不但可帮助我们解决下面一节的平面任意力系的简化问题，而且也可解释一些实际问题。如用丝锥攻丝时(图 2-29(a))，要求两手作用在铰手上的 F，F' 为大小相等、方向相反的一对力，组成一个力偶，对丝锥产生绕 O 点转动的效应，图 2-29(b) 所示该力偶矩 $M = Fh$。如果只在铰手的 A 端作用一个 $2F$ 的力(图 2-29(c) 所示)，这样虽然对丝锥产生的转动效应与图 2-29(a) 相同，但丝锥容易折弯。这是因为我们可以将作用在 A 端 $2F$ 的力平移简化至 O 点(图 2-29(d))，以一个 $2F$ 的力与一个力偶矩 $M' = 2F \times h/2 = Fh$ 组成的力系与原力 $2F$ 等价。力偶矩 M' 与图 2-29(b) 中力偶矩 M 等价，而图 2-29(d) 中作用在 O 点的 $2F$ 力使丝锥发生弯折。

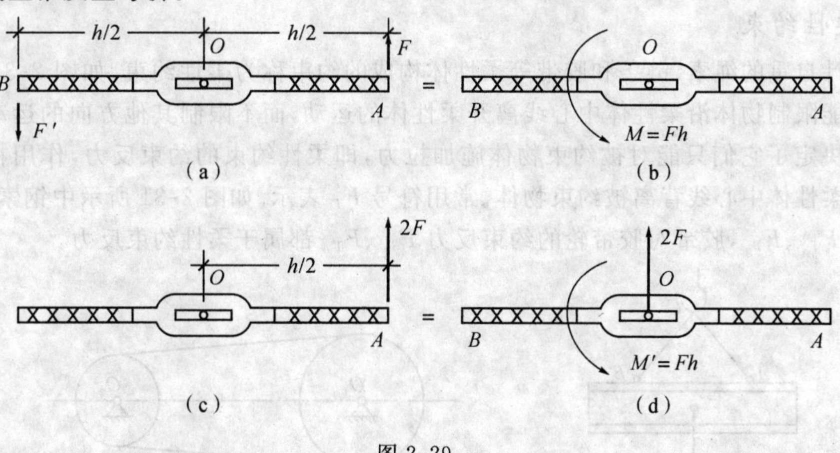

图 2-29

力的平移定理不仅是力系向一点简化的依据，而且可以用来分析工程中某些力学问题。如一厂房中行车梁立柱受力如图 2-30(a) 所示，当研究立柱的内效应时，将 F 力平移至立柱轴线的 O 点处(图 2-30(b))，得到一个中心压力和一个附加力偶矩为 M 的力偶。该力偶矩 $M = M_O(F) = Fe$，式中，e 称为偏心距。力使柱产生压缩变形，而力偶 M 使柱产生弯曲变形。

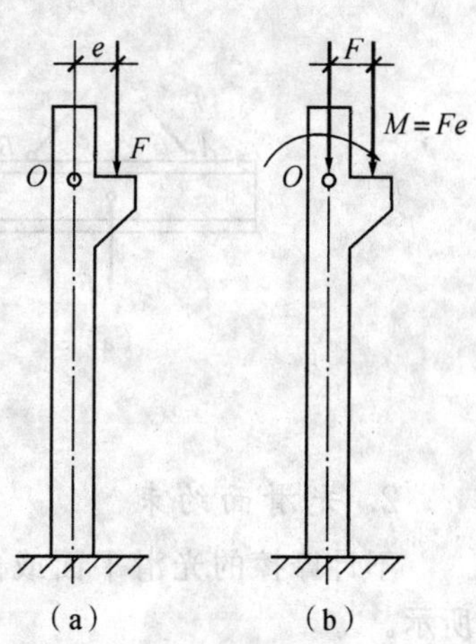

图 2-30

2.6　约束与约束反力

根据物体在空间的运动是否受到周围其他物体的限制，通常把物体分为两类：一类称为自由体，这类物体不与其他物体接触，在空间任何方向的运动都不受限制。例如，在空中飞行的飞机、炮弹和宇宙飞船等。另一类物体称为非自由体，这类物体在空间的运动受到与之相接触的其他物体的限制，使其沿某些方向不能运动。例如，搁置在墙上的梁，用绳索悬挂的重物，沿轨道运行的火车，支承在轴承上的轴等，都是非自由体。

限制非自由体运动的周围物体称为该非自由体的约束。如上述墙是梁的约束，绳索是重物的约束，钢轨是火车的约束，轴承是轴的约束。由于约束限制了物体的运动，即改变了物体的运动状态。因此，约束必然受到被约束物体的作用力；同时，约束亦给被约束物体以反作用力，这种力称为约束反力，简称反力。约束反力的方向，总是与约束所能阻碍的物体运动的方向相反；约束反力的作用点就在约束与被约束物体的接触处。

作用在物体上的力除了约束反力外，还有荷载，如重力、土压力、水压力、电磁力等，它们的作用使物体运动状态发生变化或产生运动趋势，称为主动力。主动力一般是已知的，或可根据已有的资料确定。约束反力由主动力引起，随主动力的改变而改变，故又称为被动力。当物体在荷载和约束反力作用下处于平衡时，可应用力系的平衡条件确定未知的约束反力。

约束反力除了与主动力有关外，还与约束性质有关。下面介绍工程中常见的几种约束及其约束反力。

1. 柔性约束

由不计自重的绳索、链条和胶带等柔性体构成的约束称为柔性约束，如图 2-31 所示。柔性约束只能限制物体沿柔性体中心线离开柔性体的运动，而不限制其他方向的运动。这类约束的性质决定了它们只能对被约束物体施加拉力，即柔性约束的约束反力，作用在接触点，方向沿着柔性体中心线背离被约束物体。常用符号 F_T 表示。如图 2-31 所示中钢索对钢梁的约束反力 F_{T_A}、F_{T_B}，胶带对胶带轮的约束反力 F_{T_1}、F_{T_2} 都属于柔性约束反力。

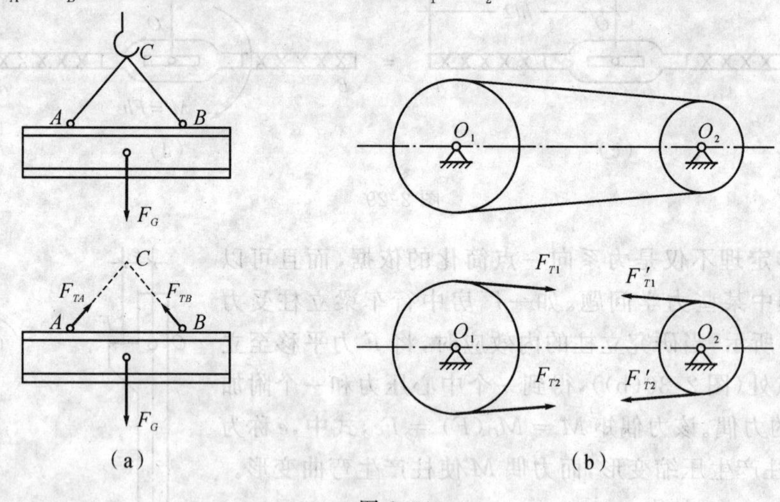

图 2-31

2. 光滑面约束

不计摩擦的光滑平面或曲面若构成对物体运动限制时，称为光滑面约束，如图 2-32 所示。

光滑面约束，只能限制物体沿接触面公法线并向约束内部的运动。因此，光滑面约束的约束反力，作用在接触点，方向沿接触面公法线且指向被约束物体，即为压力。这种约束反力又称为法向反力，通常用符号 F_N 表示，如图 2-32(a) 所示中小球所受的约束反力 F_{NA}。如果一个物体以其棱角与另一物体光滑面接触，如图 2-32(b) 所示，则约束反力沿此光滑面在该点的法线方向并指向受力物体。与柔性约束类似，光滑面约束的反力方向是已知的，只有大小是未知的。

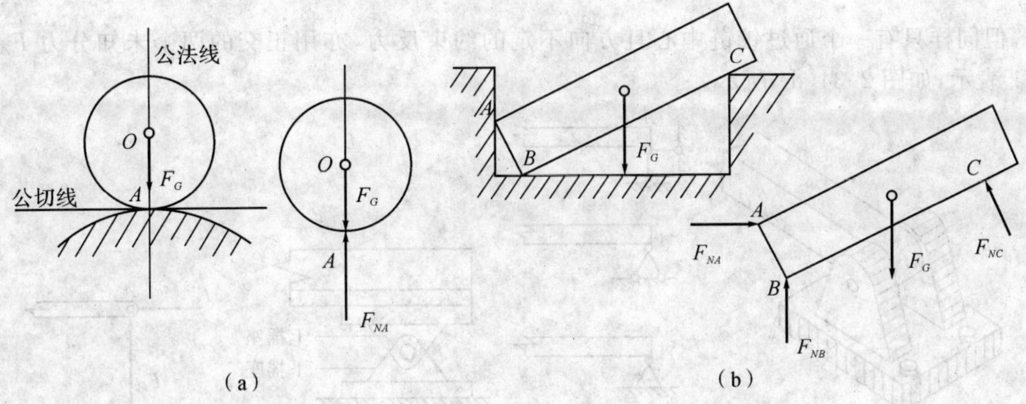

图 2-32

3. 光滑圆柱铰链约束

将两个钻有相同直径圆孔的构件 A 和 B，用销钉 C 插入孔中相连接，如图 2-33(a) 所示。不计销钉与孔壁的摩擦，销钉对所连接的物体形成的约束称为光滑圆柱铰链约束，简称铰链约束或中间铰。如图 2-33(b) 所示为铰链约束的结构简图。铰链约束的特点是只限制物体在垂直于销钉轴线的平面内沿任意方向的相对移动，但不限制物体绕销钉轴线的相对转动和沿其轴线方向的相对滑动。在主动力作用下，当销钉和销钉孔在某点 D 光滑接触时，销钉对物体的约束反力 F_C 作用在接触点 D，且沿接触面公法线方向。即铰链的约束反力作用在垂直销钉轴线的平面内，并通过销钉中心，如图 2-33(c) 所示。

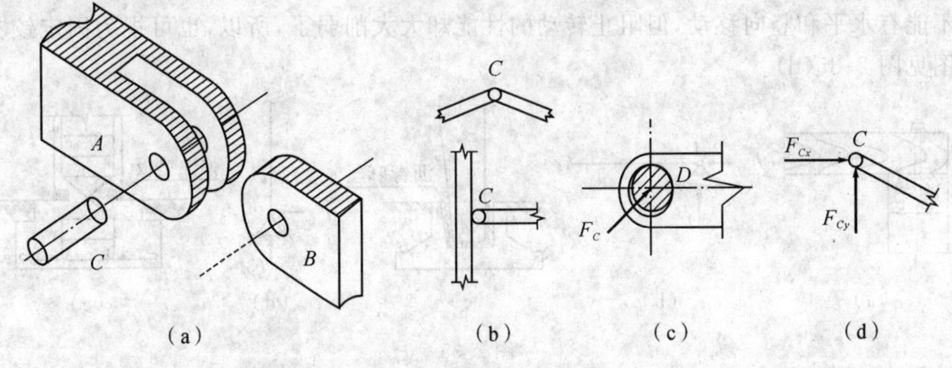

图 2-33

由于销钉与销钉孔壁接触点的位置与被约束物体所受的主动力有关，往往不能预先确定，故约束反力 F_C 的方向亦不能预先确定。因此，通常用通过铰链中心两个大小未知的正交分力 F_{Cx}、F_{Cy} 来表示，如图 2-33(d) 所示。分力 F_{Cx} 和 F_{Cy} 的指向可任意假定。

4. 固定铰支座

将结构物或构件连接在墙、柱、基础等支承物上的装置称为支座。用光滑圆柱铰链把结构物或构件与支承底板连接，并将底板固定在支承物上而构成的支座，称为固定铰支座。如图 2-34(a) 所示为其构造示意图，其结构简图如图 2-34(b) 所示。为避免在构件上穿孔而影响构件的强度，通常在构件上固结另一穿孔的物体，称为上摇座，而将底板称为下摇座，如图 2-34(c) 所示。

固定铰支座与光滑圆柱铰链约束不相同的是，两个被约束的构件，其中一个是完全固定的。但同样只有一个通过铰链中心且方向不定的约束反力，亦用正交的两个未知分力 F_{Ax}、F_{Ay} 表示，如图 2-34(d) 所示。

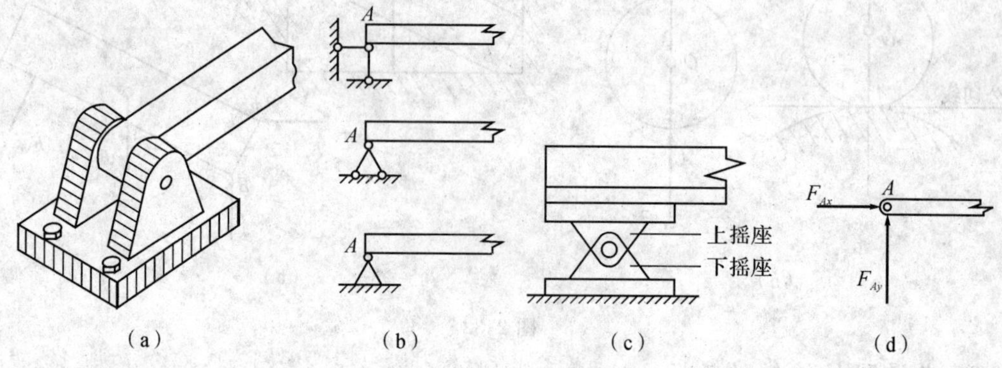

图 2-34

在房屋建筑中，由于构造要求不同，但只要它具有约束两个方向移动的性能，而不约束转动，也可视为固定铰支座。如图 2-35(a) 表示一木梁的端部，它通常与埋设在混凝土垫块中的锚栓相连接，在荷载作用下，梁端部 A 处的水平移动和竖向移动受到限制，但仍可绕 A 点作微小的转动，其简图用图 2-35(b) 来表示。图 2-35(c) 所示为预制钢筋混凝土柱，将柱的下端插人杯形基础预留的杯口中后，用沥青麻丝填实，在荷载作用下，柱脚 A 的水平和竖向位移被限制，但它仍可作微小的转动，其简图用图 2-35(d) 来表示。图 2-35(e) 所示为现浇钢筋混凝土柱，柱在基础面上截面缩小，放有弹性垫板，其内钢筋交叉设置，这样在基础面上柱子虽不能有水平和竖向移动，但阻止转动的性能却大大削弱了，所以，也可视为固定铰支座，其简图见图 2-35(d)。

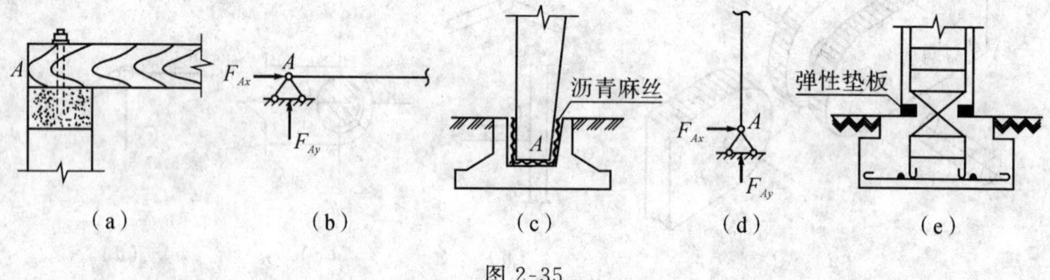

图 2-35

5. 可动铰支座(活动铰支座)

在固定铰支座底板与支承面之间安装若干个辊轴，就构成了可动铰支座，又称为辊轴支座，如图 2-36(a) 所示。如图 2-36(b) 所示为其结构简图。当支承面光滑时，这种约束只能限

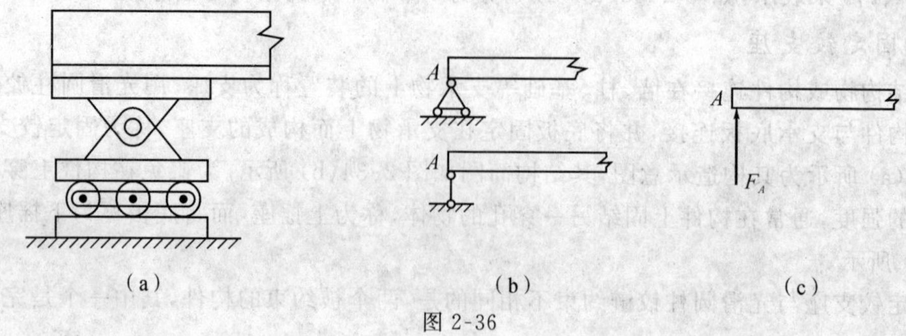

图 2-36

制物体沿支承面法线方向的运动，而不能限制物体沿支承面方向的移动和绕铰链中心的转动。因此，可动铰支座的约束反力垂直支承面，且通过铰链中心。常用符号 F 表示，作用点位置用下标注明，如图 2-36(c) 所示 F_A。

在桥梁、屋架等结构中常采用可动铰支座，以保证在温度变化等因素作用下，结构沿其跨度方向能自由伸缩，不致引起结构的破坏。例如，在房屋建筑中，常在某些构件支承处垫上沥青杉板之类的柔性材料，这样，当构件受到荷载作用时，它的 A 端可以在水平方向作微小的移动，又可绕 A 点作微小的转动，这种情况也可看成是活动铰支座，如图 2-37(a)，(b) 所示。

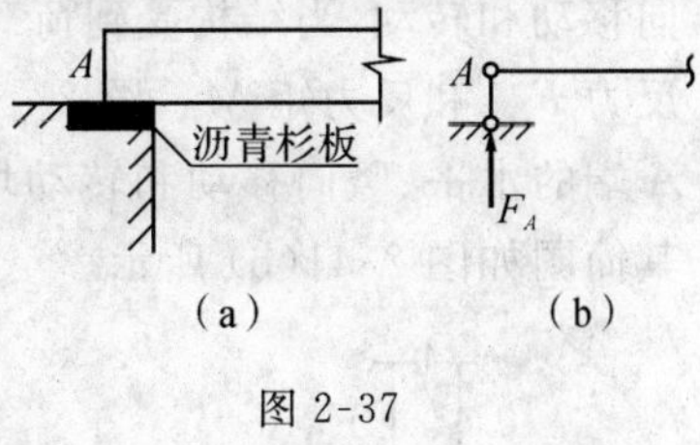

图 2-37

6. 链杆约束

两端各以铰链与不同物体连接且中间不受力的直杆称为链杆，如图 2-38(a) 所示。如图 2-38(b) 所示为其结构简图。这种约束力只能限制物体沿链杆轴线方向的运动，而不限制其他方向的运动。因此，链杆对物体的约束反力为沿着链杆两端铰链中心连线方向的压力或拉力，常用符号 F 表示，如图 2-38(c) 所示 F_A。链杆属于二力杆的一种特殊情形，一般的二力杆作为约束时，根据其自身的受力特点，即可确定它对被约束物体的约束反力。

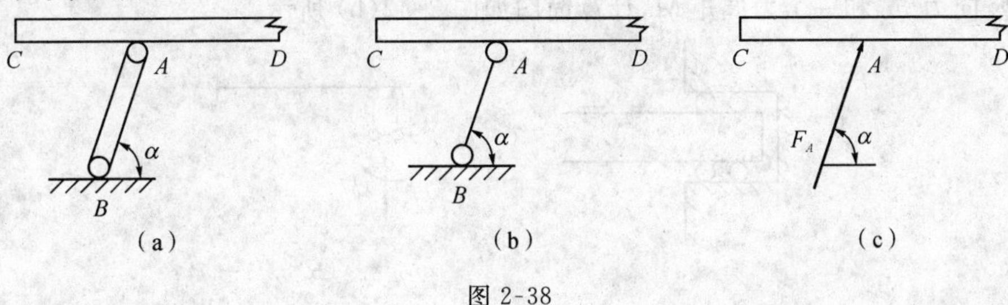

图 2-38

7. 固定端支座

固定端支座也是工程结构中常见的一种约束。如图 2-39(a) 所示钢筋混凝土柱与基础整体浇筑时柱与基础的连接端，如图 2-39(b) 所示嵌入墙体一定深度的悬臂梁的嵌入端都属于固定端支座，如图 2-39(c) 所示为其结构简图。这种约束的特点是：在连接处具有较大的刚性，被约束物体在该处被完全固定，即不允许被约束物体在连接处发生任何相对移动和转动。固定端支座的约束反力分布比较复杂，但在平面问题中，可简化为一个水平反力 F_{Ax}、一个铅垂反力 F_{Ay}，和一个反力偶 M_A，如图 2-39(d) 所示。

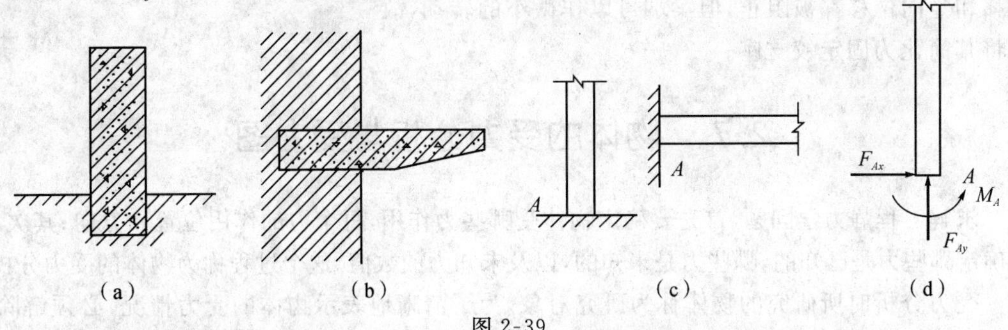

图 2-39

例如，图 2-40(a) 所示为预制钢筋混凝土柱，在基础杯口内用细石混凝土浇灌填实。当柱插入杯口深度符合一定要求时，可认为柱脚是固定在基础内，限制了柱脚的水平移动、竖向移动和转动。当结构受到荷载作用时，为了分析方便，其反力可简化为水平反力 F_{Ax}、竖向反力 F_{Ay} 和反力矩 M_A，图 2-40(b) 所示。图 2-41(a) 所示为常见的房屋雨篷，在荷载作用下 A 端的水平、竖向移动和转动均受到限制，因此，A 端可视为固定支座，有三个方向的反力，其简图如图 2-41(b) 所示。

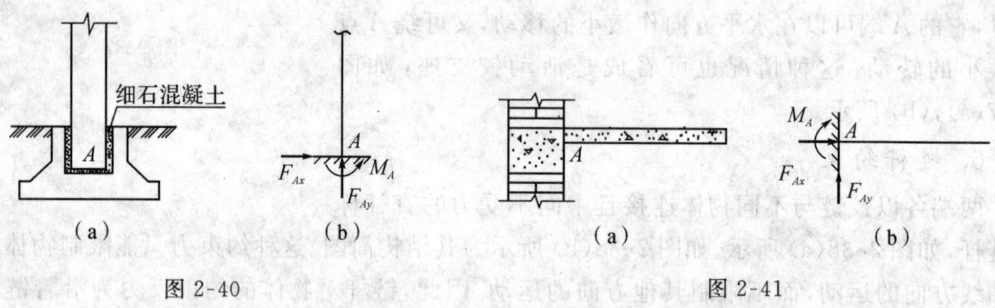

图 2-40　　图 2-41

8. 滑移支座(定向支座)

滑移支座只允许构件沿某一方向移动，如图 2-42(a) 所示。这种支座的约束反力可分解为一个竖向力 F_y 和一个力偶矩 M，计算简图如图 2-42(b) 所示。

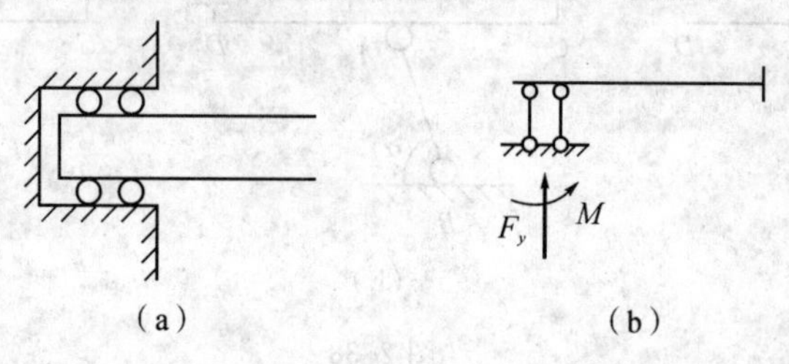

图 2-42

以上介绍的几种约束都是所谓的理想约束。工程结构中的约束形式是多种多样的，有些约束与理想约束极为接近，有些则不然。因此，在选取结构计算简图时，应根据约束对被约束物体运动的限制情况作适当简化，使之成为某种相应的理想约束。如图 2-43 所示，木梁的端部与预埋在混凝土垫块中的锚栓相连接，梁在该端的水平位移和竖向位移都被阻止，但梁端可以作微小的转动，故应将其简化为固定铰支座。

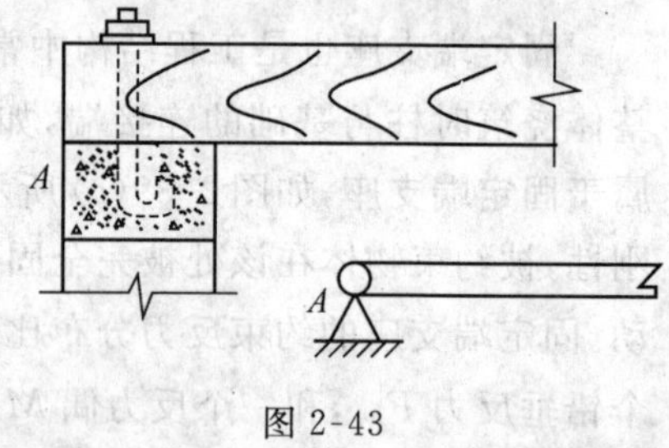

图 2-43

2.7　物体的受力分析与受力图

求解工程静力学问题，首先要确定物体受哪些力作用，每个力的作用位置和方向；其次，还要确定哪些力是已知的，哪些力是未知的，以及未知力的数值。这个过程称为物体的受力分析。

受力分析时所研究的物体称为研究对象。为了清晰地表示物体的受力情况，必须解除研究对象的全部约束，并将其从周围物体中分离出来，单独画出它的简图，这种解除了约束并被分离出来的研究对象称为分离体或隔离体。将周围物体对研究对象的全部作用力(包括主动力和约束反力)都用力矢量标在分离体相应的位置上,得到物体受力的简明图形,称为受力图。

画受力图的步骤如下:

(1) 选取研究对象,画分离体图。根据题意,选择合适的物体作为研究对象,研究对象可以是一个物体,也可以是几个物体的组合或整个系统。

(2) 画分离体所受的主动力。

(3) 画约束反力。根据约束的类型和性质画出相应的约束反力作用位置和作用方向。

画物体受力图是求解静力学问题的一个重要步骤。下面举例说明受力图的画法。

【例 2-5】　具有光滑表面、重力为 F_W 的圆柱体,放置在刚性光滑墙面与刚性凸台之间,接触点分别为 A 和 B 两点,如图 2-44(a) 所示。试画出圆柱体的受力图。

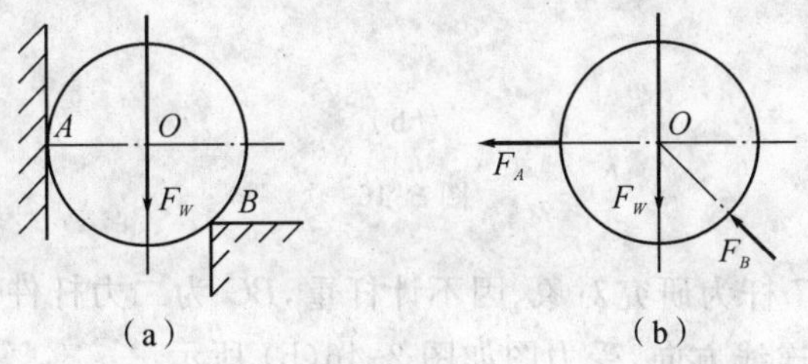

图 2-44

解　(1) 选择研究对象。本例中要求画出圆柱体的受力图,所以,只能以圆柱体作为研究对象。

(2) 取隔离体,画受力图。将圆柱体从如图 2-44(a) 所示的约束中分离出来,即得到隔离体 —— 圆柱体。作用在圆柱体上的力有:

主动力:圆柱体所受的重力 F_W,沿铅垂方向向下,作用点在圆柱体的重心处。

约束力:因为墙面和圆柱体表面都是光滑的,所以,在 A、B 两处均为光滑面约束,约束力垂直于墙面,指向圆柱体中心;圆柱与凸台间接触也是光滑的,也属于光滑面约束,约束力作用线沿两者的公法线方向,即沿 B 点与 O 点的连线方向,指向 O 点。于是,可以画出圆柱体的受力图,如图 2-44(b) 所示。

【例 2-6】　梁 A 端为固定铰链支座,B 端为辊轴支座,支承平面与水平面夹角为 30°。梁中点 C 处作用有集中力,如图 2-45(a) 所示。如不计梁的自重,试画出梁的受力图。

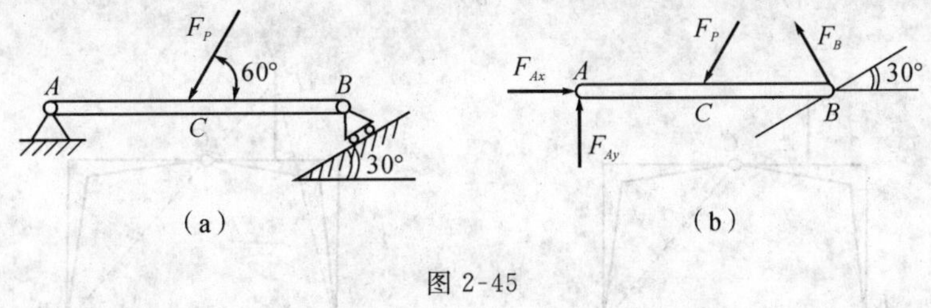

图 2-45

解　(1) 选择研究对象。本例中只有 AB 梁一个构件,所以 AB 梁就是研究对象。

(2) 解除约束,取隔离体将 A、B 两点的约束解除,也就是将 AB 梁从原来图 2-45(a) 的系统中分离出来。

(3) 分析主动力与约束力，画出受力图。首先，在梁的中点 C 处画出主动力 F_P。然后，再根据约束性质，画出约束力：因为 A 端为固定铰链支座，其约束力可以用一个水平分力 F_{Ax} 和一个垂直分力 F_{Ay} 表示；B 端为辊轴支座，约束力垂直于支承平面并指向 AB 梁，用 F_B 表示，画出梁的受力图如图 2-45(b) 所示。

【例 2-7】 管道支架如图 2-46(a) 所示。重为 F_G 的管子放置在杆 AC 上。A、B 处为固定铰支座，C 为铰链连接。不计各杆自重，试分别画出杆 BC 和 AC 的受力图。

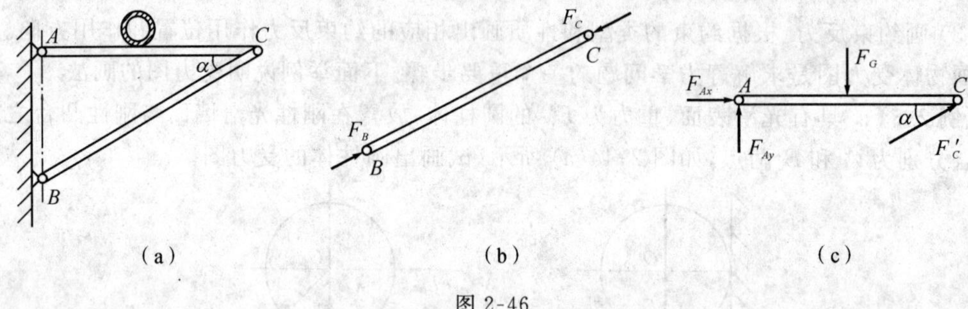

图 2-46

解 (1) 首先取 BC 杆为研究对象。因不计杆重，BC 为二力杆件，故所受 B、C 铰链的约束反力必沿两铰链中心连线方向，受力图如图 2-46(b) 所示。

(2) 其次取杆 AC 为研究对象。它所受的主动力为管道的压力 F_G，A 处为固定铰支座，约束反力方向未知，可用 F_{Ax} 和 F_{Ay} 两正交分力表示。在铰链 C 处受有二力杆 BC 的约束反力，根据作用与反作用定律，$F_C = -F_C{}'$，杆 AC 受力图如图 2-46(c) 所示。

【例 2-8】 三铰刚架受力如图 2-47(a) 所示。试分别画出杆 AC、BC 和整体的受力图。各部分自重均不计。

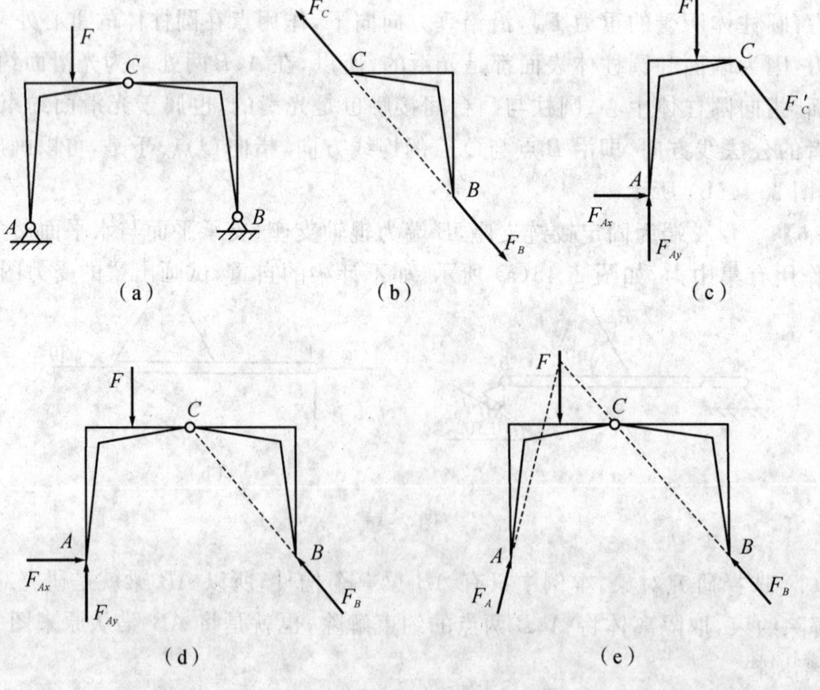

图 2-47

解　(1) 取右半刚架杆 BC 为研究对象。由于不计自重，且只在 B、C 两处受铰链的约束反力作用而平衡，故 BC 为二力构件，其约束力 F_B、F_C 必沿 B、C 两铰链中心连线方向，且 $F_B=-F_C$，受力图如图 2-47(b) 所示。

(2) 取左半刚架杆 AC 为研究对象。AC 所受的主动力为荷载 F。在铰链 C 处受有右半拱的约束反力 F_C'，且 $F_C=-F_C'$，在 A 处受固定铰支座的约束反力，可用正交分力 F_{Ax}、F_{Ay} 表示，受力图如图 2-47(c) 所示。

(3) 取整体为研究对象。它所受的力有主动力 F，A、B 处固定铰支座约束反力 F_{Ax}、F_{Ay} 和 F_B，受力图如图 2-47(d) 所示。整体的受力图也可表示为如图 2-47(e) 所示的形式，在此不再赘述。

应该注意的是，在对整个系统(或系统中几个物体的组合) 进行受力分析时，系统内物体间相互作用的力称为系统的内力。如本例中杆 AC 和杆 BC 在铰 C 处相互作用的力 F_C 和 F_C'。系统的内力成对出现，并且互为作用力与反作用力关系，它们对系统的作用效应互相抵消，除去它们并不影响系统的平衡，故系统的内力在受力图上不必画出。在受力图上只需画出系统以外物体对系统的作用力，这种力称为系统的外力。如本例中荷载 F 和约束反力 F_A、F_B 都是作用于系统的外力。还应注意，内力与外力是相对于所选的研究对象而言的。例如当取 AC 为研究对象时，F_C' 为外力，但取整体为研究对象时 F_C' 又成为内力。可见，内力与外力的区分，只有相对于某一确定的研究对象才有意义。

通过以上例题分析，现将画受力图的注意点归纳如下：

(1) 必须明确研究对象。即明确对哪个物体进行受力分析，并取出分离体。

(2) 正确确定研究对象受力的个数。由于力是物体间相互的机械作用，因此每画一个力都应明确它是哪一个物体施加给研究对象的，决不能凭空产生，也不可漏画任何一个力。凡是研究对象与周围物体相接触的地方，都一定存在约束反力。

(3) 要根据约束的类型分析约束反力。即根据约束的性质确定约束反力的作用位置和方向，决不能主观臆测。有时可利用二力杆或三力平衡汇交定理确定某些未知力的方向。

(4) 在分析物体系统受力时应注意 3 点：① 当研究对象为整体或为其中某几个物体的组合时，研究对象内各物体间相互作用的内力不要画出，只画研究对象以外物体对研究对象的作用力。② 分析两物体间相互作用的力时，应遵循作用力与反作用力关系，作用力方向一经确定，则反作用力方向必与之相反，不可再假设指向。③ 同一个力在不同的受力图上表示要完全一致。同时，注意在画受力图时不要运用力的等效变换或力的可传性改变力的作用位置。

2.8　结构计算简图

一、结构计算简图

在实际工程中的建筑物，其结构、构造以及作用的荷载，往往是比较复杂的。结构设计时，若完全严格地按照结构的实际情况进行力学分析，会使问题变得非常复杂，也是不必要的。因此，在对实际结构进行力学分析时，有必要采用简化的图形来代替实际的结构，这种简化了的图形称为结构的计算简图。结构计算简图是将实际结构按一定的原则进行简化，使它成为既能反映原结构实际工作状态的主要特征，又便于结构分析的计算模型。

在工程力学中，我们是以计算简图作为力学计算的主要对象，既结构的计算简图就是实际结构的代表，一切计算都是按计算简图进行的。因此，在结构设计中，如果计算简图取错了，就会出现设计差错，甚至造成严重的工程事故。所以合理选取计算简图是一项十分重要的工作，必须引起足够的重视。

在选取结构的计算简图时，一般来说，应遵循如下两个原则：

(1) 既要忽略次要因素，又要尽可能地反映结构的主要受力情况；

(2) 使计算工作尽量简化，而计算结果又要有足够的精确性。

在上述两个原则的前提下，对实际结构主要从三个方面进行简化。

1. 杆件及杆与杆之间的连接构造的简化

(1) 杆件的简化

杆系结构是由细而长的杆件组成的。通常，当杆件的长度大于其截面高度 5 倍以上时，可以用杆件的轴线来代替杆件，用杆轴线所形成的几何轮廓代替原结构。如图 2-48(a) 所示为一箱形结构的剖面示意图，由各杆轴线所形成的结构的几何轮廓，即为计算简图，如图 2-48(b) 所示。

(2) 结点的简化

在结构中，杆件与杆件相连接处称为结点(或节点)。尽管各杆之间连接的形式有各种各样，特别是材料不同，连接的方式就有很大的差异，但在计算简图中，只简化为两种理想的连接方式，即铰结点和刚结点。

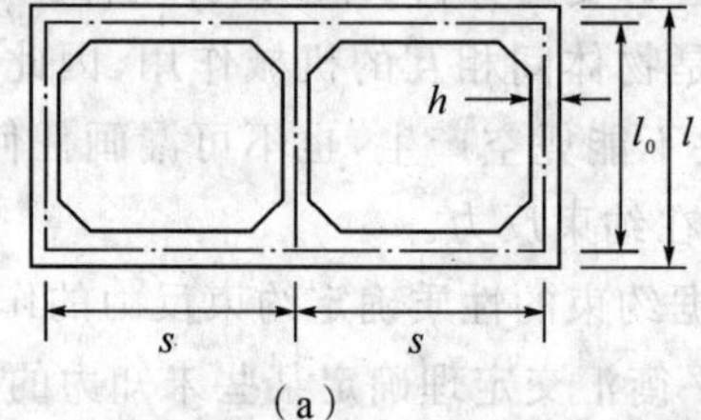

(a)

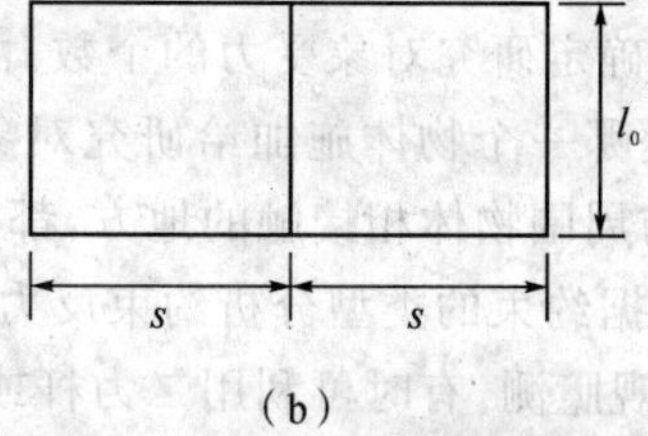

(b)

图 2-48

铰结点的特征是，汇交于结点的各杆端不能相对移动，但可以相对转动。用理想铰来连接杆件的例子在实际工程结构中是极少的，但从结点的构造来分析，把它们近似地看成铰结点所造成的误差并不显著。如图 2-49(a) 所示为典型的合页式铰，如图 2-49(d) 所示为其计

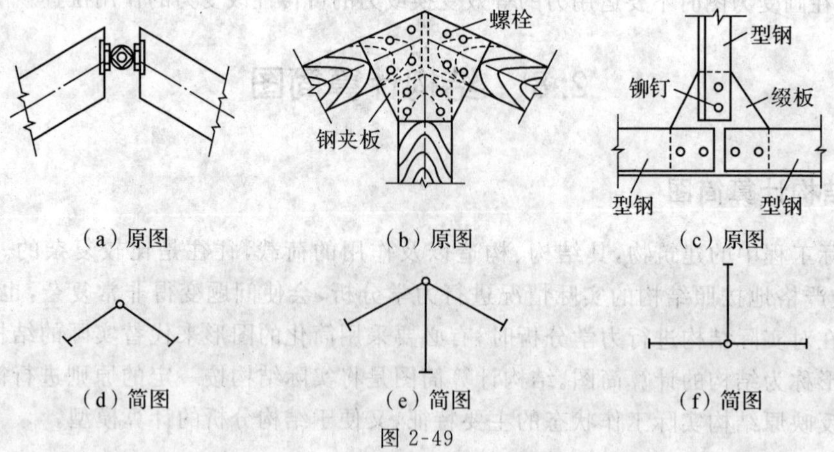

(a) 原图　(b) 原图　(c) 原图

(d) 简图　(e) 简图　(f) 简图

图 2-49

算简图。如图 2-49(b)(c) 所示分别为木结构与钢结构的结点构造图，它们通常简化为铰结点，计算简图为如图 2-49(e)(f) 所示。

如图 2-50(a) 所示为一木屋架的结点构造图，可认为各杆之间有微小的转动，其杆与杆之间的连接可简化为铰结点，用图 2-50(b) 表示。又如图 2-51(a) 所示为木结构或钢筋混凝土梁中经常采用的一种连接方式，计算时也可简化为铰结点，其简图如图 2-51(b) 所示。

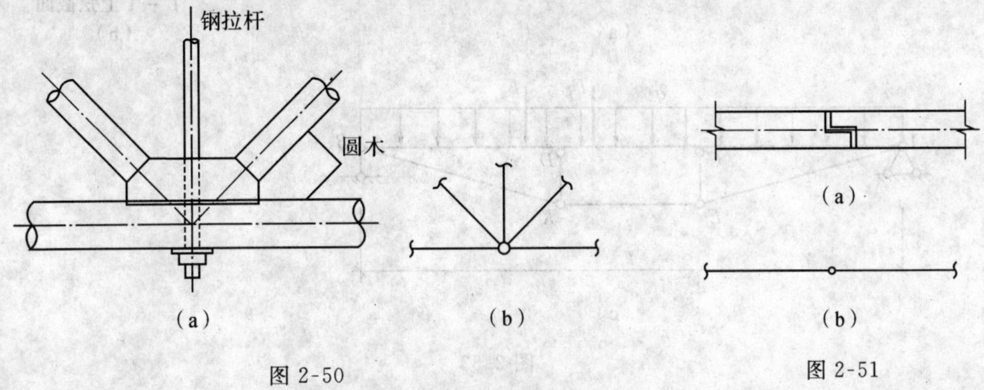

图 2-50

图 2-51

刚结点的特征是汇交于结点的各杆端相互固结在一起，它们之间既不能相对移动，也不能相对转动，既当结构发生变形时，结点处各杆端之间夹角保持不变。如图 2-52(a) 所示为钢筋混凝土结构的结点构造图，如图 2-52(b) 所示为它的计算简图。

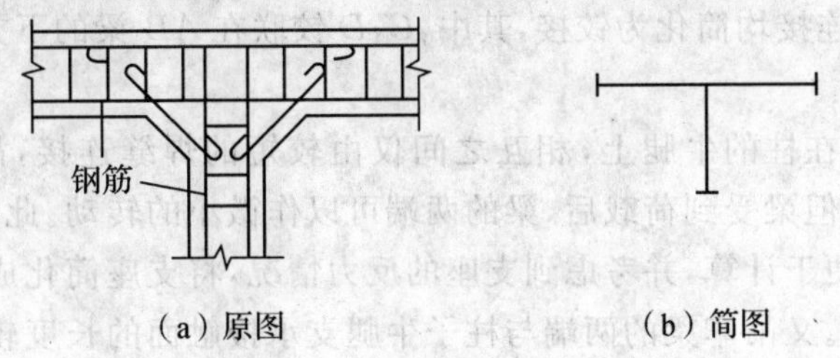

(a) 原图　　(b) 简图

图 2-52

2. 支座的简化

支座通常简化为固定端、固定铰支座、活动铰支座和弹性支座等形式。支座的简化主要是根据支座的实际构成和变形特点来决定，可对照本章 2-6 节所述的内容进行简化。

3. 荷载的简化

关于荷载的简化已在第 1 章 1-2 节中讨论过，实际结构构件受到的荷载，一般是作用在构件内各处的体荷载(如自重)，以及作用在某一面积上的面荷载(如风压力)。在计算简图中，把它们简化到作用在构件纵轴线上的线荷载、集中荷载和力偶。

为了进一步理解计算简图的选取，下面通过简单的工程实例来说明结构计算简图的取法。

结构计算简图选取实例一。图 2-53(a)、(b) 所示为工业建筑厂房内的组合式吊车梁，上弦为钢筋混凝土 T 形截面的梁，下面的杆件由角钢和钢板组成，结点处为焊接。梁上铺设钢轨，吊车在钢轨上左右移动，最大轮压 $F_1 = F_2$，吊车梁两端由柱子上的牛腿支承。从下述三个方面来考虑选取其计算简图。

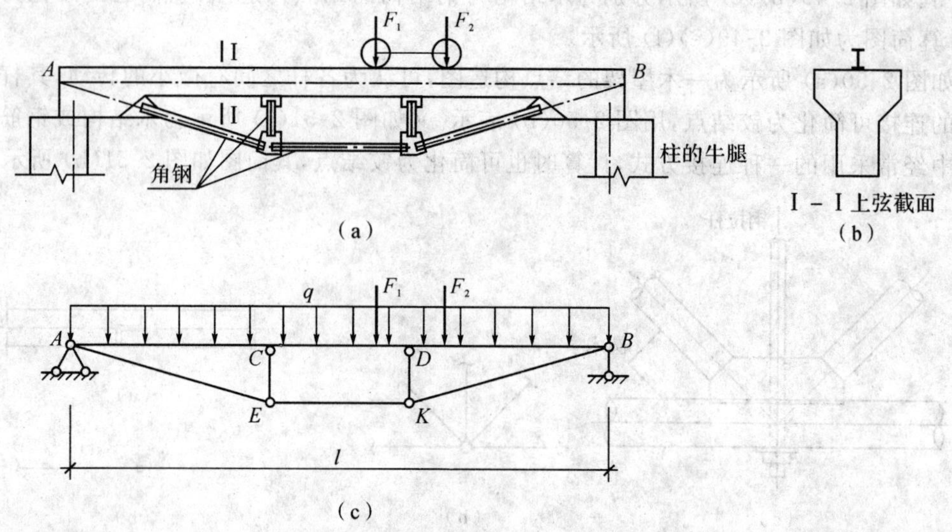

图 2-53

(1) 杆件及其相互连接的简化

各杆由其纵轴线来代替，上弦是整体的钢筋混凝土梁，其截面较大，故 AB 为一连续杆，而其他杆件与 AB 杆相比截面均较小，它们基本上只承受轴力，即视为链杆。AE，BK，EK，CE 和 DK 各杆之间连接均简化为铰接，其中，C，D 铰联在 AB 梁的下方。

(2) 支座的简化

整个吊车梁搁置在柱的牛腿上，相互之间仅由较短的焊缝连接，吊车梁既不能上下移动，也不能水平移动，但梁受到荷载后，梁的两端可以作微小的转动。此外，当温度变化时，梁还可以自由伸缩，为便于计算，并考虑到支座的反力情况，将支座简化成一端为固定铰支座，另一端为可动铰支座。又吊车梁的两端与柱子牛腿支承接触面的长度较小，可取梁两端与柱子牛腿接触面中心的间距，即两支座间的水平距离作为梁的计算跨度 l。

(3) 荷载的简化

作用在整个吊车梁上的荷载有恒载和活荷载两种。恒载包括钢轨、梁自重，可简化为作用在沿纵轴线上的均布荷载 q，活荷载是轮压 F_1 和 F_2，由于轮子与钢轨的接触面积很小，可简化为分别作用在两点上的集中荷载。

综合以上所述，吊车梁的计算简图如图 2-53(c) 所示。

怎样才能恰当地选取实际结构的计算简图，是结构设计中比较复杂的问题，不仅要掌握上面所述的两个基本原则和方法，而且需要有较多的实践经验。对于一些新型结构往往还要通过反复试验和实践，才能获得比较合理的计算简图。必须指出，由于结构的重要性、设计进行的阶段、计算问题的性质和计算工具等因素的不同，即使是同一结构也可以取不同的计算简图。在一般情况下是：

(1) 对于重要的结构，应该选取比较精确的计算简图；

(2) 初步设计阶段可选取粗略的计算简图，在技术设计阶段则应该选取比较精确的计算简图；

(3) 对结构进行静力计算时，应该选取比较复杂的计算简图，而对结构作动力稳定计算时，由于问题比较复杂，可以选取比较简单的计算简图；

(4) 结构的设计计算，随着电子计算机的广泛应用，可采用较精确的计算简图。

二、杆系结构的分类

由上一节所述可知，工程力学研究的直接对象并不是实际的结构物，而是代表实际结构的计算简图。因此，所谓结构的分类，也就是指对计算简图的分类。

根据不同的观点，结构可分为各种不同的类型，这里只介绍两种最常用的分类方法。

按照空间观点，结构可分为平面结构和空间结构。组成结构的所有杆件的轴线和作用在结构上的荷载都在同一平面内，则此结构称为平面结构；反之，如果组成结构的所有杆件的轴线或荷载不在同一平面内的结构称为空间结构。实际工程中的结构都是空间结构，但大多数结构在设计中是被分解为平面结构来计算的。不过在有些情况下，必须考虑结构的空间作用。

按照几何观点，结构可分为杆件结构、板壳结构和实体结构，见第一章 1-1 节中叙述。

本书仅研究和讨论平面杆系结构，其常见的形式有下列几种。

1. 梁

梁是一种常见的结构，其轴线常为直线，是受弯杆件，有单跨的和多跨连续的形式，如图 2-54 所示。

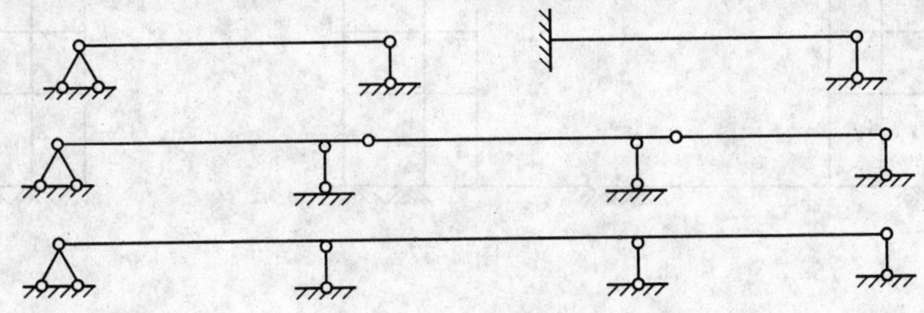

图 2-54

2. 刚架

刚架是由直杆组成，各杆主要受弯曲变形，结点大多数是刚性结点，也可以有部分铰结点，如图 2-55 所示。

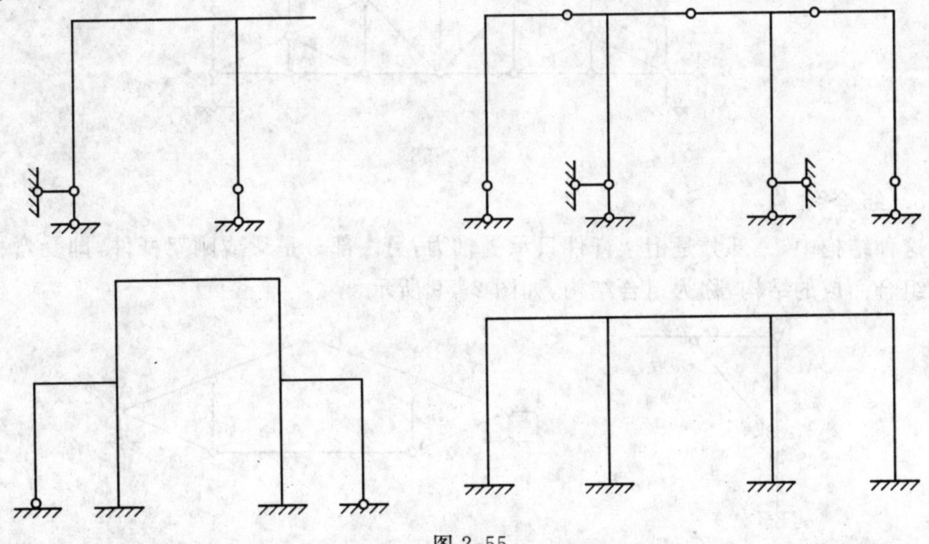

图 2-55

3. 拱

拱的轴线是曲线，在竖向荷载作用下，不仅产生竖向反力，而且还产生水平反力。在一定条件下可以使拱以压缩变形为主，使拱的各截面主要产生轴力，如图 2-56 所示。

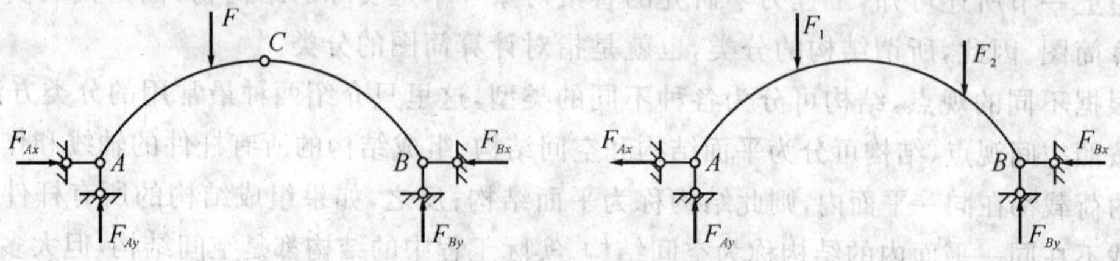

图 2-56

又如图 2-57 为北京崇文门菜市场的建筑结构计算简图。中间是拱形结构，跨度为 32m，其水平力和竖向力由两边的框架结构承受。

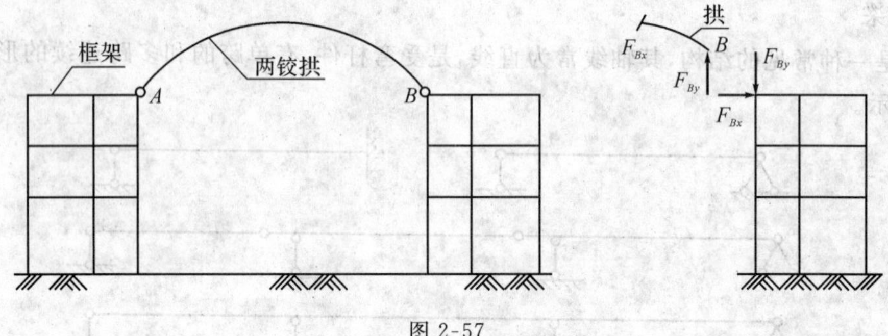

图 2-57

4. 桁架

桁架由直杆组成，各结点假设为理想铰结点，荷载作用在结点上，各杆只产生轴力。如图 2-58 为常用的屋架，就是一种三角形桁架。

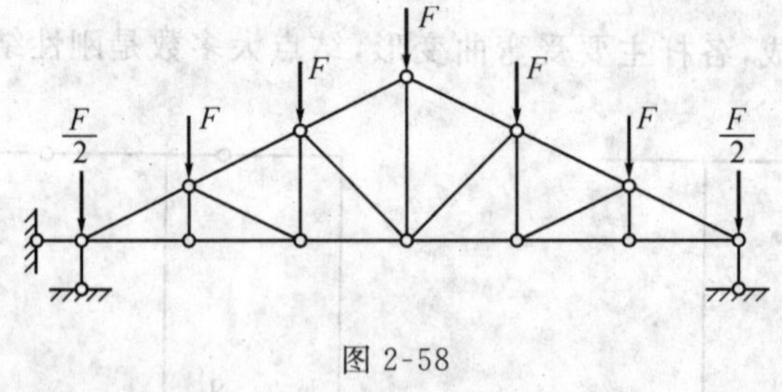

图 2-58

5. 组合结构

这种结构中，一部分是桁架杆件只承受轴力，另一部分是梁或刚架杆件，即受弯杆件，由两者组合而成的结构，称为组合结构，如图 2-59 所示。

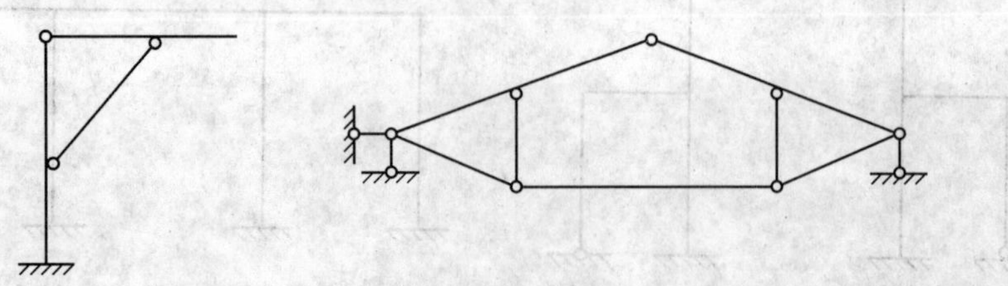

图 2-59

思考题

2-1　作用于刚体上大小相等、方向相同的两个力对刚体的作用是否等效？

2-2　二力平衡公理和作用与反作用定律中，作用于物体上的二力都是等值、反向、共线，其区别在哪里？

2-3　力的可传性原理在什么情形下是正确的，在什么情形下是不正确的？对于如图所示结构，作用在杆 AC 上 D 点的力 F 能不能沿其作用线传至 BC 杆上的 E 点？为什么？

2-4　等直杆 AB 重为 F_G，A 端靠在光滑墙面上，B 端用绳索拴在墙上。试问在如图所示位置时，AB 杆能否平衡？为什么？

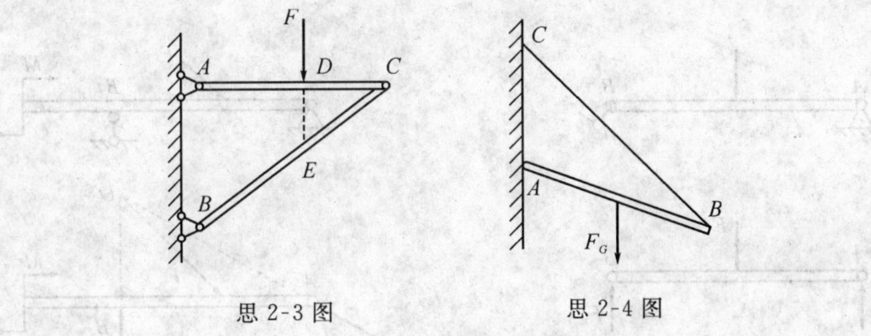

思 2-3 图　　思 2-4 图

2-5　若不计自重，图示结构中构件 AC 是否是二力构件？若考虑自重，情况又怎样？

2-6　图示结构中力 F 作用于销钉 C 上，试问销钉 C 对杆 AC 的力与销钉 C 对杆 BC 的力是否等值、反向、共线？为什么？

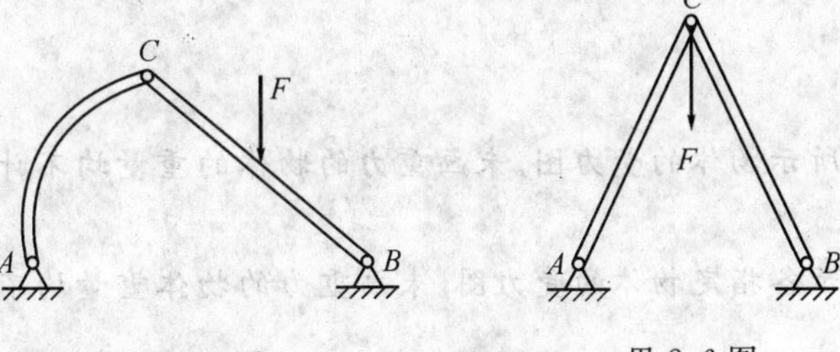

思 2-5 图　　思 2-6 图

2-7　平面中的力矩与力偶矩有什么异同？

2-8　既然一个力偶不能和一个力平衡，那么图中的轮子为什么能够平衡呢？

2-9　图示各梁的支座反力是否相同？为什么？

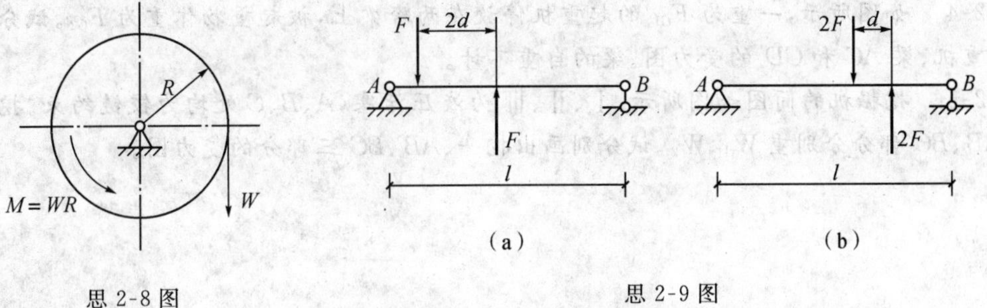

思 2-8 图　　思 2-9 图

2-10　试判断图中所画受力图是否正确？若有错误，请改正。假定所有接触面都是光滑的，图中凡未标出自重的物体，自重不计。

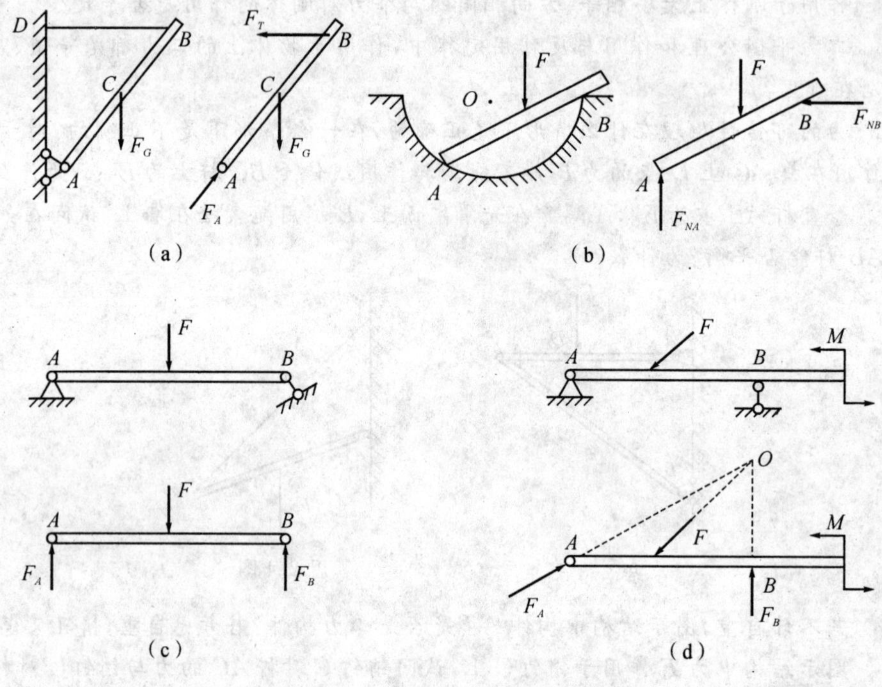

思 2-10 图

习　题

2-1　画出如图所示物体的受力图。未画重力的物体的重量均不计，所有接触处都为光滑接触。

2-2　画如图所示各指定物体的受力图。未画重力的物体重量均不计，所有接触处的摩擦均不计。

2-3　如图所示一排水孔闸门的计算简图。闸门重为 F_G，作用于其重心 C。F 为闸门所受的总水压力，F_T 为启门力。试画出：

(1)F_T 不够大，未能启动闸门时，闸门的受力图。

(2) 力 F_T 刚好将闸门启动时，闸门的受力图。

2-4　如图所示，一重为 F_{G1} 的起重机停放在两跨梁上，被起重物体重为 F_{G2}。试分别画出起重机、梁 AC 和 CD 的受力图。梁的自重不计。

2-5　挖掘机的简图如图所示。Ⅰ、Ⅱ、Ⅲ 为液压活塞，A、B、C 处均为铰链约束。挖斗重 W，AB、BC 部分分别重 W_1、W_2。试分别画出挖斗、AB、BC 三部分的受力图。

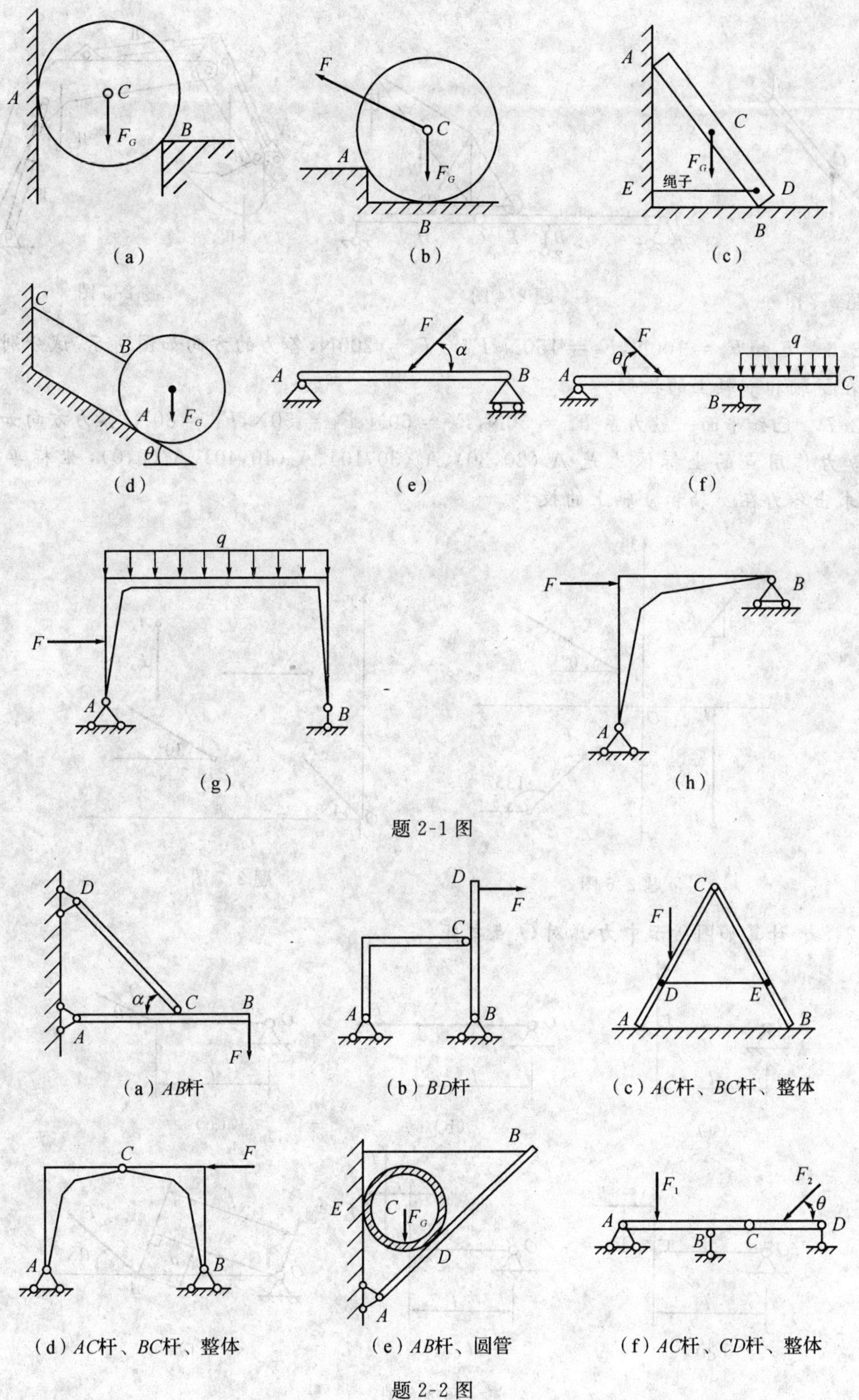

(a)　(b)　(c)　(d)　(e)　(f)　(g)　(h)

题 2-1 图

(a) AB杆　(b) BD杆　(c) AC杆、BC杆、整体

(d) AC杆、BC杆、整体　(e) AB杆、圆管　(f) AC杆、CD杆、整体

题 2-2 图

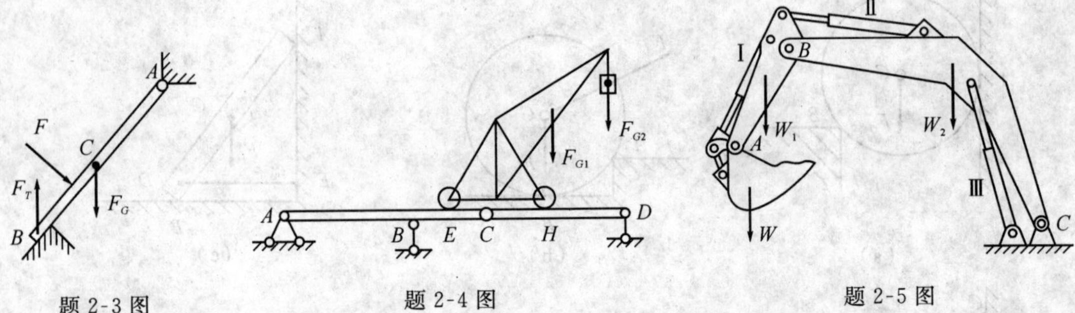

题 2-3 图　　题 2-4 图　　题 2-5 图

2-6　已知 $F_1=100\text{N}$，$F_2=150\text{N}$，$F_3=F_4=200\text{N}$，各力的方向如图所示。试分别求出各力在 x 轴和 y 轴上的投影。

2-7　已知平面一般力系 $F_1=50\text{N}$，$F_2=60\text{N}$，$F_3=50\text{N}$，$F_4=80\text{N}$，各力方向如图所示，各力作用点的坐标依次是 $A_1(20,30)$、$A_2(30,10)$、$A_3(40,40)$、$A_4(0,0)$，坐标单位是mm，求出各力在 x 轴和 y 轴上的投影。

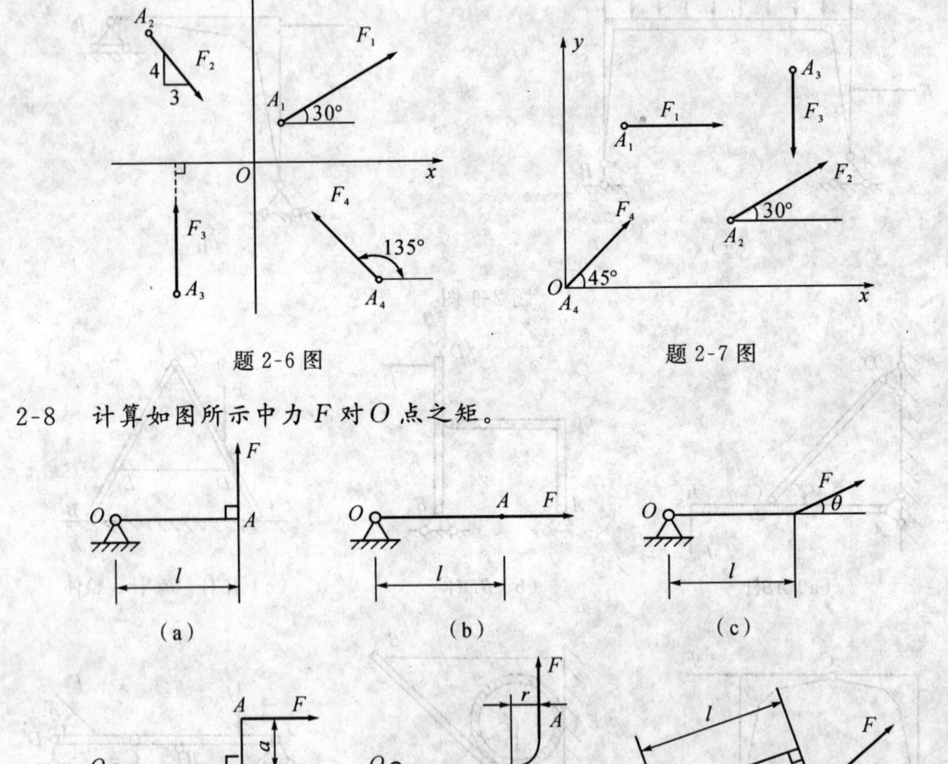

题 2-6 图　　题 2-7 图

2-8　计算如图所示中力 F 对 O 点之矩。

(a)　(b)　(c)

(d)　(e)　(f)

题 2-8 图

2-9　已知图示水平放置的矩形钢板的长 $a=4\text{m}$，宽 $b=2\text{m}$，为使钢板恰好转动，顺长

边需加两个力 F 与 F'，并且 $F = F' = 100\text{kN}$。现考虑在钢板上怎样加力可使所用的力最小而钢板亦能转动，并求出此最小力的值。

2-10　挡土墙如图所示，已知单位长墙重 $F_G = 95\text{kN}$。墙背土压力 $F = 66.7\text{kN}$。试计算各力对前趾点 A 的力矩，并判断墙是否会倾倒。

2-11　如图所示，两水池由闸门板分开，闸门板与水平面成 60° 角，板长 2.4m。右池无水，左池总水压力 F 垂直于板作用于 C 点，F_T 为启门力。试写出两力对 A 点之矩计算式。

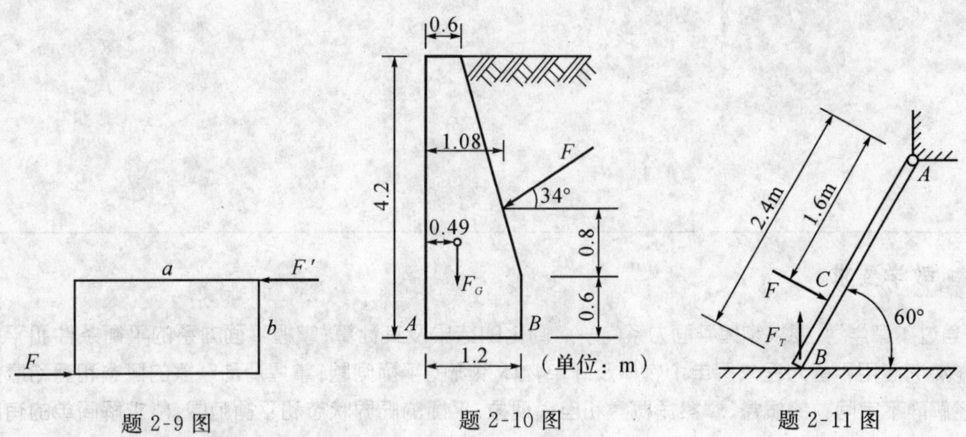

题 2-9 图　　题 2-10 图　　题 2-11 图

习题参考答案

2-1～2-7　答案略

2-8　(a)$M_O(F) = Fl$，　(b)$M_O(F) = 0$，　(c)$M_O(F) = Fl\sin\theta$，

(d)$M_O(F) = -Fa$，　(e)$M_O(F) = F(l + r)$，　(f)$M_O(F) = F\sqrt{l^2 + a^2}\sin\theta$

2-9　$F_{\min}$ 44.7N

2-10　不会倾倒（$M_{A倾} = 77.42\text{kN}\cdot\text{m}$，$M_{A抗} = 86.83\text{kN}\cdot\text{m}$）

2-11　$M_A(F) = F \times 1.6 = 1.6F$

$M_A(F_T) = -F_T \times 2.4\cos60^\circ = -1.2F_T$

第 3 章 平面力系的简化 平衡方程

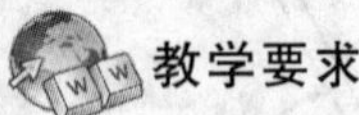

教学要求

通过本章学习，要求掌握平面力系向一点简化的结果及其计算；掌握平面力系的平衡条件和平衡方程，能熟练应用平衡方程求解单个物体及简单物体系统的平衡问题；掌握滑动摩擦的概念和滑动摩擦定律；了解静不定问题的概念、摩擦角概念和自锁现象、平衡的临界状态和平衡范围，能求解简单的有摩擦时物体的平衡问题。

本章重点是应用平面力系平衡方程求解单个物体的平衡问题，培养学生基本的计算能力。本章是建筑力学静力分析的重点。

各力的作用线都在同一平面内的力系称为平面力系。在平面力系中，又可以分为平面汇交力系、平面平行力系、平面力偶系和平面一般力系。受力分析的最终目的是确定作用在构件上的所有未知力，作为对工程构件进行强度、刚度与稳定性设计的基础。

本章首先讨论各种平面力系的简化问题。在此基础上，建立平面力系的平衡条件和平衡方程。并应用平衡条件和平衡方程求解单个构件以及由几个构件所组成系统的平衡问题，确定作用在构件上的全部未知力。本章的最后还将简单介绍考虑摩擦时的平衡问题。

“平衡”不仅是本章的重要概念，也是建筑力学课程的重要概念。对于一个系统，如果整体是平衡的，则组成这一系统的每一个构件也是平衡的。对于单个构件，如果是平衡的，则构件的每一个局部也是平衡的。这就是整体平衡与局部平衡的概念。

3.1 平面力系的简化

一、力系等效与简化的概念

1. 力系的主矢与主矩

由任意多个力所组成的力系($F_1, F_2, \cdots, F_n$) 中所有力的矢量和，称为力系的主矢量，简称为主矢，用 F_R 表示，即

$$F_R = \sum_{i=1}^{n} F_i \tag{3-1}$$

力系中所有力对于同一点(O)之矩的矢量和，称为力系对这一点的主矩，用 M_O 表示，即

$$M_O = \sum_{i=1}^{n} M_O(F_i) \tag{3-2}$$

需要指出的是，主矢只有大小和方向，并未涉及作用点；主矩却是对于确定点的。因此，对于一个确定的力系，主矢是唯一的；主矩并不是唯一的，同一个力系对于不同的点，其主矩一般不相同。

2. 等效的概念

如果两个力系的主矢和主矩分别对应相等，两者对于同一刚体就会产生相同的运动效应，因而称这两个力系为等效力系。

3. 简化的概念

所谓力系的简化，就是将由若干个力和力偶所组成的力系，变为一个力或一个力偶，或者一个力与一个力偶的简单而等效的情形。这一过程称为力系的简化。力系简化的基础是力向一点平移定理。

二、平面汇交力系的简化

如果作用在物体上各力的作用线都在同一平面内，而且相交于同一点，则该力系称为平面汇交力系。例如，起重机起吊重物时，如图 3-1(a) 所示，作用于吊钩 C 的 3 根绳索的拉力 F、F_A、F_B 都在同一平面内，且汇交于一点，组成平面汇交力系，如图 3-1(b) 所示。又如图 3-2 所示的桁架的结点作用有 F_1、F_2、F_3、F_4 4 个力，且相交于 O 点，也构成平面汇交力系。

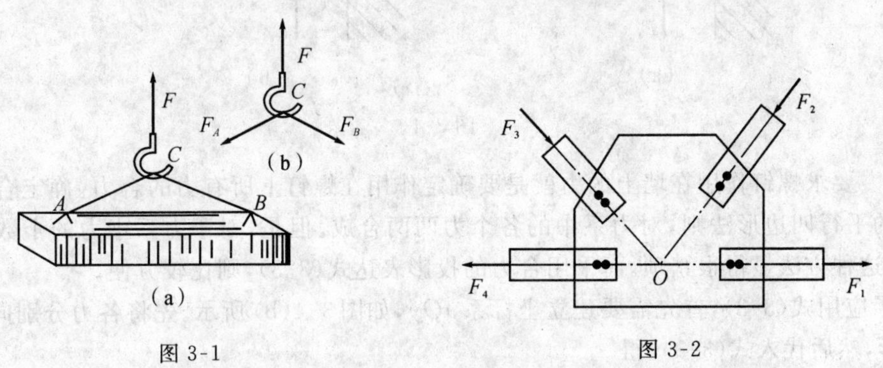

图 3-1　　　　图 3-2

平面汇交力系的简化可采用几何法和解析法。这里仅讨论解析法。

由第 2 章力的多边形法则可知，平面汇交力系可以简化为通过汇交点的合力，现用解析法求合力的大小和方向。

设有平面汇交力系 $F_1, F_2, \cdots, F_n$，如图 3-3(a) 所示，在力系所在的平面内任意选取一直角坐标系 xOy，为了方便，取力系的汇交点为坐标原点。应用合力投影定理，即式(3-3) 求合力在正交轴上的投影 F_{Rx} 和 F_{Ry}。由图 3-3(b) 中的几何关系，可得出合力 F_R 的大小和方向为

$$\left.\begin{aligned} F_R &= \sqrt{F_{Rx}^2 + F_{Ry}^2} = \sqrt{\left(\sum_{i=1}^{n} F_{ix}\right)^2 + \left(\sum_{i=1}^{n} F_{iy}\right)^2} \\ \tan\alpha &= \left|\frac{F_{Ry}}{F_{Rx}}\right| \end{aligned}\right\} \tag{3-3}$$

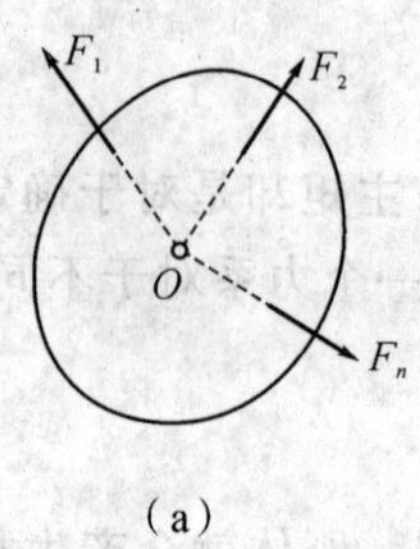

(a)

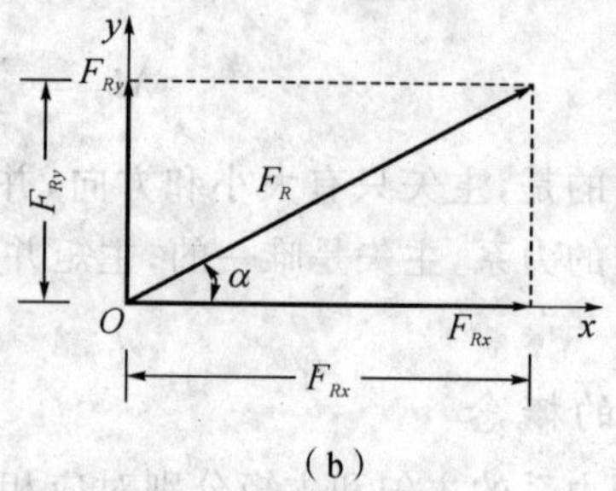

(b)

图 3-3

式中，F_{Rx}、F_{Ry} 为合力 F_R 分别在 x 轴和 y 轴上的投影。等号右边的项 $\sum_{i=1}^{n} F_{ix}$、$\sum_{i=1}^{n} F_{iy}$ 分别为力系中所有的力在 x 轴和 y 轴上投影的代数和。α 表示合力 F_R 与 x 轴所夹的锐角，合力的指向由 $\sum_{i=1}^{n} F_{ix}$、$\sum_{i=1}^{n} F_{iy}$ 的正负号决定，合力作用线通过力系的汇交点。

【例 3-1】 固定于墙内的环形螺钉上，作用有 3 个力 F_1、F_2、F_3，各力的方向如图 3-4(a) 所示，各力的大小分别 $F_1 = 3\text{kN}$、$F_2 = 4\text{kN}$、$F_3 = 5\text{kN}$。试求：螺钉作用在墙上的力。

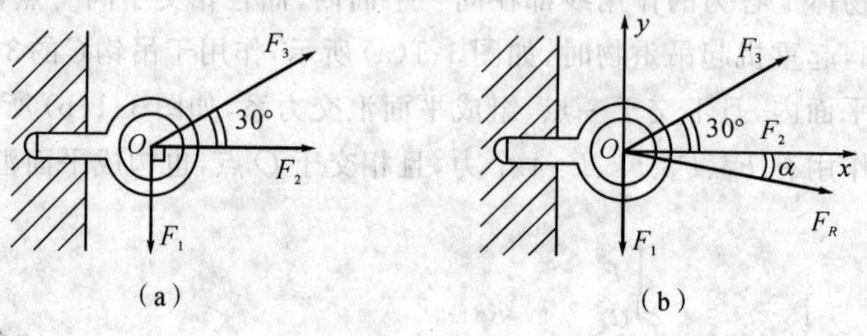

图 3-4

解 要求螺钉作用在墙上的力就是要确定作用在螺钉上所有力的合力。确定合力可以利用力的平行四边形法则，对力系中的各个力两两合成。但是，对于力系中力的个数比较多的情形，这种方法显得很繁琐。而采用合力的投影表达式(3-3)，则比较方便。

为了应用式(3-3)，首先需要建立坐标系 xOy，如图 3-4(b) 所示。先将各力分别向 x 轴和 y 轴投影，然后代入式(3-3)，得

$$F_x = \sum_{i=1}^{n} F_{ix} = F_{1x} + F_{2x} + F_{3x} = 0 + 4 + 5\cos 30° = 8.33(\text{kN})$$

$$F_y = \sum_{i=1}^{n} F_{iy} = F_{1y} + F_{2y} + F_{3y} = -3 + 0 + 5\sin 30° = -0.5(\text{kN})$$

由此可由式(3-3) 求得合力 F 的大小与方向(即其作用线与 x 轴的夹角)

$$F = \sqrt{F_x^2 + F_y^2} = \sqrt{(8.33)^2 + (-0.5)^2} = 8.345(\text{kN})$$

$$\cos\alpha = \frac{F_x}{F} = \frac{8.33}{8.345} = 0.998 \qquad \alpha = 3.6°$$

三、平面力偶系的简化

作用在同一平面内的若干个力偶组成的力系称为平面力偶系。设在物体某平面内作用两个力偶 M_1 和 M_2，如图 3-5(a) 所示，根据平面力偶等效的性质及推论，将上述力偶进行等

效变换。为此，任选一线段 $AB = h$ 作为公共力偶臂，变换后的等效力偶中各力的大小分别为

$$F_1 = F' = M_1/h, \quad F_2 = F_2{}' = M_2/h$$

(a)　　(b)　　(c)

图 3-5

再将如图 3-5(b) 所示中作用在 A 点和 B 点的力简化(设 $F_1 > F_2$) 得

$$F_R = F_1 - F_2, F_R{}' = F_1{}' - F_2{}'$$

由于 F_R 与 $F_R{}'$ 等值、反向且不共线，故组成一新力偶(F_R，$F_R{}'$)，如图 3-5(c) 所示。此力偶与原力偶系等效，称为原力偶系的合力偶。其力偶矩为

$$M = F_R \cdot h = (F_1 - F_2)h = M_1 + M_2$$

将上述关系推广到由 n 个力偶 $M_1, M_2, \cdots, M_n$ 组成的平面力偶系，则有

$$M = \sum_{i=1}^{n} M_i = \sum M_i \tag{3-4}$$

即平面力偶系可以合成为一个合力偶，合力偶的力偶矩等于各分力偶矩的代数和。

【例 3-2】　作用在刚体上的 6 个力组成处于同一平面内的 3 个力偶(F_1，$F_1{}'$)、(F_2，$F_2{}'$) 和(F_3，$F_3{}'$)，如图 3-6 所示，其中 $F_1 = 200\text{N}$、$F_2 = 600\text{N}$、$F_3 = 400\text{N}$。图中长度单位为 mm，试求 3 个平面力偶所组成的平面力偶系的合力偶矩。

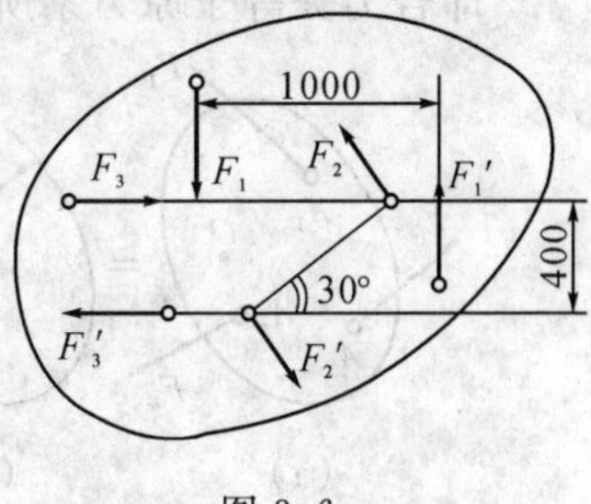

图 3-6

解　根据平面力偶系的简化结果，由式(3-4) 得本例中 3 个力偶所组成的平面力偶系的合力偶的力偶矩，等于 3 个力偶的力偶矩之代数和，即

$$M = \sum_{i=1}^{n} M_i = M_1 + M_2 + M_3$$

$$= 200 \times 1 + 600 \times \frac{0.4}{\sin 30^\circ} - 400 \times 0.4 = 520(\text{N} \cdot \text{m})$$

四、平面一般力系的简化

平面一般力系是指各力的作用线在同一平面内但不都汇交于一点也不都互相平行的力系，又称为平面任意力系。如图 3-7(a) 所示屋架，屋架受重力荷载 F_1、风荷载 F_2 及支座反力 F_{Ax}、F_{Ay}、F_B 的作用，这些力的作用线都在屋架的平面内，组成一个平面力系，如图 3-7(b) 所示。

本节将讨论平面一般力系的简化问题。

1. 平面一般力系的简化

设在某刚体上作用一平面任意力系 $F_1, F_2, \cdots, F_n$，如图 3-8(a) 所示。在力系所在平面内选一点 O 作为简化中心。根据力的平移定理，将力系中各力向简化中心 O 点平移，同时附加

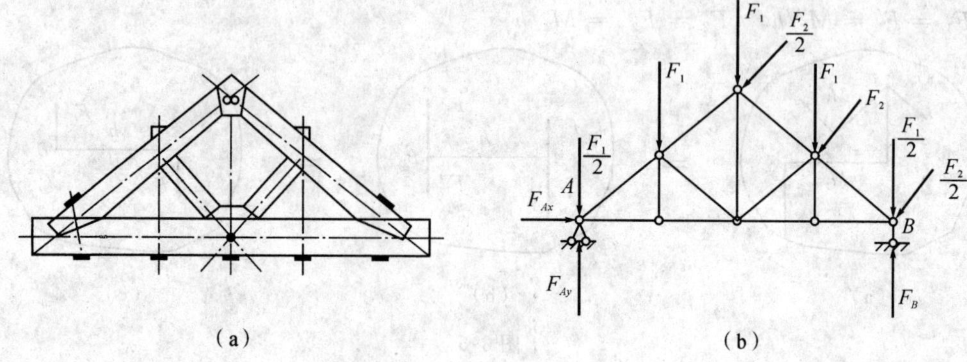

图 3-7

相应的力偶，于是原力系就等效地变换为作用于简化中心 O 点的平面汇交力系 F_1'，F_2'，…，F_n' 和力偶矩分别为 M_1，M_2，…，M_n 的力偶组成的附加平面力偶系，如图 3-8(b)(c) 所示。其中，$F_1' = F_1$，$F_2' = F_2$，…，$F_n' - F_n$；$M_1 = M_O(F_1)$，$M_2 = M_O(F_2)$；…，$M_n = M_O(F_n)$。分别将这两个力系合成如图 3-8(d) 所示。

(1) 主矢

作用在简化中心的平面汇交力系可以简化为一个合力

$$F_R' = F_1' + F_2' + \cdots + F_n' = \sum F' = \sum F$$

即合力矢等于原力系所有各力的矢量和。力矢称为原力系的主矢，其大小和方向可

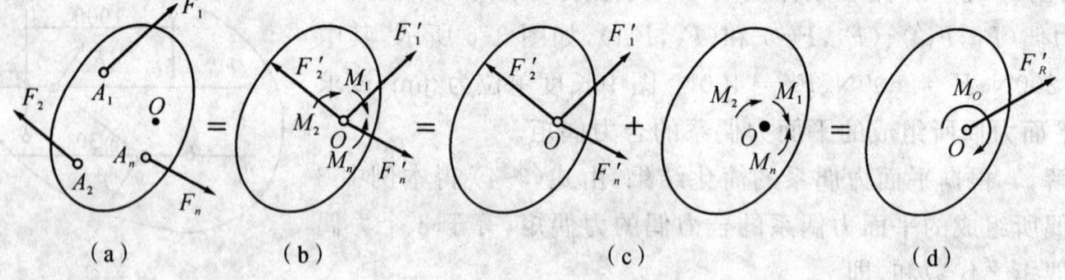

图 3-8

用解析法计算。主矢 F_R' 在直角坐标轴上的投影为

$$\left.\begin{aligned} F_{Rx}' &= F_{1x}' + F_{2x}' + \cdots + F_{nx}' = \sum_{i=1}^{n} F_{ix}' = \sum_{i=1}^{n} F_{ix} \\ F_{Ry}' &+ F_{1y}' + F_{2y}' + \cdots + F_{ny}' = \sum_{i=1}^{n} F_{iy}' = \sum_{i=1}^{n} F_{iy} \end{aligned}\right\}$$

则

$$\left.\begin{aligned} F_R' &= \sqrt{F_{Rx}^{2}{}' + F_{Ry}^{2}{}'} = \sqrt{(\sum_{i=1}^{n} F_{ix})^2 + (\sum_{i=1}^{n} F_{iy})^2} \\ \tan\alpha &= \left|\frac{F_{Ry}'}{F_{Rx}'}\right| \end{aligned}\right\} \tag{3-5}$$

(2) 主矩

附加平面力偶系可以简化为一个合力偶，合力偶矩为

$$M_O = M_1 + M_2 + \cdots + M_n = M_O(F_1) + M_O(F_2) + \cdots + M_O(F_n) = \sum M_O(F_i)$$

即合力偶矩等于原力系所有各力对简化中心 O 点力矩的代数和。M_O 称为原力系对简化中心

的主矩。

上述分析结果表明：平面力系向作用面内任意一点简化，一般情形下，得到一个力 —— 主矢和一个力偶 —— 主矩。所得力的作用线通过简化中心，它等于力系中所有力的矢量和；所得力偶仍作用于原平面内，其力偶矩数值等于力系中所有力对简化中心之矩的代数和。

由于力系向任意一点简化其主矢都是等于力系中所有力的矢量和，所以主矢与简化中心的选择无关；主矩则不然，主矩等于力系中所有力对简化中心之矩的代数和，对于不同的简化中心，力对简化中心之矩各不相同，所以，主矩与简化中心的选择有关。因此，当我们提及主矩时，必须指明是对哪一点的主矩。例如，M_O 就是指对 O 点的主矩。

需要注意的是，一般情况下，向 O 点简化所得的主矢或主矩，并不是原力系的合力或合力偶，它们中的任何一个并不与原力系等效。主矢与合力是两个不同的概念，主矢只有大小和方向两个要素，并不涉及作用点，可在任意点画出；而合力有三要素，除了大小和方向之外，还必须指明其作用点。

2. 平面一般力系的简化结果讨论

平面一般力系简化的结果有 4 种情况，见表 3-1。

表 3-1　平面一般力系的简化结果

主　矢	主　矩		最后结果	与简化中心的关系
$F_R{}' = 0$	1	$M = 0$	平　衡	与简化中心无关
	2	$M \neq 0$	合力偶	与简化中心无关
$F_R{}' \neq 0$	3	$M = 0$	合　力	合力作用线过简化中心
	4	$M \neq 0$	合　力	合力作用线距简化中心为 $d = \lvert M \rvert / F'R$

由表 3-1 可见，平面一般力系简化的最后结果，可归纳为 3 种情况：

(1) 简化为一个力，第 3、4 种情况。

(2) 简化为一个力偶，第 2 种情况。

(3) 力系平衡，第 1 种情况。

【例 3-3】　试求如图 3-9(a) 所示平面力系简化的最终结果。

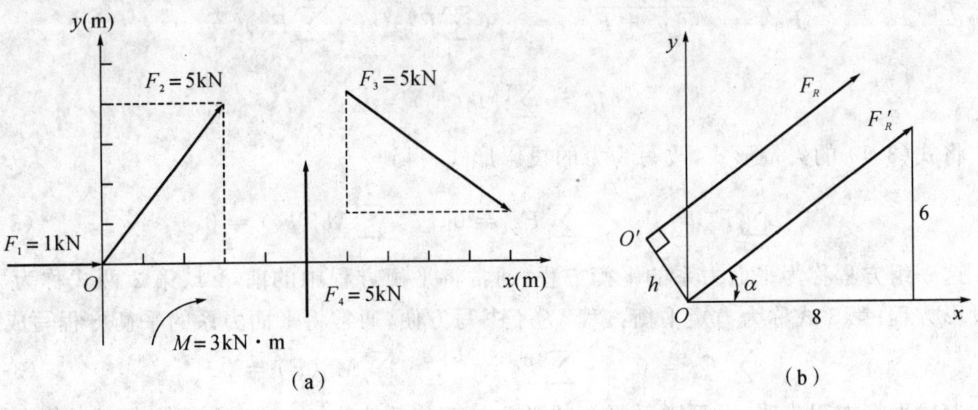

图 3-9

解　将各力向 O 点简化：

(1) 主矢为

$$F_{Rx}' = \sum F_x = 1 + 3 + 4 = 8\text{kN}$$

$$F_{Ry}' = \sum F_y = 4 - 3 + 5 = 6\text{kN}$$

$$F_R' = \sqrt{(F_{Rx}')^2 + (F_{Ry}')^2} = 10\text{kN}$$

主矢 F_R' 与 x 轴的夹角 α 为

$$\tan\alpha = |F_{Ry}'/F_{Rx}'| = 3/4 \qquad \alpha = 36.87°$$

因为 $F_{Rx}' > 0, F_{Ry}' > 0$，故 α 在第一象限，如图 3-9(b) 所示。

(2) 主矩为

$$M_O = \sum M_O(F_i) = -4F_{3x} - 6F_{3y} + 5F_4 - M = -16 - 18 + 25 - 3 = -12(\text{kN}\cdot\text{m})$$

(3) 计算合力。因为 $F'_R \neq 0, M_O \neq 0$，力系合成一个合力，且

$$F_R = F_R' = 10\text{kN}$$

作用线距简化中心 O 点为

$$h = |M_O/F_R'| = 1.2\text{m}$$

注意到 M_O 为负，合力 F_R 的作用位置如图 3-9(b) 所示。

3.2 平面一般力系的平衡

一、平面一般力系的平衡条件与平衡方程

当力系的主矢和对于任意一点的主矩同时等于零时，力系既不能使物体发生移动，也不能使物体发生转动，即物体处于平衡状态。因此，力系平衡的必要与充分条件是力系的主矢和对任意一点的主矩同时等于零。这一条件简称为平衡条件。

满足平衡条件的力系称为平衡力系。

对于平面力系，根据本章中所得到的主矢表达式(3-1) 和主矩的表达式(3-2)，力系的平衡条件可以写成

$$F_R' = \sqrt{F'^2_{Rx} + F'^2_{Ry}} = \sqrt{(\sum_{i=1}^{n} F_{ix})^2 + (\sum_{i=1}^{n} F_{iy})^2} = 0$$

$$M_O = \sum_{i=1}^{n} M_O(F_i) = 0$$

将式(3-1) 的矢量形式，改写为力的投影形式，得到

$$\sum_{i=1}^{n} F_{ix} = 0 \qquad \sum_{i=1}^{n} F_{iy} = 0 \qquad \sum_{i=1}^{n} M_O(F_i) = 0 \tag{3-6a}$$

这一组方程称为平面力系的平衡方程。通常将平衡方程中的前第 1、第 2 两式称为力平衡投影方程；第 3 式称为力矩平衡方程。为了书写方便，通常将平面力系的平衡方程写成

$$\sum F_x = 0 \qquad \sum F_y = 0 \qquad \sum M_O(F) = 0 \tag{3-6b}$$

上述平衡方程表明，平面力系平衡的必要与充分条件是：力系中所有的力在直角坐标系 xOy 的各坐标轴上的投影的代数和以及所有的力对任意点之矩的代数和同时等于零。

平面力系的平衡方程除了式(3-6) 所示的基本形式外，还有二力矩式方程和三力矩式方

程。若将式(3-6)中两个投影方程中的某一个用力矩式方程代替，则可得到下列二力矩式平衡方程

$$\sum F_x = 0 \qquad \sum M_A(F) = 0 \qquad \sum M_B(F) = 0 \tag{3-7}$$

附加条件：A、B 连线不能垂直投影轴 x。否则，式(3-7)就只是平面任意力系平衡的必要条件，而不是充分条件。

若将式(3-6)中的两个投影方程都用力矩式方程代替，则可得三力矩式平衡方程，即

$$\sum M_A(F) = 0 \qquad \sum M_B(F) = 0 \qquad \sum M_C(F) = 0 \tag{3-8}$$

附加条件：A、B、C 三点不共线。否则，式(3-8)只是平面任意力系平衡的必要条件而不是充分条件。

上述 3 组平衡方程中，投影轴和矩心都是任意选取的，所以可写出无数个平衡方程，但只要满足其中一组，其余方程就都自动满足，故独立的平衡方程只有 3 个，最多可求解 3 个未知量。

【例 3-4】　如图 3-10(a)所示为一悬臂式起重机，A、B、C 处都是铰链连接。梁 AB 自重，作用在梁的中点，提升重量，杆 BC 自重不计，求支座 A 的反力和杆 BC 所受的力。

解：(1) 取梁 AB 为研究对象，受力图如图 3-10(b)所示。A 处为固定铰支座，其反力用两分力 F_{Ax}、F_{Ay} 表示；杆 BC 为二力杆，它的约束反力 F_T 沿 BC 轴线，并假设为拉力。

(2) 选取投影轴和矩心。为使每个方程中未知量尽可能少，避免解联立方程，以 A 点或 B 点为矩心，取如图 3-10(b)所示的直角坐标系 xAy。

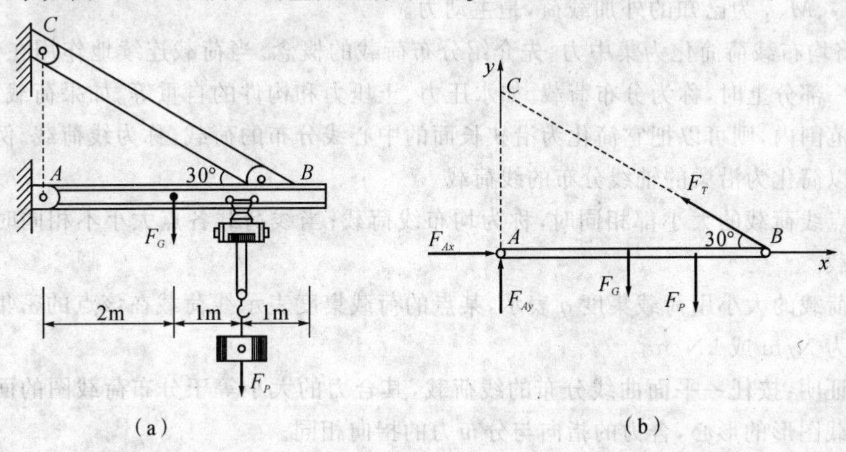

图 3-10

(3) 列平衡方程并求解。梁 AB 所受各力组成平面一般力系，用二力矩形式的平衡方程求解这 3 个未知力。

由　$\sum M_A(F) = 0$　　$-F_G \times 2 - F_P \times 3 + F_T \sin 30° \times 4 = 0$

得　$F_T = (2F_G + 3F_P)/(4 \times \sin 30°) = (2 \times 1 + 3 \times 8)/(4 \times 0.5) = 13(\text{kN})$

由　$\sum M_B(F) = 0$　　$-F_{Ay} \times 4 + F_G \times 2 + F_P \times 1 = 0$

得　$F_{Ay} = (2F_G + F_P)/4 = (2 \times 1 + 8)/4 = 2.5(\text{kN})$

由　$\sum F_x = 0$　　$F_{Ax} - F_T \times \cos 30° = 0$

得 $$F_{Ax} = F_T \times \cos30° = 13 \times 0.866 = 11.26(\text{kN})$$

(4) 校核。

$$\sum F_y = F_{Ay} - F_G - F_P + F_T \times \sin30° = 2.5 - 1 - 8 + 13 \times 0.5 = 0$$

可见计算无误。

【例 3-5】 A 端固定的悬臂梁 AB 受力如图 3-11(a) 所示。梁的全长上作用有集度为 q 的均布载荷；自由端 B 处承受一集中力 F_P 和一力偶 M 的作用。已知 $F_P = ql$，$M = ql^2$，l 为梁的长度。试求固定端处的约束力。

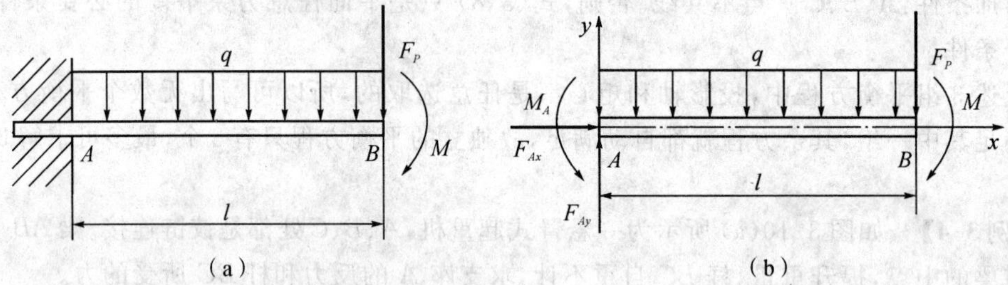

图 3-11

解：(1) 研究对象、隔离体与受力图。本例中只有梁一个构件，以梁 AB 为研究对象，解除 A 端的固定端约束，代之以约束力 F_{Ax}、F_{Ay} 和约束力偶 M_A，梁 AB 的受力图如图 3-11(b) 所示。图中 F_P、M、q 为已知的外加载荷，是主动力。

(2) 将均布载荷简化为集中力。先介绍分布荷载的概念。当荷载连续地作用在整个构件或构件的一部分上时，称为分布荷载。如水压力、土压力和构件的自重等。如果荷载系分布在一个狭长范围内，则可以把它简化为沿狭长面的中心线分布的荷载，称为线荷载。例如，梁的自重就可以简化为沿梁的轴线分布的线荷载。

当各点线荷载的大小都相同时，称为均布线荷载；当线荷载各点大小不相同时，称为非均布线荷载。

各点荷载的大小用荷载集度 q 表示，某点的荷载集度表示线荷载在该点的密集程度。其常用单位为 N/m 或 kN/m。

可以证明：按任一平面曲线分布的线荷载，其合力的大小等于分布荷载图的面积，作用线通过荷载图形的形心，合力的指向与分布力的指向相同。

作用在梁上的均匀分布力的合力大小等于载荷集度与作用长度的乘积，即 ql；合力的方向与均布载荷的方向相同；合力作用线通过均布载荷作用段的中点。

(3) 建立平衡方程。求解未知约束力通过对 A 点的力矩平衡方程，可以求得固定端的约束力偶 M_A；利用两个力的平衡方程求出固定端的约束力 F_{Ax} 和 F_{Ay}。

$$\sum F_x = 0 \qquad F_{Ax} = 0$$

$$\sum F_y = 0 \qquad F_{Ay} - ql - F_P = 0 \qquad F_{Ay} = 2ql$$

$$\sum M_A(F) = 0 \qquad M_A - ql \times l/2 - F_P \times l - M = 0 \qquad M_A = \frac{5}{2}ql^2$$

【例 3-6】 如图 3-12(a) 所示刚架。B 处为刚性节点，A 处为固定铰链支座；C 处为辊轴支座；受力如图 3-12(b) 所示。若图中 F_P 和 l 均为已知，求 A、C 两处的约束力。

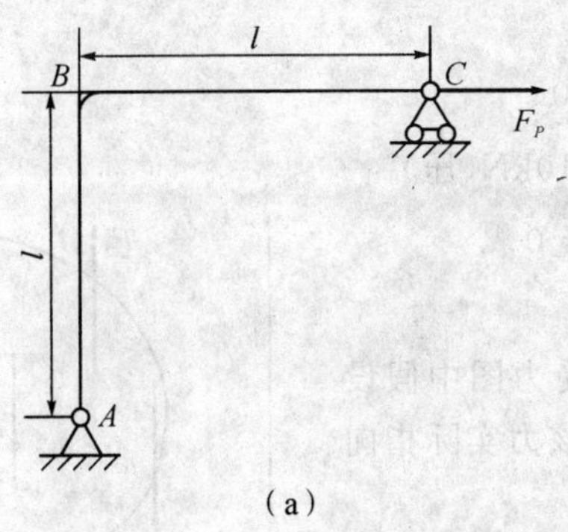

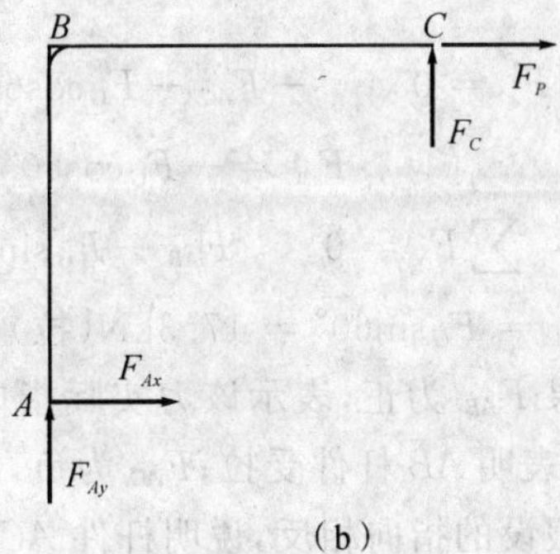

图 3-12

解　(1) 研究对象、隔离体和受力图。以刚架 ABC 为研究对象，解除 A、C 两处的约束：A 处为固定铰支座，假设互相垂直的两个约束力 F_{Ax} 和 F_{Ay}；C 处为辊轴支座，只有一个约束力 F_C，垂直于支承面，假设方向向上。于是，刚架 ABC 的受力如图 3-12(b) 所示。

(2) 应用平衡方程求解未知力。首先，通过对 A 点的力矩平衡方程，可以求得辊轴支座 C 处的约束力 F_C；然后，用两个力平衡的投影方程求出固定铰链支座 A 处的约束力 F_{Ax} 和 F_{Ay}。

$$\sum M_A(F) = 0 \qquad F_C \times l - F_P \times l = 0 \qquad F_C = F_P$$

$$\sum F_x = 0 \qquad F_{Ax} + F_P = 0 \qquad F_{Ax} = -F_P$$

$$\sum F_y = 0 \qquad F_{Ay} + F_C = 0 \qquad F_{Ay} = -F_C = -F_P$$

其中 F_{Ax} 和 F_{Ay} 均为负值，表明 F_{Ax} 和 F_{Ay} 的实际方向均与假设的方向相反。

二、几种特殊平面力系的平衡方程

平面汇交力系、平面平行力系和平面力偶系可以看作是平面力系的特殊情况。它们的平衡方程均可由式(3-6) 导出。

1. 平面汇交力系

若取汇交点为矩心，则式(3-6) 中的力矩式方程自动满足，故其平衡方程为

$$\sum F_x = 0 \qquad \sum F_y = 0 \tag{3-9}$$

由于只有两个方程，所以最多可以求解两个未知量。

【例 3-7】　支架由直杆 AB、AC 构成，A、B、C 3 处都是铰链，在 A 点悬挂重量为的重物，如图 3-13(a) 所示，求杆 AB、AC 所受的力。杆的自重不计。

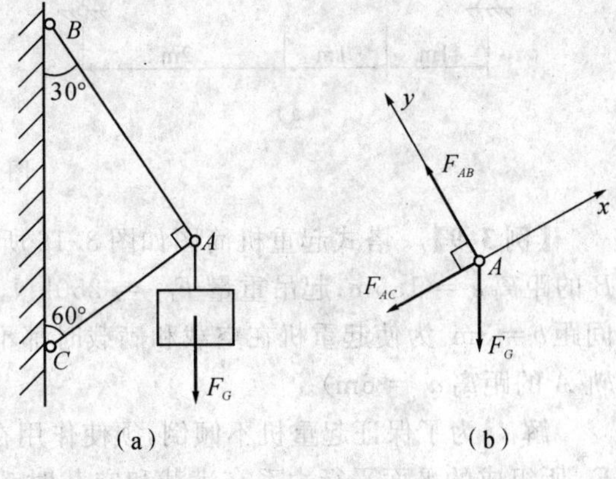

图 3-13

解　(1) 取 A 铰为研究对象。

(2) 画受力图。如图 3-13(b) 所示，因杆 AB、AC 都是二力直杆，它们对铰 A 的约束反作用力都沿着各自的轴线方向，并设为拉力。

(3) 建立坐标系。如图 3-13(b) 所示，将坐标轴分别和两未知力垂直，使运算简化。

由 $\sum F_x = 0 \quad -F_{AC} - F_G\cos60° = 0$

得 $F_{AC} = -F_G\cos60° = -10\text{kN}$(压)

由 $\sum F_y = 0 \quad F_{AB} - F_G\sin60° = 0$

得 $F_{AB} = F_G\sin60° = 17.3\text{kN}$(拉)

计算结果 F_{AB} 为正，表示该力实际指向与受力图中假设的指向一致，表明 AB 杆件受拉；F_{AC} 为负，表示该力实际指向与受力图中假设的指向相反，说明杆件 AC 受压。

2. 平面平行力系

对于如图 3-14 所示的平面平行力系 $F_1, F_2, \cdots, F_n$，取 Ox 轴与各力垂直，则式(3-6)中 $\sum F_X = 0$ 恒满足，于是独立的平衡方程就只有两个，即

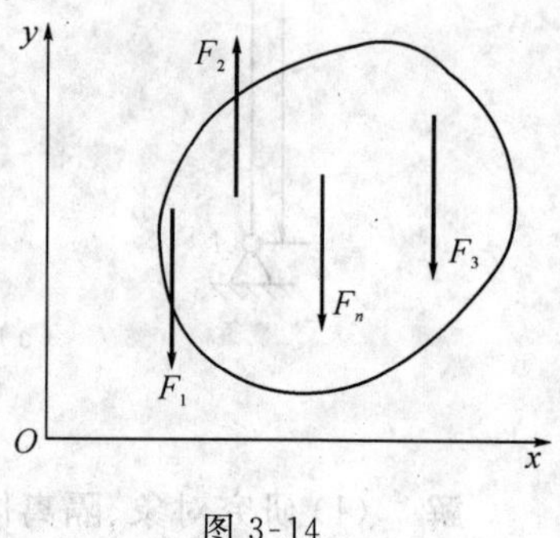

图 3-14

$$\sum F_y = 0 \quad \sum M_O(F) = 0 \tag{3-10}$$

【例 3-8】 如图 3-15(a)所示水平梁受荷载 $F = 20\text{kN}$、$q = 10\text{kN/m}$ 作用，梁的自重不计，试求 A、B 处的支座反力。

解 (1) 取梁 AB 为研究对象。

(2) 画受力图。梁上作用的荷载 F、q 和支座反力 F_B 相互平行，故支座反力 F_A 必与各力平行，才能保证力系为平衡力系。这样，荷载和支座反力组成平面平行力系，如图 3-15(b)所示。

(3) 列平衡方程并求解。建立坐标系，如图 3-15(b)所示。

由 $\sum M_A(F) = 0 \quad F_B \times 4 - F \times 1 - q \times 2 \times 3 = 0$

得 $F_B = (F \times 1 + q \times 2 \times 3)/4 = (20 \times 1 + 10 \times 6)/4 = 20(\text{kN})$

由 $\sum F_y = 0 \quad F_A + F_B - F - q \times 2 = 0$

得 $F_A = F + q \times 2 - F_B = 20 + 10 \times 2 - 20 = 20(\text{kN})$

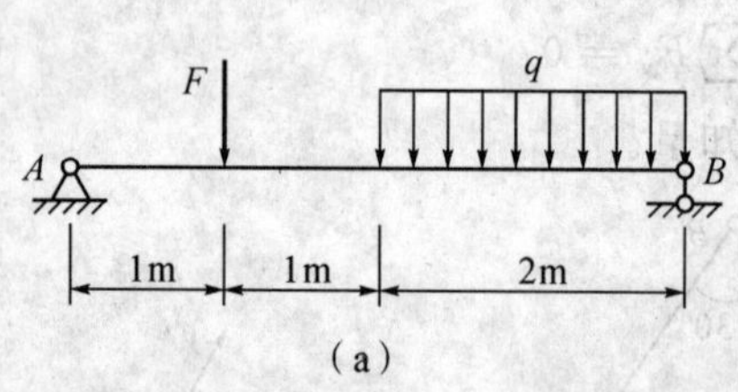

(a)

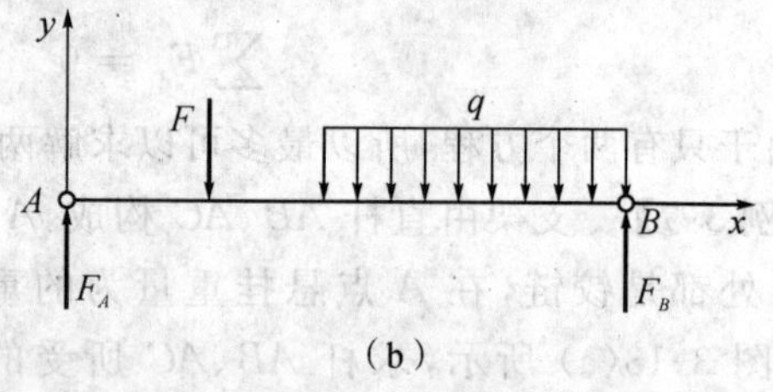

(b)

图 3-15

【例 3-9】 塔式起重机简图如图 3-16 所示。已知机架重量 $F_{G1} = 500\text{kN}$，重心 C 至右轨 B 的距离 $e = 1.5\text{m}$；起吊重量 $F_{G2} = 250\text{kN}$，其作用线至右轨 B 的最远距离 $L = 10\text{m}$；两轨间距 $b = 3\text{m}$。为使起重机在空载和满载时都不致倾倒，试确定平衡锤的重量 F_{G3}（其重心至左轨 A 的距离 $a = 6\text{m}$）。

解 为了保证起重机不倾倒，须使作用在起重机上的主动力 F_{G1}、F_{G2}、F_{G3} 和约束力 F_A、F_B 所组成的平面平行力系在满载和空载时都满足平衡条件，因此，平衡锤的重量应有一定的范围。

(1) 满载时，若平衡锤重量太小，起重机可能绕 B 点向右倾倒。开始倾倒的瞬间，左轮与轨道 A 脱离接触，这种情形称为临界状态。这时，$F_A = 0$。满足临界状态平衡条件的平衡锤重为所必须的最小平衡锤重 $F_{G3\min}$。于是由

$$\sum M_B(F) = 0 \qquad F_{G3\min}(a+b) - F_{G1}e - F_{G2}L = 0$$

解得　　　　$F_{G3\min} = 361\text{kN}$

(2) 空载时，，若平衡锤太重，起重机可能绕 A 点向左倾倒。在临界状态下，。满足临界状态平衡条件的平衡锤重将是所允许的最大平衡锤重 $F_{3G\min}$。于是由

图 3-16

$$\sum M_A(F) = 0 \qquad F_{G3\min}a - F_{G1}(e+b) = 0$$

解得　　　　$F_{3G\min} = 375\text{kN}$

综上所述，为保证起重机在空载和满载时都不倾倒，平衡锤的重量应满足

$$375\text{kN} > F_{G3} > 361\text{kN}$$

3. 平面力偶系

由平面力偶系的合成结果可知，若力偶系平衡，其合力偶矩必等于零；反之，若合力偶矩等于零，则原力偶系必定平衡。平面力偶系平衡的必要和充分条件是：力偶系中所有各力偶的力偶矩的代数和等于零，即

$$\sum M = M_1 + M_2 + \cdots + M_n = 0 \tag{3-11}$$

【例 3-10】　一简支梁 AB，在 C 处受一力偶作用如图 3-17(a) 所示，已知力偶矩从 $M_e = 100\text{kN/m}$，梁跨度 $l = 5\text{m}$，求 A、B 两支座的反力。

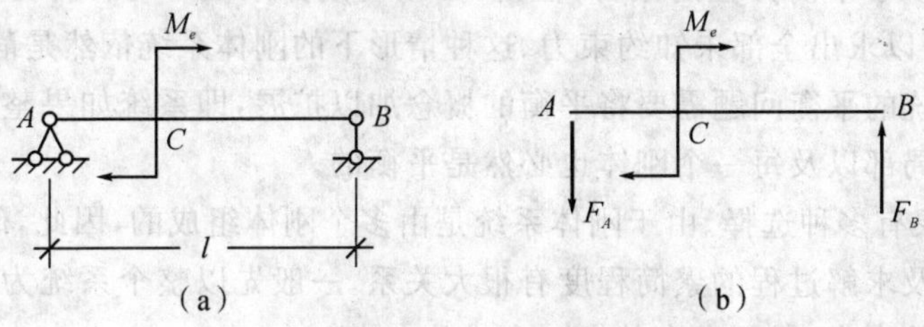

图 3-17

解　取 AB 梁为脱离体，由于梁处于平衡状态，欲必有支座反力组成的力偶矩与外荷载 M_e 从平衡。今 B 处支反力 R_B 垂直于 AB 梁，所以，F_A 也垂直于 AB 梁，并假设 F_A、F_B 的方向如图 3-17(b) 所示。由力偶平衡条件：

$$-M_e + F_B l = 0$$

得

$$F_B = \frac{M_e}{l} = \frac{100}{5} = 20(\text{kN})$$

因 F_A 与 F_B 组成一个力偶，故

$$F_A = F_B = 20\text{kN}$$

答案为正值，说明假设方向与实际相符合。

3.3 简单刚体系统的平衡问题

实际工程结构大都是由两个或两个以上构件通过一定约束方式连接起来的系统，因为在工程静力学中构件的模型都是刚体，所以，这种系统称为刚体系统。前几章中，实际上已经遇到过一些简单刚体系统的问题，其约束与受力都比较简单，比较容易分析和处理。分析刚体系统平衡问题的基本原则与处理单个刚体的平衡问题是一致的，很重要的是要正确判断刚体系统的静定性质，并选择合适的研究对象。现分述如下：

一、刚体系统静定与静不定的概念

在前几节所研究的问题中，作用在刚体上的未知力的数目正好等于独立的平衡方程数目。因此，应用平衡方程，可以解出全部未知量。这类问题称为静定问题，相应的结构称为静定结构。实际工程结构中，为了提高结构的强度和刚度，或者为了其他工程要求，常常需要在静定结构上，再加上一些构件或者约束，从而使作用在刚体上未知约束力的数目多于独立的平衡方程数目，因而仅仅依靠刚体平衡条件不能求出全部未知量。这类问题称为静不定问题，相应的结构称为静不定结构或超静定结构。对于静不定问题，必须考虑物体因受力而产生的变形、补充某些方程，才能使方程的数目等于未知量的数目。求解静不定问题，将在本书后面章节中介绍。

二、刚体系统的平衡问题的特点与解法

(1) 整体平衡与局部平衡的概念。某些刚体系统的平衡问题中，若仅考虑整体平衡，其未知约束力的数目多于平衡方程的数目，但是，如果将刚体系统中的构件分开，依次考虑每个构件的平衡，则可以求出全部未知约束力。这种情形下的刚体系统依然是静定的。

求解刚体系统的平衡问题需要将平衡的概念加以扩展，即系统如果整体是平衡的，则组成系统的每一个局部以及每一个刚体也必然是平衡的。

(2) 研究对象有多种选择。由于刚体系统是由多个刚体组成的，因此，研究对象的选择对于能不能求解以及求解过程的繁简程度有很大关系。一般先以整个系统为研究对象，虽然不能求出全部未知约束力，但可求出其中一个或几个未知力。

(3) 对刚体系统作受力分析时，要分清内力和外力。内力和外力是相对的，需视选择的研究对象而定。研究对象以外的物体作用于研究对象上的力称为外力，研究对象内部各部分间的相互作用力称为内力。内力总是成对出现，它们大小相等、方向相反、作用线同在一直线上，分别作用在两个相连接的物体上。考虑以整体为研究对象的平衡时，由于内力在任意轴上的投影之和以及对任意点的力矩之和始终为零，因而不必考虑。但是，一旦将系统拆开，以局部或单个刚体作为研究对象时，在拆开处，原来的内力变成了外力，建立平衡方程时，必须考虑这些力。

(4) 刚体系统的受力分析过程必须严格根据约束的性质确定约束力，特别要注意互相连接物体之间的作用力与反作用力，使作用在平衡系统整体上的力系和作用在每个刚体上的力系都满足平衡条件。

常常有这样的情形，作用在系统上的力系似乎满足平衡条件，但由此而得到的单个刚体

本身的力系却是不平衡的，这显然是不正确的。这种情形对于初学者时有发生。

【例 3-11】　如图 3-18(a) 所示之静定结构称为连续梁，由 AB 和 BC 梁在 B 处用中间铰连接而成。其中 C 处为辊轴支座，A 处为固定端。DE 段梁上承受均布载荷作用，载荷集度为 q；E 处作用有外加力偶，其力偶矩为 M。若 q、M、l 等均为已知，试求：A、C 两处的约束力。

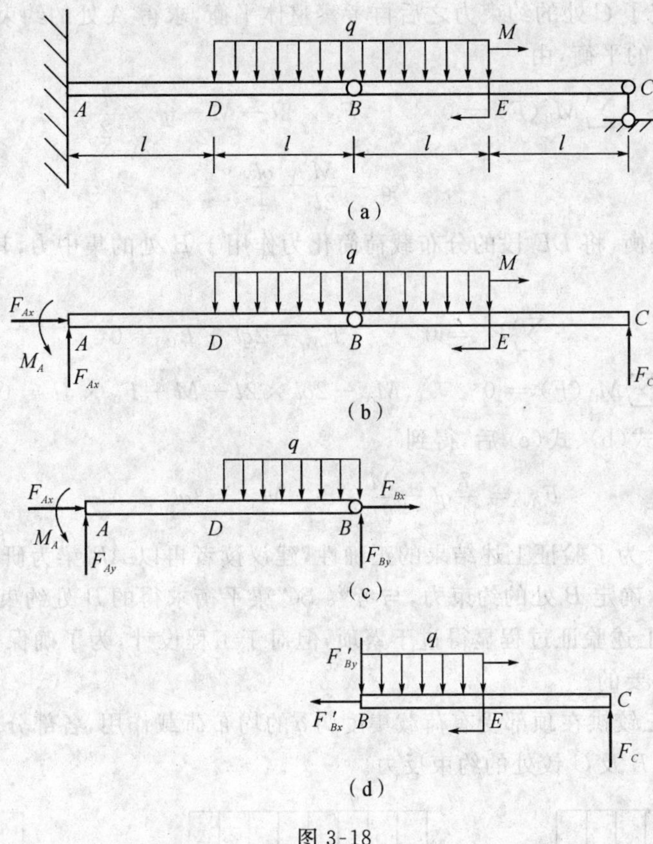

图 3-18

解　(1) 受力分析。在固定端 A 处有 3 个约束力，设为 F_{Ax}、F_{Ay} 和 M_A；在辊轴支座 C 处有 1 个竖直方向的约束力 F_C。对于结构整体，这些约束力都是系统的外力。若将结构从 B 处拆开成两个刚体，则铰链 B 处的约束力可以用相互垂直的两个分量表示，但作用在两个刚体上同一处的约束力互为作用力与反作用力，这种约束力对于拆开的单个刚体是外力，对于拆开之前的系统，却是内力。这些力在考察结构整体平衡时并不出现。因此，整体结构的受力如图 3-18(b) 所示；AB 和 BC 两个刚体的受力如图 3-18(c)(d) 所示。

(2) 考察连续梁整体平衡。整体结构的受力图，如图 3-18(b) 所示，其上作用有 4 个未知约束力，而平面力系独立的平衡方程只有 3 个，因此，仅仅考察整体平衡不能求得全部未知约束力，但是可以求得其中某些未知量。例如，由整体平衡方程

$$\sum F_x = 0$$

可得到

$$F_{Ax} = 0$$

(3) 考察局部平衡。如图 3-18(c)(d) 所示，拆开后的 AB 梁和 BC 梁的受力图。

AB 梁在 A、B 两处作用有 5 个约束力，其中已求得 $F_{Ax} = 0$，尚有 4 个是未知的，故杆 AB 梁不宜最先选作研究对象。

BC 梁在 B、C 两处共有 3 个未知约束力，可由 3 个独立平衡方程求解。因此，先以 BC 梁作为研究对象，求得其上的约束力后，再应用拆开后两部分在 B 处的约束力互为作用力与反作用力关系，得 AB 梁上 B 处的约束力。最后再考察 AB 梁的平衡，即可求得 A 处的约束力。

也可以在确定了 C 处的约束力之后再考察整体平衡，求得 A 处的约束力。

先考察 BC 梁的平衡，由

$$\sum M_B(F)=0 \qquad F_C\times 2l-M-ql\times\frac{l}{2}=0$$

求得

$$F_C=\frac{M}{2l}+\frac{ql}{4} \tag{a}$$

再考察整体平衡，将 DE 段的分布载荷简化为作用于 B 处的集中力，其值为 $2ql$。建立平衡方程有

$$\sum F_y=0 \qquad F_{Ay}-2ql+F_C=0 \tag{b}$$

$$\sum M_A(F)=0 \qquad M_A-2ql\times 2l-M+F_C\times 4l=0 \tag{c}$$

将式(a) 代入式(b)、式(c) 后，得到

$$F_{Ay}=\frac{7}{4}ql-\frac{M}{2l} \qquad M_A=3ql^2-M$$

(4) 结果验证。为了验证上述结果的正确性，建议读者再以 AB 梁为研究对象，应用已经求得的 F_{Ay} 和 M_A，确定 B 处的约束力，与考察 BC 梁平衡求得的 B 处约束力互相印证。

对于初学者，上述验证过程显得过于繁琐，但对于工程设计，为了确保安全可靠，这种验证过程却是非常必要的。

【例3-12】 三铰拱在顶部受有荷载集度为 q 的均布荷载作用，各部分尺寸如图 3-19(a) 所示。试求支座 A、B 及 C 铰处的约束反力。

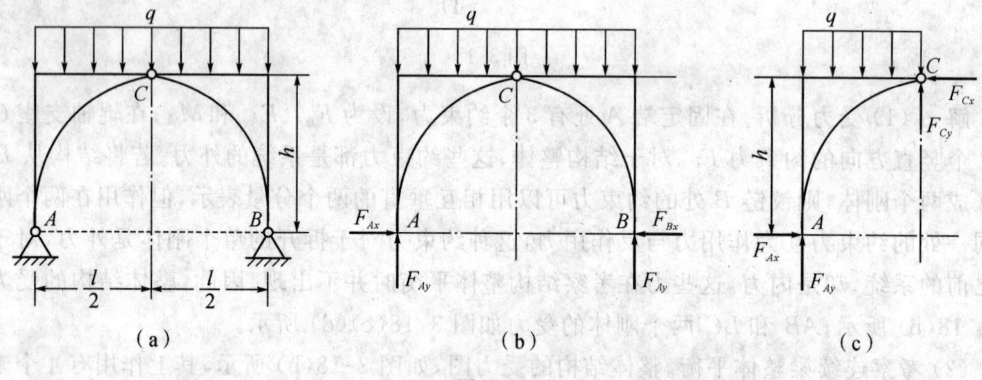

图 3-19

解 (1) 以整体为研究对象，受力图如图 3-19(b) 所示，属平面任意力系。A、B 两处共有 4 个未知的约束反力，而只有 3 个独立的平衡方程。虽然不能求出全部未知力，但有 3 个约束反力的作用线通过 A 点或 B 点，可以解出部分未知力。平衡方程如下：

由 $$\sum M_A(F)=0 \qquad F_{By}l-ql\,\frac{1}{2}=0$$

得 $$F_{By}=ql/2$$

由 $$\sum M_B(F_i)=0 \qquad -F_{Ay}l+ql\,\frac{1}{2}=0$$

得 $$F_{Ay} = ql/2$$

由 $$\sum F_x = 0 \qquad F_{Ax} - F_{Bx} = 0$$

得 $$F_{Ax} = F_{Bx}$$

(2) 将系统从 C 处拆开，以左半拱 AC 为研究对象，其受力如图 3-19(c) 所示，列平衡方程。

由 $$\sum M_C(F) = 0 \qquad F_{Ax} \times h - F_{Ay} \times \frac{1}{2} + q\,\frac{1}{2} \times \frac{1}{4} = 0$$

得 $$F_{Ax} = F_{Bx} = \frac{ql^2}{8h}$$

【例 3-13】 如图 3-20 所示机构在图示位置平衡，已知主动力 F，各杆重量不计，试求集中力偶矩的大小及支座 A 处的约束反力。

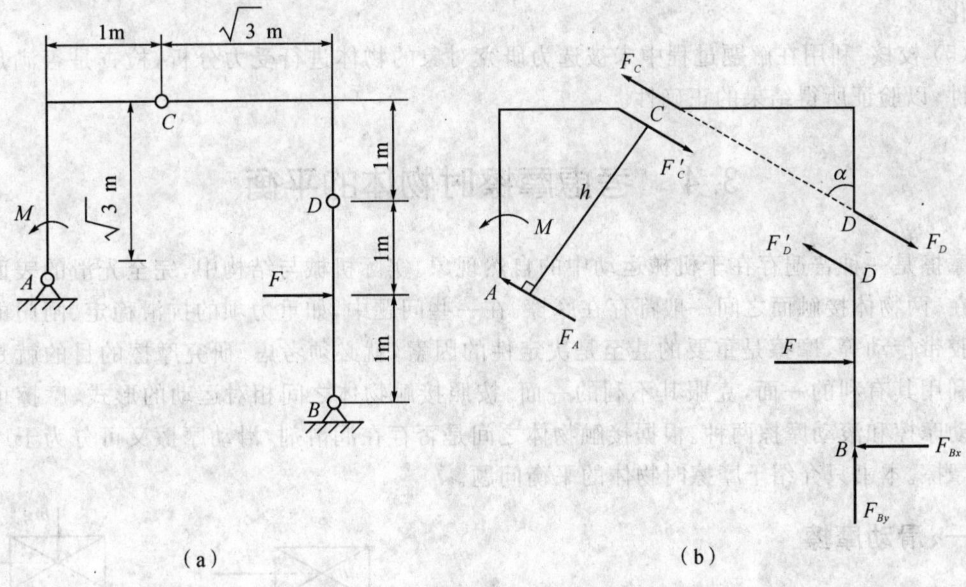

图 3-20

解　(1) 取 CD 杆为研究对象。由于 CD 杆为二力杆，因此它所受到的 C、D 两铰链的约束反力必沿 C、D 两点连线。其受力如图 3-20(b) 所示，由几何关系可知 $\alpha = 60°$。

(2) 取 BD 杆为研究对象，其受力如图 3-20(b) 所示，于是有

$$\sum M_B(F) = 0 \qquad F_D' \times \sin\alpha \times 2 - F \times 1 = 0$$

$$F_D' = F/(2\sin\alpha) = F/(2\sin 60°) = \sqrt{3}F/3$$

$$F_C = F_D = F_D' = \sqrt{3}F/3$$

(3) 以 AC 为研究对象，其受力如图 3-20(b) 所示。由于 AC 杆上的主动力只有力偶 M，根据力偶只能与力偶平衡的性质可知，F_A 与 F_C' 必组成一力偶与主动力偶 M 平衡。由图中几何关系可求得力偶(F_A，F_C') 的力偶臂为：$h = \sqrt{(\sqrt{3})^2 + 1^2} = 2\text{m}$，$F_A = F_C' = \sqrt{3}F/3$。

由 $$\sum M = 0 \qquad M - F_C' \times h = 0$$

得 $$M = F_C' \cdot h = (\sqrt{3}F/3) \times 2 = \frac{2\sqrt{3}}{3}F$$

通过以上例题分析，可概括出求解物系平衡问题的一般步骤和要点：

(1) 弄清题意，判断物体系统的静定性质，确定是否可解。

(2) 正确选择研究对象。一般先取整体为研究对象，求得某些约束反力。然后，根据要求的未知量，选择合适的局部或单个物体为研究对象。注意研究对象选取的次序，每次所取的研究对象上未知力的个数，最好不要超过该研究对象所受力系独立平衡方程式的个数，避免求解研究对象的联立方程。

(3) 正确画出研究对象的受力图。根据约束的性质和作用与反作用定律，分析研究对象所受的约束力。只画研究对象所受的外力，不画内力。

(4) 分别考虑不同的研究对象的平衡条件，建立平衡方程，求解未知量。列平衡方程时，要选取适当的投影轴和矩心，列相应的平衡方程，尽量使一个方程只含一个未知量，以使计算简化。

(5) 校核。利用在解题过程中未被选为研究对象的物体进行受力分析，检查是否满足平衡条件，以验证所得结果的正确性。

3.4 考虑摩擦时物体的平衡

摩擦是一种普遍存在于机械运动中的自然现象。实际机械与结构中，完全光滑的表面并不存在。两物体接触面之间一般都存在摩擦。在一些问题中，如重力坝的抗滑稳定、闸门的启闭及胶带传动等，摩擦是重要的甚至是决定性的因素，就必须考虑。研究摩擦的目的就是要充分利用其有利的一面，克服其不利的一面。按照接触物体之间相对运动的形式，摩擦可分为滑动摩擦和滚动摩擦两种。根据接触物体之间是否存在润滑剂，滑动摩擦又可分为干摩擦和湿摩擦。本书只介绍干摩擦时物体的平衡问题。

一、滑动摩擦

1. 静滑动摩擦定律

当物体接触面间有相对滑动的趋势但仍保持相对静止时，沿接触点公切面彼此作用着阻碍相对滑动的力，称为静滑动摩擦力，简称静摩擦力，常用 F 表示。

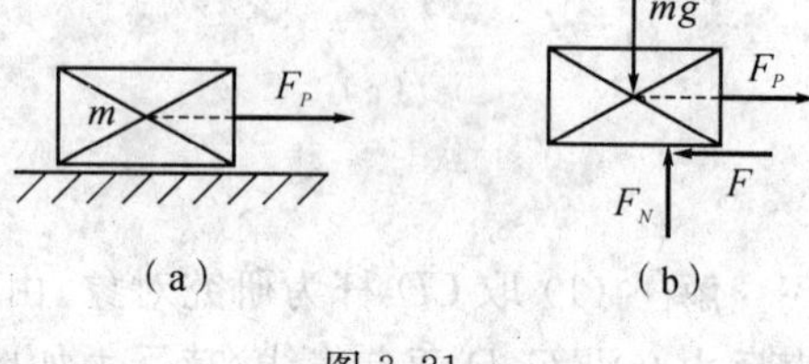

图 3-21

考察如图 3-21(a) 所示之质量为 m、静止地放置于水平面上的物块，设两者接触面都是非光滑面。

在物块上施加水平力 F_P，并令其自零开始连续增大，当力较小时，物块具有相对滑动的趋势。这时，物块的受力如图 3-21(b) 所示。因为是非光滑面接触，故作用在物块上的约束力除法向力 F_N 外，还有一与运动趋势相反的静滑动摩擦力 F。

当 $F_P = 0$ 时，由于两者无相对滑动趋势，故静摩擦力 $F = 0$。当 F_P 开始增加时，静摩擦力 F 随之增加，因为存在 $F = F_P$，物块仍然保持静止。

F_P 再继续增加，达到某一临界值 $F_{P\max}$ 时，摩擦力达到最大值，$F = F_{\max}$，物块处于临界状态。其后，物块开始沿力 F_P 的作用方向滑动。

物块开始运动后，静滑动摩擦力突变至动滑动摩擦力 F_d。此后，主动力 F_P 的数值若再增加，则摩擦力基本上保持为常值 F_d。

上述过程中，主动力与摩擦力之间的关系曲线如图 3-22 所示。根据库仑(Coulomb)摩擦定律，最大静摩擦力与正压力成正比，其方向与相对滑动趋势的方向相反，而与接触面积的大小无关，即

$$F_{\max} = f_s F_N \tag{3-12}$$

式中，f_s 称为静摩擦因数。静摩擦因数 f_s 主要与材料和接触面的粗糙程度有关，其数值可在工程手册中查到。但由于影响摩擦因数的因素比较复杂，所以如果需要较准确的 f_s 数值，则应由实验测定。表 3-2 列出了某些材料的 f_s 值以供参考。

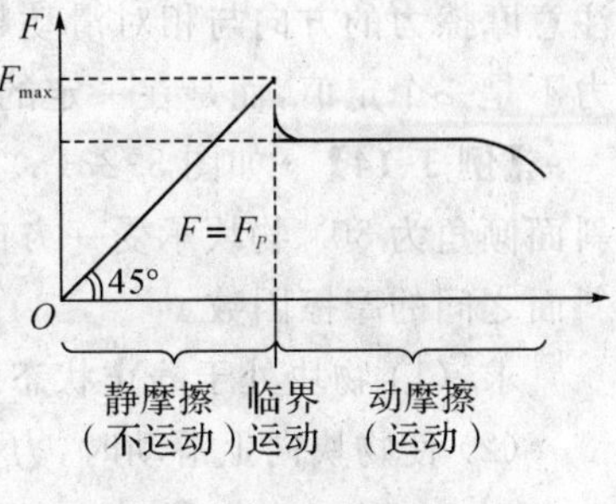

图 3-22

上述分析表明，开始运动之前，即物体保持静止时，静摩擦力的数值在零与最大静摩擦力之间，即

$$0 \leqslant F \leqslant F_{\max} \tag{3-13}$$

从约束的角度，静滑动摩擦力也是一种约束力，而且是在一定范围内取值的约束力。

表 3-2　几种常见材料的摩擦系数

材　料	摩擦系数			
	静摩擦系数		动摩擦系数	
	无润滑剂	有润滑剂	无润滑剂	有润滑剂
钢 — 钢	0.15	0.10 ～ 0.12	0.15	0.05 ～ 0.10
钢 — 铸铁	0.30		0.18	0.05 ～ 0.15
铸铁 — 铸铁		0.18	0.15	0.07 ～ 0.12
皮革 — 铸铁	0.30 ～ 0.50	0.15	0.60	0.15
橡皮 — 铸铁			0.80	0.50
木材 — 木材	0.40 ～ 0.60	0.10	0.20 ～ 0.50	0.07 ～ 0.15

2. 动滑动摩擦定律

若两个物体之间已发生相对滑动，则接触面之间产生的阻碍滑动的力称为动滑动摩擦力，简称动摩擦力。根据大量实验，得到与静摩擦定律相似的动摩擦定律：动摩擦力的方向与接触物体间相对速度方向相反，大小与正压力成正比，即

$$F_d = f_d F_N \tag{3-14}$$

式中，f_d 为动摩擦系数，其值与接触物的材料及表面的状况有关外，还与两物体相对滑动的速度有关，随着相对滑动速度的增大而略有减小。当相对速度变化不大时，可将其视为常数。实验表明，f_d 略小于 f_s，在一般的工程计算中，可以认为两者近似相等。

二、考虑摩擦时物体的平衡

考虑摩擦时的平衡问题，与不考虑摩擦时的平衡问题有着共同特点，即物体平衡时应满足平衡条件，解题方法与过程也基本相同。

但是，这类平衡问题的分析过程也有其特点：首先，受力分析时必须考虑摩擦力，而且要

注意摩擦力的方向与相对滑动趋势的方向相反;其次,在滑动之前,即处于静止状态时,摩擦力不是一个定值,而是在一定的范围内取值。

【例 3-14】 如图 3-23(a) 所示为放置于斜面上的物块。物块产生的重力 $F_W = 1000\text{N}$;斜面倾角为 30°。物块承受一方向自左至右的水平推力,其数值为 $F_P = 400\text{N}$。若已知物块与斜面之间的摩擦因数。

求:(1) 物块处于静止状态时,静摩擦力的大小和方向。

(2) 使物块向上滑动时,力 F_P 的最小值。

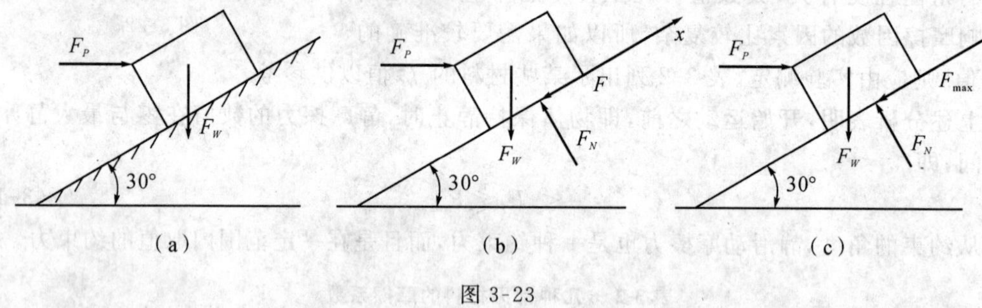

图 3-23

解 根据本例的要求,需要判断物块是否静止。这一类问题的解法是:假设物体处于静止状态,首先由平衡方程求出静摩擦力 F 和法向反力 F_N。再求出最大静摩擦力 F_{max}。将 F 与 F_{max} 加以比较,若 $|F| \leqslant F_{max}$,物体处于静止状态,所求 F 有意义;若 $|F| > F_{max}$,物体已进入运动状态,所求 F 无意义。

(1) 确定物块静止时的摩擦力 F 值($|F| \leqslant F_{max}$)。以物块为研究对象,假设物块处于静止状态,并有向上滑动的趋势,受力如图 3-23(b) 所示。其中摩擦力的指向是假设的,若结果为负,表明实际指向与假设方向相反。由

$$\sum F_x = 0 \qquad F_P\cos30° - F_W\sin30° - F = 0$$

得

$$F = -153.6(\text{N}) \tag{a}$$

负号表示实际摩擦力 F 的指向与图中所设方向相反,即物体实际上有下滑的趋势,摩擦力的方向实际上是沿斜面向上的。于是,由

$$\sum F_y = 0 \qquad F_N - F_W\cos30° - F_P\sin30° = 0$$

$$F_N = 1066(\text{N})$$

最大静摩擦力为

$$F_{max} = f_s F_N = 0.2 \times 1066 = 213.2(\text{N}) \tag{b}$$

比较式(a) 和式(b),得到 $|F| < F_{max}$。

因此,物块在斜面上静止;摩擦力大小为 153.6N,其指向沿斜面向上。

(2) 确定物块向上滑动时所需主动力 F_P 的最小值 $F_{P_{min}}$。仍以物块为研究对象,此时,物块处于临界状态,即力 F_P 略大于 $F_{P_{min}}$,物块就将发生运动,摩擦力 F 达到最大值 F_{max}。这时,根据运动趋势确定 F_{max} 的实际方向,物块的受力如图 3-23(c) 所示。

建立平衡方程和关于摩擦力的物理方程

$$\sum F_x = 0 \qquad F_{P_{min}}\cos30° - F_W\sin30° - F_{max} = 0 \tag{c}$$

$$\sum F_y = 0 \qquad F_N - F_W\cos30° - F_{P_{min}}\sin30° = 0 \tag{d}$$

$$F_{max} = f_s F_N \tag{e}$$

将式(c)、式(d)、式(e)联立，解得

$$F_{P_{min}} = 878.75\text{N}$$

当力 F_P 的数值超过 878.75N 时，物块将沿斜面向上滑动。

【例 3-15】 梯子的上端 B 靠在铅垂的墙壁上，下端 A 搁置在水平地面上。假设梯子与墙壁之间为光滑约束，而与地面之间为非光滑约束，如图 3-24(a) 所示。已知：梯子与地面之间的摩擦因数为 f_s；梯子的重力为 F_W。设：

(1) 若梯子在倾角的位置保持平衡，求 A、B 两处约束力 F_{NA}、F_{NB} 和摩擦力 F_A。

(2) 若使梯子不致滑倒，求其倾角的范围。

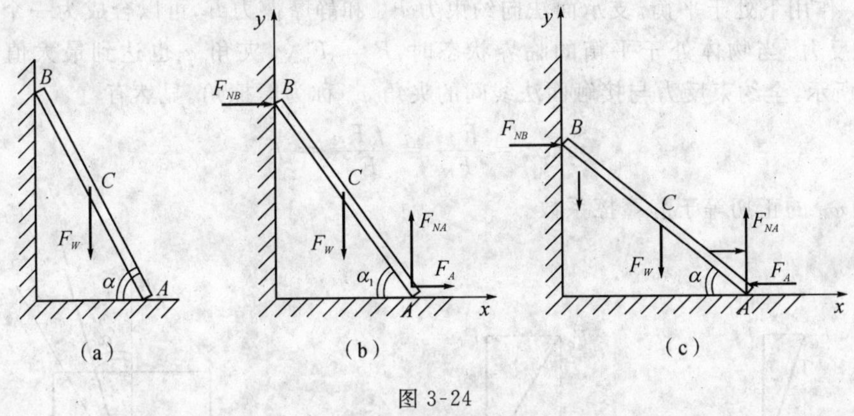

图 3-24

解 (1) 梯子在倾角 α_1 的位置保持平衡时的约束力。这种情形下，梯子的受力如图 3-25(b) 所示。其中将摩擦力 F_A 作为一般的约束力，假设其方向如图 3-24(b) 所示。于是有

$$\sum M_A(F) = 0 \qquad F_W \times l/2 \times \cos\alpha_1 - F_{NB} \times l \times \sin\alpha_1 = 0$$

$$\sum F_y = 0 \qquad F_{NA} - F_W = 0$$

$$\sum F_x = 0 \qquad F_A + F_{NB} = 0$$

由此解得

$$F_{NB} = \frac{F_W \cos\alpha_1}{2\sin\alpha_1}$$

$$F_{NA} = F_W$$

$$F_A = -F_{NB} = -\frac{F_W}{2}\cot\alpha_1$$

所得 F_A 的结果为负值，表明梯子下端所受的摩擦力与如图 3-24(b) 所示中假设的方向相反。

(2) 求梯子不滑倒的倾角 α 的范围。这种情形下，摩擦力 F_A 的方向必须根据梯子在地上的滑动趋势预先确定，不能任意假设。于是，梯子的受力如图 3-24(c) 所示。

平衡方程和物理方程分别为

$$\sum M_A(F) = 0 \qquad F_W \times l/2 \times \cos\alpha - F_{NB} \times l \times \sin\alpha = 0$$

$$\sum F_y = 0 \qquad F_{NA} - F_W = 0$$

$$\sum F_x = 0 \qquad -F_A + F_{NB} = 0$$

$$F_A = f_s F_{NA}$$

由此解得，保持梯子平衡时的临界倾角为

$$\alpha = \operatorname{arccot}(2f_s)$$

由常识可知，角度 α 越大，梯子越易保持平衡，故平衡时梯子对地面的倾角范围为

$$\alpha \geqslant \operatorname{arccot}(2f_s)$$

三、摩擦角和自锁*

在岩土工程、机械设计等领域，还要用到摩擦角的概念。如图 3-25(a) 所示。物体在主动力 F_P、F_W 作用下处于平衡。支承面法向约束力 F_N 和静摩擦力 F，可以合成为一个力 F_R，称为全约束反力。当物体处于平衡的临界状态时，$F = F_{\max}$，夹角 φ 也达到最大值 φ_m，如图 3-25(b) 所示，全约束反力与接触面法线间的夹角 φ_m 称为摩擦角。显然有

$$\tan\varphi_m = \frac{F_{\max}}{F_N} = \frac{f_s F_N}{F_N} = f_s \tag{3-15}$$

即摩擦角 φ_m 的正切等于静摩擦系数。

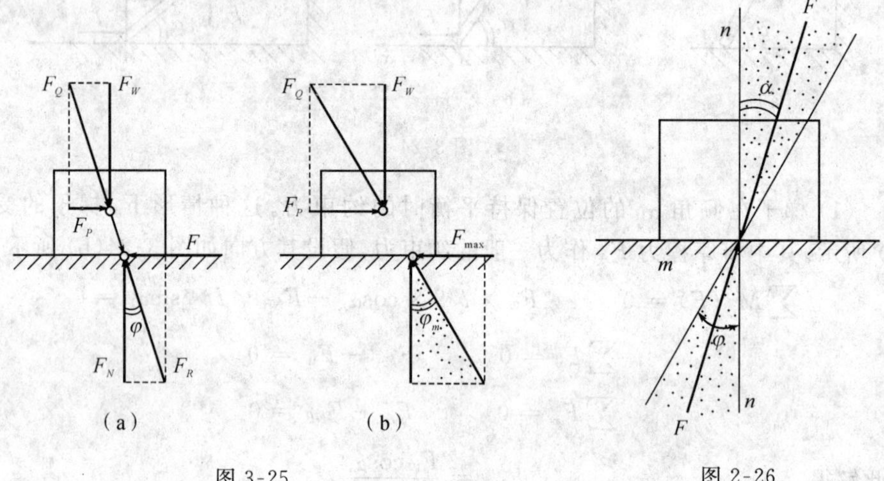

图 3-25　　图 2-26

因为静摩擦力的变化有一个范围($0 \leqslant F \leqslant F_{\max}$)，所以全反力 F_R 与法线的夹角也有一个变化范围($0 \leqslant \varphi \leqslant \varphi_m$)，由摩擦角的概念，全反力 F_R 的作用线只能在摩擦角 φ_m 内。因此，如果作用在物体上的主动力的合力 F_Q 的作用线在摩擦角之内，如图 3-26 所示，则不论其大小如何，总可以与全反力平衡，因而物体必处于静止状态，这种现象称为自锁。产生自锁现象需满足的条件称为自锁条件。显然，自锁条件为 $0 \leqslant \varphi_m$。

工程中常用自锁原理设计某些机构和夹具，如螺旋千斤顶、压榨机等。但在另一些情况下，又要防止自锁现象发生，如水闸闸门启闭时，就应注意避免自锁，以防闸门卡住。

思考题

3-1　一个平面力系是否总可用一个力平衡，是否总可用适当的两个力平衡，为什么？

3-2　力系如图所示，且 $F_1 = F_2 = F_3 = F_4$。试问力系向 A 点和 B 点简化的结果分别是什么？两种结果是否等效？

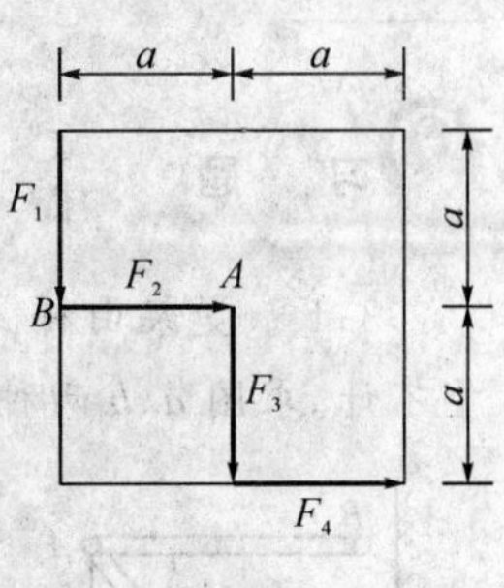

思 3-2 图

3-3　若平面力系向 A、B 两点简化的主矩都为零，试问该力系是否为平衡力系？为什么？

3-4　若平面力系满足 $\sum F_x = 0$ 和 $\sum F_y = 0$，但不满足 $\sum M_O = 0$，试问该力系的简化结果是什么？

3-5　平面汇交力系的平衡方程能否写成一投影式和一力矩式？能否写成二力矩式？其矩心和投影轴的选择有何限制？

3-6　如图所示，如选取的坐标系的 y 轴不与各力平行，则平面平行力系的平衡方程是否可写出 $\sum F_x = 0$，$\sum F_y = 0$ 和 $\sum M_O(F) = 0$ 三个独立的平衡方程，为什么？

3-7　重物 F_G 置于水平面上，受力如图 3-18 所示，是拉还是推省力？若 $\alpha = 30°$，摩擦系数为 0.25，试求在物体将要滑动的临界状态下，F_1 与 F_2 的大小相差多少？

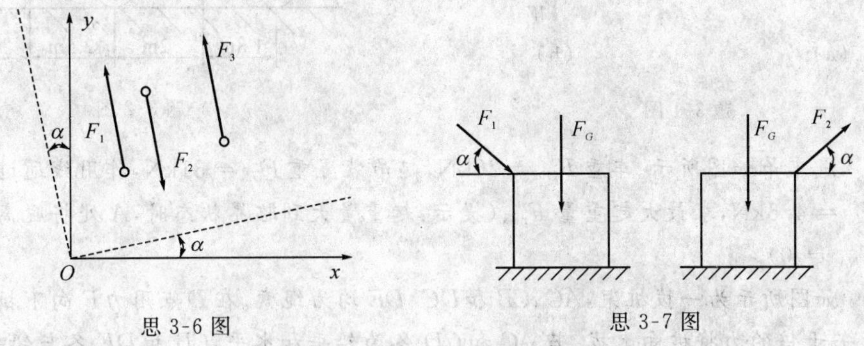

思 3-6 图　　思 3-7 图

3-8　试判断图示各平衡问题哪些是静定的？哪些是超静定的？为什么？

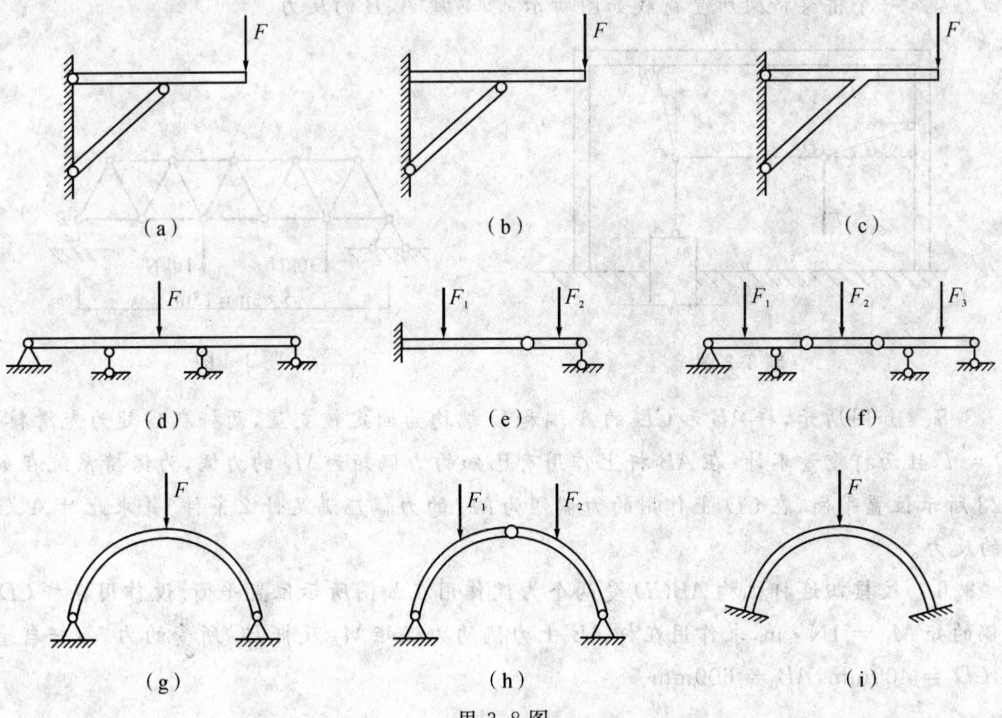

思 3-8 图

习　题

3-1　支架由杆 AB、AC 构成，A、B、C 三处均为铰接，在 A 点悬挂重 W 的重物，杆的自重不计。求图 a、b 两种情形下，杆 AB、AC 所受的力，并说明它们是拉力还是压力。

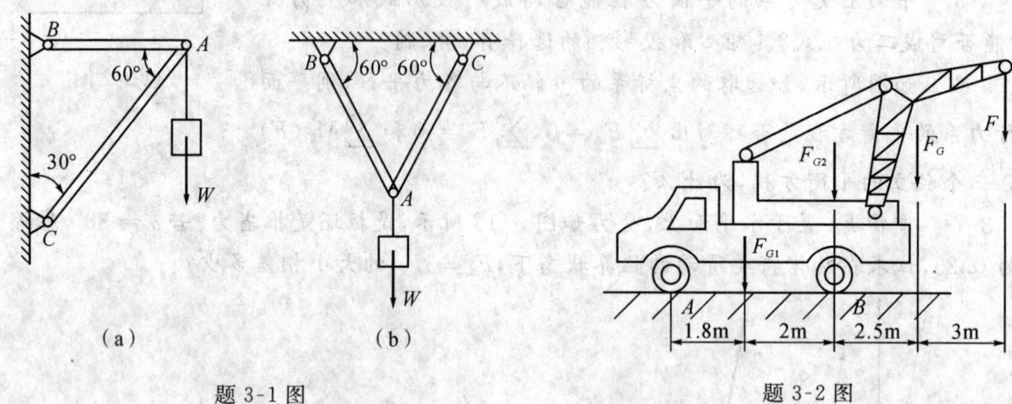

题 3-1 图　　　　题 3-2 图

3-2　汽车吊如图所示。车重 $F_{G1}=26\text{kN}$，起吊装置重 $F_{G2}=31\text{kN}$，作用线通过 B 点，起重臂重 $F_G=4.5\text{kN}$，求最大起重量 $F_{\max}$（提示：起重量大到临界状态时，A 处将脱离接触，约束反力 $F_{NA}=0$）。

3-3　如图所示为一拔桩架，AC、CB 和 DC、DE 均为绳索。在 D 点用力 F 向下拉时，即有较力 F 大若干倍的力将桩向上拔。若 AC 和 CD 各为铅垂和水平，CB 和 DE 各与铅垂和水平方向成角，$F=400\text{N}$，试求桩顶 A 所受的拉力。

3-4　一个桥梁桁架所受荷载如图所示，求支座 A、B 的反力。

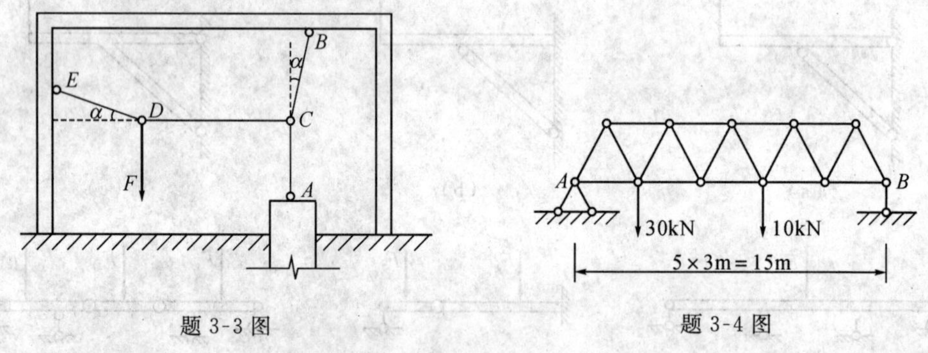

题 3-3 图　　　　题 3-4 图

3-5　如图所示，杆 AB 和 CD 的 A 端和 D 端均为固定铰支座，两杆在 C 处为光滑接触，$CD=l$，且两杆重量不计。在 AB 杆上作用有已知的力偶矩为 M_1 的力偶，为保持系统在如图 3-23 所示位置平衡，在 CD 上作用的力偶矩为 M_2 的力偶应满足什么条件？并求此时 A、C、D 处的反力。

3-6　铰接四连杆机构 $ABCD$ 受两个力偶作用在如图所示位置平衡。设作用在杆 CD 上力偶的矩 $M_1=1\text{N}\cdot\text{m}$，求作用在杆 AB 上力偶的力偶矩 M_2 及杆 BC 所受的力。各杆自重不计，$CD=400\text{mm}$，$AB=600\text{mm}$。

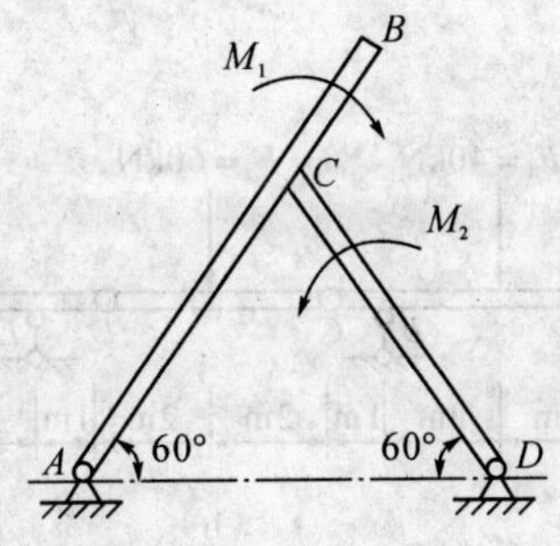

题 3-5 图

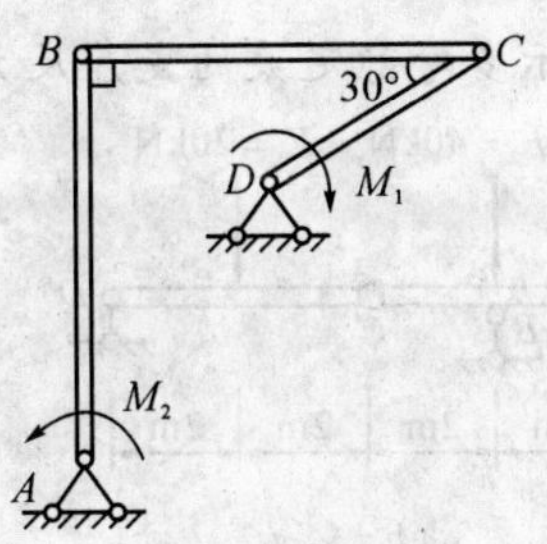

题 3-6 图

3-7　求图示各梁的支座反力。

3-8　求如图所示刚架的支座反力。

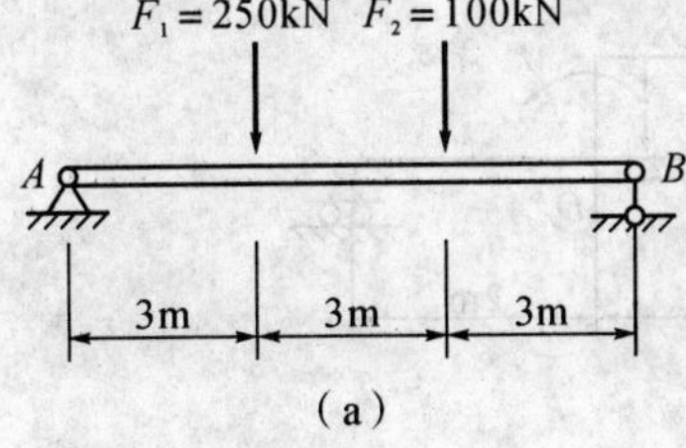

(a)

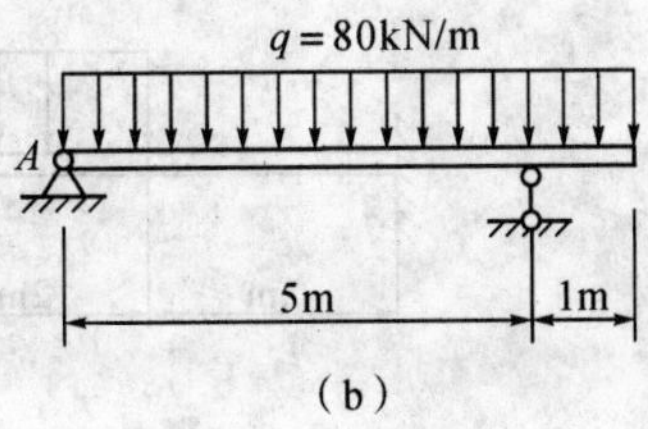

(b)

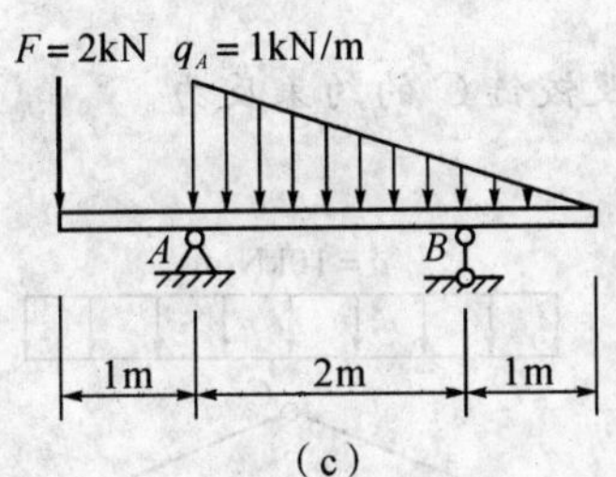

(c)

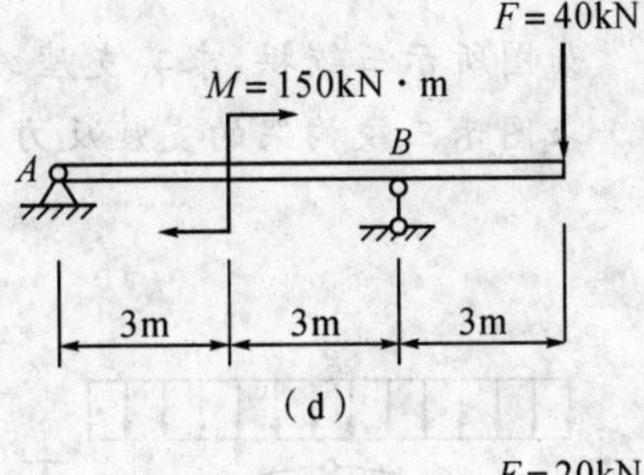

(d)

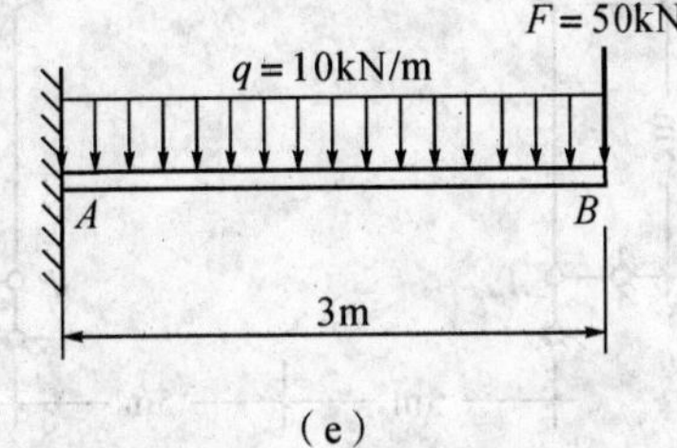

(e)

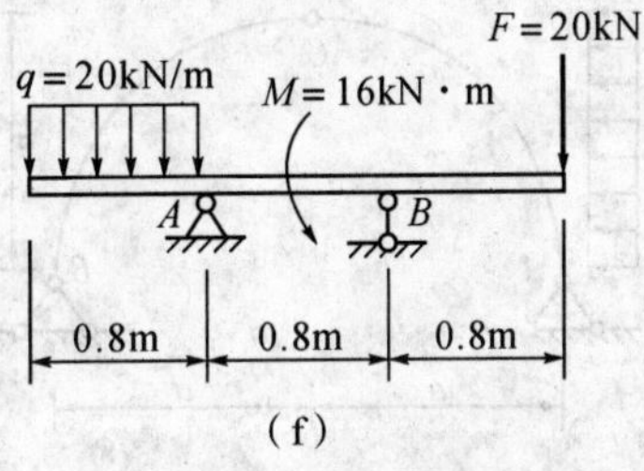

(f)

题 3-7 图

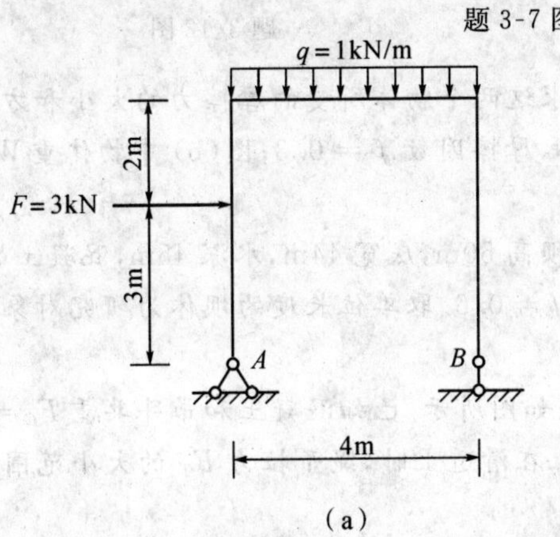

(a)

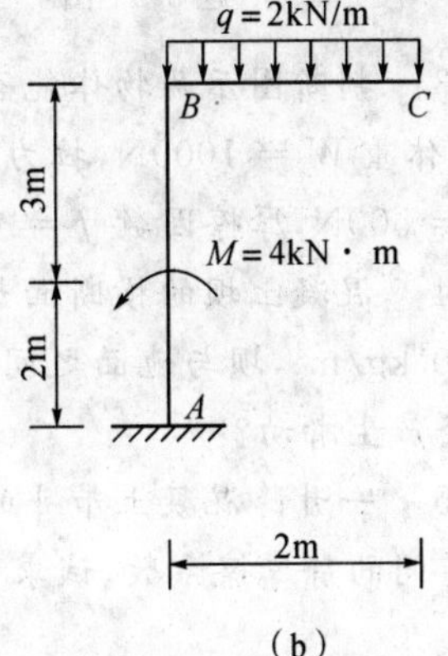

(b)

题 3-8 图

3-9　求图示多跨静定梁的支座反力。

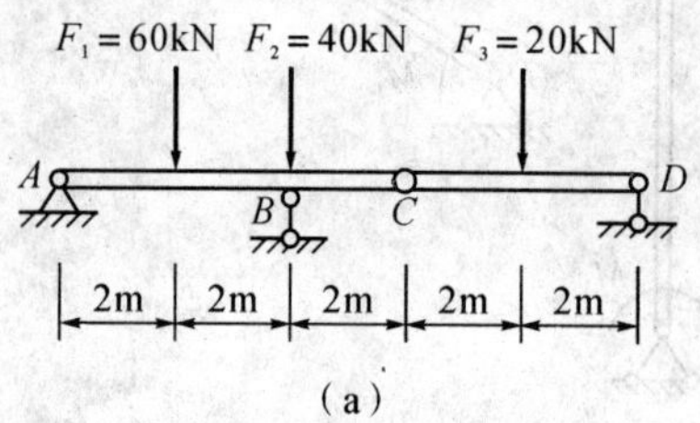

(a)

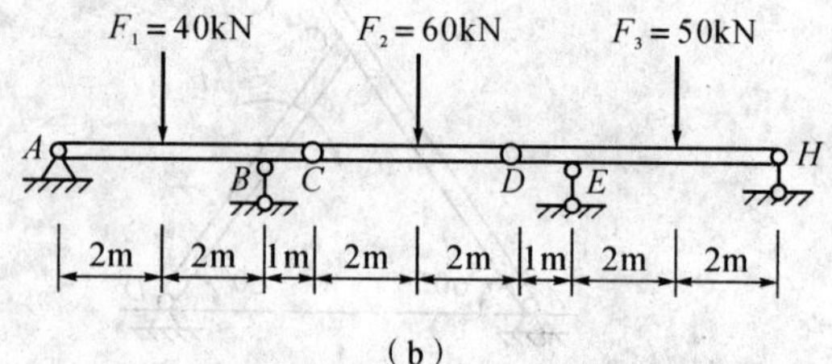

(b)

题 3-9 图

3-10　多跨梁由 AB 和 BC 用铰链 B 连接而成，支承、跨度及荷载如图所示。已知 $q=10\text{kN/m}$，$M=40\text{kN}\cdot\text{m}$。不计梁的自重，求固定端 A 及支座 C 处的约束反力。

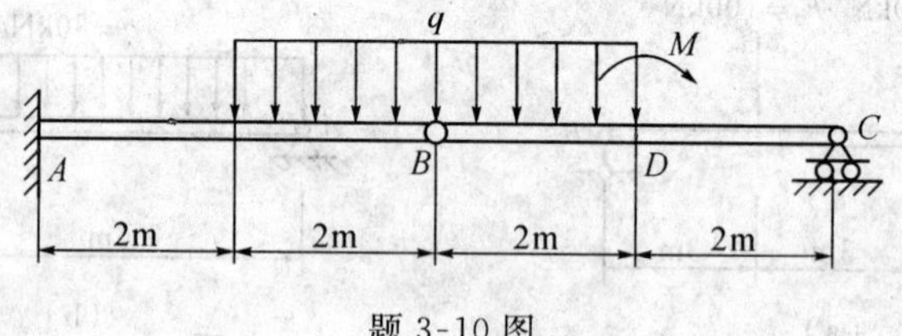

题 3-10 图

3-11　如图所示三铰拱，求其支座 A、B 的反力及铰链 C 的约束反力。

3-12　求图示三铰构架的支座反力。

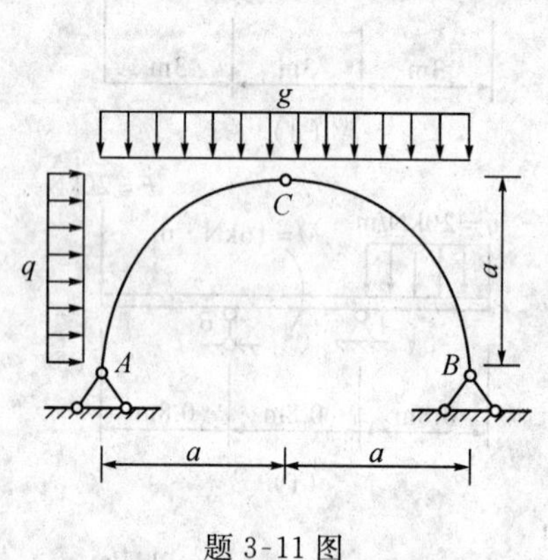

题 3-11 图

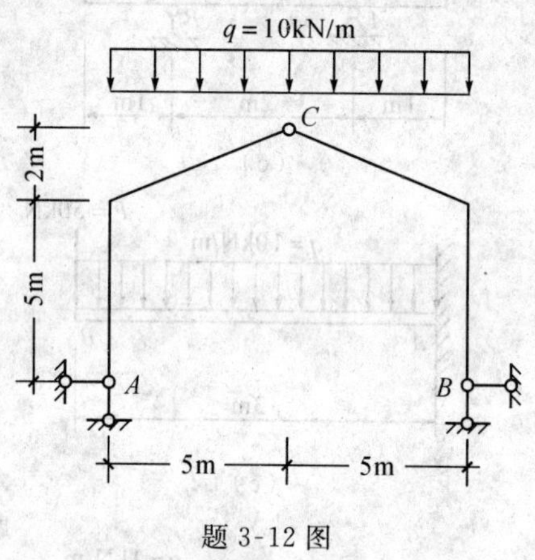

题 3-12 图

3-13　判断图示两物体能否平衡？并求这两个物体所受的摩擦力的大小和方向。已知图(a) 中物体重 $W=1000\text{N}$，拉力 $F=200\text{N}$，摩擦因数 $f=0.3$；图(b) 中物体重 $W=200\text{N}$，压力 $F=500\text{N}$，摩擦因数 $f=0.3$。

3-14　混凝土坝的横断面如图所示，坝高 50m，底宽 44m，水深 45m，混凝土的密度 $\rho=2.15\times10^3\text{kg/m}^3$，坝与地面之间摩擦因数 $f=0.6$。取单位长度的坝体为研究对象，研究此水坝是否会产生滑动？

3-15　一升降混凝土吊斗的简易装置如图所示。已知混凝土和吊斗共重 $F_G=25\text{kN}$，吊斗和滑道间的静摩擦系数。试求出吊斗静止在滑道上时，绳子拉力 F_T 的大小范围。

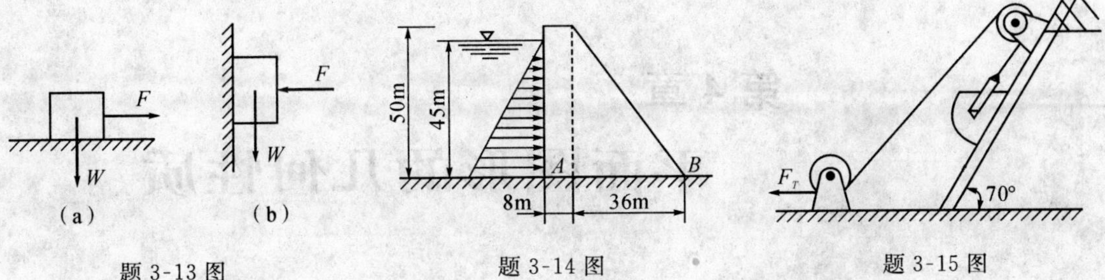

题 3-13 图　　题 3-14 图　　题 3-15 图

习题参考答案

3-1　(a)$F_{AB} = 0.577W$(拉),$F_{AC} = 1.155W$(压);

(b)$F_{AB} = F_{AC} = 0.577W$(拉)

3-2　$F_{\max} = 7.41\text{kN}$

3-3　$F_A = 81803.6\text{N}$

3-4　$F_A = 28\text{kN}, F_B = 12\text{kN}$

3-5　①$m_2 = \frac{1}{2}m_1$;　②$F_A = \frac{m_1}{l}, N_C = \frac{m_1}{l}, F_D = \frac{m_1}{l}$

3-6　$m_2 = 3\text{N}\cdot\text{m}, F_{AB} = 5\text{N}$

3-7　(a)$F_A = 200\text{kN}, F_B = 150\text{kN}$;　(b)$F_A = 192\text{kN}, F_B = 288\text{kN}$;

(c)$F_A = 3.75\text{kN}, F_B = -0.25\text{kN}$; (d)$F_A = -45\text{kN}, F_B = 85\text{kN}$;

(e)$F_A = 80\text{kN}, M_A = 195\text{kN}\cdot\text{m}$; (f)$F_A = 24\text{kN}, F_B = 12\text{kN}$;

3-8　(a)$F_{Ax} = -3\text{kN}, F_{Ay} = -0.25\text{kN}, F_{By} = 4.25\text{kN}$

(b)$F_{Ax} = 0, F_{Ay} = 4\text{kN}, M_A = 0$

3-9　(a)$F_A = 25\text{kN}, F_B = 85\text{kN}, F_D = 10\text{kN}$;

(b)$F_A = 12.5\text{kN}, F_B = 57.5\text{kN}, F_E = 62.5\text{kN}, F_H = 17.5\text{kN}$;

3-10　$F_{Ay} = 25\text{kN}, M_A = 80\text{kN}\cdot\text{m}, F_B = 15\text{kN}$

3-11　$F_{Ax} = (\frac{3}{4}qa - \frac{1}{2}ga)(\leftarrow), F_{Ay} = ga - \frac{1}{4}qa(\uparrow)$

$F_{Bx} = (\frac{1}{4}qa + \frac{1}{2}ga)(\leftarrow), F_{By} = \frac{1}{4}qa + ga(\uparrow)$

$F_{Cx} = (\frac{1}{4}qa + \frac{1}{2}ga), F_{Cy} = \frac{1}{4}qa$

3-12　$F_{Ay} = 50\text{kN}(\uparrow), F_{Ax} = 11.86\text{kN}(\rightarrow), F_{By} = 50\text{kN}(\uparrow), F_{Bx} = 11.86\text{kN}(\leftarrow)$

3-13　(a) 平衡,$F_m = 200\text{N}$;　(b) 不平衡,$F_m = 150\text{N}$

3-14　不滑动

3-15　$20.9\text{kN} \leqslant F_T \leqslant 26.1\text{kN}$

第4章 平面图形的几何性质

教学要求

通过本章的学习，要求同学们理解平面图形的面积矩、惯性矩、惯性积、主惯性轴和主惯性矩的概念，熟练掌握组合截面形心位置的计算，掌握组合截面图形对其形心轴的惯性矩的计算方法，熟记矩形、圆形等简单平面图形对其形心轴的惯性矩。

本章重点是平面组合图形形心坐标和惯性矩的概念与计算；难点是平行移轴公式的应用。

在对构件进行应力和变形计算时，经常要用到与截面形状和尺寸有关的一些几何量。例如截面的形心、面积矩、惯性矩、抗弯截面系数等。这些与平面图形形状、尺寸有关的几何量统称为平面图形的几何性质。

4.1 物体的重心

一、一般物体重心的坐标公式

地球上的任何物体都受到地球引力的作用，这个力称为物体的重力。重力的作用点称为重心。

如图4-1所示，为确定物体重心的位置，将它分割成很多个微小块，各微小块重力分别为$G_1, G_2, \cdots, G_n$，其作用点的坐标分别为(x_1, y_1, z_1)，(x_2, y_2, z_2)，…，(x_n, y_n, z_n)，各微小块所受重力的合力W即为整个物体所受的重力$G=\sum G_i$，其作用点的坐标为$C(x_c, y_c, z_c)$。分别对y轴、x轴、z轴应用合力矩定理，可以得出一般物体的重心坐标的公式为：

$$x_c=\frac{\sum G_i x_i}{G},\qquad y_c=\frac{\sum G_i y_i}{G},\qquad z_c=\frac{\sum G_i z_i}{G} \tag{4-1}$$

二、均质薄板物体的重心坐标公式

对于如图4-2所示均质等厚的薄平板，重力可以表示为：

$$G_i=\delta\cdot A_i\cdot g_i$$

式中：g— 位体积的重力；

δ— 薄板厚度；

A— 薄板的面积。

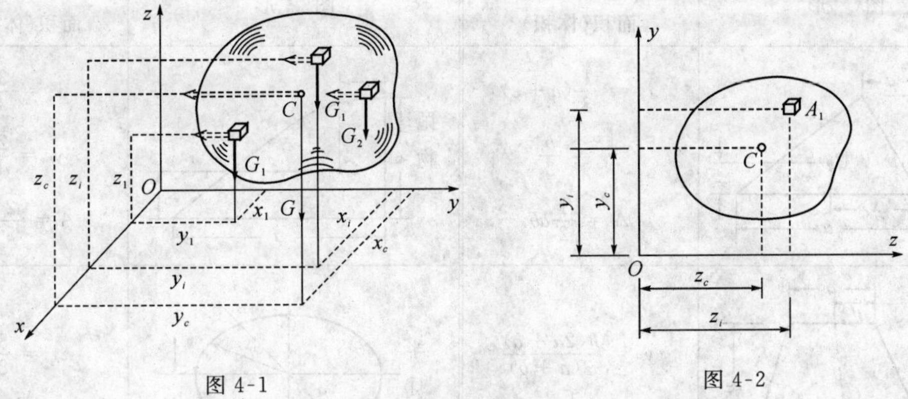

图 4-1　　　　图 4-2

则均质等厚物体，其在 yOz 平面内重心坐标公式可以表示为：

$$y_c = \frac{\sum A_i y_i}{A} \qquad z_c = \frac{\sum A_i z_i}{A} \tag{4-2}$$

三、平面图形的形心计算

对于平面图形，因每一微小部分的厚度 x_i 为零，所以其形心坐标公式也可以表示为：

$$y_c = \frac{\sum A_i y_i}{A} \qquad z_c = \frac{\sum A_i z_i}{A} \tag{4-3}$$

工程中常用的建筑构件，其截面形状常见的有：矩形、圆形、工字形、T 形等，如图 4-3 所示。

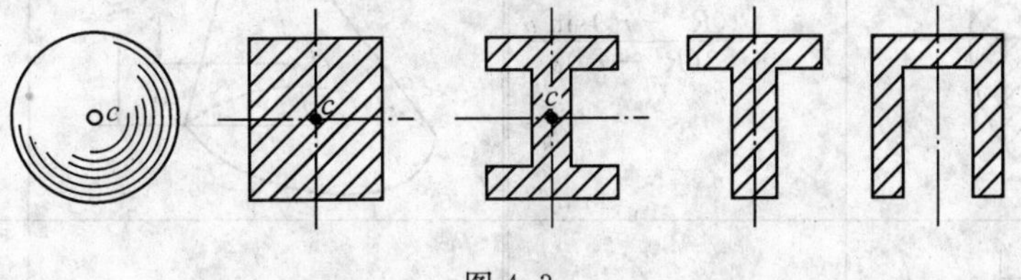

图 4-3

对于有两个或两个以上对称轴的平面图形，其形心位置就在对称轴的交点上。对截面只有一个对称轴或没有对称轴的组合图形，可先将其分割为若干个简单图形，然后可按式(4-3) 求得其形心的坐标。常用物体的形心列入表 4-1，以供参考。

表 4-1　简单形体的重心(形心)

图　形	形心坐标及面积(体积)	图　形	形心坐标及面积(体积)
三角形	$x_c=\frac{1}{3}(a+c)$ $y_c=\frac{b}{3}$ $A=\frac{1}{2}ab$	抛物线	$x_c=\frac{3a}{8}$ $y_c=\frac{2b}{5}$ $A=\frac{2}{5}ab$
梯形	$y_c=\frac{h(2a+b)}{3(a+b)}$ $A=\frac{h}{2}(a+b)$	半球体	$z_c=\frac{3}{8}r$ $V=\frac{2}{3}\pi r^3$
扇形	$x_c=\frac{4r}{3\alpha}\sin\frac{\alpha}{2}$ $A=\frac{1}{2}\alpha r^2$ 半圆:$x_c=\frac{4r}{3\alpha}$	半圆柱体	$z_c=-\frac{4r}{3\pi}V$ $=\frac{1}{2}\pi r^2 l$
部分圆环	$x_c=\frac{2(R^3-r^3)\sin\alpha}{3(R^2-r^2)\alpha}$	锥体	在锥顶与底面形心的连线上 $z_c=\frac{h}{4}$ $V=\frac{1}{3}Ah$ (A 为底面积)
圆弧	$x_c=\frac{2r}{\alpha}\sin\frac{\alpha}{2}$		$x_c=\frac{b}{3}$ $y_c=\frac{a}{3}A=\frac{1}{2}abc$
抛物线形	$x_c=\frac{a}{4}$ $y_c=\frac{3b}{10}$ $A=\frac{1}{3}ab$	正四体	$x_c=\frac{a}{4}$ $y_c=\frac{b}{4}$ $z_c=\frac{c}{4}$ $V=\frac{1}{6}abc$

下面以例题说明形心的计算。

【例 4-1】　试求图 4-4 所示工字形截面的形心坐标。

解　组合截面有一条对称轴 y 轴，形心在该轴上。为确定形心在该轴的位置，将平面图形分割为三个矩形，求截面相对于截面底边的形心坐标。如图 4-4 所示，每个矩形的面积及形心坐标为：

$A_1 = 60 \times 20 \quad y_1 = 20 + 100 + 10 = 130$；$A_2 = 100 \times 20 \quad y_2 = 20 + 50 = 70$；

$A_3 = 80 \times 20 \quad y_3 = 10$

由式(4-2) 可求得工字形截面的形心坐标为：

$$y_C = \frac{60 \times 20 \times (20 + 100 + 10) + 20 \times 100 \times (20 + 50) + 80 \times 20 \times 10}{60 \times 20 + 20 \times 100 + 80 \times 20} = 65\text{mm}$$

$$x_c = 0$$

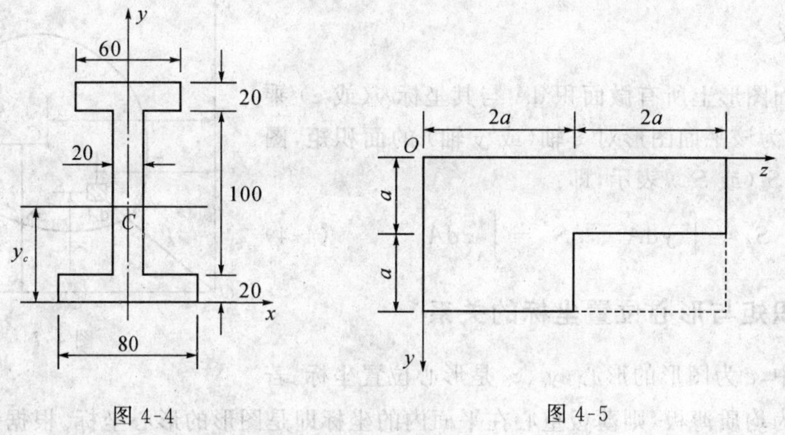

图 4-4　　　　图 4-5

【例 4-2】　试求图 4-5 所示平面图形的形心坐标。

解　将平面图形分割为两个矩形，如图 4-5 所示，每个矩形的面积及形心坐标为

$$A_1 = 2a \times 4a = 8a^2 \quad z_1 = 2a \quad y_1 = a$$

$$A_2 = -a \times 2a = -2a^2 \quad z_2 = 3a \quad y_2 = 1.5a$$

由式(6-3) 可求得平面图形的形心坐标为：

$$y_c = \frac{\sum A_i y_i}{A} = \frac{8a \times a - 2a \times 1.5a}{8a - 2a} = \frac{5}{6}a$$

$$z_c = \frac{\sum A_i z_i}{A} = \frac{8a \times 2a - 2a \times 3a}{8a - 2a} = \frac{5}{3}a$$

【例 4-3】　如图 4-6 所示为振动器中偏心块。已知 $R = 100\text{mm}$，$r = 17\text{mm}$，$b = 13\text{mm}$。求偏心块形心。

解　将偏心块看成是由 3 部分组成的，即半径为 R 的半圆 A_1、半径为 $(r + b)$ 的半圆 A_2 及半径为 r 的圆 A_3，但 A_3 应取负值，因为该圆是被挖去的部分。取如图 4-6 所示坐标轴，y 轴为对称轴，故 $x_C = 0$。各部分的面积及形心坐标为

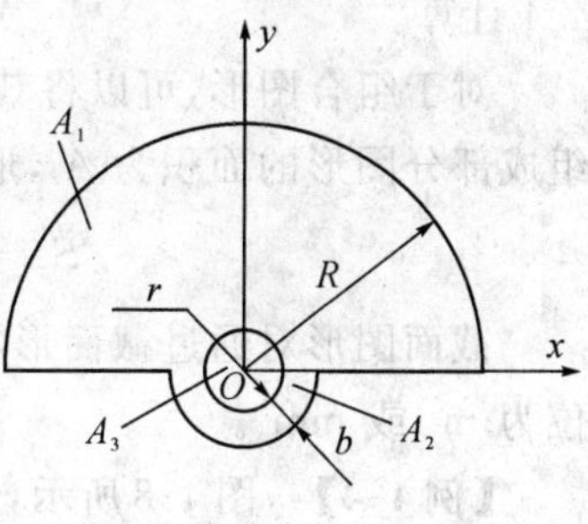

图 4-6

$$A_1 = \frac{1}{2}\pi R^2 \qquad y_1 = \frac{4R}{3\pi}$$

$$A_2 = \frac{1}{2}\pi(r+b)^2 \qquad y_2 = \frac{4(r+b)}{3\pi}$$

$$A_3 = -\pi r^2 \qquad y_3 = 0$$

$$y_C = \frac{A_1 y_1 + A_2 y_2 + A_3 y_3}{A_1 + A_2 + A_3} = \frac{\frac{\pi}{2}\times 100^2 \times \frac{4\times 100}{3\pi} + \frac{\pi}{2}(17+13)^2 \times [-\frac{4(17+13)}{3\pi}] + 0}{\frac{\pi}{2}\times 100^2 + \frac{\pi}{2}(17+13)^2 - \pi\times 17^2} = 40\text{mm}$$

本例图形中的孔、洞面积取负值进行计算，这种方法也叫做“负面积法”。

4.2 面积矩

一、定义

任意平面图形上所有微面积 dA 与其坐标 y（或 z）乘积的总和，称为该平面图形对 z 轴（或 y 轴）的面积矩，图 4-7 所示，用 S_z（或 S_y）表示，即：

$$S_Z = \int_A y\,dA \qquad S_y = \int_A z\,dA \qquad (4\text{-}4)$$

图 4-7

二、面积矩与形心位置坐标的关系

图 4-7 中，c 为图形的形心，y_c、z_c 是形心位置坐标。若将图形设想为均质薄板，则薄板重心在平面内的坐标即是图形的形心坐标。根据静力学中的力矩定理可知，

$$y_c = \frac{\sum A_i y_i}{A} = \frac{\int_A y\,dA}{A} = \frac{S_Z}{A} \qquad \text{即 } S_Z = A y_c \qquad (4\text{-}5)$$

$$z_c = \frac{\sum A_i z_i}{A} = \frac{\int_A z\,dA}{A} = \frac{S_y}{A} \qquad \text{即 } S_y = A z_c \qquad (4\text{-}6)$$

三、面积矩的计算

对于简单图形，如方形、圆形，图形的面积和形心位置很容易确定，面积矩可直接采用式 4-4 计算。

对于组合图形，可以将其看作由若干简单图形（例如矩形、圆形、三角形等）组合而成，各组成部分图形的面积为 A_i，形心坐标分别为 y_i 和 z_i，面积矩采用下式计算：

$$S_z = \sum A_i \cdot y_i \qquad S_y = \sum A_i \cdot z_i \qquad (4\text{-}7)$$

截面图形对通过截面形心的坐标轴的面积矩为零。面积矩是代数量，可正可负，常用单位为 m^3 或 mm^3。

【例 4-4】 图 4-8 所示，计算 T 形截面对坐标轴的面积矩，并确定 T 形截面的形心位置。

解 (1) 确定 T 形截面对 y、z 轴的面积矩将 T 形截面分为两个矩形，其面积和形心坐标分别为：

$A_1 = 50 \times 200 = 10000(\text{mm}^2)\quad z_{c1} = 0\quad y_{c1} = 150(\text{mm})$

$A_2 = 50 \times 200 = 10000(\text{mm}^2)\quad z_{c1} = 0\quad y_{c1} = 25(\text{mm})$

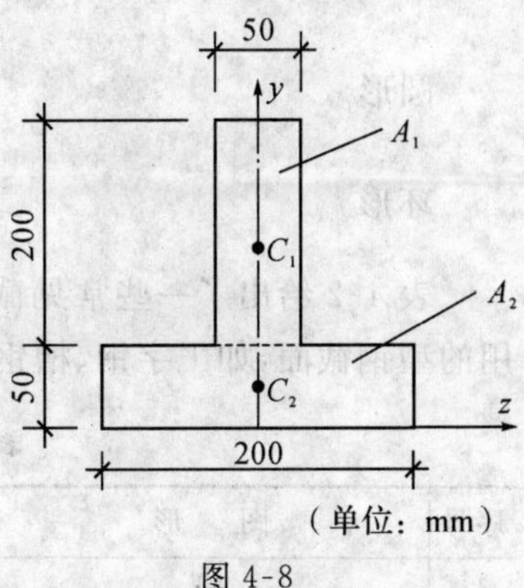

图 4-8

截面对 y、z 轴的静矩分别为：

$$S_z = \sum A_i \cdot y_{ci} = 10000 \times 150 + 10000 \times 25 = 1.75 \times 10^6(\text{mm}^3)$$

$$S_y = \sum A_i \cdot x_{ci} = 0$$

(2) 确定 T 形截面的形心坐标位置

$$y_c = \frac{S_z}{A} = \frac{1.75 \times 10^6}{2 \times 10000} = 87.5(\text{mm})\qquad z_c = 0$$

4.3　惯性矩和惯性积

一、惯性矩

图 4-9 所示，任意平面图形上所有微面积 $\text{d}A$ 与其坐标 y（或 z）平方乘积的总和. 称为该平面图形对 z 轴（或 y 轴）的惯性矩，用 I_z（或 I_y）表示，即：

$$I_z = \int_A y^2 \text{d}A \qquad I_y = \int_A z^2 \text{d}A \tag{4-8}$$

常用单位为 m^4 或 mm^4。

二、惯性积

图 4-9 所示，任意平面图形上所有微面积 $\text{d}A$ 与其坐标 z、y 乘积的总和，称为该平面图形对 z、y 两轴的惯性积，用 I_{zy} 表示，即：

图 4-9

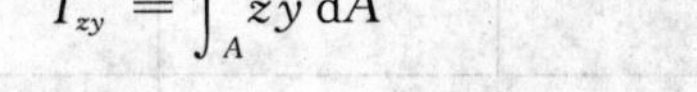

$$I_{zy} = \int_A zy\,\text{d}A \tag{4-9}$$

常用单位为 m^4 或 mm^4。

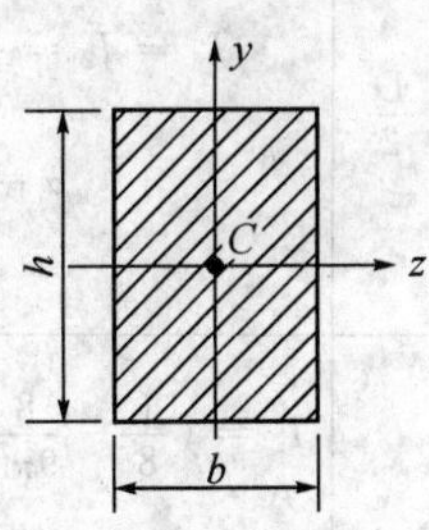

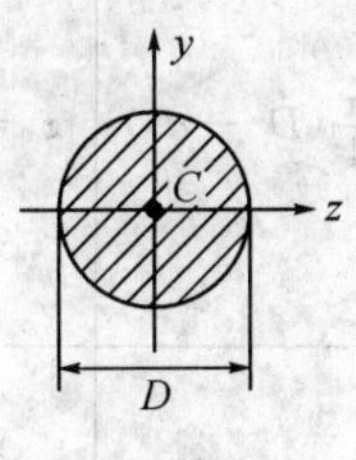

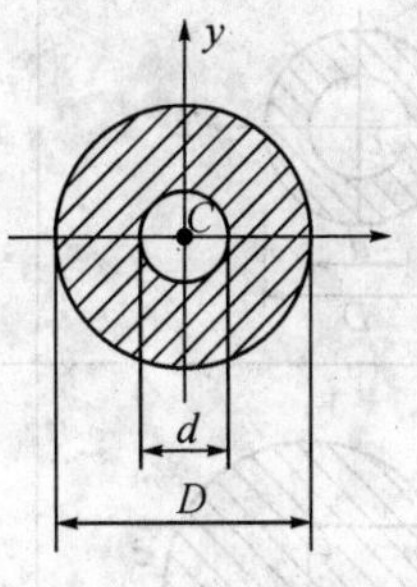

图 4-10

三、简单图形对形心轴的惯性矩

矩形　　$I_z = \dfrac{bh^3}{12}, I_y = \dfrac{hb^3}{12}$

圆形
$$I_z = I_y = \frac{\pi D^4}{64}$$

环形
$$I_z = I_y = \frac{\pi(D^4 - d^4)}{64}$$

表 4-2 给出了一些常见截面图形的面积、形心和惯性矩计算公式，以便查用。工程中使用的型钢截面，如工字钢、槽钢、角钢等，这些截面的几何性质可从附录的型钢表中查取。

表 4-2　常见图形的面积、形心和惯性矩

序号	图　形	面　积	形心位置	惯性矩(形心轴)
1	(矩形：y, z, c, h, b)	$A = bh$	$z_c = \frac{b}{2}$ $y_c = \frac{h}{2}$	$I_z = \frac{bh^3}{12}$ $I_y = \frac{hb^3}{12}$
2	(空心矩形：y, z, c, h, h_1, b_1, b)	$A = bh - b_1h_1$	$z_c = \frac{b}{2}$ $y_c = \frac{h}{2}$	$I_z = \frac{1}{12}(bh^3 - b_1h_1^3)$ $I_y = \frac{1}{12}(hb^3 - h_1b_1^3)$
3	(圆形：y, z, c, D)	$A = \frac{\pi D^2}{4}$	$z_c = y_c = \frac{D}{2}$	$I_y = I_z = \frac{\pi D^4}{64}$
4	(圆环：y, z, c, d, D)	$A = \frac{\pi}{4}(D^2 - d^2)$	$z_c = y_c = \frac{D}{2}$	$I_y = I_z = \frac{\pi D^4}{64}(1 - \alpha^4)$ $\alpha = \frac{d}{D}$
5	(半圆：y, z, c, y_c, $D=2R$)	$A = \frac{\pi R^2}{2}$	$z_c = \frac{D}{2}$ $y_c = \frac{4R}{3\pi}$	$I_z = (\frac{1}{8} - \frac{8}{9\pi^2})\pi R^4 \approx 0.11R^4$ $I_y = \frac{\pi D^4}{128} = \frac{\pi R^4}{8}$
6	(三角形：y, z, c, h, b, y_c, z_1)	$A = \frac{bh}{2}$	$z_c = \frac{b}{3}$ $y_c = \frac{h}{3}$	$I_z = \frac{bh^3}{36}$ $I_{z_1} = \frac{hb^3}{12}$

4.4　组合截面的惯性矩

一、平行移轴公式

如图 4-11，同一平面图形对不同坐标轴的惯性矩是不相同的，但它们之间存在着一定的关系。平面图形对平行于形心轴的坐标轴的惯性矩为：

$$\left.\begin{aligned} I_x &= I_{xc} + a^2A \\ I_y &= I_{yc} + b^2A \end{aligned}\right\} \tag{4-10}$$

式(4-10) 称为惯性矩的平行移轴公式。它表明平面图形对任一轴的惯性矩，等于平面图形对与该轴平行的形心轴的惯性矩再加上其面积与两轴间距离平方的乘积。

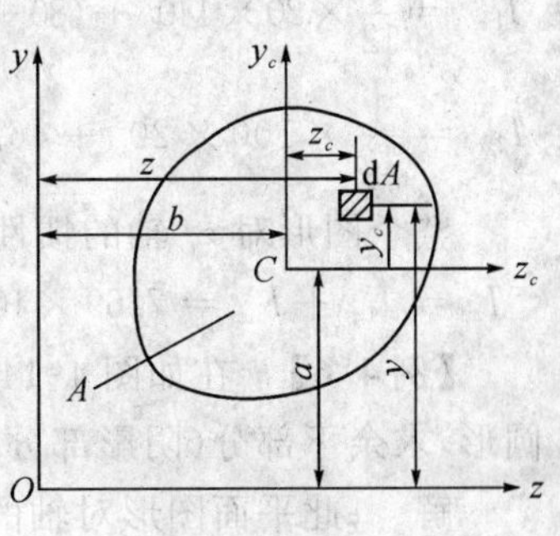

图 4-11

二、组合截面的惯性矩

组合图形对某坐标轴的惯性矩应等于各组成部分图形对同一坐标轴的惯性矩之和，即

$$I_y = \sum I_{yi} \qquad I_z = \sum I_{zi} \tag{4-11}$$

工程中常用的组合截面图形，如图 4-12 所示。如果组合图形的形心轴与各简单分图形的形心轴重合，这时，应用式 4-11 可简单地计算出组合截面图形的对其形心轴的惯性矩(图 4-12(a))。如果组合图形的形心轴与各简单分图形的形心轴有时并不重合(图 4-11(b))。这时，为计算组合截面图形对形心轴的惯性矩，可以将组合图形划分为若干简单图形，使用平行移轴公式(4-10) 和组合截面惯性矩的计算公式(4-11) 联立求解。

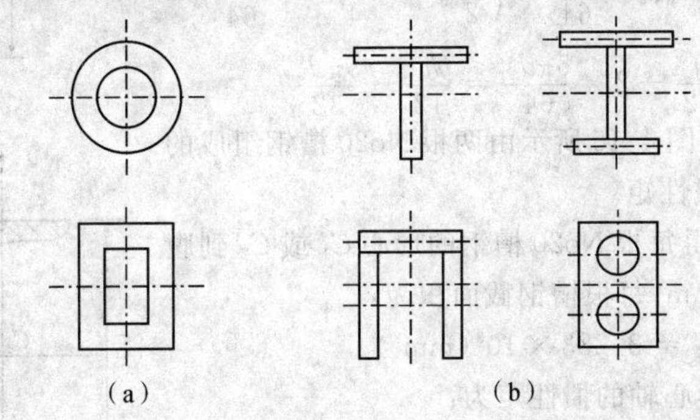

图 4-12

组合图形对形心轴惯性矩的计算步骤为：

(1) 选取参考坐标系；

(2) 根据各组成部分图形的面积和形心位置，确定组合图形的形心坐标；

(3) 确定组合图形的形心轴 y_c 与 z_c；

(4) 利用平行移轴公式 (4-10) 分别计算各部分图形对组合图形形心轴的惯性矩；

(5) 根据式(4-11) 计算组合截面图形对形心轴的惯性矩。

下面以例题说明组合截面惯性矩的计算：

【例 4-5】 试计算图 4-13 所示图形对其形心轴 z_c 的惯性矩 I_{zc}。

解 把图形看作由两个矩形 A_1 和 A_2 组成。图形的形心必然在对称轴上。为了确定 z，取通过矩形 A_2 的形心且平行于底边的参考轴为 z 轴

$$y_c = \frac{\sum A_i y_i}{A} = \frac{20 \times 140 \times 80 + 100 \times 20 \times 0}{140 \times 20 + 100 \times 20} = 46.7(\text{mm})$$

形心位置确定后，使用平行移轴公式，分别计算出矩形 A_1 和 A_3 对 y_c 轴的惯性矩

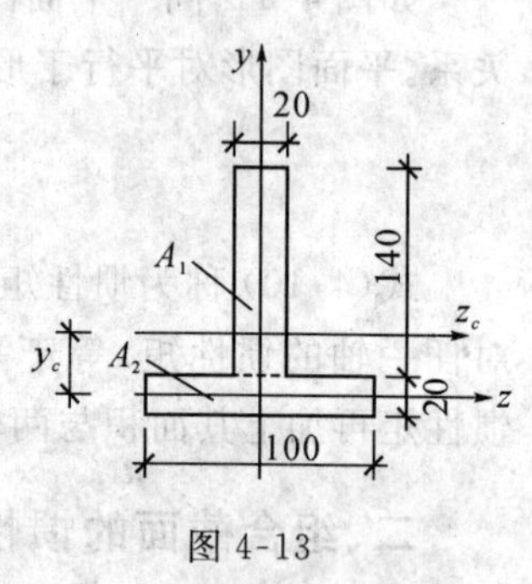

图 4-13

$$I_{1zc} = \frac{1}{12} \times 20 \times 140^3 + (80 - 46.7)^2 \times 20 \times 140 = 7.69 \times 10^6(\text{mm}^4)$$

$$I_{2zc} = \frac{1}{12} \times 100 \times 20^3 + 46.7^2 \times 20 \times 100 = 4.43 \times 10^6(\text{mm}^4)$$

整个图形对 z_c 轴的惯性矩为

$$I_{zc} = I_{1zc} + I_{2zc} = 7.69 \times 10^6 + 4.43 \times 10^6 = 12.12 \times 10^6(\text{mm}^4)$$

【例 4-6】 在如图 4-14 所示的矩形中，挖去两个直径为 d 的圆形，求余下部分(阴影部分)图形对 z 轴的惯性矩。

解 此平面图形对轴的惯性矩为

$$I_z = I_{z矩} - 2I_{z圆}$$

z 轴通过矩形的形心，故 $I_{z矩} = \frac{bh^3}{12}$；但 z 轴不通过圆形的形心，故求 $I_{z圆}$ 时，需要应用平行移轴公式。由式(4-10)，一个圆形对 z 轴的惯性矩为

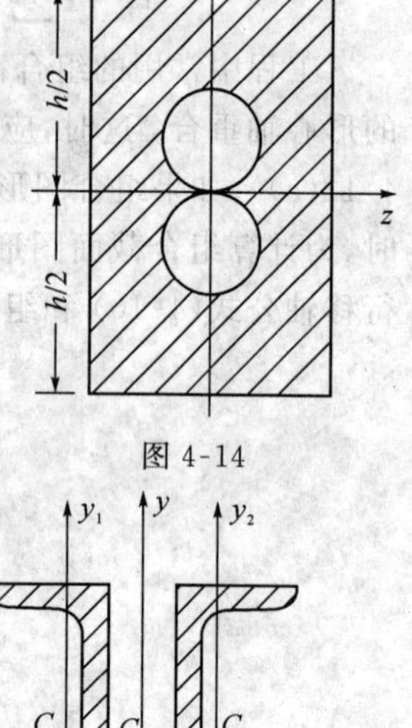

图 4-14

$$I_{z圆} = I_{z_c} + a^2 A = \frac{\pi d^2}{64} + \left(\frac{d}{2}\right)^2 \times \frac{\pi d^2}{4} = \frac{5\pi d^4}{64}$$

最后得到 $I_z = \frac{bh^3}{12} - 2 \times \frac{5\pi d^4}{64} = \frac{bh^3}{12} - \frac{5\pi d^4}{32}$

【例 4-7】 试计算图 4-15 所示由两根 No20 槽钢组成的截面对形心轴 z、y 的惯性矩。

解 由型钢表查得每根 No20 槽钢的形心 C_1 或 C_2 到腹板边缘的距离为 19.5mm，每根槽钢截面积为：

$$A_1 = A_2 = 3.283 \times 10^3(\text{mm}^2)$$

每根槽钢对本身形心轴的惯性矩为：

$$I_{1z} = I_{2z} = 19.137 \times 10^6(\text{mm}^4)$$

$$I_{1y_1} = I_{2y_2} = 1.436 \times 10^6(\text{mm}^4)$$

整个截面对形心轴的惯性矩应等于两根槽钢对形心轴的惯性轴的代数和，故有：

图 4-15

$$I_z = I_{1z} + I_{2z} = 19.137 \times 10^6 + 19.137 \times 10^6 = 38.3 \times 10^6(\text{mm}^4)$$

$$\begin{aligned} I_y &= I_{1y} + I_{2y} = 2I_{1y} = 2(I_{1y_1} + a^2 \cdot A_1) \\ &= 2 \times [1.436 \times 10^6 + (19.5 + \frac{50}{2})^2 \times 3.283 \times 10^3] \\ &= 15.87 \times 10^6(\text{mm}^4) \end{aligned}$$

4.5　主惯性轴和主惯性矩

一、主惯性轴

若图形对某一对正交坐标轴 y、z 的惯性积等于零，即 $I_{zy}=\int_A zy\,\mathrm{d}A=0$，则该对坐标轴称为图形的主惯性轴。显然，如果一对正交坐标轴中有一个是图形的对称轴，则这对坐标轴必然就是图形的主惯性轴，见图 4-16。

若主惯性轴通过截面形心，则该轴称为图形的形心主惯性轴。因图形的对称轴必然通过形心，故图形的对称轴和通过形心并与对称轴垂直的另一个轴必然是图形的一对形心主惯性轴。

可以证明，任意图形都必然存在一对形心主惯性轴。

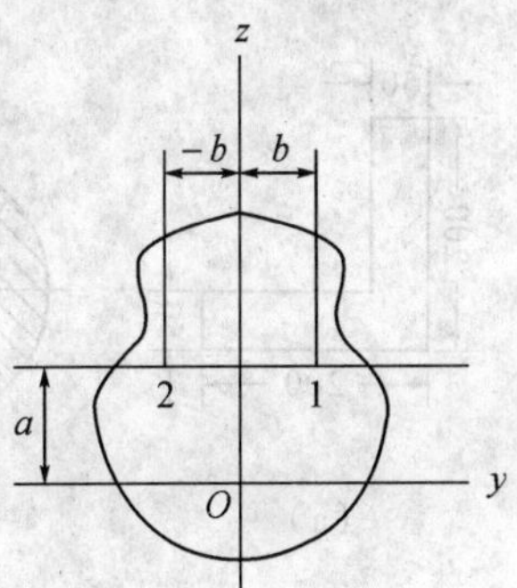

图 4-16

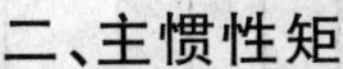

二、主惯性矩

图形对主惯性轴的惯性矩称为主惯性矩。

图形对形心主惯性轴的惯性矩称为形心主惯性矩。

如果把杆件的横截面理解为这里所讨论的图形，则形心主惯性轴与杆件轴线所确定的平面称为形心主惯性平面。形心主惯性轴、形心主惯性矩和形心主惯性平面的概念在杆件弯曲理论中有重要的意义。

思考题

4-1　何谓截面图形的形心？为什么形心一定在图形的对称轴上？

4-2　形心与面积矩之间的关系如何？

4-3　为什么截面图形对形心轴的 S_z 一定等于 0，而 I_z 一定不等于 0？

4-4　如图所示圆形截面，z、y 为形心主轴，试问 $A-A$ 线以上面积和以下面积对 z 轴的面积矩有何关系？

4-5　如图所示直径为 D 的半圆，已知它对 z 轴的惯性矩为 $I_z=\dfrac{\pi D^4}{128}$，则对 z_1 轴的惯性矩为 $I_{z_1}=I_z+a^2A=\dfrac{\pi D^4}{128}+(\dfrac{D}{2})^2\times\dfrac{\pi D^2}{8}=\dfrac{5\pi D^4}{128}$，以上计算是否正确？为什么？

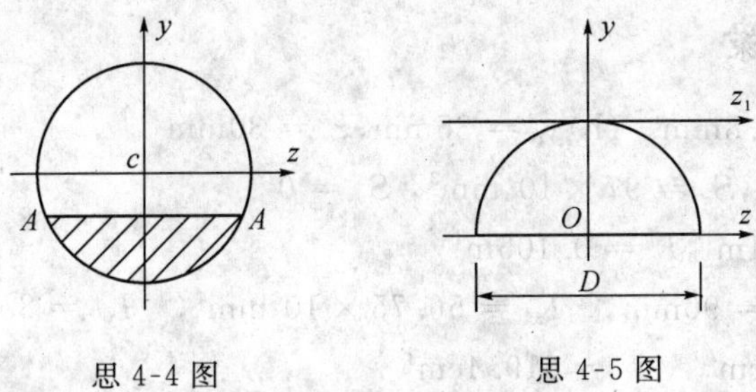

思 4-4 图　　思 4-5 图

4-6　若 $I_{zy}=0$，则 z、y 是否一定有一根是形心轴？是否有一根一定是对称轴？

4-7 什么是截面的主惯性轴?什么是截面的形心主惯性轴?一个截面有几对形心主惯性轴?

习 题

4-1 试求如图所示平面图形的形心(除图上有注明尺寸单位外,其他尺寸单位是 mm)。

4-2 确定图所示图形的形心位置,并求对 y、z 轴的面积矩。

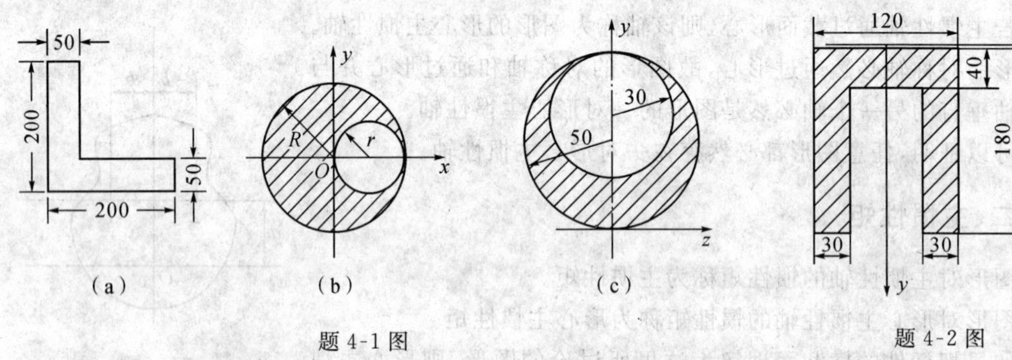

题 4-1 图　　题 4-2 图

4-3 试计算如图所示组合截面对形心轴 y、z 的惯性矩,图中尺寸单位为 mm。

4-4 试求图所示平面图形的形心坐标及对形心轴的惯性矩。

4-5 试求图所示平面组合图形对形心轴 x 和 y 轴的惯性矩。

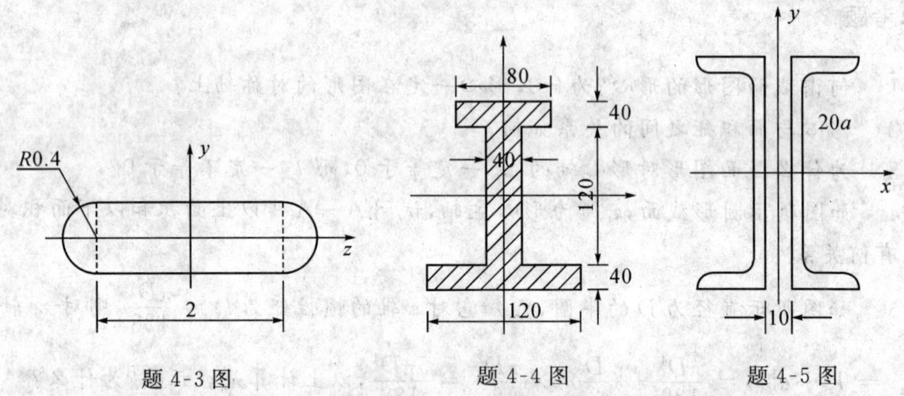

题 4-3 图　　题 4-4 图　　题 4-5 图

习题参考答案

4-1 (a)$y_c = 38.8\text{mm}$　(b)$y_c = 35\text{mm}, z_c = 30\text{mm}$

4-2 $y_c = 70\text{mm}, S_z = 97 \times 10^3\text{mm}^3, S_y = 0$

4-3 $I_y = 1.221\text{m}^4, I_z = 0.105\text{m}^4$

4-4 距底边 $y_c = 90\text{mm}$,　$I_{zc} = 56.75 \times 10^6\text{mm}^4$,　$I_{yc} = 8.11 \times 10^6\text{mm}^4$

4-5 $I_x = 3560\text{cm}^4$　$I_y = 619.4\text{cm}^4$

第 5 章 杆件的内力分析

教学要求

通过本章学习，要求掌握杆件变形的基本形式和特点、内力的概念；应用截面法熟练计算杆件在拉压、扭转以及弯曲时的内力，正确绘制内力图(轴力图、扭矩图、剪力图和弯矩图)。

本章重点是杆件基本变形的内力计算和内力图的绘制。难点是受弯构件指定截面内力的计算和利用剪力、弯矩与荷载间的微分关系绘制弯矩图。

在进行结构设计时，为保证结构安全正常工作，要求各构件必须具有足够的强度和刚度。解决构件的强度和刚度问题，首先需要确定危险截面的内力。内力计算是结构设计的基础。

5.1 杆件的基本变形及其特点

进行结构的受力分析时，只考虑力的运动效应，可以将结构看作是刚体；但进行结构的内力分析时，要考虑力的变形效应，必须把结构作为变形固体处理。所研究杆件受到的其他构件的作用，统称为杆件的外力，外力包括荷载(主动力)以及荷载引起的约束反力(被动力)。广义地讲，对构件产生作用的外界因素除荷载以及荷载引起的约束反力之外，还有温度改变、支座移动、制造误差等。杆件在外力作用下的变形可分为 4 种基本变形及其组合变形。

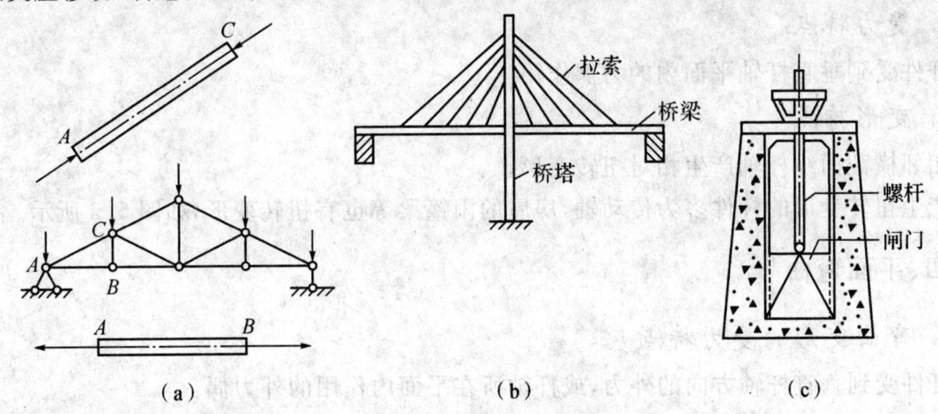

图 5-1

一、轴向拉伸与压缩

1. 受力特点

杆件受到与杆轴线重合的外力作用。

2. 变形特点

杆轴沿外力方向伸长或缩短。产生轴向拉伸与压缩变形的杆件称为拉压杆。如图 5-1 所示屋架中的弦杆、牵拉桥的拉索和桥塔、闸门启闭机的螺杆等均为拉压杆。

二、剪切

1. 受力特点

杆件受到垂直杆轴方向的一组等值、反向、作用线相距极近的平行力作用。

2. 变形特点

二力之间的横截面产生相对错动变形。

产生剪切变形的杆件通常为拉压杆的联接件。如图 5-2 所示螺栓、销轴连接中的螺栓和销钉，均产生剪切变形。

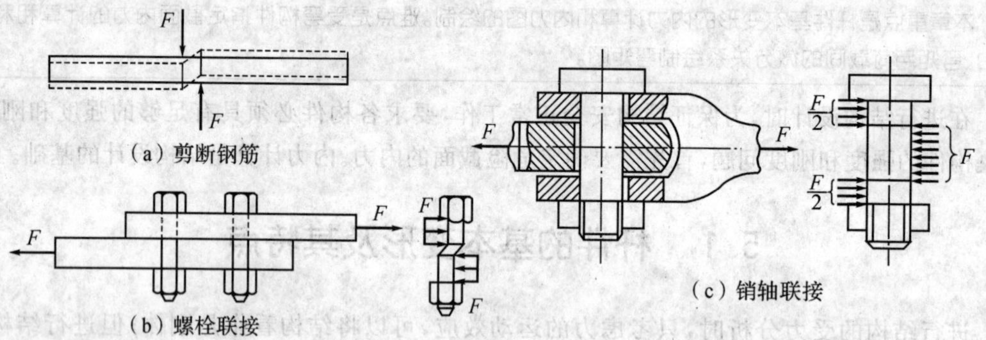

图 5-2

三、扭转

1. 受力特点

杆件受到垂直杆轴平面内的力偶作用。

2. 变形特点

相邻横截面绕杆轴产生相对扭转变形。

产生扭转变形的杆件多为传动轴，房屋的雨篷梁等也有扭转变形，如图 5-3 所示。

四、平面弯曲

1. 弯曲变形的受力特点

杆件受到垂直杆轴方向的外力，或杆轴所在平面内作用的外力偶。

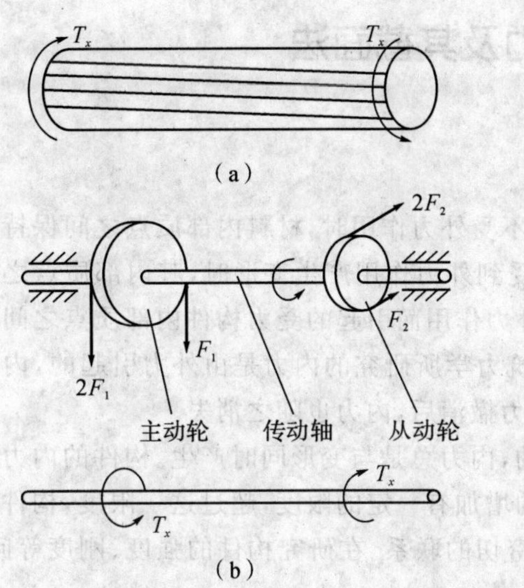

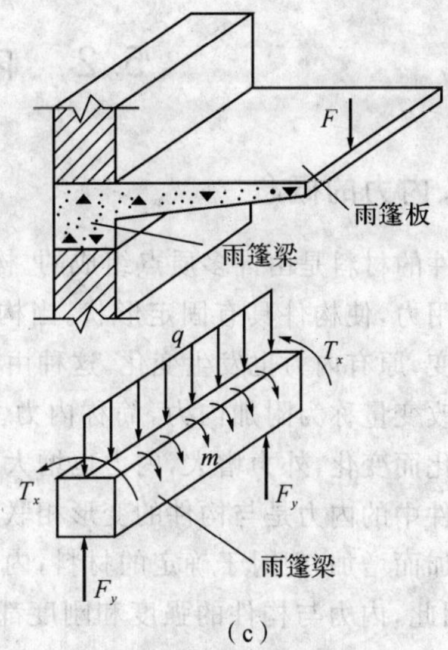

图 5-3

2. 弯曲变形的变形特点

杆轴由直变弯。

产生弯曲变形的杆件称为梁。工程中常见梁的横截面都有一根对称轴（如图 5-4 所示），各截面对称轴形成一个纵向对称平面。若荷载与约束反力均作用在梁的纵向对称平面内，梁的轴线也在该平面内弯成一条曲线，这样的弯曲称为平面弯曲，如图 5-4 所示。平面弯曲是最简单的弯曲变形，是一种基本变形。本章重点介绍单跨静定梁的平面弯曲内力。

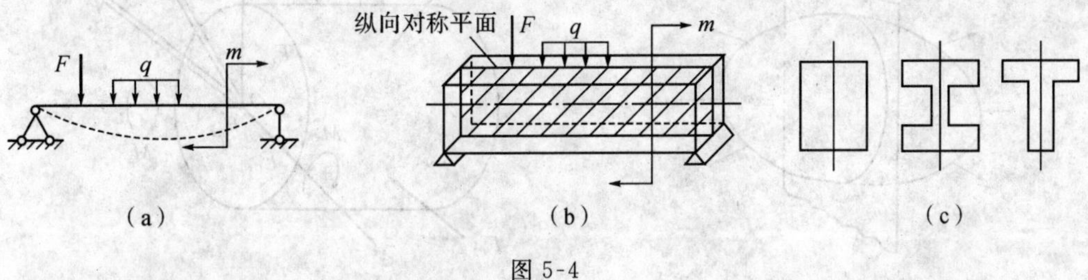

图 5-4

单跨静定梁有 3 种基本形式，如图 5-5 所示。

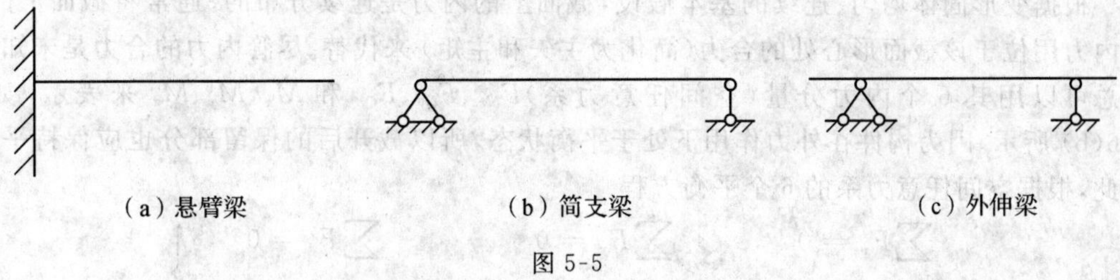

图 5-5

5.2 内力及其截面法

一、内力的概念

构件的材料是由许多质点组成的。构件不受外力作用时，材料内部质点之间保持一定的相互作用力，使构件具有固定形状。当构件受到外力作用产生变形时，其内部质点之间相互位置改变，原有内力也发生变化。这种由于外力作用而引起的受力构件内部质点之间相互作用力的改变量称为附加内力，简称内力。建筑力学所研究的内力是由外力引起的，内力随外力的变化而变化，外力增大，内力也增大，外力撤消后，内力也随之消失。

构件中的内力是与构件的变形相联系的，内力总是与变形同时产生。构件的内力随着变形的增加而增加，但对于确定的材料，内力的增加有一定的限度，超过这一限度，构件将发生破坏。因此，内力与构件的强度和刚度都有密切的联系。在研究构件的强度、刚度等问题时，必须知道构件在外力作用下某截面上的内力值。

二、截面法

确定构件任一截面上内力值的基本方法是截面法。如图 5-6(a) 所示为任一受平衡力系作用的构件。为了显示并计算某一截面上的内力，可在该截面处用一假想的截面将构件一分为二并弃去其中一部分。将弃去部分对保留部分的作用以力的形式表示，此即为该截面上的内力。

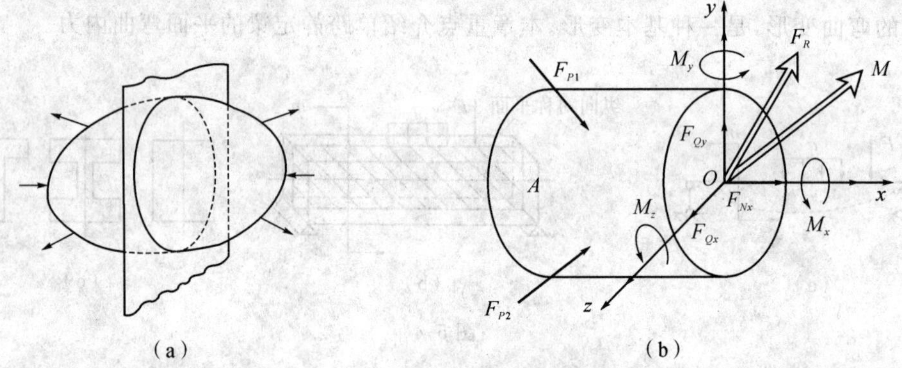

图 5-6

根据变形固体均匀、连续的基本假设，截面上的内力是连续分布的。通常将截面上的分布内力用位于该截面形心处的合力（简化为主矢和主矩）来代替。尽管内力的合力是未知的，但总可以用其 6 个内力分量（空间任意力系）F_{Nx}、F_{Qy}、F_{Qz} 和 M_x、M_y、M_z 来表示，如图 5-6(b) 所示。因为构件在外力作用下处于平衡状态，所以截开后的保留部分也应保持平衡。由此，根据空间任意力系的 6 个平衡方程

$$\left.\begin{array}{lll}\sum F_x = 0 & \sum F_y = 0 & \sum F_z = 0 \\ \sum M_x(F) = 0 & \sum M_y(F) = 0 & \sum M_z(F) = 0\end{array}\right\}$$

即可求出 F_{N_x}、F_{Q_y}、F_{Q_z} 和 M_x、M_y、M_z 等各内力分量。用截面法研究保留部分的平衡时，各内

力分量均相当于平衡体上的外力。

截面上的内力并不一定都同时存在上述 6 个内力分量，一般可能仅存在其中的一个或几个。随着外力与变形形式的不同，截面上存在的内力分量也不同，如拉压杆横截面上的内力，只有与外力平衡的轴向内力 F_{Nx}。

截面法求内力的步骤可归纳为：

(1) 截开。在欲求内力截面处，用一假想截面将构件一分为二。

(2) 代替。弃去任一部分，并将弃去部分对保留部分的作用以相应内力代替(即显示内力)。

(3) 平衡。根据保留部分的平衡条件，确定截面内力值。

截面法求内力与取分离体由平衡条件求约束反力的方法实质是完全相同的。求约束反力时，去掉约束代之以约束反力；求内力时，去掉一部分杆件，代之以该截面的内力。

注意：在研究变形体的内力和变形时，对“等效力系”的应用应该慎重。例如，在求内力时，截开截面之前，力的合成、分解及平移，力和力偶沿其作用线和作用面的移动等定理，均不可使用，否则将改变构件的变形效应；但在考虑研究对象的平衡问题时，仍可应用等效力系简化计算。

5.3 轴向拉伸和压缩杆件的内力分析

轴向拉伸或压缩变形是杆件的基本变形之一。当杆件两端受到背离杆件的轴向外力作用时，产生沿轴线方向的伸长变形。这种变形称为轴向拉伸，杆件称为拉杆，所受外力为拉力。反之，当杆件两端受到指向杆件的轴向外力作用时，产生沿轴线方向的缩短变形。这种变形称为轴向压缩，杆件称为压杆，所受外力为压力，如图 5-7 所示。

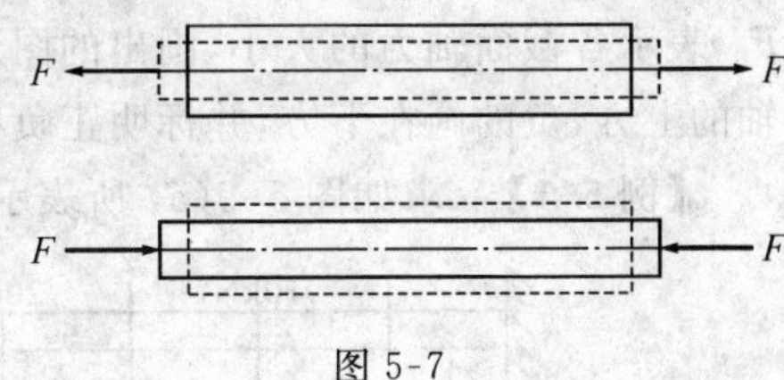

图 5-7

一、轴力的计算

用截面法求如图 5-8(a) 所示中拉杆 m-m 截面上的内力步骤如下：

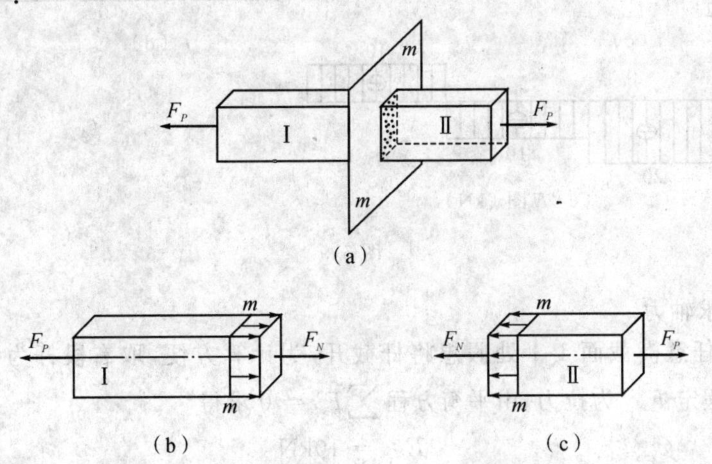

图 5-8

(1) 截开。假想用 m-m 截面将杆件分为 Ⅰ、Ⅱ 两部分,并取 Ⅰ 为研究对象。

(2) 代替。将 Ⅱ 部分对 Ⅰ 部分的作用以截面上的分布内力代替。由于杆件平衡,所取 Ⅰ 部分也应保持平衡,故 m-m 截面上与轴向外力 F_P 平衡的内力的合力也是轴向力,这种内力称为轴力,记为 F_N,如图 5-8(b) 所示。

(3) 平衡。根据共线力系的平衡条件

$$\sum F_x = 0 \quad F_N - F_P = 0$$

求得

$$F_N = F_P$$

所得结果为正值,说明轴力 F_N 与假设方向一致,为拉力。

若取 Ⅱ 部分为研究对象,如图 5-8(c) 所示,用同样方法可得:$F_N{}' = F_N = F_P$。显然,F_N 与 $F_N{}'$ 是一对作用力与反作用力,其大小相等,方向相反,也为拉力。

为了截取不同研究对象计算同一截面内力时,所得结果一致,规定:轴力为拉力时,F_N 取正值;反之,轴力为压力时,F_N 取负值。即轴力"拉为正,压为负"。

二、轴力图

工程上有时杆件会受到多个沿轴线作用的外力,这时,杆在不同杆段的横截面上将产生不同的轴力。为了直观地反映出杆的各横截面上轴力沿杆长的变化规律,并找出最大轴力及其所在横截面的位置,取与杆轴平行的横坐标 x 表示各截面位置,取与杆轴垂直的纵坐标 F_N 表示各截面轴力的大小,画出的图形即为轴力图。画轴力图时,规定正的轴力画在横坐标轴的上方,负的画在下方,并标明正负符号。

【例 5-1】 求如图 5-9(a) 所表示杆的轴力并画轴力图。

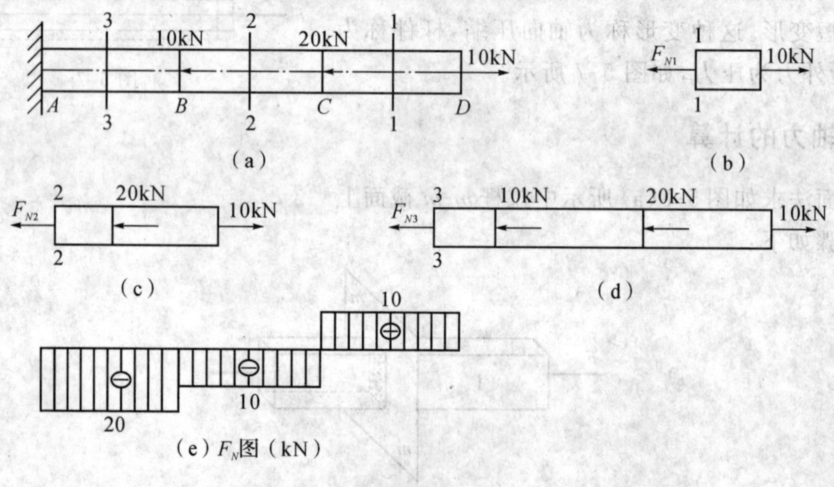

图 5-9

解 (1) 求轴力。

CD 段:沿任意横截面 1-1 处假想将杆截开,为计算方便,取右段杆为研究对象,如图 5-9(b) 所示,假定 F_{N_1} 为拉力,由平衡方程 $\sum F_x = 0$ 求得

$$F_{N_1} = 10\text{kN}$$

结果为正,说明原先假定 F_{N_1} 为拉力是正确的。

BC 段:假想沿横截面 2-2 处将截开,取右段为研究对象,如图 5-9(c) 所示,由平衡方程,

求得

$$F_{N_2} = 10 - 20 = -10(\text{kN})$$

结果为负，说明原先假定 F_{N_2} 为压力。

AB 段：假想沿横截面 3-3 处将截开，取右段为研究对象，如图 5-9(d) 所示，由平衡方程，求得

$$F_{N_3} = 10 - 20 - 10 = -20(\text{kN})$$

F_{N_3} 也是压力。

在求上述各截面的轴力时，也可取左段杆为研究对象，这时需首先由全杆的平衡方程求出左端的约束反力 F_A，再计算轴力。

(2) 画轴力图。杆的轴力图如图 5-9(e) 所示。由该图可见，最大轴力为

$$|F_N|_{\max} = 20\text{kN}$$

产生在 AB 段内的各横截面上。由轴力图还可看出，在杆中两个作用力(10kN 和 20kN) 作用处的左右两侧的横截面上，轴力有突变，这是因为假设外力是作用在一点的集中力。

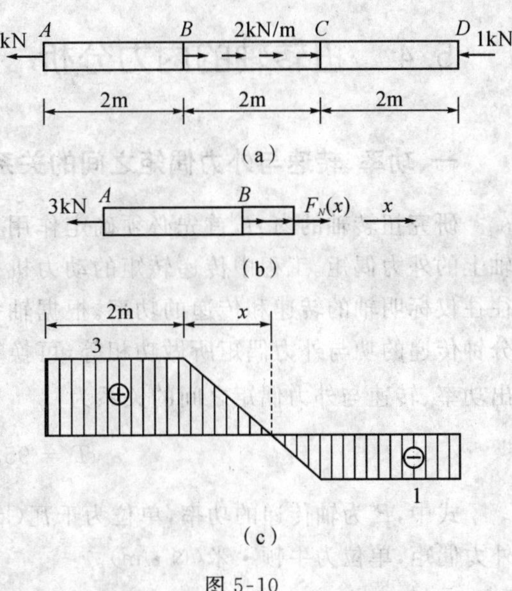

图 5-10

【例 5-2】　如图 5-10(a) 所示的杆，除 A 端和 D 端各有一集中力作用外，在 BC 段作用有沿杆长均匀分布的轴向外力，集度为 2kN/m。作杆的轴力图。

解　用截面法不难求出 AB 段和 CD 段杆的轴力分别为 3kN(拉力) 和 1kN(压力)。

为了求 BC 段杆的轴力，假想在距 B 点为 x 处将杆截开，取左段杆为研究对象，如图 5-10(b) 所示。由平衡方程，可求得 x 截面的轴力为

$$F_N(x) = 3 - 2x$$

由此可见，在 BC 段内，$F_N(x)$ 沿杆长线性变化。当 $x = 0$ 时，$F_N = 3\text{kN}$；当 $x = 2\text{m}$ 时，$F_N = -1\text{kN}$。全杆的轴力图如图 5-10(c) 所示。

总结截面法求指定截面轴力的计算结果可知，由外力可直接计算截面上的内力，而不必取研究对象画受力图。根据轴力与外力的平衡关系，以及杆段受力图上轴力与外力的方向，由外力直接计算截面轴力时，某一横截面上的轴力，在数值上等于该截面一侧杆上所有轴向外力的代数和；即由外力直接判断为：离开截面的外力(拉力) 产生正轴力；指向截面的外力(压力) 产生负轴力。仍可记为轴力“拉为正，压为负”。这种计算指定截面轴力的方法称为直接法。

轴力的物理意义为：轴力是杆受轴向拉伸和压缩时横截面上的内力，是抵抗轴向拉伸和压缩变形的一种抗力。

【例 5-3】　试作如图 5-11(a) 所示等截面直杆的轴力图。

解　悬臂杆件可不求支座反力，直接从自由端依次取研究对象求各杆段截面轴力。

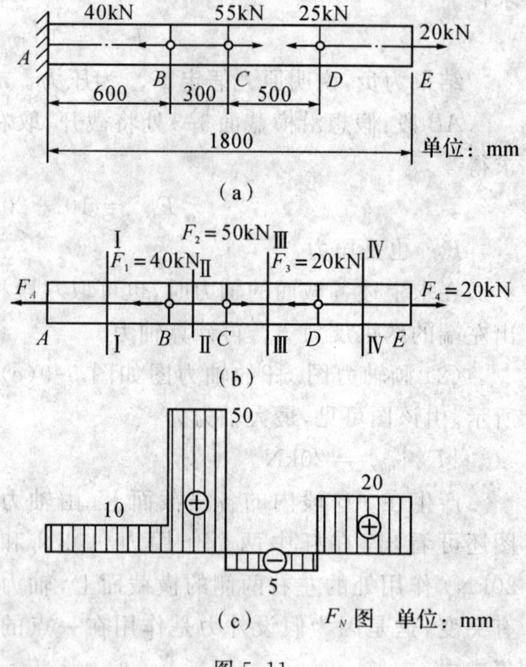

图 5-11

(1) 求各杆段轴力，如图 5-11(b) 所示。

AB 段：$F_{N1}=10\text{kN}$

BC 段：$F_{N2}=50\text{kN}$

CD 段：$F_{N3}=-5\text{kN}$

DE 段：$F_{N4}=20\text{kN}$

(2) 作轴力图，如图 5-11(c) 所示。由图可见

$$|F_N|_{\max}=50\text{kN}(\text{在 } BC \text{ 段})$$

5.4 扭转轴的内力分析

一、功率、转速与外力偶矩之间的关系

研究扭转轴的内力，首先必须确定作用在轴上的外力偶矩。工程中传递转矩的动力机械往往仅标明轴的转速和传递的功率。根据轴每分钟传递的功与外力偶矩所做功相等，可换算出功率、转速与外力偶矩之间的关系为

$$T=9550\frac{P}{n}\text{N}\cdot\text{m} \tag{5-1}$$

式中，P 为轴传递的功率，单位为千瓦(kW)；n 为轴的转速，单位为转 / 分(r/min)；T 为外力偶矩，单位为牛顿·米(N·m)。

二、扭矩、扭矩图

扭转轴横截面的内力计算仍采用截面法。设圆轴在外力偶矩 T_1、T_2、T_3 作用下产生扭转变形，如图 5-12(a) 所示，求其横截面 Ⅰ-Ⅰ 的内力。

(1) 将圆轴用假想的截面 Ⅰ-Ⅰ 截开，一分为二。

(2) 取左段为研究对象，画其受力图如图 5-12(b) 所示，去掉的右段对保留部分的作用以截面上的内力 M_x 代替。

(3) 由保留部分的平衡条件确定截面上的内力。

由圆轴的平衡条件可知，横截面上与外力偶平衡的内力必为一力偶，该内力偶矩称为扭矩，用 M_x 表示。由平衡条件

$$\sum M_x=0 \qquad T_1-M_x=0$$

得

$$M_x=T_1$$

若取右段轴为研究对象，如图 5-12(c) 所示，由平衡条件

$$\sum M_x=0 \qquad T_2-T_3-M'_x=0$$

得

$$M'_x=T_2-T_3=M_x$$

为了取不同的研究对象计算同一截面的扭矩时，结果相同，扭矩的符号规定为：按右手

螺旋法则，以右手 4 指顺着扭矩的转向，若拇指指向与截面外法线方向一致时，扭矩为正，如图 5-13(a) 所示；反之为负，如图 5-13(b) 所示。

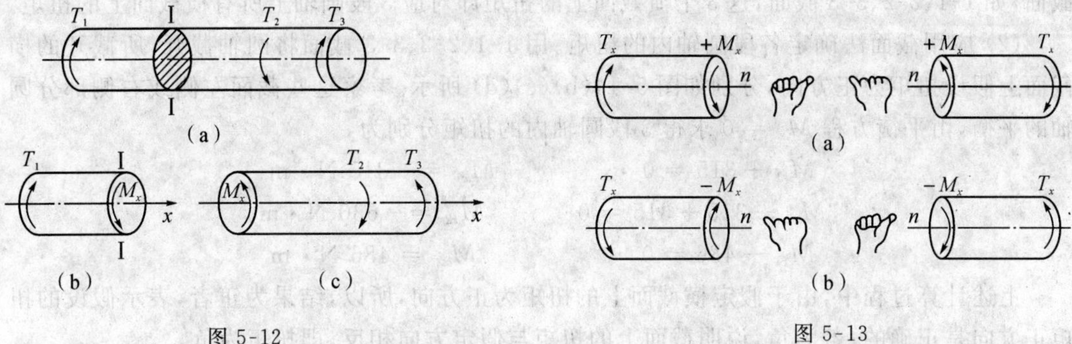

图 5-12　　　　　　　　　　　　　　图 5-13

多个外力偶作用的扭转轴，计算横截面上的扭矩仍采用截面法。任一截面上的扭矩，等于该截面一侧轴上的所有外力偶矩的代数和：$M_x = \sum T$ 扭矩的符号仍用右手螺旋法则判断：凡拇指离开截面的外力偶矩在截面上产生正扭矩；反之产生负扭矩。

显然，不同轴段的扭矩不相同。为了直观地反应扭矩随截面位置变化的规律，以便确定危险截面，与轴力图相仿可绘出扭矩图。绘制扭矩图的要求是：选择合适比例将正值的扭矩纵标画在横坐标轴的上方，负的画在下方；图中标明截面位置，截面的扭矩值、单位和正负号。

【例 5-4】　如图 5-14(a) 所示之圆轴，受有 4 个绕轴线转动的外加力偶，各力偶的力偶矩的大小和方向均示于图中，其中力偶矩的单位为 N·m，轴尺寸单位为 mm。试画出圆轴的扭矩图。

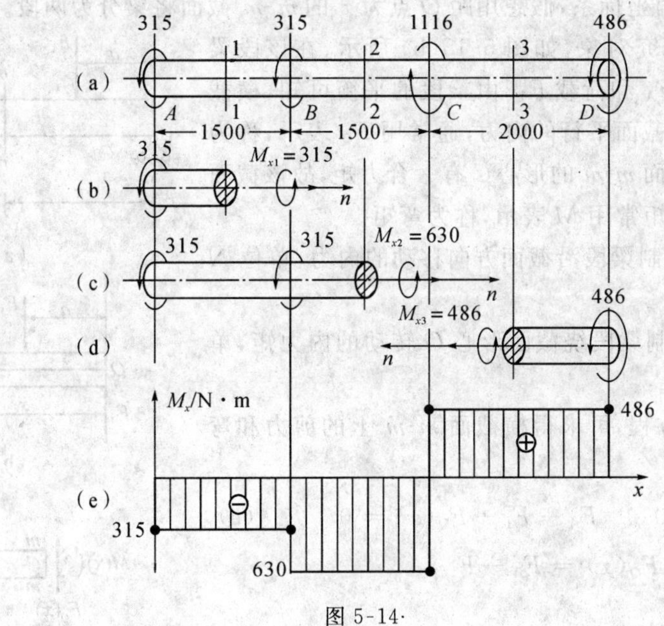

图 5-14

解　(1) 确定控制面。从圆轴所受的外加力偶分布可以看出，外加力偶处截面 A、B、C、D 均为控制面。这表明 AB 段、BC 段、CD 段圆轴，各分段横截面上的扭矩互不相同，但每一段内的扭矩却是相同的。为了计算简化起见，可以在 AB 段、BC 段、CD 段圆轴内任意选取一横截面，如 1-1、2-2、3-3 截面，这 3 个横截面上的扭矩即对应 3 段圆轴上所有横截面上的扭矩。

(2) 应用截面法确定各段圆轴内的扭矩。用 1-1、2-2、3-3 截面将圆轴截开，所截开的横截面上假设扭矩为正方向，分别如图 5-14(b)(c)(d) 所示。考察这些截面左侧或右侧部分圆轴的平衡，由平衡方程 $M_x=0$ 求得 3 段圆轴内的扭矩分别为

$$M_{x1}+315=0 \qquad M_{x1}=-315\ \text{N}\cdot\text{m}$$

$$M_{x2}+315+315=0 \qquad M_{x2}=-630\ \text{N}\cdot\text{m}$$

$$M_{x1}-486=0 \qquad M_{x2}=486\ \text{N}\cdot\text{m}$$

上述计算过程中，由于假定横截面上的扭矩为正方向，所以，结果为正者，表示假设的扭矩正方向是正确的；若为负，说明截面上的扭矩与假定方向相反，即扭矩为负。

(3) 建立 M_x-x 坐标系，画出扭矩图。建立 M_x-x 坐标系，其中 x 轴平行于圆轴的轴线，M_x 轴垂直于圆轴的轴线。将所求得的各段的扭矩值，标在 M_x-x 坐标系中，得到相应的点，过这些点作 x 轴的平行线，即得到所需要的扭矩图，如图 5-14(e) 所示。

5.5 梁的内力分析

一、梁的内力

如图 5-15(a) 所示的简支梁为例，梁上作用有荷载 F_1 和 F_2 后，根据平衡方程，可求得支座反力 F_A，F_B，然后再用截面法分析和计算任一横截面上的内力。

(1) 取 xOy 直角坐标系，假想用距 O 点为 x 的 m-m 截面将梁分为两段。

(2) 取左段为研究对象，如图 5-15(b) 所示。在该段梁上作用有支座反力 F_A 和荷载 F_1。由梁段的平衡可知，横截面 m-m 上必有与该截面平行的内力，通常用 F_Q 表示，称为剪力。因外力对横截面 m-m 的形心 C 有一合力矩，故该截面上必有一内力偶，其矩常用 M 表示，称为弯矩。

剪力 F_Q—— 限制梁段沿截面方向移动的内力，单位 N 或 kN。

弯矩 M—— 限制梁段绕截面形心 O 转动的内力矩，单位 N·m 或 kN·m。

由梁段的平衡方程，可求得横截面 m-m 上的剪力和弯矩，即

由 $\sum F_{iy}=0 \qquad F_A-F_1-F_Q(x)=0 \qquad$ (a)

得 $\qquad F_Q(x)=F_A-F_1$

由 $\sum M_C=0$

$$F_Ax-F_1(x-a)-M(x)=0 \qquad (b)$$

得 $\qquad M(x)=F_Ax-F_1(x-a)$

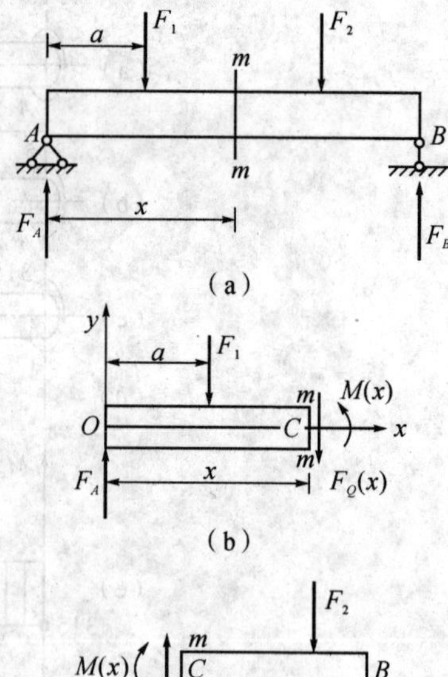

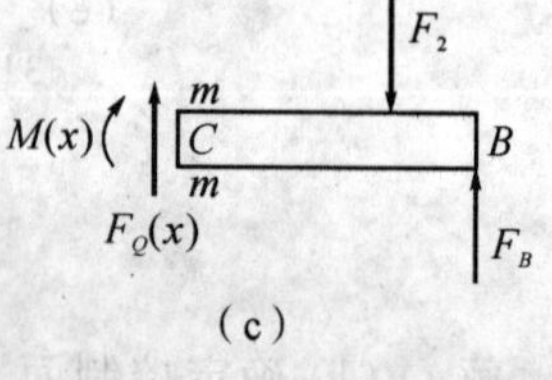

图 5-15

横截面 m-m 上的剪力和弯矩也可由右段梁的平衡方程求出，其大小与由左段梁求得的

相同,但转向相反,如图 5-15(c) 所示。

为了由左、右梁段求得的同一横截面上的内力有相同的正负号,现对剪力和弯矩的正负号作如下规定:

剪力 F_Q:使截面邻近的微量段有顺时针转动趋势的剪力为正值,反之为负值,如图 5-16(a) 所示。

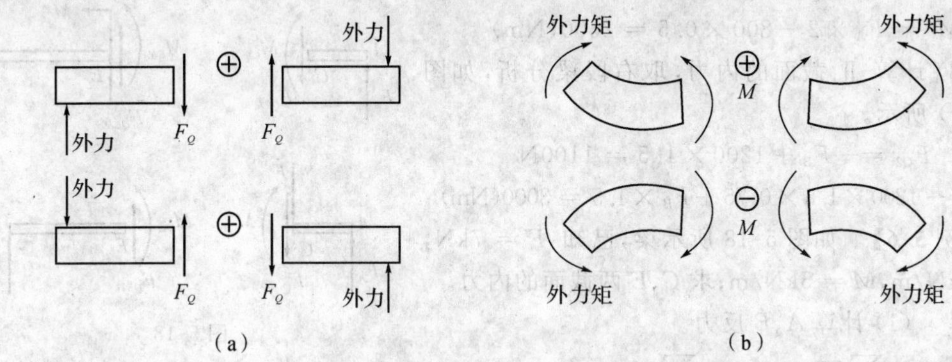

图 5-16

弯矩 M:使截面邻近的微量段产生下边凸出,上边凹进变形的弯矩为正值,反之为负值,如图 5-16(b) 所示。

按照上述正负号的规定,由(a) 式及(b) 式计算得的横截面 m-m 上的剪力和弯矩为正。

因为剪力和弯矩是由横截面一侧的外力计算得到的,所以在实际计算时,也可直接根据外力的方向规定剪力和弯矩的正负号:当横截面左侧的外力向上或右侧的外力向下时,该横截面的剪力为正,反之为负;当外力向上时(不论横截面的左侧或右侧),截面上的弯矩为正,反之为负。当梁上作用外力偶时,由它引起的横截面上的弯矩正负号,仍需由梁的凸起方向决定。

由(a) 式或(b) 式可见:任一横截面上的剪力,在数值上等于该截面一侧(左侧或右侧)所有外力的代数和;任一横截面上的弯矩,在数值上等于该截面一侧(左侧或右侧) 所有外力对该截面形心力矩的代数和。此外,剪力和弯矩的正负号只需由每个外力的方向决定。

要求熟练掌握剪力和弯矩的计算方法和正负号规定计算任一横截面上的剪力和弯矩。

【例 5-5】　求如图 5-17(a) 所示简支梁截面 Ⅰ 及 Ⅱ 的剪力和弯矩。

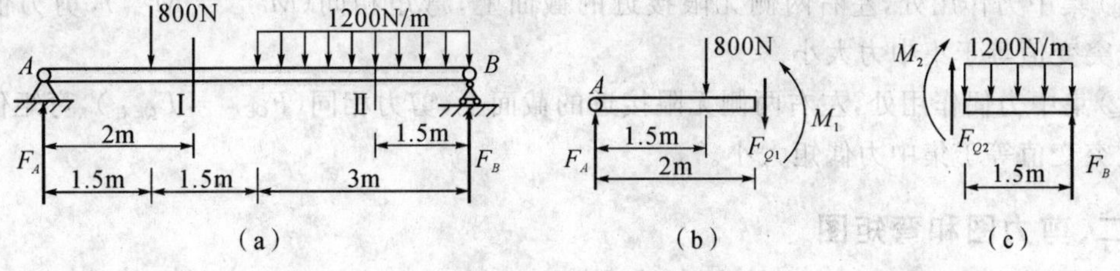

图 5-17

解　(1) 计算支反力。

由　$\sum M_A = 0$　　$\sum M_B = 0$

得　$F_A = 1500\text{N}$　　$F_B = 2900\text{N}$

校核$\sum F_y = 0$，故计算正确。

(2) 计算 Ⅰ 截面的内力，取左段梁分析，如图 5-17(b) 所示。

$$F_{Q1} = F_A - 800 = 1500 - 800 = 700(\text{N})$$

$$M_1 = F_A \times 2 - 800 \times 0.5 = 2600(\text{Nm})$$

(3) 计算 Ⅱ 截面的内力，取右段梁分析，如图 5-17(c) 所示。

$$F_{Q2} = -F_B + 1200 \times 1.5 = 1100\text{N}$$

$$M_2 = -1200 \times 1.5 \times 0.75 + F_B \times 1.5 = 3000(\text{Nm})$$

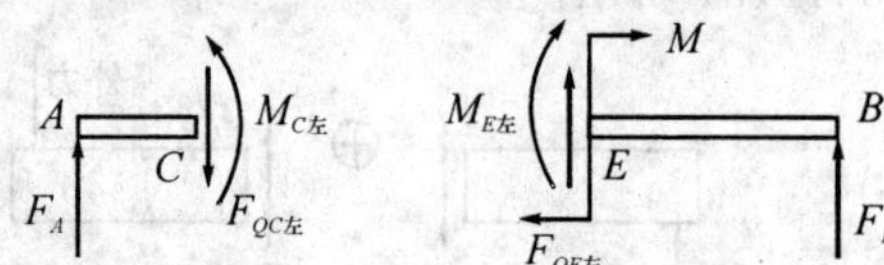

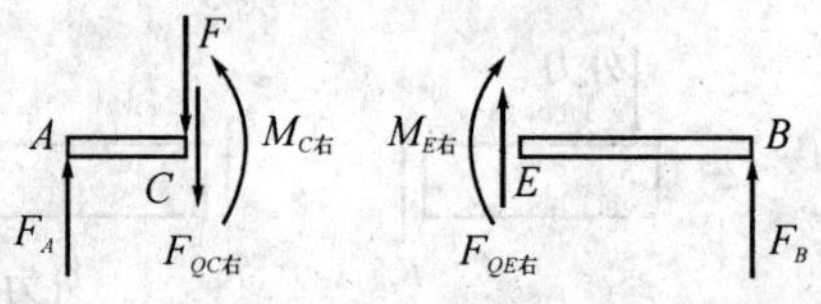

图 5-18

【例 5-6】 如图 5-18 所示梁，已知：$F = 7\text{kN}$，$q = 2\text{kN/m}$，$M = 5\text{kN/m}$；求 C、E 两截面的内力。

解 (1) 计算 A、B 反力。

由 $\sum M_A = 0 \qquad \sum M_B = 0$

得 $F_A = 7\text{kN} \qquad F_B = 4\text{kN}$

校核$\sum F_y = 0$，故计算正确。

(2) 计算 C 截面的内力。

由于截面 C 作用集中力 F，计算截面 C 的剪力时，必须区分截面 $C_{左}$ 和截面 $C_{右}$。

$C_{左}$ 截面：
$$F_{QC左} = F_A = 7\text{kN}$$
$$M_{C左} = F_A \times 1 = 7 \times 1 = 7(\text{kNm})$$

$C_{右}$ 截面：
$$F_{QC右} = F_A - F = 7 - 7 = 0$$
$$M_{C右} = F_A \times 1 - F \times 0 = 7 \times 1 - 0 = 7(\text{kNm})$$

(3) 计算 E 截面的内力。

同理截面 E 作用集中力偶矩，计算截面 E 的弯矩时，也必须区分截面 $E_{左}$ 和截面 $E_{右}$。

$E_{左}$ 截面：$F_{QE左} = -F_B = -4\text{kN}$，　$M_{E左} = -M + F_B \times 2 = -5 + 4 \times 2 = 3(\text{kNm})$

$E_{右}$ 截面：$F_{QE右} = -F_B = -4\text{kN}$　　$M_{E右} = F_B \times 2 = 4 \times 2 = 8(\text{kNm})$

计算表明：

① 集中力作用处，左右两侧无限接近的截面上，弯矩相同($M_{C左} = M_{C右}$)，剪力值有突变，且突变值等于集中力大小。

② 集中力偶作用处，左右两侧无限接近的截面上，剪力相同($F_{QE左} = F_{QE右}$)，弯矩值有突变，且突变值等于集中力偶矩大小。

二、剪力图和弯矩图

一般梁的不同截面上的剪力 F_Q 和弯矩 M 随截面位置的不同而变化，横截面位置用沿梁轴线的坐标 x 表示（一般取梁的左端为坐标原点）。则

$$F_Q = F_Q(x) —— 剪力方程$$
$$M = M(x) —— 弯矩方程$$

把剪力方程、弯矩方程分别用图形表示出来，这种图形叫梁的剪力图、弯矩图。

为一目了然地表示剪力和弯矩沿梁长度方向的变化规律，以便确定危险截面位置和相

应的最大剪力和最大弯矩（绝对值）的数值，可仿照轴力图和扭矩图的作法，根据剪力方程和弯矩方程画出梁的剪力图和弯矩图。即以平行于梁轴线的坐标轴为横坐标轴，其上各点表示横截面的位置，以垂直于杆轴线的纵坐标表示横截面上的剪力或弯矩，按选定的比例尺，在坐标系上画出表示 $F_Q(x)$、$M(x)$ 的图形即为剪力图和弯矩图。

梁的 F_Q 图和 M 图是梁强度、刚度计算的重要依据，应熟练掌握其作法。

【例 5-7】 如图 5-19(a) 所示悬臂梁在集中力作用下的剪力图和弯矩图。已知：F、l，求：作 F_Q 图和 M 图。

解 (1) 列剪力、弯矩方程。以梁左端为坐标原点，x 为任一截面，如图 5-19(a) 所示。则

$$F_Q(x) = -F \qquad (0 \leqslant x \leqslant l)$$

$$M(x) = -Fx \qquad (0 \leqslant x \leqslant l)$$

(2) 作剪力图如图 5-19(b) 所示。

$$|F_Q|_{max} = F$$

(3) 作弯矩图如图 5-19(c) 所示。

$$|M|_{max} = Fl（在固定端处）$$

【例 5-8】 如图 5-20(a) 所示简支梁在均布荷载作用下的剪力图和弯矩图。已知：q、l，求：F_Q、M 图。

解 (1) 计算 A、B 支反力。

$$F_A = F_B = ql/2$$

(2) 列剪力方程、弯矩方程。

$$F_Q(x) = F_A - qx = \frac{ql}{2} - qx \qquad (0 \leqslant x \leqslant l)$$

$$M(x) = F_A x - \frac{qx^2}{2} = \frac{ql}{2}x - \frac{qx^2}{2} (0 \leqslant x \leqslant l)$$

(3) 作剪力图，如图 5-20(b) 所示。

$$|F_Q|_{max} = ql/2$$

(4) 作弯矩图，如图 5-20(c) 所示。$|M|_{max} = ql^2/8$（在中截面处）

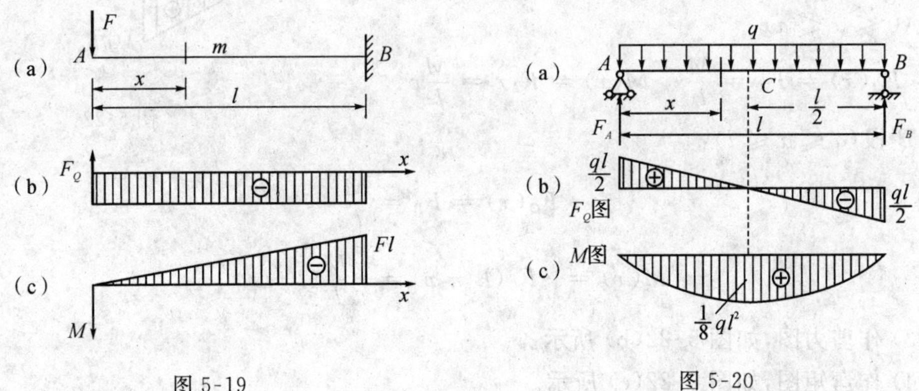

图 5-19　　图 5-20

【例 5-9】 如图 5-21(a) 所示简支梁在集中力作用下的剪力图和弯矩图。已知：P、a、b、l；求：作 F_Q 图、M 图。

解 (1) 计算 A、B 支反力。

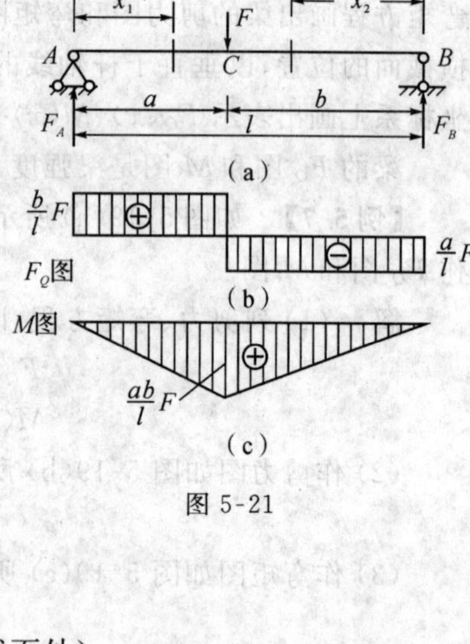

图 5-21

$$F_A = Fb/l \quad F_B = Fa/l$$

(2) 分段列剪力、弯矩方程。

AC 段($0 \leqslant x \leqslant a$)：

$$F_Q(x) = F_A = \frac{Fb}{l}$$

$$M(x) = F_A x = \frac{Fb}{l}x$$

CB 段($a \leqslant x \leqslant l$)： $F_Q(x) = -F_B = -\dfrac{Fa}{l}$

$$M(x) = F_B(l-x) = \frac{Fa}{L}(l-x)$$

(3) 作剪力图，如图 5-21(b) 所示。

$$|F_Q|_{\max} = Fb/l$$

(4) 作弯矩图，如图 5-21(c) 所示。

$$|M|_{\max} = Fba/l(\text{在 } P \text{ 作用截面处})$$

若 $a = b = l/2$，则 $|M|_{\max} = \dfrac{Fl}{4}$

由剪力图和弯矩图可以看出：在集中力作用处，剪力有突变，突变值等于集中力 F 值，而弯矩图在 F 处有尖角。

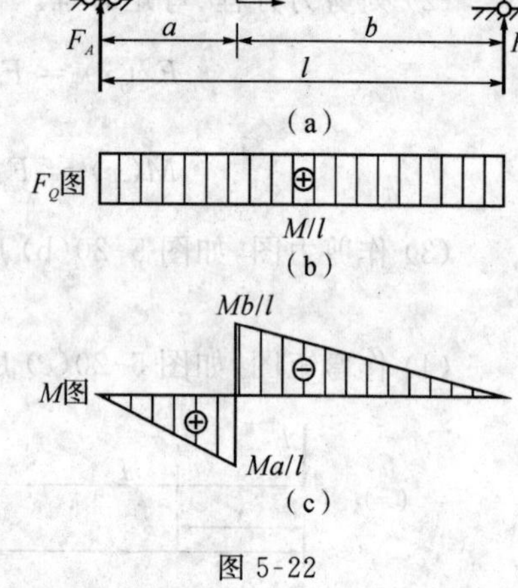

图 5-22

【例 5-10】 如图 5-22(a) 所示简支梁在集中力偶作用下的剪力图和弯矩图。已知：M、a、b、l；求：作 F_Q 图、M 图。设 $b > a$。

解 (1) 计算 A、B 支反力。

$$F_A = -F_B = \frac{M}{l}$$

(2) 分段列剪力、弯矩方程。

AC 段($0 \leqslant x \leqslant a$)：

$$F_Q(x) = F_A = \frac{M}{l} \quad M(x) = F_A x = \frac{M}{l}x$$

CB 段($a \leqslant x \leqslant l$)：

$$F_Q(x) = F_B = \frac{M}{l}$$

$$M(x) = -F_B(L-x) = -\frac{M}{l}(l-x)$$

(3) 作剪力图，如图 5-22(b) 所示。

(4) 作弯矩图，如图 5-22(c) 所示。

$$|M|_{\max} = Mb/l(b > a)$$

由剪力图和弯矩图可以看出：在集中力偶作用处，剪力图无变化；而弯矩图有突变，突变值等于集中力偶矩 M 值。

【例 5-11】 作如图 5-23(a) 所示外伸梁的剪力图和弯矩图。

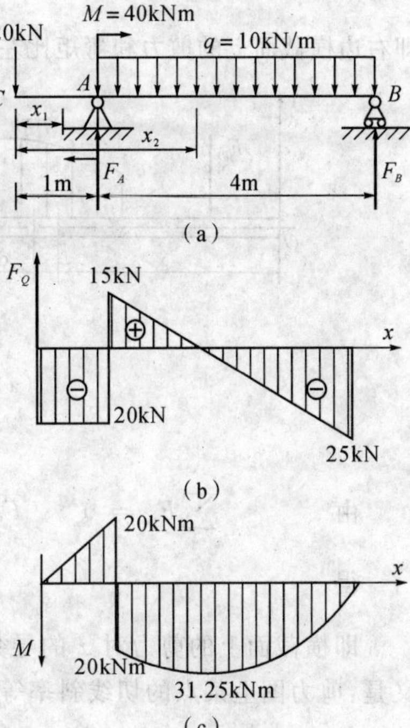

图 5-23

解　(1) 计算 A、B 反力。

$$\sum M_A = 0 \quad 得 \quad F_A = 35\text{kN}$$

$$\sum M_B = 0 \quad 得 \quad F_B = 25\text{kN}$$

校核 $\sum F_y = 0$，故计算正确。

(2) 分段列剪力、弯矩方程。

CA 段($0 \leqslant x \leqslant 1\text{m}$)：

$$F_Q(x) = -20$$

$$M(x) = -20x$$

AB 段($0 \leqslant x \leqslant 4\text{m}$)：

$$F_Q(x) = -F_B + q(4-x) = -25 + 10(4-x)$$

$$M(x) = F_B(4-x) - q(4-x)^2/2$$

$$= 25(4-x) - 5(4-x)^2$$

(3) 作剪力图，如图 5-23(b) 所示。

$$|F_Q|_{\max} = 25\text{kN}(在 B 处)$$

(4) 作弯矩图，如图 5-23(c) 所示。

$$|M|_{\max} = 31.25\text{kN/m}(在 F_Q = 0 处)$$

可见：

① 在集中力作用处(A 截面)，剪力有突变，且突变值等于 $F_A = 35\text{kN}$。

② 在集中力偶作用处(A 截面)，弯矩图有突变，突变值等于 $M = 40\text{kN/m}$。

③ 剪力等于零的截面处弯矩有极值，此极值有可能为最大值。

三、弯矩、剪力和载荷集度间的关系及其应用

1. 弯矩、剪力和载荷集度间的微分关系

如图 5-24 所示，梁上各段(不含控制截面)的荷载分两种情况：① 存在分布荷载，$q(x) \neq 0$，如简支梁上的 DE 段。② 无荷载作用，$q(x) = 0$，如梁上的 AC、CD、EB 段。$q(x) = 0$ 为 $q(x) \neq 0$ 的特殊情况，所以只讨论 $q(x) \neq 0$ 的情况。

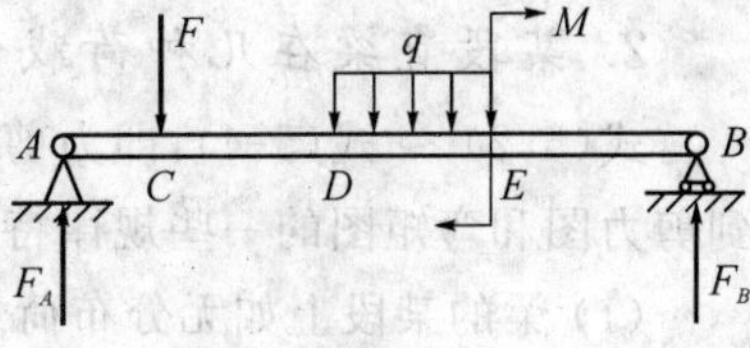

图 5-24

由上节的例题可以看出，剪力图和弯矩图的变化有一定的规律性。例如，在某段梁上如无分布荷载作用，则剪力图为一水平线，弯矩图为一斜直线，而且直线的倾斜方向和剪力的正负有关，见例 5-7、例 5-9。当梁的某段上有均布荷载作用时，剪力图为一斜直线，弯矩图为二次抛物线，见例 5-8、例 5-11。此外，从例题中还可看到，弯矩有极值的截面上，剪力为零。这些现象表明，剪力、弯矩和荷载集度之间有一定的关系。现在导出这种关系。

设一梁及其所受荷载如图 5-25(a) 所示。在分布荷载作用的范围内，假想截出一长为 $\mathrm{d}x$ 的微段梁，如图 5-25(b) 所示。假定在 $\mathrm{d}x$ 长度上，分布荷载集度为常量，并设 $q(x)$ 向上为正；在左、右横截面上存在有剪力和弯矩，并设它们均为正。在坐标为 x 的截面上，剪力和弯矩分别为 $F_Q(x)$ 和 $M(x)$；在坐标为 $x+\mathrm{d}x$ 的截面上，剪力和弯矩分 $F_Q(x)+\mathrm{d}F_Q(x)$ 和 $M(x)+\mathrm{d}M(x)$。

即右边横截面上的剪力和弯矩比左边横截面上的多一个增量。因为微段处于平衡状态，故

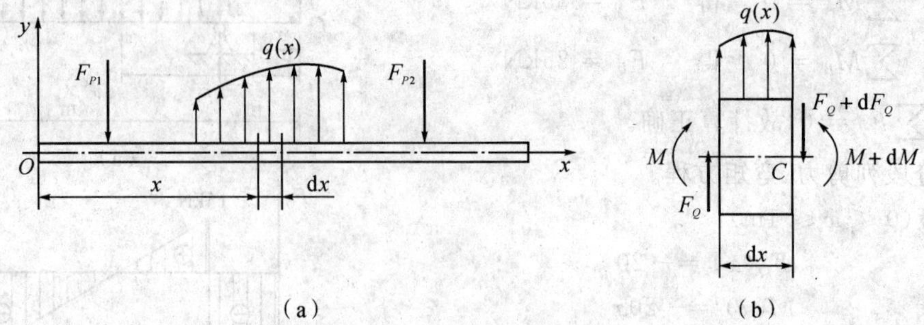

图 5-25

由 $\sum F_{iy} = 0 \quad F_Q(x) + q(x)\mathrm{d}x - [F_Q(x) + \mathrm{d}F_Q(x)] = 0$

得
$$\frac{\mathrm{d}F_Q(x)}{\mathrm{d}x} = q(x) \tag{5-2}$$

即横截面上的剪力对 x 的导数，等于同一横截面上分布荷载的集度。式(5-2) 的几何意义是：剪力图上某点的切线斜率等于梁上与该点对应处的荷载集度。

由 $\sum M_{Ci} = 0 \quad M(x) + F_Q(x)\mathrm{d}x + q(x)\mathrm{d}x\,\frac{\mathrm{d}x}{2} - [M(x) + \mathrm{d}M(x)] = 0$

略去高阶微量后得
$$\frac{\mathrm{d}M(x)}{\mathrm{d}x} = F_Q(x) \tag{5-3}$$

即横截面上的弯矩对 x 的导数，等于同一横截面上的剪力。式(5-3) 的几何意义是：弯矩图上某点的切线斜率等于梁上与该点对应处的横截面上的剪力。

由式(5-2) 及式(5-3)，又可得
$$\frac{\mathrm{d}M^2(x)}{\mathrm{d}x^2} = \frac{\mathrm{d}F_Q(x)}{\mathrm{d}x} = q(x) \tag{5-4}$$

即横截面上的弯矩对 x 的二阶导数，等于同一横截面上分布荷载的集度。式(5-4) 可用来判断弯矩图的凹凸方向。

2. 某段直梁在几种荷载作用下剪力图和弯矩图特征

式(5-2) ～ 式(5-4)，即为剪力、弯矩和荷载集度之间的关系式，由这些关系式，可以得到剪力图和弯矩图的一些规律特征。

(1) 梁的某段上如无分布荷载作用，即 $q(x) = 0$，则在该段内，$F_Q(x) =$ 常数。故剪力图为水平直线，弯矩图为斜直线。弯矩图的倾斜方向，由剪力的正负决定。

(2) 梁的某段上如有均布荷载作用，即 $q(x) =$ 常数，则在该段内，$F_Q(x)$ 为 x 的线性函数，而 $M(x)$ 为 x 的二次函数。故该段内的剪力图为斜直线，其倾斜方向由 $q(x)$ 是向上作用还是向下作用决定。该段的弯矩图为二次抛物线。

(3) 由式(5-4) 可知，当分布荷载向上作用时，弯矩图向上凸起；当分布荷载向下作用时，弯矩图向下凸起。

(4) 由式(5-4) 可知，在分布荷载作用的一段梁内，$F_Q(x)$ 的截面上，弯矩具有极值，见例 5-8、例 5-11。

(5) 如分布荷载集度随 x 成线性变化，则剪力图为二次曲线，弯矩图为三次曲线。

以上剪力图、弯矩图规律变化特征列于表 5-1。

表 5-1　在几种荷载下剪力图与弯矩图的特征

一段梁上的外力情况	向下的均布荷载 q	无荷载	集中力 F C	集中力偶 M_e C
剪力图上的特征	向下方倾斜的直线 ⊕ 或 ⊖	水平直线，一般为 ⊕ 或 ⊖	在 C 处有突变 C F	在 C 处无变化 C
弯矩图上的特征	下凸的二次抛物线 或	一般为斜直线 或	在 C 处有尖角 或 或	在 C 处有突变 C M_e
最大弯矩所在截面的可能位置	在 $F_Q = 0$ 的截面		在剪力突变的截面	在紧靠 C 点的某一侧的截面

利用上述规律，可以较方便地画出剪力图和弯矩图，而不需列出剪力方程和弯矩方程。具体做法是：先求出支座反力（如果需要的话），再由左至右求出几个控制截面的剪力和弯矩，如支座处、集中荷载作用处、集中力偶作用处以及分布荷载变化处的截面。注意在集中力作用处，左右两侧截面上的剪力有突变；在集中力偶作用处，左右两侧截面上的弯矩有突弯。在控制截面之间，利用以上关系式，可以确定剪力图和弯矩图的线型，最后得到剪力图和弯矩图。如果梁上某段内有分布荷载作用，则需求出该段内剪力 $F_Q = 0$ 截面上弯矩的极值。最后标出具有代表性的剪力值和弯矩值。

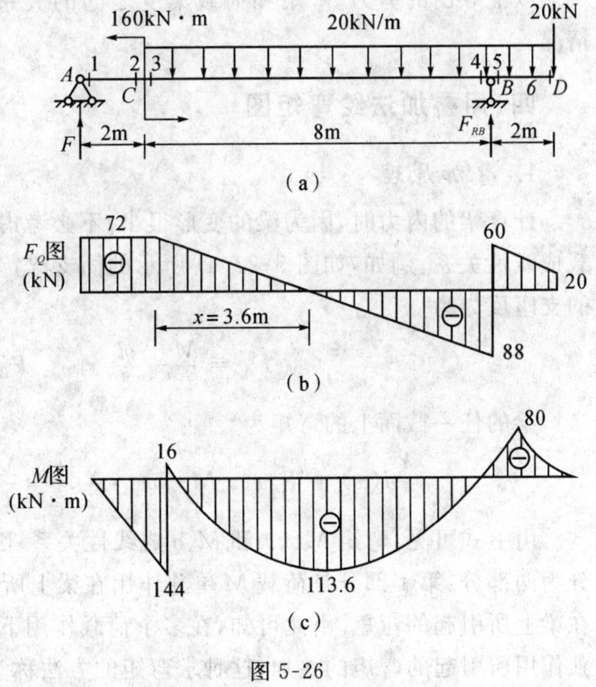

图 5-26

【例 5-12】　画如图 5-26(a) 所示外伸梁的剪力图和弯矩图。

解　(1) 求支座反力。由平衡方程 $\sum M_A = 0$ 和 $\sum M_B = 0$，求得

$$F_A = 72\text{kN} \qquad F_B = 148\text{kN}$$

(2) 画 AC 段的剪力图和弯矩图。计算出控制截面 1 和 2 的剪力和弯矩为

$$F_{Q_1} = F_{Q_2} = 72\text{kN}$$

$$M_1 = M_A = 0$$

$$M_2 = 72 \times 2 = 144(\text{kN} \cdot \text{m})$$

在该段上没有分布荷载作用，故剪力图为水平直线；又因剪力为正值，故弯矩图为向下倾斜的直线。

(3) 绘 CB 段的剪力图和弯矩图。计算出控制截面 3 和 4 的剪力为

$$F_{Q3} = 72\text{kN}$$

$$F_{Q4} = 72 - 20 \times 8 = -88(\text{kN})$$

因为均布荷载 q 向下，所以剪力图是向下倾斜的直线。弯矩图是二次抛物线，需求出3个控制截面的弯矩。其中

$$M_3 = 72 \times 2 - 160 = -16(\text{kN} \cdot \text{m})$$

$$M_4 = M_B = -20 \times 2 - 20 \times 2 \times 1 = -80(\text{kN} \cdot \text{m})(\text{由截面右侧外力计算})$$

此外，在 CB 段内有一截面上的剪力 $F_Q = 0$，在此截面上的弯矩有极值。可以用两种方法求出该截面的位置：① 列出该段的剪力方程，令 $F_Q(x) = 0$，求出 x 的值；② 在 CB 段内的剪力图上有两个相似三角形，由对应边成比例的关系求出 x。在该例中

由 $F_Q(x) = 72 - 20x = 0$ 得 $x = 3.6\text{m}$

此即 $F_Q = 0$ 的截面距 C 点的距离。计算该截面的弯矩可根据截面一侧的外力计算，得

$$M_{\max} = 72 \times (2 + 3.6) - 160 - 20 \times 3.6 \times \frac{3.6}{2} = 113.6(\text{kN} \cdot \text{m})$$

由于 q 向下，故弯矩图向下凸起。

(4) 绘 BD 段的剪力图和弯矩图。计算出控制截面5和6的剪力和弯矩为

$$F_{Q_5} = 20 + 20 \times 2 = 60(\text{kN}) \qquad F_{Q_6} = 20\text{kN}$$

$$M_5 = M_B = -80\text{kN} \cdot \text{m} \qquad M_6 = M_D = 0$$

在该段上的均布荷载集度 q 与 CB 段的相同，故剪力图为向下的斜直线。其斜率与 CB 段剪力图的斜率相同。弯矩图向下凸起。

全梁的剪力图和弯矩图如图5-26(b)(c)所示。由图可见，全梁的最大剪力产生在截面4，最大弯矩产生在截面2，其值分别为

$$|F_Q|_{\max} = 88\text{kN} \qquad M_{\max} = 144\text{kN} \cdot \text{m}$$

以上导出的剪力、弯矩和荷载集度之间的关系只适用于坐标原点在左端，x 轴向右的情况。

四、用叠加法绘弯矩图

1. 叠加原理

计算梁的内力时，因为梁的变形很小，不必考虑其跨长的变化。在这种情况下，内力和荷载成线性关系。例如，如图5-27(a)所示的简支梁，受到均布荷载 q 和集中力偶 M 作用时，梁的支座反力为

$$F_A = \frac{M}{l} + \frac{ql}{2} \qquad F_B = -\frac{M}{l} + \frac{ql}{2}$$

梁的任一截面上的弯矩为

$$M(x) = F_A x - M - qx \cdot \frac{x}{2} = (\frac{M}{l}x - M) + (\frac{ql}{2} - \frac{1}{2}qx^2)$$

由上式可见，弯矩 $M(x)$ 和 M、q 成线性关系。因此，在 $M(x)$ 表达式中，弯矩 $M(x)$ 可以分为两部分：第1部分是荷载 M 单独作用在梁上所引起的弯矩，第2部分是荷载 q 单独作用在梁上所引起的弯矩。由此可知，在多个荷载作用下，梁的横截面上的弯矩，等于各个荷载单独作用所引起的弯矩的叠加，这种求弯矩的方法称为叠加法。

一般而言，只要所求的量(如内力、位移等)是荷载的线性函数，则可先求该量在每一荷

载单独作用下的值，然后叠加，即为几个荷载联合作用下该量的总值，此即叠加原理。

2. 叠加法绘内力图

由于弯矩可以叠加，所以弯矩图也可以叠加。用叠加法作弯矩图时，可先分别绘出各个荷载单独作用的弯矩图，然后将各图对应处的纵标叠加，即得所有荷载共同作用的弯矩图。例如，如图 5-27(a) 所示的简支梁，由集中力偶 M 作用引起的弯矩图如图 5-27(b) 所示，由均布荷载作用的弯矩如图 5-27(c) 所示，将两个弯矩图的纵坐标叠加后，得到总的弯矩图如图 5-27(d) 所示。在叠加弯矩图时，也可以用图的斜直线，即如图 5-27(d) 所示中的虚线为基线，绘出均布荷载下的弯矩图。于是，两图的共同部分正负抵消，剩下的即为叠加后的弯矩图。

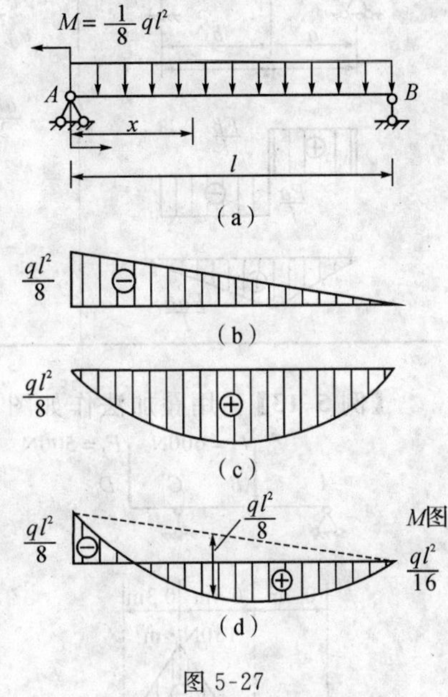

图 5-27

用叠加法绘弯矩图，只在单个荷载作用下梁的弯矩图可以比较方便地绘出，且梁上所受荷载也不复杂时才适用。如果梁上荷载复杂，还是按荷载共同作用的情况绘弯矩图比较方便。此外，在分布荷载作用的范围内，用叠加法不能直接求出最大弯矩；如果要求最大弯矩，还需用以前的方法。

剪力图也可用叠加法绘出，但并不方便，所以通常只用叠加法绘弯矩图。叠加法的应用范围很广，不限于求梁的剪力和弯矩。凡是作用因素（如荷载、变温等）和所引起的结果（如内力、应力、变形等）之间成线性关系的情况，都可用叠加法。

叠加法绘内力图步骤如下：

(1) 荷载分组。把梁上作用的复杂荷载分解为几组简单荷载单独作用情况。

(2) 分别作出各简单荷载单独作用下梁的剪力图和弯矩图。各简单荷载作用下单跨静定梁的内力图可查表 5-2。

(3) 叠加各内力图上对应截面的纵坐标代数值，得原梁的内力图。

表 5-2　静定梁在简单荷载作用下的 F_Q 图、M 图

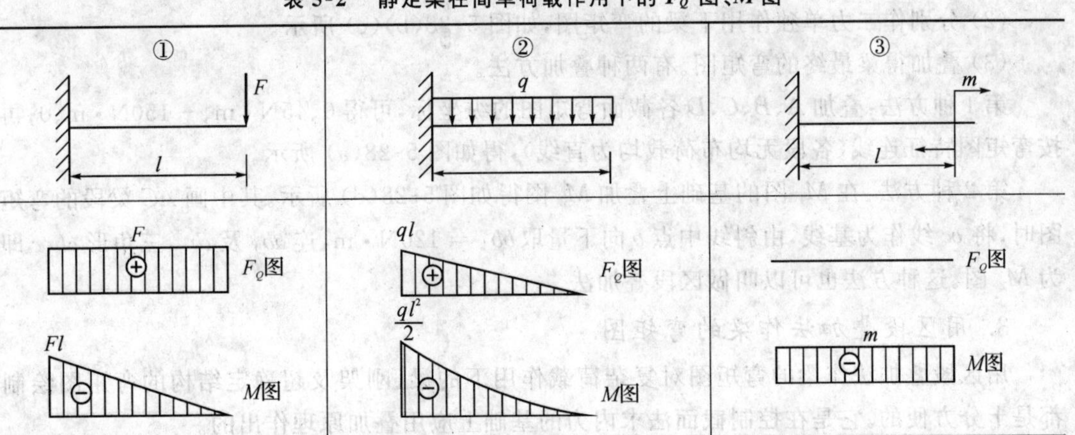

续　表

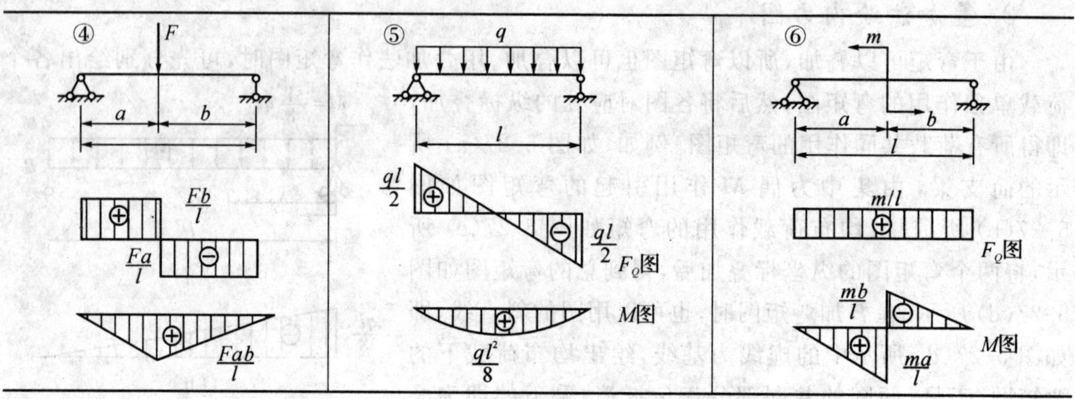

【例 5-13】　用叠加法作如图 5-28 所示外伸梁的 M 图。

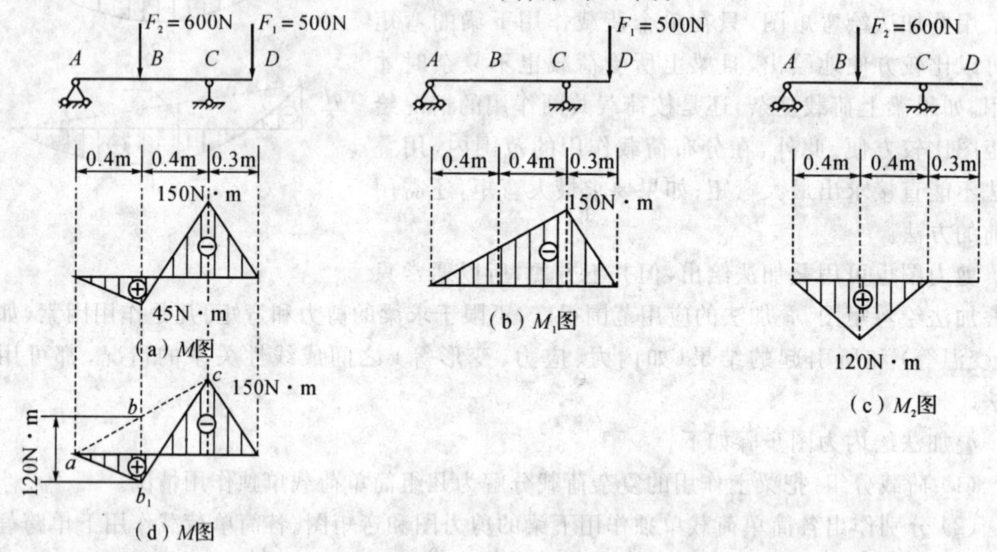

图 5-28

解　(1) 分解荷载为 F_1、F_2 单独作用情况。

(2) 分别作二力单独作用下梁的弯矩图，如图 5-28(b)(c) 所示。

(3) 叠加得梁最终的弯矩图。有两种叠加方法。

第 1 种方法：叠加 A、B、C、D 各截面弯矩图的纵坐标，可得 0、45N·m、−150N·m、0；再按弯矩图特征连线(各段无均布荷载均为直线)，得如图 5-28(a) 所示。

第 2 种方法：在 M_1 图的基础上叠加 M_2 图得如图 5-28(d) 所示。其中画 AC 梁段的弯矩图时，将 oc 线作为基线，由斜线中点 b 向下量取 $bb_1=120$N·m，连 ab_1 及 cb_1，三角形 ab_1c 即为 M_2 图。这种方法也可以叫做区段叠加法。

3. 用区段叠加法作梁的弯矩图

用区段叠加法作梁的弯矩图对复杂荷载作用下的梁、刚架及超静定结构的弯矩图绘制都是十分方便的。它是在控制截面法求内力的基础上应用叠加原理作出的。

考察如图 5-29(a) 所示的简支梁，两端受有 M_A、M_B 集中力偶矩及梁上荷载 q 作用，利用叠加原理，图 5-29(a) 可用图 5-29(b) 和图 5-29(c) 进行叠加。原结构的弯矩图如图 5-29(d) 所示，也是图 5-29(e) 和图 5-29(f) 弯矩图的叠加。任一截面 K 的弯矩 $M_K(x)$ 也是两者的叠加，即

$$M_K(x) = \overline{M}_K(x) + M_K^0(x) \tag{5-5}$$

式中　$\overline{M}_K(x)$ 为简支梁仅受两端力矩作用下 K 截面的弯矩值；

$M_K^0(x)$ 为简支梁仅受梁上荷截 q 作用下 K 截面的弯矩值。

因此，如图 5-29(a) 所示结构弯矩图的作法如下：

(1) 先求解并绘出梁两端的弯矩值。

(2) 把两端弯矩值连以直线即为 $\overline{M}_K(x)$ 弯矩图。

(3) 若梁上有外荷载，应在两端弯矩值连线的基础上再叠加上同跨度、同荷载的简支梁 $M_K^0(x)$ 弯矩图。

结论：任意梁段都可以看作简支梁，都可用简支梁弯矩图的叠加法作该梁段的弯矩图。

注意叠加时是把两端弯矩值连线为基础逐点叠加的，即把连线当成梁的轴线来看待。这种叠加方法推广到任意杆段也是适合的。要十分熟悉如图 5-30(a)(b)(c) 所示 3 种常见情况的弯矩图，因为这对今后绘制复杂荷载作用的弯矩图很有帮助。

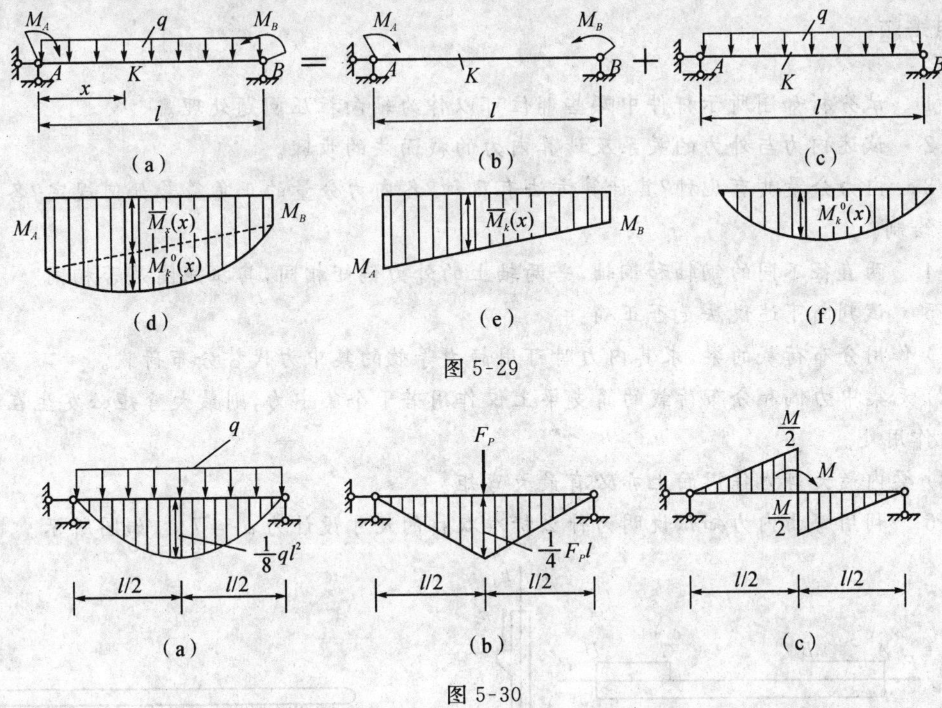

图 5-29

图 5-30

【例 5-14】　用叠加法作如图 5-31(a) 所示外伸梁的弯矩图。

解　(1) 求支座反力。

$F_A = 15\text{kN}(\uparrow)$　$F_B = 11\text{kN}(\uparrow)$

(2) 分段并确定各控制截面弯矩值，该梁分为 CA、AD、DB、BF 4 段

$M_C = 0$

$M_A = -6 \times 2 = -12(\text{kN} \cdot \text{m})$

$M_D = -6\times6+15\times4-2\times4\times2=8(\text{kN}\cdot\text{m})$

$M_B = -2\times2\times1=-4(\text{kN}\cdot\text{m})$

$M_F = 0$

(3) 用区段叠加法绘制各梁段弯矩图。先按一定比例绘出各控制截面的纵坐标，再根据各梁段荷载分别作弯矩图。如图 5-31(b) 所示，梁段 CA 无荷载，由弯矩图特征直接连线作图；梁段 AD、DB 有荷载作用，则把该段两端弯矩纵坐标连一虚线，称为基线，在此基线上叠加对应简支梁的弯矩图。其中，AD、DB 段中点的弯矩值分别为

$$M_{AD中}=\frac{-12+8}{2}+\frac{ql_{AD}^2}{8}=-2+\frac{2\times4^2}{8}=2(\text{kN}\cdot\text{m})$$

$$M_{BD中}=\frac{8-4}{2}+\frac{Fl}{4}=2+\frac{8\times4}{4}=10(\text{kN}\cdot\text{m})$$

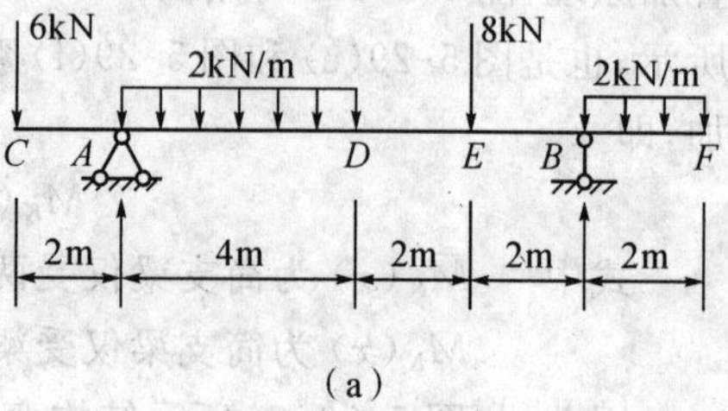

(a)

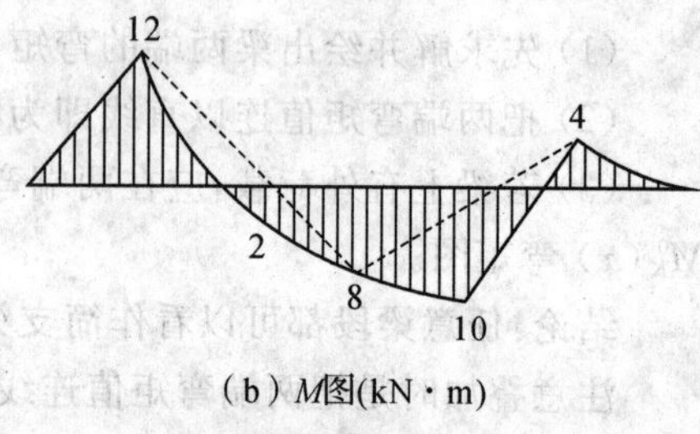

(b) M图(kN·m)

图 5-31

思考题

5-1　试分析如图所示杆件中哪些部位可以作为轴向拉压问题处理。

5-2　试述内力与外力的关系及计算内力的截面法的步骤。

5-3　内力分量共有几种?其计算方法有几种?各内力分量的正负符号如何规定?各内力图如何绘制?

5-4　两直径不同的钢轴和铜轴，若两轴上的外力偶矩相同，其扭矩图是否相同?

5-5　试判断下述说法是否正确：

(1) 作用分布荷载的梁，求其内力时可用静力等效的集中力代替分布荷载。

(2) 无集中力偶和分布荷载的简支梁上仅作用若干个集中力，则最大弯矩必发生在最大集中力作用处。

(3) 梁内最大剪力作用面上亦必有最大弯矩。

5-6　利用弯曲内力知识说明为什么标准双杠的尺寸设计为 $a=l/4$，如图所示。

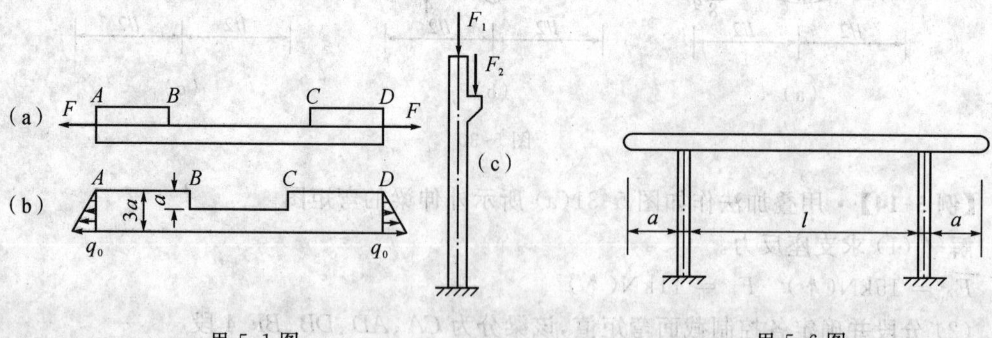

思 5-1 图　　思 5-6 图

习　题

5-1　试用截面法计算如图所示杆件各段的轴力，并绘轴力图，力的单位为 kN。

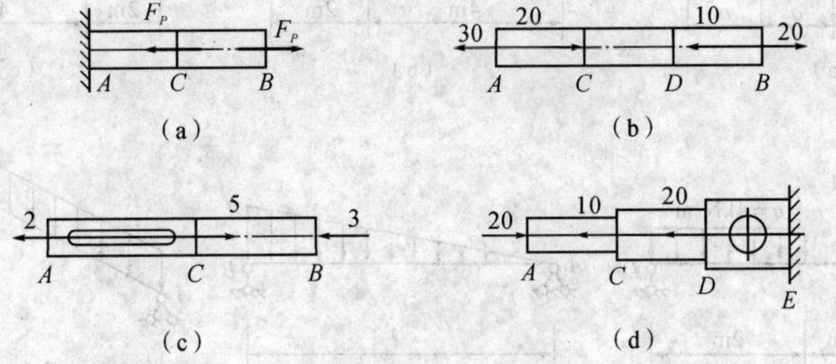

题 5-1 图

5-2　试绘制如图所示圆轴的扭矩图。

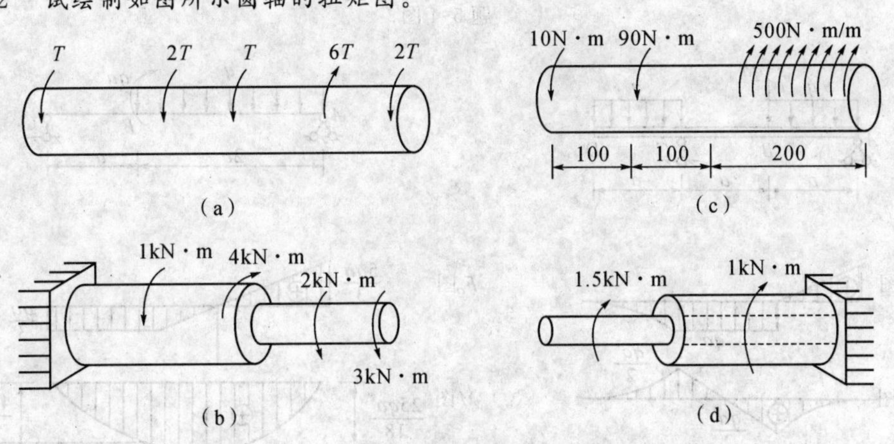

题 5-2 图

5-3　求如图所示各梁指定截面的剪力和弯矩。

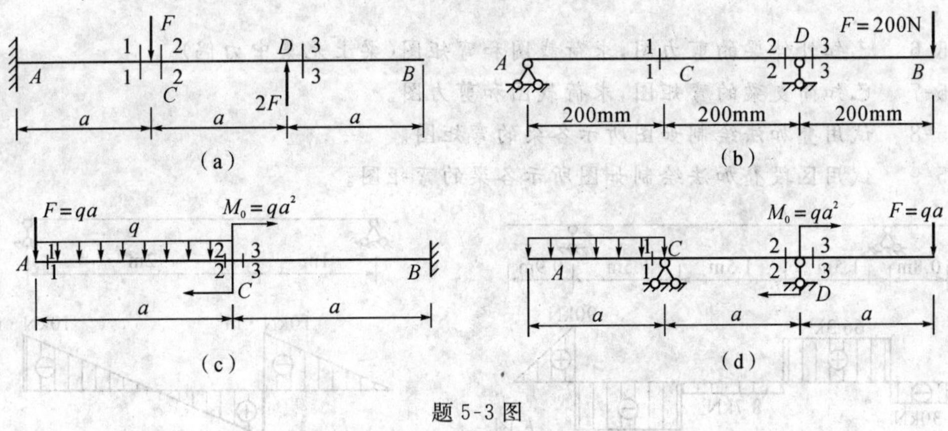

题 5-3 图

5-4　用简捷法绘制如图所示各梁的内力图，并确定 $|F_{Q\max}|$、$|M_{\max}|$。

5-5　试根据弯矩、剪力与荷载集度之间的微分关系指出如图所示剪力图和弯矩图的错误。

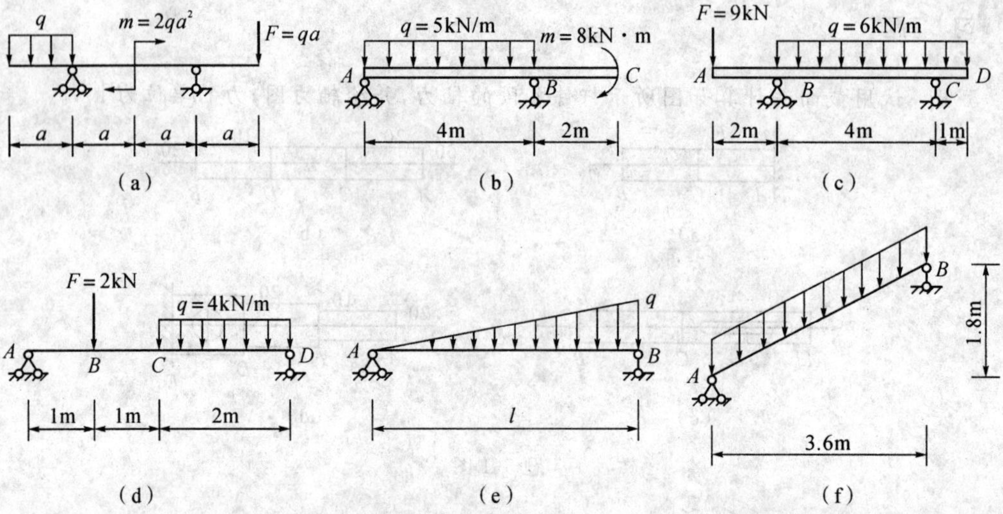

(a)　(b)　(c)

(d)　(e)　(f)

题 5-4 图

(a)　(b)

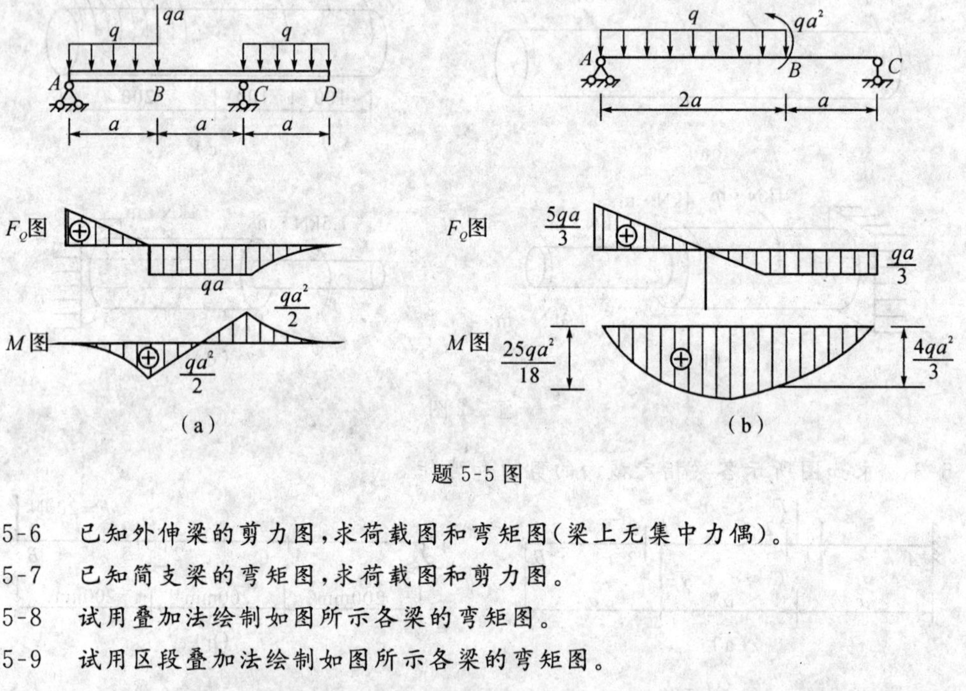

题 5-5 图

5-6　已知外伸梁的剪力图，求荷载图和弯矩图(梁上无集中力偶)。

5-7　已知简支梁的弯矩图，求荷载图和剪力图。

5-8　试用叠加法绘制如图所示各梁的弯矩图。

5-9　试用区段叠加法绘制如图所示各梁的弯矩图。

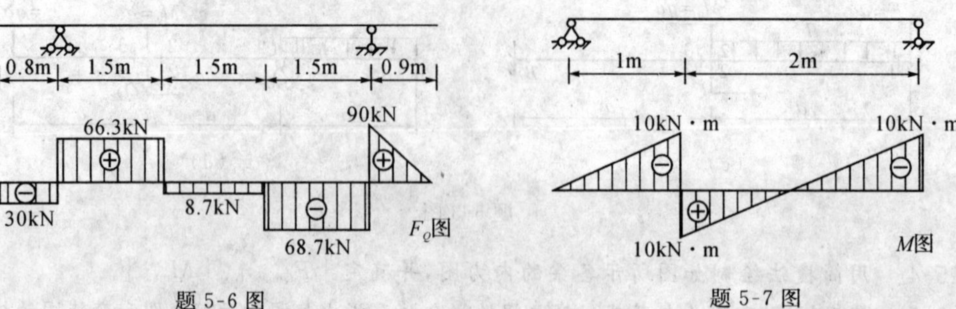

题 5-6 图　　题 5-7 图

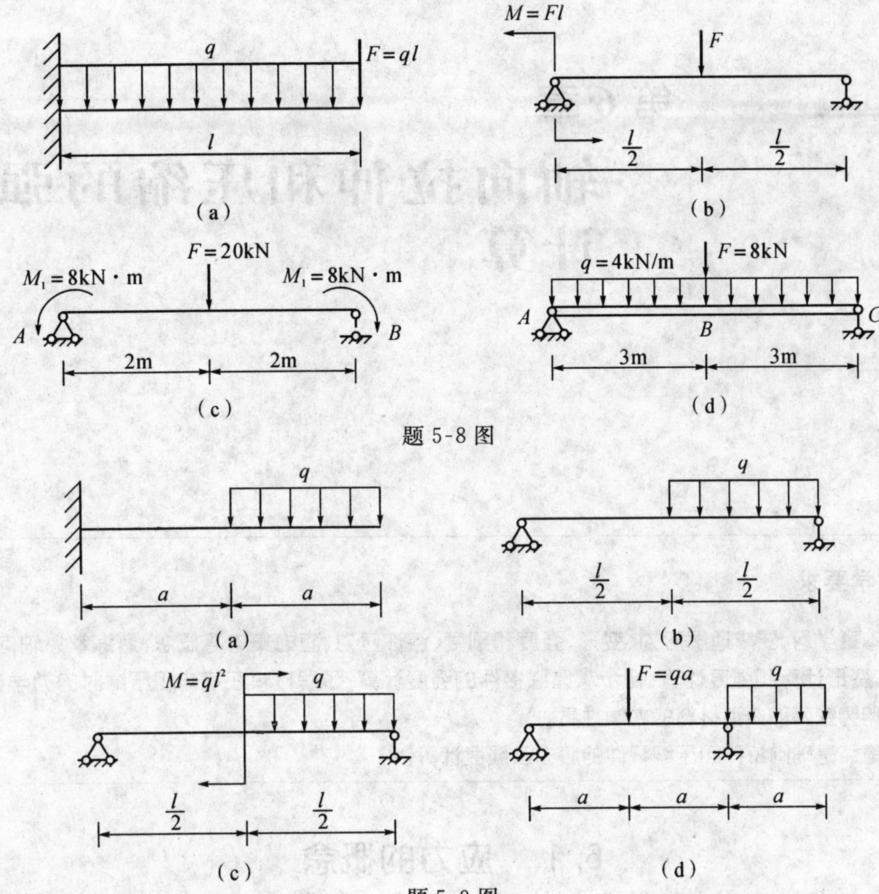

题 5-8 图

题 5-9 图

部分习题参考答案

5-1　(a)$F_{NAC} = 0, F_{NBC} = -F_P$

(b)$F_{NAC} = 30\text{kN}, F_{NCD} = 10\text{kN}, F_{NDB} = 20\text{kN}$

(c)$F_{NAC} = 2\text{kN}, F_{NBC} = -3\text{kN}$

(d)$F_{NAC} = -20\text{kN}, F_{NCD} = -10\text{kN}, F_{NDE} = 10\text{kN}$

5-2(略)

5-3　(a)$F_{Q_1} = -F, M_1 = 2Fa$, $F_{Q_2} = -2F, M_2 = 2Fa, F_{Q_3} = 0, M_3 = 0$

(b)$F_{Q_1} = -100N, M_1 = -20000\text{N/m}$,

$F_{Q_2} = -100N, M_2 = -40000\text{N/m}$,

$F_{Q_3} = 200N, M_3 = -40000\text{N/m}$

(c)$F_{Q_1} = -qa, M_1 = 0$, $F_{Q_2} = -2qa, M_2 = -\dfrac{3}{2}qa^2, F_{Q_3} = -2qa, M_3 = -\dfrac{1}{2}qa^2$

(d)$F_{Q_1} = -qa, M_1 = -\dfrac{1}{2}qa^2$, $F_{Q_2} = -\dfrac{3}{2}qa, M_2 = -2qa^2, F_{Q_3} = qa, M_3 = -qa^2$

5-4 ～ 5-9(略)

第6章 轴向拉伸和压缩的强度计算

教学要求

通过本章学习，要求理解应力、变形、强度和刚度、容许应力、应力集中等概念；熟练掌握轴向拉压杆件的应力、变形计算和强度计算；初步掌握联接件的强度计算；了解材料在拉伸和压缩时的力学性质，掌握低碳钢和铸铁两种典型材料的力学性质。

本章重点是轴向拉伸和压缩杆件的应力及强度计算。

6.1 应力的概念

为了研究杆件的强度问题，只知道杆件的内力是不够的。因为根据经验我们知道：用同种材料制作两根粗细不同的杆件，在相同的拉力作用下，两杆的轴力是相同的。但是随着拉力逐渐增大，细杆比粗杆先被拉断。这一事实说明：杆件的强度不仅和杆件横截面上的内力有关，而且还与横截面的面积有关。要确定内力在横截面上的分布规律，必须从研究杆件的变形入手。前面所讲的内力是分布在整个截面内力的合力，当外力作用情况复杂时，内力在截面内的分布就不均匀。为了解决强度问题，要知道内力在截面上各点的分布情况，从而找出构件中受力最严重或变形最严重的“危险点”的位置。因而提出了应力、应变的概念。

一、应力

内力是构件横截面上分布内力系的合力。求得内力，还不能解决构件的强度问题。例如，两根材料相同、粗细不同的直杆，在相同的拉力作用下，随着拉力的增加，细杆首先被拉断，这说明杆件的强度不仅与内力有关，而且与截面的尺寸有关。为了研究构件的强度问题，必须研究内力在截面上分布的规律。为此引入应力的概念。内力在截面上某点处的分布集度，称为该点的应力。

设在某一受力构件的m-m截面上，围绕点K取微面积ΔA，如图6-1(a)所示，ΔA上的内力的合力为ΔF，这样，在ΔA上内力的平均集度定义为

$$p_{平均} = \frac{\Delta F}{\Delta A}$$

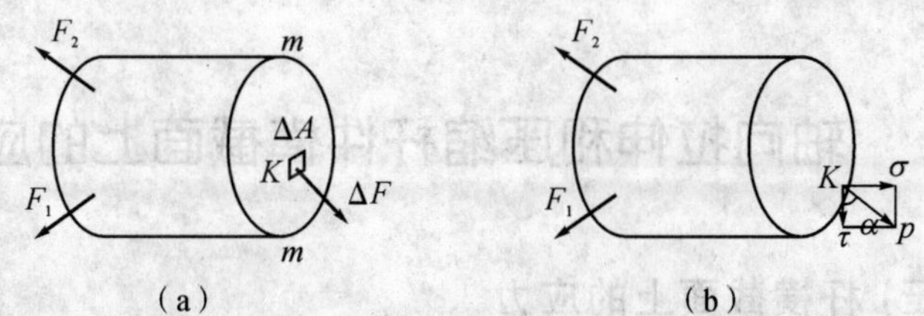

图 6-1

一般情况下，m-m 截面上的内力并不是均匀分布的，因此平均应力 $p_{平均}$ 随所取 ΔA 的大小而不同，当 $\Delta A \to 0$ 时，上式的极限值

$$p = \lim_{\Delta A \to 0} \frac{\Delta F}{\Delta A} = \frac{\mathrm{d}F}{\mathrm{d}A} \tag{6-1}$$

即为点 K 的分布内力集度，称为点 K 处的总应力。p 是一个矢量，通常把应力 p 分解成垂直于截面的分量 σ 和相切于截面的分量 τ，如图 6-1(b) 所示。由图中的关系可知

$$\sigma = p\sin\alpha \qquad \tau = p\cos\alpha$$

σ 称为正应力，τ 称为切应力。在国际单位制中，应力的单位是帕斯卡，以 Pa(帕) 表示，$1\mathrm{Pa} = 1\mathrm{N/m^2}$。由于帕斯卡这一单位较小，工程中常用 kPa(千帕)、MPa(兆帕)、GPa(吉帕)。$1\mathrm{kPa} = 10^3\mathrm{Pa}$，$1\mathrm{MPa} = 10^6\mathrm{Pa}$，$1\mathrm{GPa} = 10^9\mathrm{Pa}$。

二、变形和应变

杆件受外力作用后，其几何形状和尺寸一般都要发生改变，变形程度的大小可以用应变来度量。

应变是指变形程度的大小，分为线应变和切应变。

图 5-2(a) 所示微小正六面体，在外力作用下，棱边边长的改变量 $\Delta\mu$ 与 Δx 的比值称为线应变(图 5-2(b))，用 ε 表示。线应变是无量纲的。

$$\varepsilon = \frac{\Delta\mu}{\Delta x} \tag{6-2}$$

由于微小正六面体的各边缩小为无穷小时，通常称为单元体。单元体中相互垂直棱边夹角的改变量 γ (图 5-2(c))，称为剪应变或角应变，用 τ 表示。角应变用弧度来度量，它也是无量纲的。

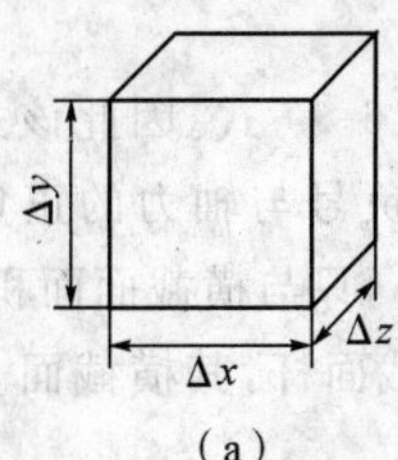

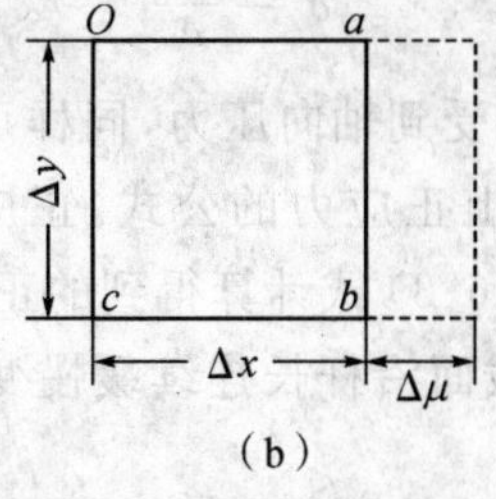

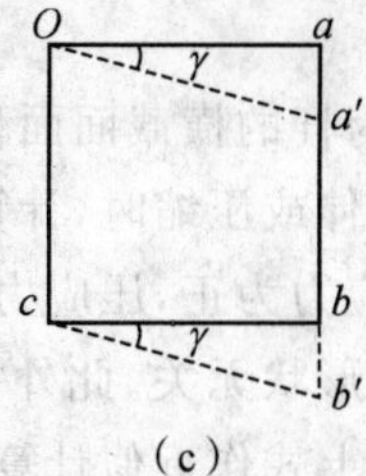

图 6-2

6.2 轴向拉伸和压缩杆件横截面上的应力

一、轴向拉(压)杆横截面上的应力

研究杆件横截面上的应力，一般通过实验观察变形情况，由表及里地作出杆件内部变形的几何假设，再根据分布内力与变形间的物理关系，得到应力在截面上的变化规律，然后再通过静力学关系得到应力计算公式。这里以拉杆为例说明这一方法。

取一根等截面直杆，未受力之前，在杆的中部表面上画许多与杆轴线平行的纵线和与杆轴线垂直的横线；然后在杆的两端施加一对轴向拉力 F，使杆产生伸长变形，如图 6-3(a) 所示。图中实线为变形前的图线，虚线为变形后的图线。由变形后的情况可见，纵线仍为平行于轴线的直线，各横线仍为直线并垂直于轴线，但产生了平行移动。横线可以看成是横截面的轴线，因此，根据横线的变形情况去推测杆内部的变形，可以作出如下假设：变形前为平面的横截面，变形后仍为平面。这个假设称为平截面假设或平面假设。

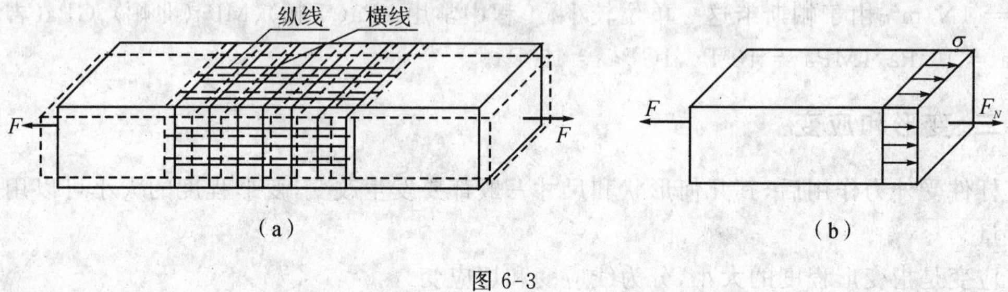

图 6-3

根据平面假设可以断定拉杆所有纵向纤维的伸长相等。又因材料是均匀的，各纵向纤维的性质相同，因而其受力也就一样。所以，杆件横截面上的内力是均匀分布的，即在横截面上各点的正应力相等，亦即 σ 等于常量，如图 6-3(b) 所示。由静力学求合力的方法，可得

$$F_N = \int_A \sigma \mathrm{d}A = \sigma \int_A \mathrm{d}A = \sigma A$$

由此可得杆的横截面上任一点处正应力的计算公式为

$$\sigma = \frac{F_N}{A} \tag{6-3}$$

式中，A 为杆的横截面面积。如果杆受到轴向压力，同样可以得到(6-3) 式。因此该式即为杆在轴向拉伸或压缩时，计算横截面上正应力的公式。正应力的正负号与轴力的正负号相对应，即拉应力为正，压应力为负。由(6-3) 式计算得到的正应力大小，只与横截面面积有关，与横截面的形状无关。此外，对于横截面沿杆长连续缓慢变化的变截面杆，其横截面上的正应力也可用上式作近似计算。

必须指出，杆端外力的作用方式不同时，如分布力或集中力，对横截面上的应力分布是有影响的。但法国科学家圣维南(Barre de Sain-Venant) 指出，当作用于弹性体表面某一小区域上的力系，被另一静力等效的力系代替时，对该区域及其附近区域的应力和应变有显著的影响；而对远处的影响很小，可以忽略不计。这一结论称为圣维南原理。它已被许多计算结果和实验结果所证实。因此，杆端外力的作用方式不同，只对杆端附近的应力分布有影响。由于

杆的横向尺寸远小于轴向尺寸，所以在应力计算中不必考虑杆端外力的作用方式。

【例 6-1】 如图 6-4(a) 所示为起重机机架，承受荷载 $F_G = 20\text{kN}$，若杆 BC 和杆 BD 横截面面积分别为 $A_{BC} = 400\text{mm}^2$ 和 $A_{BD} = 100\text{mm}^2$。试求此两杆横截面上的应力。

解 (1) 求杆的内力。取结点 B 为研究对象，画受力图，如图 6-4(b) 所示。

由平衡条件

$$\sum F_x = 0 \qquad -F_{NBD} - F_{NBC}\cos 60° = 0$$

$$\sum F_y = 0 \qquad -F_G - F_{NBC}\sin 60° = 0$$

(a)　(b)

图 6-4

解得

$$F_{NBC} = -\frac{F_G}{\sin 60°} = -\frac{20 \times 10^3}{\sin 60°} = -23095(\text{N})(\text{压力})$$

$$F_{NBD} = -F_{NBC}\cos 60° = -(-23095)\cos 60° = 11548(\text{N})(\text{拉力})$$

(2) 求杆横截面上的应力。

$$\sigma_{BC} = \frac{F_{NBC}}{A_{BC}} = \frac{-23095}{400 \times 10^{-6}} = -57.7 \times 10^6(\text{Pa}) = -57.7\text{MPa}(\text{压应力})$$

$$\sigma_{BD} = \frac{F_{NBD}}{A_{BD}} = \frac{11548}{100 \times 10^{-6}} = 115.5 \times 10^6(\text{Pa}) = 115.5\text{MPa}(\text{拉应力})$$

【例 6-2】 如图 6-5(a) 所示一矩形截面杆，$b = 20\text{mm}$，$h = 40\text{mm}$。杆中有一直径为 $d = 10\text{mm}$ 的圆孔。当杆受到 $F = 30\text{kN}$ 的力拉伸时，杆的哪个横截面上的正应力最大?数值等于多少?

解 在过圆孔直径的横截面 $m\text{-}m$ 上，如图 6-5(b) 所示，杆的净横截面较其他横截面小，但各横截面上的轴力相同，所以该横截面上所产生的正应力比其他横截面上的正应力大。杆的最大应力为

$$\sigma_{\max} = \frac{F_N}{A_{\min}} = \frac{30 \times 10^3}{20 \times 10^{-3}(40 - 10) \times 10^{-3}} = 50 \times 10^6(\text{N/m}^2) = 50\text{MPa}$$

工程力学中，最重要的是求出杆内的最大应力，因为根据最大应力的大小，可以决定杆是否有足够的强度。一般情况下，杆的各截面上轴力不同，横截面的面积也不尽相同，这就需要具体分析哪些截面的正应力最大。对于等直杆，轴力最大的横截面上正应力也最大。所以通常将内力图中数值最大的位置称为危险截面。

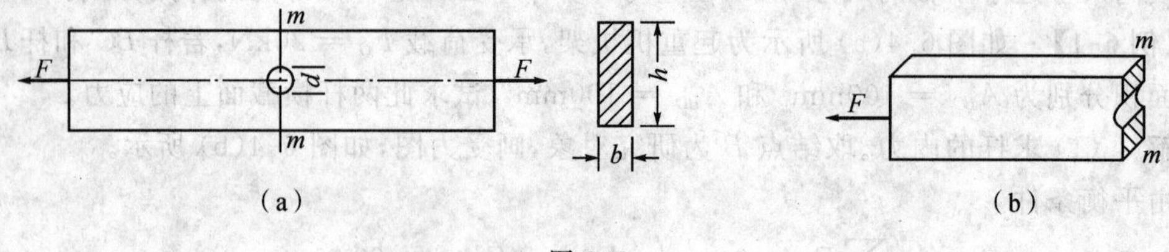

(a) (b)

图 6-5

二、斜截面上的应力

横截面只是一个特殊方位的界面，为研究拉压杆各个方向的应力的分布规律。取一等截面直杆(图 6-6(a))，在杆端受到一对大小相等的轴向力 F 作用，现分析任意斜截面 m-m 上的应力，斜截面 m-m 的外法线与 x 轴的夹角用 α 表示，并规定 α 从 x 轴算起，逆时针转动为正。

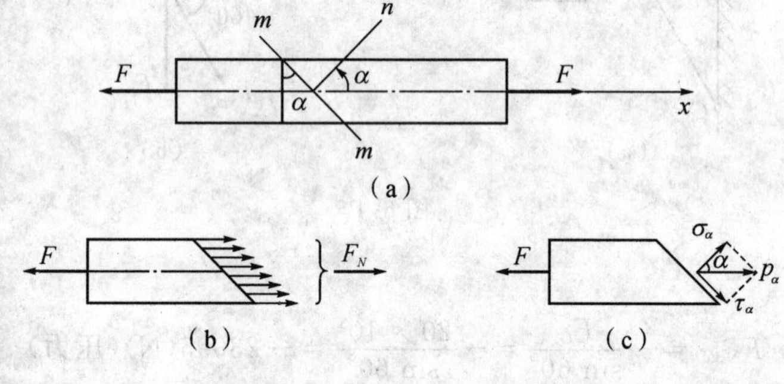

(a)

(b) (c)

图 6-6

将杆件从斜截面 m-m 截开，取左半部分为研究对象(图 6-6(b))，根据平衡 $\sum F_x = 0$，可得斜截面 m-n 上的内力：

$$F_{N\alpha} = F = F_N$$

式中：F_N— 过 m 点横截面上的轴力。

若以 P_α 表示斜截面 m-m 上任一点的应力，则：

$$P_\alpha = \frac{F_\alpha}{A_\alpha} = \frac{F_N}{A_\alpha}$$

式中：A_α— 斜截面面积，且 $A_\alpha = \dfrac{A}{\cos\alpha}$；

A— 横截面的面积。

则 F_α 可表示为：

$$P_\alpha = \frac{F_N\cos\alpha}{A} = \sigma\cos\alpha$$

式中：σ— 横截面上的正应力；

F_α 为斜截面 m-m 上任一点的应力。

为研究方便，通常将其分解为垂直于斜截面的正应力 σ_α 和平行于斜截面的切应力 τ_α(图 6-6(c))，则：

$$\sigma_\alpha = P_\alpha\cos\alpha = \sigma\cos^2\alpha \tag{6-4}$$

$$\tau_\alpha = P_\alpha\sin\alpha = \sigma\cos\alpha\sin\alpha = \frac{1}{2(\sigma\sin2\alpha)} \tag{6-5}$$

由式(6-4)、(6-5)可见，拉压杆斜截面上既有正应力，又有切应力，他们的大小随截面的方位角 α 变化而变化。

当 $\alpha = 0^\circ$ 时，正应力有最大值：

$$\sigma_{\max} = \sigma$$

当 $\alpha = 45^\circ$ 时，切应力达到最大值：

$$\tau_{\max} = \frac{\sigma}{2}$$

可见，轴向拉压杆最大正应力出现在横截面上，最大切应力发生在与杆轴成 45° 的斜截面上。

斜截面上应力的正负号规定如下(图 6-7)：

σ_α—— 以拉应力为正，压应力为负；

τ_α—— 有使脱离体顺时针转动趋势的切应力为正，反之为负。

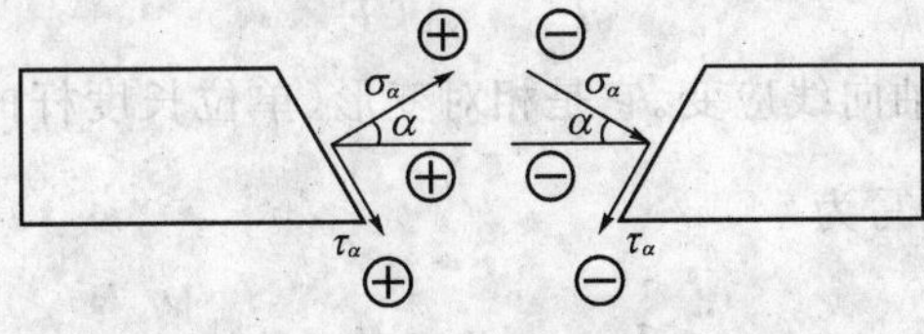

图 6-7

6.3　拉(压)杆件的变形

杆受到轴向外力拉伸或压缩时，主要在轴线方向产生伸长或缩短，同时横向尺寸也缩小或增大。例如，如图 6-8 所示的杆，长度为 l，设横截面为正方形，边长为 a。当受到轴向外力拉伸后，l 增至 l'，a 缩小到 a'，现分别介绍两种变形的计算。

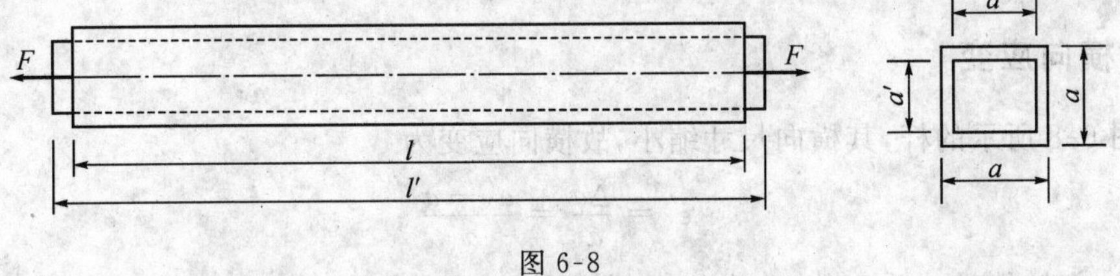

图 6-8

一、轴向变形·虎克定律

杆的轴向伸长为 $\Delta l = l' - l$，称为杆的绝对伸长。实验表明，当杆的变形为弹性变形时，杆的轴向伸长 Δl 与拉力 F、杆长 l 成正比，与杆的横截面面积 A 成反比，即

$$\Delta l \propto \frac{Fl}{A}$$

引进比例常数 E，并注意到轴力 $F_N = F$，则上式可表示为

$$\Delta l = \frac{F_N l}{EA} \tag{6-6}$$

这一关系是由虎克首先发现的，故通常称为虎克定律。当杆受轴向外力压缩时，这一关系仍然成立。式(6-6)中的 E 称为拉伸(或压缩)时材料的弹性模量，它表示材料抵抗弹性变

形的能力。E 值越大，杆的变形越小；E 值越小，杆的变形越大。E 值的大小因材料而异，可由试验测定。E 的量纲是[力]/[长度]^2，常用单位是 MPa 或 GPa($1\text{GPa} = 10^3\text{MPa}$)。工程上的大部分材料在拉伸和压缩时的 E 值可认为是相同的。

式(6-6) 中的 EA 称为杆的抗拉(压) 刚度，它表示杆件抵抗轴向变形的能力。当 F_N 和 l 不变时，EA 越大，则杆的轴向变形越小，EA 越小，则杆的轴向变形越大。

应用式(6-6) 可求出杆的轴向变形，但需注意该式的适用条件，即该式只适用在 F_N、A、E 为常数的一段杆内，且材料在线弹性范围内。

绝对变形 Δl 的大小与杆的长度 l 有关，不足以反映杆的变形程度。为了消除杆长的影响，将式(6-6) 变换为

$$\frac{\Delta l}{l} = \frac{F_N}{A}\frac{1}{E}$$

式中，$\Delta l/l = \varepsilon$，称为轴向线应变。它是相对变形(单位长度杆的伸长量)，表示轴向变形的程度。又 $\dfrac{F_N}{A} = \sigma$，故上式写为

$$\varepsilon = \frac{\sigma}{E} \qquad 或 \qquad \sigma = E\varepsilon \tag{6-7}$$

上式表示，当变形为弹性变形时，正应力和轴向线应变成正比，这是虎克定律的另一种形式。这一关系式非常重要，在理论分析和实验中经常用到。

注意：

(1)$\sigma \leqslant \sigma_P$，即应力未超过比例极限。

(2)ε 是沿 σ 方向的线应变。

(3) 在杆长 l 内，F_N、E、A 均为常量，若不是，则 $\Delta L = \sum \dfrac{F_N l}{EA}$。

二、横向应变

如图 6-8 所示的杆，其横向尺寸缩小，故横向应变为

$$\varepsilon' = \frac{\Delta a}{a} = \frac{a' - a}{a}$$

显然，在拉伸时，ε 为正值，ε' 为负值；在压缩时，ε 为负值，ε' 为正值。由实验可知，当变形为弹性变形时，横向应变和轴向应变的比值为一常数，即

$$\nu = \left|\frac{\varepsilon'}{\varepsilon}\right| \qquad 或 \qquad \varepsilon' = -\nu\varepsilon \tag{6-8}$$

ν 称为泊松比，是由法国科学家泊松(S. D. Poisson)首先得到的。ν 是一个无量纲的量，其大小因材料而异，由实验测定。

一般规定 Δl、Δa 以伸长为正，缩短为负；ε 和 ε' 的正负号分别与 Δl 和 Δa 一致，即拉应变为正，压应变为负。所以，轴向线应变 ε 与横向线应变 ε' 的符号恒相反。

弹性模量 E 和泊松比 ν 都是材料的弹性常数，表 6-1 给出了一些常用材料的 E、ν 值。

表 6-1　常用材料的 E、ν 值

材　料	E(GPa)	ν
钢	190 ～ 220	0.25 ～ 0.33

续　表

材　料		E(GPa)	ν
铜及其合金		74 ～ 130	0.31 ～ 0.36
铸　铁		60 ～ 165	0.23 ～ 0.27
铝合金		71	0.26 ～ 0.33
花岗岩		48	0.16 ～ 0.34
石灰岩		41	0.16 ～ 0.34
混凝土		14.7 ～ 35	0.16 ～ 0.18
橡　胶		0.0078	0.47
木　材	顺　纹	9 ～ 12	
	横　纹	0.49	

【例 6-3】　一矩形截面杆，长 1.5m，截面尺寸为 $50 \times 100\text{mm}^2$。当杆受到 100kN 的轴向拉力作用时，由实验方法测得杆的伸长为 0.15mm，截面的长边缩短为 0.003mm。试求该杆材料的弹性模量 E 和泊松比 ν。

解　由式(6-6)，可求得弹性模量为

$$E = \frac{F_N l}{(\Delta l)A} = \frac{100 \times 10^3 \times 1.5}{0.15 \times 10^3 \times 50 \times 100 \times 10^{-6}} = 2.0 \times 10^{11}(\text{N/m}^2) = 2.0 \times 10^5\text{MPa}$$

再由式(6-8)，求得泊松比为

$$\nu = \left|\frac{\varepsilon'}{\varepsilon}\right| = \frac{0.003/100}{0.15/1500} = 0.3$$

【例 6-4】　一木柱受力如图 6-9 所示。柱的横截面为边长 200mm 的正方形，材料认为服从虎克定律，其弹性模量 $E = 10\text{GPa}$。如不计柱的自重，试求木柱顶端 A 截面的位移。

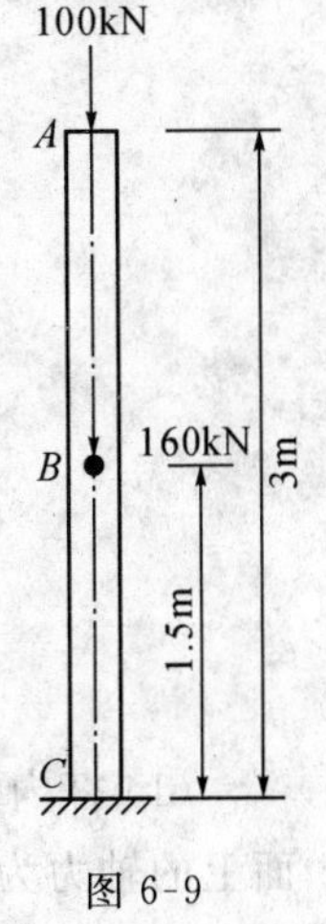

图 6-9

解　因为木柱底端固定，故顶端 A 截面的位移就等于全杆的总缩短变形。由于 AB 和 BC 段的内力不同，但每段杆各截面上的内力相同，因此可由式(6-6) 分别计算各段杆的变形，然后求其代数和，即为全杆的总变形。

AB 段：　　$F_N = -100\text{kN}$

$$\Delta l_{AB} = \frac{-100 \times 1.5 \times 10^3}{10 \times 200 \times 200 \times 10^3 \times 10^6 \times 10^{-6}}$$

$$= -0.000375(\text{m}) = -0.375\text{mm}$$

BC 段：　　$F_N = 100 + (-160) = -260(\text{kN})$

$$\Delta l_{BC} = \frac{-260 \times 1.5 \times 10^3}{10 \times 200 \times 200 \times 10^3 \times 10^6 \times 10^{-6}}$$

$$= -0.000975(\text{m}) = -0.975\text{mm}$$

全杆的总变形为

$$\Delta l = \Delta l_{AB} + \Delta l_{BC} = -0.375 - 0.975 = -1.35(\text{mm})(\text{缩短})$$

木柱顶端 A 端面的位移等于 1.35mm，方向向下。

【例 6-5】　如图 6-10 所示，已知圆杆 $d = 25\text{mm}$，$E = 210\text{GPa}$。求：(1) 作轴力图；(2)$\sigma_{\max}$；(3)$\varepsilon_{\max}$；(4)Δl_{AE}。

解 (1) 作轴力图

由截面法依次求 ED、DC、CB、BA 各段轴力，做出轴力图（如图 6-10）。

$F_{N\max}=50\text{kN}$

(2) 计算 $\sigma_{\max}$

$$\sigma_{\max}=\frac{F_{N\max}}{A}=\frac{50\times10^{3}}{\frac{\pi}{4}(0.025)^{2}}$$

$$=102(\text{MPa})$$

(3) 计算 $\varepsilon_{\max}$

$$\varepsilon_{\max}=\frac{\sigma_{\max}}{E}=\frac{102}{210\times10^{3}}$$

$$=4.857\times10^{-4}$$

(4) 计算 Δl_{AE}

$$\Delta l_{AE}=\Delta l_{AB}+\Delta l_{BC}+\Delta l_{CD}+\Delta l_{DE}=0.26(\text{mm})$$

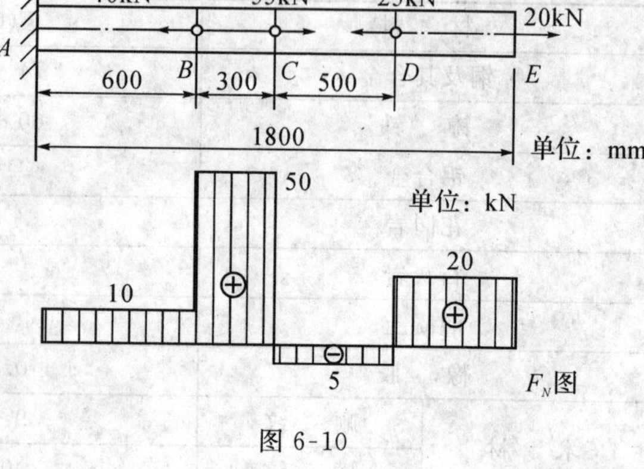

图 6-10

【例 6-6】 试求如图 6-11(a) 所示等截面直杆由自重引起的最大正应力以及杆的轴向总变形。设该杆的横截面面积 A、材料的容重 γ 和弹性模量 E 均为已知。

解 自重为体积力。对于均质材料的等截面杆，可将杆的自重简化为沿轴线作用的均布线荷载，其集度为

$$q=\gamma\cdot A\cdot 1=\gamma A$$

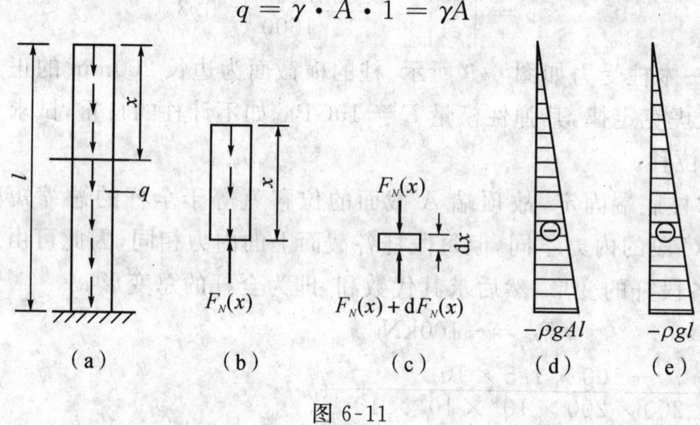

图 6-11

(1) 杆内的最大正应力。应用截用法，如图 6-11(b) 所示，求得离杆顶端距离为 x 的横截面上的轴力为

$$F_N(x)=-qx=-\gamma Ax$$

上式表明，自重引起的轴力沿杆轴线按线性规律变化。轴力图如图 6-11(d) 所示。在 x 截面上的正应力为

$$\sigma(x)=\frac{F_N(x)}{A}=-\gamma x\text{（压应力）}\qquad|\sigma|_{\max}=\gamma l$$

正应力沿轴线的变化规律如图 6-11(e) 所示。由图可见，在杆底部（$x=l$）的横截面上，正应力的数值最大，其值为

$$|\sigma|_{\max}=\gamma l$$

(2) 杆的轴向变形。由于杆的各个横截面上的内力均不同，因此不能直接用(6-4)式计算变形。为此，先计算 $\mathrm{d}x$ 长的微段的变形 $\mathrm{d}(\Delta l)$，如图 6-11(c) 所示。略去微量 $\mathrm{d}N(x)$，$\mathrm{d}x$ 微段的变形为 $\mathrm{d}(\Delta L)=\dfrac{F_N(x)\mathrm{d}x}{EA}$ 杆的总变形可沿杆长 l 积分得到，即

$$\Delta l=\int_0^l \mathrm{d}(\Delta l)=\int_0^l \frac{F_N(x)\mathrm{d}x}{EA}=\int_0^l \frac{-\gamma Ax\,\mathrm{d}x}{EA}=-\frac{\gamma Al\cdot l}{2EA}=-\frac{\frac{W}{2}l}{EA}\text{(缩短)}$$

式中，$W=\gamma Al$ 为杆的总重。

由计算可知，直杆因自重引起的变形，在数值上等于将杆的总重的一半集中作用在杆端所产生的变形。

6.4　材料在拉伸和压缩时的力学性质

构件的强度、刚度和稳定性，除了与构件的几何尺寸和受力情况有关外，还与材料的力学性质有关。所谓材料的力学性质是指材料受外力作用后，在强度和变形方面所表现出来的特性，也可称为机械性质。例如，外力和变形的关系是怎样的，材料的弹性常数 E、ν 等如何测定，材料的极限应力有多大，等等。材料的力学性质是通过材料实验来测定的。工程中使用的材料种类很多，习惯上根据试件在破坏时塑性变形的大小，区分为脆性材料和塑性材料两类。脆性材料在破坏时塑性变形很小，如石料、玻璃、铸铁、混凝土等；塑性材料在破坏时具有较大的塑性变形，如低碳钢、合金钢、铜、铝等。这两类材料的力学性能有明显的差别。材料的力学性质不仅和材料内部的成份和组织结构有关，还受到加载加速度、温度、受力状态以及周围介质的影响。本节以低碳钢和铸铁为例，介绍两类材料在常温静载下轴向拉伸和压缩时表现的力学性能，这是材料最基本的力学性质。

一、材料在拉伸时的力学性质

1. 低碳钢的拉伸试验

低碳钢是含碳量较低(在 0.25% 以下) 的普通碳素钢，如 Q_{235} 钢，是工程上广泛使用的材料，它在拉伸试验时所反映的力学性质较为全面，因此本节将着重加以介绍。

材料的力学性质与试件的几何尺寸有关。为了便于比较试验结果，应将材料制成标准试件。对金属材料有两种标准试件可供选择。一种是圆截面试件，如图 6-12 所示。在试件中部 A、B 之间的长度 l 称为标矩，试验时用仪表测量该段的伸长。标距 l 与标距内横截面直径 d 的关系为 $l=10d$ 或 $l=5d$。另一种试件为矩形截面试件，标距与横截面面积 A 的关系为 $l=11.3\sqrt{A}$，或 $l=5.65\sqrt{A}$。

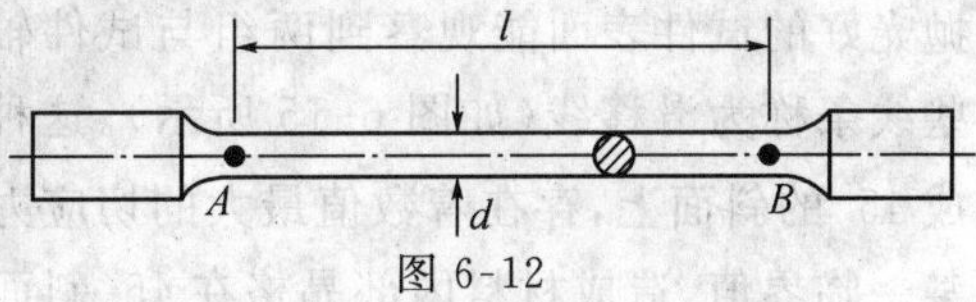

图 6-12

试验时，将试件安装在万能试验机上，然后均匀缓慢地加载，使试件拉伸直至断裂。试验过程中，拉力由试验机上读出，伸长可由装在试件上的仪表读出。由不同时刻读出的拉力和伸长，可绘制拉力与伸长的关系曲线，即 F-Δl 曲线，称为拉伸图，如图 6-13 所示。这一图形也可在机器上自动绘出。为了消除试件尺寸的影响，将拉力 F 除以试件的原横截面面积 A，伸

长 Δl 除以原标距，得到材料的应力－应变图，即 σ-ε 图，如图 6-14 所示。这一图形与拉伸图的图形相似，只是比例不同。从拉伸图和应力－应变图以及试件的变形现象，可确定一些低碳钢的力学性质。

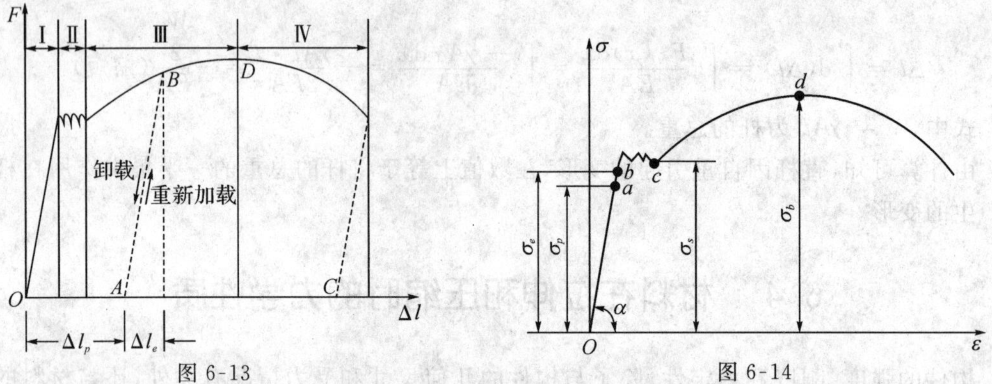

图 6-13　　　　图 6-14

(1) 拉伸过程中的各个阶段及特性点。整个拉伸过程大致可分为 4 个阶段：

弹性阶段(Ⅰ)：当试件中的应力不超过如图 6-14 所示 b 点的应力时，试件的变形是弹性的，即在这个阶段内，当卸去荷载后，变形完全消失。b 点对应的应力称为弹性极限，用 σ_e 表示。在弹性阶段内，oa 线为直线，这表示应力和应变(或拉力和伸长变形)成线性关系，即材料服从虎克定律。a 点对应的应力称为比例极限，用 σ_P 表示。既然在 oa 范围内材料服从虎克定律，那么就可以利用式(6-7)或式(6-6)在这段范围内确定材料的弹性模量 E。即 $E = \tan\alpha = \sigma/\varepsilon$。

根据试验结果，材料的弹性极限和比例极限数值上非常接近，故工程上对它们往往不加区别。Q_{235} 钢的比例极限 $\sigma_p = 200\text{MPa}$。

屈服阶段(Ⅱ)：此阶段亦可称为流动阶段。当增加荷载使应力超过弹性极限后，变形增加较快，而应力不增加或产生波动，在应力－应变曲线上呈锯齿形线条，这种现象称为材料的屈服或流动。在屈服阶段内，若卸去荷载，则变形不能完全消失。这种没有消失的变形即为塑性变形或残余变形。材料具有塑性变形的性质称为塑性。试验表明，低碳钢在屈服阶段内所产生的应变约为弹性极限时应变的 15 ～ 20 倍。当材料屈服时，在抛光好的试件表面能观察到两组与试件轴线成 45° 的正交细微线条，这些线条称为滑移线(如图 6-15 所示)。这种现象的产生，是由于在与杆轴成 45° 的斜面上，存在着数值最大的切应力。当拉力增加到一定数值后，使最大切应力超过了某一临界值，造成材料内部晶格在 45° 斜面上产生相互间的滑移。由于滑移，材料暂时失去了抵抗外力的能力，因此变形增加的同时，应力不能增加甚至减少。由试验得知，屈服阶段内最高点(上屈服点)的应力很不稳定，而最低点 c(下屈服点)所对应的应力较为稳定。故通常取最低点 c 所对应的应力为材料屈服时的应力，称为屈服极限或流动极限，用 σ_s 表示。当应力达到屈服极限时，材料会出现明显的塑性变形，将使构件不能正常工作，所以屈服极限 σ_s 是衡量材料强度的一个重要指标，Q_{235} 钢的屈服极限 $\sigma_s = 235\text{MPa}$。

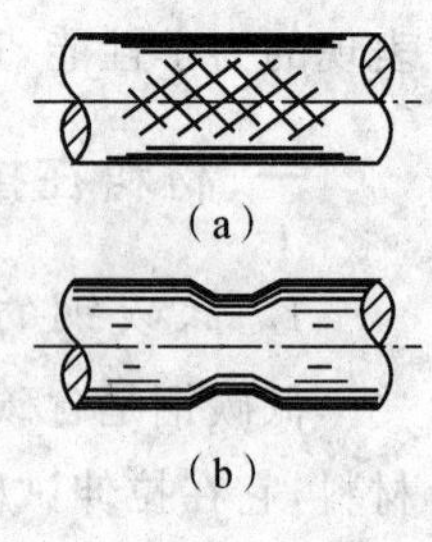

图 6-15

强化阶段(Ⅲ)：试件屈服以后，内部组织结构发生了调整，重新获得了抵抗外力的能力，因此要使试件继续增大变形，必须增加外力，这种现象称为材料的强化。在强化阶段中，试件主要产生塑性变形，而且随着外力的增加，塑性变形量显著地增加。这一阶段的最高点

d 所对应的应力称为强度极限，用 σ_b 表示。强化阶段中最高点 d 所对应的应力，是材料所能承受的最大应力，Q_{235} 钢的强度极限为 $\sigma_b = 400\text{MPa}$。

破坏阶段(Ⅳ)：从 d 点以后，试件在某一薄弱区域内的伸长急剧增加，试件横截面在这薄弱区域内显著缩小，形成了“颈缩”现象，如图 6-16 所示。由于试件“颈缩”，使试件继续变形所需的拉力迅速减小。因此，P-Δl 和 σ-ε 曲线出现下降现象。最后试件在最小截面处被拉断。

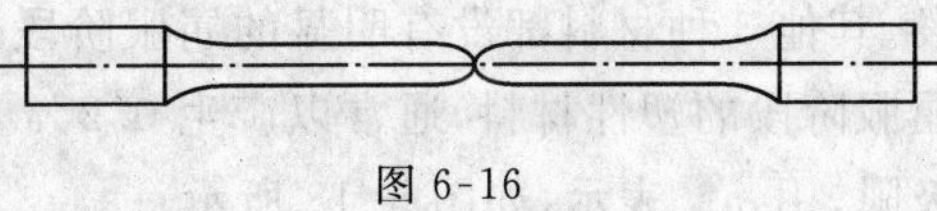

图 6-16

材料的比例极限 σ_p(或弹性极限)、屈服极限 σ_s 及强度极限 σ_b 是特性点的应力，这在以后的计算中有重要意义。

(2) 材料的塑性指标。试件断裂之后，弹性变形消失，塑性变形则保留在试件中。试件的标距由原来的 l 伸长到 l_1，断口处的横截面面积由原来的 A 缩小为 A_1。工程中常用试件拉断后保留的塑性变形大小作为衡量材料塑性的指标。常用的塑性指标有两种，即

延伸率
$$\delta = \frac{l_1 - l}{l} \times 100\%$$

截面收缩率
$$\psi = \frac{A - A_1}{A} \times 100\%$$

工程中一般将 $\delta \geqslant 5\%$ 的材料称为塑性材料，$\delta < 5\%$ 的材料称为脆性材料。低碳钢的延伸率大约在 25% 左右，故为塑性材料。

(3) 冷作硬化现象。在材料的强化阶段中，如果卸去拉力，则卸载时拉力和变形之间仍为线性关系，如图 6-13 所示中虚线 BA。由图可见，试件在强化阶段的变形包括弹性变形 Δl_e 和塑性变形 Δl_p。如卸载后立即重新加载，则拉力和变形之间大致仍按 AB 直线变化，直到 B 点后再按原曲线 BD 变化。将 OBD 曲线和 ABD 曲线比较后看出：

① 卸载后重新加载时，材料的比例极限提高了(由原来的 σ_p 提高到 B 点所对应的应力)，而且不再有屈服现象。

② 拉断后的塑性变形减少了(即拉断后的残余伸长由原来的 OC 减小到 AC)。

这一现象称为冷作硬化现象。

材料经过冷作硬化处理后，其比例极限提高，表明材料的强度可以提高，这是有利的一面。例如，钢筋混凝土梁中所用的钢筋，常预先经过冷拉处理，起重机用的钢索也常预先进行冷拉。但另一方面，材料经加工硬化处理后，其塑性降低，这在许多情况下又是不利的。例如，机器上的零件经冷加工后易变硬变脆，使用中容易断裂；在冲孔等工艺中，零件的孔口附近材料变脆，使用时孔口附近也容易开裂。因此，需对这些零件“退火”处理，以消除冷作硬化现象。又如用冷拉钢筋制成的钢筋混凝土梁，抵抗冲击荷载的能力会有所下降。

2. 其他塑性材料拉伸时的力学性质

如图 6-17 所示给出了 5 种金属材料在拉伸时的应力－应变曲线。由图可见，这 5 种材料的延伸率都比较

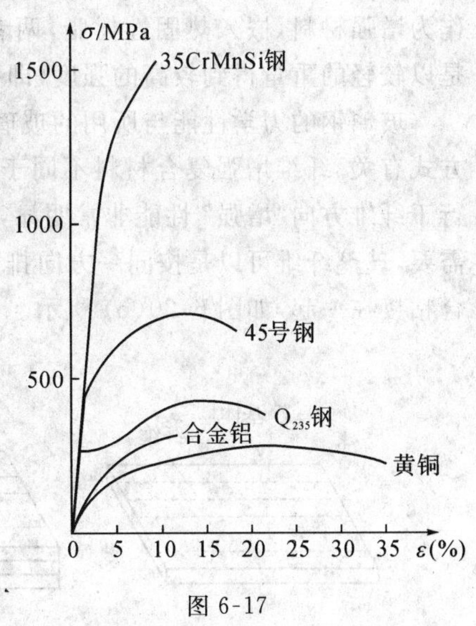

图 6-17

大，$\delta \geqslant 5\%$。45 号钢和 Q_{235} 钢的应力－应变曲线完全相似，有弹性阶段、屈服阶段和强化阶段。其他 3 种材料都没有明显的屈服阶段。对于没有明显屈服阶段的塑性应变时的应力作为屈服阶段的塑性材料，通常以产生 0.2% 的塑性应变时的应力作为屈服极限，称为条件屈服极限，用 $\sigma_{0.2}$ 表示，如图 6-18 所示。

3. 铸铁拉伸时的力学性能

如图 6-19 所示给出铸铁拉伸时的应力－应变曲线。从图中看出：

(1) 应力—应变曲线上没有明显的直线段，即材料不服从虎克定律。但直到试件拉断为止，曲线的曲率都很小。因此，在工程上，曲线的绝大部分可用一割线（如图中虚线）代替，在这段范围内，认为材料近似服从虎克定律。

(2) 变形很小，拉断后的残余变形只有 0.5%～0.6%，故铸铁为脆性材料。

(3) 没有屈服阶段和“颈缩”现象。惟一的强度指标是拉断时的应力，即强度极限 σ_b。但强度极限很低。

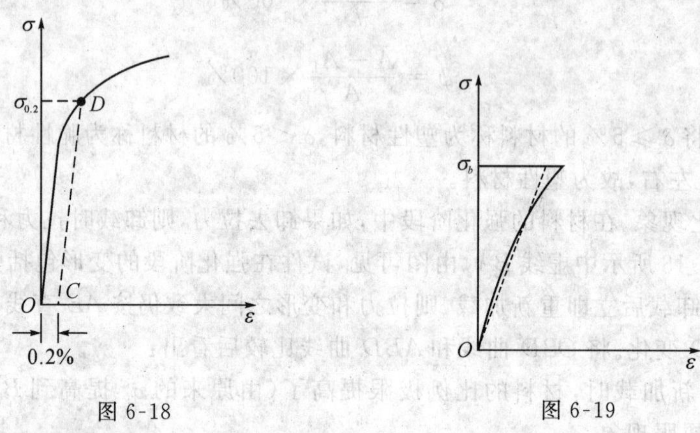

图 6-18　　图 6-19

4. 玻璃钢的拉伸试验

近年来，纤维增强复合材料的应用在迅速增长，玻璃钢就是其中一种，它是由玻璃纤维作为增强材料，嵌入热固性树脂，两者牢固地粘结成一整体的复合材料。玻璃钢的主要优点是以较轻的重量得到较高的强度（即比强度高），抗腐蚀，抗振性能好，制造工艺简单。

玻璃钢的力学性能与所用的玻璃纤维和树脂的性能以及两者的相对用量和相互结合的方式有关。纤维增强复合材料不同于金属等各向同性材料，它具有极明显的各向异性，在平行于纤维方向“增强”性能非常明显，而在垂直于纤维方向则是显著的。所以在制造时，根据需要，玻璃纤维可以是按同一方向排列，如图 6-20(a) 所示，也可以将每层按不同的方向叠合粘接在一起，如图 6-20(b) 所示。

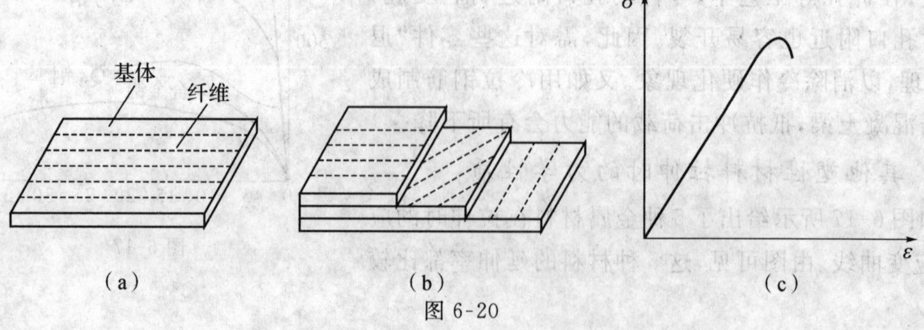

图 6-20

当纤维按同一方向排列时，沿纤维方向拉伸的应力 — 应变曲线如图 6-20(c) 所示，在拉断前，应力、应变基本上是线弹性关系。

对于纤维排列方向不同和应力方向与纤维方向不同时的力学性能，可参阅有关复合材料力学的书籍。

二、材料在压缩时的力学性质

1. 低碳钢的压缩试验

低碳钢压缩试验的试件采用圆柱形。为了避免试件受压后发生弯曲，规定试件高度和直径之比为 $l = (1.5 \sim 3.0)d$。试验得到低碳钢的应力 — 应变曲线如图 6-21(a) 所示。由试验得知：

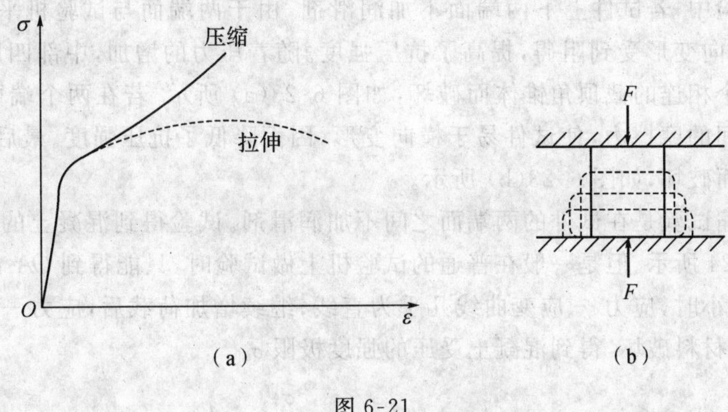

图 6-21

(1) 低碳钢压缩时的比例极限 σ_p、屈服极限 σ_s 及弹性模量 E 都与拉伸时的相同。

(2) 当应力超过屈服极限之后，压缩试件产生很大的塑性变形，愈压愈扁，横截面面积不断增大，如图 5-21(b) 所示。虽然应力不断增加，但因试件不会破裂，故无法得到压缩的强度极限。

2. 铸铁的压缩试验

铸铁压缩试验也采用圆柱形短试件。应力 — 应变曲线和试件破坏情况如图 6-22(a)(b) 所示。由试验得知：

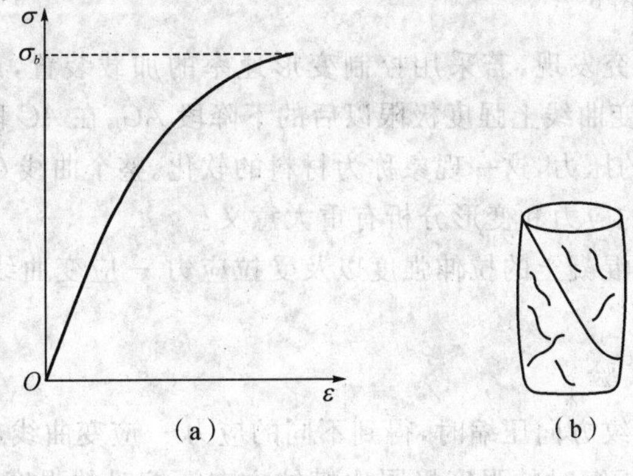

图 6-22

(1) 和铸铁拉伸试验相似，应力 — 应变曲线上没有直线段，即材料不服从虎克定律。

(2) 没有屈服阶段。

(3) 和铸铁拉伸相比，破坏后的轴向应变较大，约为 5% ～ 10%。

(4) 试件沿着和横截面大约成 55° 的斜截面剪断。通常以试件剪断时横截面上的正应力作为强度极限 σ_b。铸铁压缩强度极限比拉伸强度极限高 4 ～ 5 倍。

3. 混凝土的压缩试验

混凝土构件一般用以承受压力，故混凝土常需做压缩试验以了解压缩时的力学性质。混凝土压缩试件常用边长为 150mm 的立方块。试件成型后，在一定条件下养护 28 天后进行试验。

混凝土的抗压强度与试验方法有密切关系。

在压缩试验中，若试件上下两端面不加润滑剂，由于两端面与试验机平面之间的摩擦力，使得试件横向变形受到阻碍，提高了抗压强度。随着压力的增加，中部四周逐渐剥落，最后试件剩下两个相连的截顶角锥体而破坏，如图 6-23(a) 所示。若在两个端面加润滑剂，则减少了两端面间的摩擦力，使试件易于横向变形，因而降低了抗压强度。最后试件沿受压方向分裂成几块而破坏，如图 6-23(b) 所示。

标准的压缩试验是在试件的两端面之间不加润滑剂。试验得到混凝土的压缩应力 — 应变曲线如图 6-24 所示。但是一般在普通的试验机上做试验时，只能得到 OA 曲线。在这一范围内，当荷载较小时，应力 — 应变曲线几乎为直线；继续增加荷载后，应力 — 应变关系为曲线；直至加载到材料破坏，得到混凝土受压的强度极限 σ_b。

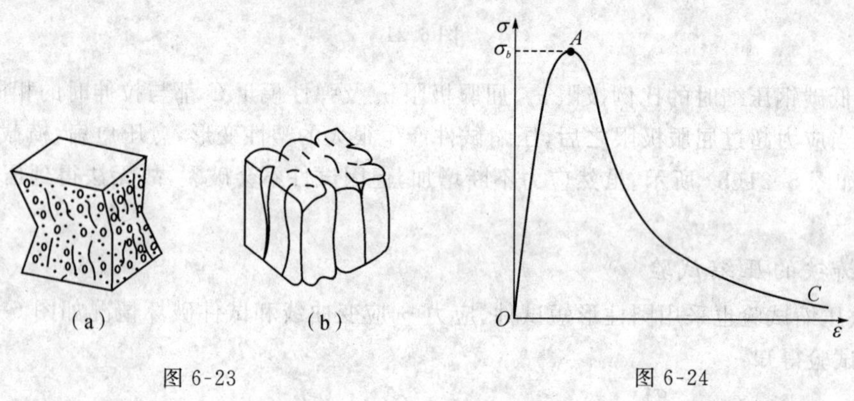

图 6-23　　　　图 6-24

根据近代的试验研究发现，若采用控制变形速率的加载装置，或采用刚度很大的试验机，可以得到应力 — 应变曲线上强度极限以后的下降段 AC。在 AC 段范围内，试件变形不断增大，但仍能承受一定的压力，这一现象称为材料的软化。整个曲线 OAC 称为应力 — 应变全曲线，它对混凝土结构的应力和变形分析有重大意义。

用试验方法也得到混凝土的拉伸强度以及受拉应力 — 应变曲线，即混凝土受拉时也存在材料的软化现象。

4. 木材的压缩试验

木材顺纹方向和横纹方向压缩时，得到不同的应力 — 应变曲线，如图 6-25 所示。由试验可知，木材沿顺纹方向压缩时的强度极限比横纹方向压缩时的强度极限大 10 倍左右；在荷载和横截面尺寸相同的条件下，顺纹方向压缩时的变形比横纹方向压缩时的变形小得多。因此，木材为各向异性材料。

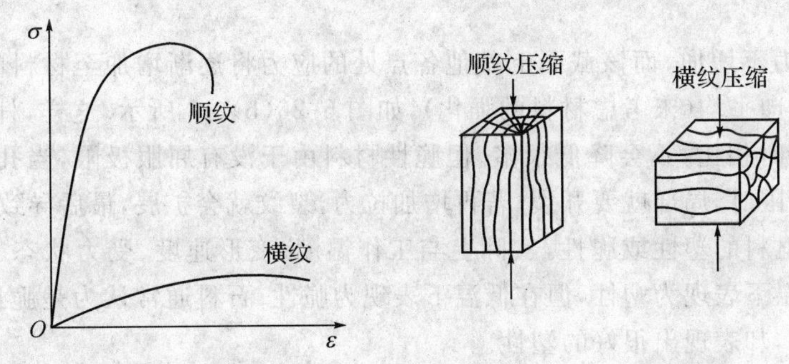

图 6-25

表 6-2 给出工程上几种常用材料在拉伸和压缩时的部分力学性质。

表 6-2　几种常用材料在拉伸和压缩时的力学性质(常温、静荷载)

材料名称或牌号	屈服极限 σ_s(MPa)	强度极限(MPa)		塑性指标	
		σ_b^+	σ_b^-	δ(%)	ψ(%)
Q_{235} 钢	216 ~ 235	380 ~ 470	380 ~ 470	24 ~ 27	60 ~ 70
Q_{274} 钢	255 ~ 274	490 ~ 608	490 ~ 608	19 ~ 21	
35 号钢	310	530	530	20	45
45 号钢	350			16	40
15Mn 钢	300	520	520	23	50
16Mn 钢	270 ~ 340	470 ~ 510	470 ~ 510	16 ~ 21	45 ~ 60
灰口铸铁		150 ~ 370	600 ~ 1300	0.5 ~ 0.6	
球墨铸铁	290 ~ 420	390 ~ 600	≥1568	1.5 ~ 10	
有机玻璃		755	>130		
红松(顺纹)		98	≈33		
普通混凝土		0.3 ~ 1	2.5 ~ 80		

三、塑性材料和脆性材料的比较

从以上介绍的各种材料的试验结果看出，塑性材料和脆性材料在常温和静荷载下的力学性质有很大差别，现扼要地加以比较。

(1) 塑性材料的抗拉强度比脆性材料的抗拉强度高，故塑性材料一般用来制成受拉杆件；脆性材料的抗压强度比抗拉强度高，故一般用来制成受压构件，而且成本较低。

(2) 塑性材料能产生较大的塑性变形，而脆性材料的变形较小。要使塑性材料破坏需消耗较大的能量，因此这种材料抵抗冲击的能力较好；因为材料抵抗冲击能力的大小决定于它能吸收多大的动能。此外，在结构安装时，常常要校正构件的不正确尺寸，塑性材料可以产生较大的变形不破坏；脆性材料则往往会由此引起断裂。

(3) 当构件中存在应力集中时，塑性材料对应力集中的敏感性较小。例如，如图 6-26(a)所示有圆孔的拉杆，由塑性材料制成。当孔边的最大应力达到材料的屈服极限时，若再增加拉力，则该处应力不增加，而该截面上其他各点处的应力将逐渐增加至材料的屈服极限，使截面上的应力趋向平均(未考虑材料的强化)，如图 6-26(b)(c) 所示。这样，杆所能承受的最大荷载和无圆孔时相比，不会降低很多。但脆性材料由于没有屈服极限，当孔边最大应力达到材料的强度极限时，局部就要开裂；若再增加拉力，裂纹就会扩展，最后导致杆件断裂。

必须指出，材料的塑性或脆性，实际上与工作温度、变形速度、受力状态等因素有关。例如，低碳钢在常温下表现为塑性，但在低温下表现为脆性；石料通常认为是脆性材料，但在各向受压的情况下，却表现出很好的塑性。

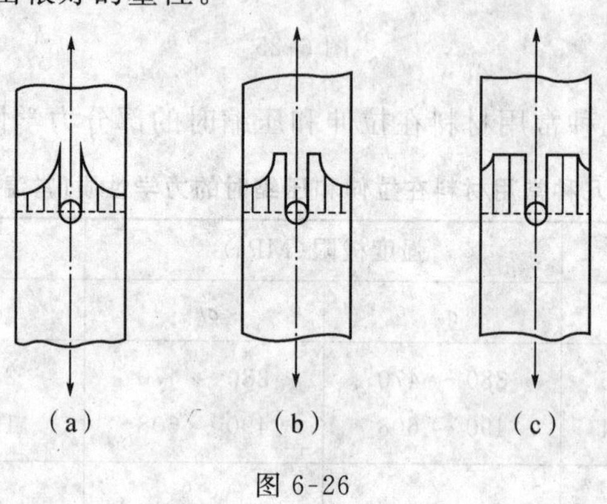

图 6-26

6.5 拉(压) 杆的强度计算

一、许用应力和安全系数

通过材料的拉伸(压缩) 试验可知，当脆性材料的应力达到强度极限 σ_b 时，材料发生断裂破坏。当塑性材料的应力达到屈服极限 σ_s 时，材料将产生很大的塑性变形。工程上的构件，既不允许破坏，也不允许产生较大的塑性变形。因为较大塑性变形的出现，将改变原来的设计状态，往往会影响杆件的正常工作。因此，将脆性材料的强度极限 σ_b 和塑性材料的屈服极限 σ_s(或 $\sigma_{0.2}$) 作为材料的极限正应力，用 σ_u 表示。要保证杆件安全而正常地工作，其最大工作应力不能超过材料的极限应力。但是，考虑到一些实际存在的不利因素后，设计时不能使杆件的最大工作应力等于极限应力，而必须小于极限应力。

此外，还要给杆件必要的强度储备。因此，工程上将极限正应力 σ_u 除以一个大于 1 的安全系数 n，作为材料的容许正应力

$$[\sigma] = \frac{\sigma_u}{n} \tag{6-9}$$

对脆性材料，$\sigma_u = \sigma_b$；对塑性材料，$\sigma_u = \sigma_s$(或 $\sigma_{0.2}$)。

安全系数的数值恒大于1，由上式可见，对许用应力数值的规定，实质上是如何选择安全系数问题。从安全考虑，加大安全系数，虽然构件的强度和刚度得到了保证，但会浪费材料，并使结构笨重；若选得过小，虽然比较经济，但安全耐用就得不到可靠的保证，甚至还会引起严重的事故。因此，选择安全系数时，应该是在满足安全要求的情况下，尽量满足经济要求。

安全系数的确定是一个复杂问题，它取决于以下几方面的因素：

(1) 材料的素质。实际的材料不像标准试件那样质地均匀，包括材料的质地好坏，均匀程度，是塑性材料还是脆性材料，因此，实际的极限应力往往小于试验所得的结果。

(2) 荷载情况。包括对荷载的估算是否准确，是静荷载还是动荷载。因而杆件中实际产生的最大工作应力可能超过计算出的数值。

(3) 构件在使用期内可能遇到的意外事故或其他不利的工作条件等。如杆件的尺寸由于制造等原因引起的不准确，加工过程中杆件受到损伤，杆件长期使用受到磨损或材料受到腐蚀等等。

(4) 计算时所作的简化不完全符合实际情况，即计算简图和计算方法的精确程度。

(5) 构件的重要性。

安全系数 n 的选取，除了需要考虑上述因素外，还要考虑其他很多因素。例如，工程的重要性，杆件损伤所引起后果的严重性以及经济效益等。因此，要根据实际情况选取安全系数。在通常情况下，对静荷载问题，塑性材料一般取 $n = 1.5 \sim 2.0$，脆性材料一般取 $n = 2.0 \sim 2.5$。安全系数和许用应力的具体数据，一般由国家在有关规范中规定。表 6-3 给出了几种常用材料在常温、静载条件下的许用应力值。

表 6-3　几种常用材料的许用应力

材　料	牌　号	许用应力			
		轴向拉伸		轴向压缩	
		(kg/cm^2)	(MPa)	(kg/cm^2)	(MPa)
低碳钢	A_3	1700	170	1700	170
低合金钢	16Mn	2300	230	2300	230
灰口铸铁		350 ～ 550	35 ～ 55	1600 ～ 2000	160 ～ 200
混凝土	C20(200 号)	4.5	0.45	70	7
混凝土	C30(300 号)	6	0.6	105	10.5
红松(顺纹)		65	6.5	100	10

二、拉(压) 杆的强度计算

对于等截面直杆，最大的正应力发生在最大轴力 $F_{N\max}$ 作用的截面上，即

$$\sigma_{\max} = \frac{F_{N\max}}{A} \tag{6-10}$$

通常把 $\sigma_{\max}$ 所在的截面称为危险截面，把 $\sigma_{\max}$ 所在的点称为危险点。为了保证拉(压) 杆不致因强度不够而破坏，构件内的最大工作应力不得超过其材料的许用应力，即

$$\sigma_{\max} = \frac{F_{N\max}}{A} \leqslant [\sigma] \tag{6-11}$$

上式称为轴向拉(压) 杆的强度条件。应用该条件可以解决有关强度计算的 3 类问题。

(1) 强度校核。当已知杆的材料许用应力$[\sigma]$、截面尺寸 A 和承受的荷载 $F_{N\max}$，可用(6-11) 式校核杆的强度是否满足要求。

(2) 设计截面尺寸。已知荷载与材料的许用应力时，可将式(6-11) 改写成 $A \geqslant \frac{F_{N\max}}{[\sigma]}$ 以确定截面尺寸。

(3) 确定许可荷载[F]。已知构件截面尺寸和材料的许用应力时，可将式(6-11) 改写成 $F_{N\max} \leqslant A[\sigma]$，再由内力与外力关系确定许可荷载[F]。

图 6-27

【例 6-7】 如图 6-27 所示为一平板闸门，需要的最大启门力 $F = 140\text{kN}$。已知提升闸门的钢螺旋杆的内径 $d = 40\text{mm}$，钢的许用应力 $[\sigma] = 170\text{MPa}$，试校核钢螺旋杆的强度能否满足要求。

解 (1) 求螺旋杆的轴力

$$F_N = F$$

(2) 强度校核。杆的工作应力为

$$\sigma = \frac{F_N}{A} = \frac{F}{\pi d^2/4} = \frac{140 \times 10^3 \times 4}{\pi \times 40^2 \times 10^{-6}}$$

$$= 111.5 \times 10^6 \text{Pa} = 111.5\text{MPa} \leqslant [\sigma] = 170\text{MPa}$$

此螺旋杆的强度能满足要求。

【例 6-8】 如图 6-28(a) 所示为三角形托架，其 AB 杆由两个等边角钢组成。已知 $F = 75\text{kN}$，$[\sigma] = 160\text{MPa}$，试选择等边角钢型号。

解 (1) 求杆 AB 轴力。取结点 B 为分离体，如图 6-28(b) 所示，由平衡条件

$$\sum F_x = 0 \qquad -F_{NBA} - F_{NBC}\cos 45° = 0$$

$$\sum F_y = 0 \qquad -F - F_{NBC}\sin 45° = 0$$

解得 $\quad F_{NBC} = -\sqrt{2}F = -\sqrt{2} \times 75 = -106.1(\text{kN}) \qquad F_{NBA} = F = 75(\text{kN})$

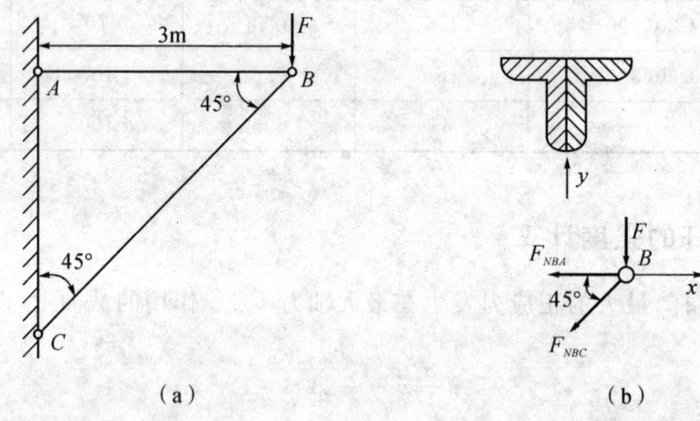

图 6-28

(2) 由强度条件设计截面尺寸。

$$A \geqslant \frac{F_{N\max}}{[\sigma]} = \frac{75 \times 10^3}{160 \times 10^6} = 0.4687 \times 10^{-3}(\text{m}^2) = 468.7\text{mm}^2$$

从附录工型钢表查得 3mm 厚的 4 号等边角钢的截面面积为 $2.359\text{cm}^2 = 235.9\text{mm}^2$。用两个相同的角钢，其总面积为 $2 \times 235.9\text{mm}^2 > A = 468.7\text{mm}^2$。能满足要求。

【例 6-9】 如图 6-29(a) 所示结构中，BC 和 CD 都是圆截面钢杆，直径均为 $d = 20\text{mm}$，

许用应力$[\sigma]=160\text{MPa}$。求此结构的许可荷载 F。

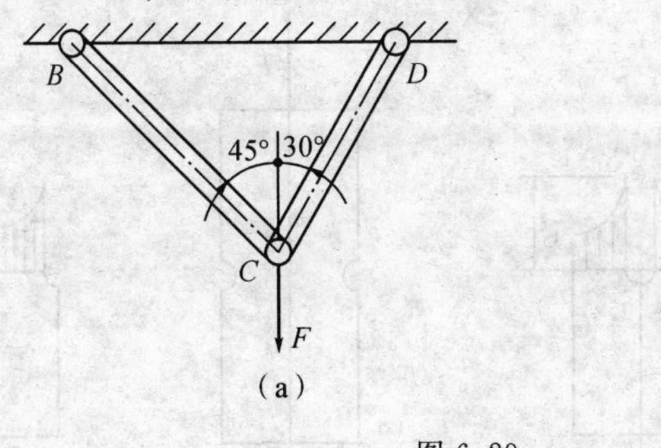

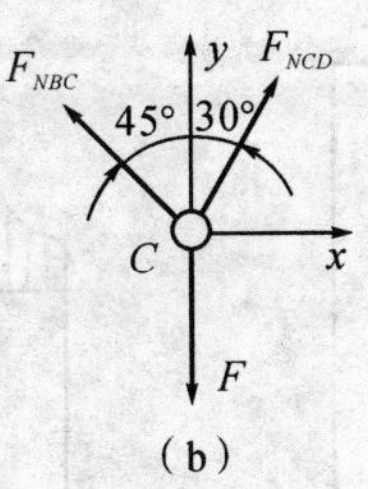

图 6-29

解　(1) 求杆 BC、CD 的内力，确定危险截面。取结点 C 为分离体，受力情况如图 6-29(b) 所示。由平衡条件确定两杆轴力与荷载 F 的关系

$$\sum F_x=0 \qquad F_{NCD}\sin 30^\circ - F_{NCB}\sin 45^\circ = 0$$

$$\sum F_y=0 \qquad F_{NCD}\cos 30^\circ + F_{NCB}\cos 45^\circ - F = 0$$

解方程得

$$F_{NCB}=0.517F \qquad F_{NCD}=0.732F$$

由此可见，杆 CB 所受力比杆 CD 小，而两杆的材料及截面尺寸又均相同，若杆 CD 的强度得到满足，则杆 CB 的强度也一定足够，故应由杆 CD 的强度确定许可荷载。

(2) 确定许可荷载。由强度条件得

$$\sigma=\frac{F_{NCD}}{A}=\frac{4\times 0.732F}{\pi d^2}\leqslant[\sigma]$$

$$F\leqslant\frac{\pi d^2[\sigma]}{4\times 0.732}=\frac{3.14\times 20^2\times 10^{-6}\times 160\times 10^6}{4\times 0.732}=68.6\times 10^3(\text{N})=68.6\text{kN}$$

故许可荷载$[F]=68.6\text{kN}$。

6.6　应力集中的概念

等直杆受拉(压)时，其横截面上的正应力是均匀分布的。但是由于结构或工作需要，往往在构件上开孔、槽或制成凸肩、阶梯形状等，使截面尺寸发生突然改变。试验证明，在截面突然改变的部位，应力已不再是均匀分布的。

如图 6-30 所示具有圆槽或圆孔的试件，在削弱截面附近的小范围内，应力局部增大，而离开该区域稍远的地方，应力迅速减小并趋于均匀。这种由于截面尺寸突变而引起的应力局部增大的现象，称为应力集中。

应力集中的程度，可用应力集中处的 $\sigma_{\max}$ 与杆被削弱处横截面上的平均应力 $\bar{\sigma}_0$ 的比值来衡量，此比值称为应力集中系数，用 α_k 表示，即

$$\alpha_k=\frac{\sigma_{\max}}{\bar{\sigma}_0}$$

实验指出 α_k 只与构件的形状和尺寸有关，而与材料无关。对工程中常见的大多数典型构件，它们的应力集中系数 α_k，可以从有关手册中查到，一般在 1.2 ～ 3.0 之间。

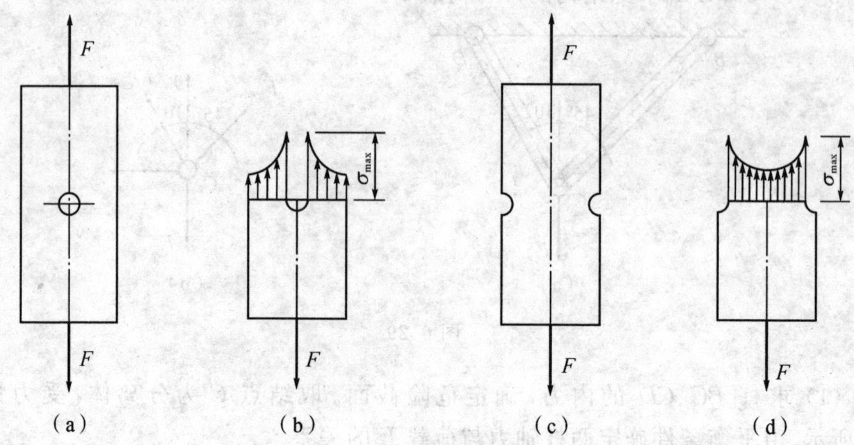

图 6-30

两类材料对应力集中的反应有着很大的差别。塑性材料因有屈服阶段，当局部最大应力 σ_{max} 达到屈服极限 σ_s 时，该处材料的变形可以继续增长而应力数值不再增大。外力继续增大时，增加的力就由截面尚未屈服的材料来承担，使截面上其他点的应力相继增大到屈服极限，如图 6-31 所示。这样就使截面上的应力逐渐地趋于平衡，降低了应力不均匀的程度，也限制了最大正应力 σ_{max} 的数值。因此，用塑性材料制成的构件在静载作用下，可以不考虑应力集中的影响。由脆性材料制成的构件情况就不同了。因为脆性材料没有屈服阶段，当应力集中处最大应力达到 σ_b 时，便使构件在该处首先产生裂纹，导致构件突然破裂。所以，应力集中对脆性材料的危害显得严重。这样，即使在静载条件下也应考虑应力集中对构件承载能力的影响。

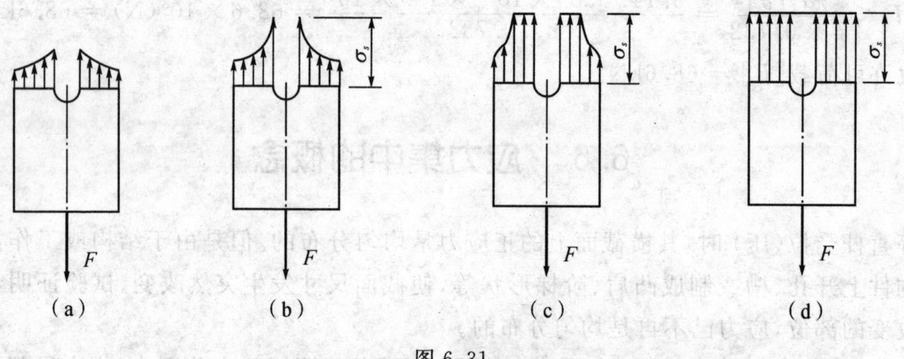

图 6-31

6.7 联接件的强度计算

一、剪切的概念及工程实例

工程中的杆件有时是由几部分联接而成的。在联接部位，一般要有起联接作用的部件，这种部件称为联接件。例如，如图 6-32(a) 所示两块钢板用铆钉联接成一根拉杆，其中的铆钉就是联接件；又如图 6-32(b) 所示的轮和轴用键联接，键就是联接件；如图 6-32(c) 所示两钢管是通过法兰用螺栓连接的；如图 6-32(d) 所示吊装重物的吊具是用销轴连接的。此外，木结构中常用的榫、螺栓、销钉等，都是起联接作用的联接件。

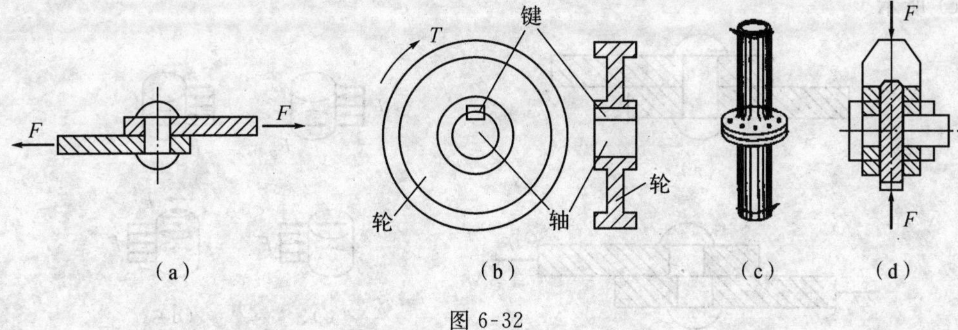

图 6-32

为了保证联接后的杆件或构件能够安全地工作，除杆件或构件整体必需满足强度、刚度和稳定性的要求外，联接件本身也应具有足够的强度。

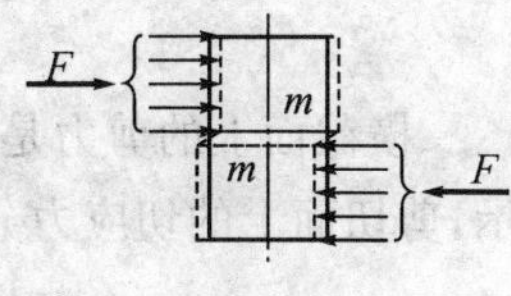

图 6-33

铆钉、键等联接件的主要受力和变形特点如图 6-33 所示。作用在联接件两侧面上的一对外力的合力大小相等(均为 F)，而方向相反，作用线相距很近；并使各自作用的部分沿着与合力作用线平行的截面 m-m(称为剪切面) 发生相对错动。这种变形称为剪切变形。

联接件本身不是细长直杆，其受力和变形情况很复杂，因而要精确地分析计算其内力和应力很困难。工程上对联接件通常是根据其实际破坏的主要形态，对其内力和相应的应力分布作一些合理的简化，并采用实用计算法计算出各种相应的名义应力，作为强度计算中的工作应力。而材料的容许应力，则是通过对联接件进行破坏试验，并用相同的计算方法由破坏荷载计算出各种极限应力，再除以相应的安全系数而获得。实践证明，只要简化得当，并有充分的实验依据，按这种实用计算法得到的工作应力和容许应力建立起来的强度条件，在工程上是可以应用的。

此外，工程上还有一些杆件或构件的联接是采用焊接、胶接形式的，如图 6-34 所示。虽然其中没有明确的联接件，但在这些联接中接头部位的应力计算和强度计算，也采用与上述联接件相同的实用计算方法。

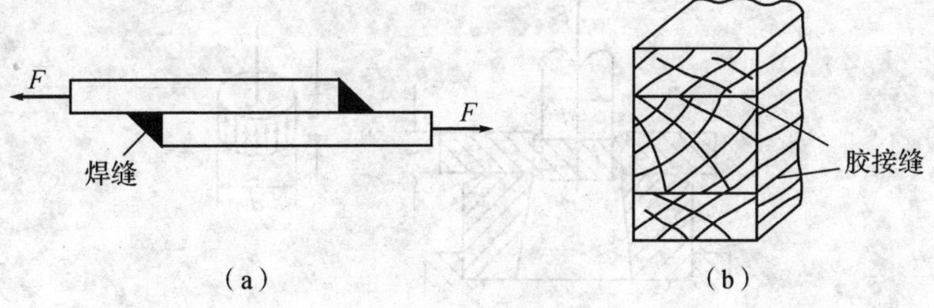

图 6-34

二、剪切的实用计算

设两块钢板用铆钉连接，如图 6-35(a) 所示。钢板受拉时，铆钉在两钢板之间的截面处受剪切，如图 6-35(b) 所示，剪切面上的内力可用截面法求得：将铆钉假想地沿剪切面截开，由平衡条件可知剪切面上存在着与外力 F 大小相等、方向相反的内力 F_Q，称为剪力，如图 6-35(c) 所示。

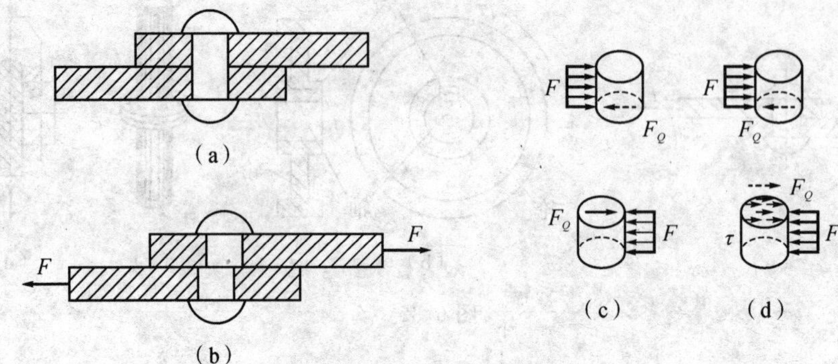

图 6-35

$$F_Q = F$$

横截面上的剪力是沿截面作用的，它由截面上各点处的切应力 τ 所组成，如图 6-35(d) 所示，剪切面上的切应力分布情况较为复杂，实用计算中假设切应力 τ 在剪切面上均匀分布，即

$$\tau = F_Q/A_Q \tag{6-12}$$

式中 A_Q 为剪切面面积。若铆钉直径为 d，则 $A_Q = \pi d^2/4$，为使铆钉不发生剪切破坏，要求

$$\tau = \frac{F_Q}{A_Q} \leqslant [\tau] \tag{6-13}$$

这就是铆钉的剪切强度条件。式中$[\tau]$为铆钉的容许切应力。如将铆钉按上述实际受力情况进行剪切破坏试验，量测出铆钉在剪断时的极限荷载 F_u，并由(6-12) 式计算出铆钉剪切破坏的极限切应力 τ_u，再除以安全系数 n，就可得到$[\tau]$。对于钢材，通常取$[\tau] = (0.6-0.8)[\sigma]$。

【例 6-10】 如图 6-36 所示，已知钢板的厚度 $t = 10\text{mm}$，其剪切极限应力为 $\tau_u = 300\text{MPa}$，若用冲床将钢板冲出直径 $d = 25\text{mm}$ 的孔，问需要多大的冲剪力 F？

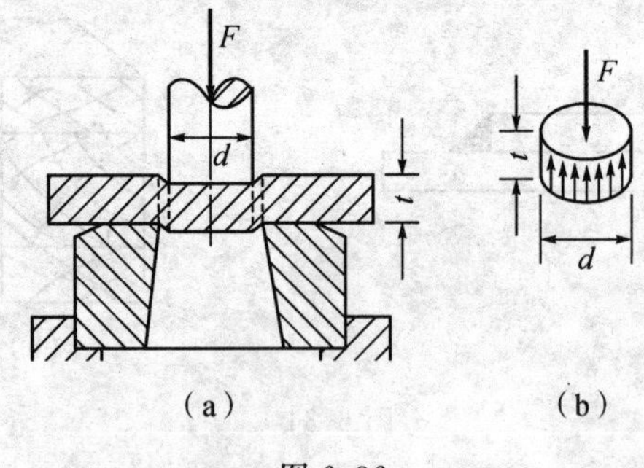

图 6-36

解 剪切面就是钢板被冲头冲出的圆柱体侧面，如图 6-36(b) 所示，其面积为

$$A = \pi dt = \pi \times 25 \times 10^{-3} \times 10 \times 10^{-3} = 785 \times 10^{-6}\,\text{m}^2$$

冲孔所需要的冲剪力应为

$$F \geqslant A\tau_u = 785 \times 10^{-6} \times 300 \times 10^6 = 236 \times 10^3(\text{N}) = 236\text{kN}$$

三、挤压的实用计算

联接件除了可能被剪切破坏外，还可能发生挤压破坏。所谓挤压，是指两个构件相互传递压力时接触面相互压紧而产生的局部压缩变形。如图 6-37(a) 所示铆钉连接中，铆钉与钢板孔壁接触面上的压力过大时，接触面上将发生显著的塑性变形或压溃，铆钉被压扁，圆孔变成了椭圆孔，联接件松动，不能正常使用，如图 6-37(b) 所示。因此，联接件在满足剪切条件的同时，还必须满足挤压条件。联接件与被联接件之间相互接触面上的压力 F_{bs}，称为挤压力，挤压力的作用面 A_{bs}，称为挤压面，如图 6-37(c) 所示，挤压面上应力 σ_{bs} 称为挤压应力。挤压面上的挤压应力的分布也很复杂，它与接触面的形状及材料性质有关。

例如，钢板上铆钉孔附近的挤压应力分布如图 6-37(d) 所示，挤压面上各点的应力大小与方向都不相同。实用计算中假设挤压应力均匀地分布在挤压面上，即

$$\sigma_{bs} = F_{bs}/A_{bs} \tag{6-14}$$

所以，挤压强度条件为

$$\sigma_{bs} = \frac{F_{bs}}{A_{bs}} \leqslant [\sigma_{bs}] \tag{6-15}$$

式中，$[\sigma_{bs}]$ 为容许挤压应力。$[\sigma_{bs}]$ 也可由通过挤压破坏试验得到的极限挤压应力 σ_{ubs} 除以安全系数 n 得到。各种材料的许用挤压应力$[\sigma_{bs}]$可在有关手册中查得。对于钢材而言，通常取$[\sigma_{bs}]$为容许正应力$[\sigma]$的 1.7 ～ 2.0 倍。

关于挤压面面积 A_{bs} 的计算，要根据接触面的情况而定。当实际挤压面为平面时，挤压面面积为接触面面积；当受压面是半圆柱曲面时，在实际计算中，是按挤压面的正投影面积计算的，如图 6-37(e) 所示，所得的应力与实际最大应力大致相等。

挤压计算中须注意，如果两个相互挤压构件的材料不同，应对挤压强度较小的构件进行计算。

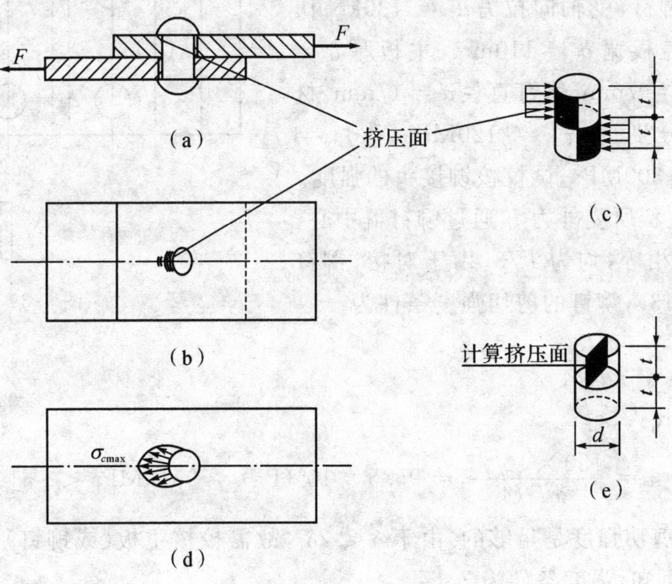

图 6-37

四、实用举例

【例 6-11】 电瓶车挂钩用插销连接，如图 6-38(a) 所示。已知 $t=8\text{mm}$，插销的材料为 20 号钢，$[\tau]=30\text{MPa}$，$[\sigma_{bs}]=100\text{MPa}$，牵引力 $F=15\text{kN}$，试确定插销的直径 d。

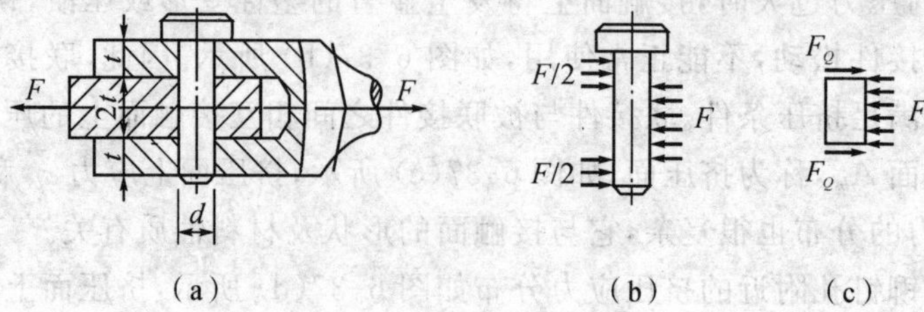

图 6-38

解 插销的受力情况如图 6-38(b) 所示。

$$F_Q = F2 = 152 = 7.5(\text{kN})$$

(1) 按剪切强度条件设计插销的直径。

$$A=\frac{\pi d^2}{4}\geqslant\frac{F_Q}{[\tau]}=\frac{7.5\times10^3}{30\times10^6}=2.5\times10^{-4}(\text{m}^2)$$

(2) 按挤压强度条件进行校核。

$$\sigma_{bs}=\frac{F_{bs}}{A_{bs}}=\frac{F}{2td}=\frac{15\times10^3}{2\times8\times17.8\times10^{-6}}$$
$$=52.7\times10^6(\text{Pa})$$
$$=52.7\text{MPa}<[\sigma_{bs}]=100\text{MPa}$$

【例 6-12】 如图 6-39(a) 所示一对接铆接头。每边有 3 个铆钉，受轴向拉力 $F=130\text{kN}$ 作用。已知主板及盖板宽 $b=110\text{mm}$，主板厚 $\delta=10\text{mm}$，盖板厚 $\delta_1=7\text{mm}$，铆钉直径 $d=17\text{mm}$。材料的容许应力分别为 $[\tau]=120\text{MPa}$，$[\sigma_t]=160\text{MPa}$，$[\sigma_{bs}]=300\text{MPa}$。试校核铆接头的强度。

图 6-39

解 由于主板所受外力 F 通过铆钉群中心，故每个铆钉受力相等，均为 $F/3$。由于对接，铆钉受双剪，由式(6-13)，铆钉的剪切强度条件为

$$\tau=\frac{F/3}{\pi d^2/4}\leqslant[\tau]$$

将已知数据代入，得

$$\tau=\frac{130\times10^3/3}{\pi d^2/4}=95.5\times10^6(\text{Pa})=95.5\text{MPa}<[\tau]$$

所以铆钉的剪切强度是足够的。由于 $\delta<2\delta_1$，故需校核主板(或铆钉) 中间段的挤压强度，由(6-15) 式可知，强度条件为

$$\sigma_{bs}=\frac{F/3}{\delta d}\leqslant[\sigma_{bs}]$$

将已知数据代入，得

$$\sigma_{bs} = \frac{130 \times 10^3/3}{0.01 \times 0.017} = 254.9 \times 10^6 (\text{Pa}) = 254.9\text{MPa} < [\sigma_{bs}]$$

所以挤压强度也是满足的。

主板的拉伸强度条件为

$$\sigma_t = F_N/A_t \leqslant [\sigma_t]$$

作出右边主板的轴力图，如图 6-39(b) 所示。由图可见：在 1-1 截面上，轴力 $F_{N1} = F$，并只被一个铆钉孔削弱，$A_{t1} = (b-d)\delta$；对 2-2 截面，轴力 $F_{N1} = 2F/3F$，但被两个钉孔削弱，$A_{t2} = (b-2d)\delta$，无法直观判断哪一个是危险截面，故应对两个截面都进行拉伸强度校核。由已知数据，求得这两个横截面上的拉伸应力为

$$\sigma_{t1} = \frac{F_{N_1}}{A_{t_1}} = \frac{130 \times 10^3}{(0.11 - 0.017) \times 0.01} = 139.8 \times 10^6 (\text{Pa}) = 139.8\text{MPa} < [\sigma_t]$$

$$\sigma_{t2} = \frac{F_{N_2}}{A_{t_2}} = \frac{2 \times 130 \times 10^3/3}{(0.11 - 2 \times 0.017) \times 0.01} = 114.0 \times 10^6 (\text{Pa}) = 114.0\text{MPa} < [\sigma_t]$$

所以主板的拉伸强度也是满足的。

思考题

6-1　指出下列各概念的区别：变形与应变；弹性变形与塑性变性；正应力与切应力；工作应力、危险应力与许用应力。

6-2　两根不同材料的等截面直杆，承受着相同的拉力，它们的截面积与长度都相等。问：(1) 两杆的内力是否相等？(2) 两杆应力是否相等？(3) 两杆的变形是否相等？

6-3　低碳钢的拉伸过程分为哪几个阶段？

6-4　材料的强度指标是什么？材料的塑性指标是什么？

6-5　图示结构中杆 ① 为铸铁，杆 ② 为低碳钢。试问图(a) 与图(b) 两种结构设计方案哪一种较为合理？为什么？

6-6　3 种材料的应力 — 应变曲线如图所示，试问哪一种材料强度高？哪一种材料刚度大？哪一种材料塑性好？

6-7　何谓强度条件？可以解决哪些强度计算问题？

6-8　实际挤压面与计算挤压面是否相同？指出如图所示构件的剪切面和挤压面。

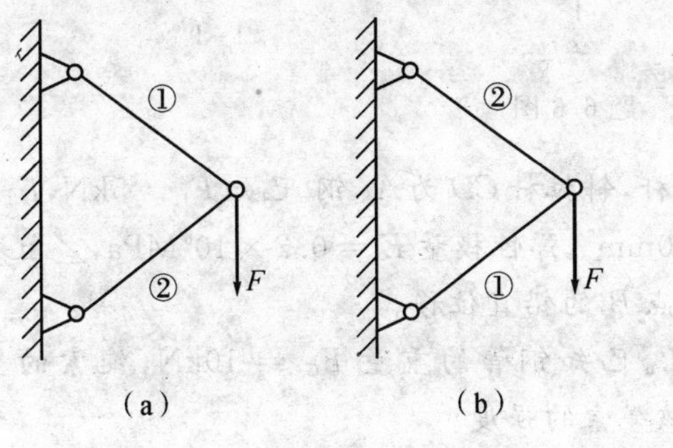

思 6-5 图

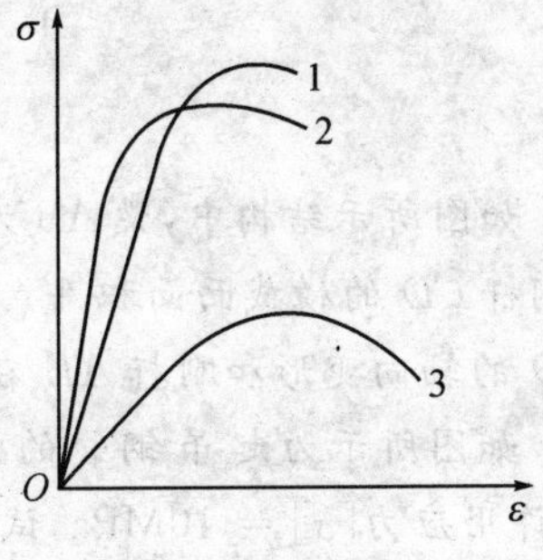

思 6-6 图

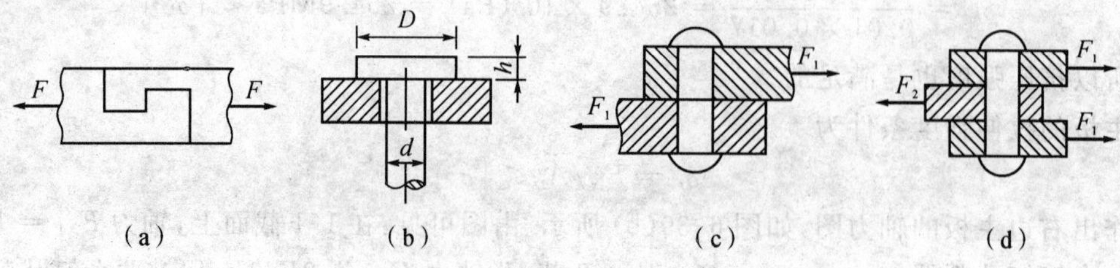

思 6-8 图

习 题

6-1　一简单桁架 BAC 的受力如图所示。已知 $F=18\text{kN}$，$\alpha=30°$，$\beta=45°$，AB 杆的横截面面积为 300mm^2，AC 杆的横截面面积为 350mm^2，试求各杆横截面上的应力。

6-2　求如图所示阶梯杆各段横截面上的应力。已知横截面面积：$A_{AB}=200\text{mm}^2$，$A_{BC}=300\text{mm}^2$，$A_{CD}=400\text{mm}^2$。

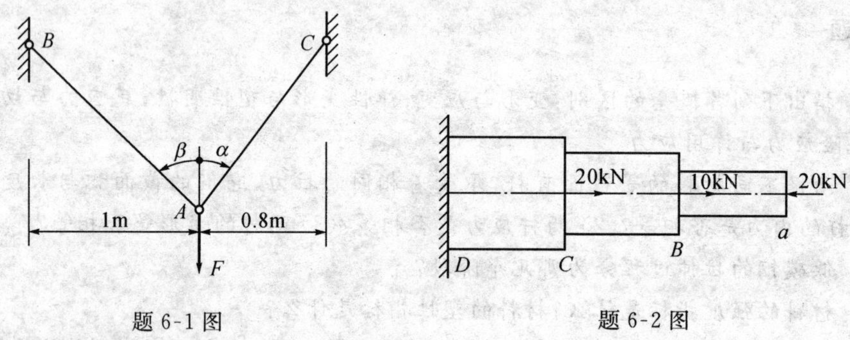

题 6-1 图　　　　题 6-2 图

6-3　圆截面杆上有槽如图所示，杆直径 $d=20\text{mm}$，受拉力 $F=15\text{kN}$ 作用，试求 l-l 和 2-2 截面上的应力。

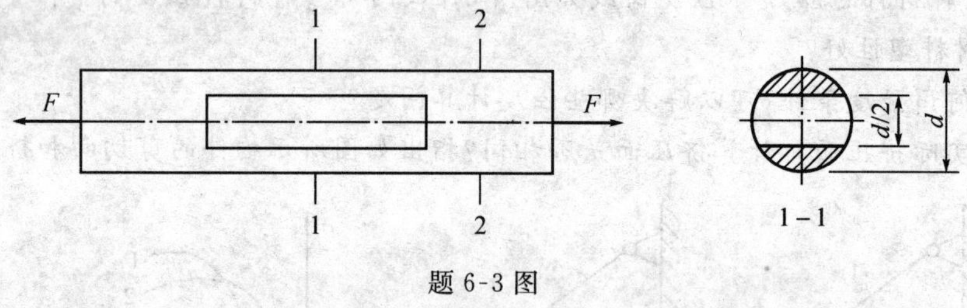

题 6-3 图

6-4　如图所示结构中，梁 AB 为刚杆，斜拉杆 CD 为 A_3 钢。已知 $F_1=5\text{kN}$，$F_2=10\text{kN}$，$l=1\text{m}$，钢杆 CD 的横截面面积 $A=100\text{mm}^2$，弹性模量 $E=0.2\times10^6\text{MPa}$，$\angle ACD=45°$，试求杆 CD 的轴向变形和刚杆 AB 在端点 B 的铅直位移。

6-5　如图所示为起吊钢管的情况。已知钢管的重量 $F_G=10\text{kN}$，绳索的直径 $d=40\text{mm}$，其许用应力 $[\sigma]=10\text{MPa}$，试校核绳索的强度。

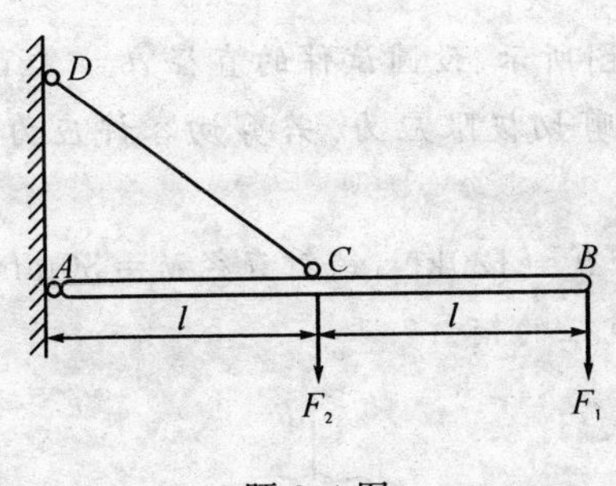

题 6-4 图

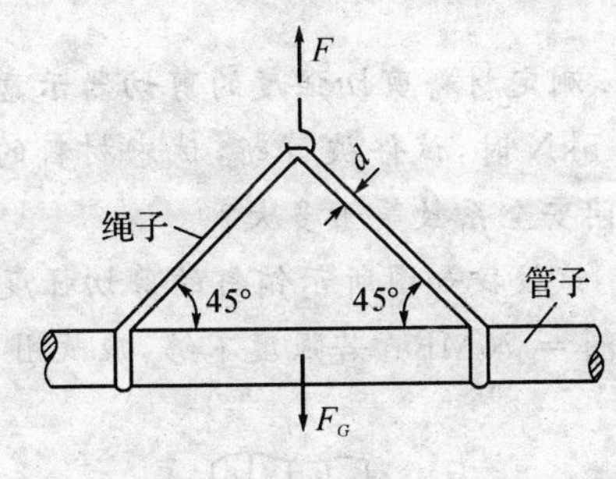

题 6-5 图

6-6　钢的弹性模量 $E_g = 0.2\times10^6$ MPa，混凝土的弹性模量 $E_h = 2.8\times10^4$ MPa，一钢杆和一混凝土杆同时受轴向压力作用：(1) 当两杆应力相等时，混凝土的应变 ε_h 为钢的应变 ε_g 的多少倍？(2) 当两杆的应变相等时，钢杆的应力 σ_g 为混凝土杆的应力 σ_h 多少倍？(3) 当 $\varepsilon_g = \varepsilon_h = 0.001$ 时，两杆的应力各为多少？

6-7　悬挂托架如图所示。BC 杆直径 $d = 30$mm，$E = 2.1\times10^5$ MPa，为了测量起吊重量 F，可以在起吊过程中测量 BC 杆的应变。若 $\varepsilon = 390\times10^{-6}$，试求 F = ?

6-8　如图所示为一个三角形托架，已知：杆 AC 为圆截面钢杆，许用应力 $[\sigma] = 170$MPa；杆 BC 是正方形截面木杆，许用应力 $[\sigma] = 12$MPa；荷载 $F = 60$kN。试选择钢杆的直径 d 和木杆的边长 a。

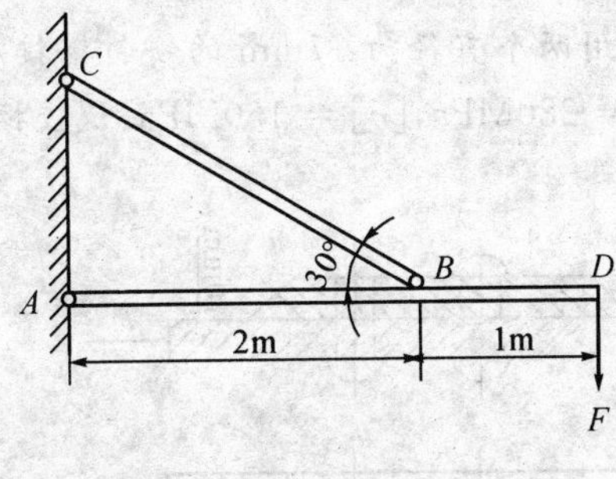

题 6-7 图

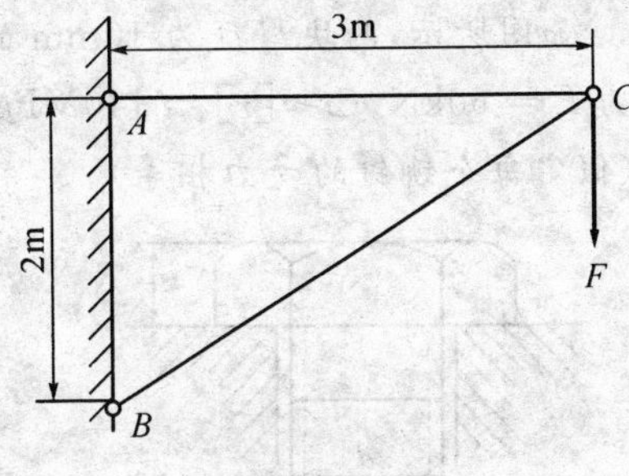

题 6-8 图

6-9　如图所示起重机的 BC 杆由钢丝绳 AB 拉住，钢丝绳直径 $d = 26$mm，$[\sigma] = 160$MPa，试问起重机的最大起重量 F_G 为多少？

6-10　如图所示为一吊桥结构，试求钢拉杆 AB 所需横截面面积 A。已知钢材的许用应力 $[\sigma] = 170$MPa。

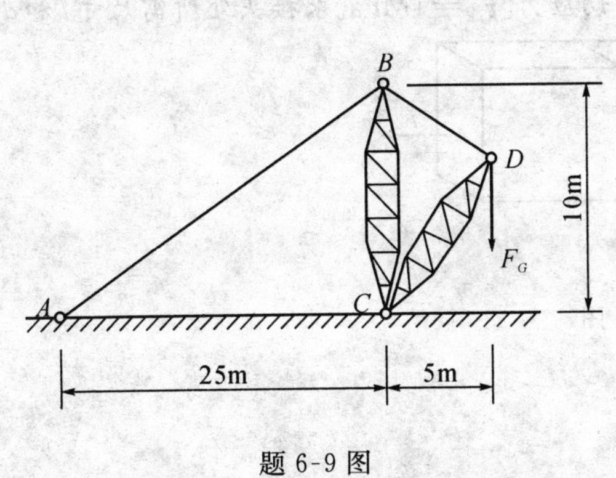

题 6-9 图

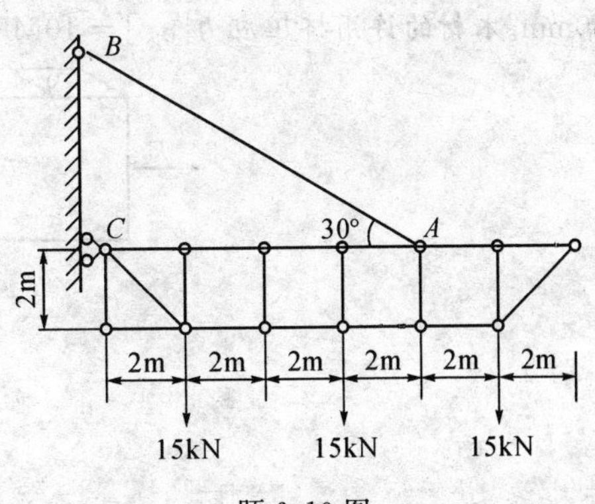

题 6-10 图

6-11　测定材料剪切强度的剪切器示意图如图所示。设圆试件的直径 $d=15\text{mm}$。当压力 $F=31.5\text{kN}$ 时，试件被剪断，试求材料的名义剪切极限应力。若剪切容许应力为 $[\tau]=80\text{MPa}$，试问安全系数等于多大？

6-12　试校核如图所示销钉的剪切强度。已知 $F=120\text{kN}$，销钉直径 $d=30\text{mm}$，材料的容允应力 $[\tau]=70\text{MPa}$。若强度不够，应改用多大直径的销钉？

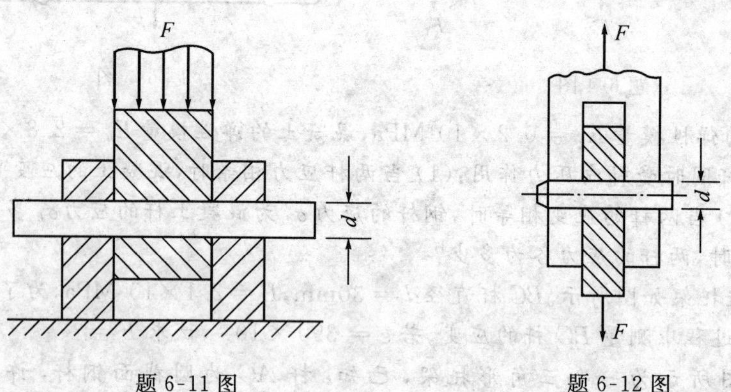

题 6-11 图　　题 6-12 图

6-13　如图所示，一直径 $d=40\text{mm}$ 的螺栓受拉力 $F=100\text{kN}$，已知 $[\tau]=60\text{MPa}$，求螺母所需的高度 h。

6-14　如图所示，两块厚度为 10mm 的钢板，用两个直径为 17mm 的铆钉搭接在一起，钢板受拉力 $F=60\text{kN}$。已知 $[\tau]=140\text{MPa}$，$[\sigma_{bs}]=280\text{MPa}$，$[\sigma]=160\text{MPa}$。试校核该铆接件的强度（假定每个铆钉的受力相等）。

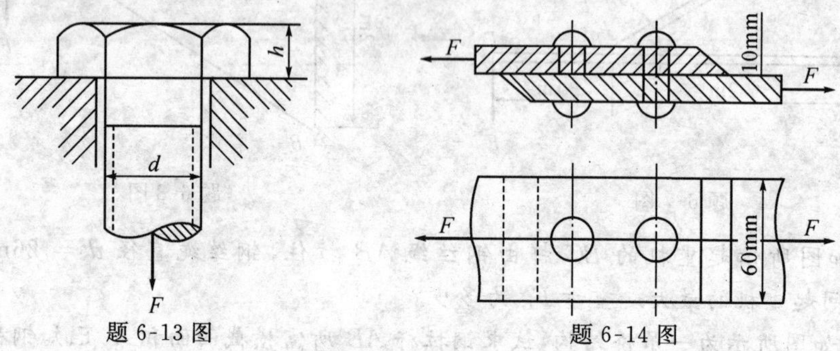

题 6-13 图　　题 6-14 图

6-15　一矩形截面的木拉杆接头如图所示。已知轴向拉力 $F=40\text{kN}$，截面宽度 $b=250\text{mm}$。木材的许用挤压应力 $[\sigma_{bs}]=10\text{MPa}$，许用切应力 $[\tau]=1\text{MPa}$。求接头处所需尺寸 l 和 a。

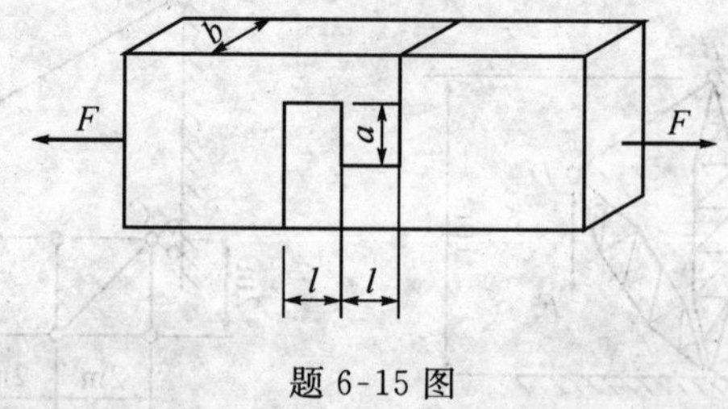

题 6-15 图

习题参考答案

6-1　$\sigma_{AB} = 31.06\text{MPa}, \sigma_{AC} = 37.66\text{MPa}$

6-2　$\sigma_{AB} = -100\text{MPa}, \sigma_{BC} = -33.33\text{MPa}, \sigma_{DC} = 25\text{MPa}$

6-3　$\sigma_{1-1} = 122.22\text{MPa}, \sigma_{2-2} = 47.77\text{MPa}$

6-4　$\Delta l_{CD} = 2\text{mm}, \Delta B_y = 5.6\text{mm}$

6-5　$\sigma = 5.63\text{MPa} < [\sigma] = 10\text{MPa}$

6-6　$\varepsilon_h / \varepsilon_g = 7.14, \sigma_g / \sigma_h = 7.14$

6-7　$F = 19.29\text{kN}$

6-8　$d = 25.97\text{mm}, a = 94.94\text{mm}$

6-9　$F_G = 160\text{kN}$

6-10　$A = 397.1\text{mm}^2$

6-11　$\tau_u = 89.13\text{MPa}, n = 1.11$

6-12　$\tau = 84.88\text{MPa}, d = 33\text{mm}$

6-13　$h = 14\text{mm}$

6-14　$\tau = 132.2\text{MPa} < [\tau] = 140\text{MPa}$

$\sigma_c = 176.4\text{MPa} < [\sigma_c] = 280\text{MPa}$

$\sigma = 139.5\text{MPa} < [\sigma] = 160\text{MPa}$

6-15　$a \geqslant 16\text{mm}, l \geqslant 160\text{mm}$

第 7 章 扭转的强度和刚度计算

教学要求

通过本章学习，要求掌握圆轴扭转时横截面上应力、变形计算及强度、刚度条件；掌握切应力互等定理和剪切虎克定律；了解矩形截面等直杆在自由扭转时的应力与变形计算。

本章重点是圆轴扭转时横截面上应力、变形计算及强度、刚度条件。

7.1 圆杆扭转时的应力和变形计算

一、横截面上的应力

用截面法，只能求出圆杆横截面的内力 —— 扭矩，现进一步研究圆杆横截面上的应力。由于横截面上的扭矩只能由切向微内力 $\tau\mathrm{d}A$ 所组成，所以横截面上只有切应力。为了确定横截面上的切应力分布规律，必须首先研究扭转时杆的变形情况，得到变形的变化规律，然后再利用物理方面和静力学方面的关系综合进行分析。

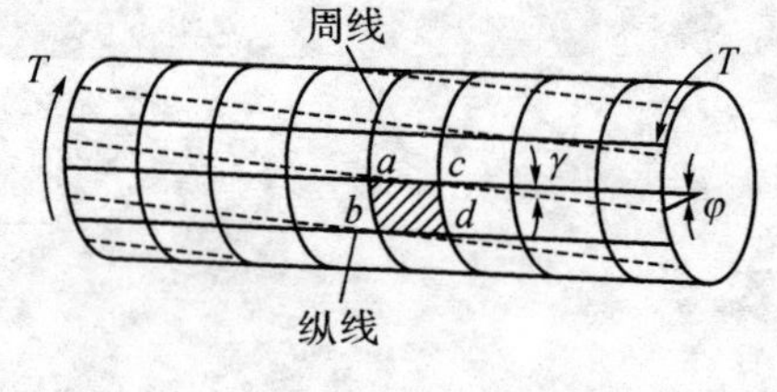

图 7-1

1. 几何方面

取一圆杆，在表面上画一系列的圆周线和垂直于圆周线的纵线，它们组成许多矩形网格如图 7-1 所示。然后在其两端施加一对大小相等、转向相反的力偶矩 T，使其发生扭转。当变形很小时，可以观察到：

(1) 变形后所有圆周线的大小、形状和间距均未改变，只是绕杆的轴线作相对的转动。

(2) 所有的纵线都转过了同一角度 γ，因而所有的矩形网格都变成了平行四边形。

根据以上的表面现象去推测杆内部的

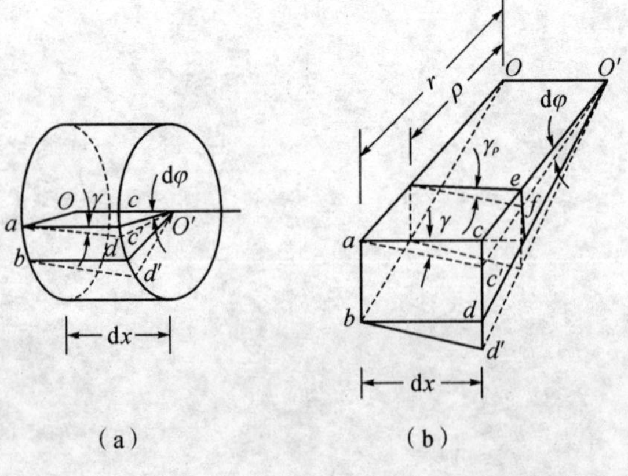

图 7-2

变形，可作出如下假设：变形前为平面的横截面，变形后仍为平面，并如同刚片一样绕杆轴旋转。这样，横截面上任一半径始终保持为直线。这一假设称为平截面假设或平面假设。

在上述假设的基础上，再研究微体的变形。从如图 7-1 所示的杆中，截取长为 $\mathrm{d}x$ 的一段轴，其扭转后的相对变形情况如图 7-2(a) 所示。为了更清楚地表示杆的变形，再从微段中截取一楔形微体 $OO'abcd$，如图 7-2(b) 所示。其中实线和虚线分别表示变形前后的形状。由图可见，在圆杆表面上的矩形 $abcd$ 变为平行四边形 $abc'd'$，边长不变，但直角改变了一个 γ 角，γ 即为切应变。在圆杆内部，距圆心为 ρ 处的矩形也变为平行四边形，其切应变为 γ_ρ。设 $\mathrm{d}x$ 段左、右两截面的相对扭转角用半径 $O'c$ 转到 $O'c'$ 的角度 $\mathrm{d}\varphi$ 表示，则由几何关系可以得到

$$\gamma_\rho \approx \tan\gamma_\rho = \frac{\overline{ef}}{\mathrm{d}x} = \frac{\rho\mathrm{d}\varphi}{\mathrm{d}x}$$

或

$$\gamma_\rho = \frac{\rho\mathrm{d}\varphi}{\mathrm{d}x} = \rho\theta \tag{a}$$

式中，$\theta = \dfrac{\mathrm{d}\varphi}{\mathrm{d}x}$ 为单位长度杆的相对扭转角。对于同一横截面，θ 为一常量，故由(a) 式可见，切应变 γ_ρ 与 ρ 成正比。

2. 物理方面

切应变是由于矩形的两侧相对错动而引起的，发生在垂直于半径的平面内，所以与它对应的切应力的方向也垂直于半径。由试验可知(见本章第 2 节)，当杆只产生弹性变形时，切应力和切应变之间存在着如下关系

$$\tau = G\gamma \tag{7-1}$$

这一关系称为剪切虎克定律。式中，G 为切变模量，量纲与 E 相同，常用单位为 MPa 或 GPa。G 值的大小因材料而异，可由试验测定。

由式(a) 和式(7-1) 可得横截面上任一点处的切应力为

$$\tau_\rho = G\gamma_\rho = G\rho\frac{\mathrm{d}\varphi}{\mathrm{d}x} \tag{b}$$

由此可知，横截面上各点处的切应力与 ρ 成正比，ρ 相同的圆周上各点处的切应力相同，切应力的方向垂直于半径。图 7-3 示出了实心圆杆横截面上的切应力分布规律，在圆杆周边上各点处的切应力具有相同的最大值，在圆心处 $\tau = 0$。

式(b) 虽确定了切应力的分布规律，但$\dfrac{\mathrm{d}\varphi}{\mathrm{d}x}$还不知道，故无法计算切应力。因此，还需利用静力学方法求解。

3. 静力学方面

如图 7-4 所示横截面上的扭矩 M_x 是由无数个微面积 $\mathrm{d}A$ 上的微内力 $\tau\mathrm{d}A$ 对圆心 O 点的力矩合成得到的，即

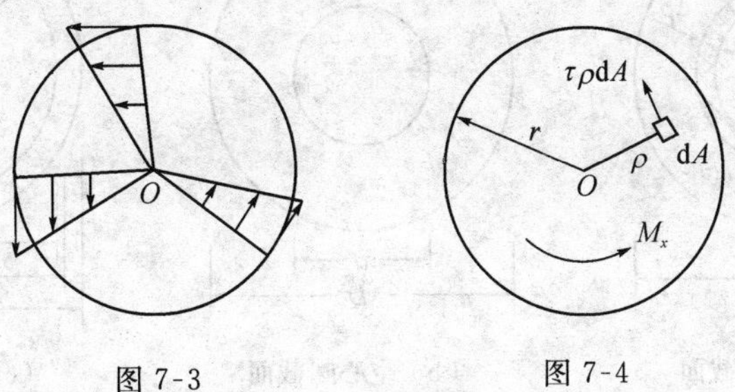

图 7-3　　图 7-4

$$M_x = \int_A \rho \tau_\rho \mathrm{d}A \tag{c}$$

式中，A 为横截面面积。将式(b) 代入式(c)，得

$$M_x = \int_A G\rho^2 \frac{\mathrm{d}\varphi}{\mathrm{d}x}\mathrm{d}A = G\frac{\mathrm{d}\varphi}{\mathrm{d}x}\int_A \rho^2 \mathrm{d}A \tag{d}$$

式中，$\int_A \rho^2 \mathrm{d}A$ 只与横截面尺寸有关，用 I_P 表示，称为截面的极惯性矩，即

$$I_P = \int_A \rho^2 \mathrm{d}A \tag{7-2}$$

I_P 的量纲为 L^4，常用单位为 mm^4 或 m^4。于是式(d) 可改写成

$$\frac{\mathrm{d}\varphi}{\mathrm{d}x} = \frac{M_x}{GI_P} \tag{7-3}$$

将(7－3) 式代入式(b)，得到圆杆横截面上任一点处的切应力公式

$$\tau_\rho = \frac{M_x \rho}{I_P} \tag{7-4}$$

横截面上的最大切应力发生在 $\rho = r$ 处，其值为

$$\tau_{\max} = \frac{M_x r}{I_P}$$

令

$$W_P = \frac{I_P}{r} \tag{7-5}$$

则

$$\tau_{\max} = \frac{M_x}{W_P} \tag{7-6}$$

式中，W_P 称为扭转截面系数，它也只与横截面尺寸有关。W_P 的量纲为 L^3，常用单位为 mm^3 或 m^3。

二、极惯性矩和扭转截面系数的计算

1. 实心圆截面

如图 7-5(a) 所示为一直径为 d 的实心圆截面。取微面积 $\mathrm{d}A = 2\pi\rho\mathrm{d}\rho$，则由式(7-2) 及式(7-5) 得

$$I_P = \int_A \rho^2 \mathrm{d}A = \int_0^{d/2} 2\pi\rho^3 \mathrm{d}\rho = \frac{\pi d^4}{32} \tag{7-7}$$

$$W_P = \frac{I_P}{r} = \frac{\pi d^4}{32} \cdot \frac{2}{d} = \frac{\pi d^3}{16} \tag{7-8}$$

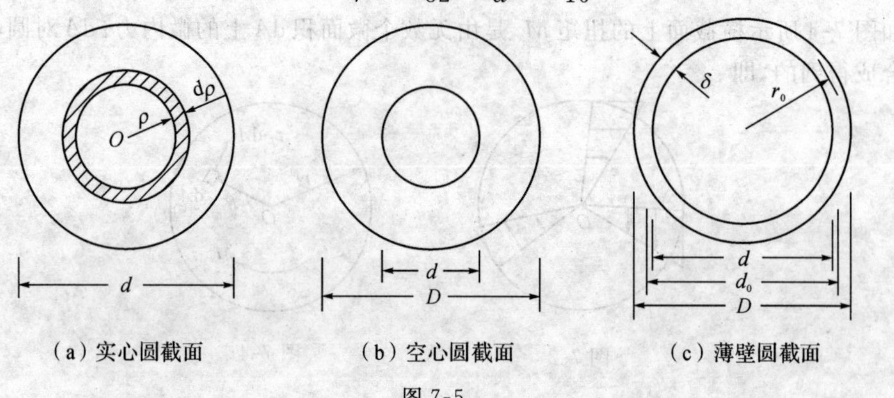

(a) 实心圆截面　　(b) 空心圆截面　　(c) 薄壁圆截面

图 7-5

2. 空心圆截面

如图 7-5(b) 所示为一空心圆截面，内径为 d，外径为 D。设 $\alpha = d/D$，则

$$I_P = \int_A \rho^2 \mathrm{d}A = \int_{d/2}^{D/2} 2\pi\rho^3 \mathrm{d}\rho = \frac{\pi D^4}{32}(1-\alpha^4) \tag{7-9}$$

$$W_P = \frac{I_P}{r} = \frac{\pi D^4}{32}(1-\alpha^4) \cdot \frac{2}{D} = \frac{\pi D^3}{16}(1-\alpha^4) \tag{7-10}$$

3. 薄壁圆环截面

如图 7-5(c) 所示为一薄壁圆环截面，内、外径分别为 d 及 D。设其平均直径为 d_0，平均半径为 r_0，壁厚为 δ。将 $D = 2r_0 + \delta, d = 2r_0 - \delta$ 分别代入式(7-9) 和式(7-10)，略去壁厚 δ 的二次方项后，得到

$$I_P \approx 2\pi\, r_0^3 \delta \tag{7-11}$$

$$W_P \approx 2\pi\, r_0^2 \delta \tag{7-12}$$

【例 7-1】　一直径为 50mm 的传动轴如图 7-6(a) 所示。电动机通过 A 轮输入 100kW 的功率，由 B,C 和 D 轮分别输出 45kW、25kW 和 30kW 以带动其他部件。要求：(1) 画轴的扭矩图；(2) 求轴的最大切应力。

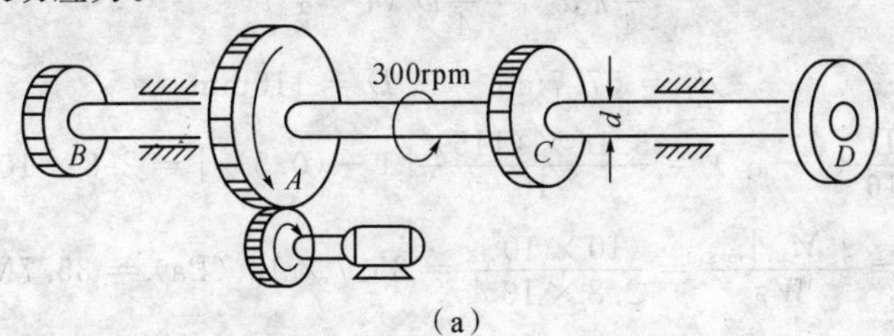

(a)

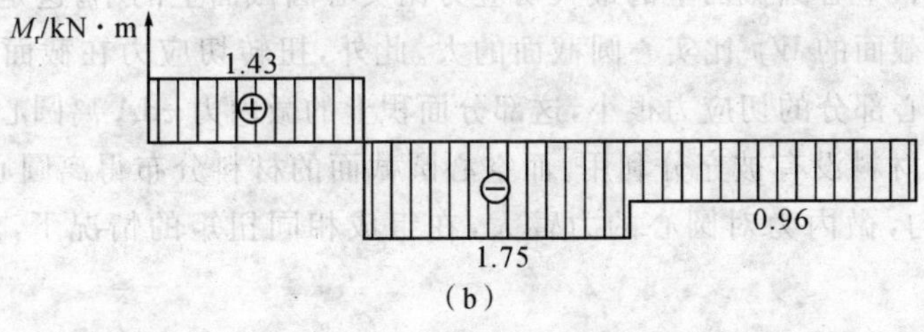

(b)

图 7-6

解　(1) 作用在轮上的力偶矩可由式(5-1) 计算得到，分别为

$$T_A = 9.55 \times \frac{100}{300} = 3.18(\text{kN}\cdot\text{m}) \qquad T_B = 9.55 \times \frac{45}{300} = 1.43(\text{kN}\cdot\text{m})$$

$$T_C = 9.55 \times \frac{25}{300} = 0.80(\text{kN}\cdot\text{m}) \qquad T_D = 9.55 \times \frac{30}{300} = 0.96(\text{kN}\cdot\text{m})$$

扭矩图如图 7-6(b) 所示。

(2) 由扭矩图可知，最大扭矩发生在 AC 段内，$|M_x|_{\max} = 1.75\text{kN}\cdot\text{m}$。因为传动轴为等截面，故最大切应力发生在 AC 段内各横截面周边上各点处，其值由式(7-8) 和式(7-6) 计算得到

$$W_P = \frac{\pi d^3}{16} = \frac{3.14 \times (50)^3 \times 10^{-9}}{16} = 24.5 \times 10^{-6}(\text{m}^3)$$

$$\tau_{\max} = \frac{|M_x|_{\max}}{W_P} = \frac{1.75 \times 10^3}{24.5 \times 10^{-6}} = 71.4 \times 10^6 (\text{Pa}) = 71.4\text{MPa}$$

【例 7-2】 直径 $d = 100\text{mm}$ 的实心圆轴，两端受力偶矩 $T = 10\text{kN} \cdot \text{m}$ 作用而扭转，求横截面上的最大切应力。若改用内、外直径比值为 0.5 的空心圆轴，且横截面面积和以上实心轴横截面面积相等，问最大切应力是多少？

解 圆轴各横截面上的扭矩均为

$$M_x = T = 10\text{kN} \cdot \text{m}$$

(1) 实心圆截面。由式(7-8) 和式(7-6)，得

$$W_P = \frac{\pi d^3}{16} = \frac{3.14 \times (100)^3 \times 10^{-9}}{16} = 1.96 \times 10^{-4} (\text{m}^3)$$

$$\tau_{\max} = \frac{|M_x|_{\max}}{W_P} = \frac{10 \times 10^3}{1.96 \times 10^{-4}} = 51.0 \times 10^6 (\text{Pa}) = 51.0\text{MPa}$$

(2) 空心圆截面。由面积相等的条件，可求得空心圆截面的内、外直径。令内直径为 d_1，外直径为 D，$\alpha = d_1/D = 0.5$，则有

$$\frac{1}{4}\pi d^2 = \frac{1}{4}D^2(1-\alpha^2)$$

由此求得 $d_1 = 57.7\text{mm}$ $D = 115\text{mm}$

$$W_P = \frac{\pi D^3}{16}(1-\alpha^4) = \frac{3.14 \times (115)^2}{16}[1-(0.5)^4] = 2.8 \times 10^{-4} (\text{m}^3)$$

$$\tau_{\max} = \frac{|M_x|_{\max}}{W_P} = \frac{10 \times 10^3}{2.8 \times 10^{-4}} = 35.7 \times 10^6 (\text{Pa}) = 35.7\text{MPa}$$

计算结果表明，空心圆截面上的最大切应力比实心圆截面上的小。这是因为在面积相同的条件下，空心圆截面的 W_P 比实心圆截面的大。此外，扭转切应力在截面上的分布规律表明，实心圆截面中心部分的切应力很小，这部分面积上的微内力 $\tau \text{d}A$ 离圆心近，力臂小，所以组成的扭矩也小，材料没有被充分利用。而空心圆截面的材料分布得离圆心较远，截面上各点的应力也较均匀，微内力对圆心的力臂大，在组成相同扭矩的情况下，最大切应力必然减小。

三、圆杆扭转时的变形

圆杆扭转时，其变形可用横截面之间的相对角位移 φ，即扭转角表示。由式(7-3)，单位长度的扭转角为

$$\frac{\text{d}\varphi}{\text{d}x} = \frac{M_x}{GI_P}$$

若杆长为 l，则两端截面的相对扭转角为

$$\varphi = \int_l \text{d}\varphi = \int_0^l \frac{M_x \text{d}x}{GI_P} \tag{7-13}$$

当杆长 l 之内的 M_x, G, I_P 为常数时，则

$$\varphi = \frac{M_x l}{GI_P} \tag{7-14}$$

上式表明，扭转角与杆的长度 l 成正比，与 GI_P 成反比。乘积 GI_P 称为圆杆的抗扭刚度，它表示圆杆抵抗扭转变形的能力。当 M_x 和 l 不变时，GI_P 越大，则扭转角越小，GI_P 越小，则

扭转角越大。扭转角的单位为弧度。

【例 7-3】 设直径分别为 $d_1 = 30\text{mm}$ 和 $d_2 = 60\text{mm}$ 的两圆轴，通过直径分别为 $D_1 = 50\text{mm}$ 和 $D_2 = 250\text{mm}$ 的齿轮啮合传动，如图 7-7 所示（未画轴承）。当 D 端施加一扭转力偶矩 $T = 0.3\text{kN}\cdot\text{m}$ 时，试求 D 端相对于 A 端的扭转角。左边的轴为钢材，$G = 8.4\times10^4\text{MPa}$，右边的轴为黄铜，$G = 3.5\times10^4\text{MPa}$。

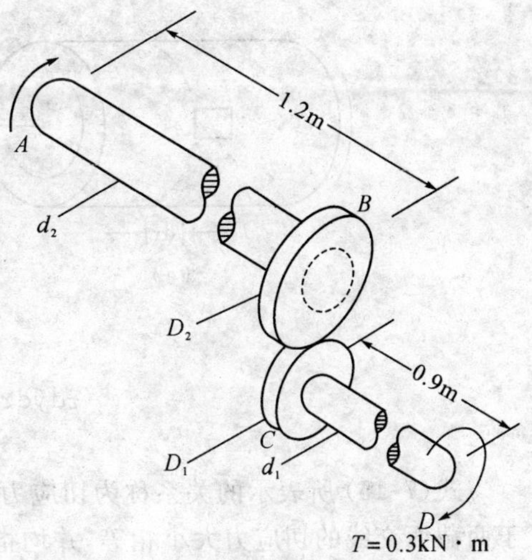

图 7-7

解　分别取左、右两轴（包括与各轴联结的齿轮）为研究对象。由平衡方程可求得 B 轮作用在 C 轮上的切向力 $F = 0.3\text{kN}\cdot\text{m}/0.025\text{m} = 12\text{kN}$，它也等于 C 轮对 B 轮的作用力。显然，

右轴的扭矩　$M_x = 0.3\text{kN}\cdot\text{m}$，

左轴的扭矩 $M_x = 12\text{kN}\times0.125\text{m} = 1.5\text{kN}\cdot\text{m}$。

为了求 D 端相对于 A 端的扭转角，可假设 A 端固定。由式(7-14)，可得 B 端相对于 A 端的扭转角为

$$\varphi_{AB} = \frac{M_x l}{GI_P} = \frac{1.5\times10^3\times1.2}{8.4\times10^4\times10^6\times\frac{\pi}{32}\times(60)^4\times14^{12}} = 0.0168(\text{rad})(\text{逆时针旋转})$$

由于 B 轮的转动，将引起右轴作刚体转动（顺时针旋转）。根据大轮 B 与小轮 C 的直径比为 $D_2 : D_1 = 5:1$，则 D 端将产生顺时针的转角 $\varphi' = 5\times0.0168\ \text{rad}$。由于右轴的扭转，$D$ 端相对于 C 端的扭转角为

$$\varphi_{DC} = \frac{M_x l}{GI_P} = \frac{0.3\times10^3\times0.9}{3.5\times10^4\times10^6\times\frac{\pi}{32}\times(30)^4\times10^{-12}} = 0.0971(\text{rad})(\text{顺时针旋转})$$

因此，D 端相对于 A 端的扭转角为

$$\varphi_{DA} = \varphi' + \varphi_{DC} = 5\times0.0168 + 0.097 = 0.181(\text{rad})$$

四、切应力互等定理　剪切虎克定律

1. 切应力互等定理

从上面的分析可知，圆杆扭转时，横截面上各点处存在切应力。下面证明，在圆杆的纵截面（径向平面）上也存在着切应力，这两个截面上的切应力有一定的关系。在如图 7-8(a) 所示圆杆表面 A 点周围，沿横截面、纵截面及垂直于径向的平面截出一无限小的长方体，称为单元体，设其边长为 dx, dy, dz，如图 7-8(b) 所示。该单元体的左、右两个面属于横截面，作用有切应力 τ；前面的一个面为外表面，其上没有应力，与它平行的平面，由于相距很近，也认为没有切应力。从平衡的观点看，如果单元体上只有左、右两个面上有切应力，则该单元体将会转动，不能平衡，所以在上、下两个纵截面上必定存在着如图 7-8(b) 所示的切应力 τ'。由于各面的面积很小，可认为切应力在各面上还均匀分布。

由平衡方程 $\sum M_{oo'} = 0$ 得到

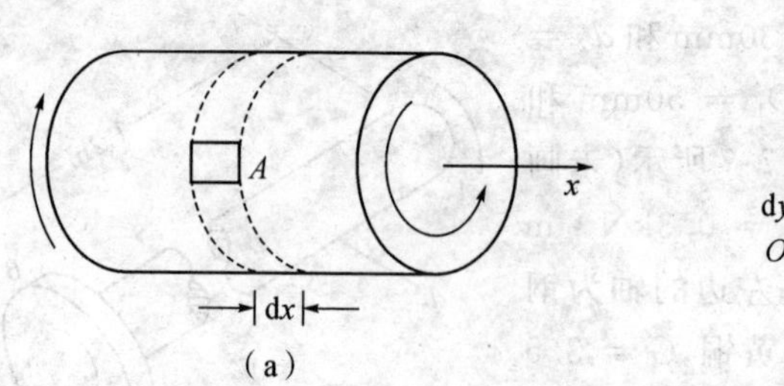

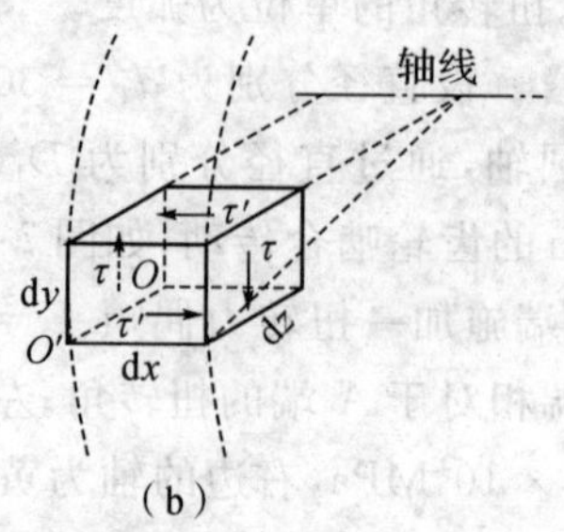

图 7-8

$$(\tau \mathrm{d}y\mathrm{d}z)\mathrm{d}x = (\tau' \mathrm{d}x\mathrm{d}z)\mathrm{d}y$$

$$\tau = \tau' \tag{7-15}$$

式(7-15)所表示的关系称为切应力互等定理。即过一点的互相垂直的两个截面上，垂直于两截面交线的切应力大小相等，并均指向或背离这一交线。

切应力互等定理在应力分析中有很重要的作用。例如，在圆杆扭转时，当已知横截面上的切应力及其分布规律后，由切应力互等定理便可知道纵截面上的切应力及其分布规律，如图7-9所示。切应力互等定理除在扭转问题中成立外，在其他的变形情况下也同样成立。但须特别指出，这一定理只适用于一点处或在一点处所取的单元体。如果边长不是无限小的长方体或一点处两个不相正交的方向上，便不能适用。切应力互等定理具有普遍性，若单元体的各面上还同时存在正应力时，也同样适用。

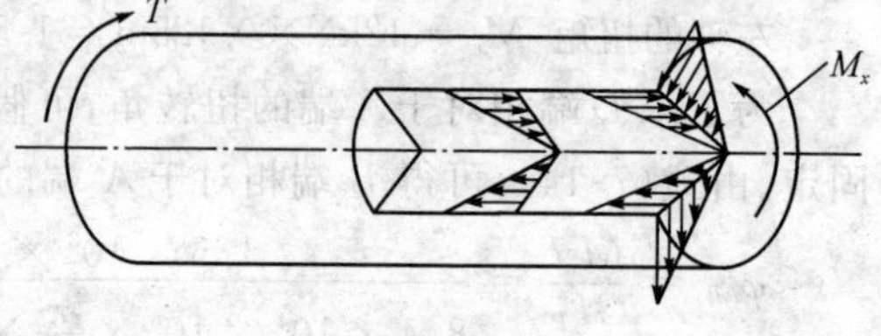

图 7-9

2. 剪切虎克定律

扭转试验在扭转试验机上进行。低碳钢扭转的 τ-γ 曲线如图 7-10 所示。由图可见，当切应力不超过 a 点的切应力时，切应力 τ 与切应变 γ 之间成线性关系，因此得到

$$\tau = G\gamma$$

这就是本章第 1 节中所提到的剪切虎克定律式(7-1)。a 点的切应力称为剪切比例极限，用 τ_p 表示。当切应力超过 τ_p 以后，材料将发生屈服，b 点的切应力称为剪切屈服极限，用 τ_s 表示。但低碳钢的扭转试验不易测得剪切屈服极限，因为在材料屈服前，圆筒壁可能会发生皱折。

铸铁的 τ-γ 曲线如图 7-11 所示。曲线上没有成直线的一段，故一般用割线代替，而认为剪切虎克定律近似成立。此外，铸铁扭转时没有屈服阶段，但可测得剪切强度极限 τ_b。

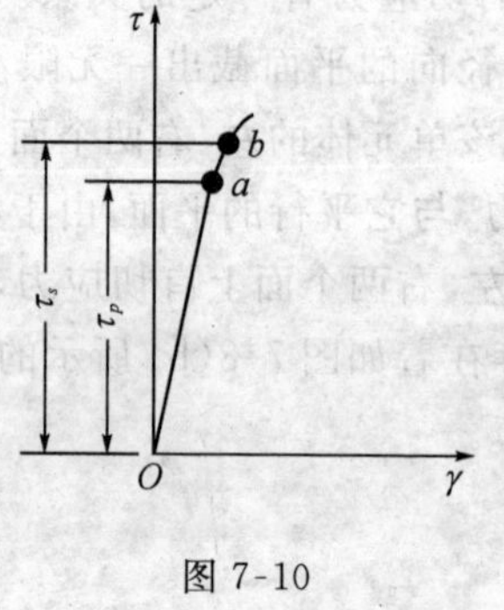

图 7-10

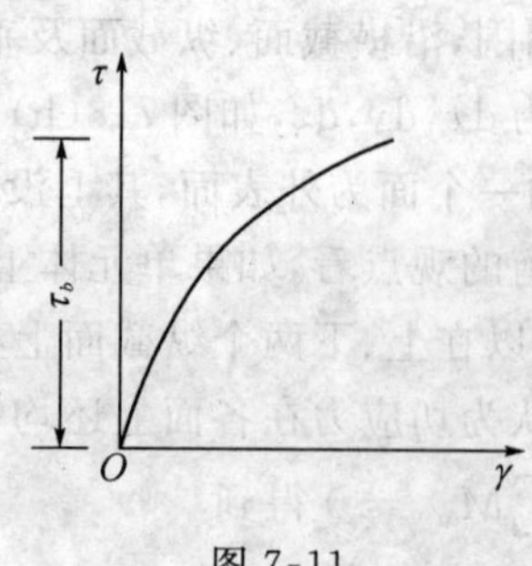

图 7-11

弹性模量 E、泊松比 ν 和切变模量 G，是材料的 3 个弹性常数，经试验验证和理论证明，它们之间存在如下关系

$$G=\frac{E}{2(1+\nu)} \tag{7-16}$$

因此这 3 个常数中，只有两个是独立的。只要知道其中两个常数，便可由式(7-16) 求得第 3 个常数。

对于绝大多数各向同性材料，泊松比 ν 一般大于 0，小于 0.5，因此，G 的值为 E 的 $\frac{1}{2}\sim\frac{1}{3}$。

7.2　圆轴扭转时的强度和刚度计算

一、圆轴扭转时的强度计算

为了保证受扭圆轴安全可靠地工作，必须使圆轴的最大工作切应力 $\tau_{\max}$ 不超过材料的扭转许用切应力$[\tau]$。因此，圆轴扭转时的强度条件为

$$\tau_{\max}\leqslant[\tau]$$

对于等直圆轴，其强度条件为

$$\tau_{\max}=\frac{M_{x\max}}{W_P}\leqslant[\tau] \tag{7-17}$$

上式中，$M_{x\max}$ 是扭矩图上绝对值最大的扭矩，最大切应力 $\tau_{\max}$ 发生在 $|M_{x\max}|$ 所在截面的圆周边上。对于阶梯形变截面圆轴，因为 W_P 不是常量，$\tau_{\max}$ 不一定发生在 $M_{x\max}$ 的截面上。这就要综合考虑扭矩 M_x 和抗扭截面模量 W_P 两者的变化情况来确定 $\tau_{\max}$。

在静荷载作用下，扭转许用切应力$[\tau]$ 与许用拉应力$[\sigma]$ 之间有如下关系：

对塑性材料，$[\tau]=(0.5-0.6)[\sigma]$；对脆性材料，$[\tau]=(0.8-1.0)[\sigma]$。

与轴向拉压相似，应用式(7-17) 可解决圆轴扭转时的 3 类强度问题：

(1) 强度校核。已知材料的许用切应力$[\tau]$、截面尺寸以及所受荷载，直接应用式(7-17) 检查构件是否满足强度要求。

(2) 选择截面。已知圆轴所受的荷载及所用材料，可按式(7-17) 计算 W_P 后，再进一步确定截面直径。此时式(7-17) 改写为

$$W_P\geqslant\frac{M_{x\max}}{[\tau]}$$

(3) 确定许可荷载。已知圆轴的材料和尺寸，按强度条件计算出构件所能承担的扭矩$[M_x]$，再根据扭矩与外力偶的关系，计算出圆轴所能承担的最大外力偶。此时，式(7-17) 改写为

$$[M_x]\leqslant[\tau]W_P$$

二、圆轴扭转时的刚度计算

对于承受扭转的圆轴，不仅要满足强度条件，还必须满足刚度条件，即要求轴的扭转变

形不能超过一定的限度。通常规定单位长度扭转角的最大值不应超过规定的允许值$[\theta]$。即圆轴扭转时的刚度条件为

$$\theta_{\max} = \frac{M_{x\max}}{GI_P} \leqslant [\theta] \tag{7-18}$$

式中，$[\theta]$ 称为许用单位长度扭转角，其单位为 rad/m。工程中，许用单位长度扭转角$[\theta]$的单位常用 °/m。故式(7-18) 可改写为

$$\theta_{\max} = \frac{M_{x\max}}{GI_P} \times \frac{180}{\pi} \leqslant [\theta] \tag{7-19}$$

【例 7-4】 一电机传动钢轴，直径 $d = 40\text{mm}$，轴传递的功率为 30kW，转速 $n = 1400\text{r/min}$。轴的许用切应力$[\tau] = 40\text{MPa}$，剪切弹性模量 $G = 8 \times 10^4\text{MPa}$，轴的许用扭转角$[\theta] = 2°/\text{m}$，试校核此轴的强度和刚度。

解 (1) 计算外力偶矩和扭矩。

$$T = 9.55\frac{P}{n} = 9.55 \times \frac{30}{1400} = 0.204(\text{kN} \cdot \text{m})$$

由截面法求得轴横截面上的扭矩为

$$M_x = T = 0.204\text{kN} \cdot \text{m}$$

(2) 强度校核。

$$I_P = \frac{\pi D^4}{32} = \frac{\pi}{32} \times 40^4 = 2.51 \times 10^5(\text{mm}^4) = 2.51 \times 10^{-7}\text{m}^4$$

$$W_P = \frac{\pi D^3}{16} = \frac{\pi}{16} \times 40^3 = 1.255 \times 10^4(\text{mm}^4) = 1.255 \times 10^{-5}\text{m}^3$$

$$\tau_{\max} = \frac{M_x}{W_P} = \frac{0.204 \times 10^3}{1.255 \times 10^{-5}} = 16.3 \times 10^6(\text{Pa}) = 16.3\text{MPa} \leqslant [\tau] = 40\text{MPa}$$

所以强度条件满足。

(3) 刚度校核。

$$\theta_{\max} = \frac{M_x}{GI_P} \times \frac{180}{\pi} = \frac{0.204 \times 10^3}{8 \times 10^{10} \times 2.51 \times 10^{-7}} \times \frac{180}{\pi} = 0.58(°/\text{m}) \leqslant [\theta] = 2°/\text{m}$$

所以刚度条件满足。

【例 7-5】 如图 7-12 所示某汽车传动轴简图，轴为无缝钢管，其外径 $D = 90\text{mm}$，内径 $d = 85\text{mm}$。许用切应力$[\tau] = 60\text{MPa}$，剪切弹性模量 $G = 8 \times 10^4\text{MPa}$，许用扭转角$[\theta] = 2°/\text{m}$。求：(1) 轴能承受的最大扭矩；(2) 在最大扭矩作用下，传动轴内外壁的切应力，并画出横截面的应力分布图。

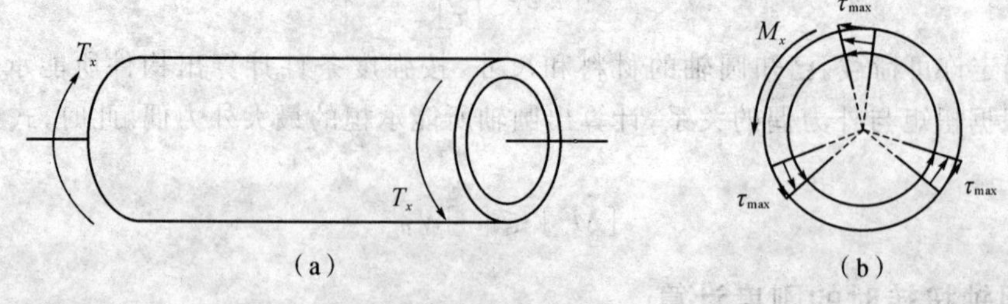

图 7-12

解 (1) 确定最大扭矩。按强度条件计算。

$$\alpha = \frac{d}{D} = \frac{85}{90} = 0.944$$

$$W_P = \frac{\pi D^3}{16}(1-\alpha^4) = \frac{3.14\times(90)^2}{16}[1-(0.944)^4] = 29400(\text{mm}^3)$$

$$M_{x\max} \leqslant [\tau]W_P = 60\times10^6\times29400\times10^{-9} = 1760(\text{N}\cdot\text{m})$$

按刚度条件校核

$$\theta_{\max} = \frac{M_x}{GI_P}\times\frac{180}{\pi} = \frac{1760}{8\times10^{10}\times29400\times90/2}\times\frac{180}{\pi} = 0.953(^\circ/\text{m}) \leqslant [\theta]$$

刚度条件满足要求，所以，轴能承受的最大扭矩为 1.76kN · m。

(2) 求 $\tau_{外}$ 和 $\tau_{内}$。

$$I_P = \frac{\pi D4}{32}(1-\alpha^4) = \frac{3.14\times(90)^4}{32}[1-(0.944)^4] = 1.32\times10^6(\text{mm}^4)$$

在最大扭矩作用下

$$\tau_{外} = \tau_{\max} = [\tau] = 60\text{MPa}$$

$$\tau_{内} = \tau_{\min} = \frac{M_{x\max}\rho}{I_P} = \frac{1760\times85\times10^{-3}}{1.32\times10^{-6}\times2} = 56.7\times10^6(\text{Pa}) = 56.7\text{MPa}$$

横截面切应力的分布，如图 7-12(b) 所示。

【例 7-6】 如果把例 7-5 的轴改为实心圆轴，求在最大扭矩相同情况下的实心圆轴直径，并比较空心轴与实心轴的重量。

解　设与空心轴承受的最大扭矩相同情况下的实心轴的直径为 d_1，该实心轴的许用切应力$[\tau]=60\text{MPa}$，在两轴长度相等、材料相同的情况下，空、实心轴重量之比即横截面面积之比。

(1) 按强度条件确定实心圆轴直径。

$$\tau_{\max} = \frac{M_x}{W_P} = \frac{1760}{\frac{\pi}{16}d^3} = 60\times10^6(\text{Pa})$$

$$d_1 = \sqrt[3]{\frac{16\times1760}{\pi\times60\times10^6}} = 0.0531(\text{m}) = 53.1\text{mm}$$

(2) 比较空、实心轴重量。

$$\frac{A_{空}}{A_{实}} = \frac{\frac{\pi}{4}(D^2-d^2)}{\frac{\pi}{4}d_1^2} = \frac{90^2-85^2}{53.1^2} = 0.31$$

由此可见，在荷载相同的条件下，空心轴的重量仅为实心轴的 31%，其减轻自重节省材料是非常明显的。这是因为横截面上的切应力沿半径按直线规律分布，轴心部分的切应力很小，材料未能充分发挥作用。若把轴心附近的材料向边缘移动，使其成为空心圆轴，就能增大 I_P 和 W_P，从而提高轴的强度。

7.3　矩形截面等直杆在自由扭转时的应力与变形*

平面假设是分析等截面圆杆扭转变形时横截面上应力的主要依据，但对于非圆截面杆受扭时，其横截面将由平面变为曲面，产生所谓翘曲现象，如图 7-13 所示，平面假设已不成立。因此，圆轴扭转时的应力变形公式对非圆截面杆均不适用。

非圆截面杆的扭转可分为自由扭转和约束扭转两类。自由扭转是指杆件横截面的翘曲不受任何约束，此时各横截面的翘曲程度相同，横截面上只有切应力没有正应力。约束扭转是因约束条件或受力条件的制约使杆各横截面的翘曲程度不同，此时两横截面间的纵向纤维长度有改变，横截面上既有切应力又有正应力。

在非圆截面杆扭转中，最常见的是矩形截面杆，如雨篷梁、曲轴上的曲柄、方形截面传动轴等。本节简单介绍矩形截面杆的自由扭转。

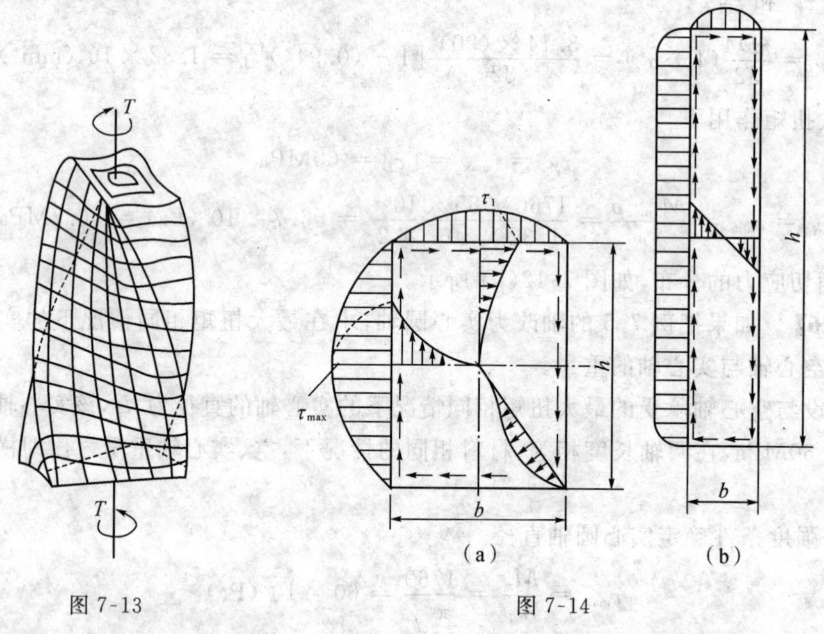

图 7-13　　图 7-14

由弹性力学知：发生自由扭转的矩形杆横截面上切应力分布规律如图 7-14(a) 所示，从图中可知：

(1) 矩形截面杆在自由扭转时横截面上仍然只有切应力。

(2) 切应力的方向与横截面上扭矩的方向一致；最大切应力 τ_{max} 发生在长边的中点处；短边中点处有较大的切应力 τ_1；形心及角点处切应力为零；周边上各点处的切应力只可能与周边平行。

(3) 进一步的研究表明，长边中点处的切应力最大值为

$$\tau_{max}=\frac{M_x}{\alpha hb^2} \tag{7-20}$$

短边中点处的切应力为

$$\tau_1=\gamma\tau_{max} \tag{7-21}$$

单位长度扭转角为

$$\theta=\frac{M_x}{G\beta b^3 h} \tag{7-22}$$

式中，h 为截面长边长度，b 为截面短边长度。α、β、γ 均为与比值 h/b 有关的系数，见表 7-1。

表 7-1　α、β、γ 值

h/b	1.0	1.5	2.0	2.5	3.0	4.0	6.0	8.0	10.0	∞
α	0.208	0.231	0.246	0.258	0.267	0.282	0.299	0.307	0.313	0.333
β	0.141	0.196	0.229	0.249	0.263	0.281	0.299	0.307	0.313	0.333
γ	1.000	0.859	0.795	0.766	0.753	0.745	0.743	0.742	0.742	0.742

由表 7-1 知，当 $h/b > 10$ 即狭长矩形时，$\alpha = \beta \approx \frac{1}{3}$，$\gamma = 0.742$。

狭长矩形截面扭转杆切应力变化规律如图 7-14(b) 所示。虽然最大切应力 $\tau_{\max}$ 在长边的中点，但沿长边各点切应力实际变化不大，接近相等。在靠近短边处才迅速减小为零。

【例 7-7】　一矩形截面等直钢杆，其横截面尺寸 $h = 100\text{mm}$，$b = 60\text{mm}$，在杆两端作用一对矩为 T 的扭转力偶。已知：$T = 4\text{kN}\cdot\text{m}$，钢的容许切应力 $[\tau] = 100\text{MPa}$，剪切弹性模量 $G = 8\times10^4\text{MPa}$，单位长度杆的容许扭转角 $[\theta] = 1°/\text{m}$，试校核此杆的强度和刚度。

解　由截面法求得

$$M_x = T = 4\times10^3\,\text{N}\cdot\text{m} \qquad h/b = 100/60 = 1.67$$

查表 7-1 知　　$\alpha = 0.236$　　　　$\beta = 0.207$

由式(7-20)

$$\tau_{\max} = \frac{M_x}{\alpha h b^2} = \frac{4\times10^3}{0.236\times0.1\times(60\times10^{-3})^2} = 47.08\times10^6\,\text{Pa} = 47.08\text{MPa} < [\tau]$$

由式(7-22)

$$\theta = \frac{M_x}{G\beta b^3 h} = \frac{4\times10^3}{8\times10^{10}\times0.207\times(60\times10^{-3})^3\times0.1} = 0.641(°/\text{m}) < [\theta]$$

以上结果表明，此杆满足强度条件和刚度条件的要求。

思考题

7-1　若直径和长度相同，而材料不同的两根轴，在相同的扭矩作用下，它们的最大切应力是否相同？扭转角是否相同？

7-2　横截面积相同的空心圆轴与实心圆轴，哪一个的强度、刚度较好？工程中为什么使用实心轴较多？

7-3　试分析如图所示扭转切应力分布是否正确？为什么？

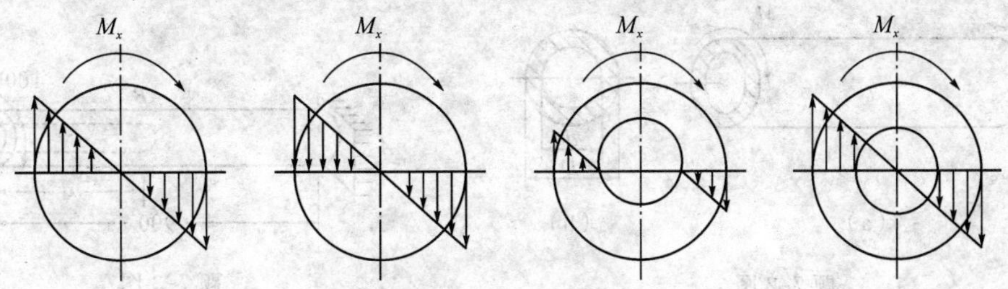

思 7-3 图

7-4　阶梯轴的最大扭转切应力是否一定发生在最大扭矩所在的截面上，为什么？

7-5　空心圆杆截面如图所示，其极惯性矩及抗扭截面模量是否按下式计算？为什么？

$$I_P = \frac{\pi D^4}{32} - \frac{\pi d^4}{32} \qquad W_P = \frac{\pi D^3}{16} - \frac{\pi d^3}{16}$$

7-6　图示传动轴的主动轮 A 输入功率 $P_A = 8\text{kW}$，从动轮 B、C、D 输出功率分别为 $P_B = 2\text{kW}$、$P_C = P_D = 3\text{kW}$。试问这种布置是否合理？如果不合理，应如何布置？

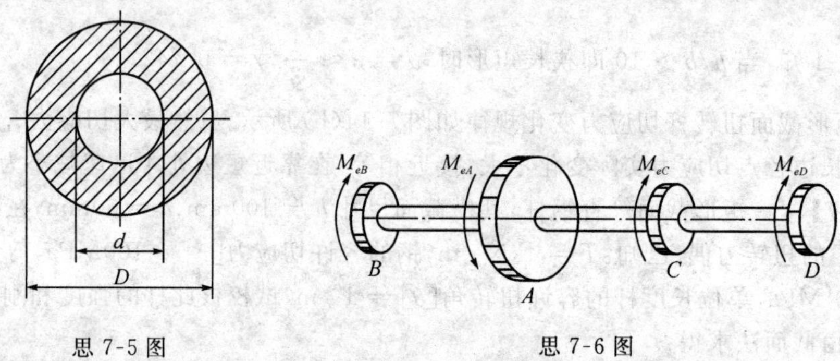

思 7-5 图　　　　思 7-6 图

习　题

7-1　如图所示，一直径 $d = 60\text{mm}$ 的圆杆，其两端受外力偶矩 $T = 2\text{kN} \cdot \text{m}$ 的作用而发生扭转。试求横截面上 l,2,3 点处的切应力和最大切应变，并在此 3 点处画出切应力的方向。设 $G = 80\text{GPa}$。

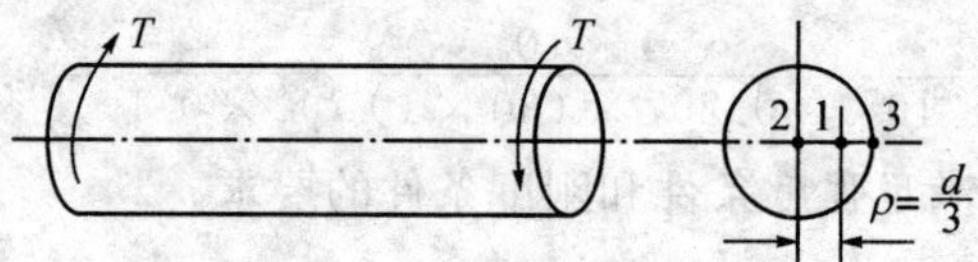

题 7-1 图

7-2　如图所示，空心圆轴外径 $D = 80\text{mm}$，内径 $d = 62\text{mm}$，两端承受扭矩 $M_x = 1\,\text{kN} \cdot \text{m}$ 的作用，试求：(1) 最大切应力和最小切应力；(2) 在如图(b)所示上绘横截面上切应力的分布图。

7-3　一圆轴 AC 如图所示。AB 段为实心，直径为 50mm；BC 段为空心，外径为 50mm，内径为 35mm。要使杆的总扭转角为 0.12°，试确定 BC 段的长度 a。设 $G = 80\text{GPa}$。

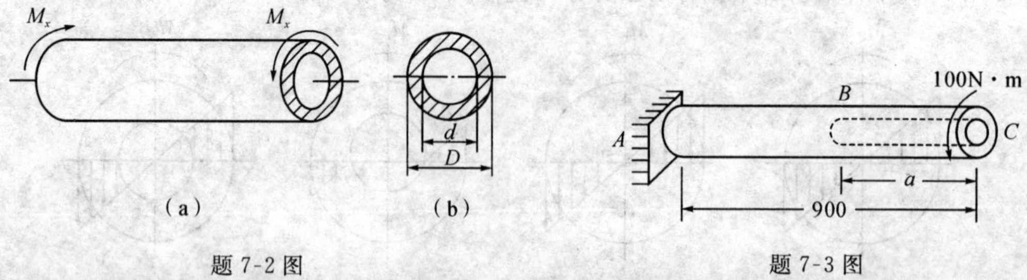

题 7-2 图　　　　题 7-3 图

7-4　一钢轴长 $l = 1\text{m}$，承受扭矩 $T = 18\text{kN} \cdot \text{m}$ 的作用，材料的容许切应力 $[\tau] = 40\text{MPa}$，试按强度条件确定圆轴的直径 d。

7-5　为了使实心圆轴的重量减轻 20%，用外径为内径两倍的空心圆轴代替。如实心圆轴内最大切应力等于 60MPa，则在空心圆轴内最大切应力等于多少？

7-6　有一受扭钢轴，已知其横截面直径 $d = 25\text{mm}$，剪切弹性模量 $G = 79\text{GPa}$，当扭转角为 6° 时的最大切应力为 95MPa，试求此轴的长度。

7-7　如图所示，传动轴的转速为 $n = 500\text{r/min}$，主动轮输入功率 $P_1 = 367.5\text{kW}$，从动轮 2、3 分别输出功率 $P_2 = 147\text{kW}$，$P_3 = 220.5\text{kW}$。已知 $[\tau] = 70\text{MPa}$，$[\theta] = 1\ ^\circ/\text{m}$，$G = 8 \times 10^4 \text{MPa}$。

(1) 确定 AB 段的直径 d_1 和 BC 段的直径 d_2。

(2) 若 AB 和 BC 两段选用同一直径，试确定直径 d。

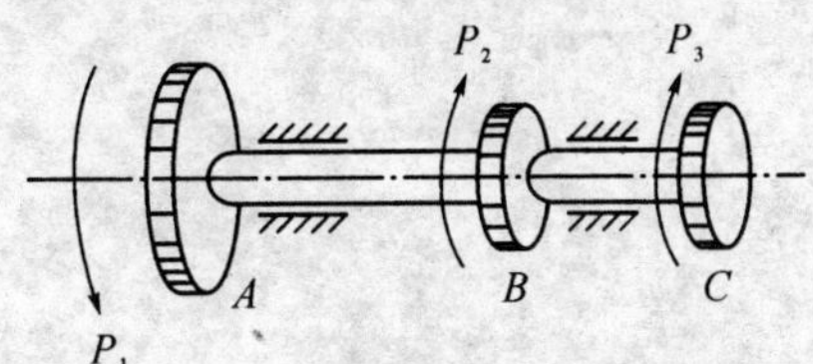

题 7-7 图

习题参考答案

7-1　$\tau_1 = 31.4\text{MPa}, \tau_2 = 0, \tau_3 = 47.2\text{MPa}, \gamma = 0.59 \times 10^{-3}$

7-2　$\tau_{\max} = 15.6\text{MPa}, \tau_{\min} = 12.1\text{MPa}$；

7-3　$a = 402\text{mm}$；

7-4　$d = 131.9\text{mm}$；

7-5　$\tau_{\max} = 56.9\text{MPa}$；

7-6　$l = 1088\text{mm}$

7-7　(1)$d_1 = 85\text{mm}, d_2 = 75\text{mm}$；(2)$d = 85\text{mm}$

第 8 章 梁的强度和刚度计算

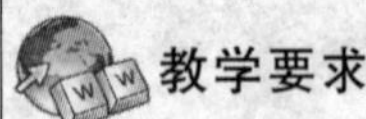

教学要求

通过本章学习，要求熟练掌握梁横截面上正应力的分布规律及其计算，弯曲强度计算的方法以及强度条件的应用；切应力的分布规律及其计算，切应力强度条件；梁的挠度、转角概念及梁的挠曲近似微分方程，熟悉简单荷载作用下，用叠加法计算弯曲变形。了解梁的合理截面形式，梁的主应力和主应力迹线；应力状态概念掌握应力状态的概念，平面应力状态的分析方法 —— 解析法和强度理论的基本概念和主要结论；用积分法计算弯曲变形和梁的刚度计算。

本章重点是梁横截面上的应力和强度计算。难点是梁的合理截面设计；点的应力状态的概念。

前面讨论了梁的内力，本章主要解决梁在外力作用下横截面上的应力和强度问题。工程上常见的等直梁的破坏往往发生在最大弯矩或最大剪力作用的截面。例如，钢筋混凝土梁，当外力过大时，在最大弯矩作用截面的下边缘处首先出现裂缝(图 8-1)，然后裂缝逐渐向上扩展而导致梁的破坏。通过本章学习，我们将会知道，其破坏原因是由于弯矩引起弯曲变形，使梁下部伸长而受拉伸，由于拉应力 σ 超过材料的极限拉应力而引起裂缝的发生，最后导致梁的破坏。

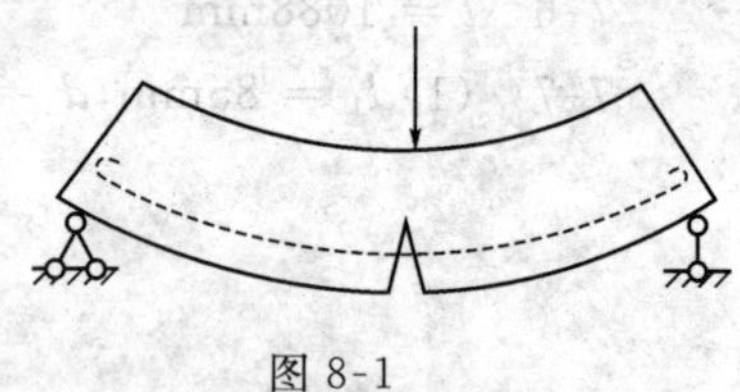

图 8-1

图 8-2 所示木梁，跨度较小且外力作用点靠近支座，当外力较大时，梁的端部截面处出现水平裂缝，裂缝两边发生相对错动，而导致梁的破坏，这种破坏发生在最大剪力作用截面的中性层上。通过本章学习，我们将会知道其破坏原因是由于最大切应力超过材料的顺纹极限切应力而引起的。

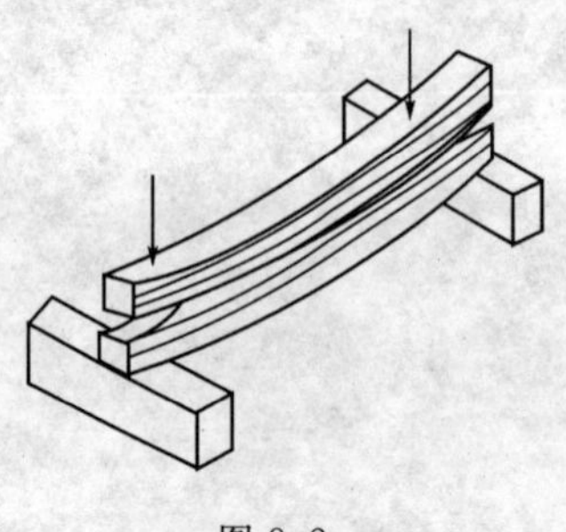

图 8-2

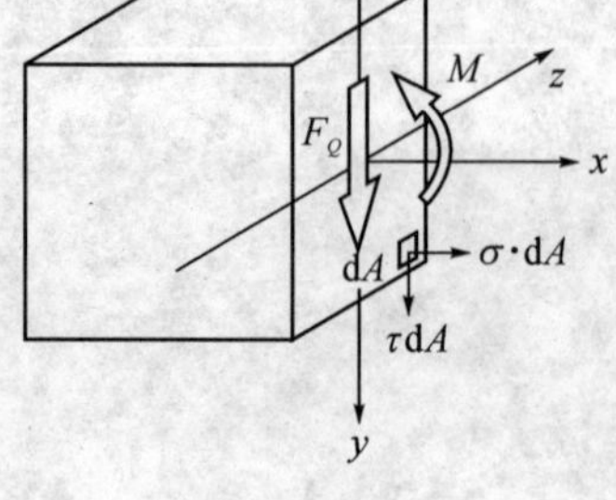

图 8-3

一般情况下，梁的横截面上既有剪力 F_Q 又有弯矩 M。由图 8-3 可知，梁横截面上的剪力 F_Q 应由截面上的微内力 τdA 组成；而弯矩 M 应由微内力 σdA 对 z 轴之矩组成。因此，当梁的横截面上同时有弯矩和剪力时，横截面上各点也就同时有正应力 σ 和切应力 τ。本章主要研究等直梁在平面弯曲时，其横截面上这两种应力的分布规律、计算公式及相应的强度计算和刚度计算。

8.1　梁横截面上的正应力

平面弯曲时，如果某段梁各横截面上只有弯矩而没有剪力，这种平面弯曲称为纯弯曲。如果某段梁各横截面不仅有弯矩而且有剪力，此段梁在发生弯曲变形的同时，还伴有剪切变形，这种平面弯曲称为横力弯曲或剪切弯曲。下面以矩形截面梁为例，研究纯弯曲梁横截面上的正应力。

一、试验观察与分析

与圆轴扭转一样，梁纯弯曲时其正应力在横截面上的分布规律不能直接观察到，需要先研究梁的变形情况。通过对变形的观察、分析，找出变形分布规律，在此基础上进一步找出应力的分布规律。

矩形截面模型梁如图 8-4(a) 所示，试验前在其表面画一些与梁轴平行的纵线和与纵线垂直的横线。然后，在梁的两端施加一对力偶，梁将发生纯弯曲变形，如图 8-4(b) 所示。这时将观察到如下的一些现象：

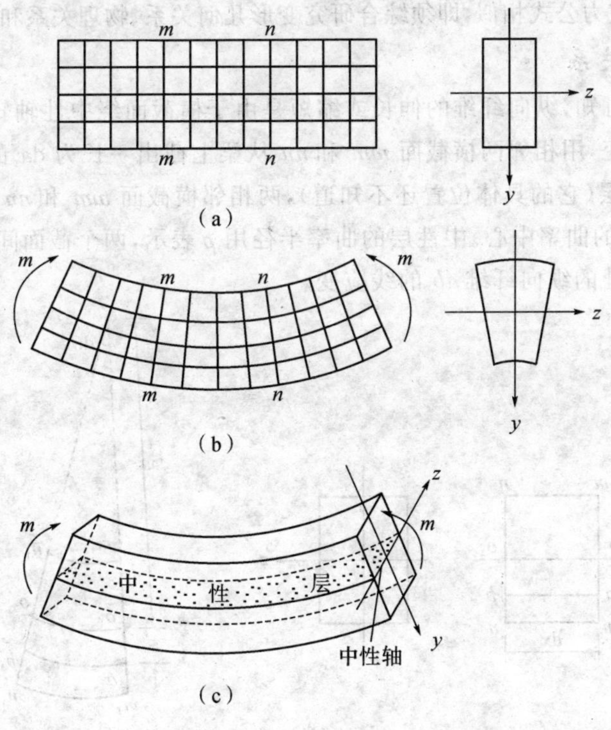

图 8-4

(1) 所有纵线都弯成曲线，靠近底面（凸边）的纵线伸长了，而靠近顶面（凹边）的纵线缩短了。

(2) 所有横线仍保持为直线，只是相互倾斜了一个角度，但仍与弯曲的纵线垂直。

(3) 矩形截面的上部变宽，下部变窄。

根据上面所观察到的现象，推测梁的内部变形，可作出如下的假设和推断：

(1) 平面假设。在纯弯曲时，梁的横截面在梁弯曲后仍保持为平面，且仍垂直于弯曲后的梁轴线。

(2) 单向受力假设。将梁看成由无数根纵向纤维组成，各纤维只受到轴向拉伸或压缩，不存在相互挤压。

由平面假设可知，梁变形后各横截面仍保持与纵线正交，所以切应变为零。由应力与应变的相应关系知，纯弯曲梁横截面上无切应力存在。

上部的纵线缩短，截面变宽，表示上部各根纤维受压缩；下部的纵线伸长，截面变窄，表示下部各根纤维受拉伸。从上部各层纤维缩短到下部各层纤维伸长的连续变化中，中间必有一层长度不变的过渡层称为中性层。中性层与横截面的交线称为中性轴，如图 8-4(c) 所示。中性轴将横截面分为受压和受拉两个区域。

二、正应力计算公式

公式的推导思路是：先找出线应变 ε 的变化规律，然后通过虎克定律建立起正应力与线应变关系，再由静力平衡条件把正应力与弯矩联系起来，从而导出正应力的计算公式。其过程与推导圆轴扭转的切应力公式相似，即须综合研究变形几何关系、物理关系和静力平衡关系。

1. 变形几何关系

根据平面假设可知，纵向纤维的伸长或缩短是由于横截面绕中性轴转动的结果。为求任意一根纤维的线应变，用相邻两横截面 mm 和 nn 从梁上截出一长为 $\mathrm{d}x$ 的微段，如图 8-5 所示。设 O_1O_2 为中性层（它的具体位置还不知道），两相邻横截面 mm 和 nn 转动后延长相交于 O 点，O 点为中性层的曲率中心。中性层的曲率半径用 ρ 表示，两个截面间的夹角以 $\mathrm{d}\theta$ 表示。现求距中性层为 y 处的纵向纤维 ab 的线应变。

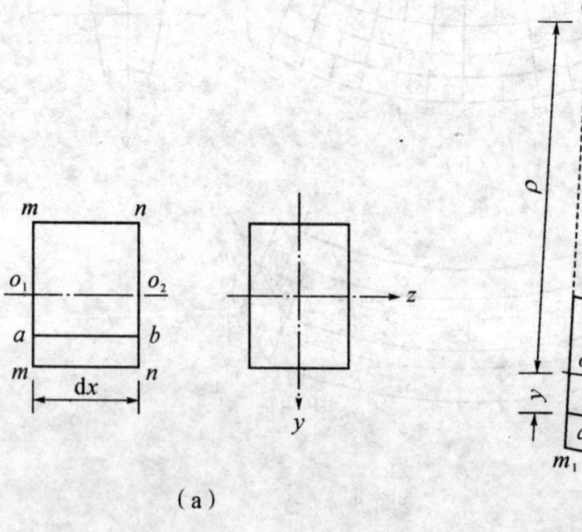

图 8-5

纤维 ab 的原长$\overline{ab}=\mathrm{d}x=O_1O_2=\rho\mathrm{d}\theta$，变形后的长度为$\widehat{a_1b_1}=(\rho+y)\mathrm{d}\theta$，故纤维 ab 的线应变为

$$\varepsilon=\frac{\widehat{a_1b_1}-\overline{ab}}{\overline{ab}}=\frac{(\rho+y)\mathrm{d}\theta-\rho\mathrm{d}\theta}{\rho\mathrm{d}\theta}=\frac{y}{\rho} \tag{a}$$

对于确定的截面来说，ρ 是常量。所以，各层纤维的应变与它到中性层的距离成正比，并且梁愈弯（即曲率 $1/\rho$ 愈大），同一位置的线应变也愈大。

2. 物理关系

假设纵向纤维只受单向拉伸或压缩，在正应力不超过比例极限时，由虎克定律得

$$\sigma=E\varepsilon=E\frac{y}{\rho} \tag{b}$$

式(b) 表明：距中性轴等远的各点正应力相同，并且横截面上任一点处的正应力与该点到中性轴的距离成正比。即弯曲正应力沿截面高度按线性规律分布，中性轴上各点的正应力均为零。如图 8-6 所示。

3. 静力学关系

式(b) 只给出正应力的分布规律，还不能用来计算正应力的数值。因为中性轴的位置尚未确定，曲率半径 ρ 的大小也不知道。这些问题将通过研究横截面上分布内力与总内力之间的关系来解决。

如图 8-7 所示，在横截面上取微面积 $\mathrm{d}A$，其形心坐标为 z、y，微面积上的法向内力可认为是均匀分布的，其集度（即正应力）用σ来表示。则微面积上的合力为$\sigma\mathrm{d}A$，整个横截面上的法向微内力可组成下列 3 个内力分量

$$F_N=\int_A\sigma\mathrm{d}A \qquad M_y=\int_A z\sigma\mathrm{d}A \qquad M_z=\int_A y\sigma\mathrm{d}A$$

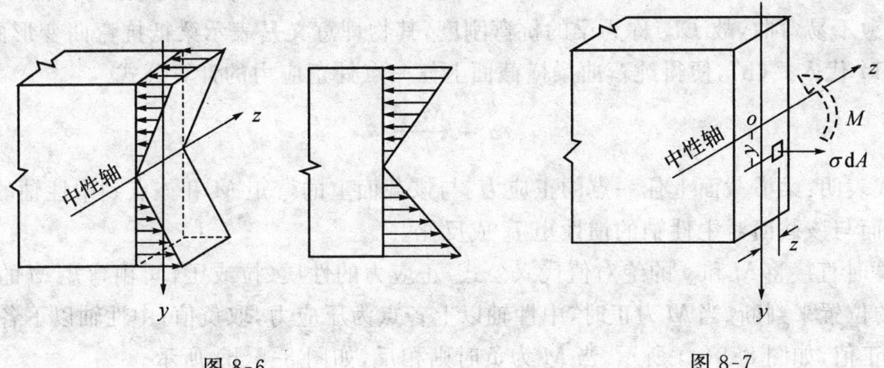

图 8-6　　　　图 8-7

由于横截面上只有绕中性轴转动的弯矩 M_z，所以整个横截面法向微内力合成的轴力 F_N 和力偶矩 M_y 应为零。于是有

$$F_N=\int_A\sigma\mathrm{d}A=0 \tag{c}$$

$$M_y=\int_A\sigma z\mathrm{d}A=0 \tag{d}$$

$$M_z=\int_A\sigma y\mathrm{d}A \tag{e}$$

将式(b) 代入式(c),得

$$\frac{E}{\rho}\int_A y\,\mathrm{d}A = 0$$

由于$\frac{E}{\rho} \neq 0$,所以一定有

$$\int_A y\,\mathrm{d}A = 0$$

上式表明截面对中性轴的静矩等于零。由此可知,直梁弯曲时其中性轴 z 必定通过截面的形心。

将式(b) 代入式(d),得

$$\frac{E}{\rho}\int_A yz\,\mathrm{d}A = 0$$

由于$\frac{E}{\rho} \neq 0$,所以一定有

$$\int_A yz\,\mathrm{d}A = 0$$

上式表明截面对 y、z 轴惯性积 I_{zy} 等于零,所以 z、y 轴必为形心主轴。即中性轴通过截面形心,且为截面的形心主轴。将式(b) 代入式(e),得

$$M_z = \int_A \frac{E}{\rho}y^2\,\mathrm{d}A = \frac{E}{\rho}\int_A y^2\,\mathrm{d}A = \frac{E}{\rho}I_z$$

则

$$\frac{1}{\rho} = \frac{M_z}{EI_z} \tag{8-1}$$

式(8-1) 是计算梁变形的基本公式。由该式可知,曲率 $1/\rho$ 与 M 成正比,与 EI_z 成反比。这表明:梁在外力作用下,某横截面上的弯矩愈大,该处梁的弯曲程度就愈大;而 EI_z 值愈大,则梁愈不易弯曲,故 EI_z 称为梁的抗弯刚度,其物理意义是表示梁抵抗弯曲变形的能力。将式(8-1) 代入式(b),便得纯弯曲梁横截面上任一点处正应力的计算公式

$$\sigma = \frac{M_z y}{I_z} \tag{8-2}$$

公式表明:梁横截面上任一点的正应力。与该截面上的弯矩 M 和该点到中性轴的距离 y 成正比,而与该截面对中性轴的惯性矩 I_z 成反比。

计算时直接将 M 和 y 的绝对值代入公式,正应力的性质(拉或压) 可由弯矩 M 的正负及所求点的位置来判断。当 M 为正时,中性轴以上各点为压应力,取负值;中性轴以下各点为拉应力,取正值,如图 8-8(a) 所示。当 M 为负时则相反,如图 8-8(b) 所示。

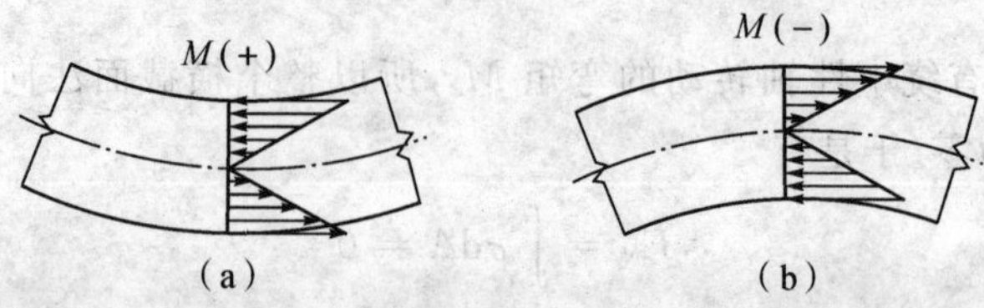

图 8-8

三、正应力公式的使用条件

(1) 由正应力计算公式的推导过程知,它的适用条件是:① 纯弯曲梁;② 梁的最大正应

力不超过材料的比例极限。

(2) 横力弯曲是平面弯曲中最常见的情况。在这种情况下，梁横截面上不仅有正应力，而且有切应力。梁受载后，横截面将发生翘曲，平面假设不成立。但当梁跨度与横截面高度之比 $l/h > 5$ 时，切应力的存在对正应力的影响甚小，可以忽略不计。所以，式(8-2) 在一般情况下也可用于横力弯曲时横截面正应力的计算。

(3) 式(8-2) 虽然是由矩形截面推导出来的，但对于横截面为其他对称形状的梁，如圆形、圆环形、工字形和 T 形截面等，在发生平面弯曲时，均适用。

【例 8-1】 如图 8-9 所示简支梁受均布荷载 q 作用。已知 $q = 3.5\text{kN/m}$，梁的跨度 $l = 3\text{m}$，截面为矩形，$b = 120\text{mm}$，$h = 180\text{mm}$。试求：梁截面 C 上 a、b、c 3 点处正应力以及梁的最大正应力 $\sigma_{\max}$ 及其位置。

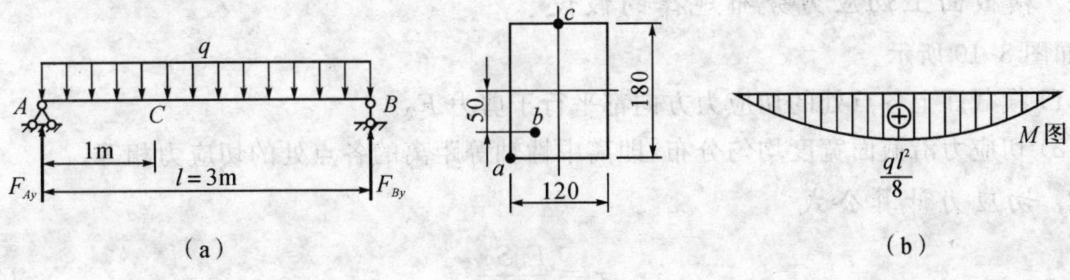

图 8-9

解 (1) 计算 C 截面的弯矩。因对称，梁的支座反力为

$$F_{Ay} = F_{By} = \frac{ql}{2} = \frac{3.5 \times 3}{2} = 5.25(\text{kN})(\uparrow)$$

C 截面的弯矩为

$$M_C = F_{Ay} \times 1 - \frac{ql^2}{2} = 5.25 \times 1 - \frac{3.5 \times 1^2}{2} = 3.5(\text{kN} \cdot \text{m})$$

(2) 计算截面对中性轴 z 的惯性矩

$$I_z = \frac{bh^3}{12} = \frac{120 \times 180^3}{12} = 58.3 \times 10^6(\text{mm}^4)$$

(3) 计算各点的正应力

$$\sigma_a = \frac{M_C y_a}{I_z} = \frac{3.5 \times 10^3 \times 90 \times 10^{-3}}{58.3 \times 10^{-6}} = 5.4 \times 10^6(\text{Pa}) = 5.4\text{MPa}(\text{拉})$$

$$\sigma_b = \frac{M_C y_b}{I_z} = \frac{3.5 \times 10^3 \times 50 \times 10^{-3}}{58.3 \times 10^{-6}} = 3.0 \times 10^6(\text{Pa}) = 3.0\text{MPa}(\text{拉})$$

$$\sigma_c = \frac{M_C y_c}{I_z} = \frac{3.5 \times 10^3 \times 90 \times 10^{-3}}{58.3 \times 10^{-6}} = 5.4 \times 10^6(\text{Pa}) = 5.4\text{MPa}(\text{压})$$

(4) 求梁最大正应力 $\sigma_{\max}$ 及其位置。由弯矩图可知，最大弯矩在跨中截面，其值为

$$M_{\max} = \frac{ql^2}{8} = \frac{3.5 \times 3^2}{8} = 3.94(\text{kN} \cdot \text{m})$$

对等截面梁来说，梁的最大正应力应发生在 $M_{\max}$ 截面的上下边缘处。由梁的变形情况可以判定，最大拉应力发生在跨中截面的下边缘处；最大压应力发生在跨中截面的上边缘处。最大正应力的值为

$$\sigma_{\max} = \frac{M_{\max} y_{\max}}{I_z} = \frac{3.94 \times 10^3 \times 90 \times 10^{-3}}{58.3 \times 10^{-6}} = 6.08 \times 10^6(\text{Pa}) = 6.08\text{MPa}$$

8.2　梁横截面上的切应力

当梁发生横向弯曲时，横截面上一般都有剪力存在，截面上与剪力对应的分布内力在各点的强弱程度称为切应力，用希腊字母 τ 表示。由切应力互等定理可知，在平行于中性层的纵向平面内，也有切应力存在。如果切应力的数值过大，而梁的材料抗剪强度不足时，也会发生剪切破坏。本节主要讨论矩形截面梁弯曲切应力的计算公式，对其他截面梁弯曲切应力只作简要介绍。

一、矩形截面梁横截面上的切应力

1. 横截面上切应力分布规律的假设

如图 8-10 所示。

(1) 横截面上各点处的切应力方向都平行于剪力 F_Q。

(2) 切应力沿截面宽度均匀分布，即离中性轴等距离的各点处的切应力相等。

2. 切应力计算公式

$$\tau = \frac{F_Q S_z}{I_z b} \tag{8-3}$$

式中，F_Q 为所求切应力的点所在横截面上的剪力；b 为所求切应力的点处的截面宽度；I_z 为整个截面对中性轴的惯性矩；S_z 为所求切应力的点处横线以下（或以上）的面积 A^* 对中性轴的静矩。式(8-3) 就是矩形截面梁弯曲切应力的计算公式。

切应力沿截面高度按二次抛物线规律变化如图 8-8 所示。当 $y=\pm h/2$ 时，$\tau=0$，即截面上下边缘处的切应力为零。当 $y=0$ 时，$\tau=\tau_{\max}$，即中性轴上切应力最大，其值为

$$\tau_{\max} = 1.5\frac{F_Q}{A} \tag{8-4}$$

即矩形截面上的最大切应力为截面上平均切应力的 1.5 倍。

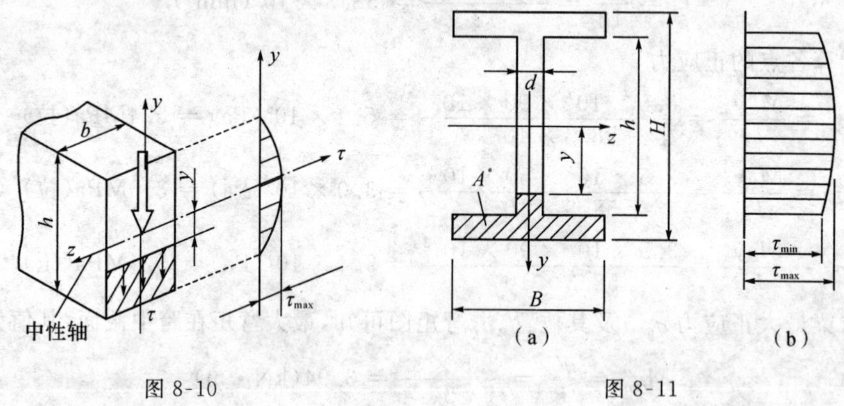

图 8-10　　图 8-11

二、其他截面梁的切应力

1. 工字形截面及 T 形截面

工字形截面由腹板和上、下翼缘板组成，如图 8-11(a) 所示，横截面上的剪力 F_Q 的绝大部分为腹板所承担。在上、下翼缘板上，也有平行于 F_Q 的切应力分量，但分布情况比较复杂，

且数值较小，通常并不进行计算。

工字形截面腹板为一狭长的矩形，关于矩形截面上切应力分布规律的两个假设仍然适用，所以腹板上的切应力可用公式(8-3) 计算，即

$$\tau = \frac{F_Q S_z}{I_z d} \tag{8-5}$$

式中，d 为腹板的宽度；F_Q 为截面上的剪力；I_z 为工字形截面对中性轴的惯性矩；S_z 为过欲求应力点的水平线与截面边缘间的面积 A^* 对中性轴的静矩。

切应力沿腹板高度的分布规律如图 8-11(b) 所示，仍是按抛物线规律分布，最大切应力仍发生在截面的中性轴上，且腹板上的最大切应力与最小切应力相差不大。特别是当腹板的厚度比较小时，两者相差就更小。因此，当腹板的厚度很小时，常将横截面上的剪力 F_Q 除以腹板面积，近似地作为工字形截面梁的最大切应力，即

$$\tau_{\max} \approx \frac{F_Q}{bh} \tag{8-6}$$

工程中还会遇到 T 形截面，如图 8-12 所示。T 形截面是由两个矩形组成的。下面的窄长矩形仍可用矩形截面的切应力公式计算，最大切应力仍发生在截面的中性轴上。

2. 圆形及圆环形截面

对于圆形截面和圆环形截面，弯曲时最大切应力仍发生在中性轴上(如图 8-13 所示)，且沿中性轴均匀分布，对于直径为 d 的圆截面，最大切应力为

$$\tau_{\max} = \frac{4}{3}\frac{F_Q}{A} \qquad A = \frac{\pi d^2}{4} \tag{8-7}$$

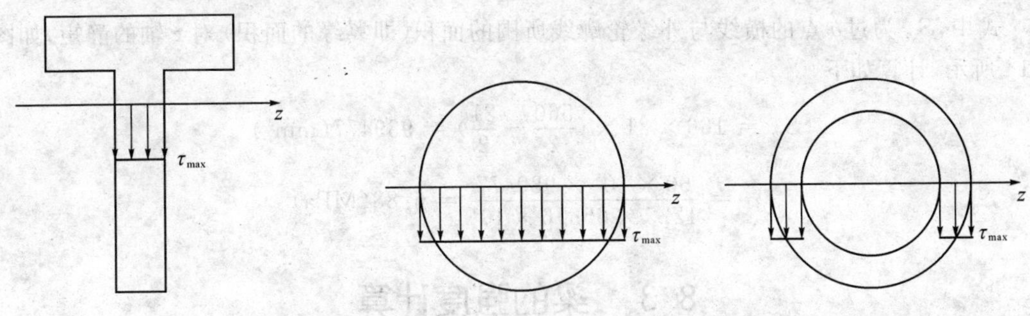

图 8-12　　　　图 8-13

对于内径为 d、外径为 D 的空心圆截面，最大切应力

$$\tau_{\max} = 2\frac{F_Q}{A} \qquad A = \frac{\pi(D^2 - d^2)}{4} \tag{8-8}$$

式中，F_Q 为截面上的剪力；A 为圆形或圆环形截面的面积。

【例 8-2】 工字钢梁如图 8-14 所示，工字钢型号为 56a。试求该梁的最大正应力和切应力值以及所在的位置，并求最大剪力截面上腹板与翼缘交界处 b 点的切应力值。

解　(1) 确定最大正应力和最大切应力的位置。作梁的弯矩图、剪力图，由剪力图可知梁端处横截面上剪力最大，$F_{Q\max} = 60\text{kN}$，故最大切应力发生在该两横截面的中性轴上。最大正应力发生在弯矩最大的跨中横截面的上、下边缘处。

(2) 计算最大正应力和最大切应力。

查型钢表得 I56a 得 $S_{z\max} = 1365.8 \times 10^3 \text{mm}^3$，$I_z = 65576 \times 10^4 \text{mm}^4$，$d = 12.5\text{mm}$。截

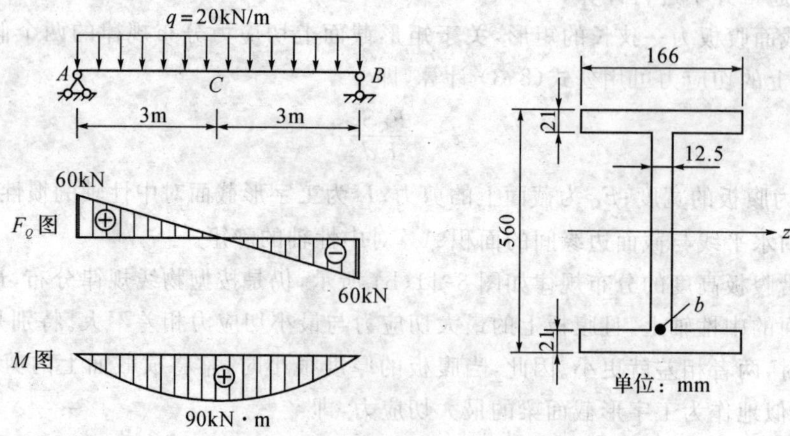

图 8-14

面上最大正应力和最大切应力分别为

$$\sigma_{\max}=\frac{M_{\max}y_{\max}}{I_z}=\frac{90\times10^3\times280\times10^{-3}}{65576\times10^{-8}}=38.43\times10^6(\mathrm{Pa})=38.43\mathrm{MPa}$$

$$\tau_{\max}=\frac{F_{Q\max}S_{z\max}}{I_zd}=\frac{60\times10^3\times1368.8\times10^{-9}}{65576\times10^{-8}\times12.5\times10^{-3}}=10.02\times10^6(\mathrm{Pa})=10.02\mathrm{MPa}$$

(3) 计算 b 点处的切应力 τ_b

$$\tau=\frac{F_{Q\max}S_{zb}}{I_zd}$$

式中，S_{zb} 为过 b 点的横线与外缘轮廓线所围的面积（即翼缘的面积）对 z 轴的静矩，如图 8-14 所示，计算如下

$$S_{zb}=166\times21\times\left(\frac{560}{2}-\frac{21}{2}\right)=939477(\mathrm{mm}^3)$$

$$\tau_b=\frac{60\times10^3\times939477}{12.5\times65576\times10^4}=6.88(\mathrm{MPa})$$

8.3 梁的强度计算

有了应力公式后，便可以计算梁中的最大应力，建立应力强度条件，对梁进行强度计算。

一、最大应力

1. 最大正应力

在进行梁的正应力强度计算时，必须首先算出梁的最大正应力。最大正应力所在截面称为危险截面。对于等直梁，弯矩绝对值最大的截面就是危险截面。危险截面上最大应力所在的点，称为危险点，它在距中性轴最远的上、下边缘处。

对中性轴是截面对称轴的梁，最大正应力值 $\sigma_{\max}$ 为

$$\sigma_{\max}=\frac{M_{\max}\cdot y_{\max}}{I_Z}$$

令

$$W_z=\frac{I_z}{y_{\max}}$$

则
$$\sigma_{\max}=\frac{M_{\max}}{W_z} \tag{8-9}$$

式中，W_z 称为抗弯截面系数，它是一个与截面形状、尺寸有关的几何量，常用单位是 m^3 或 mm^3。显然，W_z 值愈大，梁中的最大正应力值愈小，从强度角度看，就愈有利。矩形和圆形截面的抗弯截面系数分别为

(1) 矩形
$$W_z=\frac{I_z}{y_{\max}}=\frac{bh^3/12}{h/2}=\frac{1}{6}bh^2$$

(2) 圆形截面
$$W_z=\frac{I_z}{y_{\max}}=\frac{\pi d^4/64}{d/2}=\frac{1}{32}\pi d^3$$

对于工字钢、槽钢等型钢截面，W_z 值可在附录的型钢表中查得。

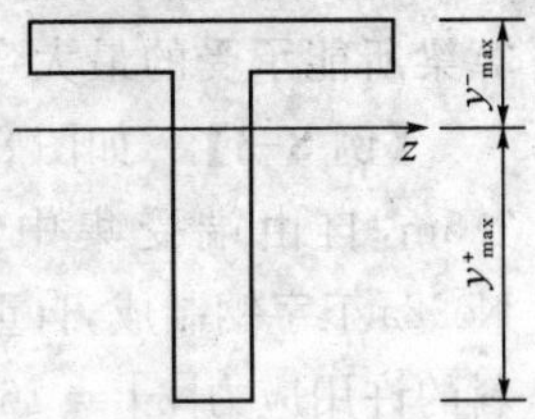

图 8-15

对中性轴不是对称轴的截面梁，如图 8-15 所示的 T 形截面梁，在正弯矩作用下，梁的下边缘上各点处产生最大拉应力，上边缘上各点处产生最大压应力，其值分别为

$$\left.\begin{aligned}\sigma_{t\max}&=\frac{My_{t\max}}{I_z}\\ \sigma_{c\max}&=\frac{My_{c\max}}{I_z}\end{aligned}\right\} \tag{8-10}$$

式中，$y_{t\max}$ 为最大拉应力所在点距中性轴的距离；$y_{c\max}$ 为最大压应力所在点距中性轴的距离。

2. 最大切应力

就全梁来说，最大切应力一般发生在最大剪力 $F_{Q\max}$ 所在截面的中性轴上各点处。对于不同形状的截面，$\tau_{\max}$ 的计算公式可归纳为

$$\tau_{\max}=\frac{F_{Q\max}S_{z\max}}{I_z\cdot b} \tag{8-11}$$

式中，$S_{z\max}$ 为中性轴一侧截面对中性轴的静矩；b 为横截面在中性轴处的宽度。

二、梁的强度条件

1. 正应力强度条件

为了保证梁能安全工作，必须使梁的最大工作正应力 $\sigma_{\max}$ 不超过其材料的许用应力$[\sigma]$，这就是梁的正应力强度条件。即正应力强度条件为

$$\sigma_{\max}=\frac{M_{\max}}{W_z}\leqslant[\sigma] \tag{8-12}$$

如果梁的材料是脆性材料，其抗压和抗拉许用应力不同。为了充分利用材料，通常将梁的横截面做成与中性轴不对称形状。此时，应分别对拉应力和压应力建立强度条件，即

$$\left.\begin{aligned}\sigma_{t\max}&=\frac{M_t y_{t\max}}{I_z}\\ \sigma_{c\max}&=\frac{M_c y_{c\max}}{I_z}\end{aligned}\right\} \tag{8-13}$$

式中，$\sigma_{t\max}$、$\sigma_{c\max}$ 分别为最大拉应力和最大压应力；M_t、M_c 分别为产生最大拉应力和最大压应力截面上的弯矩；$[\sigma]_t$、$[\sigma]_c$ 分别为材料的许用拉应力和许用压应力；$y_{t\max}$、$y_{c\max}$ 分别为产生

最大拉应力和最大压应力截面上的点到中性轴的距离。

运用正应力强度条件，可解决梁的 3 类强度计算问题：

(1) 强度校核。在已知梁的材料和横截面的形状、尺寸(即已知$[\sigma]$、W_z)以及所受荷载(即已知 M_{max})的情况下，检查梁是否满足正应力强度条件。

(2) 设计截面。当已知荷载和所用材料时(即已知 M_{max}、$[\sigma]$)，可以根据强度条件计算所需的抗弯截面模量 $W_z \geqslant \dfrac{M_{max}}{[\sigma]}$，然后根据梁的截面形状进一步确定截面的具体尺寸。

(3) 确定许可荷载。如果已知梁的材料和截面尺寸(即已知$[\sigma]$、W_z)，则先由强度条件计算梁所能承受的最大弯矩，即 $M_{max} \leqslant [\sigma] \cdot W_z$，然后由 M_{max} 与荷载的关系计算许可荷载。

【例 8-3】 如图 8-16 所示，一悬臂梁长 $l=1.5\text{m}$，自由端受集中力 $F=32\text{kN}$ 作用，梁由 No22a 工字钢制成，自重按 $q=0.33\text{kN/m}$ 计算，材料的许用应力$[\sigma]=160\text{MPa}$。试校核梁的正应力。

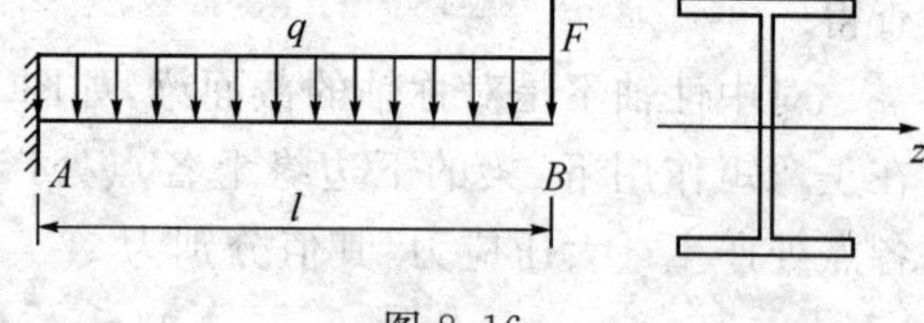

图 8-16

解 (1) 求最大弯矩。最大弯矩在固定端截面 A 处

$$|M_{max}| = Fl + \frac{ql^2}{2} = 32 \times 1.5 + \frac{0.33 \times 1.5^2}{2} = 48.4(\text{kN}\cdot\text{m})$$

(2) 确定 W_z。查附录型钢表，No22a 工字钢的抗弯截面系数 $W_z = 309.8\text{cm}^3$。

(3) 校核正应力强度。

$$\sigma_{max} = \frac{M_{max}}{W_z} = \frac{48.4 \times 10^3}{309.8 \times 10^{-6}} = 156.2 \times 10^6(\text{Pa}) = 156.2(\text{MPa}) < [\sigma] = 160\text{MPa}$$

满足正应力强度条件。

本题若不计梁自重时

$$|M_{max}| = Fl = 32 \times 1.5 = 48(\text{kN}\cdot\text{m})$$

$$\sigma_{max} = \frac{M_{max}}{W_z} = \frac{48 \times 10^3}{309.8 \times 10^{-6}} = 154.9 \times 10^6(\text{Pa}) = 154.9\text{MPa}$$

可见，对于钢材制成的梁，自重对强度的影响很小，工程上一般不予考虑。

【例 8-4】 图 8-17(a) 所示的楼板梁，采用 2[$_{10}$ 槽钢的截面，承受由楼板传来的荷载 $p=3\text{kN/m}^2$，钢梁的间距为 1.2m，跨度为 $l=5\text{m}$，许用应力$[\sigma]=140\text{MPa}$，试校核梁的强度。

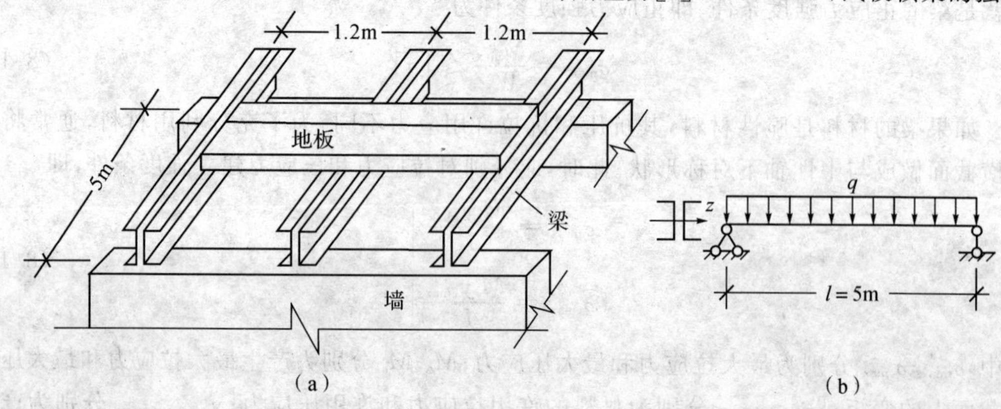

图 8-17

解　支承在墙上的槽形钢梁可按简支梁计算，其计算简图见图 8-17b，每根梁承受的均布荷载为

$$q = 3 \times 1.2 = 3.6(\text{kN/m})$$

梁的最大弯矩发生在跨中，其值为

$$M_{\max} = \frac{1}{8}ql^2 = \frac{1}{8} \times 3.6 \times 5^2 = 11.25(\text{kN} \cdot \text{m})$$

查型钢表，得梁的抗弯截面模量为

$$W_z = 2 \times 39.7\text{cm}^3 = 79.4\text{cm}^3 = 79.4 \times 10^{-6}(\text{m}^3)$$

校核梁的强度

$$\sigma_{\max} = \frac{M_{\max}}{W_z} = \frac{11.25 \times 10^3}{79 \times 10^{-6}} = 142 \times 10^6(\text{Pa}) = 142\text{MPa}$$

$$\frac{\sigma_{\max} - [\sigma]}{[\sigma]} \times 100\% = \frac{142 - 140}{140} \times 100\% = 1.43\% < 5\%$$

满足正应力强度条件。

【例 8-5】　一圆形截面木梁，梁上荷载如图 8-18 所示，已知 $l = 3\text{m}$，$F = 3\text{kN}$，$q = 3\text{kN/m}$，弯曲时木材的许用应力 $[\sigma] = 10\text{MPa}$，试选择圆木的直径。

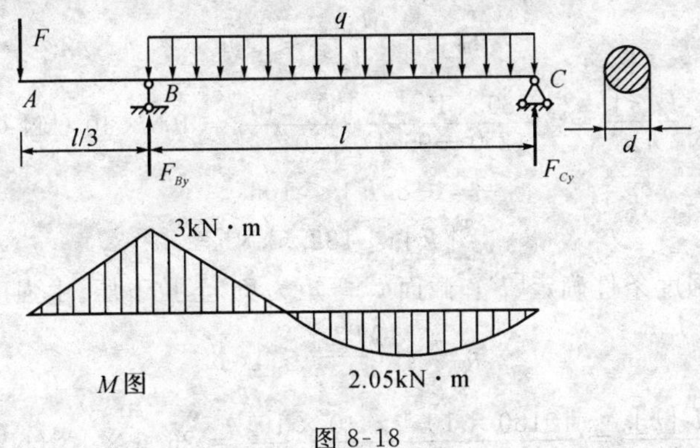

图 8-18

解　(1) 确定最大弯矩。由静力平衡条件可计算出支座反力

$$F_{By} = 8.5\text{kN}(\uparrow) \qquad F_{Cy} = 3.5\text{kN}(\uparrow)$$

作弯矩图，从弯矩图上可知危险截面在 B 截面，$M_{z\max} = 3\text{kN} \cdot \text{m}$。

(2) 设计截面的直径。根据强度条件，此梁所需的弯曲截面系数为

$$W_z = \frac{M_{z\max}}{[\sigma]} = \frac{3 \times 10^3}{10 \times 10^6} = 3 \times 10^{-4}(\text{m}^3)$$

由于圆截面的弯曲截面系数为 $W_z = \frac{\pi d^3}{32}$，代入上式，即

$$\frac{\pi d^3}{32} \geqslant 3 \times 10^{-4}\text{m}^3$$

则

$$d \geqslant \sqrt[3]{\frac{3 \times 10^{-4} \times 32}{\pi}} = 0.145(\text{m}) = 14.5\text{cm}$$

取圆木的直径为 $d = 14.5\text{cm}$。

【例 8-6】　⊥ 形截面悬臂梁尺寸及荷载如图 8-19 所示，若材料的许用拉应力 $[\sigma]_t = 40\text{MPa}$，许用压应力 $[\sigma]_c = 160\text{MPa}$，截面对形心轴 z 的惯性矩 $I_z = 10180\ \text{cm}^4$，$h_1 = 96.4$

mm,试计算该梁的许可荷载[F]。

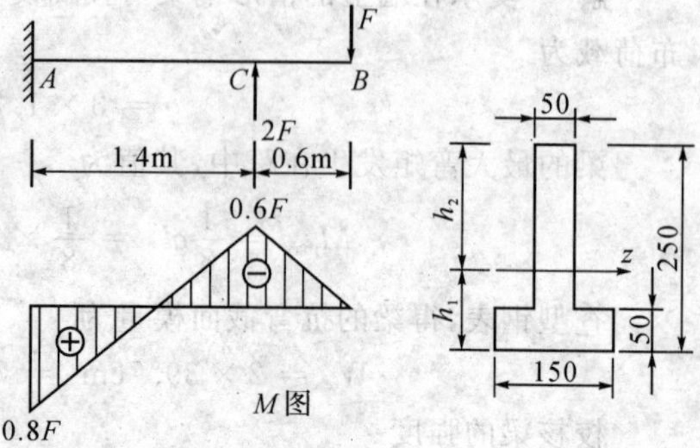

图 8-19

解 (1) 确定最大弯矩。作弯矩图如图8-17所示。由图可见,在固定端截面A处有最大正弯矩,$M_A = 0.8F$。在截面C有最大负弯矩,$M_C = 0.6F$。由于中性轴不是截面的对称轴,材料又是拉、压强度不等的材料,故应分别考虑截面A、C的强度来确定许可荷载[F]。

(2) 由截面A强度条件确定[F]。截面A弯矩为正,下拉上压。由强度条件得

$$\sigma_{t\max} = \frac{M_A h_1}{I_z} \leqslant [\sigma]_t$$

有 $$[M_A] \leqslant \frac{I_Z[\sigma]_t}{h_1} = \frac{10180 \times 10^{-8} \times 40 \times 10^6}{96.4 \times 10^{-3}} = 42.24 \times 10^3 (\text{N} \cdot \text{m}) = 42.24\text{kN} \cdot \text{m}$$

由 $$0.8[F] \leqslant 42.24$$

得 $$[F] \leqslant 53\text{kN}$$

由强度条件 $$\sigma_{\max}^{-} = \frac{M_A h_2}{I_z} \leqslant [\sigma]^{-}$$

有 $$[M_A] \leqslant \frac{I_Z[\sigma]_c}{h_2} = \frac{10180 \times 10^{-8} \times 160 \times 10^6}{(250 - 96.4) \times 10^{-3}} = 106 \times 10^3 (\text{kN} \cdot \text{m}) = 106\text{kN} \cdot \text{m}$$

由 $$0.8[F] \leqslant 106$$

得 $$[F] \leqslant 132.5\text{kN}$$

(3) 由截面C强度条件确定[F]。截面C弯矩为负,上拉下压。由强度条件得

$$\sigma_{t\max} = \frac{M_C h_1}{I_z} \leqslant [\sigma]_t$$

有 $$[M_A] \leqslant \frac{I_Z[\sigma]_t}{h_1} = \frac{10180 \times 10^{-8} \times 40 \times 10^6}{(250 - 96.4) \times 10^{-3}} = 26.5 \times 10^3 (\text{N} \cdot \text{m}) = 26.5\text{kN} \cdot \text{m}$$

由 $$0.6[F] \leqslant 26.5$$

得 $$[F] \leqslant 44.2\text{kN}$$

由强度条件 $$\sigma_{\max}^{-} = \frac{M_A h_2}{I_z} \leqslant [\sigma]^{-}$$

有 $$[M_A] \leqslant \frac{I_Z[\sigma]_c}{h_2} = \frac{10180 \times 10^{-8} \times 160 \times 10^6}{96.4 \times 10^{-3}} = 169 \times 10^3 (\text{N}) = 169\text{kN} \cdot \text{m}$$

由 $$0.6[F] \leqslant 169$$

得 $$[F] \leqslant 281.7\text{kN}$$

由以上的计算结果可见,为保证梁的正应力强度安全,应取$[F] = 44.2\text{kN}$。

2. 切应力强度条件

与梁的正应力强度计算一样,为了保证梁能安全正常工作,梁在荷载作用下产生的最大切应力也不能超过材料的许用切应力[τ]。即切应力强度条件为

$$\tau_{\max} = \frac{F_{Q\max} S_{z\max}}{I_z \cdot b} \leqslant [\tau] \qquad (8\text{-}14)$$

对梁进行强度计算时,必须同时满足正应力强度条件和切应力强度条件。一般情况下,

梁的正应力强度条件为梁强度的控制条件，故一般先按正应力强度条件选择截面，或确定许可荷载，然后再按切应力强度条件进行校核。但在某些情况下，切应力强度也可能成为控制因素。例如，跨度较短的梁或者梁在支座附近有较大的集中力作用，这时梁的弯矩往往较小，而剪力却较大；又如有些材料如木料的顺纹抗剪强度比较低，可能沿顺纹方向发生剪切破坏；还有如组合截面（工字形等），当腹板的高度较大而厚度较小时，则切应力也可能很大。所以，在这样一些情况下，切应力有可能成为引起破坏的主要因素，此时梁的承载能力将由切应力强度条件来确定。

【例8-7】 如图8-20(a)所示的一个I20a号工字钢截面的外伸梁，已知钢材的许用应力$[\sigma]=160\text{MPa}$，许用切应力$[\tau]=100\text{MPa}$，试校核此梁强度。

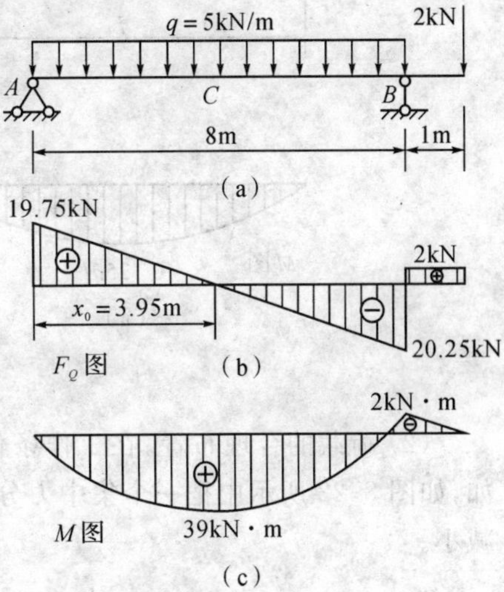

图8-20

解 (1) 确定最大弯矩和最大剪力。作梁的剪力图、弯矩图，如图8-20(b)(c)所示，由图可得

$$M_{max}=39\ \text{kN}\cdot\text{m}\qquad F_{Q\max}=20.25\text{kN}$$

(2) 查型钢表确定工字钢I20a有关的量

$$W_z=236.9\text{cm}^3\qquad d=7\text{mm}$$

$$I_z=2369\text{cm}^4\qquad S_z=136.1\text{cm}^3$$

(3) 确定正应力危险点的位置，校核正应力强度。梁的最大正应力发生在最大弯矩所在的横截面C的上、下边缘处，其值为

$$\sigma_{max}=\frac{M_C}{W_z}=\frac{39\times10^3}{236.9\times10^{-6}}$$

$$=164.6\times10^6(\text{Pa})=164.4\text{MPa}$$

虽然$\sigma_{max}>[\sigma]=160\text{MPa}$，但工程设计上允许最大正应力略超过许用应力。只要最大正应力不超过许用应力的5%，仍认为是安全的。

$$\frac{\sigma_{max}-[\sigma]}{[\sigma]}=\frac{164.6-160}{160}=0.029<5\%$$

故认为该梁满足正应力强度条件。

(4) 确定切应力危险点的位置，校核切应力强度。由剪力图可知，最大剪力发生在B左横截面上，其值$F_{Q\max}=20.25\text{kN}$，该横截面的中性轴处各点为切应力危险点，其切应力为

$$\tau_{max}=\frac{F_{Q\max}S_{z\max}}{dI_z}=\frac{20.25\times10^3\times136.1\times10^{-6}}{7\times10^{-3}\times2369\times10^{-8}}$$

$$=16.6\times10^6(\text{Pa})=16.6\text{MPa}<[\tau]=100\text{MPa}$$

故该梁满足切应力强度条件。

三、提高梁弯曲强度的措施

如前所述，由于弯曲正应力是控制梁强度的主要因素，因此从梁的正应力强度条件考虑，采取以下措施可提高梁的强度。

1. 合理安排梁的支座和荷载来降低最大弯矩值M_{max}

(1) 梁支承的合理安排。当荷载一定时，梁的最大弯矩值M_{max}与梁的跨度有关，首先应

当合理安排支座。例如，如图 8-21(a) 所示受均布荷载作用的简支梁，其最大弯矩值 $M_{\max}=0.125ql^2$；如果将两支座向跨中方向移动 $0.2l$，如图 8-21(b) 所示，则最大弯矩降为 $0.02ql^2$，即只有前者的 1/5。所以，在工程中起吊大梁时，两吊点设在梁端以内的一定距离处。

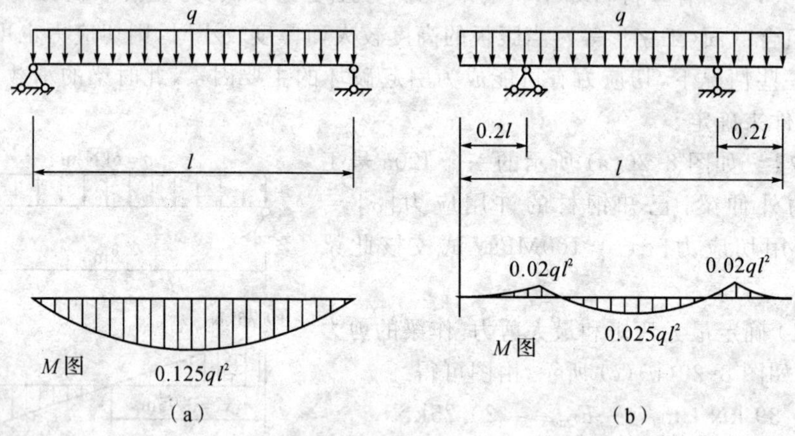

图 8-21

(2) 荷载的合理布置。在工作条件允许的情况下，应尽可能合理地布置梁上的荷载。例如，如图 8-22 所示中把一个集中力分为几个较小的集中力，分散布置，梁的最大弯矩就明显减小。

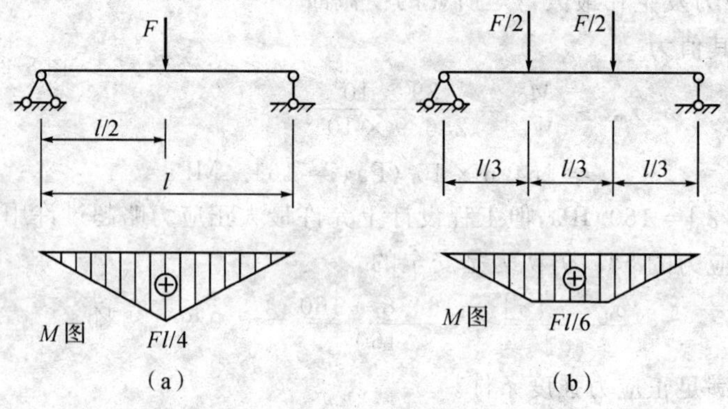

图 8-22

2. 采用合理的截面形状

(1) 从应力分布规律考虑，应将较多的截面面积布置在离中性轴较远的地方。如矩形截面，由于弯曲正应力沿梁截面高度按直线分布，截面的上、下边缘处正应力最大，在中性轴附近应力很小，所以靠近中性轴处的一部分材料未能充分发挥作用。如果将中性轴附近的阴影面积（如图 8-23 所示）移至虚线位置，这样，就形成了工字形截面，其截面面积大小不变，而更多的材料可较好地发挥作用。所以，从应力分布情况看，凡是中性轴附近用料较多的截面就是不合理的截面，即截面面积相同时，工字形比矩形好，矩形比正方形好，正方形比圆形好。

图 8-23

(2) 从抗弯截面系数 W_z 考虑。由式 $M_{\max}\leqslant[\sigma]\cdot W_z$ 可知，梁所能承受的最大弯矩 $M_{\max}$ 与抗弯截面模量 W_z 成正比。所以，从强度角度看，当截面面积一定时，W_z 值愈大愈有利。通常用抗弯截面模量 W_z 与横截面面积 A 的比值来衡量梁的截面形状的合理性和经济性。表 8-1 中列出了几种常见的截面形状及其 W_z/A 值。

表 8-1　几种常见的截面形状及其 W_z/A 值

	圆　形	矩　形	圆环形	槽　钢	工字钢
截面形状					
$\frac{W_A}{A}$	$0.125h$	$0.167h$	$0.205h$	$(0.27\sim0.31)h$	$(0.27\sim0.31)h$

(3) 从材料的强度特性考虑。合理地布置中性轴的位置，使截面上的最大拉应力和最大压应力同时达到材料的许用应力。对抗拉和抗压强度相等的塑性材料梁，宜采用对称于中性轴的截面形状，如矩形、工字形、槽形、圆形等。对于拉、压强度不等的材料，一般采用非对称截面形状，使中性轴偏向强度较低的一边，如 T 形等。设计时最好使

$$\frac{\sigma_{c\max}}{\sigma_{t\max}}=\frac{\dfrac{My_c}{I_z}}{\dfrac{My_t}{I_z}}=\frac{y_c}{y_t}=\frac{[\sigma]_c}{[\sigma]_t}$$

即截面受拉、受压的边缘到中性轴的距离与材料的抗拉、抗压许用应力成正比，这样才能充分发挥材料的潜力。

(4) 采用等强度梁。一般承受横力弯曲的梁，各截面上的弯矩是随截面位置而变化的。对于等截面梁，除 $M_{\max}$ 所在截面以外，其余截面的材料必然没有充分发挥作用。若将梁制成变截面梁，使各截面上的最大弯曲正应力与材料的许用应力$[\sigma]$相等或接近，这种梁称为等强度梁，如图 8-24(a) 所示的雨篷悬臂梁，如图 8-24(b) 所示的薄腹梁，如图 8-24(c) 所示的鱼腹式吊车梁等，都是近似地按等强度原理设计的。

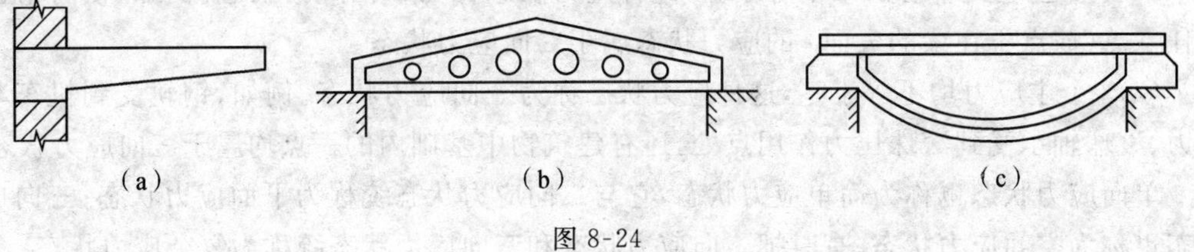

图 8-24

8.4　梁的主应力和主应力迹线

一、应力状态的概念

直杆发生轴向拉伸或压缩时，任意斜截面上的应力 σ、τ 随斜截面倾角 α 的变化而有不同的数值，通过杆件上某一点可以作无数个不同方位的截面，因此杆件上某一点处不同截面上的应力也随所取截面的方位而变化，在其他变形中也同样存在这种情况，受力构件内某点各

方向的应力状况的总和称为该点的应力状态。

研究受力构件内某点的应力状态，可围绕该点取一无限小的正六面体来描述这一点应力状态，这个正六面体称为单元体，单元体上各个截面便代表受力构件内过该点的不同方向截面。如图 8-25(a) 所示，围绕轴向受拉杆件横截面 $abcd$ 上一点 K 取单元体，如图 8-25(b) 所示，单元体上的平面 1234 及 5678 代表了横截面，1265 及 4378 代表纵截面，而 3456 则代表了过 K 点与杆轴线成 45° 角的斜截面。由于单元体边长为无穷小量，可以认为单元体各面上的应力均匀分布，并且平行面上应力是相同的。如图 8-26 所示，如果已知单元体 3 对互相垂直面上的应力，便可以用截面法和平衡条件，求得过这一点任意方向面上的应力。因此，一点的应力状态可用单元体上 3 对互垂面上的应力来描述。

如果单元体的某一个面上只有正应力分量而无切应力分量，则这个面称为主平面，主平面上的正应力称为主应力。可以证明，在受力构件内的任意一点上总可以找到 3 个互相垂直的主平面，因此总存在 3 个互相垂直的主应力，通常用 σ_1、σ_2、σ_3 表示 3 个主应力，而且按代数值大小排列，即 $\sigma_1 > \sigma_2 > \sigma_3$。

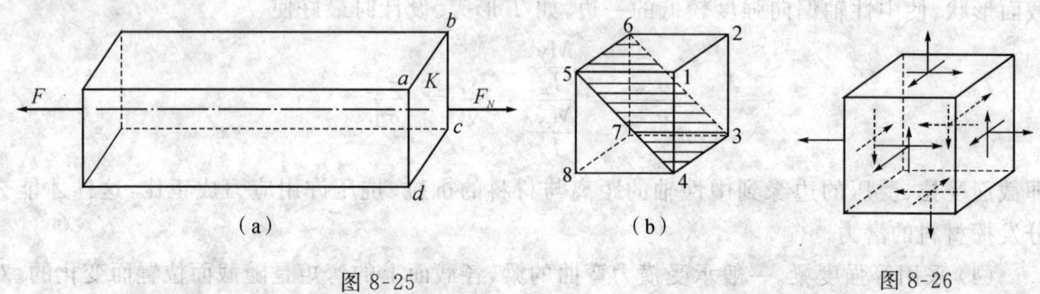

图 8-25

图 8-26

根据主应力的情况，应力状态可分为 3 种：

(1)3 个主应力中只有一个不等于零，这种应力状态称为单向应力状态。例如，轴向拉伸或轴向压缩杆件内任一点的应力状态就属于单向应力状态。

(2)3 个主应力中有两个不等于零，这种应力状态称为二向应力状态。例如，横力弯曲梁内任一点(该点不在梁的表面) 的应力状态属于二向应力状态。

(3)3 个主应力均不等于零，这种应力状态称为三向应力状态。例如，钢轨受到机车车轮压力、滚珠轴承受到滚珠压力作用点处，还有建筑物中基础内的一点均属于三向应力状态。

单向应力状态也称为简单应力状态，它与二向应力状态统称为平面应力状态；三向应力状态也称为空间应力状态。有时把二向应力状态和三向应力状态统称为复杂应力状态。

二、梁上任一点应力状态的分析

前面分析了梁的正应力强度和切应力强度问题。最大正应力在梁横截面的上、下边缘处，而这些点上的切应力等于零，与在轴向拉伸杆件中取出的单元体一样，属单向应力状态。最大切应力是在横截面的中性轴上，这些点属于纯剪切应力状态。横截面上除了上、下边缘各点和中性轴上各点之外，其他的点既有正应力，又有切应力存在，这些点的强度是否需要校核?应如何进行校核?是本节要讨论的内容。

从实际工程中，我们可以观察到下面的现象，例如，钢筋混凝土梁上出现的斜裂缝，为了分析出现斜向裂缝的原因，先要研究斜截面上的应力。

1. 斜截面上的应力

在梁上围绕某点 A 截出一微小正六面体来研究，六面体的左、右两个面是梁的横截面，这种微小六面体称为应力单元体(如图 8-27(a))。单元体的各边长是微小的，所以，每个面上的应力都可以认为是均匀分布的，而且认为在相对的两个面上的应力，等值而反向。这些应力都可以用梁的正应力和切应力公式求出，我们分别用 σ_x 和 τ_x 来表示。单元体的上、下两个面上无正应力，即 $\sigma_y=0$；但根据切应力互等定律有 σ_x 存在，就必定有切应力 τ_y 存在，τ_y 的数值等于 τ_x，方向如图(8-27(b)) 所示。单元体前后两个面无应力，所以，单元体可用平面表示(如图 8-27(c))。得到应力单元体以后，就可以用截面法和静力平衡条件将任一斜截面上的应力求出。

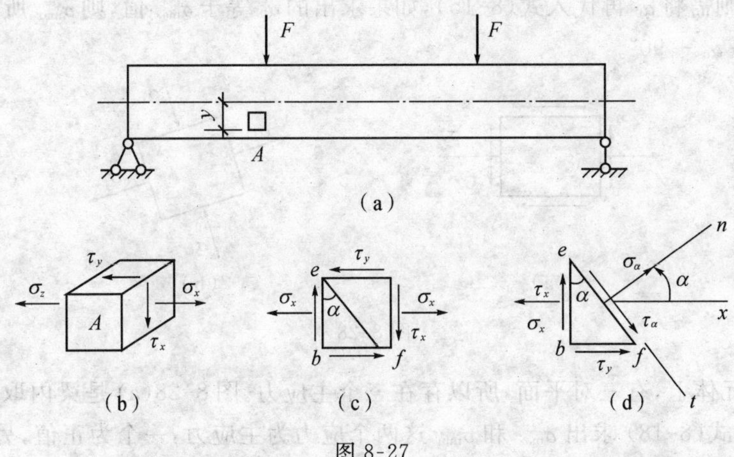

图 8-27

用任意截面 ef 将单元体截开，由三棱柱体 bef 的平衡可求出斜面上应力 σ_α 与 τ_α(如图 8-27(d))。斜截面的外法线与横截面的外法线成 α 角度，α 自 x 轴开始到斜截面的外法线方向，以逆时针转向为正，反之为负。应力 σ_α 的正、负号规定同前，即正应力以拉应力为正，压应力为负；切应力 τ_α 以使留下部分有作顺时针转动趋势的为正，反之为负。

设斜截面的外法线方向为 n，切线方向为 t，斜截面面积为 A_α，由平衡条件可以推导出 σ_α 和 τ_α 的计算公式为

由平衡条件可以求得平面应力状态下单元体任意斜截面上的应力计算公式

$$\sigma_\alpha=\frac{\sigma_x}{2}+\frac{\sigma_x}{2}\cos 2\alpha-\tau_x\sin 2\alpha \tag{8-15}$$

$$\tau_\alpha=\frac{\sigma_x}{2}\sin 2\alpha+\tau_x\cos 2\alpha \tag{8-16}$$

应用上式计算 σ_α，τ_α 时，各已知应力 σ_x，τ_x 和 α 均用其代数值。

2. 主应力及其作用平面

从式(8-15) 和式(8-16) 知，斜截面上的 σ_α 和 τ_α 是随斜截面方位角 α 的变化而变化的，在 α 的连续变化过程中，σ_α 必有最大值和最小值存在。我们可将式(8-15) 对 α 求一阶导数，并使其等于零，且将此时斜截面的方位角 α 用 α_0 表示，可得到

$$\tan 2\alpha_0=\frac{-2\tau_x}{\sigma_x} \tag{8-17}$$

由式 8-17 可得 α_0 和 α_0+90° 两个解，由一阶导数等于零的含义知，在 α_0 和 α_0+90° 两个

相互垂直面上的正应力具有极值，其中一个必是最大值，另一个是最小值。

从式(8-17) 可求出 $\sin2\alpha_0$ 和 $\cos2\alpha_0$ 以及 $\sin2(\alpha_0+90°)$ 和 $\cos2(\alpha_0+90°)$，再代入式(8-16) 得 $\tau_{\alpha_0}=0$，$\tau_{\alpha_0+90°}=0$，说明最大正应力和最小正应力作用面上的切应力等于零。我们称最大正应力和最小正应力作用面为主平面，主平面上的正应力为主应力。

将 $\sin2\alpha_0$、$\cos2\alpha_0$、$\sin2(\alpha_0+90°)$ 和 $\cos2(\alpha_0+90°)$ 代入式(8-15)，经简化得

$$\left.\begin{matrix}\sigma_{\max}\\ \sigma_{\min}\end{matrix}\right\}=\frac{\sigma_x}{2}\pm\sqrt{\left(\frac{\sigma_x}{2}\right)^2+\tau_x^2} \tag{8-18}$$

从式(8-18) 可以求出 $\sigma_{\max}$ 和 $\sigma_{\min}$ 的值，要知道 $\sigma_{\max}$ 的方位角，即 $\sigma_{\max}$ 与 x 轴成 α_0 角还是成 $\alpha_0+90°$ 角，则需将 α_0 再代入式(8-15)，如果求出的 α_0 等于 $\sigma_{\max}$ 值，则 $\sigma_{\max}$ 所在平面的方位角是 α_0，否则是 $\alpha_0+90°$。

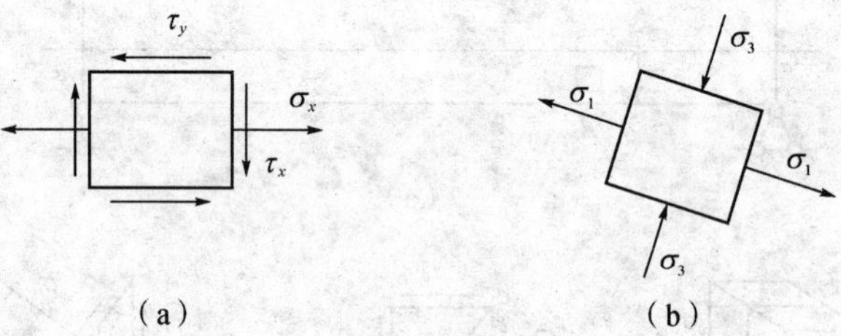

图 8-28

在应力单元体上，有三对平面，所以存在三个主应力。图 8-28(a) 是梁内取出的任一点 A 的单元体，可由式(8-18) 求出 $\sigma_{\max}$ 和 $\sigma_{\min}$ 这两个应力为主应力，一个为正值，另一个为负值，而 z 方向的主应力等于零。三个主应力我们规定按代数值排列，即 $\sigma_1>\sigma_2>\sigma_3$。所以，这种单元体上的主应力 $\sigma_1=\sigma_{\max}$，$\sigma_2=0$，$\sigma_3=\sigma_{\min}$。(图 8-28(b))。

3. 最大切应力及其作用平面

式(8-16)τ_α 也是 α 的连续函数，将 τ_α 对 α 求一阶导数，并使一阶导数等于零，且令 $\alpha=\beta_0$，推导即可得到

$$\tan 2\beta_0=\frac{\sigma_x}{2\tau_x} \tag{8-19}$$

式(8-19) 同样有两个解 β_0 和 $\beta_0+90°$，这两个互相垂直面上有极值切应力，且

$$\tau_{\beta_0}=-\tau_{\beta_0+90°}$$

其中一个是最大值，另一个是最小值。再由式(8-19) 求出 $\sin2\beta_0$，$\cos2\beta_0$，然后代入式(8-16)，即可得到切应力极值

$$\left.\begin{matrix}\tau_{\max}\\ \tau_{\min}\end{matrix}\right\}=\pm\sqrt{\left(\frac{\sigma_x}{2}\right)^2+\tau_x^2} \tag{8-20}$$

若将式(8-18) 中的 $\sigma_{\max}$ 减去 $\sigma_{\min}$ 并除以 2，也可得出 $\tau_{\max}$，即

$$\tau_{\max}=\frac{\sigma_{\max}-\sigma_{\min}}{2}=\sqrt{\left(\frac{\sigma_x}{2}\right)^2+\tau_x^2} \tag{8-21}$$

在梁内取出的任一点应力单元体中求出的最大正应力 $\sigma_{\max}$ 为正值，而最小正应力 $\sigma_{\min}$ 为负值，所以

$$\sigma_{\max}=\sigma_1$$
$$\sigma_{\min}=\sigma_3$$

单元体前后面上正应力等于零，等于零的正应力也是主应力，是主应力 σ_2，主应力单元体见图 8-29。

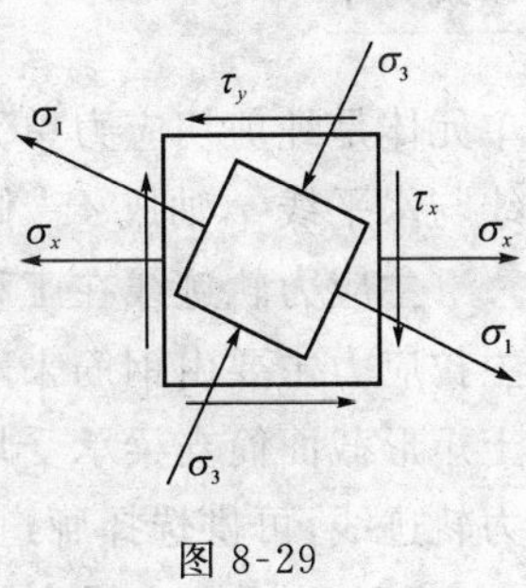

图 8-29

三、梁内主应力及主应力迹线

1. 梁内主应力

在梁中任意截面 m-m 上取五点（如图 8-30(a)），围绕各点作出五个应力单元体，分别计算出各点横截面上的应力 σ_x 和 τ_x，然后计算各点的主应力值和其所在平面方位。画各点的应力单元体，如图 8-30(b) 所示。

点 1 和点 5 只有一个正应力，无切应力，是主应力单元体，属单向应力状态；点 3 只有切应力，无正应力，称纯剪切应力状态，点 3 的主应力与 x 轴成 $\pm 45°$，且数值都等于 τ_x，这种两个主应力均不等于零的单元体称二向应力状态。点 2 和点 4 是一般平面应力状态下的点，主应力方向如图 8-30(b) 所示，它们也是二向应力状态。如果三个主应力均不等于零，则称三向应力状态，例如，钢轨在火车轮压作用下属于三向受压应力状态。

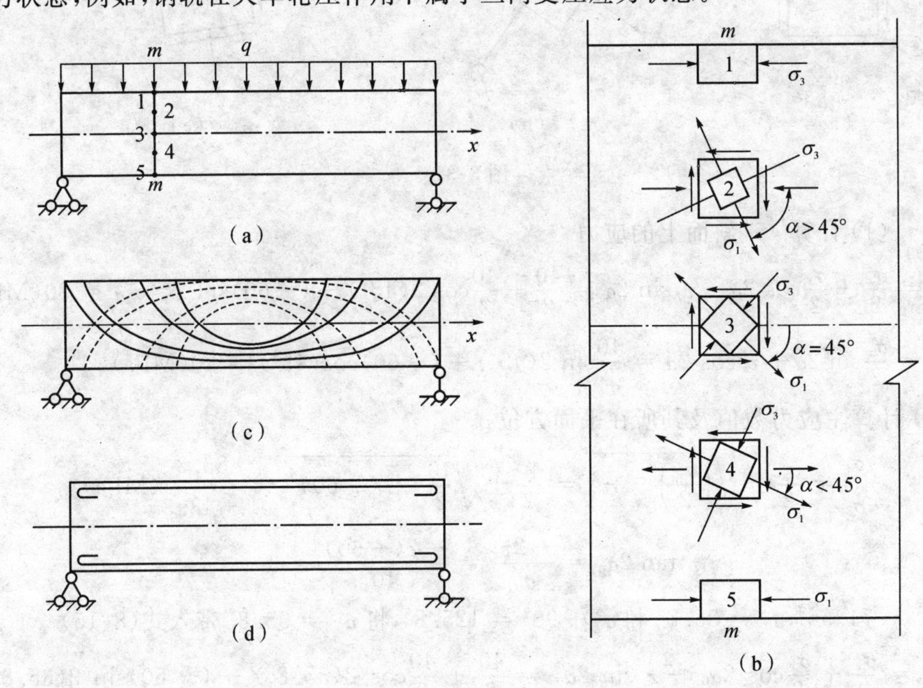

图 8-30

2. 梁内主应力迹线

分析梁上更多横截面上各点处的主应力情况，我们就可以得到说明主应力方向的变化图像，这种图像称主应力迹线。由主应力的性质可知，梁内主应力有主拉应力 σ_1 和主压应力 σ_3，它们的方向必互相正交。根据所得资料，我们可以绘出两组互相正交的曲线，一组为主拉应力迹线，另一组为主压应力迹线。矩形截面简支梁承受均布荷载作用下的两组主应力迹线绘于图 8-30(c) 中。实线代表主拉应力 σ_1，的迹线，虚线代表主压应力 σ_3 的迹线，因为在梁顶及梁底部处各点的切应力等于零，所以主应力迹线为水平或垂直方向的。在中性层处的应力单元体是纯剪切应力单元体，即这些点的单元体上无正应力，所以中性层上各点的主应力迹线与水平线 x 轴成 45° 倾斜。

主应力轨迹线在工程中是非常有用的。例如，在钢筋混凝土梁中，混凝土抗拉能力很差，主拉应力主要由钢筋来承担，所以钢筋应该尽可能地沿着主拉应力 σ_1 的方向放置。钢筋混凝土矩形截面简支梁承受均布荷载时的钢筋布置如图 8-30(d) 所示。又如在坝体中绘制主应力轨迹线，可供选择廊道、管道和伸缩缝位置以及配置钢筋时参考。

【例 8-8】 由梁内某点处截取的应力单元体如图 8-31(a) 所示，已知 $\sigma_x = 40\text{MPa}$，$\tau_x = \tau_y = 60\text{MPa}$，试求：(1) 该单元体 45° 斜面上的应力；(2) 主应力数值及其作用平面的方位，画主应力单元体；(3) 最大切应力数值及其作用平面方位，面最大切应力单元体。

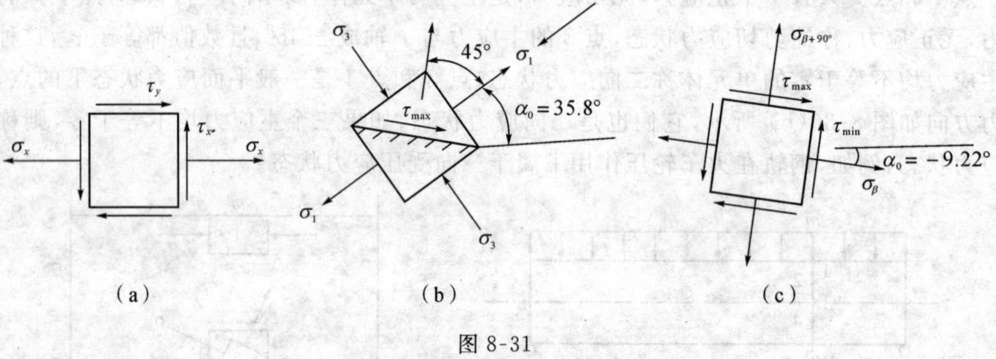

图 8-31

解 (1) 计算 45° 斜面上的应力

$$\sigma_\alpha = \frac{\sigma_x}{2} + \frac{\sigma_x}{2}\cos 2\alpha - \tau_x \sin 2\alpha = \frac{40}{2} + \frac{40}{2}\cos 2(45°) - (-60)\sin 2(45°) = 80(\text{MPa})$$

$$\tau_\alpha = \frac{\sigma_x}{2}\sin 2\alpha + \tau_x \cos 2\alpha = \frac{40}{2}\sin 2(45°) + (-60)\cos(45°) = 20(\text{MPa})$$

(2) 计算主应力数值及其所在平面方位

$$\begin{matrix}\sigma_1\\ \sigma_3\end{matrix} = \frac{\sigma_x}{2} \pm \sqrt{\left(\frac{\sigma_x}{2}\right)^2 + \tau_x^2} = \frac{40}{2} \pm \sqrt{\frac{40^2}{2} + (-60)^2} = \begin{matrix}83.3\\ -43.3\end{matrix}(\text{MPa})$$

$$\tan 2\alpha_0 = \frac{-2\tau_x}{\sigma_x} = \frac{-2(-60)}{40} = 3$$

$2\alpha_0 = 71.56°$，$\alpha_0 = 35.8°$ 和 $\alpha_0 + 90° = 125.8°$，将 $\alpha_0 = 35.8°$ 带入式(8-15)

$$\sigma_{\alpha_0} = \frac{\sigma_x}{2} + \frac{\sigma_x}{2}\cos 2\alpha_0 - \tau_x \sin 2\alpha_0 = \frac{40}{2} + \frac{40}{2}\cos 2(35.8°) - (-60)\sin 2(35.8°) =$$

83.3MPa 所以，σ_1 所在平面的方位角为 $\alpha_0 = 35.8°$，σ_3 所在平面的方位角为 $\alpha_0 + 90° = 125.8°$。主应力单元体如图 8-31(b) 所示。

(3) 最大切应力

$$\tau_{max} = \frac{\sigma_1 - \sigma_3}{2} = \frac{83.3 - (-43.3)}{2} = 63.3(\text{MPa}) \qquad \tau_{min} = 63.3\text{MPa}$$

$$\tan 2\beta_0 = \frac{\sigma_x}{2\tau_x} = \frac{40}{2(-60)} = -0.334$$

$2\beta_0 = -18.44°$，$\beta_0 = -9.22°$，$\beta_0 + 90° = 87.78°$，将 β_0 代入式(8-16) 得

$$\tau_{-9.22°} = \frac{\sigma_x}{2}\sin 2(-9.22°) + \tau_x \cos 2(-9.22°)$$

$$= \frac{40}{2}\sin(-18.44°) + (-60)\cos(-18.44°) = -63.3(\text{MPa})$$

所以，$\beta_0 = -9.22°$ 是 x 轴与 $\tau_{\min}$ 的夹角。注意，最大和最小切应力作用平面上一般有正应力，其值为

$$\sigma_{-9.22°} = \frac{\sigma_x}{2} + \frac{\sigma_x}{2}\cos 2(-9.22°) - \tau_x \sin 2(-9.22°)$$

$$= \frac{40}{2} + \frac{40}{2}\cos(-18.44°) - (-60)\sin(-18.44°) = 20(\text{MPa})$$

最大切应力作用平面与 x 轴的夹角为 $\beta_0 + 90° = 87.78°$，最大切应力作用平面上的正应力计算如下：

$$\sigma_{87.78°} = \frac{\sigma_x}{2} + \frac{\sigma_x}{2}\cos 2(87.78) - \tau_x \sin 2(87.78)$$

$$= \frac{40}{2} + \frac{40}{2}\cos(2\times 87.78) - (-60)\sin(2\times 87.78) = 20(\text{MPa})$$

最大和最小切应力作用面上的正应力相等，这是普遍规律。最大切应力单元体如图 8-31(c) 所示。

【例 8-9】　两端简支的焊接工字形钢梁如图 8-32(a) 所示。试绘出 C 截面稍左截面上 a、b 两点应力单元体，并求出单元体上应力的数值，然后求这两点的主应力。

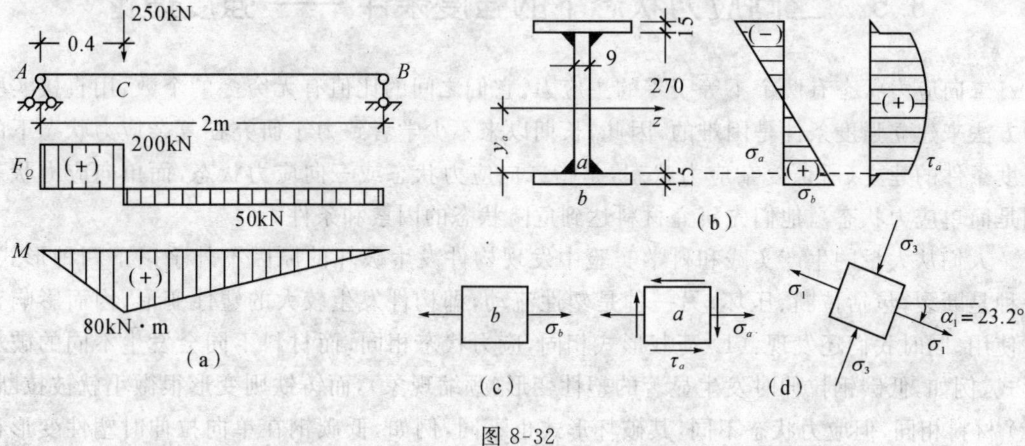

图 8-32

解　(1) 计算支座反力

$$F_A = 200\text{kN}, F_B = 50\text{kN}$$

(2) 绘制剪力图和弯矩图

F_Q 和 M 如图 8-32(a) 所示。

(3) 计算截面的几何性质

$$I_z = \frac{120\times 300^3}{12} - \frac{111\times 270^3}{12} = 88\times 10^6(\text{mm}^4) = 88\times 10^{-6}\text{m}^4$$

$$S_{za}^* = 120\times 15\times(150-7.5) = 256\times 10^3(\text{mm}^3) = 256\times 10^{-6}\text{m}^3$$

$$y_a = 135\text{mm} = 0.135\text{m}$$

(4) b 点的应力(图 8-32c)

$$\sigma_b = \frac{M_C}{I_z}y_b = \frac{80\times 10^3}{88\times 10^{-6}}\times 0.15 = 136\times 10^6(\text{Pa}) = 136\text{MPa}$$

$$\tau_b = 0$$

(5)C 截面稍左截面上 a 点应力(图 8-32d)

$$\sigma_a = \frac{M_C}{I_z} y_a = \frac{80 \times 10^3}{88 \times 10^{-6}} \times 0.135 = 122.5 \times 10^6 (\text{Pa}) \approx 123\text{MPa}$$

$$\tau_a = \frac{F_Q S_{za}^*}{I_z b} = \frac{200 \times 10^3 \times 256 \times 10^{-6}}{88 \times 10^{-6} \times 9 \times 10^{-3}} = 64.6 \times 10^6 (\text{Pa}) = 64.6\text{MPa}$$

(6)C 截面稍左截面上 a 点主应力

$$\begin{matrix}\sigma_1 \\ \sigma_3\end{matrix} = \frac{\sigma_x}{2} \pm \sqrt{\left(\frac{\sigma_x}{2}\right)^2 + \tau_x^2} = \frac{123}{2} \pm \sqrt{\left(\frac{123}{2}\right)^2 + 64.6^2} = \begin{matrix}150.7 \\ -27.7\end{matrix} \times 10^6 (\text{Pa}) = \begin{matrix}150.7 \\ -27.7\end{matrix} \text{MPa}$$

$$\tan 2\alpha_0 = \frac{-2\tau_x}{\sigma_x} = -\frac{2 \times 64.6}{123} = -1.05$$

$2\alpha_0 = -46.4°$,$\alpha_0 = -23.2°$,$\alpha_0 + 90° = 66.8°$,主应力单元体如图 8-32(e) 所示。

通过例 8-9 我们求出了梁内任一点 a 和 b 的主应力。b 点属单向应力状态,其强度条件是 $\sigma < [\sigma]$。a 点则有两个主应力 σ_1 和 σ_3,属二向应力状态,对 a 点如何进行强度校核,是下一节要讨论的内容。

8.5 二向应力状态下的强度条件 —— 强度理论

二向应力状态有两个不等于零的主应力。它们之间的比值有无穷多的个数,用直接实验的方法来建立强度条件是困难的,因此,长期以来不少学者致力于研究在复杂应力状态下的强度条件的建立(所谓复杂应力状态,是指二向应力状态或三向应力状态,而单向应力状态则是简单应力状态),他们先研究材料达到危险状态的因素和条件。

人们从大量的生产实践和科学实验中发现构件发生破坏的原因不外乎以下两种形式:一种是断裂,包括拉断、压坏;另一种是塑性流动,即构件发生较大的塑性变形,因而影响正常使用。同时我们还发现:(1) 荷载形式相同,应力状态相同,而材料不同会发生不同的破坏形式,例如,低碳钢拉伸时发生显著的塑性变形(颈缩现象),而铸铁则变形很微小就被拉断;(2) 材料相同,但应力状态不同,其破坏形式也不同,例如,低碳钢在单向拉伸时塑性变形很大,属塑性破坏。而在三向拉伸时则发生脆性拉断。

为了建立复杂应力状态下的强度条件,一些学者作出一些假说,根据这些假说建立强度条件,然后由实践加以验证。下面介绍工程中常用的几个强度理论。

一、最大拉应力理论(第一强度理论)

17 世纪,伽利略根据直观提出了这一理论。该理论认为,材料在复杂应力状态下引起破坏的原因是它的最大拉应力 σ_1 达到该材料在简单拉伸时的最大拉应力的危险值 σ_1^0。根据这一假说的破坏条件是

$$\sigma_1 = \sigma_1^0$$

其强度条件是

$$\sigma_1 \leqslant [\sigma] \qquad (8\text{-}22)$$

式中,$[\sigma]$ 仍用简单拉伸时的许用应力,实践证明此理论对于某些脆性材料是符合的,对塑性材料是不适合的。

二、最大拉应变理论(第二强度理论)

该理论是 1682 年由马里奥特(E. Mariotte) 提出的。该理论认为，材料在复杂应力状态下引起破坏的原因是最大拉应变 ε_1 达到该材料在简单拉伸时最大拉应变的危险值 ε_1^0。其破坏条件是

$$\varepsilon_1 = \varepsilon_1^0$$

强度条件是

$$\sigma_1 - \upsilon(\sigma_2 + \sigma_3) \leqslant [\sigma] \tag{8-23}$$

此处不作推导(在推导上式时要用到应力与应变之间的广义胡克定律，可参阅有关书籍)。此理论也适用于脆性材料，例如，混凝土的压缩破坏与这一理论符合。

三、最大切应力理论(第三强度理论)

该理论是由库仑(C. A. Cbulomb) 在 1773 年提出的。该理论认为，材料在复杂应力状态下引起破坏的原因是它的最大切应力达到该材料在简单拉伸或压缩时的最大切应力的危险值 τ^0。其破坏条件是

$$\tau_{\max} = \tau^0$$

强度条件是

$$\tau_{\max} \leqslant [\tau]$$

式中，$\tau_{\max}$ 为在复杂应力状态下的最大切应力，其值等于$(\sigma_1 - \sigma_3)/2$；$[\tau]$ 为许用切应力，其值等于单向拉伸时切应力的危险值 τ^0 除以安全系数 n，即

$$[\tau] = \frac{\tau^0}{n}$$

而在简单拉伸时

$$\tau^0 = \frac{\sigma^0}{2}$$

若取相同的安全系数，则

$$[\tau] = \frac{[\sigma]}{2}$$

强度条件改写为

$$\sigma_1 - \sigma_3 \leqslant [\sigma] \tag{8-24}$$

实践证明，此理论对塑性材料比较适合，因为一般塑性材料引起破坏是由于塑性流动，而这正是切应力所引起的。

四、形状改变比能理论(第四强度理论)

该理论最早是由贝尔特拉密(E. Beltralni) 于 1885 年提出的，但未被试验所证实，后于 1904 年由波兰力学家胡勃(M. T. Huber) 修改。该理论认为，材料在复杂应力状态下引起单元体单位体积形状改变的能量 u_d，达到简单拉伸时单元体的单位体积形状改变的能量 u_d^0 的危险值，即发生破坏。其破坏条件是

$$u_d = u_d^0$$

强度条件

$$\sqrt{\sigma_1^2 + \sigma_2^2 + \sigma_3^2 - \sigma_1\sigma_2 - \sigma_2\sigma_3 - \sigma_1\sigma_3} \leqslant [\sigma] \tag{8-25}$$

在二向应力状态下，即 $\sigma_2 = 0$ 时，

$$\sqrt{\sigma_1^2 + \sigma_3^2 - \sigma_1\sigma_3} \leqslant [\sigma] \tag{8-26}$$

式(8-25)的推导可参阅其他书籍，式中，$[\sigma]$ 均是简单拉伸时的许用应力，并且即使在复杂应力状态下，也只要运用简单拉伸实验的结果，不必作无穷多的实验。

实验证明，塑性材料符合第四强度理论，且按此理论计算的结果，较按第三强度理论计算的结果经济，所以，目前的钢结构计算中用的是这一理论。下面举例说明，梁内翼板与腹板交界点应用强度理论进行强度校核的方法。

除以上 4 个强度理论外，在工程地质与土力学中还经常用到"莫尔强度理论"。该理论的详细论述参见有关书籍，这里不作具体介绍。

【例 8-10】 一铸铁零件，在危险点处的应力状态主应力 $\sigma_1 = 24\text{MPa}$，$\sigma_2 = 0$，$\sigma_3 = -36\text{MPa}$。已知材料的 $[\sigma_1] = 35\text{MPa}$，$\upsilon = 0.25$，试校核其强度。

解 因为铸铁是脆性材料，因此选用第二强度理论，

$$\sigma_{xd2} = \sigma_1 - \upsilon(\sigma_2 + \sigma_3) = 24 - 0.25 \times (0 - 36) = 33(\text{MPa}) < [\sigma_1] = 35\text{MPa}$$

所以零件是安全的。

如果采用第三强度理论，

$$\sigma_{xd3} = \sigma_1 - \sigma_3 = 24 - (-36) = 60(\text{MPa}) > [\sigma_1] = 35\text{MPa}$$

即按第三强度理论计算，零件不安全，但实际是安全的，这是因为铸铁属脆性材料，不适合于应用第三强度理论。

【例 8-11】 用第四强度理论校核例题 8-9 中 a 点的强度，已知许用应力 $[\sigma] = 170\text{MPa}$

解 由例 8-9 知：a 点的主应力 $\sigma_1 = 150.7\text{MPa}$，$\sigma_3 = -27.7\text{MPa}$，$\sigma_2 = 0$，代入式(8-26)，得

$$\begin{aligned}\sqrt{\sigma_1^2 + \sigma_3^2 - \sigma_1\sigma_3} &= \sqrt{150.7^2 + (-27.7)^2 - 150.7 \times (-27.7)} \\ &= 133.3(\text{MPa}) \leqslant [\sigma] = 170\text{MPa}\end{aligned}$$

由第四强度理论校核结果满足要求。

在平面应力状态下，如果 $\sigma_x \neq 0$，$\tau_x \neq 0$，而 $\sigma_y = 0$ 时，该单元体的主应力为

$$\begin{matrix}\sigma_1 \\ \sigma_3\end{matrix} = \frac{\sigma_x}{2} \pm \sqrt{\left(\frac{\sigma_x}{2}\right)^2 + \tau_x^2}$$

代入第三强度理论，得

$$\sigma_1 - \sigma_3 = \sqrt{\sigma_x^2 + 4\tau_x^2}$$

故第三强度理论可改写为下面形式

$$\sqrt{\sigma_x^2 + 4\tau_x^2} \leqslant [\sigma] \tag{8-27}$$

将主应力公式代入式(8-26)，则第四强度理论可改写为

$$\sqrt{\sigma_x^2 + 3\tau_x^2} \leqslant [\sigma] \tag{8-28}$$

应用上述公式，只需求出单元体横截面上的应力 σ_x 和 τ_x，直接代入式(8-27)或式(8-28)校核其强度，不必先求出主应力 σ_1 和 σ_3。这样就简化了计算工作。

【例 8-12】 一工字钢简支梁及所受荷载如图 8-33(a)所示。已知材料的容许应力 $[\sigma] = 170\text{MPa}$，$[\tau] = 100\text{MPa}$。试由强度计算，选择工字钢的型号。

解 首先作出梁的剪力图和弯矩图，如图 8-33(b)(c)所示。

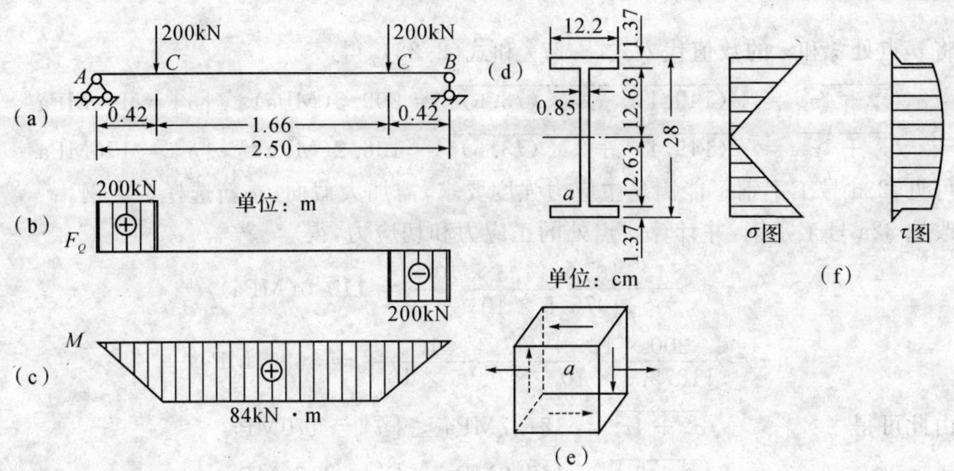

图 8-33

(1) 正应力强度计算。由弯矩图可见，CD 段梁内各横截面的弯矩相等且为最大值，M_{max} $= 84\text{kN} \cdot \text{m}$。所以这段梁上各横截面均为危险截面。由正应力强度条件式(8-12)，工字钢梁所需的抗弯截面系数为

$$W \geqslant \frac{M_{max}}{[\sigma]} = \frac{84 \times 10^3}{170 \times 10^6} = 494 \times 10^{-6}(\text{m}^3) = 494\text{cm}^3$$

查型钢表，选用 28a 号工字钢，$W = 508.15\text{cm}^3$，$I = 7114.14\text{cm}^4$。

(2) 切应力强度计算。由剪力图可见，AC 段梁和 DB 段梁内各横截面的剪力相同（仅正负号不同），均为危险截面，$F_{Q\max} = 200\text{kN}$。由切应力强度条件(8-14)式校核切应力强度。查型钢表，28a 号工字钢的 $I/S = 24.62\text{cm}$，腹板宽度 $d = 0.85\text{cm}$，所以

$$\tau_{max} = \frac{F_{Q\max}}{\dfrac{I}{S} \times d} = \frac{200 \times 10^3}{24.62 \times 0.85 \times 10^{-4}} = 95.6(\text{MPa}) < [\tau]$$

可见，28a 号工字钢可满足切应力强度要求。

(3) 主应力强度校核。由剪力图和弯矩图可见，C 点稍左横截面上和 D 点稍右横截面上，同时存在最大剪力和最大弯矩。又由这两个横截面上的应力分布如图 8-33(f) 所示，可见，在工字钢腹板和翼缘的交界点处，同时存在正应力和切应力，并且两者的数值都较大。这些点是否危险，也需要作强度校核。由于这些点处于二向应力状态，需要求出主应力，再代入强度理论的强度条件进行强度校核，所以称为主应力强度校核。现在对 C 点稍左横截面腹板与下翼缘的交界点处，即如图 8-33(d) 所示中的 a 点作强度校核（也可对该截面腹板与上翼缘的交界点处作强度校核，结果相同）。从 a 点处取出一单元体，如图 8-33(e) 所示。单元体上的 σ 和 τ 是 a 点处的正应力和切应力，它们可由简化的截面尺寸，如图 8-33(d) 所示，分别求得

$$\sigma = \frac{My}{I_z} = \frac{84 \times 10^3 \times 12.63 \times 10^{-2}}{7114.14 \times 10^{-8}} = 149.1(\text{MPa})$$

$$\tau = \frac{F_Q S_z^*}{I_z b} = \frac{200 \times 10^3 \times 222.5 \times 10^{-6}}{7114.14 \times 10^{-8} \times 0.85 \times 10^{-2}} = 73.6(\text{MPa})$$

式中，S_z^* 是下翼缘的面积对中性轴的面积矩，其值为

$$S_z^* = 12.4 \times 1.37 \times \left(12.63 + \frac{1.37}{2}\right) = 222.5(\text{cm}^3)$$

将 a 点处 σ 和 τ 的数值代入式(8-27) 和式(8-28),得

$$\sqrt{\sigma_x^2+4\tau_x^2}=\sqrt{(149.1)^2+4\times(73.6)^2}=209.5(\text{MPa})>[\sigma]=170\text{MPa}$$

$$\sqrt{\sigma_x^2+3\tau_x^2}=\sqrt{(149.1)^2+3\times(73.6)^2}=196.2(\text{MPa})>[\sigma]=170\text{MPa}$$

可见,28a 号工字钢不能满足主应力强度要求,需加大截面,重新选择工字钢。

改选 32a 号工字钢,并计算 a 点处的正应力和切应力,得

$$\sigma=\frac{84\times10^3\times14.5\times10^{-2}}{11075.5\times10^{-8}}=110.0(\text{MPa})$$

$$\tau=\frac{200\times10^3\times267.4\times10^{-6}}{11075.5\times10^{-8}\times0.95\times10^{-2}}=56.5(\text{MPa})$$

由此可得

$$\sqrt{\sigma_x^2+4\tau_x^2}=157.7\text{MPa}<[\sigma]=170\text{MPa}$$

$$\sqrt{\sigma_x^2+3\tau_x^2}=147.2\text{MPa}<[\sigma]=170\text{MPa}$$

可见,32a 号工字钢能满足主应力强度要求。显然,该梁最大正应力和最大切应力也能满足强度要求。

从这一例题可知,为了全面校核梁的强度,除了需要作正应力和切应力强度计算外,有时还需要作主应力强度校核。一般地说,在下列情况下,需作主应力强度校核:

(1) 弯矩和剪力都是最大值或者接近最大值的横截面。

(2) 梁的横截面宽度有突然变化的点处,如工字形和槽形截面翼缘和腹板的交界点处。但是,对于型钢,由于在腹板和翼缘的交界点处做成圆弧状,因而增加了该处的横截面宽度,所以,主应力强度是足够的。只有对那些由 3 块钢板焊接起来的工字钢梁或槽形钢梁才需作主应力强度校核。

8.6 弯曲中心的概念*

当梁产生纯弯曲时,横截面上只产生正应力,不产生切应力,所以外力作用在任一平行于形心主惯性平面的平面内时,梁只发生平面弯曲。但对于剪切弯曲,由于截面上除有正应力外,还有切应力。在这种情况下,只有当横向外力作用在平行于形心主惯性平面的某一特定平面中,梁才只产生平面弯曲。否则,梁还会扭转。下面对开口薄壁截面梁进行分析。

如图 8-34(a) 所示一槽形截面梁,在竖向无纵向对称面。根据实验,若外力 F 作用在形心主惯性平面(xCy 平面) 内,则梁除弯曲外,还要扭转。若外力作用在距形心主惯性平面为 e 的平行平面内时,则梁只产生平面弯曲,如图 8-34(b) 所示。现分析为什么会出现这一现象。

假想将如图 8-34(a) 所示的悬臂梁在任意横截面处截开,取前面一段梁研究,并如图 8-35(a) 所示放置。可以确定槽形截面的腹板上和翼缘上的切应力方向,它们形成切应力流。切应力的分布如图 8-35(b) 所示。

对于槽形截面梁,截面腹板上存在竖向切应力,上下翼缘内存在水平切应力,且切应力的方向遵循"切应力流" 规律,如图 8-35(c) 所示。将腹板上切应力的总和及上、下翼缘上的切应力总和分别用合力 F_Q 及 F_H 来表示,如图 8-35(c) 所示。其上、下翼缘的剪力形成一力偶矩 F_Hh',力 F_Q 和力偶矩 F_Hh' 合成为通过 A 点的合力 F_Q,它就是横截面上的剪力,如图 8-35(d) 所示。由于剪力 F_Q 与外力 F 不在同一纵向平面内,两者将使梁产生扭转变形。在截面上必然存在一个扭矩(否则不能满足平衡条件 $\sum M_x=0$)。因而,外力 F 对槽形截面来说,

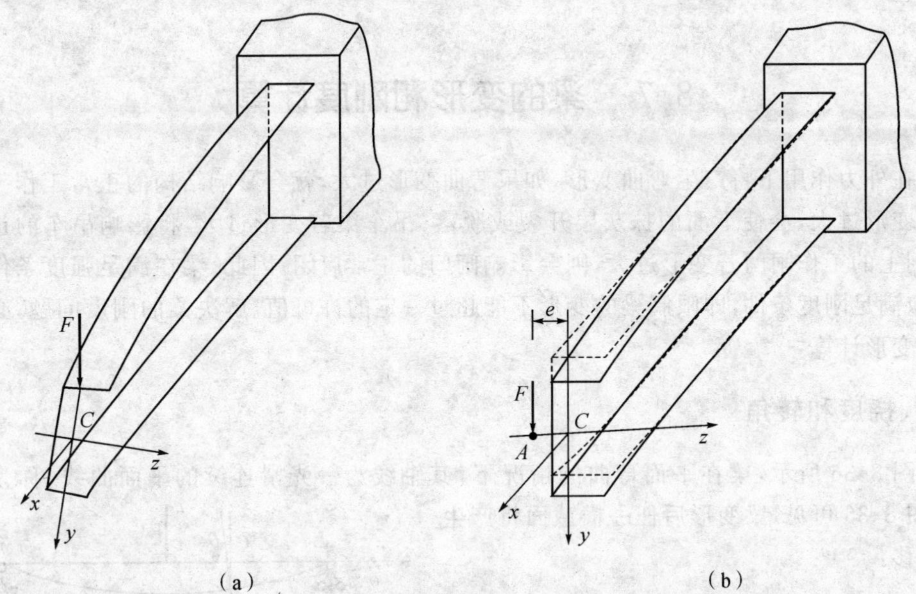

图 8-34

它除了产生弯曲外，还将产生扭转。欲使梁不产生扭转，就必须使外力 F 作用在过 A 点的纵向平面内。通常，把 A 点称为弯曲中心。也就是说，只有横向力 F 作用在通过弯曲中心的纵向平面内时，梁才只产生弯曲而不产生扭转。表 8-2 中绘出了几种常见截面弯曲中心的位置。

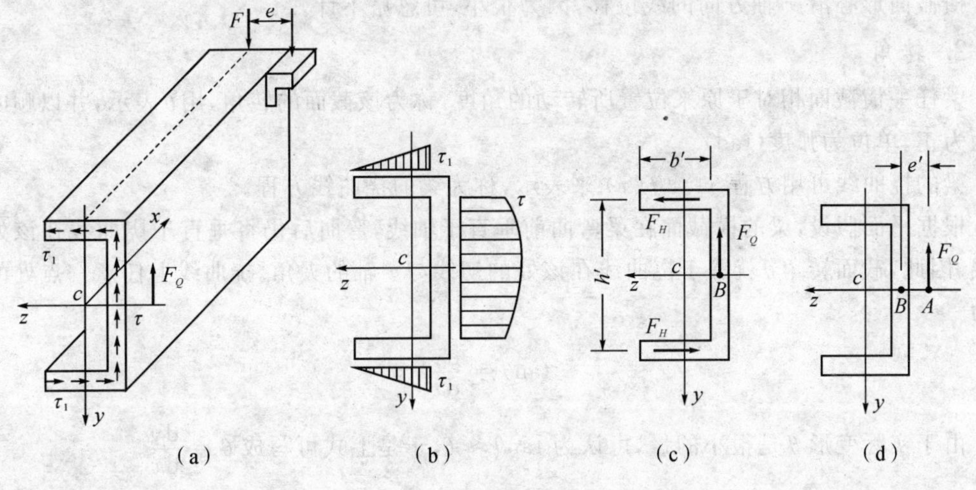

图 8-35

表 8-2　常见截面弯曲中心的位置

截面形状	b_1, A, z, h_1, e, y, t	r_0, A, z, e	A, z, y	A, z, y
弯曲中心 A 的位置	$e=\frac{b_1^2h_1^2t}{4I_z}$	$e=r_0$	位于中线交点	与形心重合

8.7 梁的变形和刚度计算

梁在外力作用下将产生弯曲变形，如果弯曲变形过大，就会影响结构的正常工作。例如，楼面梁变形过大，会使下面的抹灰层开裂或脱落；吊车梁若变形过大，将影响吊车的正常运行；水闸上的工作闸门若变形过大，则会影响闸门的正常启闭。因此，梁在满足强度条件的同时，还应满足刚度条件，即限制梁的变形不能超过一定的许可值。解决梁的刚度问题，必须研究梁的变形计算。

一、挠度和转角

如图 8-36 所示，梁在平面弯曲的情况下，其轴线为一光滑连续的平面曲线，称为挠曲线。由图 8-36 可见，梁变形后任一横截面将产生两种位移：

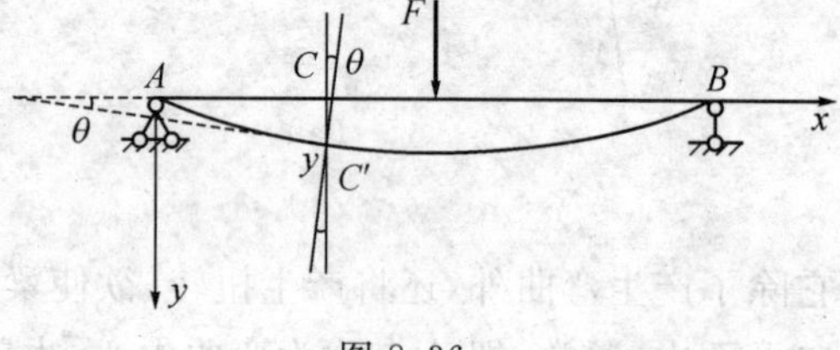

图 8-36

1. 挠度

梁任一横截面的形心沿 y 轴方向的线位移 CC'，称为该截面的挠度，通常用 y 表示，并以向下为正。其单位用 mm 或 m。

横截面形心沿 x 轴方向的线位移，因为很小，可忽略不计。

2. 转角

梁任一横截面相对于原来位置所转动的角度，称为该截面的转角，用 θ 表示，并以顺时针转动为正。单位为弧度(rad)。

梁的挠曲线可用方程 $y = f(x)$ 来表示，称为梁的挠曲线方程。

根据平面假设，梁的横截面在梁弯曲前垂直于轴线，弯曲后仍将垂直于挠曲线在该处的切线。因此，截面转角 θ 就等于挠曲线在该处的切线与 x 轴的夹角。挠曲线上任意一点处的斜率为

$$\tan\theta = \frac{\mathrm{d}y}{\mathrm{d}x}$$

由于实际变形 θ 是很小的量，可认为 $\tan\theta \approx \theta$。于是上式可写成 $\theta = \dfrac{\mathrm{d}y}{\mathrm{d}x}$。

上式表明，梁任一横截面的转角 θ 等于挠曲线方程的一阶导数。可见，只要确定了挠曲线方程，就可以计算任意截面的挠度和转角。由此可知，计算梁的挠度和转角，关键在于确定挠曲线方程。

二、梁的挠曲线近似微分方程

由式(8-1)知，梁在纯弯曲时的曲率表达式为

$$\frac{1}{\rho} = \frac{M_z}{EI_z}$$

对于跨度远远大于截面高度的梁在横力弯曲时，剪力对弯曲变形的影响很小，可以略去不计，所以上式仍可应用。但这时的 M_z、ρ 都是 x 的函数，故对等截面梁，应将上式改写为

$$\frac{1}{\rho(x)}=\frac{M_z(x)}{EI_z} \tag{f}$$

由微分学知，平面曲线的曲率与曲线方程之间存在下列关系

$$\frac{1}{\rho}=\pm\frac{\dfrac{d^2y}{dx^2}}{\left[1+\left(\dfrac{dy}{dx}\right)^2\right]^{\frac{3}{2}}}$$

在小变形的条件下，$\frac{dy}{dx}$ 是一个很小的量，而$(\frac{dy}{dx})^2$ 则更小，可以略去不计，于是上式可简化为

$$\frac{1}{\rho}=\pm\frac{d^2y}{dx^2} \tag{g}$$

比较(f)(g) 两式，可得

$$\frac{d^2y}{dx^2}=\pm\frac{M_z(x)}{EI_z}$$

式中的正负号与弯矩的正负号规则和选取的坐标系有关，若采用如图 8-37 所示坐标系和第 4 章关于弯矩的正负号规定，则正弯矩对应二阶导数$\frac{d^2y}{dx^2}$ 的负值，而负弯矩对应二阶导数$\frac{d^2y}{dx^2}$ 的正值，故上式等号右边取负号，即

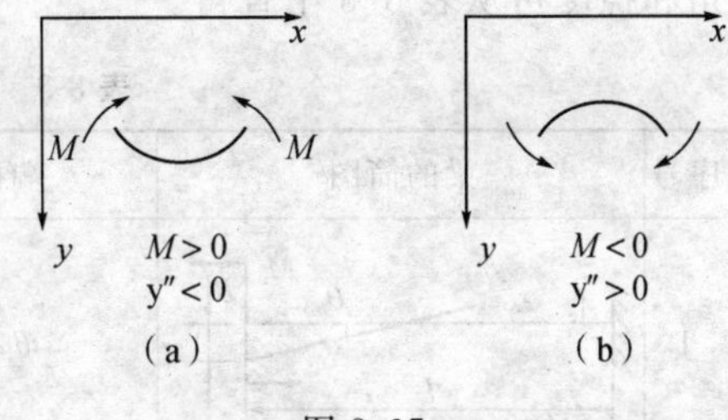

图 8-37

$$\frac{d^2y}{dx^2}=-\frac{M_z(x)}{EI_z} \tag{8-29}$$

上式略去了剪力对梁弯曲变形的影响，并且在推导过程中略去了高阶微量，曲率采用近似的公式，所以称为梁的挠曲线近似微分方程。对此微分方程求解，即可得到挠度方程和转角方程。

三、积分法计算梁的位移

对等截面梁，将式(8-29) 逐次积分，便得到梁的转角和挠度方程

$$\theta(x)=\frac{dy}{dx}=-\frac{1}{EI_z}\left[\int M_z(x)dx+C\right] \tag{8-30}$$

$$y(x)=-\frac{1}{EI_z}\left\{\int\left[\int M_Z(x)dx\right]dx+Cx+D\right\} \tag{8-31}$$

这种应用两次积分法求出挠曲线方程的方法称为积分法。方程中的积分常数可通过挠曲线上已知的位移条件(通常称之为边界条件) 来确定。例如，如图 8-38(a) 所示中简支梁，左、右两支座处的挠度 y_A 和 y_B 都等于零；如图 8-38(b) 所示中，悬臂梁在固定端处的挠度 y_A 和转角 θ_A 都等于零等。

如果梁的弯矩方程须分段写出时，则各段梁的挠曲线近似微分方程将不同。因此，在对各段梁的微分方程积分时都将出现两个积分常数。要确定这些积分常数，除了利用支承处的边界条件之外，还应该根据挠曲线为光滑连续曲线这一特征，利用相邻两段梁在分段处位移的连续条件，即两段梁在分段处应具有相同的挠度和转角。

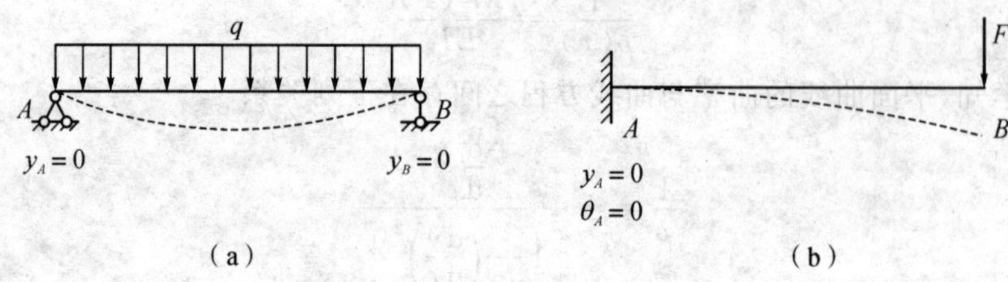

图 8-38

四、叠加法求挠度和转角

用积分法求梁某一截面的位移，其计算过程较繁，工程上常用叠加法来求。所谓叠加法，就是首先将梁上所承受的复杂荷载分解为几种简单荷载，然后分别计算梁在每种简单荷载单独作用下产生的位移，最后，再将这些位移代数相加。由于梁在各种简单荷载作用下计算位移的公式均有表可查，因而用叠加法计算梁的位移就比较简单。梁在简单荷载作用下的转角和挠度可从表 8-3 中查得。

表 8-3　简单荷载作用下梁的变形

序号	梁的简图	端截面转角	挠曲线方程	绝对值最大的挠度
1		$\theta_B=\dfrac{M_0 l}{EI}$	$y=\dfrac{M_0 x^2}{2EI}$	$y_B=\dfrac{M_0 l^2}{2EI}$
2		$\theta_B=\dfrac{F l^2}{2EI}$	$y=\dfrac{Fx^2}{6EI}(3l-x)$	$y_B=\dfrac{Fl^3}{3EI}$
3		$\theta_B=\dfrac{Fc^2}{2EI}$	$0\leqslant x\leqslant c$ $y=\dfrac{Fx^2}{6EI}(3c-x)$ $c\leqslant x\leqslant l$ $y=\dfrac{Fc^2}{6EI}(3x-c)$	$y_B=\dfrac{Fc^2}{6EI}(3l-c)$
4		$\theta_B=\dfrac{ql^3}{6EI}$	$y=\dfrac{qx^2}{24EI}(x^2+6l^2-4lx)$	$y_B=\dfrac{ql^4}{8EI}$
5		$\theta_A=\dfrac{M_0 l}{6EI}$ $\theta_B=-\dfrac{M_0 l}{3EI}$	$y=\dfrac{M_0 x}{6lEI}(l^2-x^2)$	$x=\dfrac{l}{\sqrt{3}}$ 处 $y=\dfrac{M_0 l^2}{9\sqrt{3}\,EI}$ $x=\dfrac{l}{2}$ 处 $y_{\frac{l}{2}}=\dfrac{M_0 l^2}{16EI}$

续　表

序号	梁的简图	端截面转角	挠曲线方程	绝对值最大的挠度
6	θ_A, C, M_0, θ_B, A, B, a, b, l	$\theta_A=\frac{-M_0}{6lEI}(l^2-3b^2)$ $\theta_B=\frac{-M_0}{6lEI}(l^2-3a^2)$ $\theta_C=\frac{M_0}{6lEI}(3a^2+3b^2-l^2)$	$0\leqslant x\leqslant a$ $y=\frac{-M_0x}{6lEI}(l^2-3b^2-x^2)$ $a\leqslant x\leqslant l$ $y=\frac{M_0(l-x)}{6lEI}\cdot$ $[l^2-3a^2-(l-x)^2]$	$x=\sqrt{\frac{l^2-3b^2}{3}}$ 处 $y_C=\frac{-M_0(l^2-3b^2)^{\frac{3}{2}}}{9\sqrt{3}\,lEI}$ $x=l-\sqrt{\frac{l^2-3a^2}{3}}$ 处 $y_C=\frac{M_0(l^2-3a^2)^{\frac{3}{2}}}{9\sqrt{3}\,lEI}$
7	F, A, θ_A, C, θ_B, B, y_C, $\frac{l}{2}$, $\frac{l}{2}$	$\theta_A=-\theta_B=\frac{Fl^2}{16EI}$	$0\leqslant x\leqslant\frac{l}{2}$ $y=\frac{Fx}{48EI}(3l^2-4x^2)$	$y_C=\frac{Fl^3}{48EI}$
8	a, F, b, C, A, B, θ_A, θ_B, l	$\theta_A=\frac{Fab(l+b)}{6lEI}$ $\theta_A=\frac{-Fab(l+a)}{6lEI}$	$0\leqslant x\leqslant a$ $y=\frac{Fbx}{6lEI}(l^2-x^2-b^2)$ $a\leqslant x\leqslant l$ $y=\frac{Fb}{6lEI}[(l^2-b^2)x-$ $x^3+\frac{l}{b}(x-a)^3]$	若 $a>b$ 在 $x=\sqrt{\frac{l^2-b^2}{3}}$ 处 $y=\frac{\sqrt{3}Fb}{27lEI}(l^2-b^2)^{\frac{3}{2}}$ 在 $x=\frac{l}{2}$ 处 $y_{\frac{l}{2}}=\frac{Fb}{48EI}(3l^2-4b^2)$
9	q, A, C, B, θ_A, y_C, θ_B, $\frac{l}{2}$, $\frac{l}{2}$	$\theta_A=-\theta_B=\frac{ql^3}{24EI}$	$y=\frac{qx}{24EI}(l^3-2lx^2+x^3)$	$y_C=\frac{5ql^4}{384EI}$
10	q, C, A, B, θ_A, y_C, θ_B, a, a	$\theta_A=\frac{7qa^3}{48EI}$ $\theta_B=-\frac{3qa^3}{16EI}$	$0\leqslant x\leqslant a$ $y=\frac{qa}{24EI}(\frac{7}{2}a^2x-x^3)$ $a\leqslant x\leqslant 2a$ $y=\frac{q}{24EI}[\frac{7}{2}a^3x$ $+(x-a)^4-ax^3]$	在 $x=a$ 处 $y_C=\frac{5qa^4}{48EI}$

【例 8-13】　如图 8-39(a) 所示的悬臂梁，求自由端 A 截面的挠度和转角。

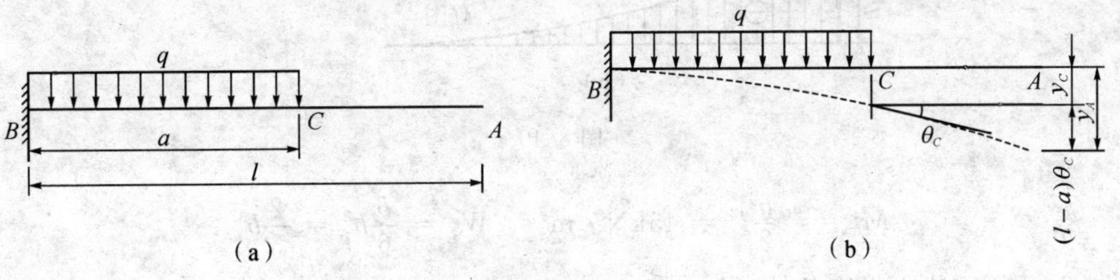

图 8-39

解 梁上虽只有一种荷载，但不能由表8-3直接计算。由图8-39可见，梁的变形分为两段，梁段 BC 相当于跨度为 a 的悬臂梁截面 C 的挠度和转角，可由表8-3查得

$$y_c = \frac{qa^4}{8EI_z} \qquad \theta_c = \frac{qa^3}{6EI_z}$$

而段梁 CA 上无荷载，它随着梁段 BC 的变形作刚性转动。所以，梁段 CA 变形后仍应保持直杆。从变形的连续性可知，截面 A 的转角与截面 C 的转角相同，而截面 A 处的挠度应由截面 C 处的挠度 y_C 再加上由于截面 C 转角的影响。考虑到小变形，$\tan\theta \approx \theta$。所以有

$$y_A = y_C + (l-a)\theta_C = \frac{qa^4}{8EI_z} + (l-a)\frac{qa^3}{6EI_z} \qquad \theta_A = \theta_c = \frac{qa^3}{6EI_z}$$

五、梁的刚度校核

根据梁的强度条件设计了梁的截面以后，还需要按梁的刚度条件检查梁的变形是否在允许的范围内，以保证梁正常工作。土建工程中常以允许的挠度与梁跨长的比值$[f/l]$作为校核的标准。梁的刚度条件可写为

$$\frac{y_{\max}}{l} \leqslant \left[\frac{f}{l}\right] \tag{8-32}$$

梁应同时满足强度条件和刚度条件，但在一般情况下，强度条件起控制作用。在设计梁时，一般先由强度条件选择截面或确定许用荷载，再按刚度条件校核。若不满足，则需按刚度条件重新设计。

【例8-14】 如图8-40(a)所示的一矩形截面悬臂梁，$q=10\text{kN/m}$，$l=3\text{m}$，容许单位跨度内的挠度值$[f/l]=1/250$，材料的许用应力$[\sigma]=12\text{MPa}$，弹性模量 $E=2\times10^4\text{MPa}$，截面尺寸比 $h/b=2$。试确定截面尺寸 h、b。

解 梁既要满足强度条件，又要满足刚度条件。可分别按强度条件和刚度条件来设计截面尺寸，取其较大者。

(1) 按强度条件 $\sigma_{\max}=\dfrac{M_{\max}}{W_z}\leqslant[\sigma]$ 设计截面尺寸。弯矩图如图8-40(b)所示。最大弯矩、抗弯截面系数分别为

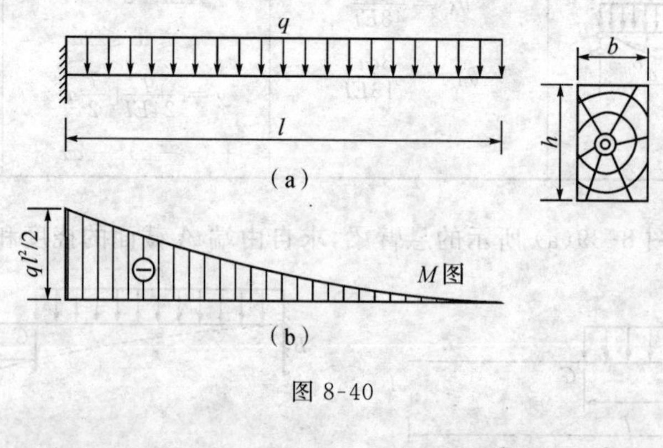

图8-40

$$M_{\max} = \frac{q}{2}l^2 = 45\text{kN}\cdot\text{m} \qquad W_z = \frac{b}{6}h^2 = \frac{2}{3}b^3$$

把 M 及 W_z 代入强度条件，得

$$b \geqslant \sqrt[3]{\frac{3M_{\max}}{2[\sigma]}} = \sqrt[3]{\frac{3 \times 45 \times 10^3}{2 \times 12 \times 10^6}} = 0.178(\mathrm{m}) = 178\mathrm{mm} \qquad h = 2b = 356\mathrm{mm}$$

(2) 按刚度条件$\frac{f_{\max}}{l} \leqslant \left[\frac{f}{l}\right]$设计截面尺寸。查表 8-3 得

$$f_{\max} = \frac{ql^4}{8EI_z}$$

又 $I_z = \frac{b}{12}h^3 = \frac{2}{3}b^4$，把 $f_{\max}$ 及 I_z 代入刚度条件，得

$$b \geqslant \sqrt[4]{\frac{3ql^3}{16\left[\frac{f}{l}\right]E}} = \sqrt[4]{\frac{3 \times 10 \times 3000^3 \times 250}{16 \times 2 \times 10^4}} = 159(\mathrm{mm}) \qquad h = 2b = 318\mathrm{mm}$$

(3) 要求的截面尺寸按大者选取，即 $h = 356\mathrm{mm}$，$b = 178\mathrm{mm}$。另外，工程上截面尺寸应符合模数要求，取整数即 $h = 360\mathrm{mm}$，$b = 180\mathrm{mm}$。

思考题

8-1　弯曲正应力在横截面上是如何分布的？当图示截面梁发生平面弯曲时，绘出横截面上的正应力沿截面高度的分布图。

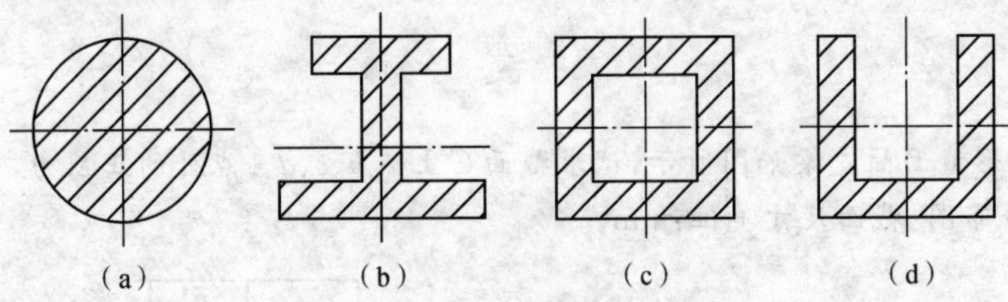

思 8-1 图

8-2　指出如图所示中各梁 m-m 截面中性轴的位置，标出该截面的受拉区和受压区，并说明各梁的最大拉应力和最大压应力分别发生在何处？

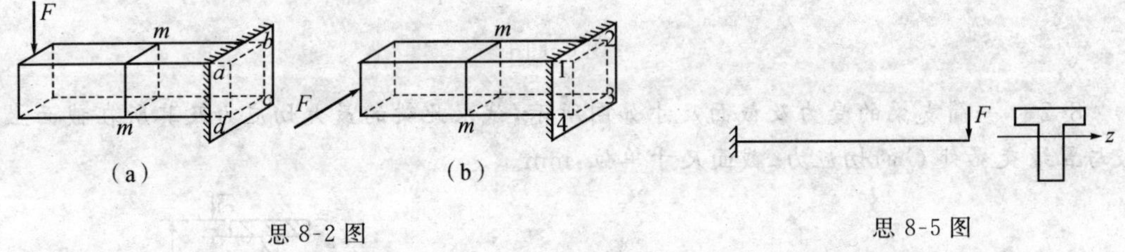

思 8-2 图　　思 8-5 图

8-3　在何种情况下需要作梁的切应力强度校核？

8-4　梁截面合理设计的原则是什么？何谓变截面梁？何谓等强度梁？如何改变梁的受力情况？

8-5　铸铁梁的荷载及横截面形状如图所示。若荷载不变，但将 T 形横截面倒置，问是否合理？

8-6　试确定如图所示杆中 A，B 点处的应力状态。

8-7　用塑性材料和脆性材料制成的梁，在强度校核和合理截面形式的选择上有何

不同？

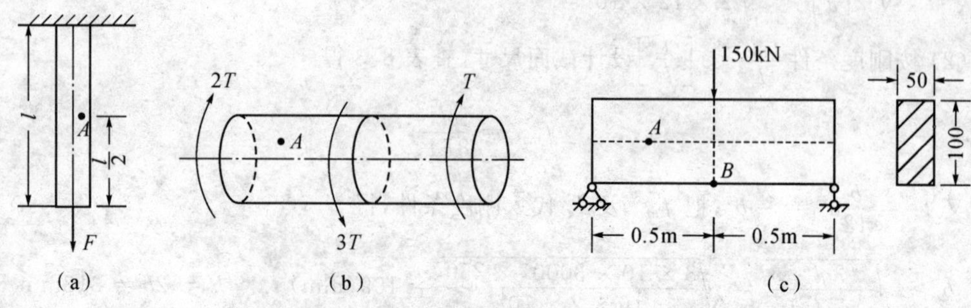

思 8-6 图

8-8　在最大正应力所在的截面上，有没有切应力？在最大切应力所在的截面上，有没有正应力？

8-9　低碳钢和铸铁试样在拉伸与扭转时的破坏形式有何不同？

8-10　试解释铸铁试样压缩时，为什么沿与轴线约成 45°角的斜截面发生破坏？

8-11　用塑性材料和脆性材料制成的梁，在强度校核和合理截面形式的选择上有何不同？

习　题

8-1　矩形截面简支梁如图所示，试求截面 C 上 a、b、c、d 4 点处的正应力，并画出该截面上的正应力分布图。截面尺寸单位：mm。

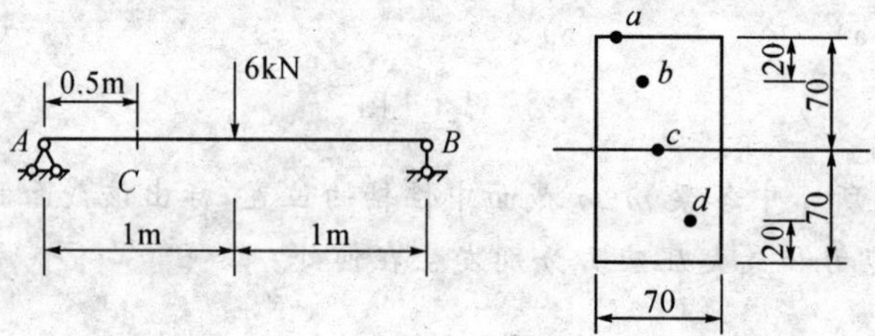

题 8-1 图

8-2　一简支梁的受力及截面尺寸如图所示，试求此梁的最大切应力及其所在截面上腹板与翼缘交界处 C 的切应力。截面尺寸单位：mm。

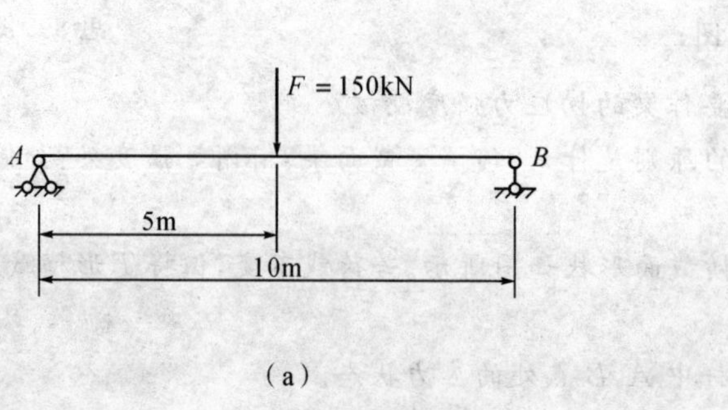

(a)

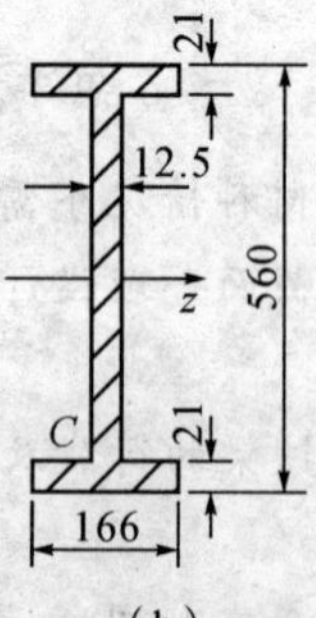

(b)

题 8-2 图

8-3　试求如图所示各梁的最大正应力及所在位置。截面尺寸单位：mm。

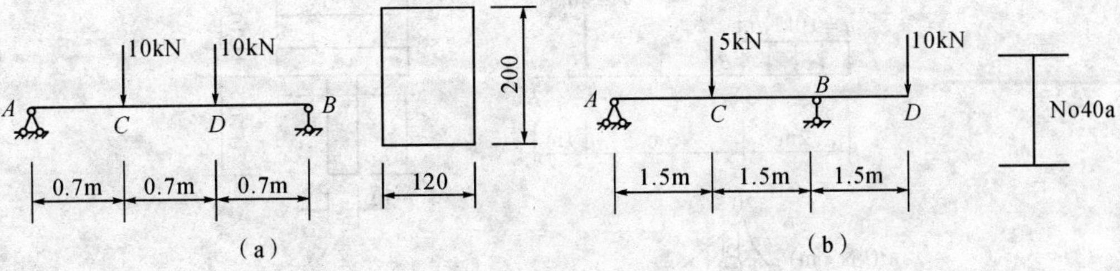

题 8-3 图

8-4　木梁的荷载如图所示，材料的许用应力$[\sigma] = 10\text{MPa}$。试设计如下 3 种截面尺寸，并比较用料量。(1) 高宽比 $h/b = 2$ 的矩形；(2) 边长为 a 的正方形；(3) 直径为 d 的圆形。

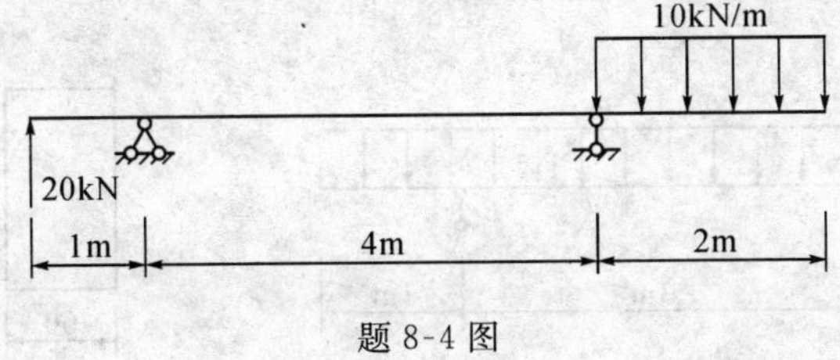

题 8-4 图

8-5　一根由 No22b 工字钢制成的外伸梁，承受均布荷载如图所示。已知 $l = 6\text{m}$，若要使梁在支座 A、B 处和跨中 C 截面上的最大正应力都为 $\sigma = 170\text{MPa}$，问悬臂的长度 a 和荷载的集度 q 各等于多少？

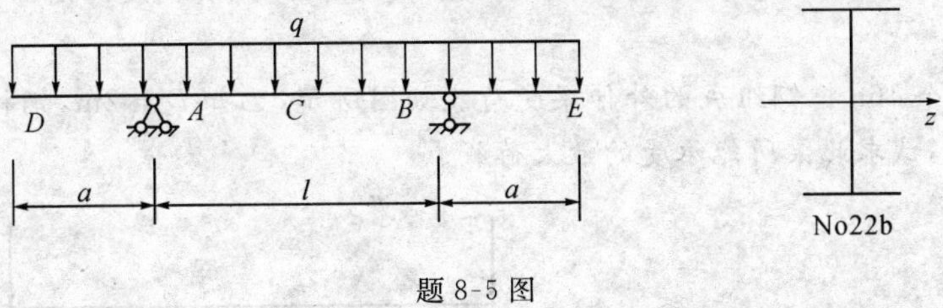

题 8-5 图

8-6　一钢梁的荷载如图所示，材料的许用应力$[\sigma] = 150\text{MPa}$，试选择钢的型号：(1) 一根工字钢；(2) 两个槽钢。

8-7　20a 号工字钢梁如图所示，若材料的许用应力$[\sigma] = 160\text{MPa}$，试求许可荷载$[F]$。

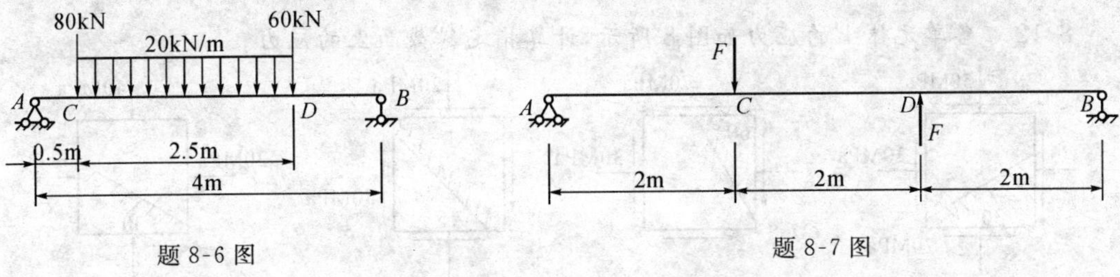

题 8-6 图　　题 8-7 图

8-8　外伸梁受力及其截面尺寸如图所示。已知材料的许用拉应力$[\sigma]_t = 30\text{MPa}$，许用压应力$[\sigma]_c = 70\text{MPa}$。试校核梁的正应力强度。

8-9　一矩形截面的木梁，其截面尺寸及荷载如图所示，已知 $q = 1.5\text{kN/m}$，许用应力$[\sigma] = 10\text{MPa}$，许用切应力$[\tau] = 2\text{MPa}$，试校核梁的正应力强度和切应力强度。

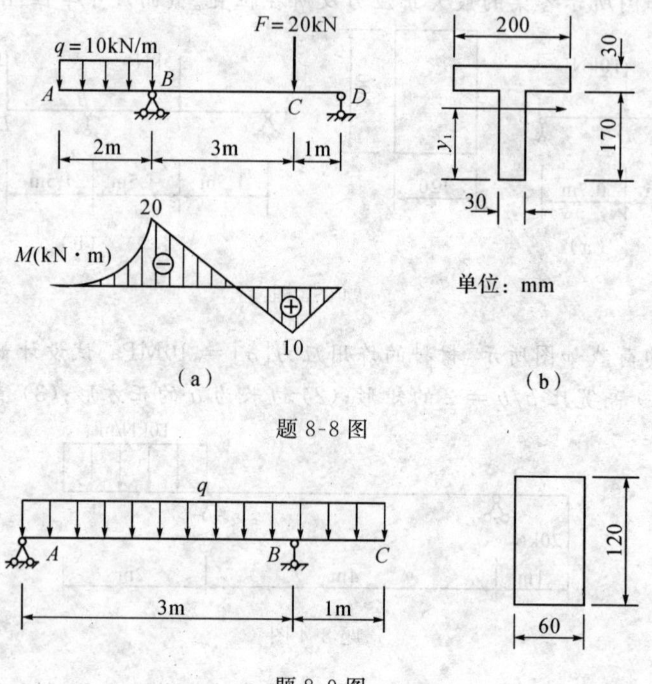

（a）　（b）

题 8-8 图

题 8-9 图

8-10　木梁受一个可移动的荷载 F 作用，如图所示，已知 $F=40\text{kN}$，木材的许用应力 $[\sigma]=10\text{MPa}$，许用切应力 $[\tau]=3\text{MPa}$。木梁的横截面为矩形，其高度比 $h/b=3/2$。试选择此梁的截面尺寸。

8-11　两个 16a 槽钢组成的外伸梁受荷载如图所示。已知 $l=2\text{m}$，钢材弯曲许用应力 $[\sigma]=140\text{MPa}$，试求此梁所能承受的最大荷载 F。

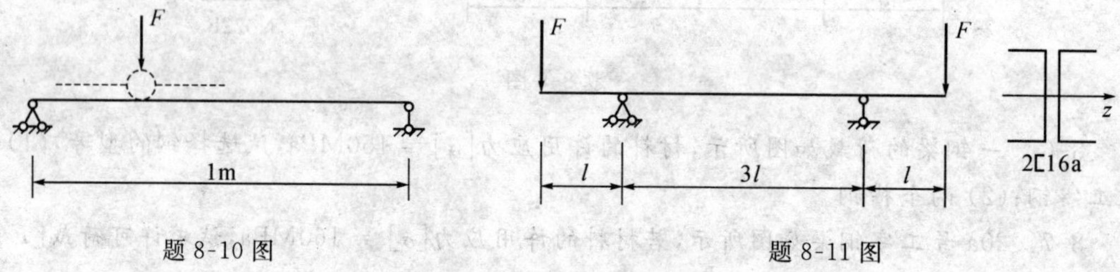

题 8-10 图　　题 8-11 图

8-12　各单元体上的应力如图 8 所示，计算指定斜截面上的应力。

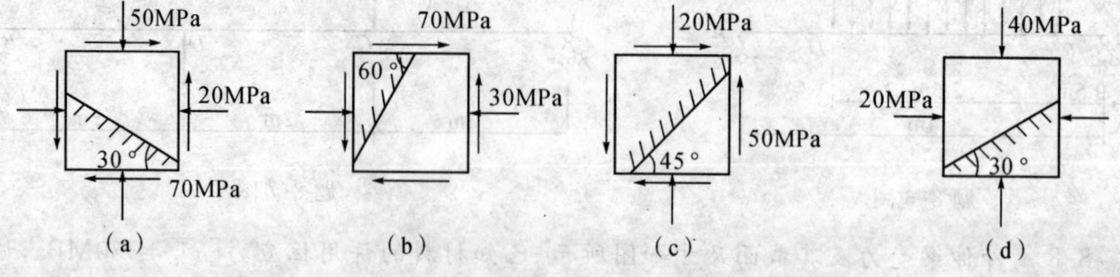

（a）　（b）　（c）　（d）

题 8-12 图

8-13　（1）计算如图所示各单元体上的主应力及其方向，并绘出主应力单元体；

（2）计算各单元体上的最大切应力。

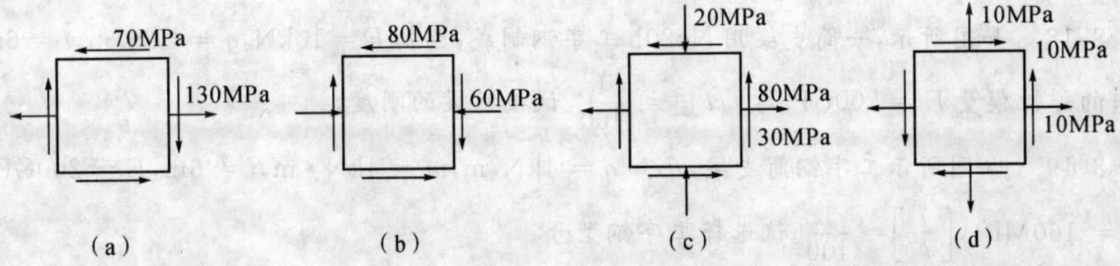

题 8-13 图

8-14　求如图所示悬臂梁危险截面上 a、b、c 3 点处主应力的大小和方向。已知 $F = 100\text{kN}, l = 2m, h = 400\text{mm}, b = 240\text{mm}$。

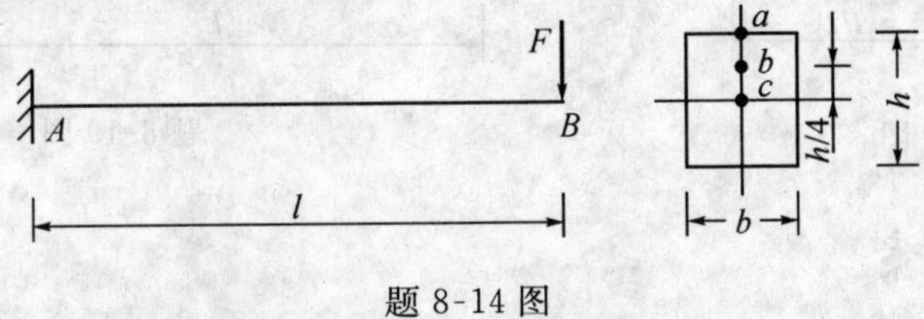

题 8-14 图

8-15　钢制圆筒上一点的主应力为 $\sigma_1 = 45\text{MPa}, \sigma_2 = 0, \sigma_3 = -120\text{MPa}$。已知钢的$[\sigma] = 160\text{MPa}$，试用第三、第四强度理论校核圆筒的强度。

8-16　如图所示的外伸梁，截面形状为工字型，受如图所示荷载作用。如需要考虑自重，试选择工字型的型号，并分别用第三及第四强度理论进行强度校核。已知$[\sigma] = 160\text{MPa}$，$[\tau] = 100\text{MPa}$。

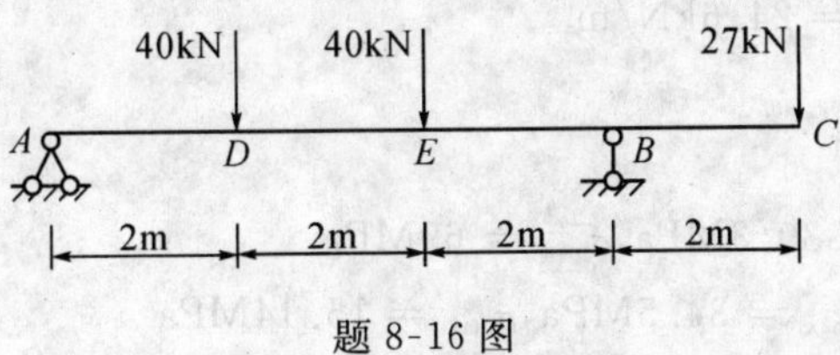

题 8-16 图

8-17　用叠加法求如图所示各梁指定截面的挠度和转角。各梁 EI 为常数。

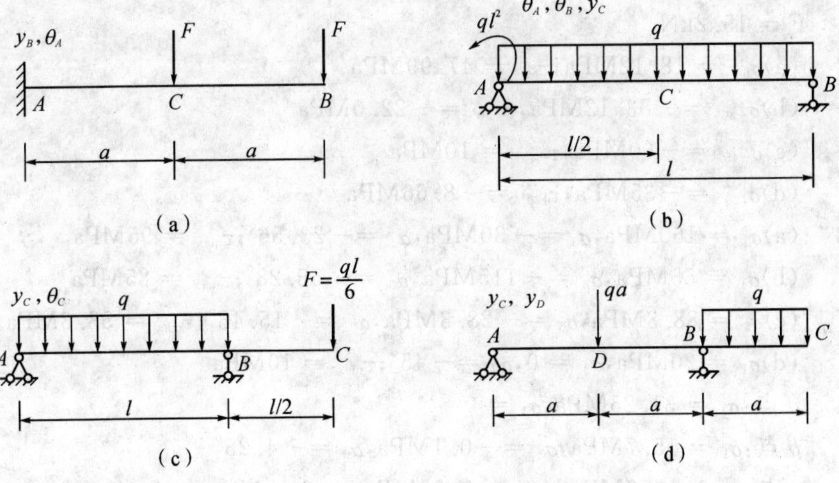

题 8-17 图

8-18　如图所示，一简支梁用No20b工字钢制成，已知 $F=10\text{kN}, q=4\text{kN/m}, l=6\text{m}$，材料的弹性模量 $E=200\text{GPa}, [f/l]=\frac{1}{400}$。试校核梁的刚度。

8-19　如图所示工字钢简支梁，已知 $q=4\text{kN/m}, m=4\text{kN}\cdot\text{m}, l=6\text{m}, E=200\text{GPa}$，$[\sigma]=160\text{MPa}, \left[\frac{f}{l}\right]=\frac{1}{400}$。试选择工字钢型号。

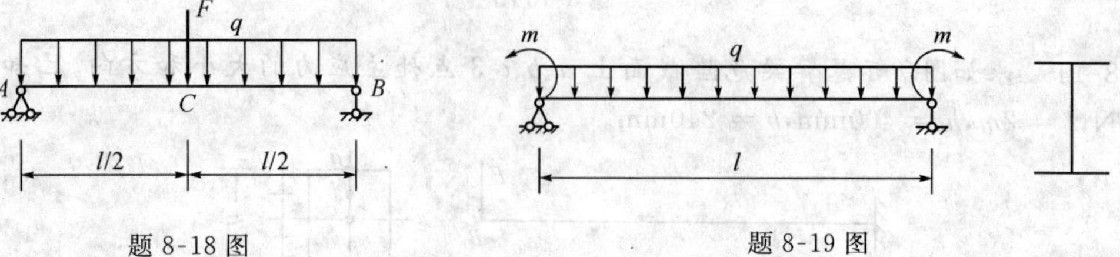

题8-18图　　题8-19图

习题参考答案

8-1　$\sigma_a=-6.56\text{MPa}, \sigma_b=-4.69\text{MPa}, \sigma_c=0, \sigma_d=4.69\text{MPa}$

8-2　$\tau_{\max}=12.53\text{MPa}, \sigma_c=148.1\text{MPa}, \tau_c=-8.6\text{MPa}$

8-3　最大压应力在CD段上边缘处 $\sigma_{\max}=-8.75\text{MPa}$

最大压应力在CD段下边缘处 $\sigma_{\max}=8.75\text{MPa}$

8-4　(1)$A_1=42050\text{mm}^2$　(2)$A_2=52900\text{mm}^2$　(3)$A_3=59365\text{mm}^2$

8-5　$a=2.12\text{m}, q=24.6\text{kN/m}$

8-6　I32a，I25b

8-7　$F=56.85\text{kN}$

8-8　B截面：$\sigma_{\max}^{+}=30.3\text{MPa}, \sigma_{\max}^{-}=69\text{MPa}$

C截面：$\sigma_{\max}^{+}=34.5\text{MPa}, \sigma_{\max}^{-}=15.14\text{MPa}$

8-9　$\sigma_{\max}=9.26\text{MPa}, \tau_{\max}=0.52\text{MPa}$

8-10　$b=140\text{mm}, h=210\text{mm}$

8-11　$F=15.2\text{kN}$

8-12　(a)$\sigma_{60^\circ}=18.12\text{MPa}, \tau_{60^\circ}=47.99\text{MPa}$

(b)$\sigma_{-30^\circ}=-83.12\text{MPa}, \tau_{-30^\circ}=-22.0\text{MPa}$

(c)$\sigma_{-45^\circ}=-60\text{MPa}, \tau_{-45^\circ}=10\text{MPa}$

(d)$\sigma_{120^\circ}=-35\text{MPa}, \tau_{120^\circ}=-8.66\text{MPa}$

8-13　(a)$\sigma_1=160\text{MPa}, \sigma_3=-30\text{MPa}, \alpha_0=-23.56^\circ; \tau_{\max}=95\text{MPa}$

(b)$\sigma_1=55\text{MPa}, \sigma_3=-115\text{MPa}, \alpha_0=-55.28^\circ; \tau_{\max}=85\text{MPa}$

(c)$\sigma_1=88.3\text{MPa}, \sigma_3=-28.3\text{MPa}, \alpha_0=-15.48^\circ; \tau_{\max}=58.3\text{MPa}$

(d)$\sigma_1=20\text{MPa}, \sigma_3=0, \alpha_0=-45^\circ; \tau_{\max}=10\text{MPa}$

8-14　a点：$\sigma_1=31.25\text{MPa}, \sigma_3=0$

b点：$\sigma_1=15.7\text{MPa}, \sigma_3=-0.1\text{MPa}, \alpha_0=-4.25^\circ$

c点：$\sigma_1=1.56\text{MPa}, \sigma_3=-1.56\text{MPa}, \alpha_0=-45^\circ$

8-15　$\sigma_{xd3}=165\text{MPa}, \sigma_{xd4}=104.5\text{MPa}$

8-16　I25a，$\sigma_{xd3} = 141.1\text{MPa}$，$\sigma_{xd4} = 140.4\text{MPa}$

8-17　(a) $y_B = \dfrac{7Fa^3}{2EI}$，$\theta_A = 0$

(b) $\theta_A = -\dfrac{7ql^3}{24EI}$，$\theta_B = \dfrac{ql^3}{8EI}$，$y_C = -\dfrac{19ql^4}{384EI}$

(c) $y_C = 0$，$\theta_C = \dfrac{ql^3}{144EI}$

(d) $y_C = \dfrac{5qa^4}{24EI}$，$y_D = \dfrac{qa^4}{24EI}$

8-18　$\dfrac{f}{l} = \dfrac{1}{266.9}$

8-19　I18

第 9 章 杆件在组合变形下的强度计算

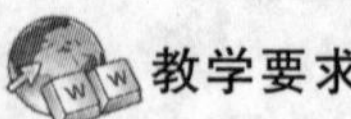

教学要求

通过本章学习，要求掌握杆件组合变形与基本变形间的关系，掌握斜弯曲、拉伸(压缩)与弯曲的组合及偏心压缩(拉伸)等组合变形的强度计算以及截面核心的概念。培养学生根据基本变形计算理论来分析复杂的实际问题的能力。

本章重点是拉伸(压缩)与弯曲的组合及偏心压缩(拉伸)组合变形的强度计算。

9.1 概 述

在实际工程中，构件在荷载作用下往往不只产生一种基本变形。同时产生两种或两种以上基本变形形式称为组合变形。例如，如图 9-1(a) 所示屋架上的檩条受到屋面传来的荷载 q 作用，由于荷载作用线不在纵向对称平面内，檩条将在 y,z 两个方向发生平面弯曲，这种组合变形称斜弯曲；如图 9-1(b) 所示的烟囱除自重引起的轴向压缩外，还有因水平风力作用

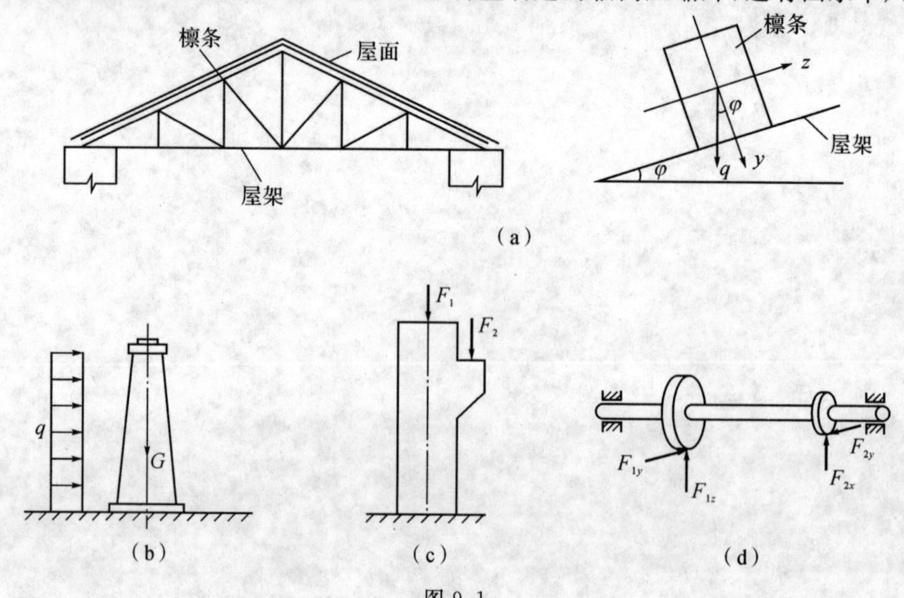

图 9-1

而产生的弯曲变形；如图 9-1(c) 所示工业厂房的承重柱同时承受屋架传来的荷载 F_1 和吊车荷载 F_2 的作用，因其合力作用线与柱子的轴线不重合，使柱子发生偏心压缩；如图 9-1(d) 所示的机器中的传动轴，在外力作用下，将发生弯曲与扭转的组合变形。

解决组合变形的基本方法是叠加法。本章所讨论的组合变形，是在材料服从虎克定律和小变形条件下，此时内力、应力、变形等参量均与荷载成线性关系，故可用叠加原理计算。其作法是首先将组合变形分解为基本变形，然后分别计算各基本变形的应力或变形，最后将其叠加起来，即得构件在组合变形时的应力或变形。即

$$\text{组合变形} \Rightarrow \left\{\begin{array}{l}\text{基本变形 1} \Rightarrow \text{内力计算} \Rightarrow \text{应力计算} \\ \text{基本变形 2} \Rightarrow \text{内力计算} \Rightarrow \text{应力计算} \\ \cdots\cdots\end{array}\right\} \Rightarrow \text{同一点应力叠加} \Rightarrow \text{强度计算}$$

$$\text{组合变形} \Rightarrow \left\{\begin{array}{l}\text{基本变形 1} \Rightarrow \text{内力计算} \Rightarrow \text{变形计算} \\ \text{基本变形 2} \Rightarrow \text{内力计算} \Rightarrow \text{变形计算} \\ \cdots\cdots\end{array}\right\} \Rightarrow \text{同一点应力叠加} \Rightarrow \text{变形计算}$$

工程中最常见的组合变形主要有下列几种：

(1) 斜弯曲。

(2) 拉伸(压缩) 与弯曲的组合。

(3) 偏心压缩(拉伸)。

(4) 弯曲与扭转的组合。

9.2　斜弯曲

平面弯曲的特点是：外力作用在梁的纵向对称平面内，变形后梁的挠曲线仍在此对称平面内，且外力作用面与中性轴垂直，如图 9-2(a) 所示。如果外力不作用在梁的纵向对称平面内，如图 9-2(b) 所示，或者外力通过弯曲中心，但在不与截面形心主轴平行的平面内，如图 9-2(c) 所示，在这种情况下，变形后梁的挠曲线所在平面与外力作用平面不重合，这种弯曲变形称为斜弯曲。

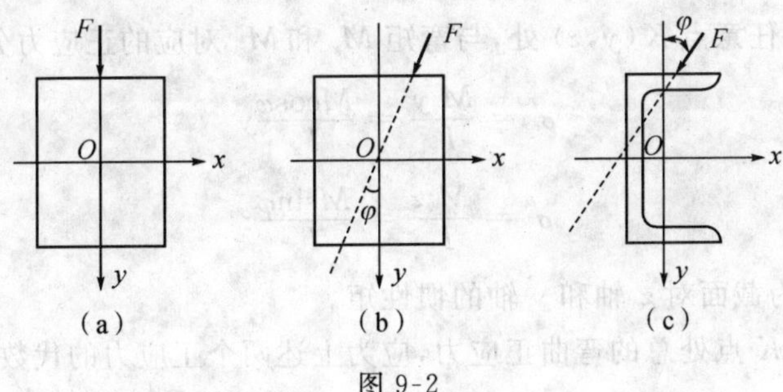

图 9-2

一、外力分析

现以矩形截面悬臂梁为例介绍斜弯曲的应力和强度计算。

如图 9-3(a) 所示，设矩形截面的形心主轴分别为 y 轴和 z 轴，作用于梁自由端的外力 $\boldsymbol{F}$ 通过截面形心，且与形心主轴 y 的夹角为 φ。

将外力 $\boldsymbol{F}$ 沿 y 轴和 z 轴分解得

$$F_y = F\cos\varphi \qquad F_2 = F\sin\varphi$$

F_y 将使梁在铅垂平面 xy 内发生平面弯曲；而 F_z 将使梁在水平平面 xz 内发生平面弯曲。可见，斜弯曲是梁在两个互相垂直方向平面弯曲的组合，故又称为双向平面弯曲。

二、内力分析

与平面弯曲一样，在斜弯曲梁的横截面上也有剪力和弯矩两种内力。但由于剪力引起的切应力数值很小，常常忽略不计。所以，在内力分析时，只考虑弯矩。

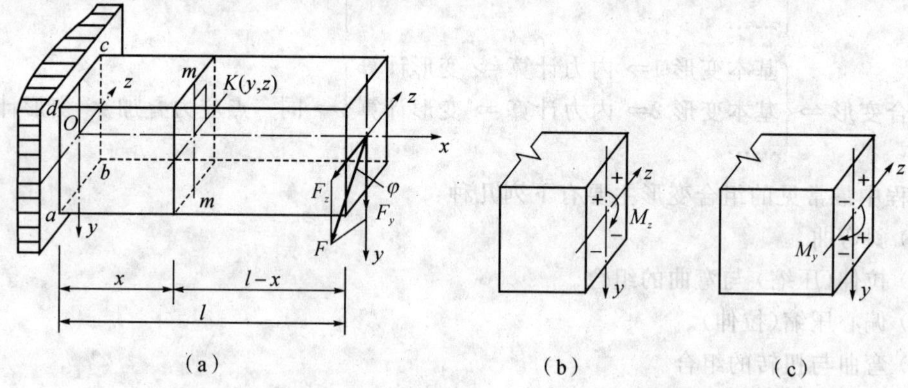

图 9-3

在距固定端为 x 的任意横截面 m-m 上由 F_y 和 F_z 引起的弯矩分别为

$$M_z = F_y(l-x) = F(l-x)\cos\varphi = M\cos\varphi$$

$$M_y = F_z(l-x) = F(l-x)\sin\varphi = M\sin\varphi$$

式中，$M = F(l-x)$ 表示力 $\boldsymbol{F}$ 在 $m-m$ 截面上产生的总弯矩。

三、应力分析

在 m-m 截面上任意点 $K(y,z)$ 处，与弯矩 M_z 和 M_y 对应的正应力分别为 σ' 和 σ''，即

$$\sigma' = \frac{M_z y}{I_z} = \frac{M\cos\varphi}{I_z}y$$

$$\sigma'' = \frac{M_y z}{I_y} = \frac{M\sin\varphi}{I_y}z$$

式中，I_z 和 I_y 分别为截面对 z 轴和 y 轴的惯性矩。

根据叠加原理，K 点处总的弯曲正应力，应为上述两个正应力的代数和，即

$$\sigma = \sigma' + \sigma'' = \frac{M_z y}{I_z} + \frac{M_y z}{I_y} = M\left(\frac{\cos\varphi}{I_z}y + \frac{\sin\varphi}{I_y}z\right) \tag{9-1}$$

这就是斜弯曲梁内任意一点正应力计算公式。

应用式(9-1) 计算应力时，M 和 y、z 均取绝对值，应力的正负号可以直接观察梁的变形，看弯矩 M_z 和 M_y 分别引起所求点的正应力是拉应力还是压应力来决定，以拉应力为正号，压应力为负号。如图 9-3(b)(c) 所示，由 M_z 和 M_y 引起的 K 点处的正应力均为拉应力，故 σ' 和 σ'' 均为正值。

四、强度计算

进行强度计算时，必须首先确定危险截面和危险点的位置。对于如图 9-3 所示的悬臂梁，当 $x=0$ 时，M_z 和 M_y 同时达到最大值。因此，固定端截面就是危险截面，根据对变形的判断，可知棱角 c 点和 a 点是危险点，其中 c 点处有最大拉应力，a 点处有最大压应力，且 $\sigma_c = |\sigma_a| = \sigma_{\max}$。设危险点的坐标分别为 $z_{\max}$ 和 $y_{\max}$，由式(9-1)可得最大正应力为

$$\sigma_{\max} = \frac{M_{z\max} y_{\max}}{I_z} + \frac{M_{y\max} z_{\max}}{I_y} = \frac{M_{z\max}}{W_z} + \frac{M_{y\max}}{W_y}$$

式中，$W_z = \dfrac{I_z}{y_{\max}}$；$W_y = \dfrac{I_y}{z_{\max}}$。

若材料的抗拉和抗压强度相等，则其强度条件为

$$\sigma_{\max} = \frac{M_{z\max}}{W_z} + \frac{M_{y\max}}{W_y} \leqslant [\sigma] \tag{9-2}$$

运用上述强度条件，同样可对斜弯曲梁进行强度校核、选择截面和确定许可荷载 3 类问题的计算。在设计截面尺寸时，因式(9-2)不能同时确定 W_z 和 W_y 两个未知量，故需首先假设一个 $\dfrac{W_z}{W_y}$ 的比值，然后和式(9-2)联解求出 W_z 和 W_y，选出截面后再按式(9-2)进行强度校核。矩形截面通常取 $\dfrac{W_z}{W_y} = 1.2 \sim 2$；工字型截面常取 $\dfrac{W_z}{W_y} = 8 \sim 10$。

五、挠度计算

杆段的挠度计算也用叠加法，由于分别计算的挠度 f_y 和 f_z 方向不同，故应几何相加求截面总挠度

$$f = \sqrt{f_y^2 + f_z^2} \qquad \tan\alpha = \frac{f_z}{f_y}$$

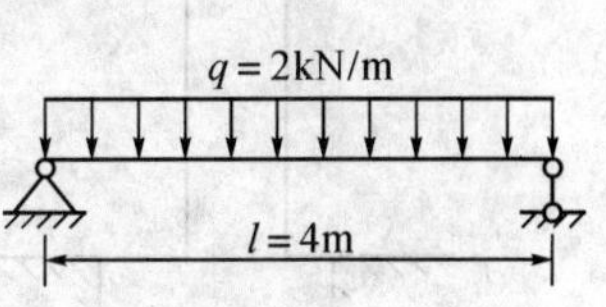

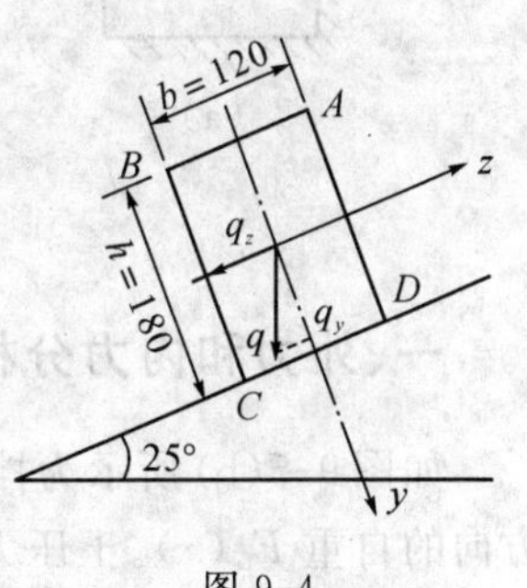

图 9-4

【例 9-1】 矩形截面木檩条，简支在屋架上，跨度 $l = 4\text{m}$，荷载及截面尺寸（单位：mm）如图 9-4 所示，材料许用应力 $[\sigma] = 10\text{MPa}$，试校核檩条强度，并求最大挠度。

解　(1) 外力分析。将均布荷载 q 沿对称轴 y 和 z 分解，得

$$q_y = q\cos\varphi = 2 \times \cos 25° = 1.81(\text{kN/m})$$

$$q_z = q\sin\varphi = 2 \times \sin 25° = 0.85(\text{kN/m})$$

(2) 内力计算。跨中截面为危险截面

$$M_z = q_y l^2/8 = 1.81 \times 4^2/8 = 3.62(\text{kN} \cdot \text{m})$$

$$M_y = q_z l^2/8 = 0.85 \times 4^2/8 = 1.70(\text{kN} \cdot \text{m})$$

(3) 强度计算。跨中截面离中性轴最远的 A 点有最大压应力，C 点有最大拉应力，它们的值大小相等，是危险点。

$$W_z = bh^2/6 = 120 \times 180^2/6 = 6.48 \times 10^5(\text{mm}^3)$$

$$W_y = hb^2/6 = 180 \times 120^2/6 = 4.32 \times 10^5(\text{mm}^3)$$

$$\sigma_{\max} = \frac{M_{z\max}}{W_z} + \frac{W_{y\max}}{W_y} = \frac{3.62 \times 10^6}{6.48 \times 10^5} + \frac{1.70 \times 10^6}{4.32 \times 10^5} = 9.52(\text{MPa}) < [\sigma]$$

檩条满足强度要求。

(4) 挠度计算。木材 $E=10\text{GPa}$,跨中截面产生最大挠度

$$f_y=\frac{5q_yl^4}{384EI_z}=\frac{5\times1.81\times10^3\times4^4}{384\times10\times10^9\times\frac{0.12\times0.18^3}{12}}=0.01093(\text{m})=10.93\text{mm}$$

$$f_z=\frac{5q_zl^4}{384EI_y}=\frac{5\times0.85\times10^3\times4^4}{384\times10\times10^9\times\frac{0.18\times0.12^3}{12}}=0.01035(\text{m})=10.35\text{mm}$$

$$f=\sqrt{f_y^2+f_z^2}=15.05\text{mm}\qquad\tan\alpha=\frac{f_z}{f_y}=1.06\qquad\alpha=46.56^\circ$$

9.3 拉伸(压缩)与弯曲的组合

当杆件同时受轴向外力和横向外力作用时,杆件将产生拉伸(压缩)与弯曲的组合变形。烟囱受自重和风力作用,如图 9-1(b) 所示,就是压缩与弯曲组合的例子。对于抗弯刚度 EI 较大的杆件,弯曲变形产生的挠度远小于横截面的尺寸,一般略去不计轴向力由于弯曲变形而产生的弯矩。认为轴向外力仅仅产生拉伸或压缩变形,而横向外力仅仅产生弯曲变形,两者各自独立。因此,仍可以用叠加原理进行计算。

下面以如图 9-5 所示挡土墙为例,介绍压缩与弯曲组合变形的强度计算。

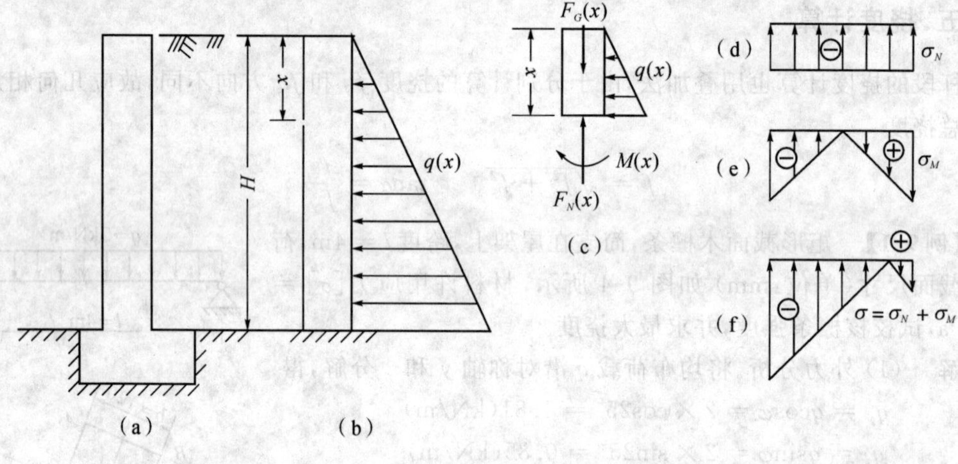

图 9-5

一、外力和内力分析

如图 9-5(b) 所示为挡土墙的计算简图,其上所受荷载有水平方向的土压力 $q(x)$ 和垂直方向的自重 $F_G(x)$。土压力使墙产生弯曲变形,自重使墙产生压缩变形。横截面上将有轴力和弯矩两种内力分量,如图 9-5(c) 所示。

二、应力分析

在距挡土墙顶端为 x 的任意截面上,由于自重作用产生均匀分布的压应力为

$$\sigma_N = -\frac{F_N(x)}{A}$$

由于土压力作用，在该截面上任一点产生的弯曲正应力为

$$\sigma_M = \pm\frac{M(x)y}{I_z}$$

因此，该截面上任一点的总应力为

$$\sigma = \sigma_N + \sigma_M = -\frac{F_N(x)}{A} \pm \frac{M(x)y}{I_z} \tag{9-3}$$

式中，第 2 项正负号由计算点处的弯曲正应力的正负号来决定，即弯曲在该点产生拉应力时取正，反之取负。应力 σ_N、σ_M 和 σ 的分布情形分别如图 9-5(d)(e)(f) 所示(图中为 $|\sigma_M| > |\sigma_N|$ 的情况)。

三、强度计算

对于所研究的挡土墙，其底部截面的轴力和弯矩均为最大，是危险截面。危险截面上的最大和最小正应力为

$$\sigma_{\min}^{\max} = -\frac{F_{N\max}}{A} \pm \frac{M_{\max}}{W_z} \tag{9-4}$$

则强度条件为

$$\sigma_{\min}^{\max} = -\frac{F_{N\max}}{A} \pm \frac{M_{\max}}{W_z} \leqslant [\sigma] \tag{9-5}$$

以上各式同样适用于拉伸与弯曲组合变形的情况，不过式中第 1 项应取正号。

【例 9-2】　承受横向均布荷载和轴向压力的矩形截面简支梁如图 9-6 所示。已知 $q = 2\text{kN/m}$，$F_N = 8\text{kN}$，$l = 4\text{m}$，$b = 100\text{mm}$，$h = 200\text{mm}$，试求梁中的最大拉应力与最大压应力。

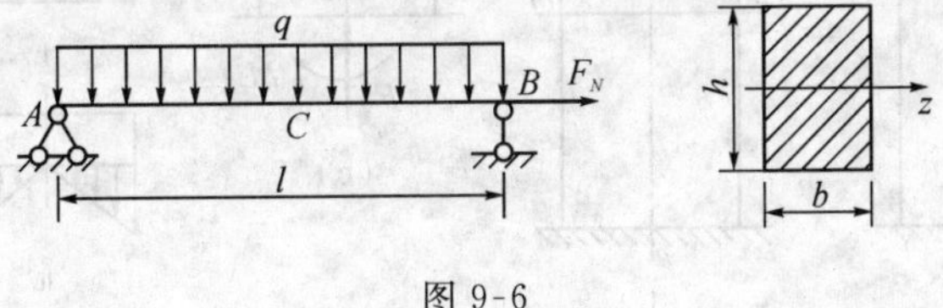

图 9-6

解　(1) 计算内力

梁在 q 作用下，其最大弯矩发生在跨中 C 截面：

$$M_{\max} = \frac{ql^2}{8} = \frac{2\times 4^2}{8} = 4(\text{kN/m})$$

梁在 F_N 作用下，梁各截面的轴力均相等，其值为：

$$F_N = 8\text{kN}$$

(2) 计算梁中最大拉应力与最大压应力

梁中最大拉应力和最大压应力分别发生在跨中 C 截面的下边缘与上边缘故

梁中最大拉应力为：

$$\sigma_{\max} = \frac{F_N}{A} + \frac{M_{\max}}{W_z} = \frac{F_N}{bh} + \frac{M_{\max}}{bh^2/6} = \frac{8\times 10^3}{0.1\times 0.2} + \frac{4\times 10^3}{0.1\times 0.2^2/6}$$

$$= (0.4 + 6)\times 10^6 = 6.4(\text{MPa})(\text{截面下边缘})$$

梁中最大压应力为：

$$\sigma_{max} = \frac{F_N}{A} - \frac{M_{max}}{W_z} = \frac{F_N}{bh} - \frac{M_{max}}{bh^2/6} = \frac{8 \times 10^3}{0.1 \times 0.2} - \frac{4 \times 10^3}{0.1 \times 0.2^2/6}$$

$$= (0.4 - 6) \times 10^6 = -5.6(\text{MPa})(截面上边缘)$$

9.4 偏心压缩(拉伸)

当作用在杆件上的外力与杆轴平行但不重合时，杆件所发生的变形称为偏心压缩(拉伸)。这种外力称为偏心力，偏心力的作用点到截面形心的距离称为偏心距，常用e表示。偏心压缩(拉伸)是工程实际中常见的组合变形形式。例如，混凝土重力坝竣工未挡水时，坝的水平截面仅受不通过形心的重力作用，此时属偏心压缩；厂房边柱，受吊车梁作用，也属于偏心压缩。

一、偏心压缩(拉伸)时的强度计算

根据偏心力作用点位置不同，常将偏心压缩分为单向偏心压缩和双向偏心压缩两种情况，本书仅讨论单向偏心压缩的强度计算。

当偏心压力F作用在截面上的某一对称轴(如y轴)上的K点时，杆件产生的偏心压缩称为单向偏心压缩，如图9-7(a)所示，这种情况在工程实际中最常见。

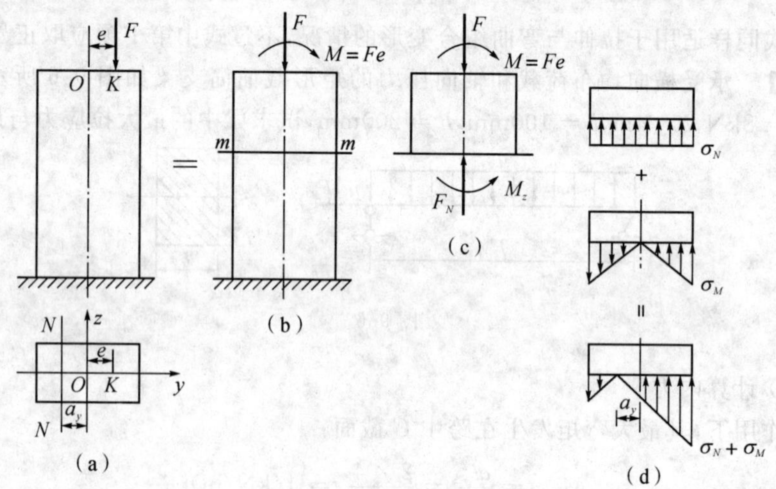

图 9-7

1. 外力分析

将偏心压力F向截面形心简化，得到一个轴向压力F和一个力偶矩$M = Fe$的力偶，如图9-7(b)所示。

2. 内力分析

用截面法可求得任意横截面m-m上的内力为

$$F_N = -F \qquad M_z = M = Fe$$

由外力简化和内力计算结果可知，偏心压缩为轴向压缩与纯弯曲的变形组合。

3. 应力分析

根据叠加原理，将轴力 F_N 对应的正应力 σ_N 与弯矩 M_z 对应的正应力 σ_M 叠加起来，即得单向偏心压缩时任意横截面上任一点处正应力的计算式

$$\sigma = \sigma_N + \sigma_M = \frac{F_N}{A} \pm \frac{M_z y}{I_z} = -\frac{F}{A} \pm \frac{Fe}{I_z} y \tag{9-6}$$

应用式(9-6) 计算应力时，式中各量均以绝对值代入，公式中第 2 项前的正负号通过观察弯曲变形确定，该点在受拉区为正，在受压区为负。

4. 强度计算

若不计柱自重，则各截面内力相同。由应力分布图可知偏心压缩时的中性轴不再通过截面形心，如图 9-7(d) 所示，最大正应力和最小正应力分别发生在横截面上距中性轴 $N-N$ 最远的左、右两边缘上，其计算公式为

$$\sigma_{\substack{\max \\ \min}} = -\frac{F}{A} \pm \frac{Fe}{W_z} \tag{9-7}$$

则强度条件为

$$\sigma_{\substack{\max \\ \min}} = -\frac{F}{A} \pm \frac{Fe}{W_z} \leqslant [\sigma] \tag{9-8}$$

二、截面核心

土木工程中常用的砖、石、混凝土等脆性材料，它们的抗拉强度远远小于抗压强度，所以在设计由这类材料制成的偏心受压构件时，要求横截面上不出现拉应力。由式(9-7) 可知，当偏心压力 F 和截面形状、尺寸确定后，应力的分布只与偏心距有关。偏心距愈小，横截面上拉应力的数值也就愈小。因此，总可以找到包含截面形心在内的一个特定区域，当偏心压力作用在该区域内时，截面上就不会出现拉应力，这个区域称为截面核心。如图 9-8 所示的矩形截面杆，在单向偏心压缩时，要使横截面上不出现拉应力，就应使

$$\sigma_{t\max} = -\frac{F}{A} + \frac{Fe}{W_z} \leqslant 0$$

将 $A = bh$、$W_z = \dfrac{bh^2}{6}$ 代入上式可得　　$1 - \dfrac{6e}{h} \geqslant 0$

从而得 $e \leqslant \dfrac{h}{6}$，这说明当偏心压力作用在 y 轴上 $\pm\dfrac{h}{6}$ 范围以内时，截面上不会出现拉应力。同理，当偏心压力作用在 z 轴上 $\pm\dfrac{b}{6}$ 的范围以内时，截面上就不会出现拉应力。当偏心压力不作用在对称轴上时，可以证明将图中 1、2、3、4 点顺次用直线连接所得的菱形，即为矩形截面核心。常见截面的截面核心如图 10-9 所示。

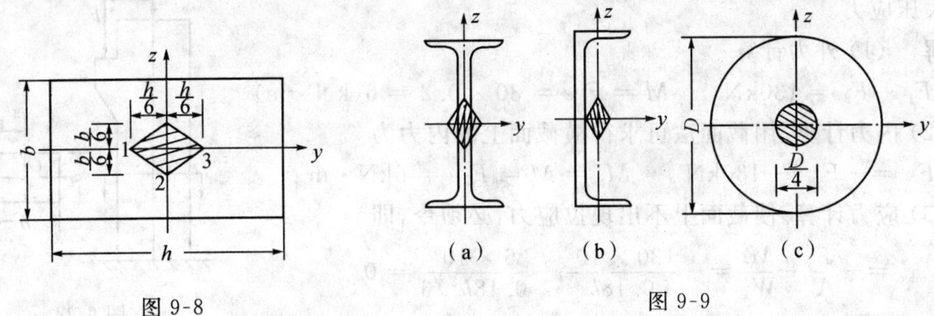

图 9-8　　图 9-9

【例 9-3】 如图 9-10(a) 所示为钻床结构计算简图。铁管的外径为 $D = 140\text{mm}$，内、外径之比 $d/D = 0.75$。铸铁的拉伸许用应力 $[\sigma]_t = 30\text{MPa}$，压缩许用应力 $[\sigma]_c = 90\text{MPa}$。钻孔时钻头和工作台面的受力如图 9-10(a) 所示，其中 $F_P = 15\text{kN}$，力 F_P 作用线与立柱轴线之间的距离(偏心距) $e = 400\text{mm}$。试校核立柱的强度是否安。

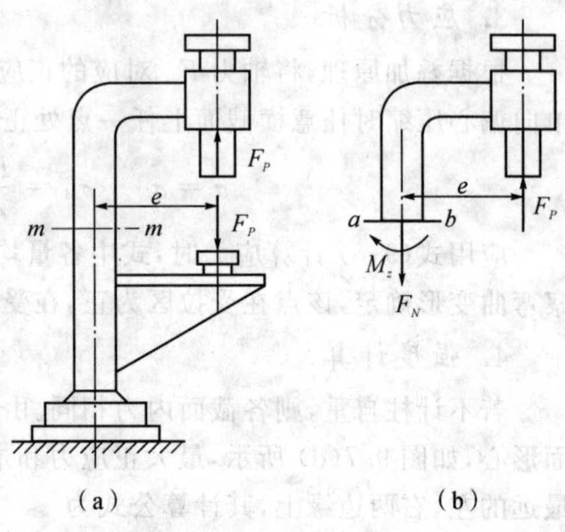

图 9-10

解 (1) 确定立柱横截面上的内力分量。用假想截面 m-m 将立柱截开，以截开的上半部分为研究对象，如图 9-10(b) 所示。由平衡条件得截面上的轴力和弯矩分别为

(2) 确定危险截面并计算最大应力。立柱在偏心力 F_P 作用下产生拉伸与弯曲组合变形。因为立柱内所有横截面上的轴力和弯矩都是相同的，所以，所有横截面的危险程度是相同的。根据如图 9-10(b) 所示横截面上轴力 F_N 和弯矩 M_z 的实际方向可知，横截面上左、右两侧上的 b 点和 a 点分别承受最大拉应力和最大压应力，其值分别为

$$\sigma_{t\max} = \frac{F_{N\max}}{A} + \frac{M_{\max}}{W_z} = \frac{F_P}{\dfrac{\pi(D^2 - d^2)}{4}} + \frac{F_P \times e}{\dfrac{\pi D^3(1-\alpha^4)}{32}}$$

$$= \frac{4 \times 15}{\pi[(140 \times 10^{-3})^2 - (0.75 \times 140 \times 10^{-3})^2]} + \frac{32 \times 6 \times 10^3}{\pi(140 \times 10^{-3})^3(1 - 0.75^4)}$$

$$= 34.92 \times 10^6(\text{Pa}) = 34.92\text{MPa} < [\sigma]_t = 35\text{MPa}$$

$$\sigma_{c\max} = \frac{F_{N\max}}{A} + \frac{M_{\max}}{W_z} = \frac{F_P}{\dfrac{\pi(D^2 - d^2)}{4}} - \frac{F_P \times e}{\dfrac{\pi D^3(1-\alpha^4)}{32}}$$

$$= \frac{4 \times 15}{\pi[(140 \times 10^{-3})^2 - (0.75 \times 140 \times 10^{-3})^2]} - \frac{32 \times 6 \times 10^3}{\pi(140 \times 10^{-3})^3(1 - 0.75^4)}$$

$$= 30.38 \times 10^6(\text{Pa}) = 30.38\text{MPa} < [\sigma]_c = 90\text{MPa}$$

两者的数值都小于各自的许用应力值。这表明立柱的拉伸和压缩的强度都是安全的

【例 9-4】 如图 9-11 所示一厂房的牛腿柱。设由屋架传来的压力 $F_1 = 100\text{kN}$，由吊车梁传来的压力 $F_2 = 30\text{kN}$，F_2 与柱子的轴线有一偏心 $e = 0.2\text{m}$。如果柱横截面宽度 $b = 180\text{mm}$，试求当 h 为多少时，截面才不会出现拉应力，并求柱这时的最大压应力。

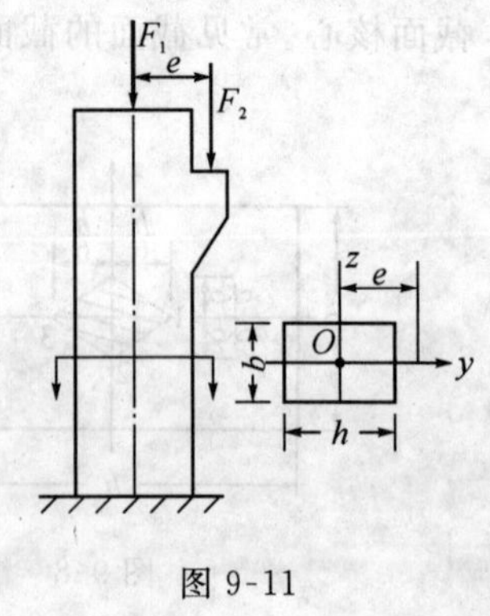

图 9-11

解 (1) 外力计算

$$F = F_1 + F_2 = 130\text{kN} \qquad M = F_2 e = 30 \times 0.2 = 6(\text{kN} \cdot \text{m})$$

(2) 内力计算。用截面法可求得横截面上的内力为

$$F_N = -F = -130\text{kN} \qquad M_z = M = F_2 e = 6\text{kN} \cdot \text{m}$$

(3) 应力计算。使截面上不出现拉应力，必须令，即

$$\sigma_{t\max} = -\frac{F}{A} + \frac{M_z}{W_z} = -\frac{130 \times 10^3}{0.18h} + \frac{6 \times 10^3}{0.18h^2/6} = 0$$

解得 $$h = 0.28\text{m}$$

此时,柱的最大压应力发生在截面的右边缘上各点处,其值为

$$\sigma_{c\max}=\frac{F}{A}+\frac{M_z}{W_z}=\frac{130\times10^3}{0.18\times0.28}+\frac{6\times10^3}{\frac{1}{6}\times0.18\times0.28^2}=5.13(\mathrm{MPa})$$

思考题

9-1　何谓组合变形?如何计算组合变形杆件横截面上任一点的应力?

9-2　何谓平面弯曲?何谓斜弯曲?两者有何区别?

9-3　将斜弯曲、拉(压)弯组合及偏心拉伸(压缩)分解为基本变形时,如何确定各基本变形下正应力的正负?

9-4　什么叫截面核心?为什么工程中将偏心压力控制在受压杆件的截面核心范围内?

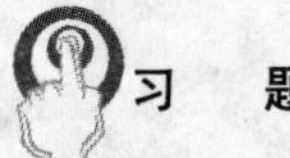

习　题

9-1　如图所示,桥式吊车梁由 32a 工字钢制成,当小车走到梁跨度中点时,吊车梁处于最不利的受力状态。吊车工作时,由于惯性和其他原因,荷载 $\boldsymbol{F}$ 偏离铅垂线与 y 轴成 $\varphi=15°$ 的夹角。已知 $l=4\mathrm{m}$,$[\sigma]=160\mathrm{MPa}$,$F=30\mathrm{kN}$,试校核吊车梁的强度。

9-2　如图所示,木制悬臂梁在水平对称平面内受力 $F_1=1.6\mathrm{kN}$,竖直对称平面内受力 $F_2=0.8\mathrm{kN}$ 的作用,梁的矩形截面尺寸为 9cm×8cm,$E=10\times10^3\mathrm{MPa}$,试求梁的最大拉压应力数值及其位置。

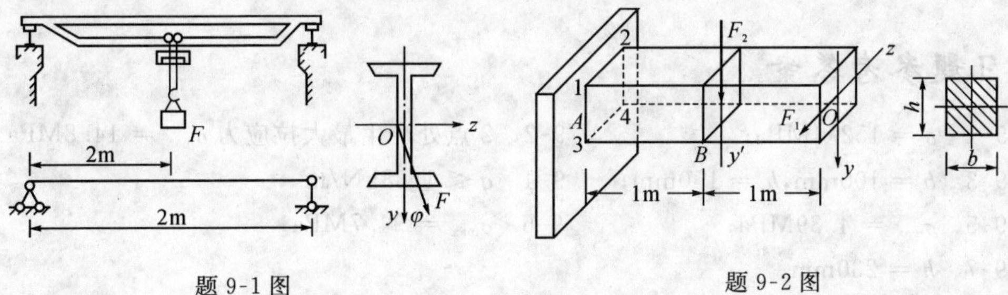

题 9-1 图　　　　题 9-2 图

9-3　矩形截面悬臂梁受力如图所示,F 通过截面形心且与 y 轴成角,已知 $F=1.2\mathrm{kN}$,$l=2\mathrm{m}$,$\varphi=12°$,$\frac{h}{b}=1.5$,材料的容许正应力 $[\sigma]=10\mathrm{MPa}$,试确定 b 和 h 的尺寸。

9-4　承受均布荷载作用的矩形截面简支梁如图所示,q 与 y 轴成 φ 角且通过形心,已知 $l=4\mathrm{m}$,$b=10\mathrm{cm}$,$h=15\mathrm{cm}$,材料的容许应力 $[\sigma]=10\mathrm{MPa}$,试求梁能承受的最大分布荷载 $q_{\max}$。

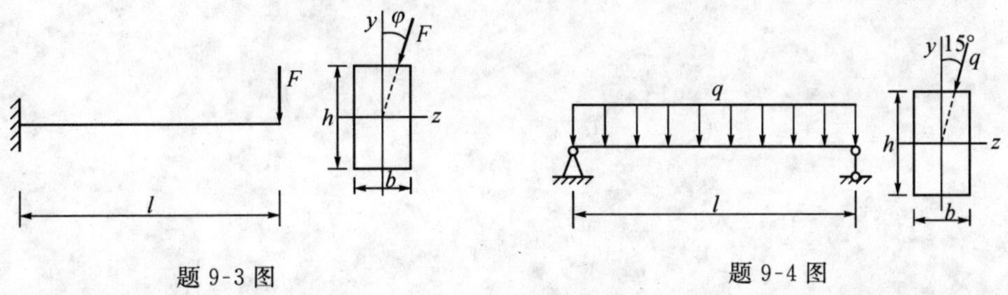

题 9-3 图　　　　题 9-4 图

9-5　矩形截面杆受力如图所示，F_1 和 F_2 的作用线均与杆的轴线重合，F_3 作用在杆的对称平面内，已知 $F_1=5\text{kN}$，$F_2=10\text{kN}$，$F_3=1.2\text{kN}$，$l=2\text{m}$，$b=12\text{cm}$，$h=18\text{cm}$，试求杆中的最大压应力。

9-6　如图所示为起重用悬臂式吊车，梁 AC 由 No18 工字钢制成，材料的许用正应力 $[\sigma]=100\text{MPa}$。当吊起物重（包括小车重）$F_Q=25\text{kN}$，并作用于梁的中点 D 时，试校核梁 AC 的强度。

9-7　如图所示，矩形截面偏心受拉木杆，偏心力 $F=160\text{kN}$，$e=5\text{cm}$，$[\sigma]=10\text{MPa}$，矩形截面宽度 $b=16\text{cm}$，试确定木杆的截面高度 h。

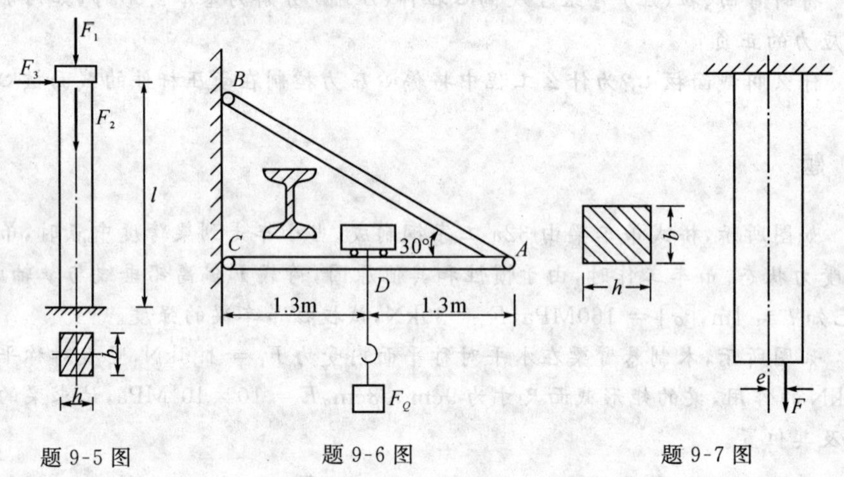

题 9-5 图　　题 9-6 图　　题 9-7 图

习题参考答案

9-1　$\sigma=152.4\text{MPa}$；　　9-2　2 点处产生最大拉应力 $\sigma_{\max}=14.8\text{MPa}$

9-3　$b=100\text{mm}$，$h=150\text{mm}$；　　9-4　$q\leqslant 1.38\text{kN/m}$

9-5　$\sigma_{\max}=4.39\text{MPa}$；　　9-6　$\sigma_{\max}=94.7\text{MPa}$

9-7　$h=230\text{mm}$

第 10 章 压杆的稳定计算

教学要求

通过本章学习，要求深刻认识受压杆件防止失稳现象的重要性，掌握柔度的概念，细长杆、中长杆、粗短杆的分类以及临界力的计算；了解不同杆端约束对临界力的影响，压杆的稳定计算（折减系数法）以及提高压杆稳定性的措施。

本章重点是细长压杆的临界力计算。

10.1 概　　述

一、工程中的稳定问题

本章仅讨论中心受压杆的稳定问题。工程上经常遇到的中心受压杆有桁架中的压杆、中心受压柱等，它们除必须满足强度条件外，主要是考虑稳定问题，因为往往会由于"失稳"而破坏。下面通过实例说明什么叫"失稳"。

中心受拉杆，荷载逐渐增大，直到杆件被拉断，杆件的轴线始终保持原有的直线形状。而细长的中心受压杆，在压力 F 远小于材料的抗压强度所确定的荷载时，杆就发生了弯曲，此时杆件已不能正常工作，甚至会引起整个结构物的倒塌。例如，1907 年北美的魁北克圣劳伦斯河上一座长 548m 的钢桥，在施工中突然倒塌，就是由于桁架中的一根压杆失稳所致，而其强度却是足够的。所谓失稳也就是本来直线状态的中心压杆，当荷载超过某一数值后，突然弯曲，改变了它原来的变形性质，即由压缩变形转化为压弯变形（如图 10-1），杆件此时的荷载是远小于按抗压强度所确定的荷载。人们将细长压杆所发生的这种情形称为"丧失稳定"，或简称"失稳"，而把这一类性质的问题称为"稳定问题"。

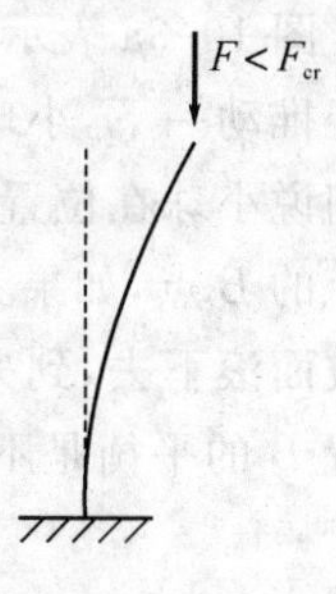

图 10-1

除中心压杆会出现稳定问题外，其他一些构件也会出现类似的稳定问题。例如，狭长矩形截面梁的侧向整体失稳、薄板的失稳、薄壁圆柱筒壳的失稳和拱的失稳问题，如图 10-2。

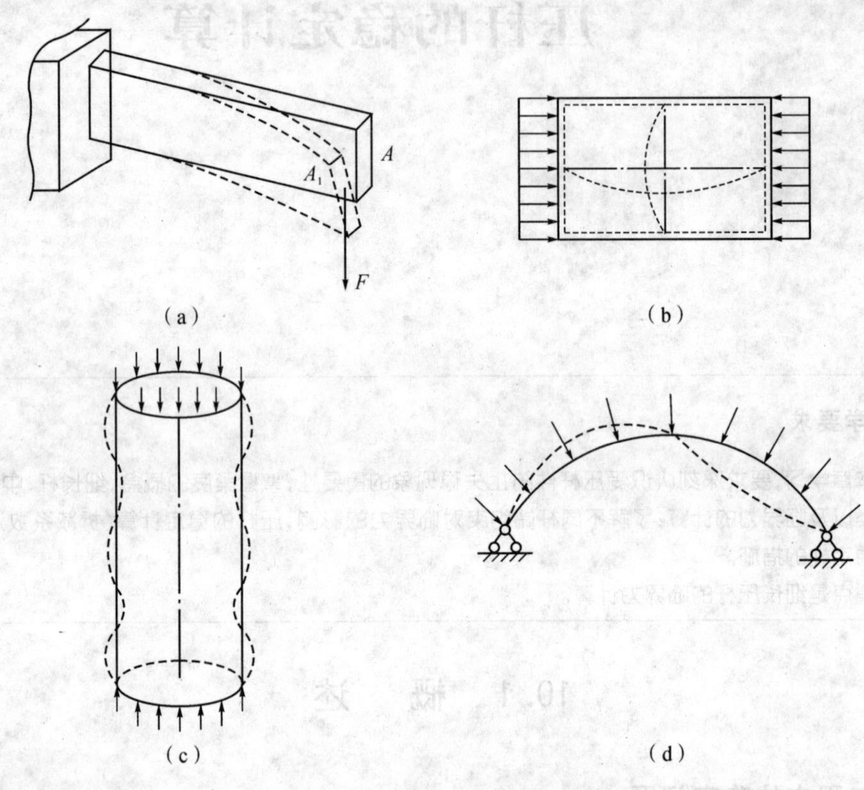

图 10-2

本章主要讨论细长中心压杆的稳定计算，这类稳定问题通常称为“压杆稳定”。

二、压杆的稳定平衡与不稳定平衡

图 10-3a 表示将一小球放在凹面的最低位置 A，处于平衡状态的情形，这时如果将小球轻轻推动一下，小球将由于本身自重的作用，在点 A 附近来回滚动，最后停留在原来位置 A，我们说小球在位置 A 的平衡是稳定的，即称为“稳定平衡”。图 10-3(b) 则表示将小球放在凸面上的 B 点，如果无干扰力，小球在最高点 B 也能平衡，但如果将小球轻微推动一下，小球将沿坡面滚下去，到另一位置 C，然后静止平衡，再也不能回到原来位置 B 上，这种小球在原来位置 B 的平衡是不稳定的，称为“不稳定平衡”。

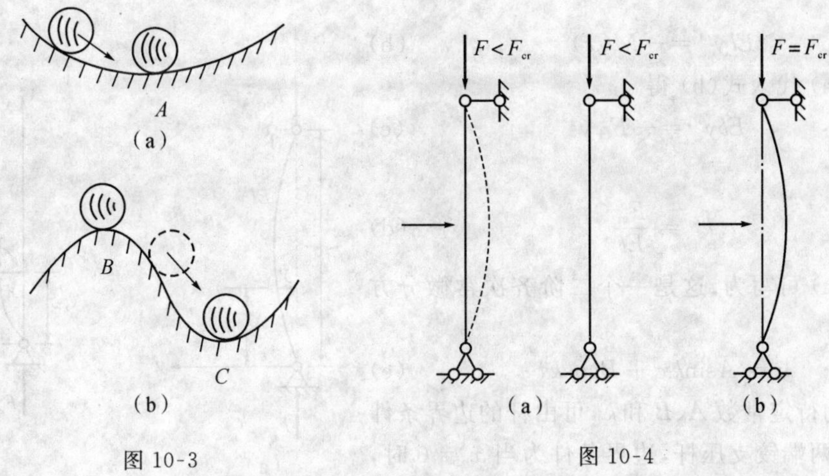

图 10-3　　　　　　　　　　　　图 10-4

同样，对弹性压杆也有稳定平衡与不稳定平衡的问题，例如，细长的理想中心受压杆件，两端铰支且作用压力 F，并使杆在微小横向干扰力作用下弯曲。图 10-4(a) 中，当 F 较小时，撤去横向干扰力以后，杆件便来回摆动，最后恢复到原来的直线形状的平衡。所以，在较小的压力 F 作用时，杆件原有的直线形状的平衡是稳定的。如果增大力 F，直到一定值 F_{cr} 时，压杆只要受到一微小的横向干扰力，即使将干扰力立即去除，也不能回复到原来的直线平衡状态，而变为曲线形状的平衡，见图 10-4(b)。如果再增大压力 F，则杆件继续弯曲以至最后折断，这时压杆原来的直线形状的平衡是不稳定的。从稳定平衡过渡到不稳定平衡的外力 F_{cr} 称为临界力。杆件上作用的外力超过临界力，杆件将发生失稳现象。工程上要求压杆在外力作用下始终保持其原有的直线形状的平衡，否则，将会导致建筑物的倒塌。

以上所述是限于理想的中心压杆的情况，实际上压杆上的荷载不可能绝对地作用在杆的轴线上，而有初偏心存在，同时杆件的材料不可能绝对均匀，以及制造上的误差都会存在初曲率，所以实际构件往往发生压弯现象，而不存在单纯的中心压杆的稳定。也就是说，实际压杆所能承受的最大压力必小于理想中心压杆的临界力 F_{cr}，所以临界力只能视作实际压杆承载能力的上限。

10.2　细长中心压杆的临界力

一、两端铰支细长压杆

本节讨论理想的弹性细长中心受压杆的临界力公式，这里以两端铰支(球铰) 的等截面中心压杆为例来推导其临界力的计算公式。根据前面所述，此中心压杆在 F_{cr} 作用下，有可能在微弯状态下平衡。现假设在 F_{cr} 作用下如图 10-5(a) 所示，两端为铰支的细长压杆，取图示坐标系，假设压杆在临界荷载作用下，在 xy 平面内处于微弯平衡状态。

其任一截面上的弯矩(图 10-5(b)) 为

$$M(x) = F_{cr}y \tag{a}$$

式中，y 为 x 截面处的挠度。

应用梁的挠曲线近似微分方程

$$Ely'' = -M(x) \tag{b}$$

将式(a) 代入式(b) 得

$$Ely'' = -F_{cr}y \tag{c}$$

若令

$$k^2 = \frac{F_{cr}}{El} \tag{d}$$

则式(c) 可写为。这是一个二阶齐次常微分方程，通解为

$$y = A\sin kx + B\cos kx \tag{e}$$

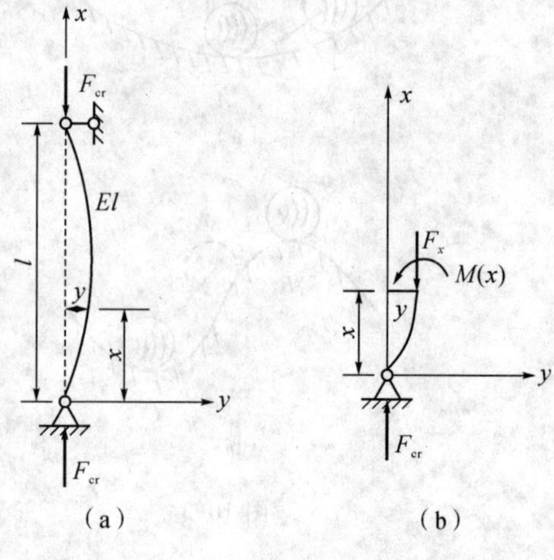

图 10-5

式中的待定常数 A、B 和 k，可由杆的边界条件确定。对于两端铰支压杆，边界条件为当 $x=0$ 时，$y=0$；当 $x=l$ 时，$y=0$。将此边界条件代入式(e)，得

$$B = 0 \text{ 及 } A\sin kl = 0$$

式中，$A \neq 0$，否则 $y \equiv 0$，即压杆各点处的挠度均为零，这显然与杆微弯的状态不相符。因此，只可能是 $\sin kl = 0$，即 $kl = n\pi$ 或 $kl = n\pi/l$，其中 $n = 0,1,2,3,\cdots$

将 $k = n\pi/l$ 代入式(d)，得

$$F_{cr} = \frac{n^2\pi^2 El}{l^2} \qquad (n = 0,1,2,3,\cdots)$$

由压杆处于微弯状态平衡的假设及临界压力应为不稳定平衡时所受的最小轴向压力，因此取 $n=1$。由此得两端铰支细长压杆的临界荷载为

$$F_{cr} = \frac{\pi^2 EI}{l^2} \tag{10-1}$$

式(10-1) 又称为欧拉公式。从临界力公式知，临界力与抗弯刚度 EI 成正比，与 l^2 成反比。同时，上述临界力公式是从两端铰支的中心受压杆推导出来的，对于其他约束情况，亦可用同样方法推导出各自的临界力公式，在推导过程中，我们运用了边界条件，故说明临界力与两端的支座条件有关。

应当注意，在两端支承各方向相同时，杆的弯曲必然发生在抗弯能力最小的平面内，所以，式(10-1) 中的惯性矩 I 应为压杆横截面的最小惯性矩；对于杆端各方向支承情况不同时，应分别计算，然后取其最小者作为压杆的临界荷载。

二、其他支承形式压杆的临界力

对一端固定另一端自由、一端固定另一端铰支和两端固定的压杆(如图 10-6)，推导临界力公式的结果表明，无论支承约束如何，其临界力公式，可用下面的普遍形式表达，即

$$F_{cr} = \frac{\pi^2 EI}{(\mu l)^2} \tag{10-2}$$

式中，μ 反映了杆端支承对临界力的影响，称为长度系数，它反映了杆件两端约束对临界力的影响，μ 的数值见图 10-6。从 μ 的数值知，杆端约束愈强，则临界力愈大。μl 称为相当长度。

各种约束情况下的压杆，由于在失稳时的挠曲线上拐点 C 处的弯矩为零，故可设想拐点

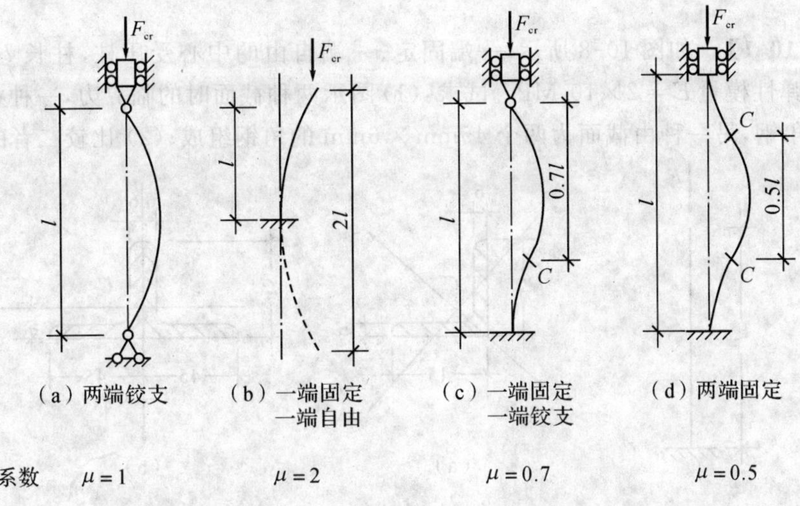

（a）两端铰支　（b）一端固定一端自由　（c）一端固定一端铰支　（d）两端固定

图 10-6

C 处有一铰，并可将两铰之间视作两端铰支的压杆，则可利用两端铰支压杆的临界力公式，只需将长度 l 写成相当长度 μl 即可，μl 又称计算长度。上述长度系数产的值，都是按理想约束情况得到的，在工程实际中确定产时，要对实际的约束作具体分析，例如，设计两端固定的压杆，实际上，端部约束很难做到完全固定，这时 μ 不能取 0.5，而要根据实际固定情况，在固定端与铰支座之间，即在 0.5 ～ 1 的范围内取值。

下面将临界力公式用另一种形式表达。将惯性矩 I 用 i^2A 表示，即 $I=i^2A$，这里 A 为压杆横截面面积，i 为惯性半径。

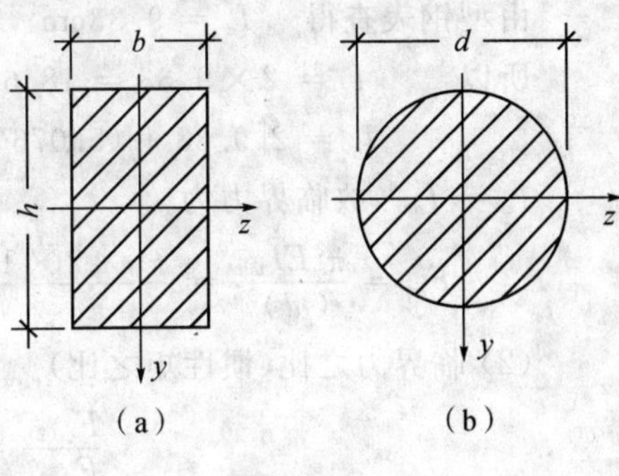

（a）　（b）

图 10-7

对于矩形截面（图 10-7(a)）：

$$i_z=\sqrt{\frac{I_z}{A}}=\sqrt{\frac{\frac{1}{12}bh^3}{bh}}=\frac{h}{\sqrt{12}}$$

$$i_y=\sqrt{\frac{I_y}{A}}=\sqrt{\frac{\frac{1}{12}hb^3}{bh}}=\frac{b}{\sqrt{12}}$$

对于圆形截面：　$i_z=\sqrt{\frac{I}{A}}=\sqrt{\frac{\frac{\pi}{64}d^4}{\pi d^2/4}}=\frac{d}{4}$

于是临界力公式可写成

$$F_{cr}=\frac{\pi^2Ei^2A}{(\mu l)^2}=\frac{\pi^2EA}{(\frac{\mu l}{i})^2}=\frac{\pi^2EA}{(\lambda)^2} \tag{10-3}$$

式中，$\lambda=\frac{\mu l}{i}$ 是一个无量纲的量，称压杆的柔度，或称长细比。它反映了与杆的长度 l、横截面的形状和尺寸有关的惯性半径 i 及与杆端约束有关的长度系 μ，对临界力的综合影响，以后可根据 λ 的数值的变化来研究临界力的变化。应该注意的是，式(10-2) 与式(10-3) 只适用于材料处于弹性范围内。

【例 10-1】 如图 10-8 所示，一端固定、一端自由的中心受压柱，柱长 $l=1\text{m}$，材料为 Q_{225} 钢，弹性模量 $E=2\times10^5\text{MPa}$。试求：(1) 图示两种截面时的临界力，一种截面为 45mm×6mm 的角钢，另一种由截面为两个 45mm×6mm 的角钢组成；(2) 比较二者的临界力。

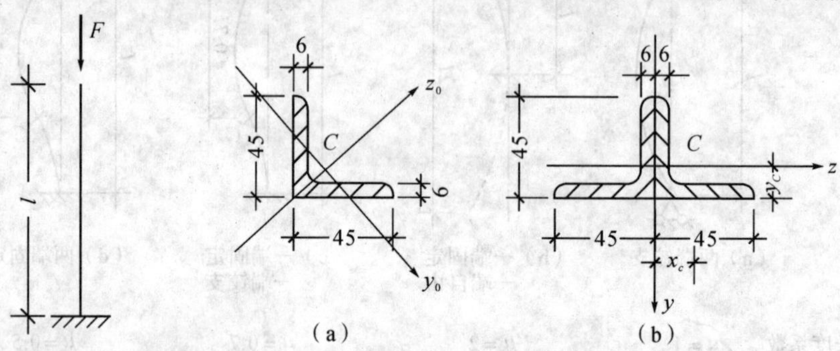

图 10-8

解 (1) 单个角钢的截面

由型钢表查得 $I_{\min}=I_{y_0}=3.89\text{cm}^4=3.89\times10^{-8}\text{m}^4$

临界力 $F_{cr}=\dfrac{\pi^2EI_{\min}}{(\mu l)^2}=\dfrac{\pi^2\times2\times10^{11}\times3.89\times10^{-8}}{(2\times1)^2}=19180(\text{N})=19.18\text{kN}$

(2) 两个角钢组成的截面

由型钢表查得 $I_z=9.33\text{cm}^4, A=5.076\text{cm}^2, z_C=y_C=1.33\text{cm}$

所以 $I_z=2\times9.33=18.66(\text{cm}^4)$

$I_y=2[9.33+(5.076+1.33^2)]=36.62(\text{cm}^4)$

$I_z=I_{\min}$，故临界力为

$$F_{cr}=\frac{\pi^2EI_{\min}}{(\mu l)^2}=\frac{\pi^2\times2\times10^{11}\times18.66\times10^{-8}}{(2\times1)^2}=91990(\text{N})=91.99\text{kN}$$

(2) 临界力之比(惯性矩之比)。

$$\frac{F_{cr(2)}}{F_{cr(1)}}=\frac{I_{cr(2)}}{I_{cr(1)}}=\frac{18.66}{3.89}=4.8$$

用两个角钢组成的截面比一个角钢的截面，在面积增大一倍情形下，临界力可增大 4.8 倍。所以，临界力与截面尺寸和形状均有关。在截面积不改变的情况下，如何提高临界力是值得考虑的。

10.3 超过比例极限时压杆的临界应力、临界应力总图

一、临界应力

将临界荷载 F_{cr} 除以压杆的横截面面积 A，即可求得压杆的临界应力，即

$$\sigma_{cr}=\frac{F_{cr}}{A}=\frac{\pi^2EI}{(\mu l)^2A}$$

将截面对中性轴的惯性半径代入上式，得

$$\sigma_{cr} = \frac{\pi^2 E}{\left(\frac{\mu l}{i}\right)^2} = \frac{\pi^2 E}{\lambda^2} \tag{10-4}$$

式(10-4) 称为临界应力欧拉公式。表明，值愈大，压杆就愈容易失稳。

二、欧拉公式的适用范围

欧拉公式是根据弯曲变形的微分方程 $EIy'' = -M(x)$ 导出的，而这个微分方程只有在材料服从虎克定律时才成立。因此，欧拉公式的适用范围应该是临界应力不超过材料的比例极限 σ_p，即

$$\sigma_{cr} = \frac{\pi^2 E}{\lambda^2} \leqslant \sigma_p \quad 或 \quad \lambda \geqslant \pi\sqrt{\frac{E}{\sigma_p}} \tag{10-5}$$

令

$$\lambda_p = \pi\sqrt{\frac{E}{\sigma_p}}$$

于是欧拉公式的适用范围可用柔度表示为

$$\lambda \geqslant \lambda_p \tag{10-6}$$

上式表明，只有当压杆的柔度不小于某一特定值 λ_p 时，才能用欧拉公式(10-2) 或式(10-4) 计算其临界荷载和临界应力。而满足这一条件的压杆称为细长杆或大柔度杆。由于 λ_p 与材料的比例极限 σ_p 和弹性模量 E 有关，因而不同材料压杆的 λ_p 是不相同的。例如，Q_{235} 钢 $\sigma_p = 200\text{MPa}$，$E = 206\text{GPa}$，代入式(10-6) 后得

$$\lambda_p = \pi\sqrt{\frac{E}{\sigma_p}} = \rho\sqrt{\frac{2.06\times10^5}{200}} \approx 100$$

即 Q_{235} 钢制成的中心受压杆，当 $\lambda \geqslant 100$ 时，才能用欧拉公式计算临界力。其他材料，同样可求出其界限值 λ_p，如 TC_{13} 松木压杆 $\lambda_p = 110$，铸铁压杆的 $\lambda_p = 80$。

三、超出比例极限时压杆的临界应力

1. 经验公式

大量试验表明，$\lambda > \lambda_p$ 的压杆，其失稳时的临界应力 σ_{cr} 大于比例极限 σ_p。这类压杆的失稳称为非弹性失稳。其临界荷载和临界应力均不能用欧拉公式计算。

对于这种非弹性失稳的压杆，已有一些理论分析的结果。但工程中一般采用以试验结果为依据的经验公式来计算这类压杆的临界应力 σ_{cr}，并由此得到临界荷载为

$$F_{cr} = \sigma_{cr} A \tag{10-7}$$

常用的经验公式中最简单的为直线公式，此外还有抛物线公式。

在直线公式中，临界应力 σ_{cr} 与柔度 λ 成直线关系，其表达式为

$$\sigma_{cr} = a - b\lambda \tag{10-8}$$

式中，a，b 为与材料有关的常数，由试验确定。例如，Q_{235} 钢，$a = 304\text{MPa}$，$b = 1.12\text{MPa}$；TC_{13} 松木 $a = 29.3\text{MPa}$，$b = 0.19\text{MPa}$。

实际上，式(10-8) 只能在下述范围内适用

$$\sigma_p < \sigma_{cr} < \sigma_u \tag{10-9}$$

因为当 $\sigma_{cr} \geqslant \sigma_u$（塑性材料 $\sigma_u = \sigma_s$，脆性材料 $\sigma_u = \sigma_b$）时，压杆将发生强度破坏而不是失

稳破坏。

式(10-9)的范围也可用柔度表示为

$$\lambda_p > \lambda > \lambda_u \tag{10-10}$$

柔度在此范围内的压杆称为中柔度杆或中长杆，而$\sigma_{cr} \geqslant \sigma_u$，即$\lambda \leqslant \lambda_u$的压杆称为小柔度杆或短杆。短杆的破坏是强度破坏。$\lambda_u$是中长杆和短杆柔度的分界值。如在式(10-8)中令$\sigma_{cr} = \sigma_u$，则所得到的就是，即

$$\lambda_u = \frac{a - \sigma_u}{b}$$

例如，Q_{235}钢的$\lambda_u = 60$，TC_{13}松木$\lambda_u = 85$。

2. 临界应力总图

综上所述，如用直线经验公式，临界荷载或临界应力的计算可按柔度分为如下3类：

(1)$\lambda \geqslant \lambda_p$的大柔度杆，即细长杆。用欧拉公式(10-3)计算临界应力。

(2)$\lambda_p > \lambda > \lambda_u$的中柔度杆，即中长杆，用直线公式(10-8)计算临界应力。

(3)$\lambda \leqslant \lambda_u$的小柔度杆，即短杆，实际上是强度破坏。

由于不同柔度的压杆，其临界应力的公式不相同。因此，在压杆的稳定性计算中，应首先按式(10-4)计算其柔度值λ，再按上述分类选用合适的公式计算其临界应力和临界荷载。

为了清楚地表明各类压杆的临界应力σ_{cr}和柔度λ之间的关系，可绘制临界应力总图。如图10-9所示是Q_{235}钢的临界应力总图。

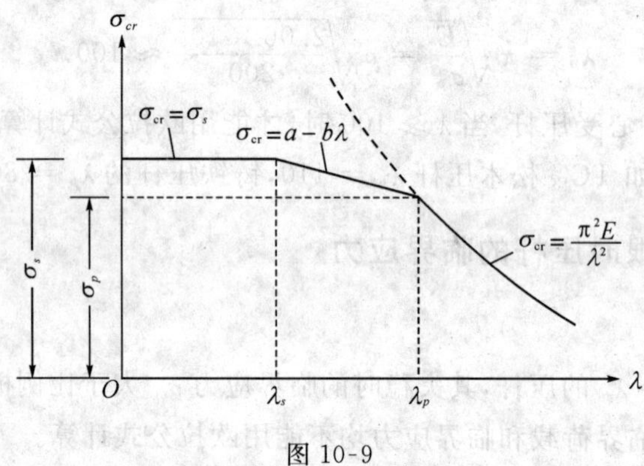

图 10-9

【例10-2】 一TC_{13}松木压杆，两端为球铰，如图10-10所示。已知压杆材料的比例极限$\sigma_p = 9\text{MPa}$，$\sigma_b = 13\text{MPa}$，弹性模量$E = 1.0 \times 10^4\text{MPa}$。压杆截面为如下两种：(1)$h = 120\text{mm}$，$b = 90\text{mm}$的矩形；(2)$h = b = 104\text{mm}$的正方形。试比较两者的临界荷载

解 (1) 矩形截面。压杆两端为球铰，$\mu = 1$。截面的最小惯性半径为i_{min}

$$i_{min} = \sqrt{\frac{I_{min}}{A}} = \sqrt{\frac{hb^3/12}{hb}} = \frac{b}{\sqrt{12}} = \frac{90}{\sqrt{12}} = 26.0(\text{mm})$$

压杆的柔度为

$$\lambda = \frac{\mu l}{i} = \frac{1 \times 3 \times 10^3}{26} = 115.4$$

由式(10-5)，得

$$\lambda_p = \sqrt{\frac{\pi^2 E}{\sigma_p}} = \sqrt{\frac{\pi^2 \times 1 \times 10^4}{9}} = 104.7$$

可见 $\lambda > \lambda_p$，故该压杆为细长杆。临界荷载用欧拉公式(10-2)计算，得

$$F_{cr} = \frac{\pi EI}{(\mu l)^2} = \frac{\pi^2 \times 1 \times 10^{10} \times \frac{1}{12} \times 120 \times 90^3 \times 10^{-12}}{(1 \times 3)^2} = 79944(\text{N}) = 79.9\text{kN}$$

(2) 正方形截面。μ 仍为 1，截面的惯性半径 i 为

$$i = \frac{b}{\sqrt{12}} = \frac{104}{\sqrt{12}} = 30.0(\text{mm})$$

压杆的柔度为

$$\lambda = \frac{\mu l}{i} = \frac{1 \times 3 \times 10^3}{30} = 100$$

可见 $\lambda_u < \lambda < \lambda_p$，杆为中长杆，先用直线公式(10-9)计算其临界应力，公式中的 a，b 分别为 29.3MPa 和 0.19MPa。即

$$\sigma_{cr} = a - b\lambda = 29.3 - 0.19 \times 100 = 10.3(\text{MPa})$$

再由式(10-7)，临界荷载为

$$F_{cr} = \sigma_{cr} A = 10.3 \times 10^6 \times (104 \times 10^{-3})^2 = 111513(\text{N}) = 111.5\text{kN}$$

上述两种截面的面积相等，而正方形截面压杆的临界荷载较大，不容易失稳。

图 10-10

10.4　压杆的稳定计算

一、稳定条件

为了使压杆能正常工作而不失稳，压杆所受的轴向压力 F 必需小于临界荷载 F_{cr}；或压杆的压应力 σ 必需小于临界应力 σ_{cr}。对工程上的压杆，由于存在着种种不利因素，还需有一定的安全储备，所以要有足够的稳定安全系数 n_{st}。于是，压杆的稳定条件为

$$F \leqslant \frac{F_{cr}}{n_{st}} = [F_{st}] \tag{10-11}$$

或

$$\sigma \leqslant \frac{\sigma_{cr}}{n_{st}} = [\sigma_{st}] \tag{10-12}$$

以上两式中的 $[F_{st}]$ 和 $[\sigma_{st}]$ 分别称为稳定容许荷载和稳定容许应力。它们分别等于临界荷载和临界应力除以稳定安全系数。

稳定安全系数 n_{st} 的选取，除了要考虑在选取强度安全系数时的那些因素外，还要考虑影响压杆失稳所特有的不利因素，如压杆不可避免的存在初曲率、材料不均匀、荷载的偏心等。这些不利因素，对稳定的影响比对强度的影响大。因而，通常稳定安全系数的数值要比强度安全系数大得多。例如，钢材压杆的 n_{st} 一般取 1.8～3.0，铸铁取 5.0～5.5，木材取 2.8～3.2。而且，当压杆的柔度越大，即越细长时，这些不利因素的影响越大，稳定安全系数也应取得越大。对于压杆，都要以稳定安全系数作为其安全储备进行稳定计算，而不必作强度校核。

但是，工程上的压杆由于构造或其他原因，有时截面会受到局部削弱，如杆中有小孔或槽等，当这种削弱不严重时，对压杆整体稳定性的影响很小，在稳定计算中可不予考虑。但对

这些削弱了的局部截面，则应作强度校核。

根据稳定条件式(10-11)和(10-12)，对压杆进行稳定计算。压杆稳定计算的内容与强度计算相类似，包括校核稳定性、设计截面和求容许荷载3个方面。压杆稳定计算通常有如下两种方法：

1. 安全系数法

压杆的临界荷载为 F_{cr}。当压杆受力为 F 时，它实际具有的安全系数为 $n = F_{cr}/F$，按式(10-11)，则应满足下述条件

$$n = \frac{F_{cr}}{F} \geqslant n_{st} \tag{10-13}$$

此式是用安全系数表示的稳定条件。表明只有当压杆实有的安全系数不小于给出的稳定安全系数时，压杆才能正常工作。

用这种方法进行压杆稳定计算时，必需计算压杆的临界荷载，而且应给定稳定安全系数。而为了计算，应首先计算压杆的柔度，再按不同的范围选用合适的公式计算。

2. 折减系数法

将式(10-12)中的稳定容许应力表示为 $[\sigma_{st}] = \varphi[\sigma]$。其中 $[\sigma]$ 为强度容许应力，φ 称为稳定系数或折减系数。因此，式(10-12)所示的稳定条件成为

$$\sigma = \frac{F}{A} \leqslant \varphi[\sigma] \tag{10-14}$$

式中，φ 值小于1而大于0，随柔度 λ 变化。钢结构设计规范(GBJ17-88)，根据我国常用构件的截面形式、尺寸和加工条件等因素，把压杆的稳定系数 φ 与柔度 λ 之间的关系归并为不同材料的 a、b、c 3类不同截面分别给出，表10-1仅给出 a、b 类部分。当计算出的 λ 不是表中的整数时，可查规范或可用线性内插的近似方法计算。

表10-1　压杆的 $\lambda \sim \varphi$ 表

$\lambda = \frac{\mu l}{i}$	φ					
	Q_{235} 钢		16Mn 钢		铸　铁	木材
	a类截面	b类截面	a类截面	b类截面		TC_{15}、TC_{17}
0	1.000	1.000	1.000	1.000	1.000	1.000
10	0.995	0.992	0.993	0.989	0.97	0.985
20	0.981	0.970	0.973	0.956	0.91	0.941
30	0.963	0.936	0.950	0.913	0.81	0.877
40	0.941	0.899	0.920	0.863	0.69	0.800
50	0.916	0.856	0.881	0.804	0.57	0.719
60	0.883	0.807	0.825	0.734	0.44	0.640
70	0.839	0.751	0.751	0.656	0.34	0.566
80	0.783	0.688	0.661	0.575	0.26	0.469
90	0.714	0.621	0.570	0.499	0.20	0.370
100	0.638	0.555	0.487	0.431	0.16	0.300
110	0.563	0.493	0.416	0.373		0.246
120	0.494	0.437	0.358	0.324		0.208
130	0.434	0.387	0.310	0.283		0.178

续　表

$\lambda=\frac{\mu l}{i}$	φ					
	Q_{235} 钢		16Mn 钢		铸　铁	木材
	a 类截面	b 类截面	a 类截面	b 类截面		TC_{15}、TC_{17}
140	0.383	0.345	0.271	0.249		0.153
150	0.339	0.303	0.239	0.221		0.133
160	0.302	0.276	0.212	0.197		0.177
170	0.270	0.249	0.189	0.176		0.104
180	0.243	0.225	0.169	0.159		0.0926
190	0.220	0.204	0.153	0.144		0.0831
200	0.199	0.186	0.138	0.131		0.0750

对于木制压杆的稳定系数值，由木结构设计规范（GBJ5-88），按不同树种的强度等级分两组计算公式：

树种强度等级为 TC_{17}，TC_{25} 及 TC_{20} 时

$$\lambda \leqslant 75 \qquad \varphi=\frac{1}{1+\left(\frac{\lambda}{80}\right)^2} \tag{10-15a}$$

$$\lambda > 75 \qquad \varphi=\frac{3000}{\lambda^2} \tag{10-15b}$$

树种等级为 TC_{13}，TC_{11}，TB_{17} 及 TB_{15} 时

$$\lambda \leqslant 91 \qquad \varphi=\frac{1}{1+\left(\frac{\lambda}{65}\right)^2} \tag{10-16a}$$

$$\lambda > 91 \qquad \varphi=\frac{2800}{\lambda^2} \tag{10-16b}$$

式(10-15)和(10-16)中，为压杆的柔度。树种的强度等级 TC_{17} 有柏木、东北落叶松等；TC_{25} 有红杉、云杉等；TC_{13} 有红松、马尾松等；TC_{11} 有西北云杉、冷杉等；TB_{20} 有栎木、桐木等，TB_{17} 有水曲柳等；TB_{15} 有桦木、栲木等，代号后的数字为树种抗弯强度（MPa）。

表 10-1 还给出铸铁等材料不同 λ 时的稳定系数值。

用这种方法进行稳定计算时，不需要计算临界荷载或临界应力，也不必给出稳定安全系数，因为 $\lambda\sim\varphi$ 表的编制中，已考虑了稳定安全系数的影响。

二、压杆的稳定计算

与强度计算类似，可以用稳定条件式(10-14)对压杆进行 3 类问题的计算：

1. 稳定校核

若已知压杆的长度、支承情况、材料截面及荷载，则可校核压杆的稳定性。即

$$\sigma=\frac{F_N}{A}\leqslant\varphi[\sigma]$$

2. 设计截面

将稳定条件式(10-14)改写为

$$A \geqslant \frac{F}{\varphi[\sigma]}$$

在设计截面时，由于 φ 和 A 都是未知量，并且它们又是两个相依的未知量，所以常采用试算法进行计算。步骤如下：

(1) 假设一个 φ_1 值（一般取 $\varphi_1 = 0.5 \sim 0.6$），由此可初步定出截面尺寸 A_1。

(2) 按所选的截面 A_1，计算柔度 λ_1，查出相应的 φ'_1，比较 φ_1 与 φ'_1，若两者接近，可对所选截面进行稳定校核。

(3) 若 φ_1 与 φ'_1 相差较大，可再设 $\varphi_2 = \frac{\varphi_1 + \varphi'_1}{2}$，重复(1)(2) 步骤试算，直至求得 φ_1 与所设的 φ 接近为止。

3. 确定许用荷载

若已知压杆的长度、支承情况、材料及截面，则可按稳定条件来确定压杆能承受的最大荷载值，即

$$F \leqslant A\varphi[\sigma]$$

【例 10-3】 由 Q_{235} 钢制成的千斤顶如图 10-11 所示。丝杆长 $l = 800\text{mm}$，上端自由，下端可视为固定，丝杆的直径 $d = 40\text{mm}$，材料的弹性模量 $E = 2.1 \times 10^5\text{MPa}$。若该丝杆的稳定安全系数 $n_{st} = 3$，试求该千斤顶的最大承载力。

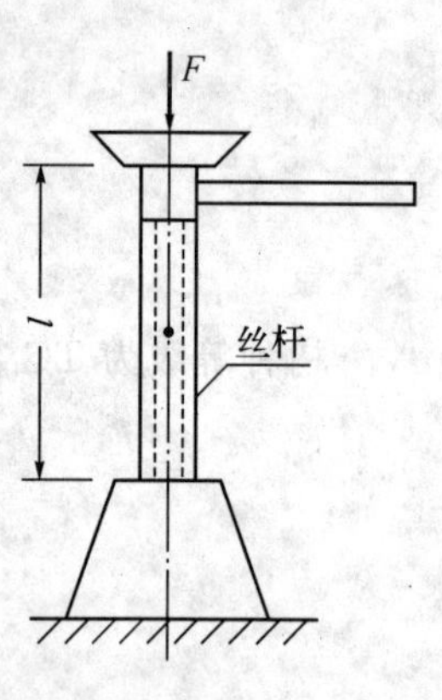

图 10-11

解 先求出丝杆的临界荷载 F_{cr}，再由给定的稳定安全系数求得其容许荷载，即为千斤顶的最大承载力。

丝杆为一端自由，一端固定，丝杆截面的惯性半径为

$$i = \sqrt{\frac{I}{A}} = \sqrt{\frac{\pi d^4}{64} \Big/ \frac{\pi d^2}{4}} = \frac{d}{4} = \frac{40}{4} = 10(\text{mm})$$

故其柔度为

$$\lambda = \frac{\mu l}{i} = \frac{2 \times 800\text{mm}}{10\text{mm}} = 160$$

Q_{235} 钢的 $\lambda_p = 100$。由于 $\lambda > \lambda_p$，故该丝杆属于细长杆，应用欧拉公式计算临界荷载，即

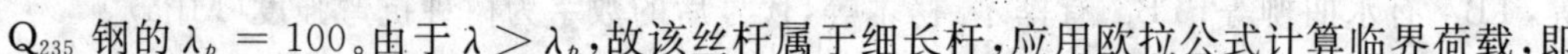

$$F_{cr} = \frac{\pi EI}{(\mu l)^2} = \frac{\pi^2 \times 2.1 \times 10^{11} \times \frac{1}{64} \times \pi \times (0.04)^4}{(2 \times 0.8)^2} = 101739(\text{N}) = 101.7\text{kN}$$

所以，丝杆的容许荷载为

$$[F_{st}] = \frac{F_{cr}}{n_{st}} = \frac{101.7}{3} = 33.9(\text{kN})$$

此即千斤顶的最大承载力。

【例 10-4】 一圆木柱高 $l = 6\text{m}$，直径 $d = 20$，两端铰支，承受轴向荷载 $F = 50\text{kN}$，试校核其稳定性，已知木材的许用应力 $[\sigma] = 10\text{MPa}$（木材为南方松 TC_{15}）。

解 圆截面的惯性半径和长细比：

$$i = \frac{d}{4} = \frac{20}{4} = 5, \qquad \lambda = \frac{\mu l}{i} = \frac{1 \times 6}{5 \times 10^{-2}} = 120$$

查表 10-1 得，稳定系数 $\varphi = 0.208$

稳定校核 $$\sigma = \frac{F}{\varphi A} = \frac{50 \times 10^3}{0.208 \times \frac{\pi}{4}(20 \times 10^{-2})^2} = 7.66 \times 10^6 = 7.66(\text{MPa})$$

故木柱满足稳定性要求。

【例 10-5】 截面为 I_{40a} 的压杆，材料为 Q_{345} 钢，许用应力 $[\sigma] = 230\text{MPa}$，杆长 $l = 5.6\text{m}$，在 xz 平面内失稳时杆端约束情况接近于两端固定，故长度系数可取为 $\mu_y = 0.65$；在 xy 平面内失隐时为两端铰支，$\mu_z = 1.0$，截面形状如图 10-12 所示。试计算压杆所允许承受的轴向压力 F。

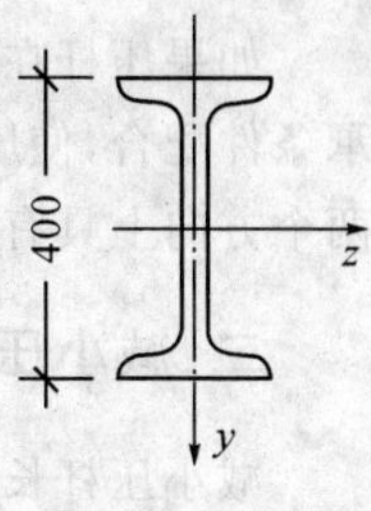

图 10-12

解　查型钢表 I_{40a} 得

$$A = 86.1\text{cm}^2, i_y = 2.77\text{cm}, i_z = 15.9\text{cm}$$

计算长细比 $$\lambda_y = \frac{\mu_y l}{i_y} = \frac{0.65 \times 5.6}{2.77 \times 10^{-2}} = 131.4$$

$$\lambda_z = \frac{\mu_z l}{i_z} = \frac{1 \times 5.6}{15.9 \times 10^{-2}} = 35.2$$

在 λ_y 与 λ_z 中应取大的长细比 $\lambda_y = 131.4$ 来确定稳定系数 σ，由表 10-1 中 Q_{345} b 类，并用直线插入法求得

$$\varphi = 0.283 + \frac{1.4}{10}(0.249 - 0.283) = 0.278$$

压杆允许承受的轴向压力为

$$F = A\varphi[\sigma] = 86.1 \times 10^{-4} \times 0.278 \times 230 \times 10^6 = 551(\text{kN})$$

10.5　提高压杆稳定性的措施

提高压杆稳定性的关键在于提高其临界力(或临界应力)。由欧拉公式可以看出，影响压杆稳定性的因素有：压杆的柔度和材料的机械性质。而柔度又是压杆的截面形状、杆件长度和杆端约束等因素的综合反映。因此，提高压杆稳定性的措施，也应从这几个方面入手。

一、选择合理的截面形式

从欧拉公式可以看出，在其他条件相同的情况下，截面的惯性矩 I 越大，则临界力 F_{cr} 也越大。为此，应尽量使材料远离截面的中性轴。例如，空心的截面就比实心截面合理(如图 10-13 所示)。同理，4 根角钢分散放置在截面的 4 个角处比集中放置在形心附近合理(如图 10-14 所示)。

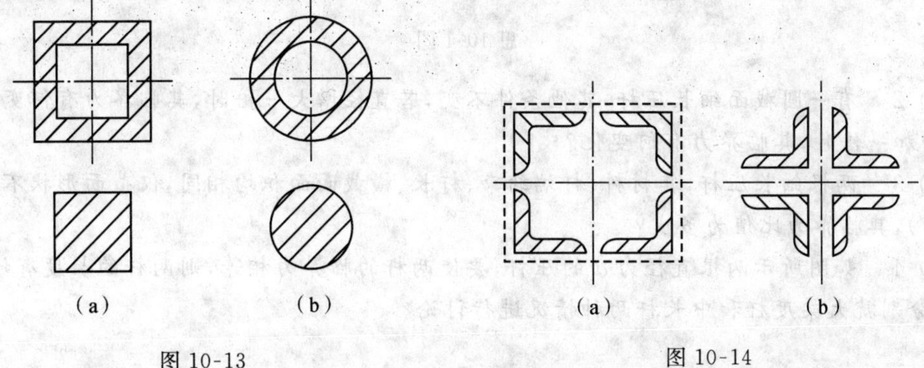

图 10-13　　图 10-14

如果压杆在各个弯曲平面内的支承条件相同，压杆的失稳总是发生在 $I_{\min}$ 的平面内。因此，应尽量使截面对任一形心主轴的惯性矩相同，这样可使压杆在各个弯曲平面内具有相同的稳定性。

如果压杆在两个互相垂直平面内的支承条件不同，可采取 $I_z \neq I_y$ 的截面来与相应的支承条件配合，使压杆在两个互相垂直平面内的柔度值相等，即 $\lambda_z = \lambda_y$，这样就保证压杆在这两个方向上具有相同的稳定性。

二、减小压杆长度和增加杆端约束

减小压杆长度可以降低压杆柔度，这是提高压杆稳定性的有效措施。因此，在条件允许的情况下，应尽量使压杆的长度减小，或者在压杆中间增加支撑。

从表 10-1 中可以看到，压杆端部固结越牢固，长度系数值越小，则压杆的柔度越小，这说明压杆的稳定性越好。因此，在条件允许的情况下，应尽可能加强杆端约束。

三、合理选择材料

对于大柔度杆，临界应力与材料的弹性模量 E 有关，由于各种钢材的弹性模量 E 相差不大，所以对大柔度杆来说，选用优质钢材对提高临界应力是没有意义的。对于中小柔度杆，其临界应力与材料强度有关，强度越高的材料，临界应力也越高。所以，对中小柔度杆而言，选用优质钢材将有助于提高压杆的稳定性。

思考题

10-1　如何判断压杆的失稳平面？有根一端固定、一端自由的压杆，如有图示形式的横截面，试指出失稳平面。失稳时横截面绕哪个轴转动。

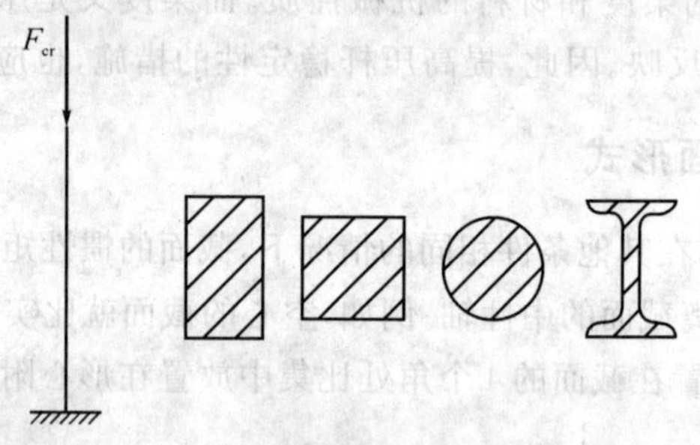

思 10-1 图

10-2　有一圆截面细长压杆，其他条件不变，若直径增大一倍时，其临界力有何变化？若长度增加一倍时，其临界力有何变化？

10-3　两根细长压杆，其材料、杆端约束、杆长、横截面面积均相同，仅截面形状不同（如图所示），其临界力比值为多少？

10-4　如图所示两根直径为 d 的压杆，要使两杆的临界力相等，则两杆的长度有什么关系？试分别就大柔度杆和中长杆两种情况进行讨论。

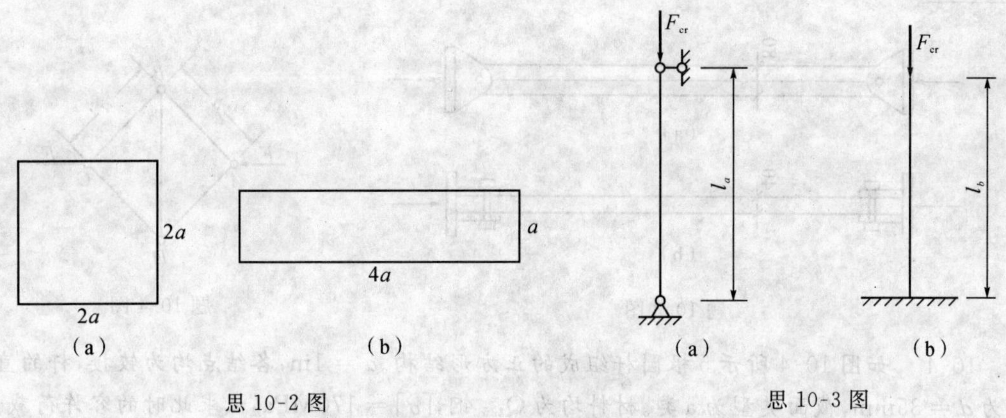

思 10-2 图　　　　思 10-3 图

10-5　柔度的物理意义是什么？它与哪些量有关系？各个量如何确定？

10-6　提高压杆的稳定性可以采取哪些措施？采用优质钢材对提高压杆稳定性的效果如何？

10-7　试求可用欧拉公式计算临界力的压杆的最小柔度，如果杆分别由下列材料制成：(1) 比例极限 $\sigma_p = 220\text{MPa}$，弹性模量 $E = 190\text{GPa}$ 的钢；(2) $\sigma_p = 20\text{MPa}$，$E = 11\text{GPa}$ 的松木。

习　题

10-1　两端铰支的压杆，截面为 I_{22a}，长 $l = 5\text{m}$，钢的弹性模量 $E = 2.0 \times 10^5\text{MPa}$，试用欧拉公式求压杆的临界力 F_{cr}。

10-2　图示各杆材料和截面均相同，问哪一根压杆能承受的压力最大？哪一根最小。

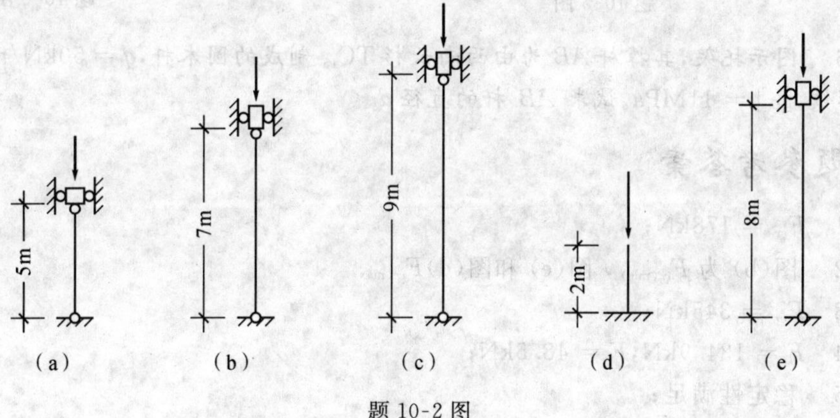

题 10-2 图

10-3　图示压杆横截面为矩形，$h = 80\text{mm}$，$b = 40\text{mm}$，杆长 $l = 2\text{m}$，材料为 Q_{235} 钢，$E = 2.1 \times 10^5\text{MPa}$，支端约束如图所示。在正视图(a)的平面内为两端铰支；在俯视图(b)的平面内为两端弹性固定，采用 $\mu = 0.8$，试求此杆的临界力。

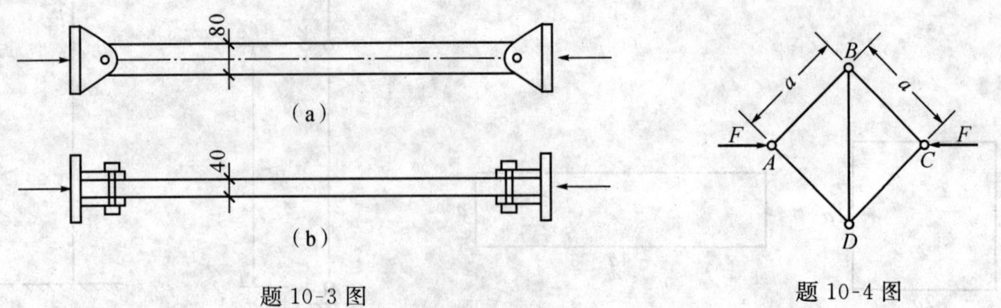

题 10-3 图　　　　题 10-4 图

10-4　如图 10-4 所示 5 根圆杆组成的正方形结构。$a=1\text{m}$，各结点均为铰接，杆的直径均为 $d=35\text{mm}$，截面类型为 a 类。材料均为 Q_{235} 钢，$[\sigma]=170\text{MPa}$，试求此时的容许荷载。又若 F 的方向改为向外，试求此时的容许荷载 F 应为多少？

10-5　三角形屋架的尺寸如图所示。$F=9.7\text{kN}$，斜腹杆 CD 按构造要求用最小截面尺寸 100mm×100mm 的正方形，材料为东北落叶松 TC_{17}，其顺纹抗压许用应力 $[\sigma]=10\text{MPa}$，若按两端铰支考虑，试校核 CD 杆的稳定性。

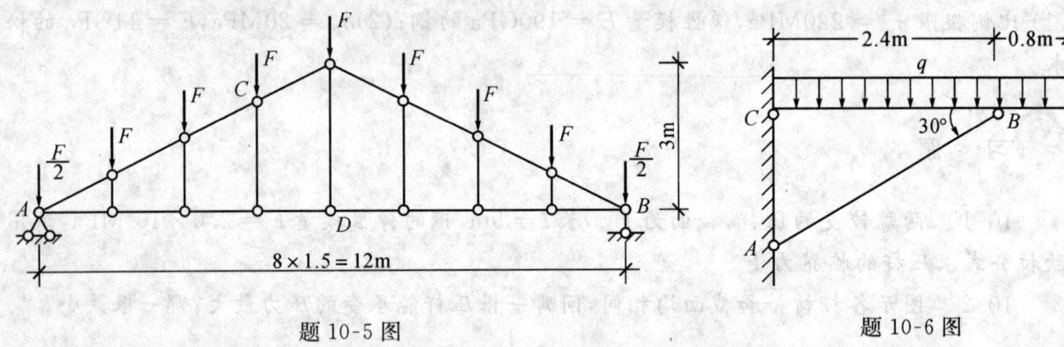

题 10-5 图　　　　题 10-6 图

10-6　图示托架，其撑杆 AB 为由西南云杉 TC_{15} 制成的圆木杆，$q=50\text{kN/m}$，AB 杆两端为柱形铰，$[\sigma]=11\text{MPa}$。试求 AB 杆的直径 d。

习题参考答案

10-1　$F_{cr}=178\text{kN}$；

10-2　图(b)为 $F_{cr(\min)}$，图(e)和图(d) $F_{cr(\max)}$

10-3　$F_{cr}=345\text{kN}$；

10-4　$F=124.9\text{kN}, F=48.5\text{kN}$；

10-5　稳定性满足；

10-6　$d=19.1\text{cm}$

第 11 章 平面体系的几何组成分析

教学要求

通过本章学习，要求了解结构间杆件相互联系的基本要求、几何组成分析的过程，静定结构和超静定结构的几何组成特征。理解平面体系自由度、刚片、约束、瞬变体系、几何不变体系和几何可变体系的概念，树立只有几何不变体系才能作为工程结构的概念。掌握平面几何不变体系的基本组成规则，并灵活运用其分析各种平面体系的几何组成性质。

本章重点是几何不变体系的组成法则，难点是几何不变体系的组成法则的应用。

11.1 几何组成分析的目的

杆件结构是由若干杆件互相联接所组成，并与地基联接成一整体，用来承受荷载作用的体系。当不考虑各杆件本身的变形时，它应能保持其原有几何形状和位置不变，即当不考虑材料的应变时，杆件结构的各个杆件之间以及整个结构与地面之间，应不致发生相对运动，即处于相对静止的状态。

体系受到任意荷载作用后，在不考虑材料应变的条件下，若能保持其几何形状和位置不变者，称为几何不变体系，如图 11-1(a) 所示即为这类体系的一个例子。可是另有一类体系，如图 11-1(b) 所示的例子，尽管只受到很小的荷载的作用，也将引起几何形状的改变，这类体系称为几何可变体系。显然，几何可变体系是不能作为结构来采用的。

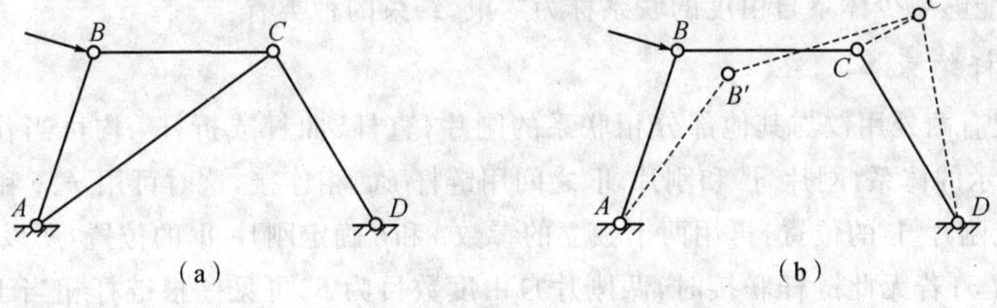

图 11-1

对体系几何组成的性质和规律进行的分析称为几何组成分析。作这种分析的目的在于：判别某一体系是否几何不变，从而决定它能否作为结构；研究几何不变体系的组成规则，以保证所设计的结构能承受荷载而维持平衡；同时也为正确区分静定结构和超静定结构以及进行结构的内力计算打下必要的基础。

在本章中，只讨论平面杆件体系的几何组成分析。

11.2 体系自由度、刚片和约束

一、自由度

判别一个体系是否几何不变，涉及到体系运动自由度。所谓体系的自由度，指体系运动时，可以独立变化的几何参数数目，即确定体系位置所需独立的坐标数。

(1) 点的自由度。平面内一动点(可自由运动的点)A，其位置需用两个坐标 x 和 y 来确定，如图 11-2(a) 所示，所以一个点在平面内有两个自由度。

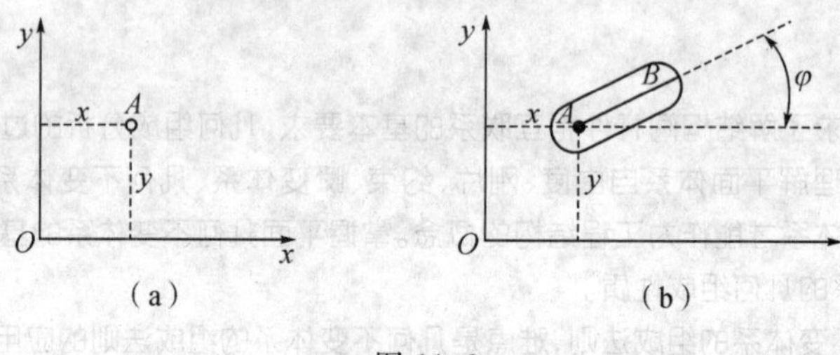

图 11-2

(2) 刚片的自由度。一个刚片在平面内运动时，其位置将由其上任一点 A 的坐标 x、y 和过点 A 的任一直线 AB 的倾角 φ 来确定，如图 11-2(b) 所示。因此，一个刚片在平面内有 3 个自由度。

二、刚片

在平面体系中，不考虑杆件材料弹性变形的一根梁、一根链杆或体系中几何不变的某个部分，都可以看成是刚片，支撑结构的地基或基础也可以看成为刚片。

三、约束

在分析体系自由度时，若在组成体系的各个刚片之间加了某些联系，则体系自由度就会减少，这种能够减少体系自由度的联系称为约束。约束的种类有：

1. 链杆约束

链杆仅有两处用铰与其他部分相联系的刚片(直杆、曲杆或折杆)均可当作链杆。如图 11-3(a) 所示的体系，刚片 Ⅰ 和刚片 Ⅱ 之间用链杆 BC 相连接，这时可用 x、y 和 φ 3 个独立的参数确定刚片 Ⅰ 的位置，再用两个独立的参数 α 和 β 确定刚片 Ⅱ 的位置，所以该体系的自由度数目为 5；若无此链杆联接时，两刚片自由度数目为 6。可见一根链杆相当于一个约束，可使体系减少一个自由度。

2. 铰链约束

单铰：仅联接两刚片之间的铰为单铰。它使两刚片间不能有相对移动，但可以绕铰心相

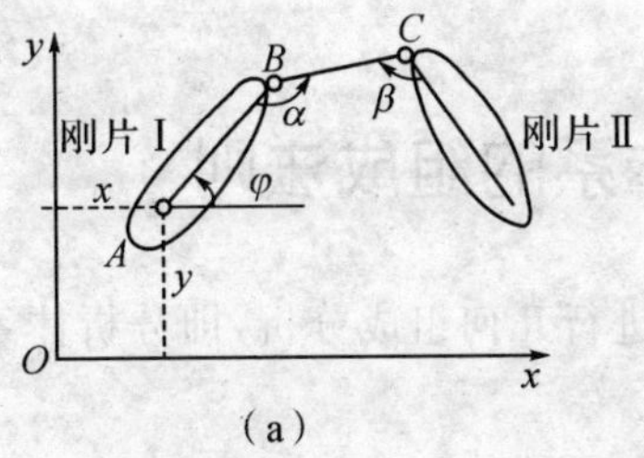

(a)

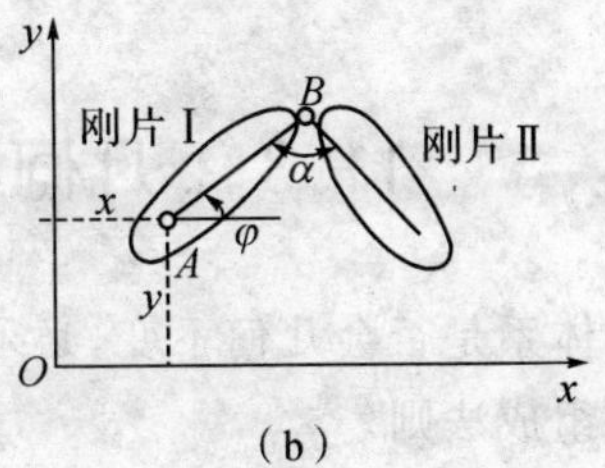

(b)

图 11-3

对转动。如图 11-3(b) 所示，两刚片之间用单铰 B 相联接，需用 x、y 和 φ 3 个独立的参数确定刚片 Ⅰ 的位置，再用独立的参数 α 来确定刚片 Ⅱ 的位置。所以，该体系的自由度数目为 4。若无此铰联接时，两刚片自由度数目为 6，单铰使体系减少两个自由度(说明单铰等价于两根链杆)。

3. 支座约束

支座：体系与地基或基础之间的联系为支座。经常用到的支座有辊轴支座、铰支座和固定支座。若将地基或基础看成刚片，则支座就成为刚片之间的约束。一个辊轴支座相当于一个约束，使体系减少一个自由度；一个铰支座相当于两个约束，使体系减少两个自由度；一个固定支座相当于 3 个约束，使体系减少 3 个自由度。

平面体系是在一平面内由若干刚片与某些约束所组成的。加入约束后能减少体系自由度，如果所加约束足够多时，就能使刚片之间不发生相对运动，从而使体系成为几何不变体系。

4. 多余约束

如果在一个体系中增加一个约束，而体系的自由度并不减少，则此约束为多余约束。

如图 11-4(a) 所示，一点 A 与基础的联结，链杆 ①、② 约束了点 A 的两个自由度，即点 A 被固定了，则链杆 ①、② 是非多余约束(即必要约束)。若再增加一个链杆，如图 11-4(b) 所示，实际上仍减少两个自由度，则有一个是多余约束(可把 3 个链杆中任何一个看作是多余约束)。又如图 11-4(c) 所示用 3 个平行链杆将刚片 Ⅰ 与基础联结，此时刚片 Ⅰ 仍可作平行移动，即存在一个自由度，3 根链杆实际上只减少了两个自由度。因此，有两个链杆是必要约束，另一个链杆则为多余约束。

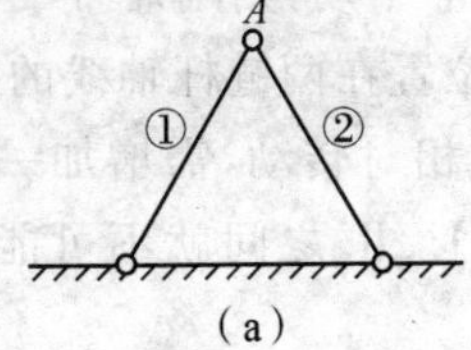

(a)

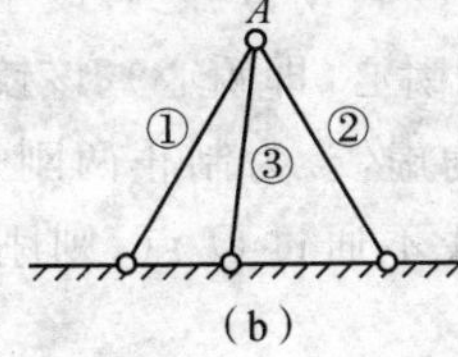

(b)

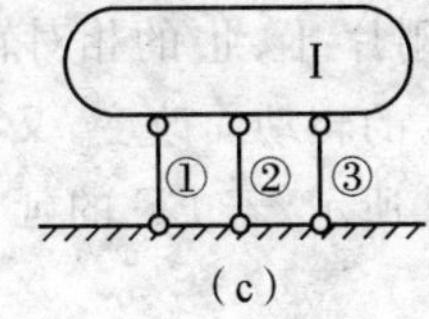

(c)

图 11-4

体系的几何组成与体系自由度有关。若体系自由度大于零，表示约束数不够，体系是几何可变的；若体系自由度小于或等于零，表示体系有或没有多余约束。但都不能说明体系的几何不变性。若要说明体系几何不变性，还要看刚片和约束之间的位置是如何安排的。因此，体系自由度小于或等于零是体系几何不变的必要条件，而不是充分条件，充分条件是体系符合下述的几个基本组成法则。

11.3 几何不变体系的组成法则

判别一个体系是否会几何不变，必须对体系进行几何组成分析，即分析体系是否符合几何不变体系的组成法则。

一、二元体规则

如图 11-5(a) 所示为一个点与刚片的联结装置，显然它是个几何不变体系。这种由两根不共线的链杆联结一个结点的装置称为二元体。由前所知，一个结点的自由度为 2，用两根不共线的链杆相联，其约束数也为 2，则 A 点被固定，且无多余约束。

规则 Ⅰ：一个点与一刚片用两根不共线的链杆相联结(3 个铰不在同一直线上)，则组成几何不变体系，且无多余联系。

若将刚片看成为链杆，如图 11-5(b) 所示，则形成一用三铰联结三链杆的装置，这一情况如同用 3 条线 AB、BC、CA 作一三角形。由平面几何知识可知，用 3 条定长的线段只能作出一个形状和大小都一定的三角形，即此三角形是几何不变的，通常称之为铰结三角形。

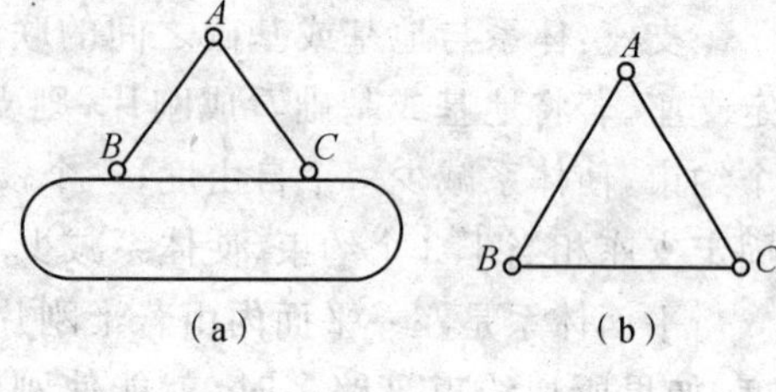

图 11-5

由二元体的概念可得出推论 Ⅰ：在一个几何不变体系上增加或撤去一个二元体，则该体系仍然是几何不变体系。因此，在进行体系的几何组成分析时，宜先将二元体撤除，再对剩余部分进行分析，所得结论就是原体系的几何组成分析结论。

二、两刚片规则

平面中两个独立的刚片共有 6 个自由度，若将它们组成一个刚片，则只有 3 个自由度。由此可知，在两刚片之间至少应该用 3 个约束相联，才可能组成一个几何不变的体系。

如图 11-6(a) 所示，两刚片用两根不平行的链杆 AB、CD 相联结。若设刚片 Ⅰ 不动，刚片 Ⅱ 将绕 AB、CD 两杆延长线的交点 O 转动；反之若设刚片 Ⅱ 不动，则刚片 Ⅰ 也将绕 O 点转动。O 点称为刚片 Ⅰ、Ⅱ 的相对转动瞬心(即瞬心)。该铰的位置在两链杆轴线的交点上，且其位置随两刚片的转动而改变，又称为虚铰。为制止两刚片的相对转动，需增加一根链杆 EF，如图 11-6(b) 所示，若 EF 的延长线不通过 O 点，则刚片 Ⅰ、Ⅱ 之间就不可能再产生相对转动。

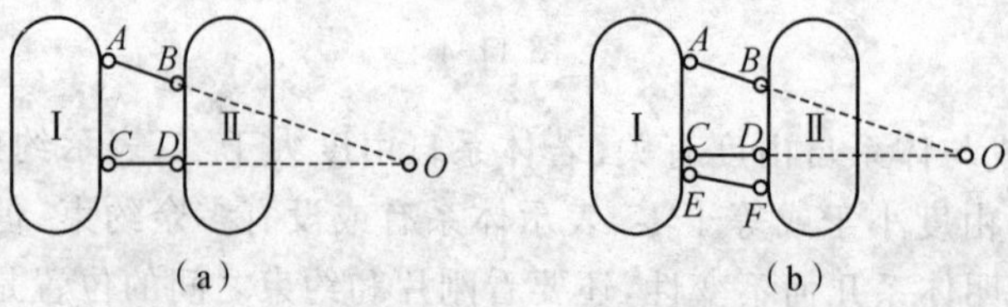

图 11-6

规则 Ⅱ：两刚片之间用不全交于一点也不全平行的 3 根链杆相联结，则组成几何不变体系，且无多余联系。

由前所知，一个铰的约束相当于两根链杆的约束，若将 AB、CD 的约束看成一个铰 O，如图 11-6(b) 所示，则可得出推论 Ⅱ：两刚片之间用一个铰和一根不通过铰的链杆相联结，则组成几何不变体系，且无多余联系。

三、三刚片规则

平面中 3 个独立的刚片共有 9 个自由度，若组成一个刚体则只有 3 个自由度，由此可知，在 3 个刚片之间至少应增加 6 个链杆或 3 个铰，才可能将 3 个刚片组成为几何不变体系。

如图 11-7(a) 所示，刚片 Ⅰ、Ⅱ、Ⅲ 用不在同一直线上的 3 个铰 A、B、C 两两相联形成三角形，为几何不变体系，由此得出规则 Ⅲ。

规则 Ⅲ：3 个刚片之间用不在同一直线上的 3 个铰两两相联，则组成几何不变体系，且无多余联系。

若将每一个铰换为两根链杆相联，如图 11-7(b) 所示，显然该体系也为几何不变体系。

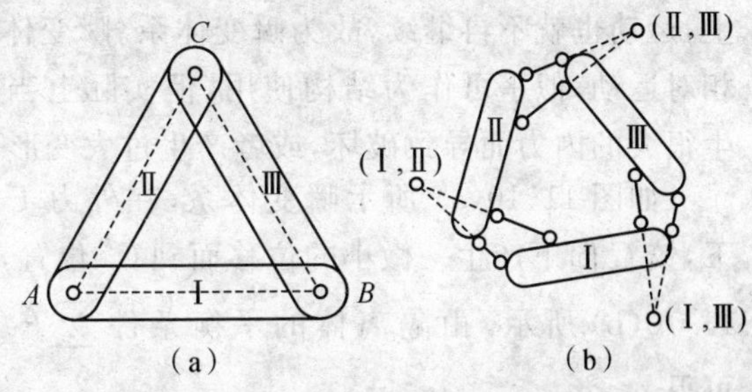

图 11-7

推论 Ⅲ：3 个刚片之间用 6 根链杆两两相联，只要 6 根链杆所形成的 3 个铰不在同一直线上，则组成几何不变体系，且无多余联系。

实际上，上述规则及推论中若将刚片皆看成链杆时，则 3 个规则及推论所述的皆是铰结三角形，都是同一个问题，只是在叙述的方式上有所不同。这也就得出一个结论：铰结三角形是组成几何不变体系的基本单元。

四、瞬变体系

上述几何组成规则及其推论中，皆有一定的限制条件，如果不能满足这些条件，则将会出现如下情况：

如图 11-8 所示，其中图 11-8(a) 为两刚片用 3 根相交于一点的链杆相联结。由于其延长

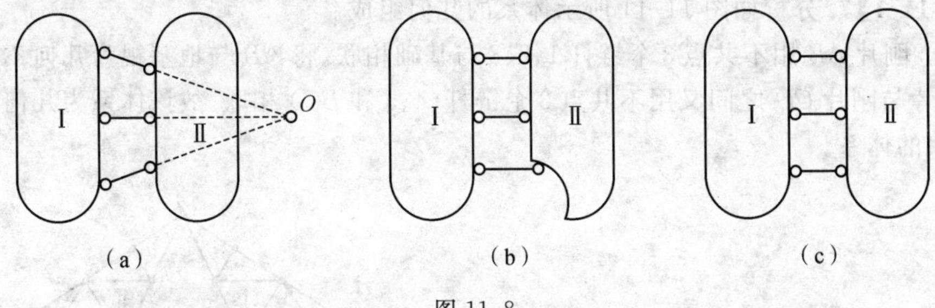

图 11-8

线相交于 O 点，此时两刚片可绕 O 点作相对转动，但在产生微小转动后，3 根链杆就不再交于一点，则不能继续产生相对运动。这种在某一瞬时可以产生微小运动的体系，称为瞬变体系。又如图 11-8(b) 所示中 3 个刚片用 3 根平行链杆相联，此时两刚片可沿垂直链杆方向产生相

对移动，但在发生一微小移动后，3 根链杆就不再互相平行，则这种体系也为瞬变体系。应当注意，若 3 根链杆等长且互相平行，如图 11-8(c) 所示，当两刚片发生一微小移动后，3 根链杆仍为平行，运动将继续发生，为几何可变体系，通常又称为常变体系。实际上，在几何组成分析中瞬变体系也属于几何可变的。

如图 11-9 所示，若 3 个刚片用位于同一直线的 3 个铰相联，此时 C 点为 AC、BC 两个圆弧的公切点，故 C 点可沿公切线方向产生微小的移动。当微小运动产生后，3 个铰就不在同一直线上，运动也就不再继续，故为瞬变体系。瞬变体系只发生微小的相对运动，似乎可作为结构使用，但实际上当它受力时将会产生很大的内力而导致破坏，或者产生过大变形而影响使用。

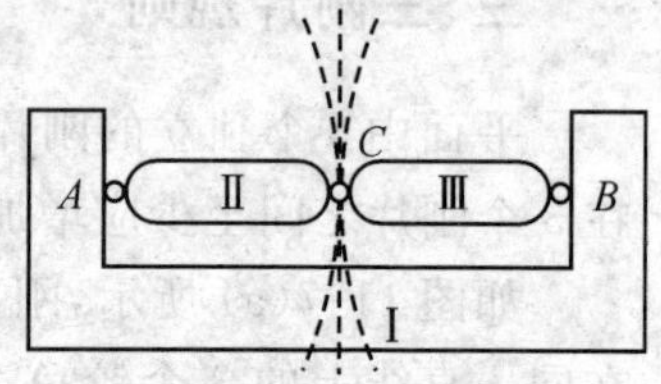

图 11-9

如图 11-10(a) 所示瞬变体系，在外力 F 作用下，铰 C 向下产生一微小的位移而到 C' 位置，如图 11-10(b) 所示，由隔离体的平衡条件 $\sum F_y = 0$ 可得

$$F_N = \frac{F}{2\sin\varphi}$$

因为 φ 为一无穷小量，所以

$$F_N = \lim_{x\to 0}\frac{F}{2\sin\varphi} = \infty$$

由此可见，杆 AC 和 BC 将产生很大的内力和变形，将首先产生破坏。因此，瞬变体系是属于几何可变体系的一类，绝对不能在工程结构中采用。

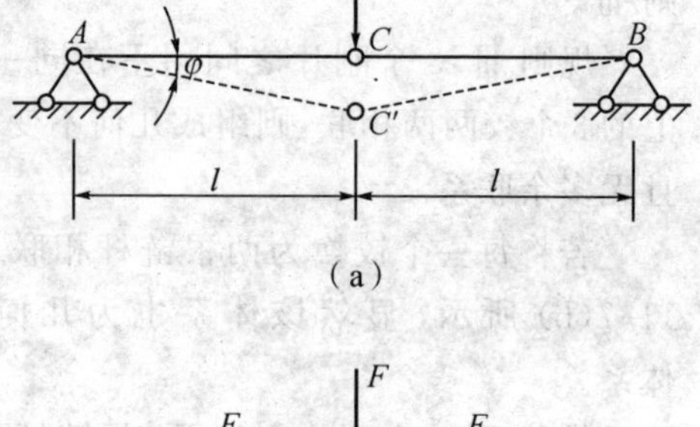

图 11-10

11.4　几何组成分析示例

几何组成分析就是根据前述的 3 个规则检查体系的几何组成，判断是否为几何不变体系，且有无多余联系。

【例 11-1】　分析如图 11-11 所示体系的几何组成。

解　刚片 AB 用不共点 3 个链杆 1、2、3 与基础相联。将 AB 与地基视为几何不变的大刚片，此刚片与刚片 CD 之间又用不共点 3 个链杆(4、5 和 BC) 相联。故该体系为几何不变且无多余约束的体系。

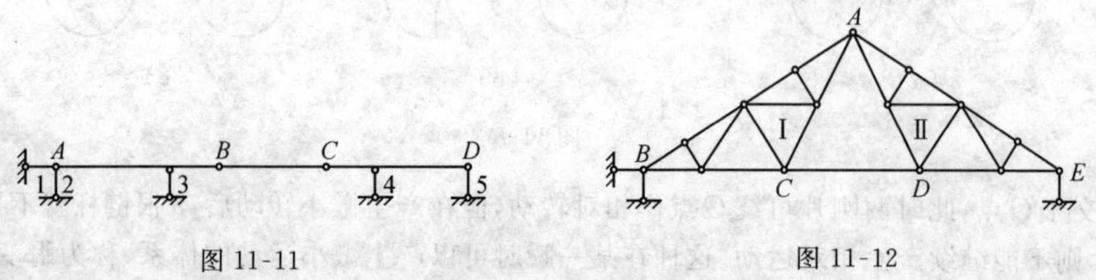

图 11-11　　图 11-12

【例 11-2】　对如图 11-12 所示体系作几何组成分析。

解　此体系中，ABC 和 ADE 两部分均为铰接三角形体系。它们均可由一个基本的铰接三角形开始，多次增加二元体而得到，故为几何不变，可视为两个刚片 *I* 和 Ⅱ。刚片 *I* 和 Ⅱ 之间用铰 *A* 和链杆 *CD* 相联，且 *CD* 不通过铰 *A*，所以组成几何不变体系 *ABE*，它又可视为一大刚片。将基础视为另一刚片，该两刚片间用既不全交于一点又不全平行的 3 根链杆相联。知此体系为几何不变且无多余约束的体系

【例 11-3】　试对如图 11-13 所示体系进行几何组成分析。

解　该体系有铰结部分，可以运用铰结三角形或二元体规则进行分析。首先在基础上依次增加 *A-D-B* 和 *A-C-D* 两个二元体，则该部分可与基础作为一个刚片；再将 *EF* 看作另一刚片。该两刚片通过链杆 *DE* 和支座 *F* 处的两水平链杆相联结，符合规则 Ⅱ，则为几何不变体系，且无多余联系。

【例 11-4】　对如图 11-14 所示体系进行几何组成分析。

解　将基础看作刚片 Ⅰ，*BDE* 看作刚片 Ⅱ，*AB* 看作链杆，则刚片 Ⅰ、Ⅱ 之间用链杆 *AB* 及 *D* 和 *E* 处的两根链杆相联结，因三链杆交于一点 *C*，则该体系为瞬变体系。

【例 11-5】　对如图 11-15 所示体系进行几何组成分析。

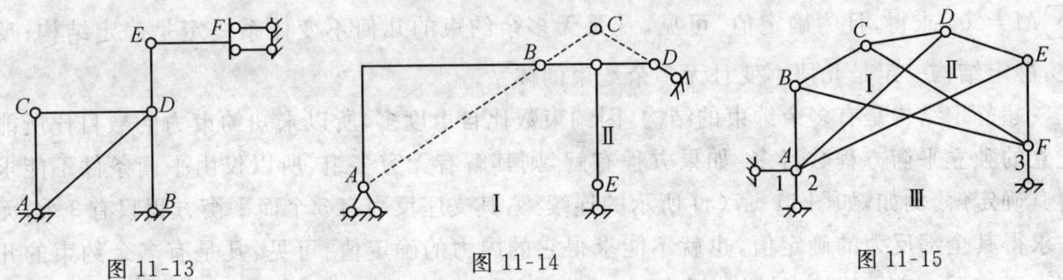

图 11-13　　图 11-14　　图 11-15

解　如图 11-15 所示，铰结三角形 *BCF* 和 *ADE* 分别作为刚片 Ⅰ、Ⅱ，两者由 *AB*、*CD*、*EF* 的 3 根链杆相联结。符合规则 Ⅱ，则为几何不变体系，且无多余联系，形成一大刚片，再与基础 Ⅲ 由 1、2、3 三根链杆相联结，符合规则 Ⅱ，该体系为几何不变体系，且无多余联系。

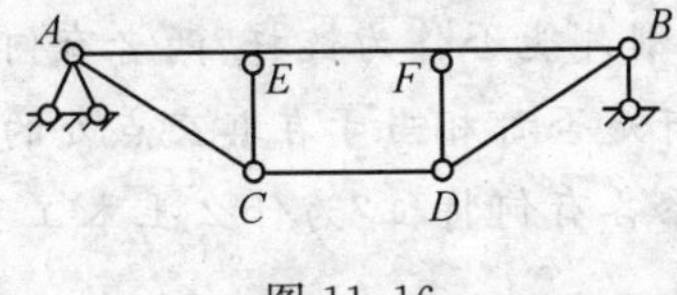

图 11-16

【例 11-6】　试对如图 11-16 所示体系进行几何组成分析。

解　杆件 *AB* 与基础简支，符合规则 Ⅱ，为几何不变部分。再增加二元体 *A*－*C*－*E* 和 *B*－*D*－*F*，为几何不变，此外又增加一根链杆 *CD*，则此体系为具有一个多余联系的几何不变体系。

11.5　几何组成与静定性的关系

凡可以用静力平衡条件确定全部反力和内力的结构叫做静定结构。而超静定结构的全部反力和内力则不能仅由平衡条件确定，计算时还须考虑结构的变形条件。

前已述及，用作结构的杆件体系必须是几何不变的。而几何不变体系又可分为无多余约束的（例 11-1 ～ 例 11-3）和具有多余约束的（例 11-6）。因此，结构可分为无多余约束的和有

多余约束的两类。例如，如图 11-17(a) 所示的连续梁，如果将 C、D 两支座链杆逐一去掉，成为如图 11-17(b) 所示体系，仍能保持其几何不变性，并且再无多余约束了，所以它是有两个多余约束的结构，而如图 11-17(b) 所示为无多余约束的结构。

图 11-17

下面指出结构按静定性的分类与按几何组成的分类之间的关系。

静定结构是无多余约束的结构，因约束数与自由度相等，所以未知约束力的数目与能建立的独立平衡方程数目相等，因而可求得未知力的惟一解。例如，如图 11-17(b) 所示的简支梁，它的全部 3 个反力和任一截面的内力均可由 3 个静力平衡条件($\sum F_x = 0, \sum F_y = 0, \sum M = 0$) 求得，且为确定值。可见，凡是无多余约束的几何不变体系一定是静定结构；反之，静定结构一定是几何不变且无多余约束的体系。

超静定结构是有多余约束的结构，因约束数比自由度多，所以未知约束力的数目比所能建立的独立平衡方程数目多。如果方程有解，则其解有无穷多组，所以仅由平衡条件不能求得其确定解。例如，如图 11-17(a) 所示的连续梁，其支座反力有 5 个而平衡方程只有 3 个，无法求得其全部反力的确定值，也就不能求得它的内力的确定值。可见，凡是有多余约束的几何不变体系一定是超静定结构；反之，超静定结构一定是几何不变且有多余约束的体系。

思考题

11-1　链杆能否作为刚片？刚片能否作为链杆？两者有何区别？

11-2　体系中任何两根链杆是否都相当于在其交点处的一个虚铰。

11-3　瞬变体系与可变体系各有何特征？为什么土木工程中要避免采用瞬变和接近瞬变的体系？

11-4　在进行几何组成分析时，应注意体系的哪些特点，才能使分析得到简化？

11-5　何谓多余约束？如何确定多余约束的个数？

11-6　何谓二元体？图中 B-A-C 能否都可看成为二元体？

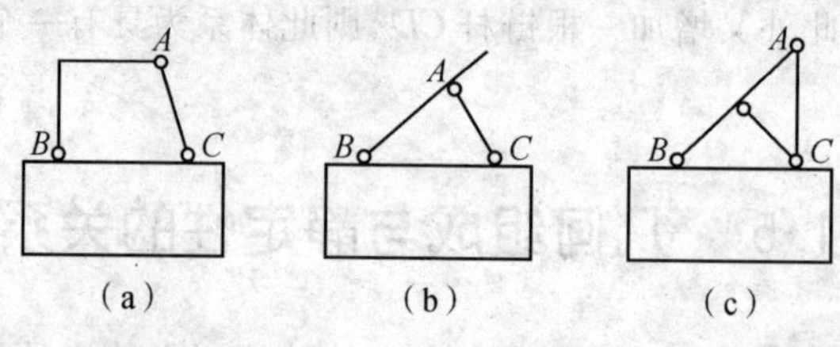

思 11-6 图

习　题

试对如图所示体系作几何组成分析。如果是具有多余约束的几何不变体系，则须指出其多余约束的数目。

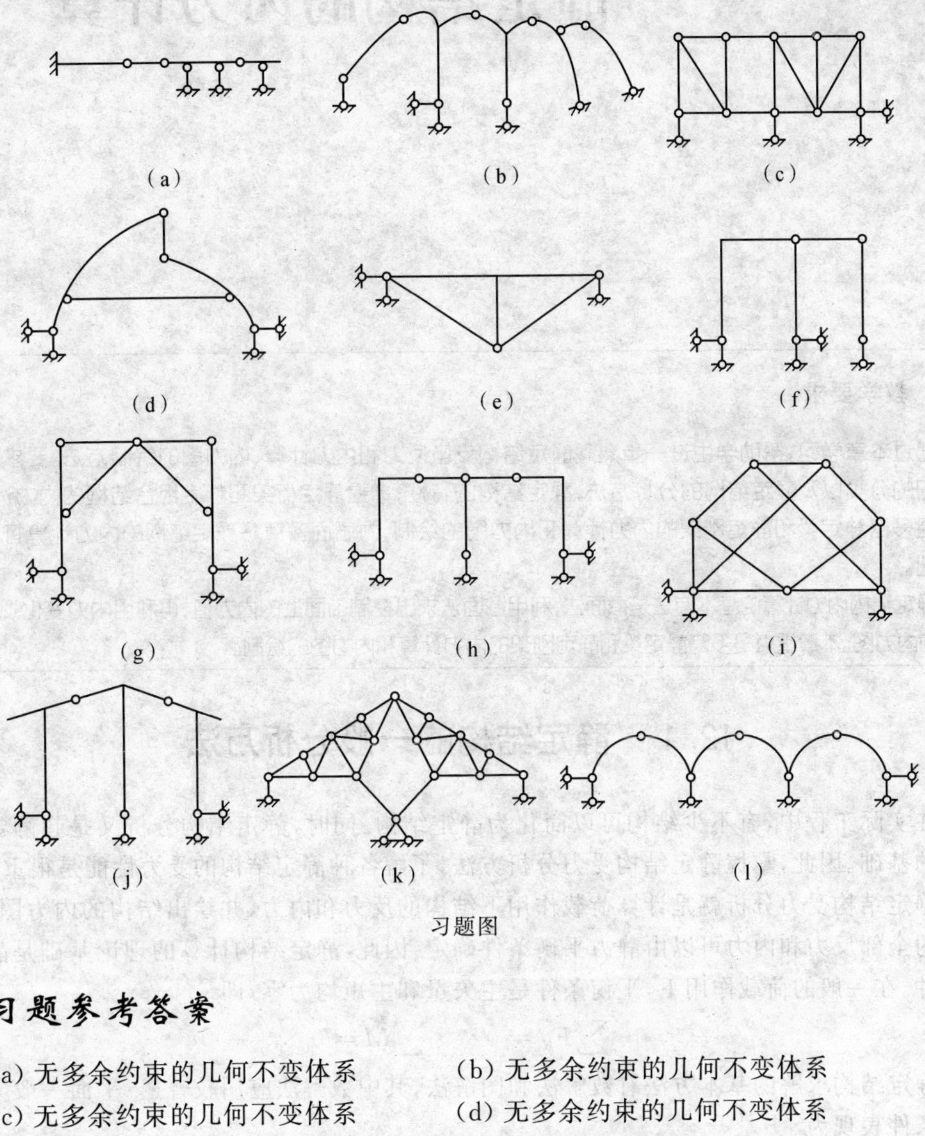

(a)　(b)　(c)

(d)　(e)　(f)

(g)　(h)　(i)

(j)　(k)　(l)

习题图

习题参考答案

(a) 无多余约束的几何不变体系　(b) 无多余约束的几何不变体系
(c) 无多余约束的几何不变体系　(d) 无多余约束的几何不变体系
(e) 有 2 个多余约束的几何不变体系　(f) 几何常变体系
(g) 无多余约束的几何不变体系　(h) 几何瞬变体系
(i) 无多余约束的几何不变体系　(j) 几何瞬变体系
(k) 无多余约束的几何不变体系　(l) 几何常变体系

第 12 章 静定结构的内力计算

教学要求

通过本章学习，帮助学生进一步熟悉静定结构支座反力和内力计算、内力图的绘制方法。要求了解杆件结构的分类以及静定结构的分析方法，静定结构的特性；掌握静定桁架和静定组合结构的内力计算；熟练掌握多跨静定梁和静定刚架的内力计算和内力图的绘制，为后面各章超静定结构的内力计算打下坚实的基础。

静定结构内力计算的基本方法是截面法，利用截面法求出控制街面上的内力值，再利用内力变化规律绘出结构的内力图。本章重点是多跨静定梁和静定刚架的内力计算和内力图的绘制。

12.1 静定结构的一般分析方法

在实际工程中，有不少结构可以简化为静定结构。同时，静定结构分析又是超静定结构分析的基础。因此，掌握静定结构受力分析方法，了解各种静定结构的受力性能是很重要的。

静定结构受力分析就是计算荷载作用下结构的反力和内力，并绘出结构的内力图。静定结构的全部反力和内力可以由静力平衡条件确定。因此，静定结构计算的理论基础是静力平衡条件。在一般的荷载作用下，平衡条件是主矢量和主矩均为零，即

$$\sum F_R = 0 \qquad \sum M = 0$$

静定结构求解的基本方法有数解法和图解法，其中数解法应用较普遍。平面一般力系的平衡条件表现为

$$\sum F_x = 0 \qquad \sum F_y = 0 \qquad \sum M = 0$$

静定结构求解时关键在于先求出支座反力和各部分之间的约束力，然后再用平衡条件求各杆件任意截面的内力。

静定结构内力分析的一般步骤是：

1. 几何组成分析

几何组成分析对于静定结构的内力求解来说，是十分必要的。通过分析，判断体系是否为静定结构，找出该结构各部分（如基本部分与附属部分）之间的关系，从而可得出结构几何组成的顺序关系。如图 12-1(a) 所示结构，经几何组成分析，知 ABC 是不依赖其他部分就能

独立地承受荷载并能保持平衡的梁段，称为结构的基本部分，CD 是依赖于其他部分的存在，才能承受荷载而保持平衡的梁段，称为结构的附属部分。同样，可知如图 12-1(b) 所示的右边 $CDGH$ 为基本部分，$ABEF$ 为附属部分。

2. 支座反力、约束力的计算

应先求结构附属部分反力和约束力，然后再考察结构基本部分。如图 12-1(a) 所示，先由 CD 部分求出 3 个反力 F_{xC}、F_{yC}、F_{yD}，再考察 AB 部分，这时需把 F_{xC}、F_{yC} 反作用到 AB 部分，这样就能解出 F_{xA}、F_{yA} 及 F_{yB}。如图 12-1(b) 所示也是同样的道理。这时要注意，考察结构附属部分时不要遗漏了和结构基本部分的约束作用力；同样，考察基本部分时也不要遗漏了附属部分的反作用力。

3. 内力计算、绘内力图

计算结构内力和绘内力图时，首先使用截面法，取出隔离体，按正向绘出结构其他部分对隔离体的反作用力(反力和内力) 及作用在隔离体上的荷载，对隔离体(受力图) 正确地运用平衡条件，求解其内力。用截面法截开某一杆件时，需注意分析该杆件的受力性质。一般杆件截面内力有弯矩 M、剪力 F_Q、轴力 F_N；而桁架杆只有轴力 F_N。如图 12-1(a) 所示，截面 E 的内力有 M_E、F_{QE}、F_{NE}。如图 12-1(b) 所示为桁架结构，杆 BC 及杆 FG 称为桁架杆件，简称桁杆。桁杆只受轴向拉、压力，所以切开后只有轴向力 F_N。

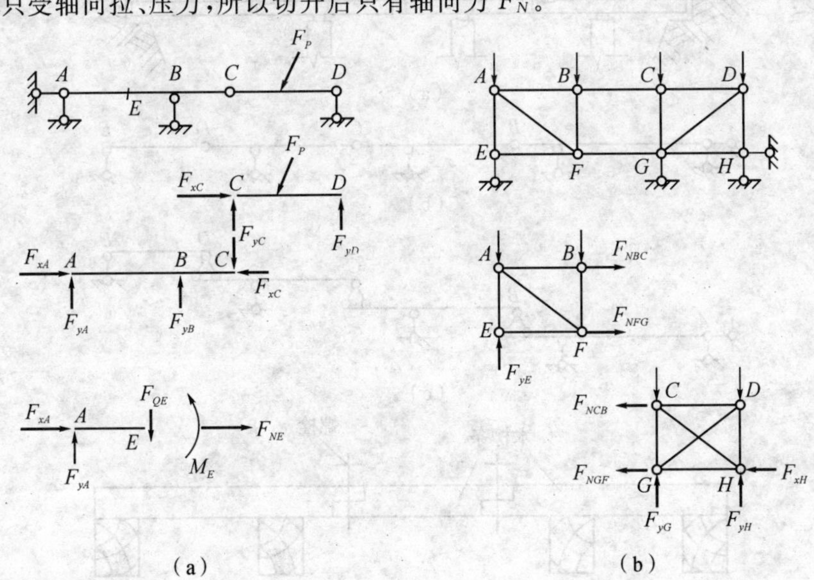

图 12-1

绘内力图前必须算出杆件若干截面的内力，然后以竖标表示，一一绘在相应的位置上，再将各竖标顶点连线，即得内力图。这种方法称为点绘法。

点绘内力图时，要注意内力的方向及正负号的如下规定：

内力方向：轴向力 F_N，以受拉为正，受压为负；剪力 F_Q，以绕杆另一端作顺时针转动为正，反之为负；弯矩无正负号规定，但在梁及拱结构中，习惯上规定下部或内侧纤维受拉者为正，如图 12-2(a)(b)(c) 所示。

内力图的正负号：弯矩图 M 必须绘在受拉纤维一侧，不注明正负号；轴力图 F_N 与剪力图 F_Q 可绘在杆件的任一侧，注明正、负号。

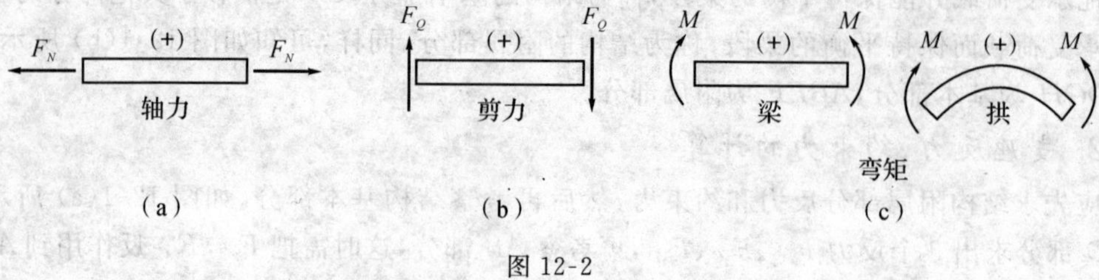

图 12-2

12.2 多跨静定梁

一、多跨静定梁特点

多跨静定梁是由若干单跨静定梁用铰联结而成的静定结构。由于其受力性能较好，在工程结构中常用来跨越几个相连的跨度。例如，渡槽或公路桥梁的主要承重结构和房屋建筑中的木檩条常采用这种结构型式，如图 12-3(a)(d) 所示。

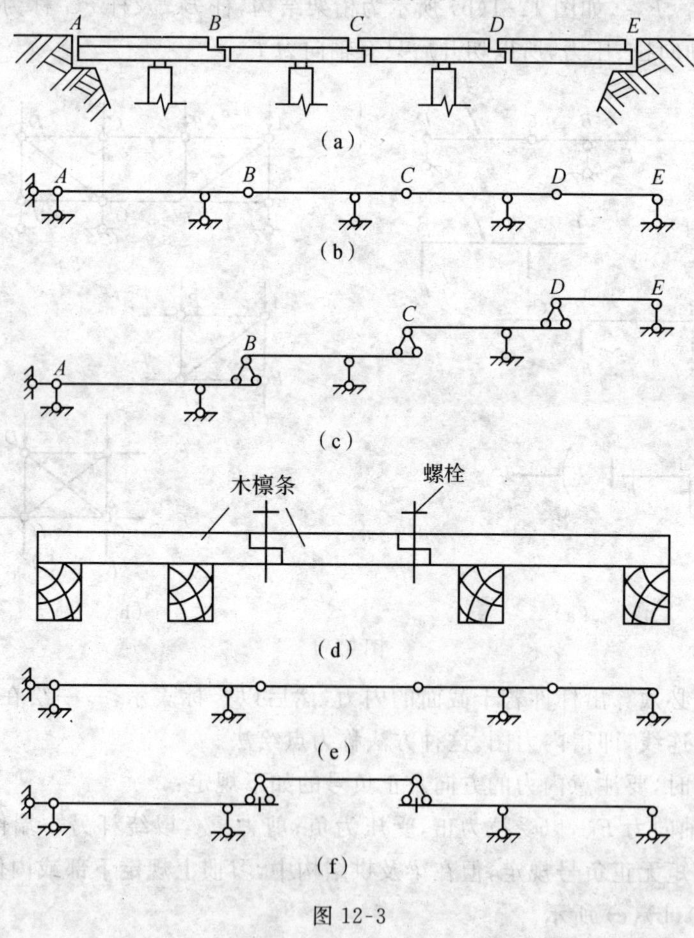

图 12-3

如图 12-3(b)(e) 所示的两类多跨梁的计算简图，，按几何组成规律分析，都是几何不变无多余约束的静定结构。如图 12-3(b) 所示中，AB 是一外伸梁，它本身就是一个几何不变体系，可单独承受荷载的作用，为基本部分；而 BC、CD、DE 需要基本部分的支承，均为附属部分。表示各部分之间相互依赖关系的图形，称为层次图，如图 12-3(c) 所示。从层次图可以看出：一旦基本部分遭到破坏，附属部分的几何不变性也随之破坏；若附属部分遭到破坏，则对基本部分的几何不变性并无任何影响。在层次图中，基本部分画在最下层，各附属部分依次画在相邻基本部分上层。

如图 12-3(b) 所示的多跨静定梁，是多跨静定梁的基本形式之一，其构造特点是第 1 跨为基本部分，其余各跨分别为相邻部分的附属部分。另一种基本形式如图 12-3(e) 所示木檀条的计算简图，其层次图如图 12-3(f) 所示。构造特点是附属部分两端均搭接在基本部分上。由基本形式还可组合成其他形式的多跨静定梁。

二、多跨静定梁的内力分析及内力图绘制

根据多跨静定梁的几何组成和表示其各部分之间支承关系的层次图，就可将多跨静定梁拆分成单跨静定梁分别进行计算。荷载是从最上层的附属部分逐次往下传给基本部分的。所以，计算基本部分时，要考虑附属部分对它的作用，计算附属部分时，不考虑其下层基本部分的荷载。遵循先附属部分后基本部分的计算原则。把每一单跨梁的内力图单独画出以后，拼在一起，就是多跨静定梁的内力图。

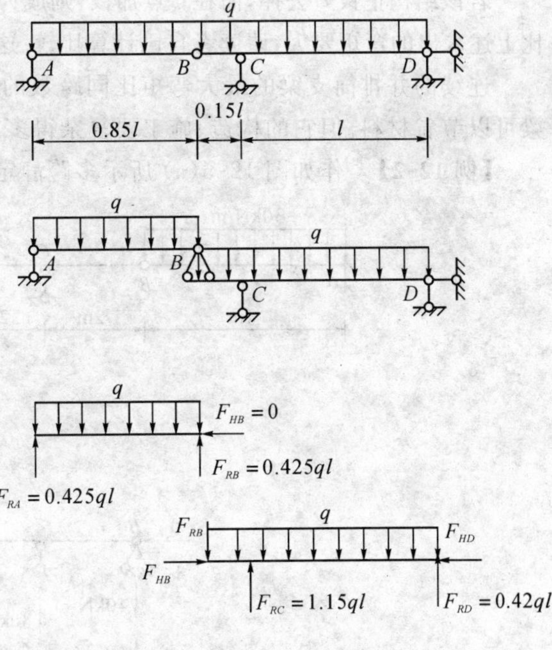

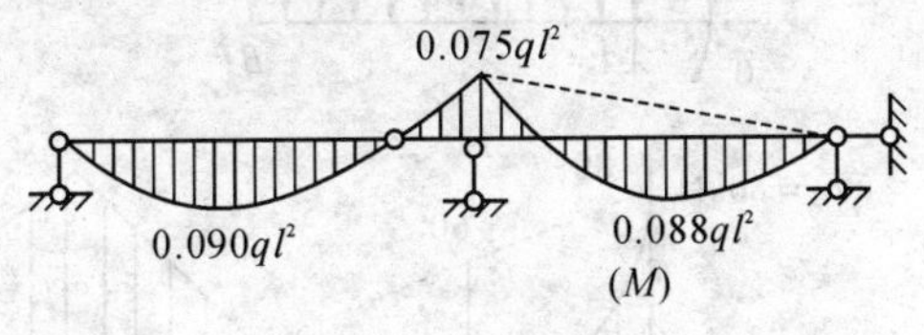

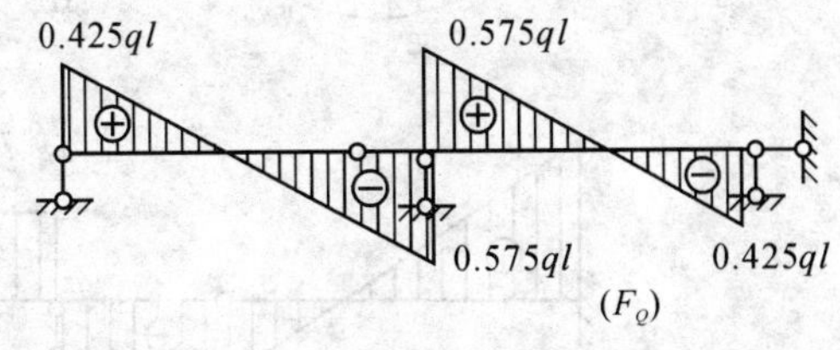

图 12-4

【例 12-1】 求作如图 12-4(a) 所示两跨静定梁在自重 q 作用下的弯矩图和剪力图。

解　(1) 几何组成分析。该结构 BCD 部分为单悬臂简支梁，是基本部分；梁 AB 通过铰 B 搭接在基本部分 BCD 上，为附属部分。它们之间的搭接关系如图 12-4(b) 所示。

(2) 求附属部分反力、内力及弯矩图。先求简支梁 AB 反力，得

$$F_{RA}=F_{RB}=0.425ql \quad F_{HB}=0$$

用控制截面法求内力，并作内力图

$$M_A=M_B=0$$

$$M_{跨中}=\frac{1}{8}q(0.85l)^2=0.090ql^2$$

(3) 求基本部分 BCD 反力、内力及弯矩图。基本部分 BCD 是单悬臂的简支梁，在 B 点受附属部分传来的作用力 F_{HB} 和 F_{RB}。根据 3 个平衡条件求出 3 个支座反力

$F_{RC} = 1.15ql$，$F_{RD} = 0.425ql$，$F_{HD} = 0$。这部分的弯矩图采用叠加法：D 点为铰约束，弯矩为零($M_D = 0$)，而 C 点弯矩可由悬臂端求得

$$M_C = F_{RB} \times 0.15l + \frac{1}{2}q(0.15l)^2 = 0.075ql^2(\text{上面受拉})$$

把 C 点和 D 点的竖标连以直线，再叠加同跨度、同荷载简支梁弯矩可得到跨中弯矩为 $\frac{ql^2}{8} - \frac{1}{2} \times 0.075ql^2 = 0.088ql^2$

(4) 作剪力图。梁两端的剪力等于两端的支座反力，即 $F_{QA} = 0.425ql$，C 点由于有支座反力，它相当于一个集中力，所以该处的剪力图有突变，突变的绝对值等于该处反力值的大小。其他部分受匀布荷载，由微分关系 $\frac{dF_Q}{dx} = q$ 可知剪力图为斜直线。M、F_Q 如图 12-4(d)(e) 所示。

若该结构把铰 B 去掉，而在 C 点加铰，则成为并排的两跨单独的简支梁。这时最大弯矩一定比上述求出的弯矩要大，请读者自己计算比较。这种变化主要是由于悬臂端作用的影响。

连续的并排简支梁的最大弯矩比同跨数的多跨静定梁的最大弯矩要大，说明多跨静定梁可以节省材料。但它的构造、施工要复杂得多。

【例 12-2】 作如图 12-5(a) 所示多跨静定梁的内力图。

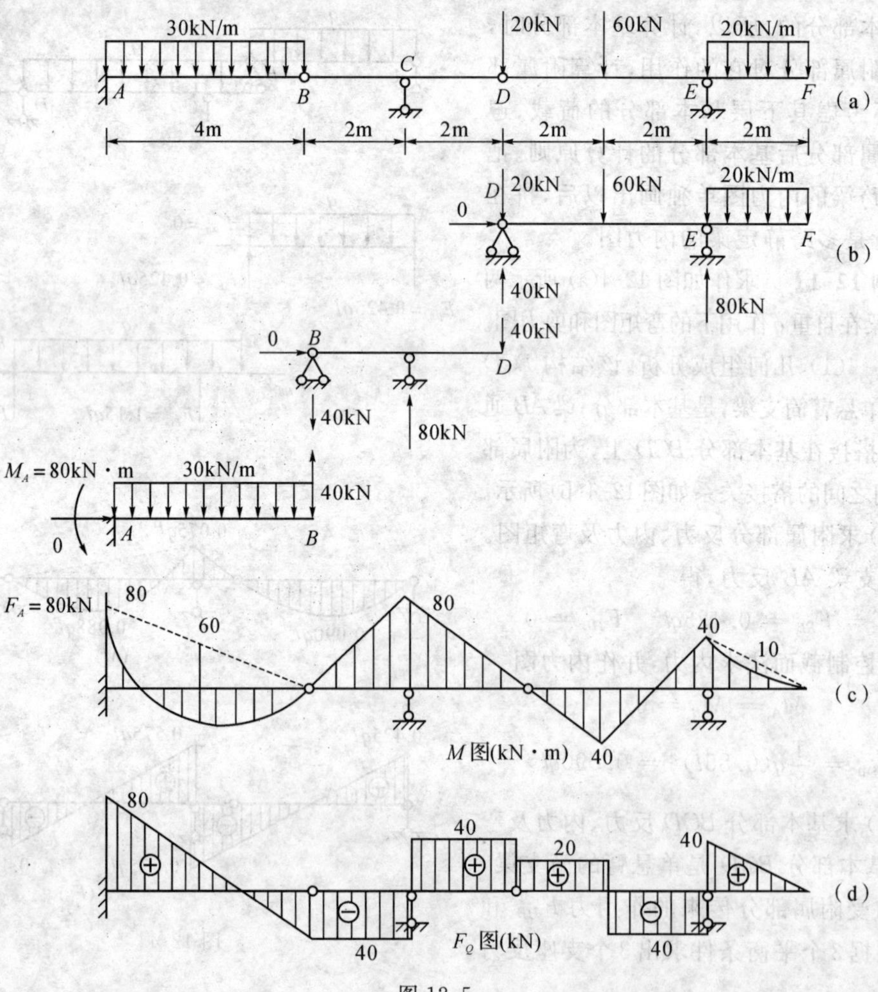

图 12-5

解　(1) 作层次图。梁 AB 为基本部分。梁 BD 左端支承在基本部分 AB 上，另有一个链杆支座，为附属部分。同理，DF 也为附属部分，其层次图如图 12-5(b) 所示。

(2) 计算支座反力。由层次图可以看出，整个多跨静定梁可分为悬臂梁 AB 及二外伸梁 BD 和 DF，共 3 层。按由最高层到最低层的计算次序，应用静力平衡条件，分别计算出支座反力，如图 12-5(b) 所示。

(3) 作内力图。当支座反力求出后，即可分别作出各梁段的内力图。再将各梁段的内力图连在一起，即为整个多跨静定梁的内力图，如图 12-5(c)(d) 所示。

从上面例题可以看出，多跨静定梁中间铰处的弯矩为零。因此，可以调整铰的位置从而改变全梁弯矩的分布情况。一般说来，多跨静定梁的最大弯矩比一串简支梁的最大弯矩要小，在强度相同时可节省材料。但因中间铰的构造较复杂，因此在实际工程中采用哪种形式，还需要根据多方面的具体条件比较才能确定。

12.3　静定平面刚架

刚架是由若干杆件单元组成的，杆件单元间联结的结点大部分为刚性结点的结构。所谓刚性结点即相交于该结点的各根杆不能相对地转动和移动，可以相互传递弯矩、剪力和轴力。刚性结点一般称为刚结点。因此，刚结点增加了结构的刚度，使结构的整体性能得到加强。

刚架结构的内力比较均匀，杆件少，且可以组合成较大的内部空间，制作也较方便，所以工程上使用较多。

刚架结构中各杆轴线及支座约束、外荷载均作用在同一平面内的称为平面刚架。刚架的计算与梁相似，但要复杂一些。实际工程中使用的刚架既有超静定的，也有静定的。静定刚架分析是超静定刚架分析的基础，因此静定刚架的分析和计算是十分重要的。

静定刚架按杆件之间的联结及不同的支座形式，一般分为悬臂刚架(常见于火车站、雨蓬等)、简支刚架(常见于渡槽、起重机的钢支架等)、三铰刚架(常见于仓库、食堂、小型厂房等)和组合刚架(常见于较大型厂房)几种。

如图 12-6(a) 所示为悬臂刚架。悬臂式结构的内力求解一般都不必先求反力。如图 12-6(b) 所示为简支式刚架。简支式刚架需先求出支座反力后再求内力。如图 12-6(c) 所示为三铰式刚架，这种形式的刚架亦需先求支座反力然后求内力，计算比简支刚架复杂些。如图 12-6(d) 所示为组合刚架。这类刚架的形式不外乎是悬臂式、简支式和三铰式的组合，分析求解时需先进行几何组成分析。

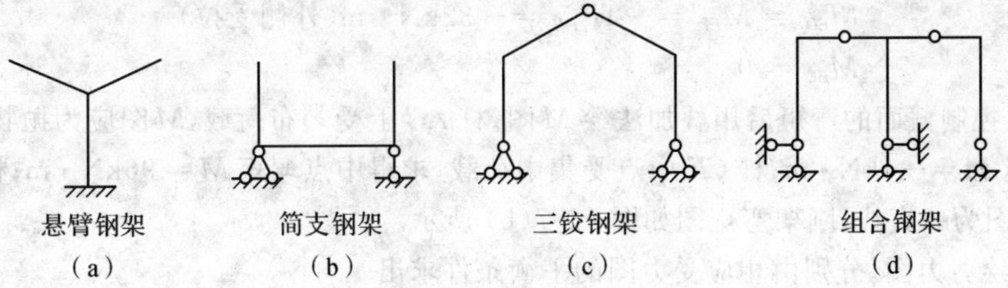

图 12-6

【例 12-3】 绘制如图 12-7(a) 所示简支刚架的内力图。

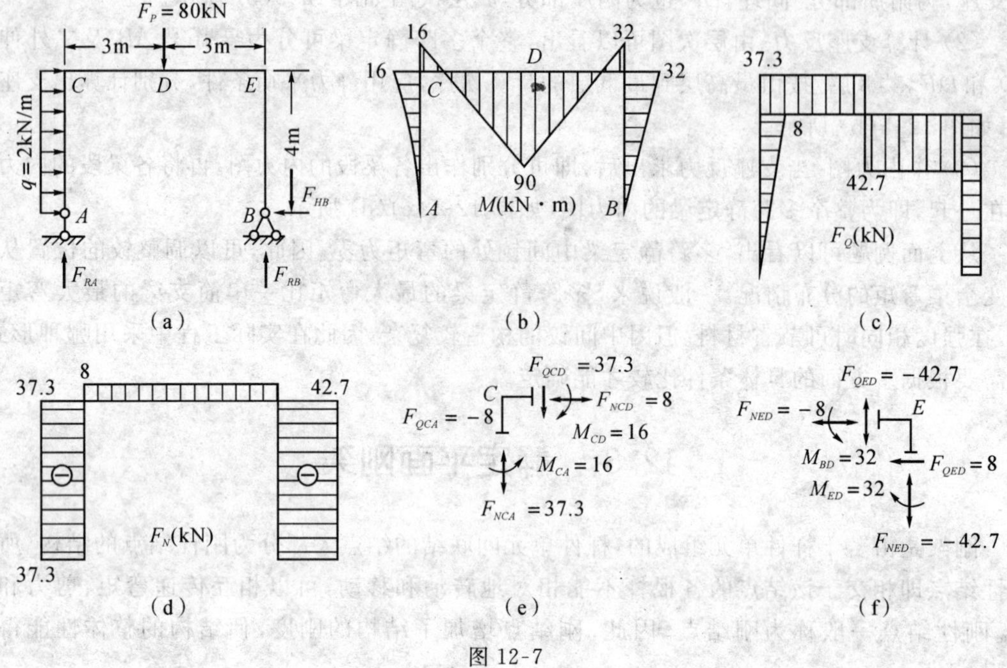

图 12-7

解 (1) 求反力。简支刚架要先求反力。为此，作整个刚架的受力图，如图 12-7(a) 所示。

$$\sum F_x = 0 \qquad F_{HB} = 4q = 8\text{kN}$$

$$\sum M_B = 0 \qquad F_{RA} = \frac{1}{6}(3F_P - 8q) = 37.3\text{kN}$$

$$\sum F_y = 0 \qquad F_{RB} = F_P - F_{RA} = 42.7\text{kN}$$

校核用 $\sum M_A = 0$，则

$$\sum M_A = 6F_{RB} - 4q \times 2 - 3F_P = 6 \times 42.7 - 8 \times 2 - 3 \times 80 = 0$$

反力计算无误。

(2) 绘弯矩图。控制截面取 A、B、C、E，取隔离体，作受力图，得

$$M_{AC} = 0$$

$$M_{CA} = M_{CD} = -\frac{1}{2}q \times 4^2 = -16\text{kN}\cdot\text{m}\text{（外侧受拉）}$$

$$M_{ED} = M_{EB} = -4F_{HB} = -32\text{kN}\cdot\text{m}\text{（外侧受拉）}$$

$$M_{BE} = 0$$

求出控制截面的弯矩后用叠加法绘 M 图。杆 AC 上受匀布荷载，M 图应为抛物线，杆 AC 中点弯矩 $M = -4\text{kN}\cdot\text{m}$；杆 CE 中点受集中荷载，求得中点弯矩 $M = 96\text{kN}\cdot\text{m}$；杆 EB 上无荷载，M 图为一直线。刚架弯矩图如图 12-7(b) 所示。

(3) 绘剪力图。分别由相应受力图的平衡条件求出

$$F_{QAC} = 0$$
$$F_{QCA} = -4q = -8\text{kN}$$
$$F_{QCD} = F_{QDC} = F_{RA} = 37.3\text{kN}$$
$$F_{QDE} = F_{QED} = F_{RA} - F_P = -42.7\text{kN}$$
$$F_{QEB} = F_{QBE} = F_{HB} = 8\text{kN}$$

杆 AC 段，受匀布荷载，剪力图为斜直线；杆 CD、DE 和 EB 3 段中无荷载，剪力不变，即可作出整个刚架的剪力图，如图 12-7(c) 所示。

(4) 绘轴力图。取隔离体(结点)，由平衡条件求出

$$F_{NAC} = F_{NCA} = -F_{RA} = -37.3\text{kN}$$
$$F_{NCD} = F_{NDC} = F_{NDE} = F_{NBD} = -4q = -8\text{kN}$$
$$F_{NEB} = F_{NBE} = -F_{RA} = -42.7\text{kN}$$

由于各段中间均无轴向荷载，因此轴力不变。刚架的轴力图如图 12-7(d) 所示。

(5) 校核。取未用过的平衡条件，如截取结点 C 和结点 E 进行校核，如图 12-7(e)(f) 所示。由图 12-7(e) 得

$$\sum M_C = M_{CA} - M_{CD} = 16 - 16 = 0$$
$$\sum F_x = F_{QCA} - F_{NCD} = 8 - 8 = 0$$
$$\sum F_y = F_{NCA} - F_{QCB} = 37.3 - 37.3 = 0$$

满足平衡条件。

由图 12-7(f) 得

$$\sum M_E = M_{ED} - M_{EB} = 32 - 32 = 0$$
$$\sum F_x = F_{NED} - F_{QEB} = 8 - 8 = 0$$
$$\sum F_y = F_{NEB} - F_{QED} = 42.7 - 42.7 = 0$$

满足平衡条件，全部计算正确。

【例 12-4】　绘制如图 12-8(a) 所示悬臂刚架的内力图。

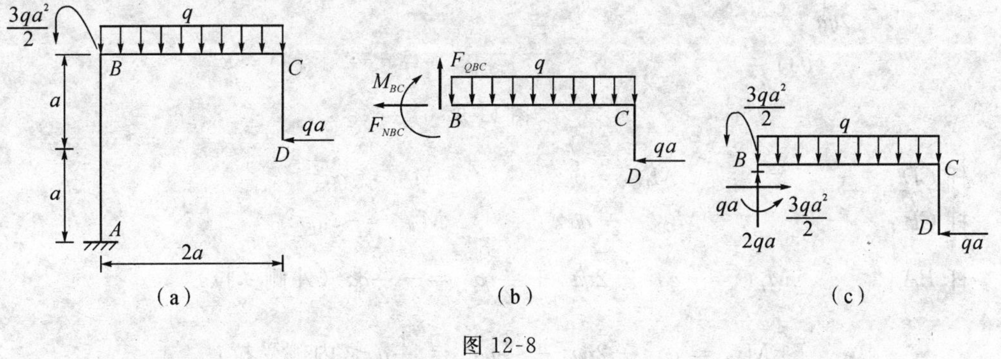

图 12-8

解　悬臂刚架可不计算支座反力。

用截面法求如图 12-8(a) 所示悬臂刚架 BC 杆 B 端截面的内力 M_{BC}、F_{QBC}、F_{NBC}。

自 BC 杆的 B 端切开，取 BCD 为分离体，如图 12-8(b) 所示，图中内力 M_{BC}、F_{QBC}、F_{NBC} 均

按正向画出。由平衡条件,得

$$\sum F_x = 0 \qquad F_{NBC} + qa = 0 \qquad F_{NBC} = -qa$$

$$\sum F_y = 0 \qquad F_{QBC} - 2qa = 0 \qquad F_{QBC} = 2qa$$

$$\sum M_B = 0 \qquad M_{BC} + 2qa^2 + qa^2 = 0 \qquad M_{BC} = -3qa^2$$

若用直接法计算,可得同样结果。

$$F_{NBC} = -qa \qquad F_{QBC} = 2qa \qquad M_{BC} = -2qa^2 - qa^2 = -3qa^2$$

再如求 M_{BA}、F_{QBA}、F_{NBA},运用内力计算式,并画出分离体 BCD,如图 12-8(c) 所示。应该注意该截面所在的 BA 杆为竖杆。根据脱离体平衡,可直接确定该截面内力

$$F_{NBA} = -2qa \qquad F_{QBA} = -qa \qquad M_{BA} = -qa^2 - 2qa^2 + \frac{3}{2}qa^2 = -\frac{3}{2}qa^2$$

(1) 求各杆端弯矩值,作 M 图如图 12-9(a) 所示。

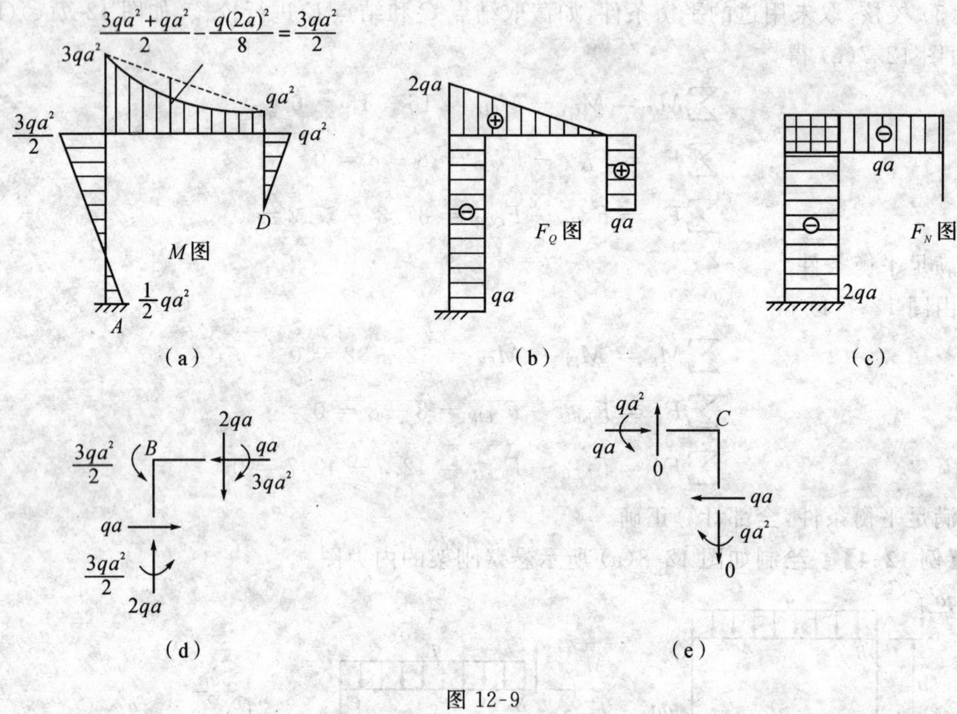

(a) (b) (c)

(d) (e)

图 12-9

杆 CD: $M_{DC} = 0 \qquad M_{CD} = qa^2$

杆 CB: $M_{CB} = -qa^2 \qquad M_{BC} = -3qa^2$

杆 BA: $M_{BA} = -qa^2 - 2qa^2 + \frac{3}{2}qa^2 = -\frac{3}{2}qa^2$(外侧受拉)

$$M_{AB} = qa^2 - 2qa^2 + \frac{3}{2}qa^2 = \frac{1}{2}qa^2(\text{内侧受拉})$$

(2) 求各杆端剪力值,作 F_Q 图如图 12-9(b) 所示。

$$F_{QCD} = F_{QDC} = qa \qquad F_{QCB} = 0 \qquad F_{QBC} = 2qa \qquad F_{QBA} = F_{QAB} = -qa$$

(3) 求各杆端轴力值,作 F_N 图如图 12-9(c) 所示。

$$F_{NCD} = F_{NDC} = 0 \qquad F_{NBC} = F_{NCB} = -qa \qquad F_{NBA} = F_{NAB} = -2qa$$

(4) 校核。通常取刚结点或刚架上任一部分为分离体，检查其受力是否满足静力平衡条件。

取结点 B 为分离体，如图 12-9(d) 所示，校核平衡条件

$$\sum F_x = qa - qa = 0 \qquad \sum F_y = 2qa - 2qa = 0 \qquad M_B = 3qa^2 - \frac{3}{2}qa^2 - \frac{3}{2}qa^2 = 0$$

取结点 C 为分离体，如图 12-9(e) 所示，校核平衡条件

$$\sum F_x = qa - qa = 0 \qquad \sum F_y = 0 \qquad M_c = qa^2 - qa^2 = 0$$

故知计算无误。

【例 12-5】　试绘制图 12-10 所示三铰刚架的内力图。

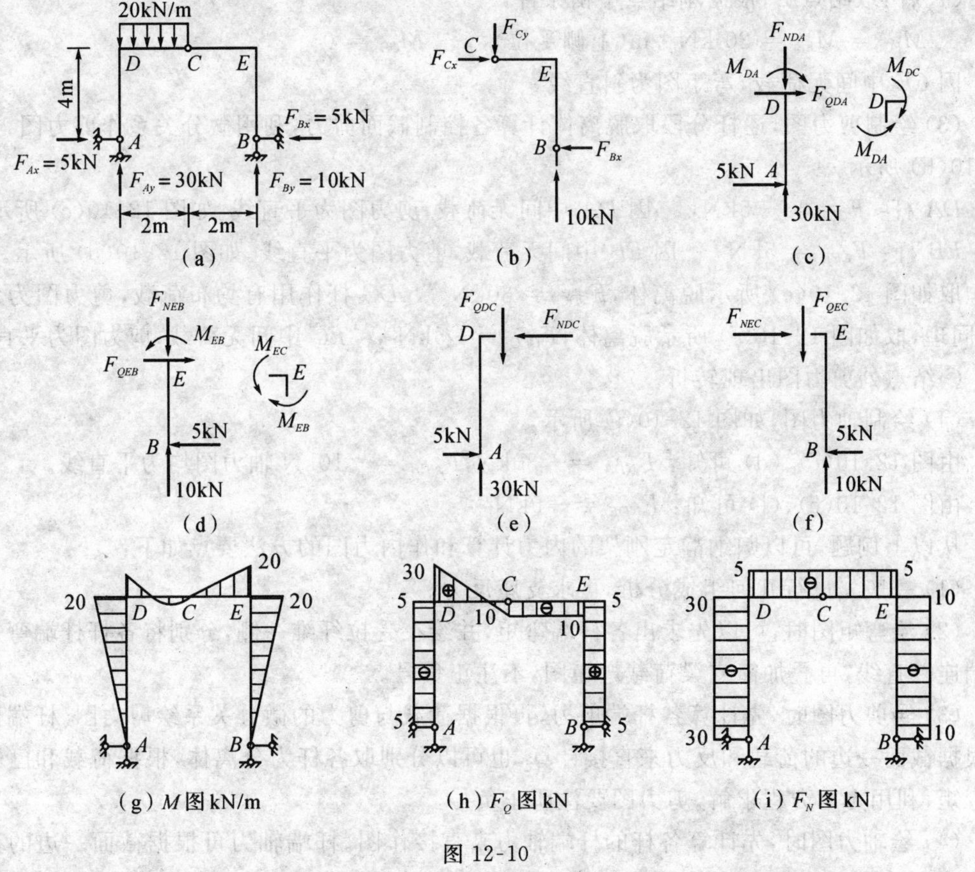

图 12-10

解　(1) 求支座反力，取整个刚架作脱离体，如图 12-10(a) 所示。

由　$\sum M_A = 0 \qquad F_{By} \times 4 - 20 \times 2 \times 1 = 0$　　得　$F_{By} = 10\text{kN}(\uparrow)$

$\sum F_y = 0 \qquad F_{Ay} + F_{By} - 20 \times 2 = 0$　　得　$F_{Ay} = 30\text{kN}(\uparrow)$

然后取半跨刚架 BEC 为脱离体，如图 12-10(b) 所示。

由　$\sum M_C = 0 \qquad 10 \times 20 - F_{Bx} \times 4 = 0$　　得　$F_{Bx} = 5\text{kN}(\leftarrow)$

再取整个刚架受力图，由　$\sum F_x = 0$　　得　$F_{Ax} = 5\text{kN}(\rightarrow)$

(2) 绘制弯矩图，逐杆分段取脱离体计算各控制截面弯矩，利用微分关系作弯矩图，如图 12-10(g) 所示。

DA 杆：　$M_{DA} = 20$ kN·m(左侧受拉)，　　$M_{AD} = 0$

如图 12-10(c) 所示。因 DA 中间无荷载，DA 杆弯矩图为斜直线。

DC 杆：取结点 D，根据刚结点平衡条件，

$M_{DC} = M_{DA} = 20$ kN·m(上侧受拉)，　$M_{CD} = 0$

因 DC 杆作用有均布荷载，弯矩图为二次抛物线。

EB 杆：　$M_{EB} = 20$ kN·m(右侧受拉)，　　$M_{BE} = 0$

如图 12-10(d) 所示。因 BE 杆中间无荷载，弯矩图为斜直线。

CE 杆：取结点 E，根据刚结点平衡条件，

$M_{EC} = M_{EB} = 20$ kN·m(上侧受拉)，　$M_{CE} = 0$

因 CE 中间无荷载，弯矩图为斜直线。

(3) 绘制剪力图，逐杆分段取脱离体计算各控制截面剪力，利用微分关系作剪力图，如图 12-10(h) 所示。

DA 杆：$F_{QDA} = -5$kN，　因 DA 中间无荷载，剪力图为平直线。如图 12-10(c) 所示。

EB 杆：$F_{QEB} = 5$kN，　因 EB 中间无荷载，剪力图为平直线。如图 12-10(d) 所示。

取如图 12-10(e) 所示脱离体，$F_{QDC} = 30$kN，　DC 杆作用有均布荷载，剪力图为斜直线。同理，取如图 12-10(f) 所示脱离体，$F_{QEC} = -5$kN，　EC 中间无荷载，剪力图为平直线，

C 结点处剪力图出现转折。

(4) 绘制轴力图，如图 12-10(i) 所示。

由图 12-10(c)、(d) 可知：$F_{NDA} = -30$kN，$F_{NEB} = -10$kN 轴力图均为平直线。

由图 12-10(e)、(f) 可知：$F_{NDE} = -5$kN

从以上例题，可以归纳静定刚架的内力计算和作内力图的方法要点如下：

(1) 一般先进行几何组成分析，再求支座反力。

(2) 绘弯矩图时，可以先求出各杆端弯矩，并绘在受拉纤维一侧，分别将各杆杆端弯矩的末端连以直线，再叠加简支梁荷载弯矩图，不注正负号。

(3) 绘剪力图时，先计算各杆端剪力，再根据荷载与剪力的微分关系绘剪力图。杆端剪力可根据截面一边的荷载和反力来直接计算，也可以分别取各杆为分离体，根据荷载和已知杆端弯矩，利用力矩方程求解。剪力图要注明正负号。

(4) 绘轴力图时，先计算各杆的杆端轴力来直接作图。杆端轴力可根据截面一边的荷载和反力来计算，也可以取结点为分离体，用投影方程求解。轴力图也要注明正负号。

(5) 每一步计算都要验算。内力图作好后，更须认真校核。通常取刚架的一部分或某些结点，取未用过的平衡条件以及荷载集度、剪力和弯矩之间的微分关系来校核。

12.4　静定平面桁架

一、静定平面桁架的一般概念

桁架在工程上使用很多，如桥梁、房屋、水闸闸门等的主要部件都经常采用桁架形式。如图 12-11(a)(b) 所示钢筋混凝土屋架和钢木屋架就属于桁架，南京长江大桥和武汉长江大桥的铁路桥都是桁架结构。

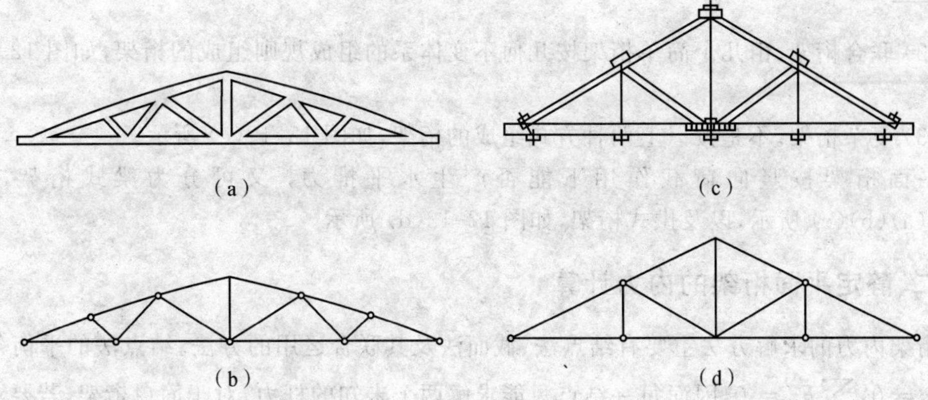

图 12-11

工程中多采用木桁架、钢桁架和钢筋混凝土桁架。这些桁架的结点有的类似铰结点，有的则是刚结点的形式。但在结点荷载作用下，不论是理论计算还是实验都证明桁架中各杆件的内力性质主要是拉、压，弯曲和剪切变形所带来的内力都比较小。这样，如图 12-11(a)(c) 所示桁架的计算简图，分别如图 12-11(b)(d) 所示。

为了简化计算，同时反映桁架的主要特点，在取计算简图时一般都作如下假设：

(1) 桁架中各杆都为匀质等截面直杆。

(2) 结点为光滑的铰结点，铰的中心为各杆轴线的交点。

(3) 所有荷载都作用在结点上。

符合上述假设的称为理想桁架。本教材所述桁架内容为理想桁架。理想桁架中各杆件只承受轴向力，该力一般称为主内力，相应的应力称为主应力。由结点的刚性影响或杆上的非结点荷载作用下产生的杆件内力称为次内力，相应的应力称为次应力。一般桁架都只计算主内力，只有在特别大型的、重要的建筑物中才需考虑次内力的影响。

桁架中各杆由于主要承受轴向力，应力比较均匀，材料能得到充分利用，因而它与同跨度的梁相比，有自重轻、经济合理等优点，但构造与施工较复杂。

荷载与各杆轴线在同一平面时的桁架称为平面桁架。平面桁架按几何组成方式可分为 3 类：

(1) 简单桁架。由基础或由一个基本铰结三角形上，依次增加二元体而组成的桁架，如图 12-12(a) 所示。

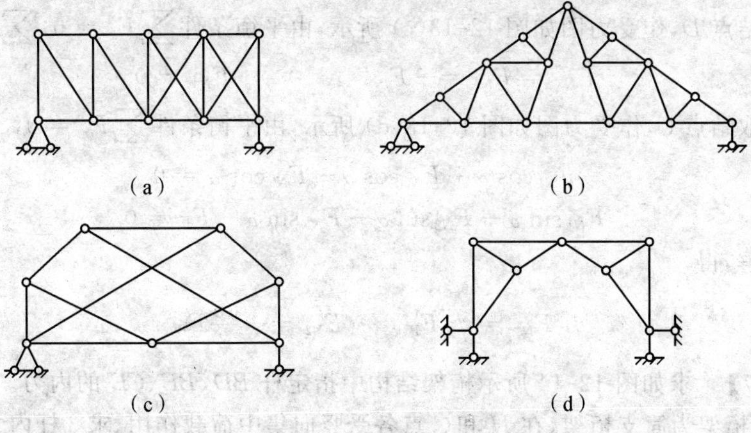

图 12-12

(2) 联合桁架。由几个简单桁架按几何不变体系的组成规则组成的桁架，如图 12-12(b) 所示。

(3) 复杂桁架。不是按以上两种方式组成的桁架，如图 12-12(c) 所示。

平面桁架按竖向荷载作用下能否产生水平推力，又可分为梁式桁架，如图 12-12(a)(b)(c) 所示，以及拱式桁架，如图 12-12(d) 所示。

二、静定平面桁架的内力计算

桁架内力的求解方法主要有结点法、截面法及其联合运用的方法。结点法的平衡条件有 $\sum F_x = 0$，$\sum F_y = 0$，因而每一结点只能求解两个未知的杆力。对于简单桁架，若要求出所有杆的内力，那么用结点法比较合适。截面法平衡条件有 $\sum F_x = 0$，$\sum F_y = 0$，$\sum M_O = 0$，因而截面法所截取部分中一般能求解 3 个未知杆力。在只需求解某几根杆件内力或联合桁架的内力时，应用此法较合适。

【例 12-6】 求如图 12-13(a) 所示桁架的各杆内力。

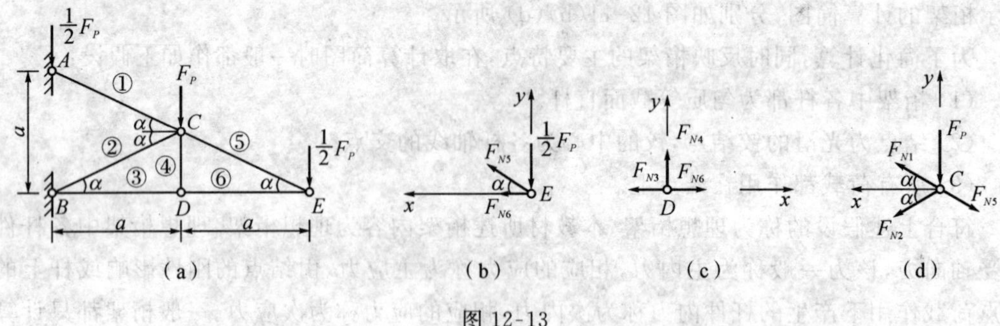

图 12-13

解 此桁架为悬臂式简单桁架，其几何组成的顺序为结点 C、结点 D、结点 E。用结点法求解时按相反的顺序，则每一结点只包含两个未知力，运用平衡条件可一一求得。

截取结点 E，作受力图如图 12-13(b) 所示，由平衡条件 $\sum F_y = 0$，$\sum F_x = 0$，得

$$F_{N5} = \frac{F_P}{2\sin\alpha} = \frac{\sqrt{5}}{2}F_P \qquad F_{N6} = -F_{N5}\cos\alpha = -F_P$$

再截取结点 D，作受力图如图 12-13(c) 所示，由平衡条件 $\sum F_x = 0$，$\sum F_y = 0$ 得

$$F_{N3} = F_{N6} = -F_P \qquad F_{N4} = 0$$

最后截取结点 C，作受力图如图 12-13(d) 所示，由平衡条件 $\sum F_x = 0$，$\sum F_y = 0$ 得

$$F_{N1}\cos\alpha + F_{N2}\cos\alpha - F_{N5}\cos\alpha = 0$$

$$F_{N1}\sin\alpha - F_{N2}\sin\alpha - F_{N5}\sin\alpha - F_P = 0$$

联立求解，得

$$F_{N1} = \sqrt{5}F_P \qquad F_{N2} = -\frac{\sqrt{5}}{2}F_P$$

【例 12-7】 求如图 12-14 所示桁架结构中指定杆 BD、BE、CE 的内力。

解 此桁架为简支桁架，在 H 和 C 点各受竖向集中荷载作用。求 3 杆内力，用结点法求解过于冗长，因此这里用截面法求解。

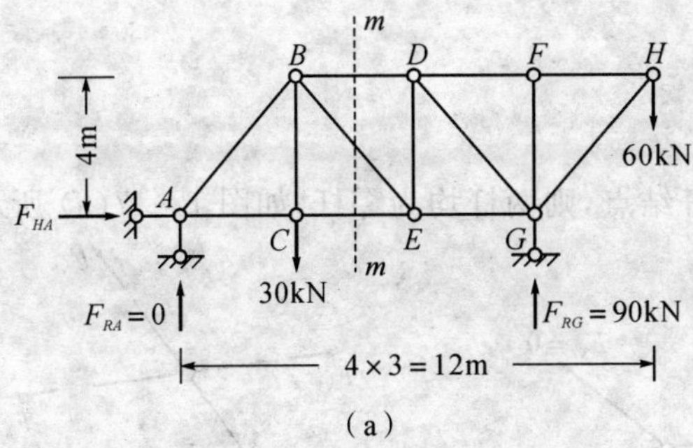

(a)

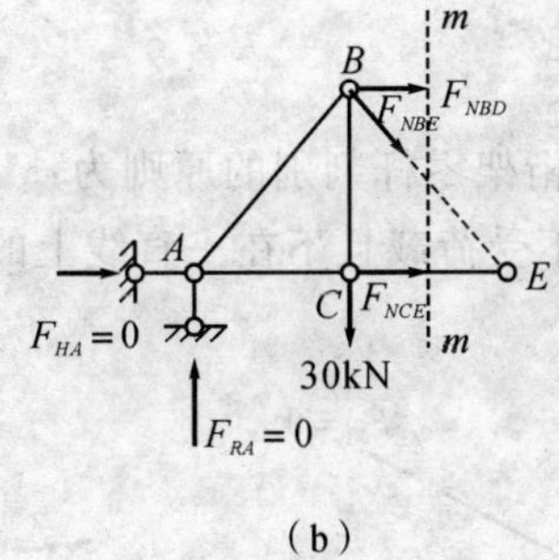

(b)

图 12-14

由整体平衡条件，得

$$F_{HA}=0 \qquad F_{RA}=0 \qquad F_{RG}=90\text{kN}$$

用截面 m-m 截桁架为左、右两部分，取左边为隔离体，其受力图如图 12-14(b) 所示。按平面一般力系的 3 个平衡条件，$\sum M_E=0$，$\sum M_B=0$，$\sum F_y=0$，得

$$F_{NBD}\times 4-30\times 3=0 \qquad F_{NBD}=22.5\text{kN}$$

$$F_{NCE}\times 4=0 \qquad F_{NCE}=0$$

$$F_{NBE}\times\frac{4}{5}+30=0 \qquad F_{NBE}=-37.5\text{kN}$$

【例 12-8】　求如图 12-15 所示结构中指定杆 F_{N1}、F_{N2} 的内力。

解　如图 12-15 所示结构是简单桁架(亦称 K 型桁架)，在中间三角形基础上连续用二元体规则向两边扩大，然后整体与地基简支。现先求出支座反力后再用截面 m-m 截桁架为两部分。取左边为隔离体考虑其平衡，对结点 C 求矩 $\sum M_C=0$，则切断的 4 根杆中有 3 根通过矩心，只有 F_{N2} 与支座反力 F_{RA} 对结点 C 有矩，求出 F_{N2}。再通过结点 A 和 D 求得 F_{N1}。这就是结点法和截面法的联合应用。

【例 12-9】　试分析如图 12-16 所示桁架各杆内力。

解　该桁架结构是由内外两个大小三角形联合组成的，为联合桁架，因而需先求联系杆内力。为此，用 m-m 的封闭截面切出小三角形为隔离体，因其上无荷载，可知它们的内力均为零，所以，大三角形的 3 根杆内力由结点法迎刃而解。

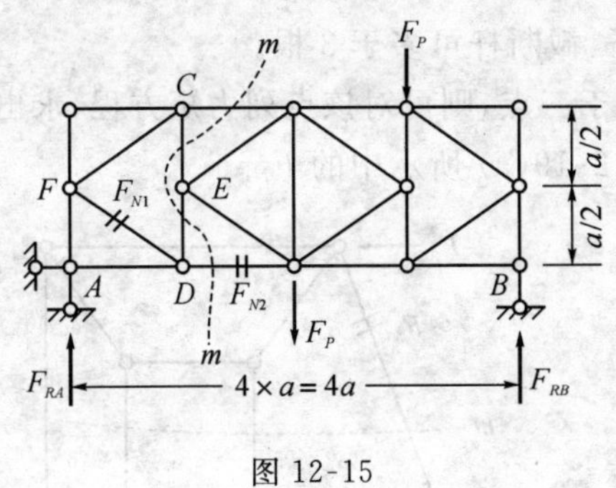

图 12-15

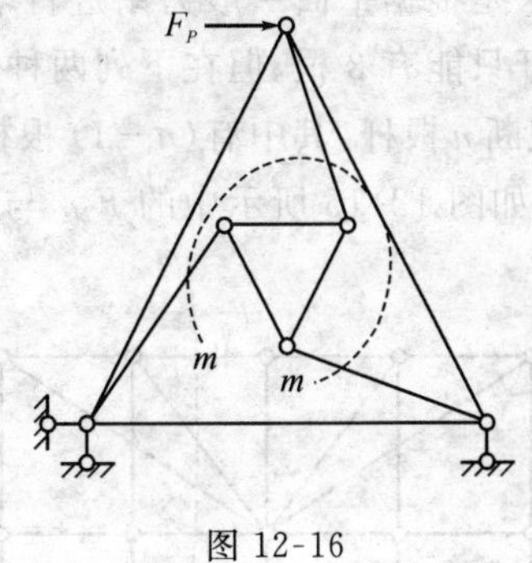

图 12-16

三、零杆判别

桁架计算中若能预先找出桁架结构中一些内力为零的杆件(称零杆)，将对内力计算有

很大帮助。

平面桁架零杆判别的原则为：

(1) 不受荷载且不在一直线上的两杆结点，则两杆均为零杆，如图 12-17(a) 所示。

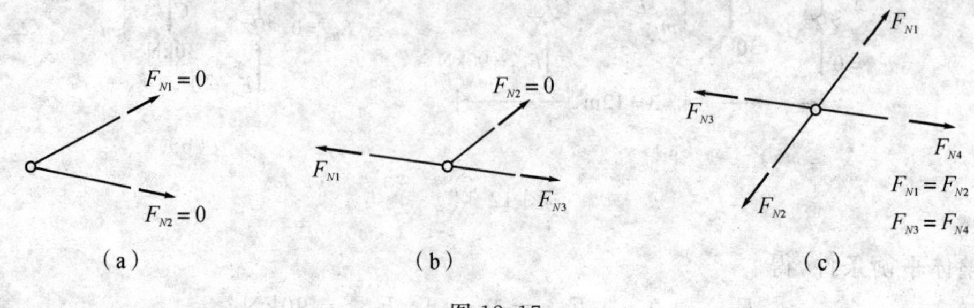

图 12-17

(2) 不承受荷载的 3 杆结点，有两杆在同一直线上，另一杆为零杆(称独杆)，如图 12-17(b) 所示。

这里顺便指出，按结点法可知不受荷载的 4 杆结点，其中每两杆互在一直线上，则它们两两相等，如图 12-17(c) 所示。

根据上述原则不难判断出，如图 12-18 所示中虚线部分的杆均是零杆。请读者自己判断。

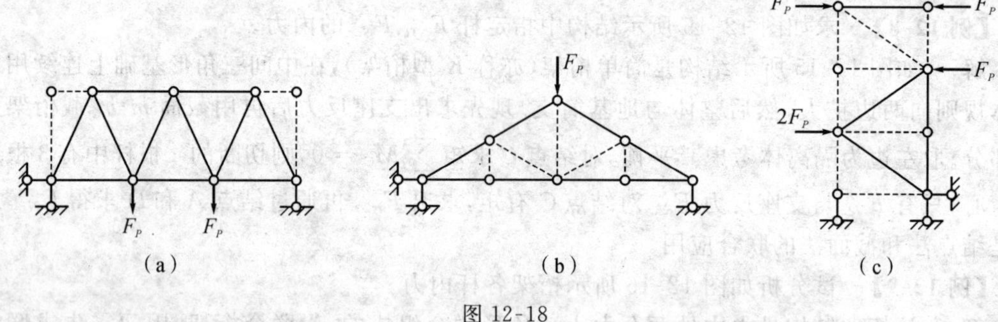

图 12-18

四、截面法求特殊桁架内力

截面法是根据平面一般力系进行求解的，对应的平衡条件只有 3 个，所以，截面法截断的未知力杆只能有 3 根。但在下列两种情况下，截断杆可多于 3 根。

(1) 截断 n 根杆，其中有$(n-1)$根杆相交于一点，则可对该点列力矩方程，求出余下的一根杆内力，如图 12-15 所示中的 F_{N2} 与如图 12-19(a) 所示中的 F_{N1}。

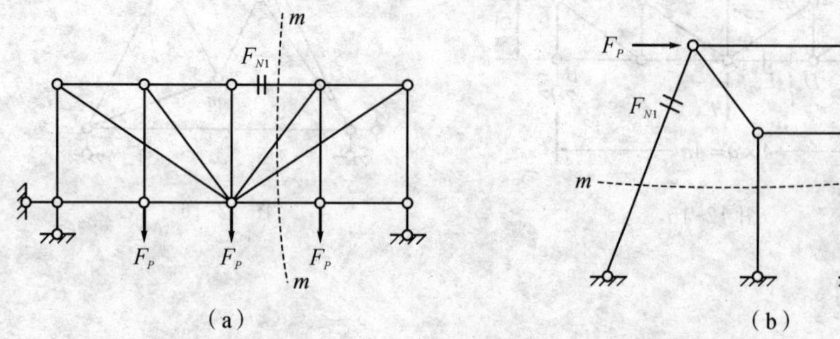

图 12-19

(2) 截断 n 根杆，其中有 $(n-1)$ 根杆互相平行，则可用投影方程求出余下一根杆的内力，如图 12-19(b) 所示中的 F_{N1}。

12.5　静定组合结构

组合结构是由受弯杆件(梁式杆)与受拉压杆件组合而成的，也称构架；其杆件与杆件之间的结点，既有刚结点，也有铰结点。这种结构可采用力学性能不同的材料，重量轻，施工方便，适用于各种跨度的建筑物。如图 12-20 所示为组合结构的一些例子，其中如图 12-20(a)(b)(c) 所示为静定结构，如图 12-20(d) 所示为具有一个多余约束的超静定结构。

静定组合结构用截面法计算时，如果被截的是拉、压杆，则杆截面上只有轴力；若被截的是梁式杆，则杆截面上一般作用有弯矩、剪力和轴力。组合结构的计算一般从几何组成分析入手，再求出所有约束反力和内力。求内力时，一般先求各拉、压杆轴力，再求梁式杆的弯矩、剪力和轴力。

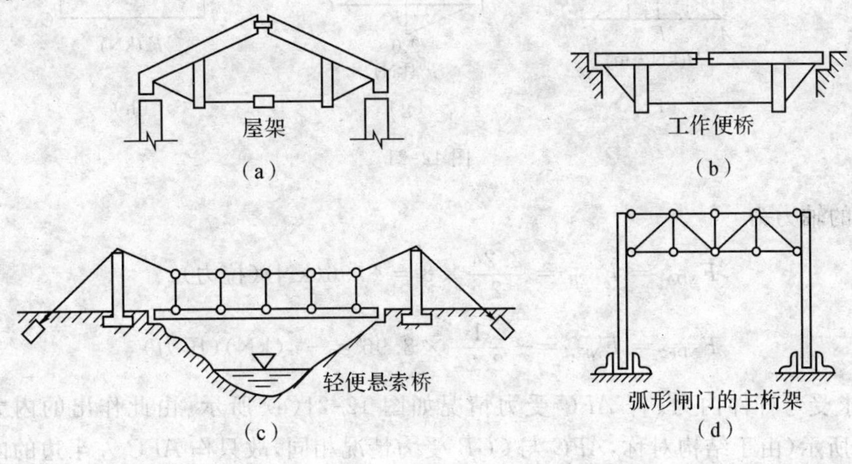

图 12-20

【例 12-10】　如图 12-20(b) 所示为工作便桥，如图 12-21(a) 所示其计算简图为静定组合结构，计算其内力。

解　(1) 几何组成分析。结构左右两个三角形按二刚片法则或三刚片法则组成。

(2) 求反力。考虑整体平衡，如图 12-21(a) 所示，得

$$\sum M_A = 0 \qquad F_{RB} = \frac{q \times 8 \times 4}{8} = 4\text{kN}$$

$$\sum F_y = 0 \qquad F_{RA} = q \times 8 - F_{RB} = 4\text{kN}$$

(3) 求拉、压杆轴力。截开铰 C 和连杆 DE 并取左半部分作受力图，先计算铰 C 和连杆 DE 的约束力，如图 12-21(b) 所示。由

$$\sum M_C = 0 \qquad F_{RA} \times 4 - q \times 4 \times 2 - F_{NDE} \times 1 = 0 \qquad F_{NDE} = 8\text{kN}(拉力)$$

$$\sum F_x = 0 \qquad F_{HC} = F_{NDE} = 8\text{kN}$$

$$\sum F_y = 0 \qquad F_{RC} = 0$$

截取结点 D 及 E 作受力图，如图 12-21(c)(d) 所示。利用平面共点力系的投影方程，求得

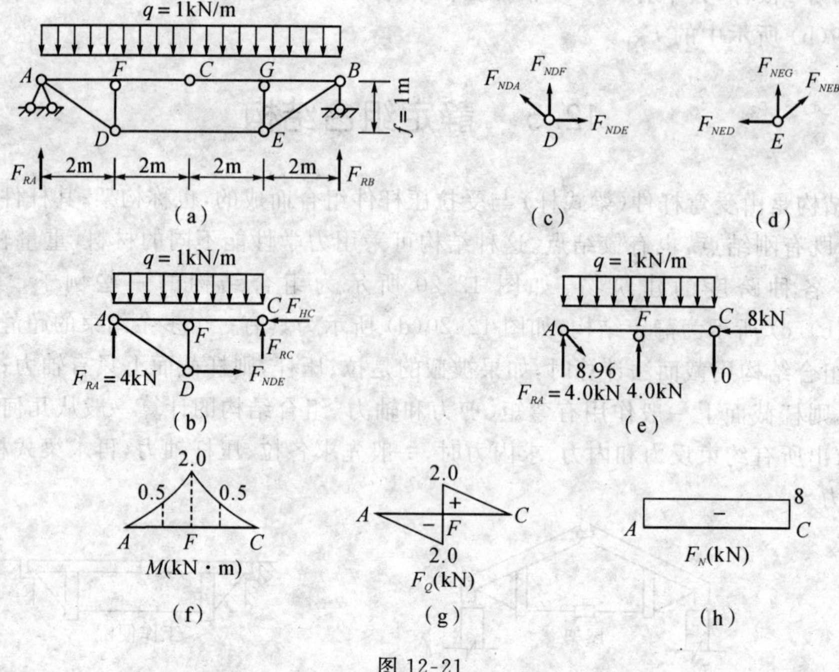

图 12-21

其他两杆的轴力为

$$F_{NDA} = F_{NEB} = \frac{2.24}{2} \times 8 = 8.96(\text{kN})(\text{拉力})$$

$$F_{NDF} = F_{NEG} = -\frac{1}{2.24} \times 8.96 = -4(\text{kN})(\text{压力})$$

(4) 求受弯杆件内力。杆 AFC 受力情况如图 12-21(e) 所示。由此作出的内力图如图 12-21(f) 所示(由于结构对称,AFC 与 CGB 受力情况相同,故只作 AFC 左半边的内力图)。

由图 12-21(e),解出

$$M_{AF} = 0 \qquad M_{FA} = M_{FC} = \frac{1 \times 2^2}{2} = 2(\text{kN} \cdot \text{m}) \qquad M_{CF} = 0$$

$$F_{QAF} = 0 \qquad F_{QFA} = -q \times 2 = -2\text{kN}$$

$$F_{QFC} = -2 + 4 = 2\text{kN} \qquad F_{QCF} = 0$$

$$F_{NAC} = -8\text{kN} \qquad F_{NCA} = -8\text{kN}$$

12.6 三铰拱*

一、概述

在竖向荷载作用下产生水平推力(指向拱外的水平支座反力)的曲杆结构,称为拱。例如,如图 12-22(a) 所示为工程廊道采用的混凝土拱模板,如图 12-22(b) 所示为其计算简图;如图 12-22(c) 所示为新安江白沙桥北边跨的三铰拱桥,如图 12-22(d) 所示为其计算简图。

在竖向荷载作用下,水平推力的有无是拱与梁的基本区别。如图 12-23(a) 所示有水平推力,属拱结构,如图 12-23(b) 所示无水平推力,属梁结构。

拱与基础连接处，如图 12-23(a) 的 A、B 两处称为拱脚。拱轴最高处 C 称为拱顶。两拱脚之间的水平距离 l 称为拱跨，中间铰通常放在拱顶处，称为顶铰。顶铰到两支座连线的竖距 f 称为拱高或矢高。矢高与跨度之比 f/l 称为矢跨比。矢跨比是拱的重要几何特征，其值可由 1/10 到 1，变化范围很大。跨度 l 与矢高 f 要根据工程使用条件来确定。拱轴线的形状常用的有抛物线、圆弧线和悬链线等，视荷载情况而定。

由于推力的存在，使拱的弯矩比同跨同荷载简梁的弯矩要小很多，或者几乎没有，使拱成为一个以受压为主或单纯受压的结构，这样就可以充分利用抗拉强度低，抗压强度高的廉价建筑材料，如砖、石、混凝土等。当结构要跨越比较大的空间而梁不能胜任时，可以采用拱的形式。

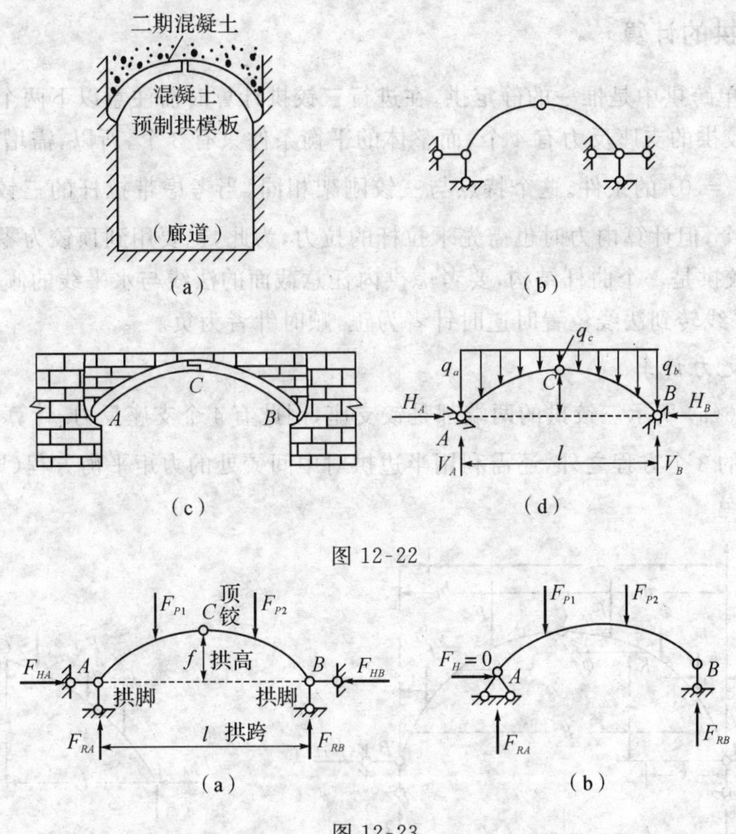

图 12-22

图 12-23

三铰拱的水平推力反过来作用于基础（如桥墩或垛墙），因此要求有坚固的基础。如果基础不能承受水平推力，可以去掉一根水平连杆，而在拱内加一根拉杆，由拉杆来承受拱对基础的推力，如图 12-24(a)(b) 所示。这种结构称为带拉杆的三铰拱。

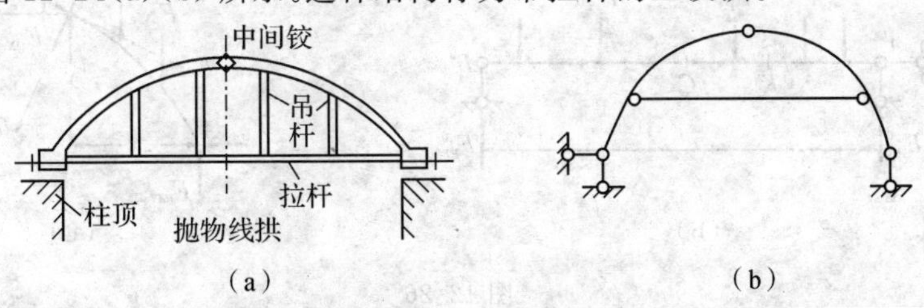

图 12-24

根据拱结构铰的多少，拱可以分为无铰拱、两铰拱和三铰拱（如图 12-25 所示）。其中只有三铰拱是静定的。本节只讨论三铰对称平拱的计算。

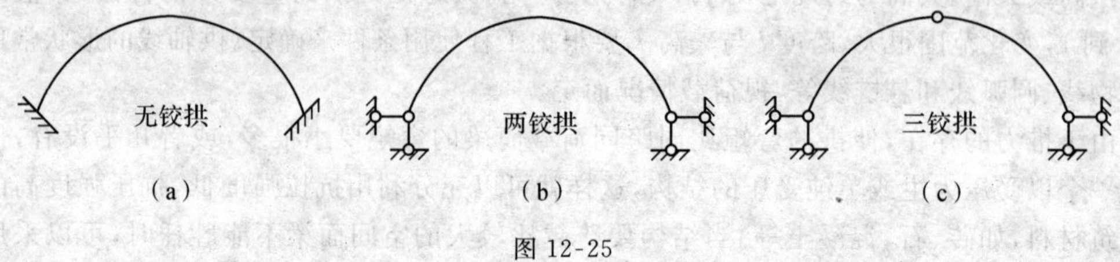

图 12-25

二、三铰拱的计算

三铰拱在单跨拱中是惟一的静定拱。在进行三铰拱计算时需注意以下两个特点：

(1) 因三铰拱的支座反力有 4 个，而整体的平衡条件只有 3 个，所以，需增加一个顶铰弯矩为零（$\sum M_C = 0$）的条件。这个特点与三铰刚架相同。当考虑带拉杆的三铰拱时，虽然支座反力只有 3 个，但计算内力时也需先求拉杆的拉力，为此，也要用到顶铰为零的平衡条件。

(2) 因三铰拱是一个曲杆结构，要考虑拱内任意截面的法线与水平线的倾角和计算时外取锐角。以水平线转到法线位置时逆时针者为正，顺时针者为负。

1. 支座反力计算

如图 12-26(a) 所示三铰拱的两端都是铰支座，因此有 4 个支座反力。计算时除了利用三铰拱整体平衡的 3 个方程之外，还需利用半边拱对中间铰处的力矩平衡方程（即 $\sum M_C = 0$）建立第 4 个方程。

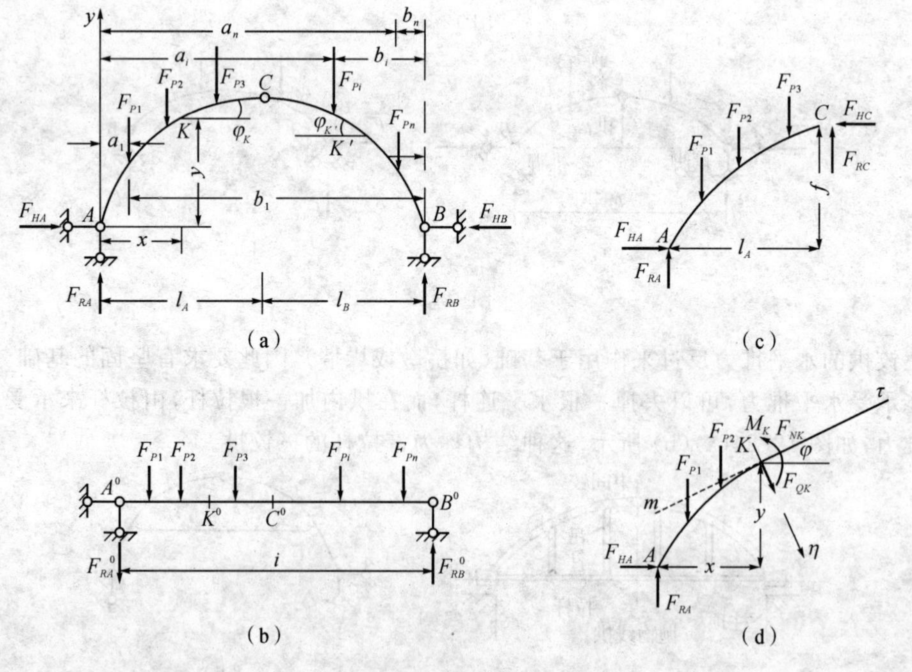

图 12-26

首先考虑三铰拱的整体平衡条件，如图 12-26(a) 所示

由　$\sum M_B = 0$　$F_{P1}b_1 + F_{P2}b_2 + \cdots + F_{Pn}b_n - F_{RA} \cdot l = 0$

$$F_{RA} = \frac{\sum F_{Pi}b_i}{l} \tag{a}$$

由　$\sum M_A = 0$　$F_{P1}a_1 + F_{P2}a_2 + \cdots + F_{Pn}a_n - F_{RB} \cdot l = 0$

$$F_{RB} = \frac{\sum F_{Pi}a_i}{l} \tag{b}$$

由　$\sum F_x = 0$　$F_{HA} = F_{HB} = F_H$

由左半拱平衡,如图 12-26(c) 所示。

由　$\sum M_C = 0$　$F_{RA} \cdot \frac{l}{2} - F_{P1}\left(\frac{l}{2} - a_1\right) - F_{P2}\left(\frac{l}{2} - a_2\right) - F_{HA}f = 0$

$$F_{HA} = \frac{1}{f}\left[F_{RA} \cdot \frac{l}{2} - F_{P1}\left(\frac{l}{2} - a_1\right) - F_{P2}\left(\frac{l}{2} - a_2\right)\right] \tag{c}$$

为了将拱的计算结果与梁比较,现取与如图 12-26(a) 所示三铰拱等跨度、同荷载的相应简支梁称为代梁,如图 12-26(b) 所示。可以看出代梁的支座反力 F^0_{RA}、F^0_{RB} 的结果与式(a)和式(b) 右边值相等,式(c) 右边的分子,等于代梁上与拱中间铰位置相对应的截面 C 的弯矩 M^0_C。由此可得

$$F_{RA} = F^0_{RA} \qquad F_{RB} = F^0_{RB} \qquad F_{HA} = F_{HB} = \frac{M^0_C}{f} = F_H \tag{12-1}$$

式(12-1) 就是竖向荷载作用下三铰平拱的支座反力计算公式。其第 3 式表明:在一定荷载作用下,当拱跨 l 和拱高 f 已确定时,M^0_C 和 f 的数值即定。所以,水平推力 F_H 的数值只决定于 3 个铰的位置,而与拱轴线的形状无关;水平推力 F_H 的大小与拱高 f 成反比,拱越扁平水平推力就越大。

2. 内力计算

三铰拱任一截面的内力有弯矩 M、剪力 F_Q 和轴力 F_N。内力正负号的规定:弯矩以使拱内侧纤维受拉为正,反之为负;剪力和轴力与梁的正负号规定相同。

内力计算的基本方法仍为截面法。拱上任一截面 K 的位置可用截面形心 K 的坐标(x, y) 和 K 截面处拱轴切线与水平线所成的锐角 φ 表示。当截面在左半拱时,φ 取正号;在右半拱时,φ 取负号。以上几何参数可由拱轴方程 $y = f(x)$ 及其 $\tan\varphi = \frac{dy}{dx}$ 求出。

如求如图 12-26(a) 所示三铰拱 K 截面内力。现取 AK 部分为脱离体,如图 12-26(d) 所示。根据其平衡条件,可导出三铰拱任一截面内力的计算公式。

(1) 弯矩计算公式。

由　$\sum M_k = 0$　$F_{RA}x - F_{P1}(x - a_1) - F_{P2}(x - a_2) - F_H y - M_k = 0$

$$M_k = [F_{RA} - F_{P1}(x - a_1) - F_{P2}(x - a_2)] - F_H y$$

根据 $F_{RA} = F^0_{RA}$,可见上式方括号之数值等于相应水平梁上截面 K^0 的弯矩 M^0_k,如图 12-26(b) 所示,故上式可改写为

$$M_k = M^0_k - F_H y \tag{d}$$

即三铰拱内任一截面的弯矩,等于其相应水平梁对应截面的弯矩 M^0_k 减去水平推力所引

起的弯矩 $F_H y$，由此可知，由于推力的存在，三铰拱的弯矩比相应简支梁的弯矩要小。

(2) 剪力的计算公式。

由 $\sum F_\eta = 0$ $\qquad F_{Qk} - F_{RA}\cos\varphi + F_{P1}\cos\varphi + F_{P2}\cos\varphi + F_H\sin\varphi = 0$

$$F_{Qk} = (F_{RA}^0 - F_{P1} - F_{P2})\cos\varphi - F_H\sin\varphi$$

$$F_{Qk} = F_{Qk}^0\cos\varphi - F_H\sin\varphi \qquad \text{(e)}$$

(3) 轴力的计算公式。

由 $\sum F_\tau = 0$ $\qquad -F_{Nk} - F_{RA}\sin\varphi + F_{P1}\sin\varphi + F_{P2}\sin\varphi - F_H\cos\varphi = 0$

$$F_{Nk} = -(F_{RA}^0 - F_{P1} - F_{P2})\sin\varphi - F_H\cos\varphi$$

$$F_{Nk} = -(F_{Qk}^0\sin\varphi + F_H\cos\varphi) \qquad \text{(f)}$$

竖向荷载作用下，两拱铰在同一水平线上的三铰拱，其内力计算公式归纳如下

$$\left.\begin{aligned} M_k &= M_k^0 - F_H y \\ F_{Qk} &= F_{Qk}^0\cos\varphi - F_H\sin\varphi \\ F_{Nk} &= -(F_{Qk}^0\sin\varphi + F_H\cos\varphi) \end{aligned}\right\} \qquad (12\text{-}2)$$

3. 内力图绘制

根据内力公式(12-2)，可计算出任一截面的内力。绘制内力图时，一般采用点绘法。选择若干截面(如沿跨长或拱轴线选若干截面)并计算出这些截面的内力后作内力图。拱内力图画法与梁基本相同。

【例 12-11】 试求如图 12-27 所示三铰拱的反力、内力，并作内力图。已知：$F_P = 10\text{kN}$，拱轴方程为 $y = \frac{4f}{l^2}x(l-x)$。

解 本例可按式(12-1)计算反力和式(12-2)计算内力。

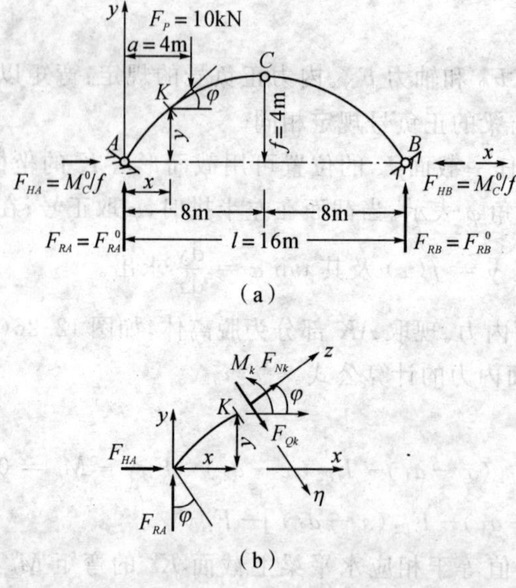

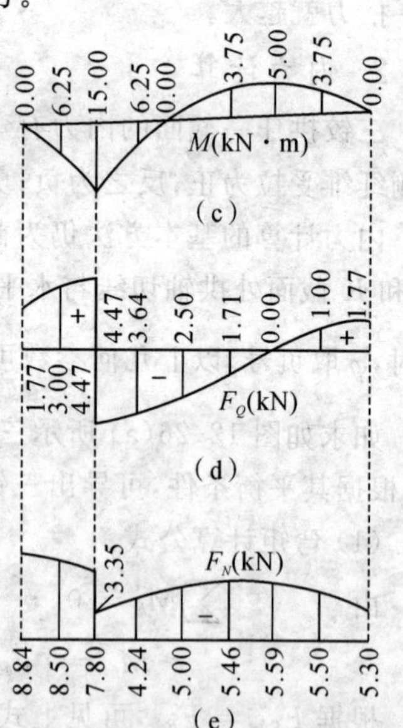

图 12-27

(1) 反力计算。

$$F_{RA} = F_{RA}^0 = \frac{10(16-4)}{16}7.5(\text{kN}) \qquad F_{RB} = F_{RB}^0 = \frac{10\times4}{16} = 2.5(\text{kN})$$

$$F_{HA}=F_{HB}=F_H=\frac{M_C^0}{f}=\frac{7.5\times 8-10(8-4)}{4}=5(\text{kN})$$

(2) 内力计算。取坐标轴如图 12-27(a) 所示，以 x、y 表示任意截面 K 的位置，取截面 K 的左边部分为隔离体，如图 12-27(b) 所示，图示内力皆按规定的正向标出。

当 $0<x\leqslant 8$ 时

$$\tan\varphi=y'=\frac{4f}{l^2}(l-x)$$

$$M_k=M_k^0-F_Hy=7.5x-5y$$

$$F_{Qk}=F_{Qk}^0\cos\varphi-F_H\sin\varphi=7.5\cos\varphi-5\sin\varphi$$

$$F_{Nk}=-(F_{Qk}^0\sin\varphi+F_H\cos\varphi=-(7.5\sin\varphi+5\cos\varphi)$$

当 $8<x\leqslant 16$ 时

$$M_k=M_k^0-F_Hy=7.5x-10(x-4)-5y=40-2.5x-5y$$

$$F_{Qk}=F_{Qk}^0\cos\varphi-F_H\sin\varphi=(7.5-10)\cos\varphi-5\sin\varphi$$
$$=-2.5\cos\varphi-5\sin\varphi$$

$$F_{Nk}=-(F_{Qk}^0\sin\varphi+F_H\cos\varphi=-[(7.5-10)\sin\varphi+5\cos\varphi)$$
$$=-(-2.5\sin\varphi+5\cos\varphi)$$

(3) 绘内力图。用内力方程，计算任意截面内力，如表 12-1 所示。

由表 12-1 最后 3 项结果可分别绘出 M、F_Q、F_N 图，如图 12-27(c)(d)(e) 所示。

表 12-1　M、F_Q、F_N 计算表

x	y	$\tan\varphi$	φ	$\sin\varphi$	$\cos\varphi$	M	F_Q	F_N
0	0	1.0	45°	0.707	0.707	0	1.77	−8.84
2	1.75	0.75	36°52′	0.600	0.800	6.25	3.00	−8.50
4	3	0.5	26°34′	0.447	0.894	15.00	4.47 / −4.47	−7.80 / −3.35
6	3.75	0.25	14°02′	0.243	0.970	6.25	−3.64	−4.24
8	4	0	0	0	1.000	0	−2.50	−5.00
10	3.75	−0.25	−14°02′	−0.243	0.970	−3.75	−1.21	−5.46
12	3	−0.5	−26°34′	−0.447	0.894	−5.00	0	−5.59
14	1.75	−0.75	−36°52′	−0.600	0.800	−3.75	1.00	−5.50
16	0	−1.0	−45°	−0.707	0.707	0	1.77	−5.30

三、拱的合理轴线

一般情况下，三铰拱的截面上有弯矩、剪力、轴力 3 个内力分量，拱是偏心受压构件，截面上的法向应力呈不均匀分布。

由弯矩方程 $M_K=M_K^0-F_Hy$ 可以看出，当三铰拱的跨度和荷载已定时，代梁的 M_K^0 是一定的，拱的截面弯矩 M_K 将随 F_Hy 变化而改变，即与拱轴方程有关，所以可以选择一条适当的拱轴线，使得拱的任一截面上的弯矩为零而只承受轴向压力。此时，拱截面上的法向应力均匀分布，从而使拱的材料得到最充分的利用。在一定荷载作用下，使拱处于均匀受压状态（即无弯矩状态）的拱轴线，称为合理拱轴线。

令三铰拱的弯矩方程 $M_K = M_K^0 - F_H y = 0$，从中求出合理拱轴线方程

$$y = \frac{M_K^0}{F_H} \tag{12-3}$$

根据这个概念，下面推导出两种常用的三铰拱合理轴线形式。

【例 12-12】 求如图 12-28(a) 所示受竖向匀布荷载三铰拱的合理轴线形式。

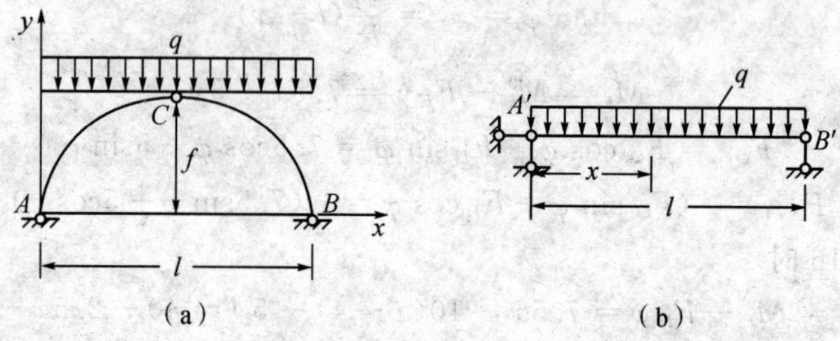

图 12-28

解 取支座 A 为坐标原点，坐标系如图 12-28(a) 所示。如图 12-28(b) 所示，其代梁的弯矩方程为

$$M^0 = \frac{1}{2}qlx - \frac{1}{2}qx^2$$

水平推力为

$$F_H = \frac{M_C^0}{f} = \frac{ql^2}{8f}$$

由式(12-3) 得合理轴线方程为

$$y = \frac{M^0}{F_H} = \frac{\frac{1}{2}qlx - \frac{1}{2}qx^2}{\frac{ql^2}{8f}} = \frac{4f}{l^2}x(l-x)$$

这是抛物线方程。由此可见，三铰拱在满跨的竖向匀布荷载作用下的合理轴线为二次抛物线。

【例 12-13】 求受径向匀布水压力作用下三铰拱的合理轴线形式，如图 12-29(a) 所示。

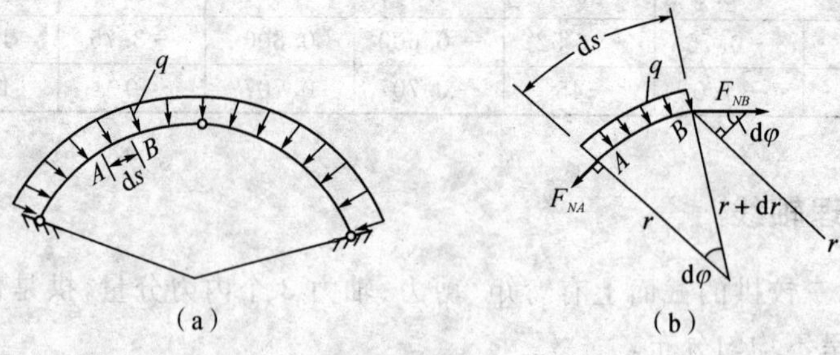

图 12-29

解 先假设受径向水压力时三铰拱处于无弯矩的状态，则各截面只有轴向力，然后根据平衡条件推出合理轴线形式。取三铰拱中一微段 AB，其弧长为 ds，夹角为 $d\varphi$，根据几何关系，有

$$r = \frac{ds}{d\varphi}$$

而由于拱处于无弯矩状态，所以任意截面只有轴力，如图 12-29(b) 所示。以曲率中心 O 点为矩心，列力矩方程，$q\mathrm{d}s$ 的外荷载通过矩心，只有 F_{NA} 和 F_{NB} 有矩，得到

$$\sum M_O = 0 \qquad F_{NA} \cdot r = F_{NB} \cdot (r + \mathrm{d}r)$$

略去微量得

$$F_{NA} = F_{NB}$$

说明三铰拱在径向水压力 q 作用下，在无弯矩状态时各截面的轴力都相等，用 F_N 表示。

然后，把微段上的所有的力对半径 r 轴投影，并列投影方程。由于取的是微段，可认为 $q\mathrm{d}s$ 作用在微段中点，由如图 12-29(b) 所示得

$$\sum F_r = 0 \qquad q\mathrm{d}s \times \cos\frac{\mathrm{d}\varphi}{2} + F_N \times \sin \mathrm{d}\varphi = 0$$

因 $\mathrm{d}\varphi$ 是很微小的，所以 $\cos\frac{\mathrm{d}\varphi}{2} = 1, \sin \mathrm{d}\varphi = \mathrm{d}\varphi$，代入上式后得

$$q\mathrm{d}s + F_N \cdot \mathrm{d}\varphi = 0$$

则

$$\left.\begin{aligned} \frac{F_N}{q} &= -\frac{\mathrm{d}s}{\mathrm{d}\varphi} = -r \\ F_N &= -qr \end{aligned}\right\} \tag{12-4}$$

式(12-4) 中，由于 F_N 不变化，q 是常量，则 r 也是常量，说明拱的轴线为圆弧，且轴力为 qr 的压力。

以上两种合理轴线是常见的，如一般屋盖上的拱多数做成抛物线形状，而水管、隧道、拱坝等多做成圆弧形状。还需指出，合理轴线是对应于某种确定的荷载形式的，若荷载形式改变，则合理轴线亦随之改变。一般工程中都针对主要的荷载来设计拱轴线，在次要荷载作用下截面虽然会产生弯矩，但也不会太大。

四、三铰拱的性能

由以上讨论三铰拱的性质可归纳如下：

(1) 在竖向荷载作用下，梁没有水平反力，而拱则有水平推力。因此，必须有坚固的基础以承受此水平推力，故三铰拱的基础比梁的基础要大。特别是当高跨比 f/l 愈小时，水平推力愈大，则更需注意这一点。当拱作为屋盖结构时，为了阻止因水平力而使两端支承发生推移，往往采用具有拉杆的三铰拱(或两铰拱)，以减小对墙(或柱和基础) 的推力。

(2) 由式(12-2) 可知，由于水平推力的存在，从而减小了拱截面的弯矩，故拱的截面尺寸要比其对应的简支梁为小。就这一点而言，三铰拱比简支梁较为经济，并能跨越较大的夸大。

(3) 在竖向荷载作用下，梁的截面没有轴力，而拱的截面内轴力较大。在选择恰当的拱轴的条件下，拱的截面主要受压，因此，拱式结构可利用砖石、混凝土等抗压性能较好的材料制作，充分发挥这些材料的作用。

总之，由于拱式结构不仅受力性能较好，而且形式多种多样，尤其适用于跨度较大的建筑。另外，拱结构的形式有利于丰富建筑的形象，因此，也是建筑师比较喜欢的一种结构形式。

12.7 静定结构的特性

特性一:作用于静定结构基本部分上的荷载,只在该部分产生反力和内力;作用于附属部分上的荷载,不但在附属部分产生反力和内力,而且在基本部分上也产生反力和内力。

如图 12-30 所示,设结构的基本部分上承受荷载 F_{P1},而其他部分无荷载,由平衡条件可知,附属部分 Ⅲ 和 Ⅱ 没有反力和内力,若把 Ⅲ 和 Ⅱ 撤除,剩下的基本部分仍为几何不变。由平衡条件,可求出一组确定的反力和内力与外力平衡。根据解答惟一性可知,不可能再有第 2 组解答。因而证明了基本部分承受荷载时,只在基本部分产生反力和内力,对它的附属部分没有影响。

又设只在附属部分 Ⅲ 上承受荷载 F_{P3} 时,设想基本部分 Ⅰ、Ⅱ 上没有反力和内力,若将基本部分 Ⅰ、Ⅱ 撤除,则附属部分的几何不变性将被破坏而不能维持静力平衡,故基本部分没有反力和内力的设想是错误的。由此证明了当附属部分承受荷载时,基本部分必将受力。

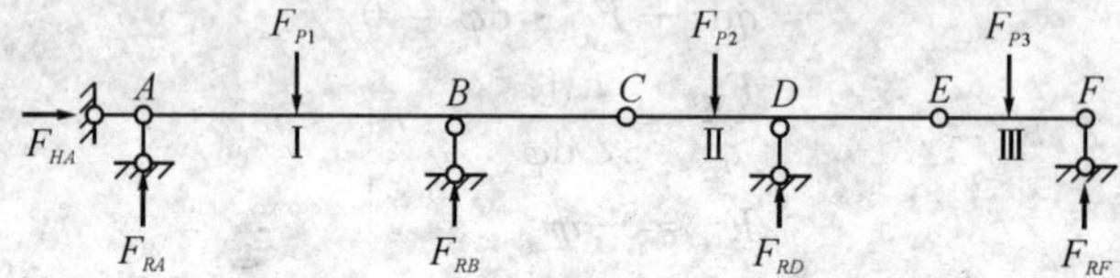

图 12-30

特性二:如果静定结构某一局部在平衡力系作用下能维持平衡,则结构其余部分的反力和内力为零。例如,如图 12-31 所示结构,作用在 $ABCDE$ 上的荷载为一组平衡力系。设桁架的 $ABCDE$ 部分有内力,而其余部分没有内力。根据解答惟一性定理可以证明,这是一组满足平衡条件的惟一确定解,从而证明了这一特性的正确性。

如图 12-32 所示结构,根据特性一,附属部分受力,对基本部分有影响,但作用在附属部分上的荷载与该部分的反力组成一平衡力系,因此不经计算可知,基本部分上的反力和内力为零。

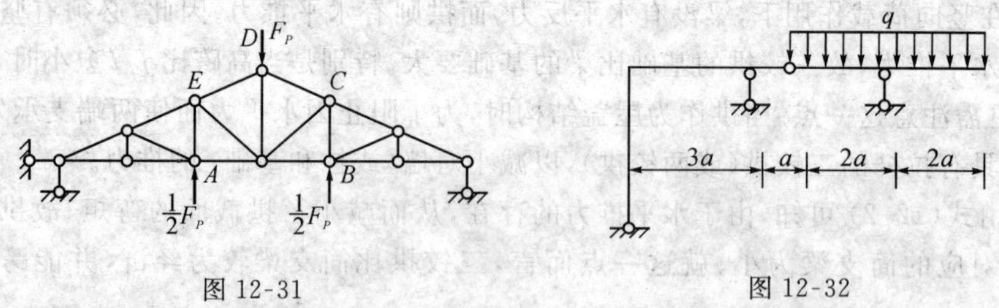

图 12-31　　图 12-32

特性三:作用在静定结构的某一几何不变部分的荷载,作等效变换时,其余部分的内力不变。

设有匀布荷载 q 及集中力 $F_{P1}=ql/2$,分别作用在结构的几何不变部分 AC 上,其相应的内力状态分别为 F_{S1} 及 F_{S2},如图 12-33(a)(b) 所示。现以匀布荷载 q 和集中力 $(-ql/2)$ 作为一组荷载同时加于 AC 部分,则内力状态为 $F_{S1}-F_{S2}$,如图 12-33(c) 所示。因为匀布力 q 和集中力 $(-ql/2)$ 组成一组平衡力系,由特性二可知,除 AC 外,其余部分内力为零,即

$$F_{S1}-F_{S2}=0 \quad 即 \quad F_{S1}=F_{S2}$$

从而证明了这一特性的正确性。这一特性在前面例题中处理分布荷载时常常用等效集中力来代替。

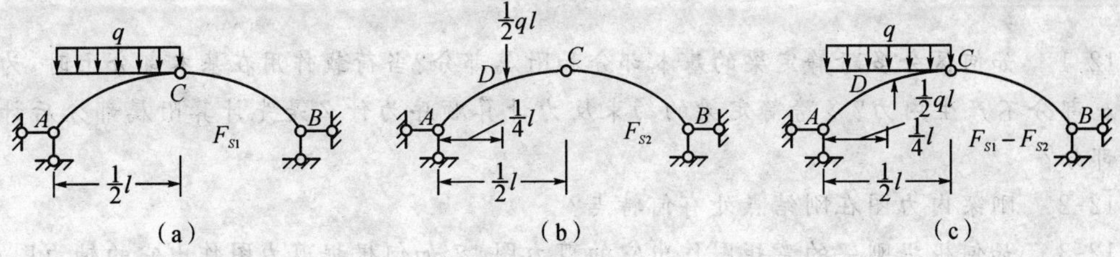

图 12-33

特性四：静定结构某一几何不变部分变成为另一形状不同的几何不变部分时，其余部分的内力不变。如图 12-34(a) 所示桁架中，设将杆 AB 改为一小桁架，如图 12-34(b) 所示，则仅仅 AB 部分内力有改变，其余部分内力不变。假设除 AB 部分外，其余部分的内力与图 12-34(a) 相同，则 AB 部分的反力亦不变，如图 12-34(c)(d) 所示。因此，小桁架 AB 及其余部分能维持平衡。根据解答惟一性，这个满足平衡的内力状态就是真实情况。

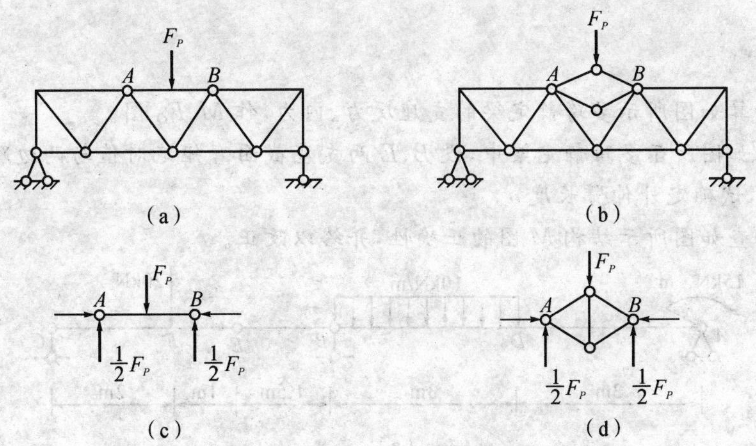

图 12-34

特性五：温度改变、材料胀缩、支座移动及制造误差等在静定结构中不引起反力和内力。

因为没有外荷载，零解答能满足各部分的平衡条件，所以由解答惟一性可知，不可能再有第 2 组解答存在。因此，温度改变、材料胀缩、支座移动、制造误差等在静定结构中不引起内力。根据这一特性，在地基容易产生不均匀沉陷，或温度改变比较剧烈，或加工比较粗糙等情况下，为了避免它们的影响，可选用静定结构。

例如，如图 12-35(a) 所示简支梁，在 B 支座下沉时，梁可绕 A 点自由转动，使梁达到新的位置 AB'，而不产生内力。又如图 12-35(b) 所示悬臂梁，在温度升高时，梁可以自由地伸长和弯曲，而不产生内力。

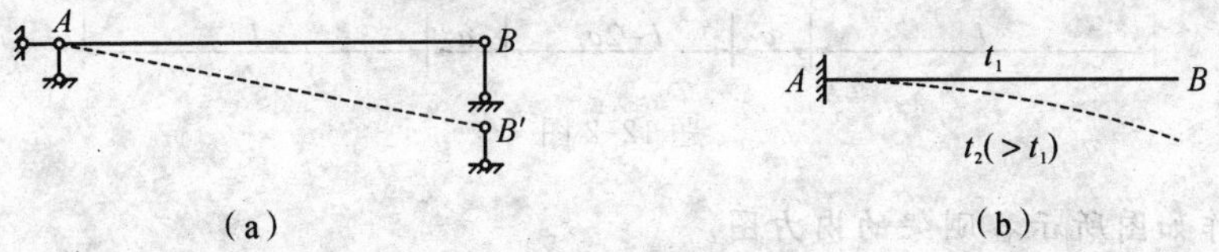

图 12-35

思考题

12-1 如何区分多跨静定梁的基本部分和附属部分?当荷载作用在基本部分上时,为什么附属部分不产生内力?多跨静定梁的约束反力计算顺序为什么是先计算附属部分后计算基本部分?

12-2 刚架内力图在刚结点处有何特点?

12-3 如何根据刚架的弯矩图作出它的剪力图,又如何根据剪力图作出它的轴力图?

12-4 如何校核刚架内力图的正确性?

12-5 理想桁架应符合哪些基本假定?

12-6 计算桁架内力时,应如何利用其几何组成特点简化计算,以避免解算联立方程?

12-7 桁架中的零杆是否可以拆除不要?为什么?

12-8 为什么三铰拱可以用砖、石、混凝土等材料建造?而梁却很少用这类材料建造?

习　题

12-1 计算如图所示多跨静定梁的支座反力、内力,作 M、F_Q 图。

12-2 在如图所示多跨静定梁中,设 B、E 两支座截面弯矩绝对值与两边跨 AB、EF 的跨中弯矩相等,试确定外伸臂长度 a。

12-3 检查如图所示结构 M 图的正确性,并给以改正。

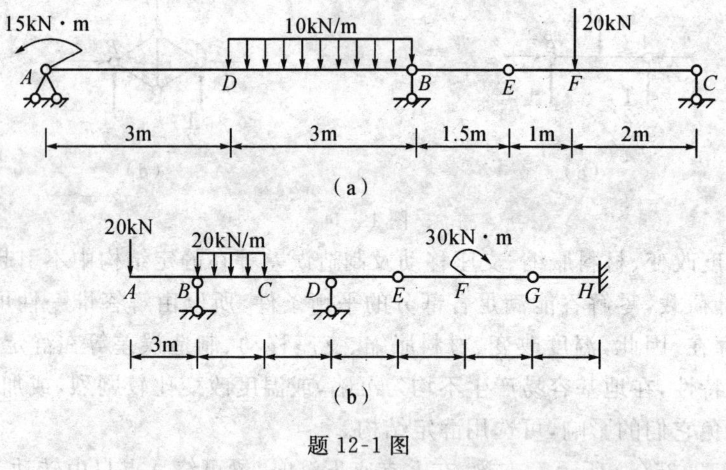

题 12-1 图

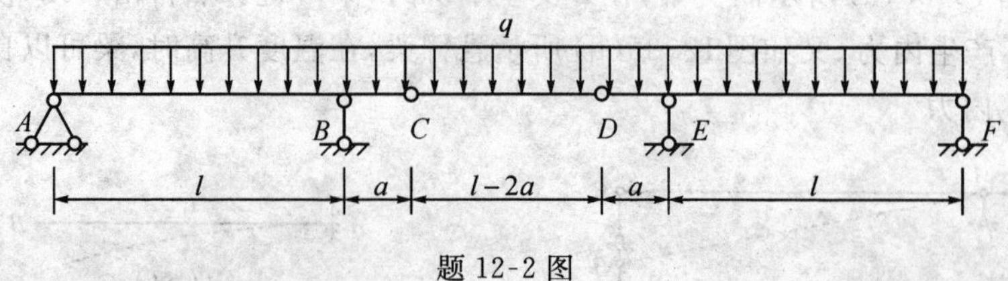

题 12-2 图

12-4 作如图所示各刚架的内力图。

12-5 用结点法求如图所示各桁架杆件的内力(先指出零杆)。

12-6 求如图所示各桁架中指定杆内力。

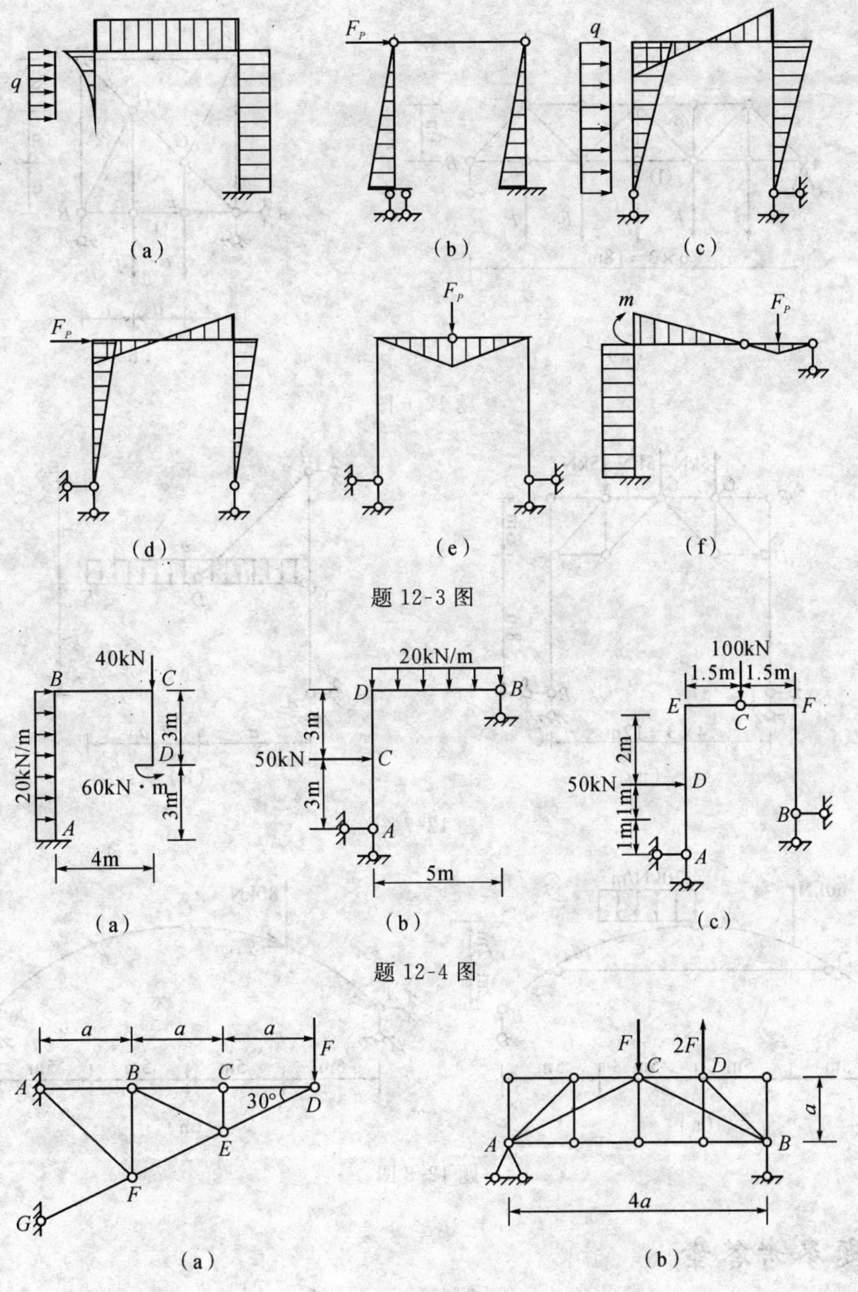

题 12-3 图

题 12-4 图

题 12-5 图

12-7　计算如图所示各组合结构各链杆的内力，并绘出各梁式杆的弯矩图。

12-8　已知如图所示三铰拱拱轴方程为 $y=\dfrac{4f}{l^2}x(l-x)$，计算：

(1) 求如图(a) 所示中的支座反力和拉杆 DE 的内力；

(2) 求如图 13-43(b) 所示中截面 K_1、K_2 的内力。

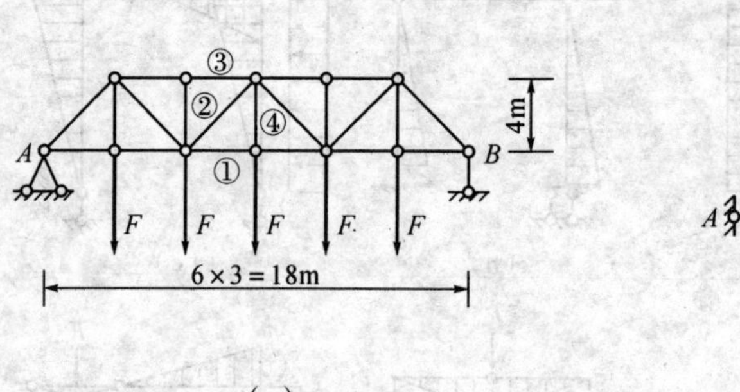

(a)

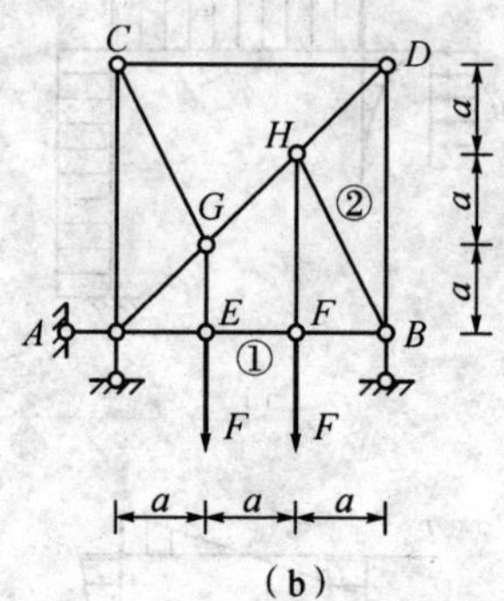

(b)

题 12-6 图

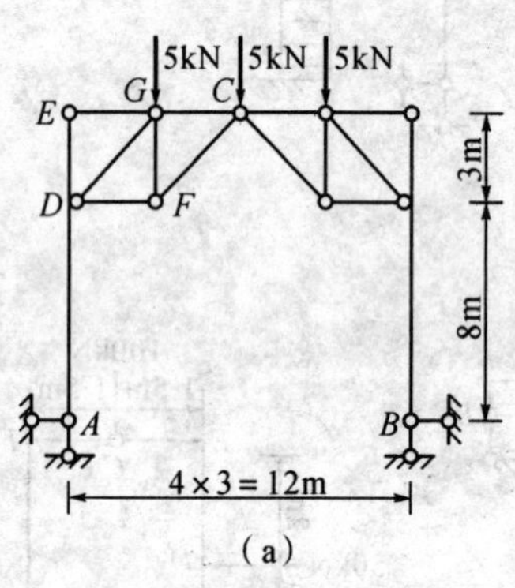

(a)

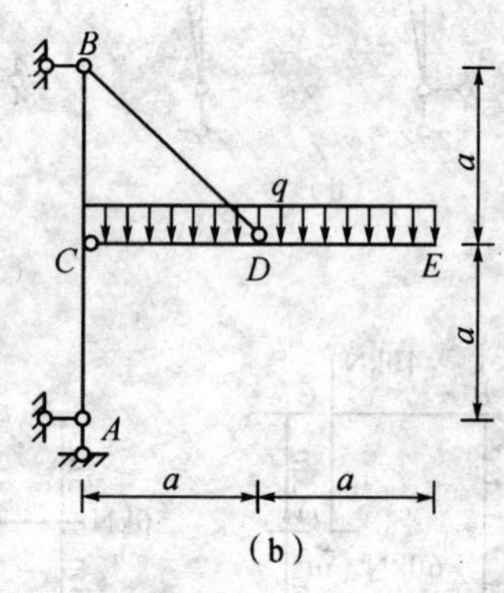

(b)

题 12-7 图

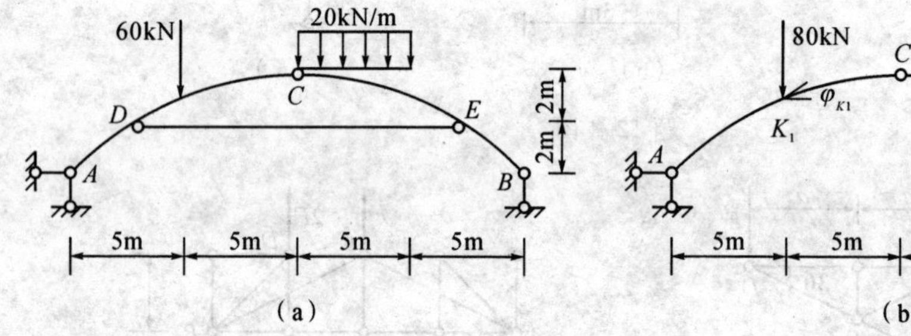

题 12-8 图

习题参考答案

12-1 (a)$F_B = 36.67\text{kN}$,$M_{BD} = 20\text{kN}\cdot\text{m}$(上侧受拉),$F_{QBD} = -23.33\text{kN}$

(b) $F_B = 77.50\text{kN}(\uparrow)$,$F_H = -5\text{kN}(\uparrow)$,$M_H = 15\text{kN}\cdot\text{m}$(顺时针转),$M_{BD} = 15.00\text{kN}\cdot\text{m}$(下侧受拉),$F_{QDE} = -5.00\text{kN}$

12-2 $a = 0.21l$

12-3 (略)

12-4 (a)$F_{NBA} = -40\text{kN}$,$F_{QBA} = -0$,$M_{BA} = 100\text{kN}\cdot\text{m}$(左侧受拉)

(b)$F_{NDA} = -20\text{kN}$,$F_{QBA} = -0$,$M_{DA} = 130\text{kN}\cdot\text{m}$(右侧受拉)

(c)$F_{NBA} = -28.57\text{kN}$,$F_{QBA} = -35.71$,$M_{BA} = 42.86\text{kN}\cdot\text{m}$(左侧受拉)

12-5 (a)$F_{xA} = \sqrt{3}F$,$F_{yA} = 0$,$F_G = 2F$

(b)$F_{xA}=0$, $F_{yA}=0$, $F_{yB}=-F$, $F_{NBC}=-\sqrt{5}F$, $F_{NBD}=2\sqrt{2}F$

12-6　(a)$F_{N1}=3.375F$, $F_{N2}=-0.625F$, $F_{N3}=-3F$, $F_{N4}=F$

(b)$F_{N1}=F/3$, $F_{N2}=-\sqrt{5}/3F$

12-7　(a)$F_{NGC}=-0.23\text{kN}$, $F_{NFC}=-0.23\text{kN}$, $F_{NFG}=2.5\text{kN}$, $F_{xA}=2.73\text{kN}$

(b)$F_{xA}=qa$, $F_{yA}=2qa$, $F_{xC}=qa$, $F_{yC}=0$, $F_{NDB}=2\sqrt{2}qa$

12-8　(a)$F_{yA}=82.5\text{kN}$, $F_{yB}=77.5\text{kN}$, $F_{NDE}=262.5\text{kN}$

(b)$F_{yA}=60\text{kN}$, $F_{xA}=50\text{kN}$, $F_{yB}=20\text{kN}$;

$M_{K1}=150\text{kN}\cdot\text{m}$, $M_{K2}=-50\text{kN}\cdot\text{m}$;

$F_{NK1}^{L}=-68.7\text{kN}$, $F_{NK1}^{R}=-39.0\text{kN}$, $F_{NK2}=-53.8\text{kN}$;

$F_{NK1}^{L}=37.1\text{kN}$, $F_{QK1}^{R}=-37.1\text{kN}$

第 13 章 静定结构的位移计算

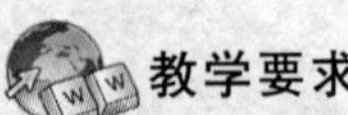

教学要求

结构位移计算得理论基础是虚功原理，由此建立起来的单位荷载法和图乘法是静定结构位移计算得基本方法。通过本章学习，要求掌握实功、虚功、广义力与广义位移等概念，理解变形体虚功方程以及功、位移、反力互等定理，熟悉杆件位移计算理论，熟练掌握图乘法计算结构位移的方法。

本章重点是运用图乘法计算静定结构结构的位移。

13.1 概 述

一、结构位移的概念

工程结构承受外荷载后各杆件会产生变形，由于变形带来的结构各截面位置的变化，就是所谓的结构位移。如图 13-1(a) 所示的悬臂刚架，受荷载 F_P 作用后，由于杆件变形而引起 A 截面位置的变化。

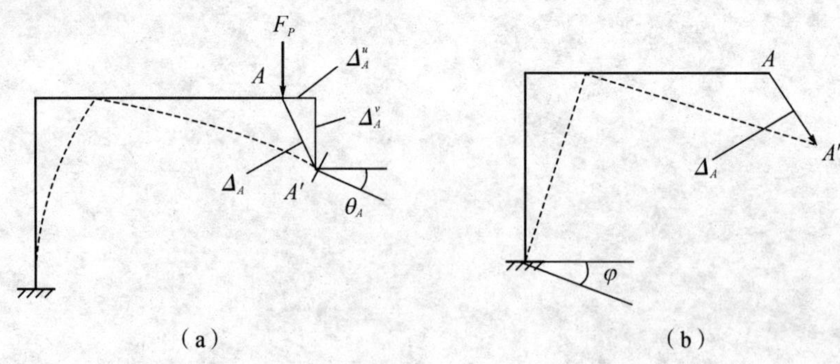

图 13-1

结构的位移分为线位移与角位移。线位移是指杆件截面形心位置的变化。如图 13-1(a)(b) 所示中 A 截面形心点移动到A'，线位移就是 Δ_A。它通常分解为水平方向的分位移 Δ_A^u 和铅垂方向的分位移 Δ_A^v 来计算。角位移是指杆截面发生的转动。图中 θ_A 即截面 A 的角位移。

结构位移产生的因素一般可归纳为：(1) 荷载作用；(2) 温度变化与材料的胀缩；(3) 支

座移动与制造误差。

结构位移有刚体的位移和变形引起的位移。如图 13-1(b) 所示中 A 点的位移就是刚体位移。结构位移计算本身是几何问题。结构位移计算中一般用虚功原理进行求解，它比用几何法求解简便。

二、结构位移计算的目的

计算结构位移的目的，主要有以下 3 个方面：

(1) 校核结构的刚度。即保证结构在使用过程中不致产生过大的变形，以符合工程使用的要求。

(2) 求解超静定结构的内力。结构位移计算是分析超静定结构的基础。

(3) 在结构的制作、架设、养护过程中，也往往需要预先知道结构的变形情况，以便采取一定的施工措施。因此，也需要进行位移的计算。

本章研究线性变形体系的位移计算。线性变形体系是指位移与荷载成比例的体系，荷载对这种体系的影响可以叠加，应力与应变关系符合虎克定律，这样的体系位移是微小的。由于位移微小，在计算结构的反力和内力时可认为结构的几何形状和尺寸，以及荷载的位置和方向都保持不变，也就是通常所说的小变形假设。

13.2　功、广义力和广义位移

一、功的概念

功是指作用在物体上的力与其作用点沿作用线方向位移的乘积。如图 13-2 所示，设一恒力 F 作用于物体，力 F 与位移 Δ 之间的夹角为 θ，则乘积

$$W = F \cdot \Delta\cos\alpha$$

称为力 F 在线位移 Δ 上所做的功。又如图 13-3 所示物体受一力偶 $M = Fd$ 作用而产生角位移 θ，则力偶所做的功为

$$W = M \cdot \theta$$

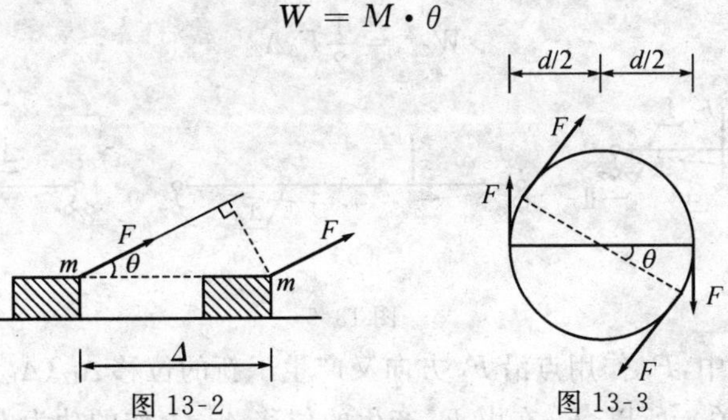

图 13-2　　图 13-3

功包含了两个要素：力和位移。其中，“力”是“广义力”，包括集中力、集中力偶或一对力、一对力偶；“位移”是“广义位移”，包括线位移、角位移。广义力与广义位移是一一对应的关系，若广义力是集中力，则相应的广义位移为线位移；若广义力为力偶，则相应的广义位移为角位移。我们可以用一个统一的公式来表达：

$$W = F \cdot \Delta \tag{13-1}$$

功为标量，单位常用 kN · m 或者 N · m。

二、实功

力的实功是指力在自身引起的位移上所作的功。即作功的位移是由作功的力产生的。如图 13-4(a) 所示简支梁，受一静力荷载作用，所谓静力荷载是指将荷载慢慢由零逐渐增至最终值 F_1。与此相应，作用点的位移也由零逐渐增至最终值为 Δ_{11}。(第一个脚标表示位移发生的位置和方向；第二个脚标表示产生位移的原因)。对于线弹性体系，荷载与位移成线性关系，如图 13-4(b) 所示。因此，在加载过程中 F_1 所作的功为实功：

$$W_{11} = \frac{1}{2}F_1\Delta_{11}$$

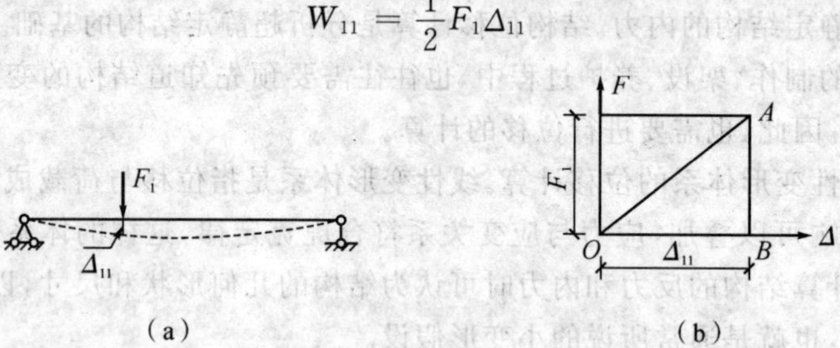

图 13-4

即等于图 13-4(b) 中三角形 OAB 的面积。由于在位移过程中力 F_1 是变力，所以在功的计算式中有系数“1/2”，即取的是所施荷载的平均值。

三、虚功

如果位移与作功的力彼此独立无关，则力在此位移上所作的功称为虚功。即力在其他原因产生的位移上作的功是虚功。如图 13-5(a)，在 F_1 加完之后，梁变形到图中虚线 I 所示平衡位置，然后再加荷载 F_2(也是静力加载)，梁又继续变形到图中虚线 Ⅱ 所示的平衡位置。F_2 的作用点处由 F_2 产生的位移为 Δ_{22}，由于 F_2 在此位移过程中是改变的，所以 F_2 在 Δ_{22} 上所作的功为实功：

$$W_{22} = \frac{1}{2}F_2\Delta_{22}$$

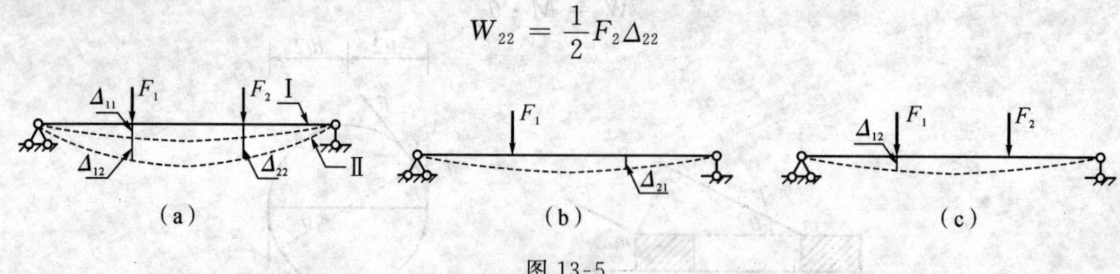

图 13-5

由于加 F_2 过程中，F_1 作用点沿 F_1 方向又产生了新的位移 Δ_{12}(Δ_{12} 是 F_2 引起的 F_1 作用点的位移，与 F_1 无关)，所以，F_1 在由 F_2 产生的位移 Δ_{12} 上作的功为虚功：

$$W_{12} = F_1\Delta_{12}$$

由于作虚功时，力的值保持不变，是常力作功，故在虚功计算公式中没有系数“1/2”。

为了清楚起见，今后在研究 F_1 在 F_2 产生的位移 Δ_{12} 上所作的虚功时，不画图 13-5(a) 的情况，而把作虚功的力 F_1 和位移 Δ_{12}(由 F_2 引起的位移) 分别画在两个图上，并称为同一结构的两种状态：力状态图 13-5(b) 称为“状态 1”和位移状态图 13-5(c) 称为“状态 2”。将 F_1 在位移 Δ_{12} 上作的虚功称为“状态 1 的力在状态 2 的位移上所作的虚功”。同样状态 2 的力在状态 1 的位移上所作的虚功为 $W_{21} = F_2\Delta_{21}$。

所谓虚功并非不存在的意思,“虚”字强调作功过程中位移与力相互独立无关的特点。

应该指出,当其它因素引起的位移与力方向一致时虚功为正值,反之则为负值。而实功由于力自身所引起的相应位移总是与力的作用方向相一致,故总为正值。

四、外力虚功与内力虚功

作用在结构上的外力(包括荷载和支座反力)所做的虚功称为外力虚功,用 $W_{外}$ 表示。在结构上某微段的内力(F_N、M、F_Q)在相应变形位移(此位移由某种因素产生)上所做的虚功称为内力虚功,用 $W_{内}$ 表示。

在虚功中可以将力和位移作为同一结构的两种彼此无关的状态,其中力系所属的状态称为力状态,位移所属的状态称为位移状态。

13.3　结构位移计算的一般公式

一、虚功原理

变形体的虚功原理为:变形体在力系作用下处于平衡状态时,若使它产生任意的、微小的、可能的虚位移,则力状态的外力沿位移状态的相应位移所做的虚功,恒等于力状态的内力沿位移状态的相应变形所做的内力虚功。即

$$W_{外} = W_{内} \tag{13-2}$$

式(13-2)称为虚功方程。

虚功原理涉及两种彼此独立的状态,一种是变形体在力系作用下处于平衡状态(力状态),如图 13-6(a)所示;另一种是变形体由于其他因素引起的虚位移或虚变形(位移状态),如图 13-6(a)所示中虚线部分。力状态的外力和内力在虚位移状态相应的位移和变形上分别作外力虚功和内力虚功。外力虚功为

$$W_{外} = F_1\Delta_1 + F_2\Delta_2 + \overline{F_1}C_1 + \overline{F_2}C_2 = \sum F\Delta + \sum \overline{F}C$$

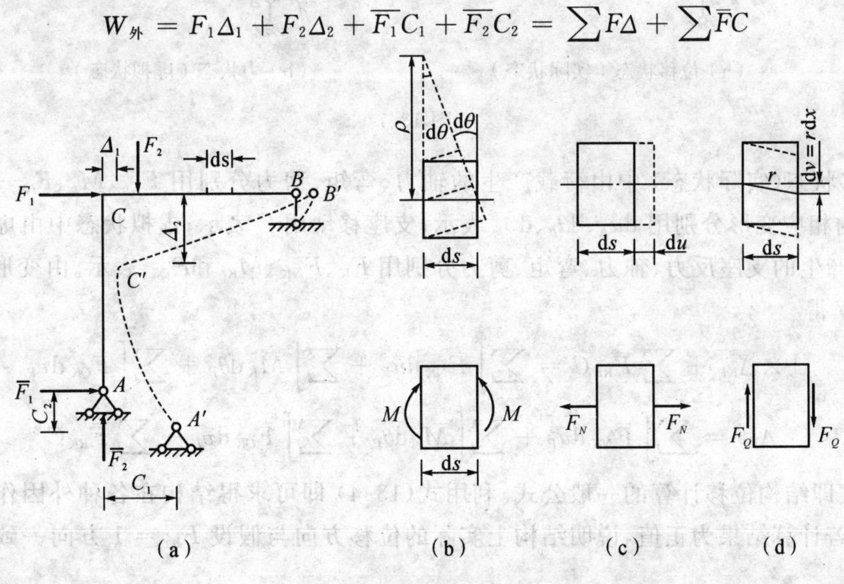

图 13-6

在如图 13-6(a) 所示中取 ds 微段，微段在荷载作用下的内力为 F_N、M、F_Q，由其他因素产生的变形分别为轴向变形 du、弯曲变形 dθ 和剪切变形 dv，如图 13-6(b)(c)(d) 所示，可以证明：微段上平衡力系所做的内力虚功为

$$\mathrm{d}W_{内} = F_N \mathrm{d}u + M\mathrm{d}\theta + F_Q \mathrm{d}v$$

对上式积分，得梁的内力虚功为

$$W_{内} = \sum\int_0^l (F_N \mathrm{d}u + M\mathrm{d}\theta + F_Q \mathrm{d}v)$$

将外力虚功和内力虚功代入式(13-2) 得

$$\sum F\Delta + \sum \overline{F}C = \sum\int_0^l (F_N \mathrm{d}u + M\mathrm{d}\theta + F_Q \mathrm{d}v) \tag{13-3}$$

上式称为虚功方程，其中，F、$\overline{F}$ 和 F_N、M、F_Q 是实际状态中的荷载、支座反力和内力；Δ、C 和 du 、dθ、dv 是虚位移状态中相应的线位移、角位移、支座移动和变形。

二、利用虚功原理计算结构位移

如图 13-7(a) 所示刚架受到荷载和支座移动作用后，产生了图中虚线所示的变形，计算此位移状态中任一指定截面 K 在任一指定方向 $k-k$ 上的位移 Δ_{KF}（即 K 截面的位移 $K-K'$ 沿 $k-k$ 方向的位移分量）。利用虚功原理求解 Δ_{KF}，为方便计算，沿 $k-k$ 方向虚设单位力 $F_K = 1$，称为虚拟状态，如图 13-7(b) 所示。

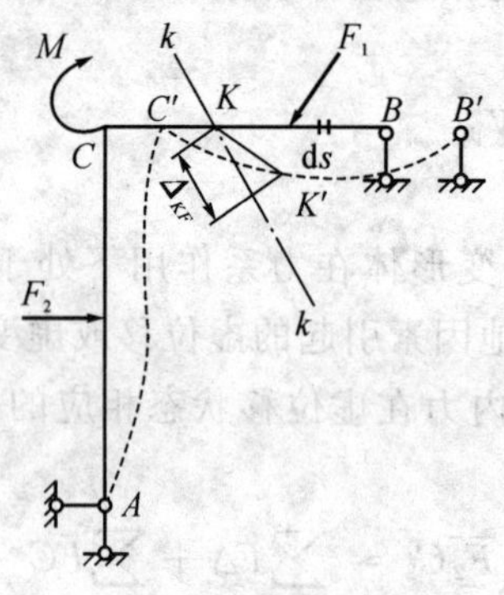

(a) 位移状态（实际状态）

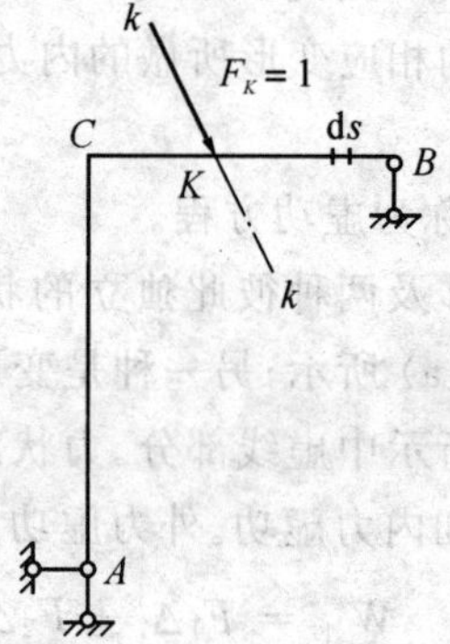

(b) 力状态（虚拟状态）

图 13-7

位移状态(实际状态) 中由荷载产生的轴力、弯矩、剪力分别用 F_{Np}、M_p、F_{Qp} 表示；微段 ds 产生的相应变形分别用 du_p、dθ_p、dv_p 表示；支座移动用 C 表示；虚拟状态中由虚拟单位力 $F_K = 1$ 产生的支座反力、轴力、弯矩、剪力分别用 $\overline{F}_K$、$\overline{F}_{NK}$、$\overline{M}_K$ 和 $\overline{F}_{QK}$ 表示。由变形体虚功方程(13-3) 得

$$1 \times \Delta_{KP} + \sum \overline{F}_{RK} C = \sum\int \overline{F}_{NK} \mathrm{d}u_P + \sum\int \overline{M}_K \mathrm{d}\theta_P + \sum\int \overline{F}_{QK} \mathrm{d}v_P$$

即

$$\Delta_{KP} = \sum\int \overline{F}_{NK} \mathrm{d}u_P + \sum\int \overline{M}_K \mathrm{d}\theta_P + \sum\int \overline{F}_{QK} \mathrm{d}v_P - \sum \overline{F}_{RK} C \tag{13-4}$$

上式即结构位移计算的一般公式。利用式(13-4) 即可求得结构在各种外因作用下产生的位移。若计算结果为正值，说明结构上实际的位移方向与假设 $F_K = 1$ 方向一致；反之，为负值。

上述通过施加单位力应用虚功原理计算结构位移的方法称为单位荷载法。应当指出，单位荷载的设置，应遵循“虚设单位力与拟求位移的性质相适应”的原则，即施加的单位力与所求的位移应有广义力与广义位移的对应关系。几种典型的结构力(虚拟)状态，如图 13-8 所示。

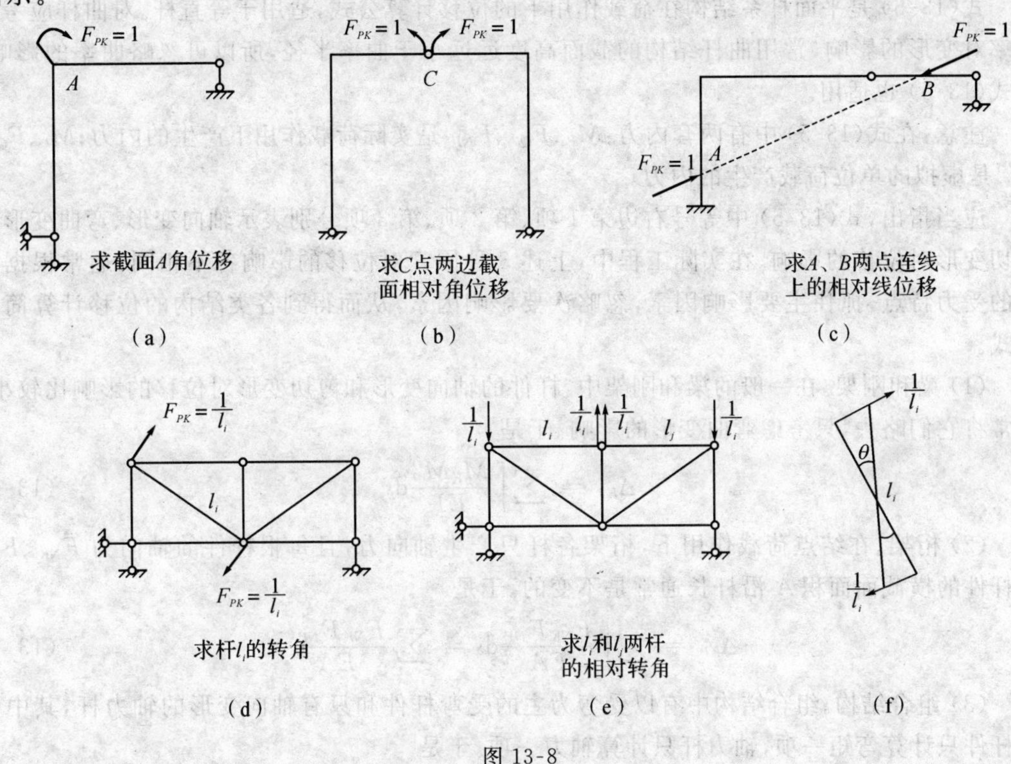

图 13-8

虚设的平衡状态与引起结构实际位移的因素无关。单位广义力的方向可以任意假设，若计算出的位移结果为正号，表示位移方向与虚设力的方向一致，负号则相反。单位广义力无单位，数值为单位 1。计算时要注意各物理量单位的一致性，线位移的单位为米、厘米等，角位移为弧度。

13.4　静定结构由于荷载引起的位移计算

式(13-4)是由虚功原理导出的结构位移计算的一般公式，当静定结构在荷载的作用下，$C=0$，式(13-4)变为

$$\Delta_{KP}=\sum\int\overline{F}_{NK}\,\mathrm{d}u_P+\sum\int\overline{M}_K\,\mathrm{d}\theta_P+\sum\int\overline{F}_{QK}\,\mathrm{d}v_P$$

上式中，$\mathrm{d}u_P$、$\mathrm{d}\theta_P$、$\mathrm{d}v_P$ 是实际结构在荷载作用下与微段 $\mathrm{d}s$ 的内力 F_{NP}、M_P、F_{QP} 产生的相应变形。由线弹性变形体的变形公式

$$\mathrm{d}u_P=\frac{F_{NP}\,\mathrm{d}s}{EA}\qquad\mathrm{d}\theta_P=\frac{M_P\,\mathrm{d}s}{EI}\qquad\mathrm{d}v_P=\frac{kF_{QP}\,\mathrm{d}s}{GA}$$

式中，E、G 分别为材料的弹性模量和剪切弹性模量；A、I 分别为杆件的截面面积和惯性矩；k 为切应力不均匀修正系数。对于矩形截面，$k=1.2$；对于圆形截面，$k=10/9$；对于工字

形截面，$k = A/A_j$（A_j 为腹板面积）。所以，得

$$\Delta_{KP} = \sum\int \frac{\overline{F}_{NK}F_{NP}}{EA}\mathrm{d}s + \sum\int \frac{\overline{M}_K M_P}{EI}\mathrm{d}s + \sum\int \frac{k\overline{F}_{QK}F_{QP}}{GA}\mathrm{d}s \tag{13-5}$$

式(13-5)是平面杆系结构在荷载作用下的位移计算公式，适用于等直杆。对曲杆应考虑曲率对变形的影响，常用曲杆结构的截面高度远远小于曲率半径，所以可忽略曲率的影响，公式(13-5)也适用。

注意：在式(13-5)中有两套内力：M_P、F_{QP}、F_{NP} 是实际荷载作用下产生的内力；$\overline{M}_k$、$\overline{F}_{Qk}$、$\overline{F}_{Nk}$ 是虚拟的单位荷载产生的内力。

应当指出，式(13-5)中等号右边第1项、第2项、第3项分别表示轴向变形、弯曲变形和剪切变形对位移的影响。在实际工程中，上述3种因素对位移的影响各不相同，通常根据结构的受力特点，抓住主要影响因素，忽略次要影响因素，从而得到各类结构的位移计算简化公式。

(1) 梁和刚架。在一般的梁和刚架中，杆件的轴向变形和剪切变形对位移的影响比较小，通常将它们略去，只考虑弯曲变形的影响。于是

$$\Delta_{KP} = \sum\int \frac{\overline{M}_K M_P}{EI}\mathrm{d}s \tag{13-6}$$

(2) 桁架。在结点荷载作用下，桁架各杆只产生轴向力，且每根杆件的轴向力 $\overline{F}_{NK}$、F_{NP} 及杆件的横截面面积 A 沿杆长通常是不变的。于是

$$\Delta_{KP} = \sum\int \frac{\overline{F}_{NK}F_{NP}}{EA}\mathrm{d}s = \sum \frac{\overline{F}_{NK}F_{NP}l}{EA} \tag{13-7}$$

(3) 组合结构。组合结构中有以受弯为主的受弯杆件和只有轴向变形的轴力杆，其中受弯杆件只计算弯矩一项，轴力杆只计算轴力一项。于是

$$\Delta_{KP} = \sum\int \frac{\overline{M}_K M_P}{EI}\mathrm{d}s + \sum \frac{\overline{F}_{NK}F_{NP}l}{EA} \tag{13-8}$$

【例 13-1】 试计算如图13-9(a)所示悬臂刚架 A 点的水平位移 Δ_{AP}^{u} 和转角 θ_{AP}（略去剪力和轴力的影响）。

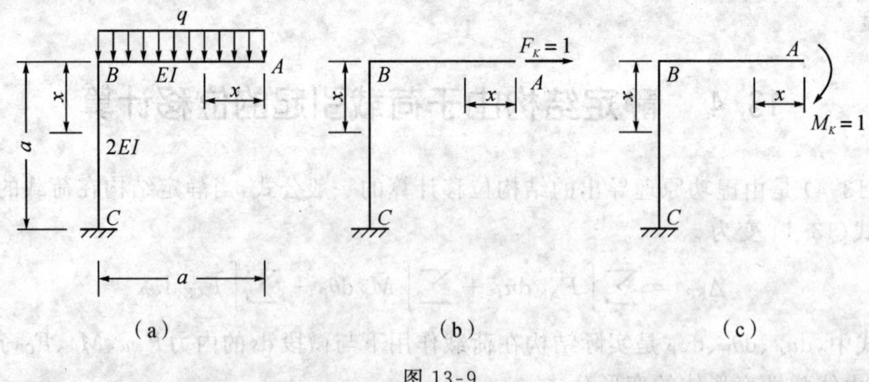

图 13-9

解 (1) 建立虚设状态如图13-9(b)(c)所示。

(2) 分别列出两种状态各杆段的弯矩方程。

求刚架 A 点的水平位移。以 A 点为原点，按 AB、BC 两段进行。

$$梁 AB:M_P=-\frac{qx^2}{2} \qquad 柱 BC:M_P=-\frac{qa^2}{2}$$

$$梁 AB:\overline{M}_K=0 \qquad 柱 BC:\overline{M}_K=-x$$

求刚架 A 点的角位移。仍以 A 点为原点，按 AB 、BC 两段分别列出弯矩方程。

$$梁 AB:\overline{M}_K=-1 \qquad 柱 BC:\overline{M}_K=-1$$

(3) 由公式求位移。将弯矩方程代入式(13-6)，计算 A 点水平位移 Δ_A^u。

$$\Delta_{AP}^u=\int_0^a 0\times\left(-\frac{qx^2}{2}\right)\frac{\mathrm{d}x}{EI}+\int_0^a(-x)\left(-\frac{qa^2}{2}\right)\frac{\mathrm{d}x}{2EI}=\frac{qa^2}{4EI}\int_0^a x\mathrm{d}x=\frac{qa^4}{8EI}(\rightarrow)$$

将弯矩方程代入式(13-6)，计算 A 点角位移 θ_{AP}。

$$\theta_{AP}=\int_0^a(-1)\left(-\frac{qx^2}{2}\right)\frac{\mathrm{d}x}{EI}+\int_0^a(-1)\left(-\frac{qa^2}{2}\right)\frac{\mathrm{d}x}{2EI}=\frac{q}{2EI}\int_0^a x^2\mathrm{d}x+\frac{qa^2}{4EI}\int_0^a\mathrm{d}x$$

$$=\frac{qa^3}{6EI}+\frac{qa^3}{4EI}=\frac{5qa^3}{12EI}\ (顺时针转)$$

【例 13-2】　试求如图 13-10 所示桁架结点 C 的竖向位移 Δ_{CP}^v，已知各杆的横截面面积 A 及弹性模量 E 均为常数。

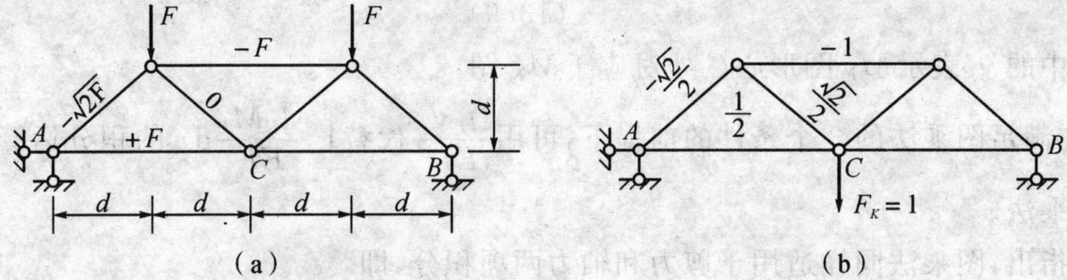

图 13-10

解　(1) 建立虚设状态如图 13-10(b) 所示。

(2) 分别列出两种状态各杆段的轴力。由于此桁架及其荷载均为对称，故只需计算一半桁架的内力。计算结果写在如图 13-10 所示中各杆上。

(3) 由公式求位移。

$$\Delta_{CP}^v=\sum\frac{\overline{F}_{NK}F_{NP}l}{EA}=\frac{1}{EA}\left[2(-\sqrt{2}F)\left(-\frac{\sqrt{2}}{2}\right)\sqrt{2}d+2F\times\frac{1}{2}\times 2d+(-F)(-1)2d\right]$$

$$=\frac{2Fd}{EA}(2+\sqrt{2})=6.83\frac{Fd}{EA}(\downarrow)$$

13.5　图乘法

一、图乘法公式推导

由公式(13-6) 计算梁和刚架的位移时，先要逐杆建立 M_P、$\overline{M}_K$ 方程，再分别积分。当结构的杆件较多且荷载较为复杂时，计算非常烦冗，但如果结构中各杆件同时满足下列 3 个条件：① 杆轴为直线；② EI 为常数(包括截面分段变化的杆件)；③ $\overline{M}_K$、M_P 图中至少有一个是直线图形，则可利用图乘法来代替积分运算。

设等截面直杆 AB 段的 $\overline{M}_K$、M_P 图如图 13-11 所示。假设 $\overline{M}_K$ 图为直线图形，M_P 图为任

意图形，$\overline{M}_K$ 图直线的倾角为 α：

因为 $\overline{M}_K = x\tan\alpha$　　$\tan\alpha = $ 常数

又因为 $\mathrm{d}s = \mathrm{d}x$　　$EI = $ 常数

所以 $\Delta_{KP} = \int \frac{\overline{M}_K M_P}{EI}\mathrm{d}s = \frac{1}{EI}\int_A^B \overline{M}_K M_P \mathrm{d}x = \frac{\tan\alpha}{EI}\int_A^B x\mathrm{d}\Omega_P$

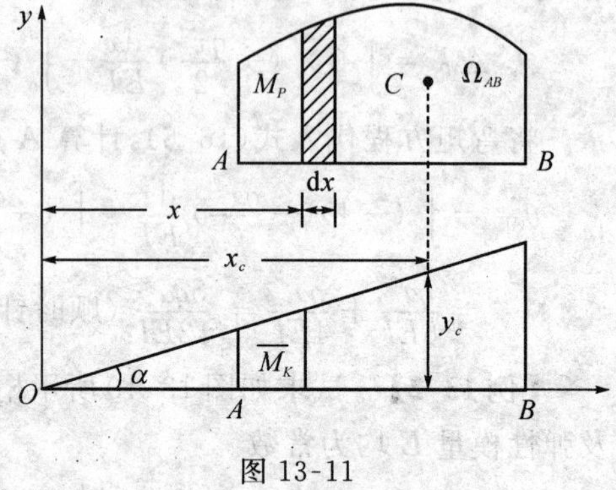

图 13-11

上式中，$\mathrm{d}\Omega_P = M_P\mathrm{d}x$，表示 M_P 图中 $\mathrm{d}x$ 微段的微面积；$x\mathrm{d}\Omega_P$ 表示微面积 $\mathrm{d}\Omega_P$ 对 y 轴的静矩；$\int_A^B x\mathrm{d}\Omega_P$ 表示整个 M_P 图的面积对 y 轴的静矩。

若以 Ω_P 表示 M_P 图的面积，以 x_c 表示面积 Ω_P 的形心 C 到 y 轴的距离，用 y_c 代表 M_P 图形心 C 所对应的直线图形（$\overline{M}_K$ 图）的竖标，则上式可写为

$$\Delta_{KP} = \int \frac{\overline{M}_K M_P}{EI}\mathrm{d}s = \frac{\tan\alpha}{EI}\Omega_P x_c = \frac{\Omega_P y_c}{EI} \tag{13-9}$$

上式中的 y_c 表示 M_F 图形心 C 处对应于 $\overline{M}_K$ 图的竖标。在满足图乘法的 3 个条件的前提下，可用 $\frac{\Omega_P y_c}{EI}$ 代替 $\int \frac{\overline{M}_K M_P}{EI}\mathrm{d}x$ 的积分运算，这种方法称为图乘法。

应当指出，图乘法同样适用于剪力和轴力两项积分，即

$$\sum\int \frac{k\overline{F}_{QK}F_{QP}}{GA}\mathrm{d}s = k\sum \frac{\Omega_P y_c}{GA} \qquad \sum\int \frac{\overline{F}_{NK}F_{NP}}{EA}\mathrm{d}s = \sum \frac{\Omega_P y_c}{EA}$$

二、图乘法注意事项

应用上述图乘法时应注意下列几点：

(1) 面积 Ω 应取曲线的图形，坐标 y_c 取直线图形，且是 Ω 的形心所对应的竖标值。

(2) 当两个内力图都在杆轴同一侧（对剪力图和轴力图应为同符号）时，相乘结果为正号，异侧时（对剪力图和轴力图为异号）相乘结果取负号。

(3) 两图形相乘后还要除以杆段的刚度。

(4) 若直线图形是由若干直线段组成的，则相乘时要分段图乘，如图 13-12 所示。

$$\Delta_{KP} = \int \frac{\overline{M}_K M_P}{EI}\mathrm{d}s = \frac{(\Omega_1 y_1 + \Omega_2 y_2 + \Omega_3 y_3)}{EI}$$

(5) 复杂图形分解成几个简单的图形，以便用简单的面积和形心公式计算。

① 梯形乘梯形（图 13-13），可以不求梯形的形心，而把一个梯形分成两个三角形（或一个矩形和一个三角形），分别与另一图形相乘，然后叠加。

$$\Delta_{kP} = \frac{1}{EI}\int \overline{M}M_P\mathrm{d}x = \frac{1}{EI}(\Omega_1 y_1 + \Omega_2 y_2)$$

② 非标准抛物线乘直线形。图 13-14(a) 所示为某杆段在均布荷载作用下的弯矩图。由绘制直杆弯矩图的叠加法知道，它是由两端弯矩竖标 a、b 所连的直线图形和简支梁在均布荷载作用下的抛物线弯矩图叠加而成。因此可将图 13-14(a) 所示弯矩图分解为直线形图 13-14(c) 和标准抛物线图 13-14(d) 两个图形，分别与图 13-14(b) 相图乘，再将图乘结果叠

加，就得到图 13-14(a) 与 13－14(b) 的图乘结果，即

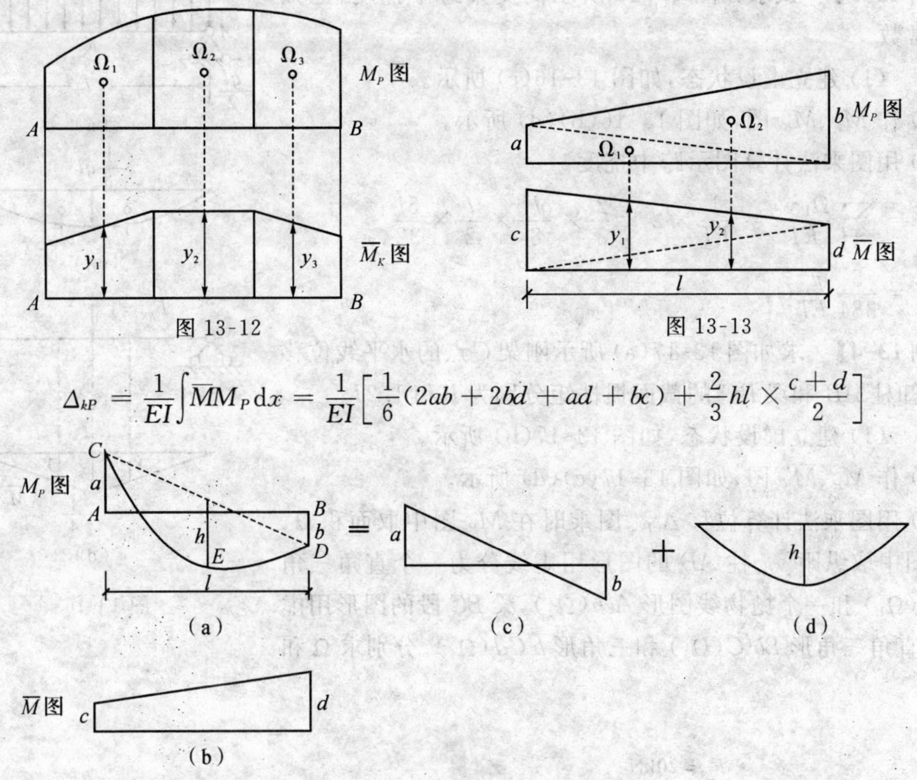

图 13-12　　　　图 13-13

$$\Delta_{kP}=\frac{1}{EI}\int\overline{M}M_P\,\mathrm{d}x=\frac{1}{EI}\left[\frac{1}{6}(2ab+2bd+ad+bc)+\frac{2}{3}hl\times\frac{c+d}{2}\right]$$

(a)　(c)　(d)

(b)

图 13-14

图 13-15 所示给出了位移计算中几种常见图形的面积和形心的位置，以便图乘时查用。如图 13-15 所示中顶点是指该点的切线平行于底边的点（M 图中的极值点、剪力为零的点），图中的抛物线是标准抛物线，它的切点在图形的中点或端点，切点的切线与基线平行，即在切点处剪力 $F_Q=0$。

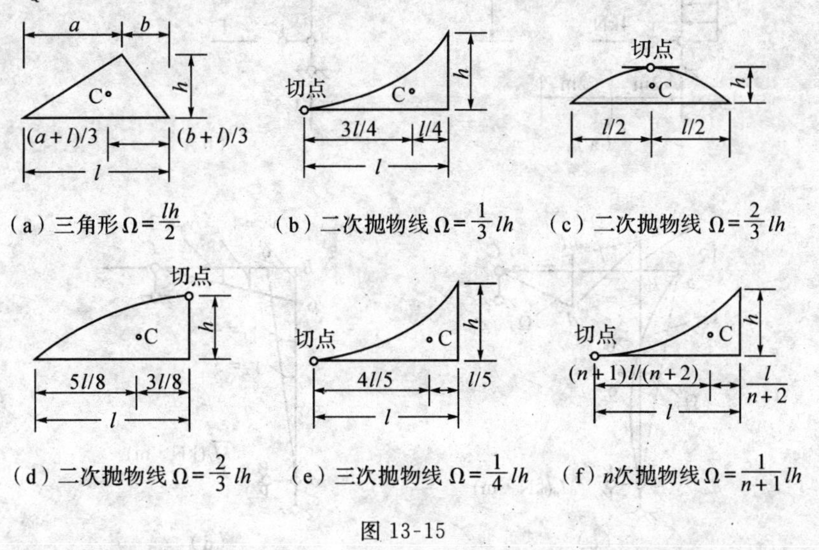

(a) 三角形 $\Omega=\frac{lh}{2}$　(b) 二次抛物线 $\Omega=\frac{1}{3}lh$　(c) 二次抛物线 $\Omega=\frac{2}{3}lh$

(d) 二次抛物线 $\Omega=\frac{2}{3}lh$　(e) 三次抛物线 $\Omega=\frac{1}{4}lh$　(f) n次抛物线 $\Omega=\frac{1}{n+1}lh$

图 13-15

【例 13-3】 试求如图 13-16 所示简支梁跨中挠度。已知 $EI=$ 常数。

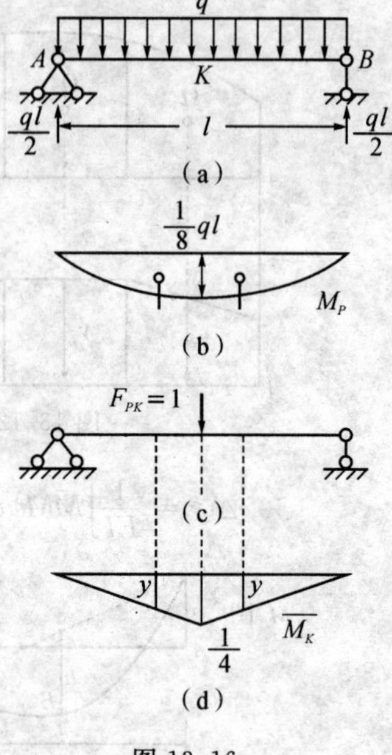

图 13-16

解 (1) 建立虚设状态，如图 13-16(c) 所示。

(2) 作 M_P、$\overline{M}_K$ 图，如图 13-16(b)(d) 所示。

(3) 用图乘法计算图示跨中挠度。

$$\Delta_C^v=\sum\frac{\Omega_P y_c}{EI}=\frac{1}{EI}\times 2\times\frac{2}{3}\times\frac{ql^2}{8}\times\frac{l}{2}\times\frac{5l}{32}$$

$$=\frac{5}{384}\frac{ql^4}{EI}(\downarrow)$$

【例 13-4】 求如图 13-17(a) 所示刚架 C 点的水平线位移 Δ_{CP}^u。已知柱 AB 和梁 BC 的截面惯性矩分别为 I 和 $1.2I$。

解 (1) 建立虚设状态，如图 13-17(b) 所示。

(2) 作 M_P、$\overline{M}_K$ 图，如图 13-17(c)(d) 所示。

(3) 用图乘法计算位移 Δ_{CP}^u。图乘时在 M_P 图中取面积 Ω，在 $\overline{M}_K$ 图中取纵距 y_c。柱 AB 的图形用虚线分为一个直角三角形 $ABb(\Omega_1)$ 和一个抛物线图形 $Aeb(\Omega_2)$，梁 BC 段的图形用虚线分为直角三角形 $Bb'C(\Omega_3)$ 和三角形 $b'Cd(\Omega_4)$。分别求 Ω 和 y。

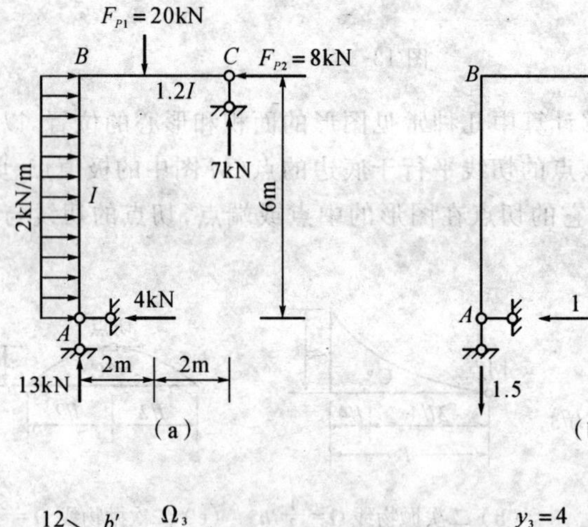

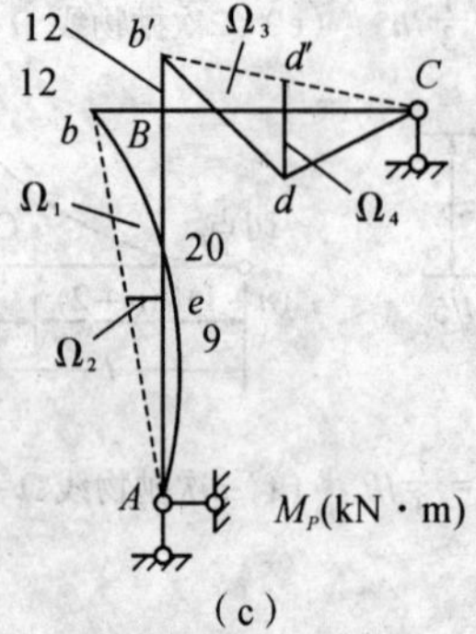

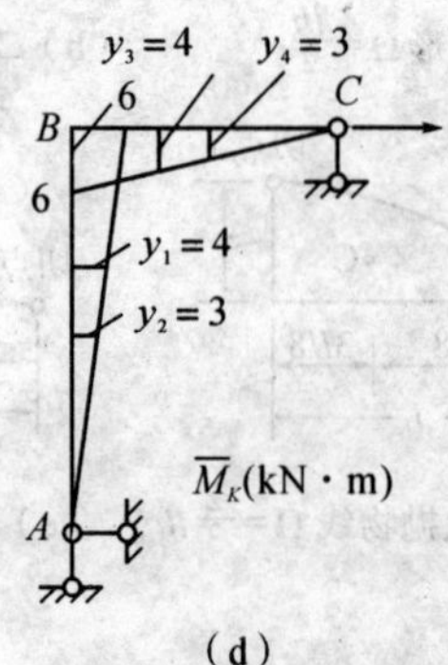

图 13-17

$$\Omega_1 = \frac{1}{2}\times 12\times 6 = 36(\text{kN}\cdot\text{m}^2)\qquad y_1 = 4\text{m}(\text{与}\ \Omega_1\ \text{异侧})$$

$$\Omega_2 = \frac{2}{3}\times 9\times 6 = 36(\text{kN}\cdot\text{m}^2)\qquad y_2 = 3\text{m}(\text{与}\ \Omega_2\ \text{同侧})$$

$$\Omega_3 = \frac{1}{2}\times 12\times 4 = 24(\text{kN}\cdot\text{m}^2)\qquad y_3 = 4\text{m}(\text{与}\ \Omega_3\ \text{异侧})$$

$$\Omega_1 = \frac{1}{2}\times 20\times 4 = 40(\text{kN}\cdot\text{m}^2)\qquad y_4 = 3\text{m}(\text{与}\ \Omega_2\ \text{同侧})$$

$$\Delta_{CP}^{u} = \sum\frac{\Omega_P y_c}{EI} = \frac{1}{EI}(-36\times 4+36\times 3)+\frac{1}{1.2EI}(-24\times 4+40\times 3)$$

$$=-\frac{36}{EI}+\frac{20}{EI}=-\frac{16}{EI}(\text{kN}\cdot\text{m}^3)(\leftarrow)$$

负号表示 C 点位移方向与原设相反，实际应是向左的。

【例 13-5】 设有一矩形钢筋混凝土渡槽，如图 13-18(a) 所示，槽身的计算简图如图 13-18(b) 所示，试求槽内最高水位时 A、B 两点的相对水平线位移。已知 $EI = 2.1\times 10^7\text{kN/m}^2\times 2.81\times 10^{-3}\text{m}^4 = 5.901\times 10^4\text{kN}\cdot\text{m}^2$，$\gamma_{水}\approx 10\text{kN/m}^3$（设结构自重不计，并略去轴力及剪力对位移的影响）。

解　(1) 建立虚设状态。对应于相对水平线位移，在 A、B 两点的水平方向虚设一对等量、反向的单位集中力 $F_{PK}=1$，如图 13-18(c) 所示。

(2) 作 M_P、$\overline{M}_K$ 图，如图 13-18(d)(e) 所示。

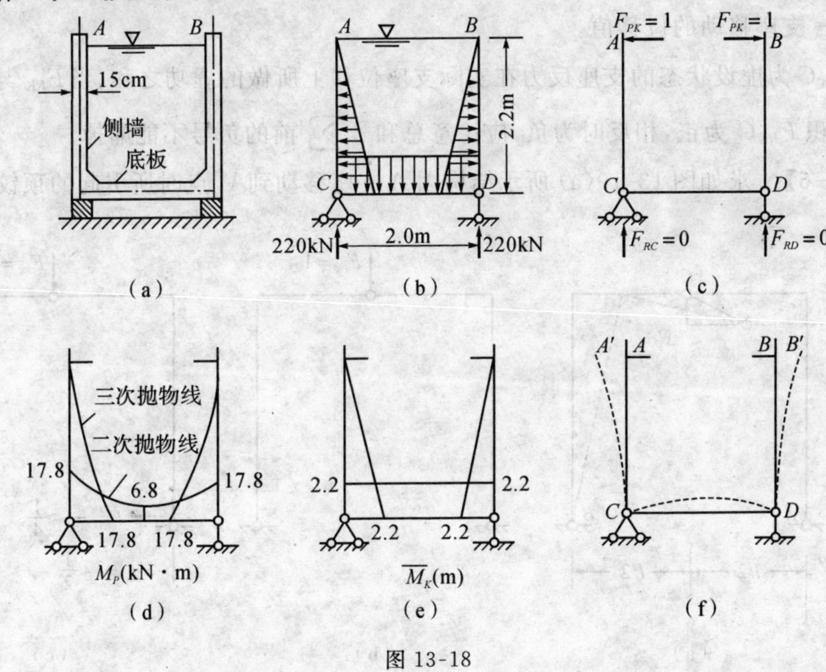

图 13-18

(3) 用图乘法计算位移。M_P 图为曲线变化，$\overline{M}_K$ 图为直线变化。图乘时，面积 Ω 取自 M_P，纵距 y_c 取自 $\overline{M}_K$ 图。

杆 AC 及杆 BD：$\Omega_1 = \frac{1}{4}\times 2.2\times 17.8\approx 9.8(\text{kN}\cdot\text{m}^2)$　$y_1 = \frac{4}{5}\times 22.2 = 17.76$

杆 CD： $\Omega_1 = 17.8 \times 2 - \frac{2}{3} \times 11.0 \times 2 = 20.9(\text{kN} \cdot \text{m}^2)$ $y_2 = 2.2$

$$\Delta_{ABP} = \frac{\sum \Omega y_c}{EI} = \frac{1}{EI}[2 \times (9.8 \times 17.76) + 20.9 \times 2.2]$$

$$= \frac{80.48}{5.91 \times 10^4} = 1.36 \times 10^{-3}(\text{m}) = 0.136\text{cm}(\leftrightarrow)$$

所得结果为正，说明位移与假设方向一致，两点是相互分开的，位移图如图 13-18(f) 所示。

13.6 支座移动和温度改变引起的静定结构的位移*

一、支座移动引起的静定结构的位移

静定结构在支座移动时不引起任何内力和变形，杆件只产生刚体位移。因此，在虚功原理中内力虚功等于零。由式(13-4) 知

$$\Delta_{KC} = -\sum \overline{F}_{RK} C \tag{13-10}$$

式中 Δ_{KC}— 由支座移动引起 K 处所、K 方向的位移；

$\overline{F}_{RK}$— 单位广义力 $F_{PK} = 1$ 作用下支座移动处的支座反力；

C— 支座移动的位移值。

$\sum \overline{F}_{RK} C$ 为虚设状态的支座反力在实际支座位移上所做的虚功之和。当 $\overline{F}_{RK}$ 与 C 的方向相同时，乘积 $\overline{F}_{RK} C$ 为正，相反时为负，应注意总和号 $\sum$ 前的负号不能漏掉。

【例 13-6】 求如图 13-19(a) 所示结构因 A 支座移动到 A' 点时所引起的顶铰 C 处的竖向位移。

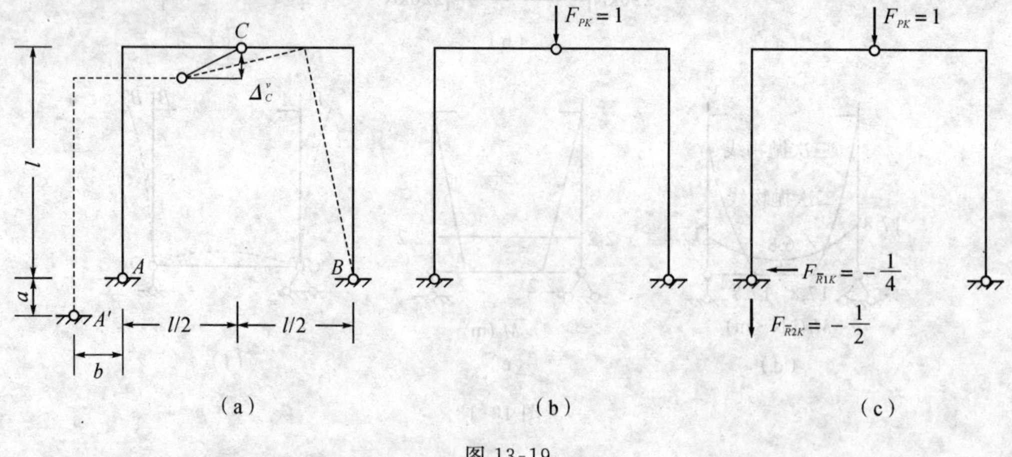

图 13-19

解 (1) 建立虚设状态。虚设状态如图 13-19(b) 所示。计算 $F_{PK} = 1$ 作用下有支座移动的支座反力 $F_{\overline{R}_{1K}}$、$F_{\overline{R}_{2K}}$ 如图 13-19(c) 所示，得 $F_{\overline{R}_{1K}} = -1/4$，$F_{\overline{R}_{2K}} = -1/2$。

(2) 计算位移

$$\Delta_{KC} = -\sum \overline{F}_{RK} C = -(F_{\overline{R}_{1K}} \times C_1 + F_{\overline{R}_{2K}} \times C_2)$$

$$= -\left[(-\frac{1}{4}) \times b + (-\frac{1}{2}) \times a\right] = \frac{b+2a}{4}$$

注意：上述公式总和号外的负号是公式推导中有的，总和号内的 F_{RK} 与 C 相乘，若方向一致取正，方向相反取负（注意反力 F_R 本身要连同符号一起代入运算）。

二、温度改变引起的静定结构的位移

静定结构在温度发生变化时，杆件因自由变形而不产生内力。但材料的热胀冷缩将使结构发生变形而产生位移。

计算温度改变引起的静定结构的位移仍由式(13-4)来推导。因为产生位移的原因是温度的改变且支座的移动 $C=0$，所以，式(13-4)写成

$$\Delta_{Kt} = \sum \int \overline{F}_{NK} \, du_t + \sum \int \overline{M}_K \, d\theta_t + \sum \int \overline{F}_{QK} \, dv_t \qquad (a)$$

上式中，$\overline{M}_K$、$\overline{F}_{QK}$、$\overline{F}_{NK}$ 分别为虚设状态下单位力产生的结构内力，du_t、$d\theta_t$、dv_t 分别为实际状态中由温度改变而使微段 ds 产生的变形。

下面推 du_t、$d\theta_t$、dv_t 的表达式。

为简化计算，假定温度沿杆件厚度 h 成直线规律变化，则变形后截面仍保持为一个平面。从结构的某一杆件上截取任意微段 dx，如图 13-20 所示。设 dx 微段上侧的温度改变 t_1，下侧温度改变 t_2，形心轴温度改变为 t，材料线膨胀系数为 α，则杆轴位置的温度改变为

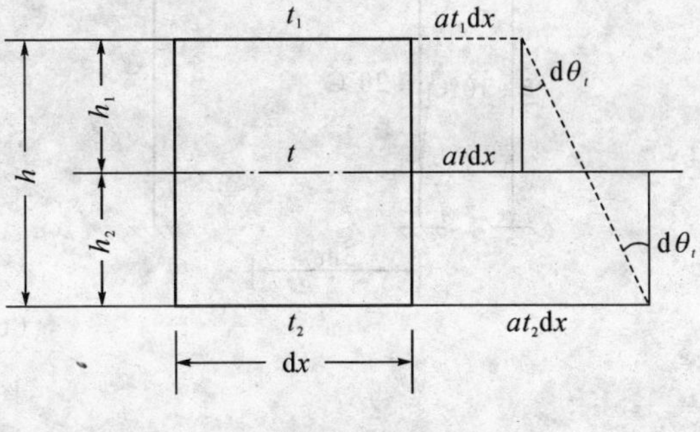

图 13-20

$$t = t_1 + (t_2 - t_1)\frac{h_1}{h_1 + h_2} = \frac{h_1 t_2 + h_2 t_1}{h_1 + h_2} = \frac{h_1 t_2 + h_2 t_1}{h}$$

若 $\qquad h_1 = h_2 = \dfrac{h}{2} \qquad$ 则 $\qquad t = \dfrac{t_1 + t_2}{2}$

此即为杆轴线处温度改变值。温度改变一般以温升为正，温降为负。

微段 dx 的轴向伸长量为

$$du_t = \varepsilon dx = \alpha t \, dx \qquad (b)$$

微段 dx 两侧的相对转角为

$$d\theta_t = \frac{1}{\rho} dx = \frac{\alpha t_2 \, dx - \alpha t_1 \, dx}{h} = \frac{\alpha}{h}(t_2 - t_1) dx = \alpha \frac{t'}{h} dx \qquad (c)$$

式中，$t' = t_2 - t_1$，为杆件两侧的温度差。

因为温度沿杆轴方向均匀变化，并不引起剪切变形，因而

$$dv_t = 0 \qquad (d)$$

将式(b)(c)(d) 代入式(a) 得

$$\Delta_{Kt} = \sum \alpha t \int \overline{F}_{NK} \, dx + \sum \int \overline{M}_K \frac{\alpha t'}{h} dx \qquad (13\text{-}11)$$

如果结构各杆件沿全长温度改变相同且截面高度不变，则上式可写成

$$\Delta_{Kt} = \sum \alpha t \Omega_{(\bar{F}_N)} + \sum \frac{\alpha t'}{h} \Omega_{(\bar{M})} \tag{13-12}$$

式中，$\Omega_{(\bar{F}_N)}$ 为单位广义力 $F_{PK}=1$ 作用下轴力图面积；$\Omega_{(\bar{M})}$ 为单位广义力 $F_{PK}=1$ 作用下弯矩图面积：$t'=t_2-t_1$；$t=\frac{t_1+t_2}{2}$。

轴力以受拉为正，受压为负。温度改变以温升为正，温降为负。为了使温度规定的正负号与变形一致，计算中约定以 $\overline{M}_K$ 图为准，图中的受拉面纤维温度定为 t_2，受压面纤维温度定为 t_1。从公式中看出，温度改变时，轴向力对位移的影响不可忽略，读者应特别注意。

【例 13-7】 求如图 13-21(a) 所示结构 C 点的竖向线位移 Δ_{Kt}。已知结构外侧温度升高 10℃，内侧升高 20℃，线膨胀系数 $\alpha = 120 \times 10^{-7}/°C/℃$，截面高度 $h = 20$cm。

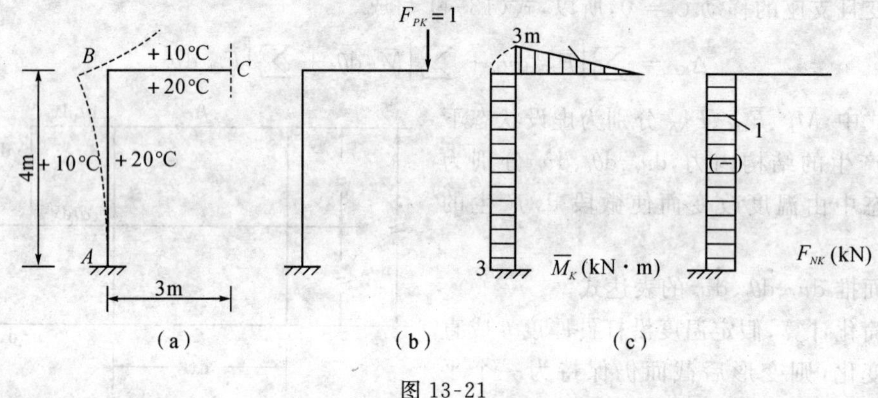

图 13-21

解 (1) 建立虚设状态。虚设状态如图 13-21(b) 所示，并绘单位弯矩图和轴力图如图 13-21(c) 所示。

(2) 位移计算。

杆 AB：

$$t_2 = 10℃, t_1 = 20℃$$

则

$$t = \frac{10+20}{2} = 15℃, t' = 10-20 = -10℃$$

$$\Omega_{(\bar{F}_N)} = (-1)\times 4 = -4(\text{m}) \qquad \Omega_{(\bar{M})} = 3\times 4 = 12(\text{m}^2)$$

杆 BC：

$$t_2 = 10℃, t_1 = 20℃$$

则

$$t = \frac{10+20}{2} = 15℃, t' = 10-20 = -10℃$$

$$\Omega_{(\bar{F}_N)} = 0 \qquad \Omega_{(\bar{M})} = \frac{1}{2}\times 3\times 3 = 4.5(\text{m}^2)$$

代入式(14-12)得

$$\begin{aligned}\Delta_{Kt} &= \sum \alpha t \Omega_{(\bar{F}_N)} + \sum \frac{\alpha t'}{h}\Omega_{(\bar{M})} \\ &= \alpha\times 15\times(-4) + [\frac{\alpha\times(-10)}{0.2}\times 4.5 + \frac{\alpha\times(-10)}{0.2}\times 12] \\ &= -60\alpha - 825\alpha = -885\times 120\times 10^{-7} = -0.0106(\text{m}) = -1.06\text{cm}\end{aligned}$$

负号表示实际位移与假设的相反。假设 $F_{PK}=1$ 是向下的，而实际是内侧温度高于外侧，则纤维伸长比外侧大，引起的变形如图 13-21(a) 所示中的虚线所示。

若静定结构同时承受荷载、温度改变和支座移动的作用，则计算其位移的一般公式为

$$\Delta_{Kt}=\sum\int\frac{\overline{F}_{NK}F_{NF}}{EA}ds+\sum\int\frac{\overline{M}_{K}M_{K}}{EI}ds+\sum\int\frac{k\overline{F}_{QK}F_{QF}}{GA}ds$$

$$+\sum\int\overline{F}_{NK}\alpha t\,ds+\sum\int\alpha\overline{M}_{K}\frac{t'}{h}ds-\sum\overline{F_{PK}}C \tag{13-13}$$

13.7　线弹性体系的互等定理

利用虚功原理可以导出变形体系在线性范围内的 4 个重要的互等定理，即虚功互等定理、位移互等定理、反力互等定理与反力位移互等定理。4 个互等定理中最基本的定理是虚功互等定理，由它可直接导得其他 3 个互等定理。本节仅介绍前面 3 个互等定理。

一、虚功互等定理

虚功互等定理是用来研究同一结构中两种状态的虚功关系的。如图 13-22(a) 所示表示在 F_{P1} 作用下的 Ⅰ 状态，如图 13-22(b) 所示表示在 F_{P2} 作用下的 Ⅱ 状态，它们各自的力和位移都满足静力平衡和变形协调条件。

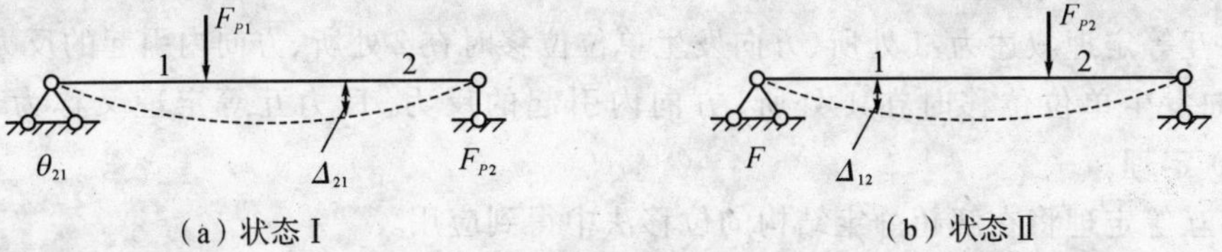

图 13-22

现在研究：

(1) 如图 13-22(a) 所示在 F_{P1} 作用下的力状态 Ⅰ，以如图 13-22(b) 所示的位移作为位移状态 Ⅱ，由虚功原理知

$$F_{P1}\times\Delta_{12}=\sum\int F_{N1}\frac{F_{N2}}{EA}ds+\sum\int M_{1}\frac{M_{2}}{EI}ds+\sum\int kF_{Q1}\frac{F_{Q2}}{GA}ds \tag{a}$$

(2) 如图 13-22(b) 所示在 F_{P2} 作用下的力状态 Ⅰ，以如图 13-22(a) 所示的位移作为位移状态 Ⅱ，由虚功原理知

$$F_{P2}\times\Delta_{21}=\sum\int F_{N2}\frac{F_{N1}}{EA}ds+\sum\int M_{2}\frac{M_{1}}{EI}ds+\sum\int kF_{Q2}\frac{F_{Q1}}{GA}ds \tag{b}$$

式(a)(b) 的右边仅内力位置不同，其结果不变。因而式(a)(b) 的左边虚功相等，故写成一般形式

$$F_{P1}\Delta_{12}=F_{P2}\Delta_{21} \tag{13-14}$$

这就是虚功互等定理。

虚功互等定理叙述为：状态 Ⅰ 的力因状态 Ⅱ 的位移所做的虚功，等于状态 Ⅱ 的力因状态 Ⅰ 的位移所做的虚功。虚功互等定理又称为贝谛(E. Betti) 定理。

二、位移互等定理

位移互等定理是研究同一结构，在预定的两个处所、方向分别作用单位力时，在单位力的处所、方向引起的虚位移之间的关系。例如，在如图 13-22 所示中，令 $F_{P1}=1$、$F_{P2}=1$，由其中一个单位力引起的另一个单位力方向的虚位移分别用字母 δ_{12} 及 δ_{21} 来表示，于是由虚

功互等定理的关系式(13-14)得

$$1\times\delta_{12}=1\times\delta_{21}\quad 即 \quad \delta_{12}=\delta_{21} \tag{13-15}$$

这就是虚位移互等定理,简称为位移互等定理。

位移互等定理叙述为:1处所、方向的单位力在2处所、方向引起的位移,等于2处所、方向的单位力在1处所、方向引起的位移。位移互等定理又称麦克斯韦(J. C. Maxwell)定理。

位移互等定理将在解超静定结构的力法中得到应用。

三、反力互等定理

反力互等定理是研究同一个结构,在预定的两个约束处所、方向分别发生单位位移时,在两个约束处所、方向引起的反力之间的关系。例如,如图13-23所示的两跨超静定梁,1支座发生单位移动的状态Ⅰ,如图13-23(a)所示,2支座发生单位移动的状态Ⅱ,如图13-23(b)所示,相应的约束力用小写字母表示,于是由虚功互等定理得

$$k_{12}\times 1=k_{21}\times 1\quad 即 \quad k_{12}=k_{21} \tag{13-16}$$

这就是反力互等定理。

反力互等定理叙述为:1处所、方向发生单位位移时在2处所、方向内引起的反力,等于2处所、方向发生单位位移时在1处所、方向内引起的反力。反力互等定理又称为瑞利(L. Rayleigh)定理。

反力互等定理将在解超静定结构的位移法中得到应用。

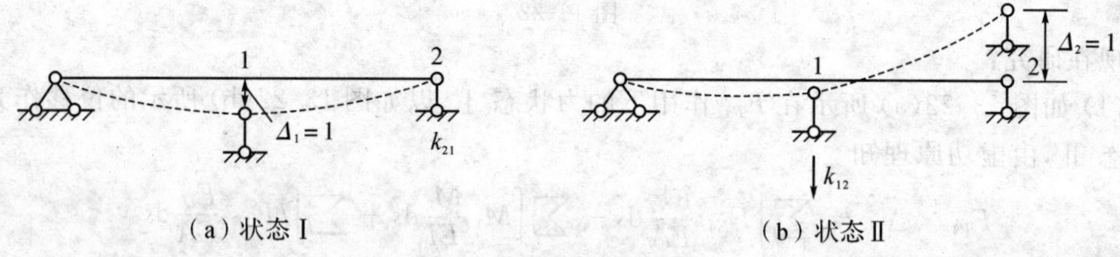

图13-23

思考题

13-1 对如图所示结构,求指定处所、指定方向的位移时,对应的力状态如何建立?

图(a)中:(1)A点的竖向线位移;(2)截面A的角位移;(3)A、B两点的相对线位移;(4)A、B两截面的相对角位移。

图(b)中:B、D两点间相对水平线位移。

图(c)中:(1)C点的竖向线位移;(2)CD杆的角位移。

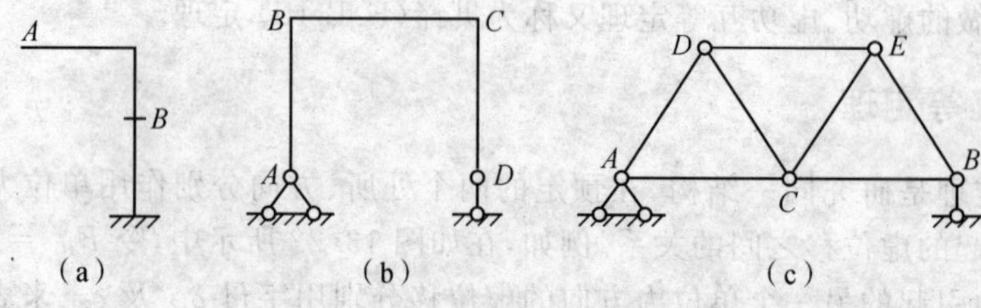

思13-1图

13-2　如图(a)(b) 所示为同一悬臂梁，受到不同的单位荷载作用，设 EI = 常数。

(1) 试求如图(a) 所示中点 2 的竖向线位移；

(2) 试求如图(b) 所示中截面 1 的角位移；

(3) 试用虚功原理说明上述两个位移数值相等的理由。

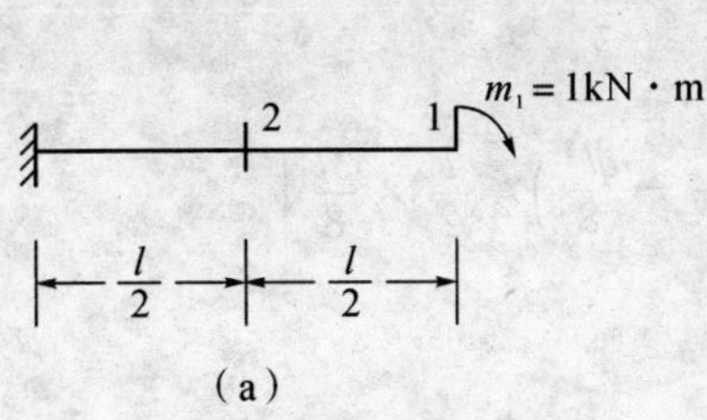

(a)

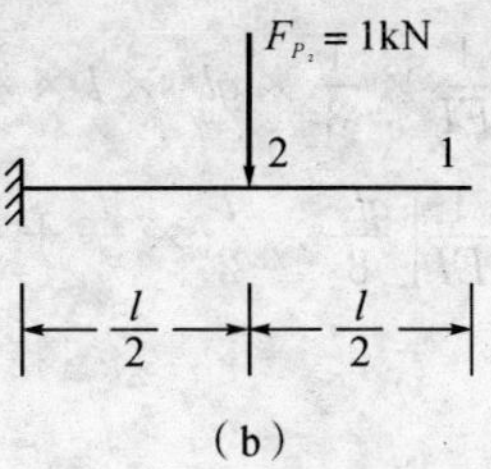

(b)

思 13-2 图

13-3　下列图乘计算是否正确？为什么？设 EI 为常数。

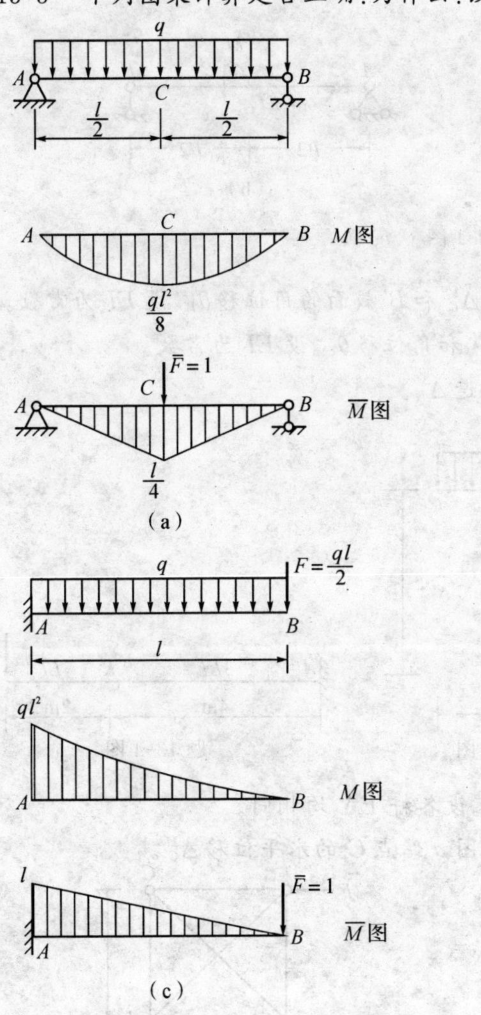

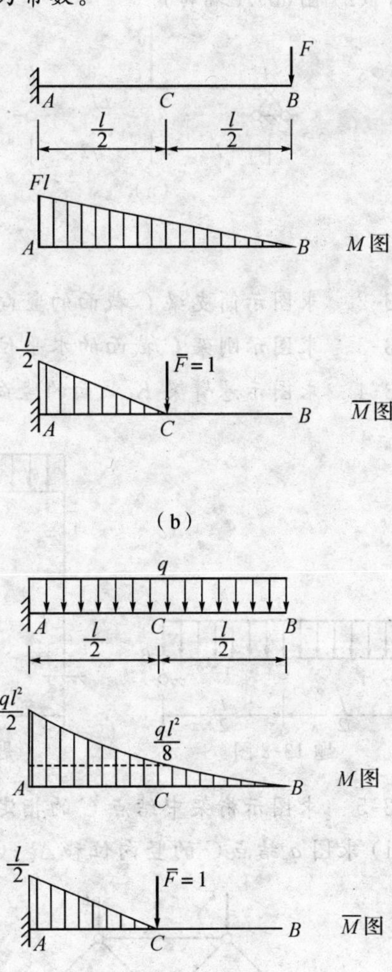

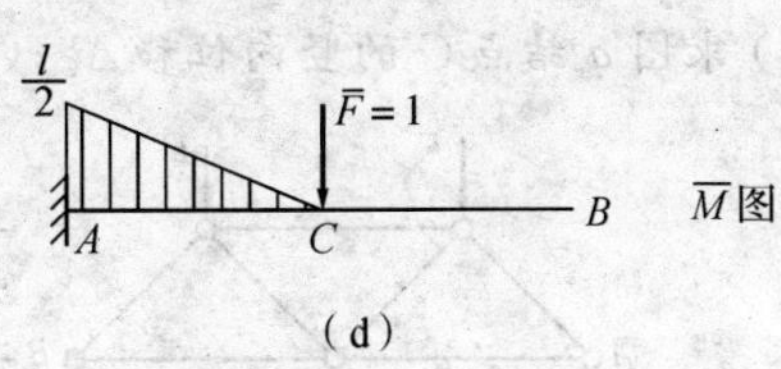

(d)

思 13-3 图

(a)$\Delta_{CV}=\dfrac{1}{EI}\times\dfrac{2}{3}\times\dfrac{ql^2}{8}\times l\times\dfrac{l}{4}$

(b)$\Delta_{CV}=\dfrac{1}{EI}\times\dfrac{1}{2}\times Fl\times l\times\dfrac{l}{6}$

(c)$\Delta_{CV}=\dfrac{1}{EI}\times\dfrac{1}{3}\times ql^2\times l\times\dfrac{3l}{4}$

(d)$\Delta_{CV}=\dfrac{1}{EI}\left[\dfrac{ql^2}{8}\times\dfrac{l}{2}\times\dfrac{l}{4}+\dfrac{1}{3}\times\left(\dfrac{ql^2}{2}-\dfrac{ql^2}{8}\right)\times\dfrac{l}{2}\times\dfrac{3l}{8}\right]$

习　题

13-1　用图乘法计算如图所示结构中各指定截面的位移。求：(1) 图(a) 跨中挠度及 A 端转角；(2) 图(b)A 端转角。

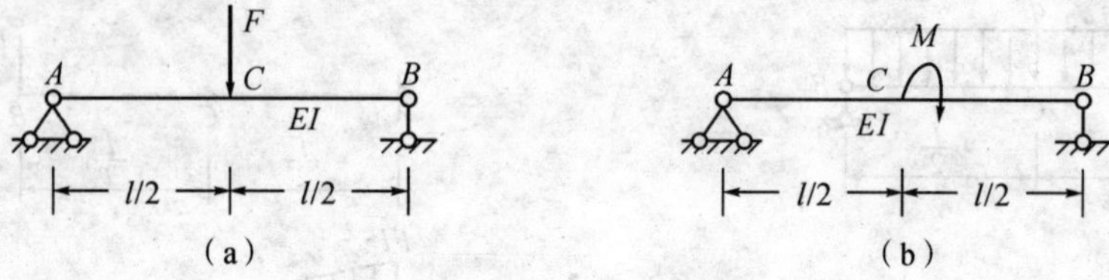

题 13-1 图

13-2　求图示简支梁 C 截面的竖向位移 Δ_C^V 和 B 截面的角位移 θ_B。设 EI 为常数。

13-3　求图示刚架 C 截面的水平位移 Δ_C^H 和角位移 θ_C。设 EI 为常数。

13-4　求图示悬臂梁 K 截面的竖向位移透 Δ_K^V。

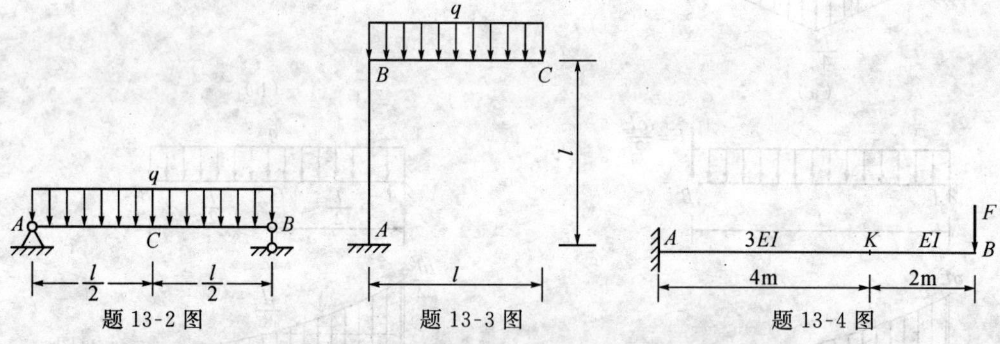

题 13-2 图　　题 13-3 图　　题 13-4 图

13-5　求图示桁架中结点 C 的指定位移。设各杆 EA 均相同。

(1) 求图 a 结点 C 的竖向位移 Δ_C^v；(2) 求图 a 结点 C 的水平位移 Δ_C^H。

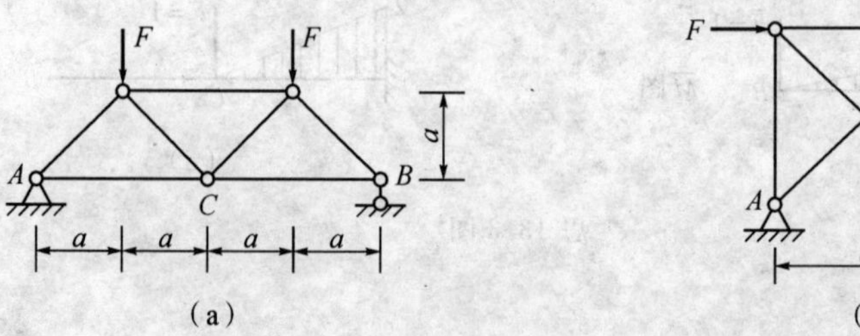

题 13-5 图

13-6　试用图乘法求图示刚架指定截面的位移，设 EI 为常数。

(a) Δ_B^V,θ_B；(b) Δ_B^H,θ_{CD}；(c) Δ_D^V,θ_{AC}；(d) Δ_C^H,θ_C；(e) θ_{CD}；(f) Δ_{AB}

13-5*　如图所示，设三角刚架内部升温 30°，材料的线膨胀系数为 α，各杆截面为矩形，截面高度 h 相同。求 C 点的竖向位移。

13-6*　如图所示桁架由于制造偏差，下弦各杆均短 0.6cm，试求结点 A 的竖向线位移。

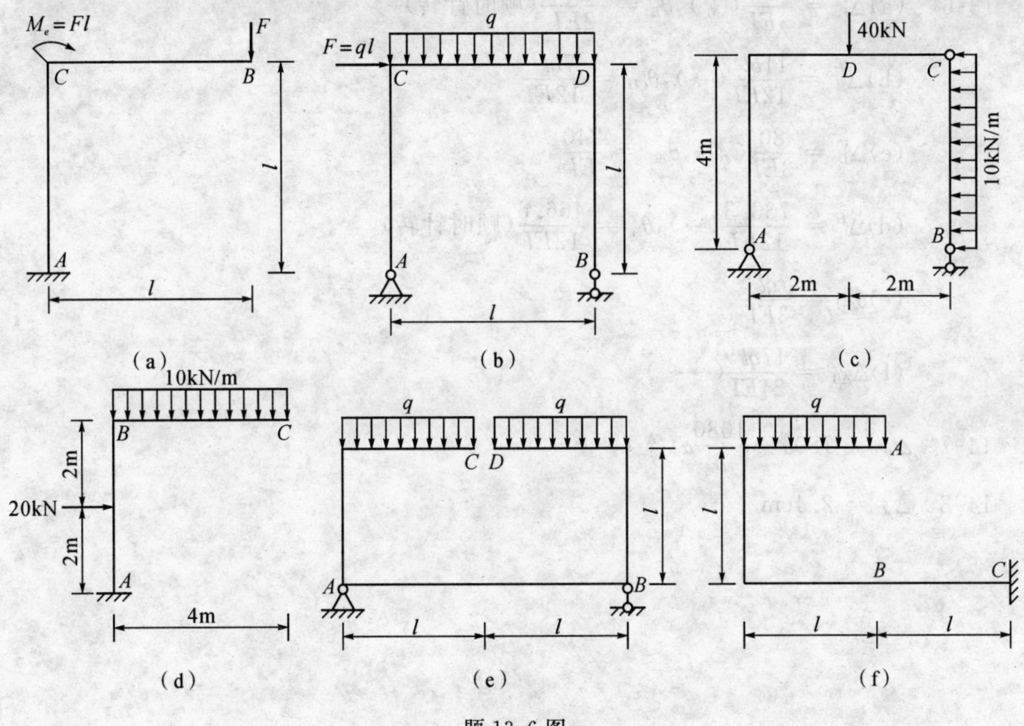

题 13-6 图

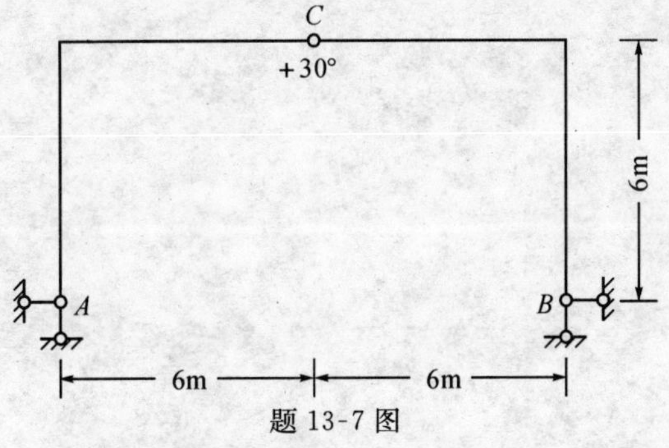

题 13-7 图

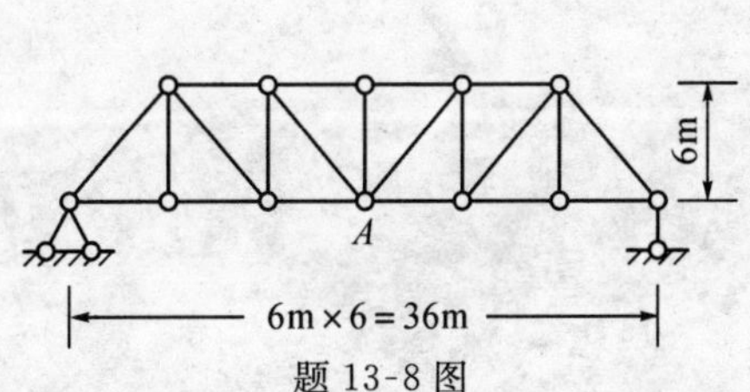

题 13-8 图

习题参考答案

13-1　(a) $\theta_A=\dfrac{Fl^2}{6EI},\Delta_{yC}=\dfrac{Fl^3}{48EI}$；　(b) $\theta_A=-\dfrac{Ml}{24EI}$；

13-2　$\Delta_C^V=\dfrac{5ql^4}{384EI}(\downarrow),\theta_B=\dfrac{ql^3}{24EI}$(逆时针转)

13-3　$\Delta_C^H=\dfrac{ql^4}{4EI}(\rightarrow),\theta_C=\dfrac{2ql^3}{3EI}$(顺时针转)

13-4 $\Delta_K^V = 12.44\dfrac{F}{EI}(\downarrow)$

13-5 (a)$\Delta_C^V = \dfrac{6.828Fa}{EA}(\downarrow)$， (b)$\Delta_C^H = \dfrac{3.828Fa}{EA}(\rightarrow)$，

13-6 (a)$\Delta_B^V = \dfrac{7Fl^3}{3EI}(\downarrow)$，$\theta_B = \dfrac{5Fql^2}{2EI}$(顺时针转)

(b)$\Delta_B^H = \dfrac{11ql^4}{12EI}(\rightarrow)$，$\theta_{CD} = \dfrac{7ql^3}{12EI}$

(c)$\Delta_D^V = \dfrac{80}{3EI}(\uparrow)$，$\theta_{AC} = \dfrac{240}{EI}$

(d)$\Delta_C^H = \dfrac{733.3}{12EI}(\rightarrow)$，$\theta_A = \dfrac{466.6}{12EI}$(顺时针转)

(e)$\theta_{CD} = \dfrac{7ql^3}{3EI}$

(f)$\Delta_{AB} = \dfrac{17ql^4}{24EI}(\rightarrow\leftarrow)$

14-7 $\Delta_{yC} = 180\alpha + \dfrac{1080}{h}\alpha(\uparrow)$

14-8 $\Delta_{yC} = 2.4\text{cm}$

第 14 章 用力法计算超静定结构

教学要求

力法是计算超静定结构的基本方法。通过本章学习，要求理解力法基本原理、力法的典型方程及其物理意义，能正确判定超静定次数、选取基本系，熟练掌握用力法求解一次超静定结构的分析方法，了解对称性的应用。

本章重点是力法基本原理以及用力法求解一次超静定结构。

14.1 超静定结构概述

一、超静定结构的概念

工程中普遍存在着超静定结构，如图 14-1(a) 所示的水闸结构。结构分析时按各部位相互之间的连接、传力方式、结构构造的不同，可分成单个结构形式的计算简图进行计算。如图 14-1(b) 所示的超静定刚架（为水闸中的启闭支架），如图 14-1(c) 所示的连续梁（为启闭纵梁）等，这些结构的内力，只有用超静定结构分析方法才能求解。

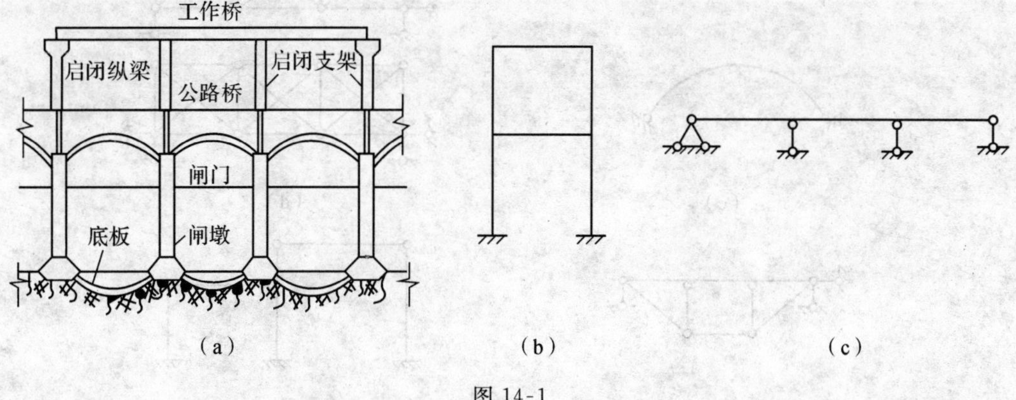

图 14-1

静定结构的反力和内力都可由静力平衡条件求得惟一确定解，而超静定结构的反力和内力是不能仅仅由静力平衡条件来求解的。更一般地说，超静定结构是指在任意荷载作用下，全部反力和内力不能单独由静力平衡条件完全确定的结构。如图 14-2(a) 所示的两跨连续梁，在任意荷载 F_P 作用下，共有 4 个支座反力，而整体的平衡条件只有 3 个，即

$$\sum F_x = 0 \qquad \sum F_y = 0 \qquad \sum M = 0$$

无法得到 4 个反力的确定解。将图 14-2(a) 与图 14-2(b) 相比，它只多一个中间 B 支座的约束。由此可知，凡是几何不变而有多余约束的结构，一定是超静定结构。超静定结构的基本特征是有多余约束，且反力与内力不能单独由静力平衡条件求得惟一确定的解答。

若要惟一地确定超静定结构的全部反力和内力，除静力平衡条件外，还要增加位移协调的补充条件，两者同时满足才能求解。

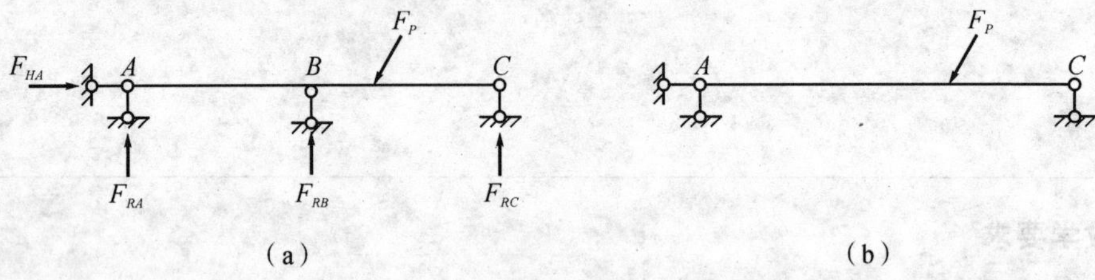

图 14-2

超静定结构的形式有梁、刚架、拱、桁架、组合结构等。如图 14-3(a) 所示为超静定梁，如图 14-3(b) 所示为超静定刚架，如图 14-3(c) 所示为超静定拱，如图 14-3(d) 所示为超静定桁架，如图 14-3(e)(f) 所示为超静定组合结构，也称构架和铰接排架。求解超静定结构的方法有很多，其中最基本的是力法和位移法两种。本章将讨论用力法求解超静定结构。

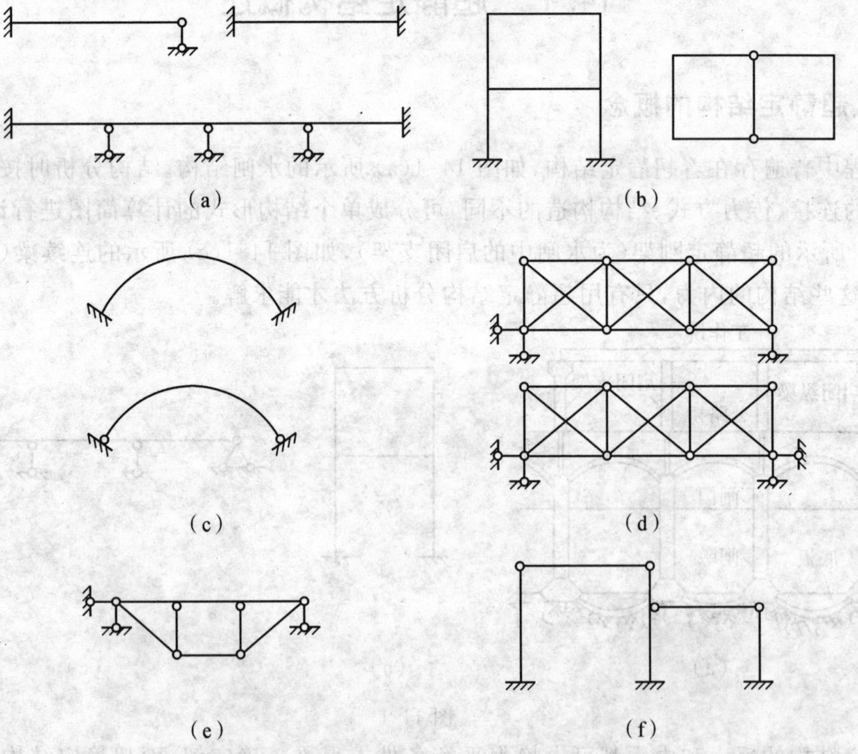

图 14-3

二、超静定次数的确定

由上面分析可知，超静定结构的几何组成特征是具有多余约束，多余约束产生的约束力称为多余约束反力。通常把超静定结构中多余约束或多余约束反力的个数称为超静定次数。即：超静定次数 = 多余约束个数 = 未知力个数 − 体系独立平衡方程个数。

解除约束法是将超静定结构中的多余约束解除，使解除多余约束后的结构成为静定结构，则所解除的多余约束数目即为超静定的次数。这个方法简单易行，但解除约束时应注意下列约束的性质：

(1) 切开一根链杆及桁架杆相当于解除一个约束，如图 14-4(b)(h) 所示。

(2) 切开一个单铰或铰支座，相当于解除两个约束，如图 14-4(e)(k) 所示。

(3) 切开一根抗弯杆件，相当于解除 3 个约束，如图 14-4(e)(f)(m) 所示。

(4) 切开一根抗弯杆件或固定支座并换成单铰的约束，也相当于解除一个约束，如图 14-4(c)(f)(i) 所示。

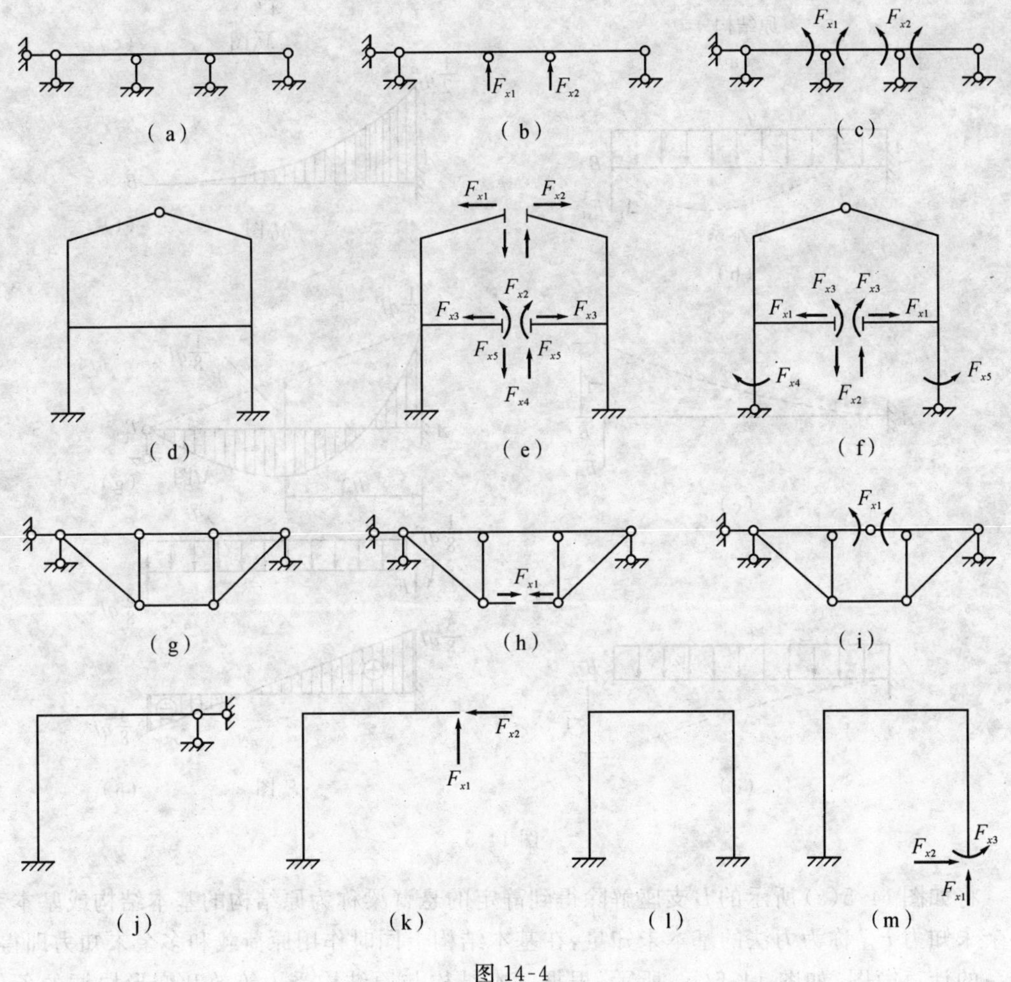

图 14-4

14.2 力法基本原理

力法是求解超静定结构的一种基本方法，它可以计算任意形式的超静定结构，故其应用范围较广。

力法的基本思路是把超静定结构的计算转化为静定结构的计算。即解除超静定结构的多余约束，使之变成静定结构；由该静定结构在解除多余约束处的变形与原超静定结构一致的位移协调条件，求出多余约束反力；再利用静力平衡方程解出其余反力或内力。

下面以如图 14-5(a) 所示一次超静定梁为例说明力法的解题原理。

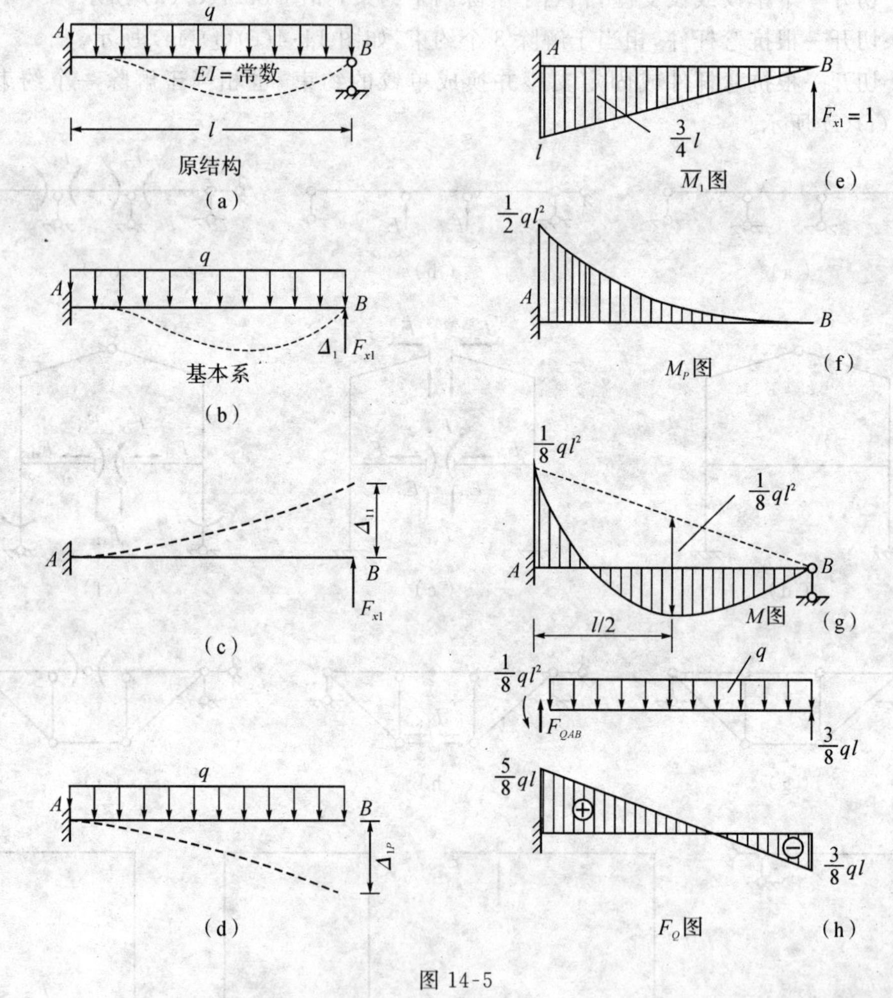

图 14-5

将如图 14-5(a) 所示的 B 支座解除得到静定的悬臂梁称为原结构的基本结构或基本系，多余未知力 F_{x1} 称为力法的基本未知量，在基本结构上同时作用原荷载和多余未知力即得基本系的计算简图，如图 14-5(b) 所示。根据基本结构与原结构受力等效和变形协调的条件，可确定基本未知量 F_{x1}。只要求出 F_{x1}，则可按悬臂梁求出其余反力、内力和变形。

不论 F_{x1} 取何值，基本结构恒满足平衡条件。因此，必须考虑变形条件求 F_{x1}，即只有当如图 14-5(a)(b) 所示两结构变形完全一致时，F_{x1} 才正好等于原结构 B 支座多余约束力，故有

变形条件 $\Delta_1 = 0$。由叠加原理可建立如下的力法基本方程

$$\Delta_1 = \Delta_{11} + \Delta_{1p} = 0 \tag{a}$$

式中，Δ_{11} 为多余未知力 F_{x1} 单独作用下，基本系在 B 点沿 F_{x1} 方向的位移；Δ_{1P} 表示外荷载单独作用下基本系在 B 点沿 F_{x1} 方向的位移。如图 14-5(c)(d) 所示。

由于 F_{x1} 本身为未知量，故 Δ_{11} 也必然是未知量。为了计算方便，设 δ_{11} 表示 $F_{x1} = 1$ 单独作用在基本结构上 B 点沿方向的位移，如图 15-5(e) 所示，则 $\Delta_{11} = \delta_{11} F_{x1}$。于是式(a)可写成

$$\delta_{11} F_{x1} + \Delta_{1P} = 0 \tag{14-1}$$

式(14-1) 称为力法的典型方程。

式中的系数 δ_{11} 和自由项 Δ_{1P} 均为基本系在已知荷载作用下的位移，可按第 14 章静定结构位移计算的方法求得。现用图乘法来计算 δ_{11} 和 Δ_{1P}。作基本系在荷载作用下的弯矩图 M_P 图和在单位力 $F_{x1} = 1$ 作用下的弯矩图图 $\overline{M}_1$，如图 14-5(e)(f) 所示。于是

$$\delta_{11} = \frac{1}{EI}\left(\frac{1}{2}l \times l\right) \times \left(\frac{2}{3}l\right) = \frac{l^3}{3EI} \qquad \Delta_{1P} = -\frac{1}{EI}\left(\frac{1}{3} \times \frac{1}{2}ql^2 \times l\right) \times \left(\frac{3}{4}l\right) = \frac{ql^4}{8EI}$$

代入力法方程式(16-1)，得

$$F_{x1} = -\frac{\Delta_{1P}}{\delta_{11}} = \frac{ql^4}{8EI} \times \frac{3EI}{l^3} = \frac{3}{8}ql(\uparrow)$$

求出 F_{x1} 后即可按静定结构方法计算并作内力图。通常，作内力图时常利用已绘出的图 $\overline{M}_1$ 和 M_P 图用叠加法作弯矩图，而后作剪力图及轴力图。

现用叠加法画弯矩图，即

$$M = \overline{M}_1 F_{x1} + M_P \tag{14-2}$$

例如：
$$M_{AB} = \overline{M}_{AB} F_{x1} + M_P = l \times \frac{3}{8}ql^2 - \frac{1}{2}ql^2 = -\frac{1}{8}ql^2 \text{（上拉）}$$

从而可作弯矩图如图 14-5(g) 所示，进而再作出剪力图，如图 14-5(h) 所示。

由上可知，力法的基本原理是：以多余约束力作基本未知量，以解除约束后的静定结构为基本结构，根据基本体系在解除约束处的位移条件，建立典型方程，解出多余约束力，然后利用叠加原理求内力，作内力图。

14.3　力法的基本未知量、基本系和典型方程

一、基本未知量

用解除约束法，解除了结构的多余约束后，在解除约束处，按约束的性质代以约束力，这些多余约束力就是力法求解中的基本未知量。

二、基本系

用解除约束法，解除了结构的多余约束后，所成的静定结构，称为原结构的基本结构或基本系。同一个超静定结构基本系可以有多种形式。对基本系的要求是：

(1) 几何不变而无多余约束的静定结构。这里强调静定是因为超静定的基本系目前还不会计算。

(2) 计算尽可能简单。计算简单与否与基本结构的形式有关，一般说来悬臂式最简单，其

次是简支式，三铰式与组合式都较复杂。所以说如图 14-4(e) 所示的基本系比如图 14-4(f) 所示好，如图 14-4(h) 所示的基本系比如图 14-4(i) 所示好。

三、典型方程

超静定结构在解除多余约束后，基本系在原外荷载及多余约束力共同作用下的内力与位移要与原结构一致，就必须要求解除约束处的位移条件与原结构一致。如图 14-6(a) 所示为三次超静定结构，把 B 端的 3 个约束解除后，基本系就成为 A 端固定的悬臂刚架。B 端的约束(两个线位移和一个角位移) 用约束力 F_{x1}、F_{x2}、F_{x3} 代替，如图 14-6(b) 所示。这时基本系在 F_{x1}、F_{x2}、F_{x3} 和共同作用下，位移条件要与原结构一致。B 端位移条件为

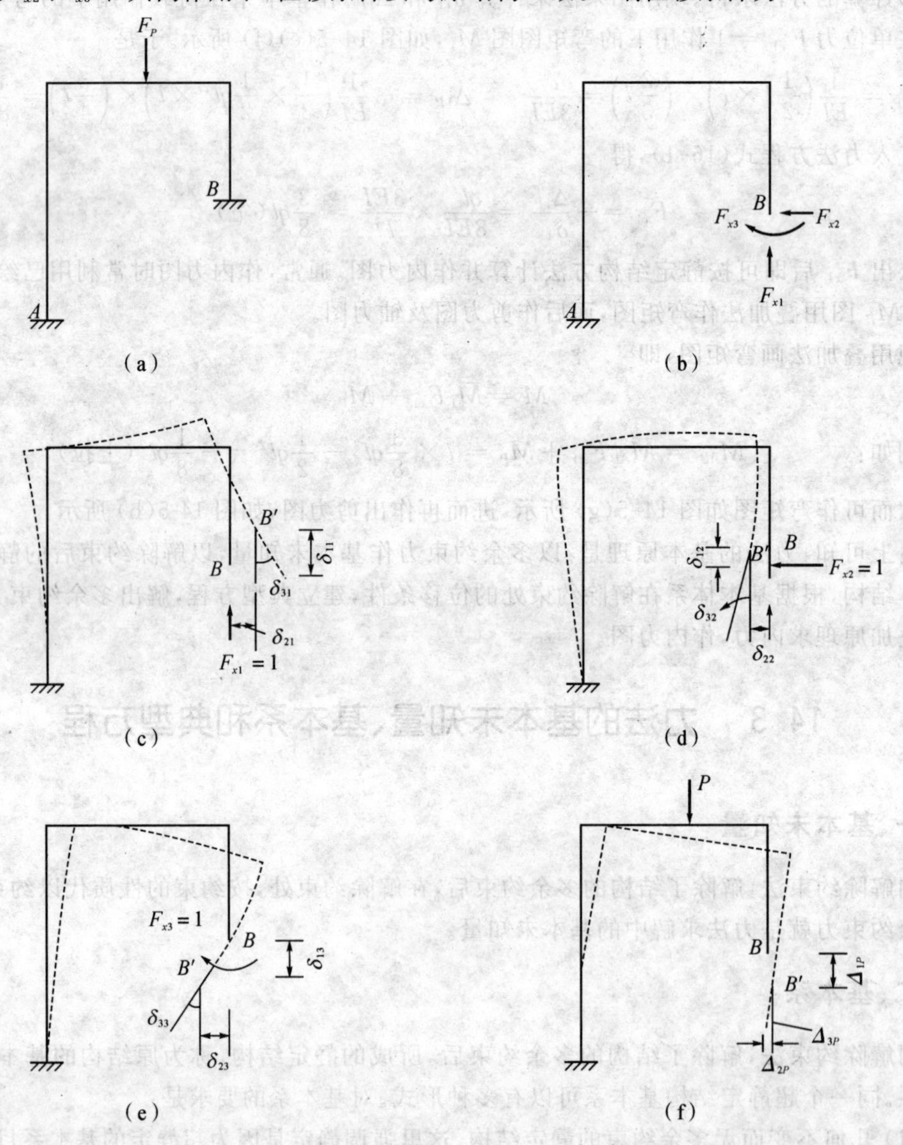

图 14-6

$$\left.\begin{aligned}\Delta_1 &= 0,\text{即沿 } F_{x1} \text{ 方向(竖向)位移为零}\\ \Delta_2 &= 0,\text{即沿 } F_{x2} \text{ 方向(横向)位移为零}\\ \Delta_3 &= 0,\text{即沿 } F_{x3} \text{ 方向(转角)位移为零}\end{aligned}\right\} \tag{b}$$

每一方向的位移，都是 F_{x1}、F_{x2}、F_{x3} 和荷载共同作用下产生的。若以 δ_{11}、δ_{21} 和 δ_{31} 表示当 $F_{x1}=1$ 单独作用在基本系上，B 点沿 F_{x1}、F_{x2}、F_{x3} 方向的位移，如图 14-6(c) 所示；δ_{12}、δ_{22} 和 δ_{32} 表示 $F_{x2}=1$ 当单独作用在基本系上，B 点沿 F_{x1}、F_{x2}、F_{x3} 方向的位移，如图 14-6(d) 所示；δ_{13}、δ_{23} 和 δ_{33} 表示当 $F_{x3}=1$ 单独作用在基本系上，B 点沿 F_{x1}、F_{x2}、F_{x3} 方向的位移，如图 14-6(e) 所示；再用 Δ_{1P}、Δ_{2P}、Δ_{3P}，表示当外荷载单独作用在基本系上，B 点沿 F_{x1}、F_{x2}、F_{x3} 方向的位移，如图 14-6(f) 所示，则根据叠加原理，位移条件式(b) 可写成

$$\left.\begin{aligned}\delta_{11}F_{x1}+\delta_{12}F_{x2}+\delta_{13}F_{x3}+\Delta_{1P}&=0\\ \delta_{21}F_{x1}+\delta_{22}F_{x2}+\delta_{23}F_{x3}+\Delta_{2P}&=0\\ \delta_{31}F_{x1}+\delta_{32}F_{x2}+\delta_{33}F_{x3}+\Delta_{3P}&=0\end{aligned}\right\} \tag{14-3}$$

式(14-3) 称为力法的典型方程。典型方程的物理意义是基本结构在多余约束力和外荷载共同作用下，解除约束处的位移与原结构约束处的位移相等。

典型方程中的系数和自由项都表示位移，可用第 13 章中位移计算公式进行计算。

对于 n 次超静定结构就有 n 个变形条件，就可建立 n 个变形协调方程

$$\left.\begin{aligned}\Delta_1 &= \delta_{11}F_{x1}+\delta_{12}F_{x2}+\cdots+\delta_{1n}F_{xn}+\Delta_{1P}=0\\ \Delta_2 &= \delta_{21}F_{x1}+\delta_{22}F_{x2}+\cdots+\delta_{2n}F_{xn}+\Delta_{2P}=0\\ &\cdots\cdots\\ \Delta_n &= \delta_{n1}F_{x1}+\delta_{n2}F_{x2}+\cdots+\delta_{nn}F_{xn}+\Delta_{nP}=0\end{aligned}\right\} \tag{14-4}$$

上式就是 n 次超静定结构的力法典型方程。

上述方程中，主对角线上的系数 δ_{kk} 称为主系数，它表示 $F_{xk}=1$ 单独作用下基本结构沿 F_{xk} 方向的位移。显然，δ_{kk} 存在且与 F_{xk} 方向一致，其数值 $\delta_{kk}>0$。主对角线两侧的系数 δ_{ki}($k\neq i$) 称为副系数，它表示 $F_{xi}=1$ 单独作用下基本结构沿 F_{xk} 方向的位移。根据位移互等定理可知：$\delta_{ki}=\delta_{ik}$。自由项 Δ_{kP} 表示荷载单独作用下基本结构沿 F_{xk} 方向的位移。

应当注意：选择不同的基本系来计算同一超静定结构，力法方程形式相同，但其系数和自由项的值一般不相同。系数和自由项均按静定结构的位移计算方法求解。

由力法方程解出多余未知力 F_{x1}、F_{x2}、…、F_{xn} 后，结合计算过程中已作出的单位弯矩图和荷载弯矩图，根据叠加原理用下式求超静定结构的弯矩，而后作出弯矩图。

$$M=\overline{M}_1F_{x1}+\overline{M}_2F_{x2}+\cdots+\overline{M}_nF_{xn}+M_P$$

14.4　力法计算超静定结构举例

用力法求解超静定结构的一般步骤为：

(1) 确定超静定次数，解除多余约束，选基本系。

(2) 根据位移条件建立力法典型方程。

(3) 在基本系上作单位内力图及荷载内力图，按位移公式计算系数和自由项。

(4) 求解典型方程，得基本未知量。

(5) 计算内力，根据叠加原理作内力图，并校核。

【例 14-1】 试计算如图 14-7(a) 所示的单跨超静定梁，并画出内力图。

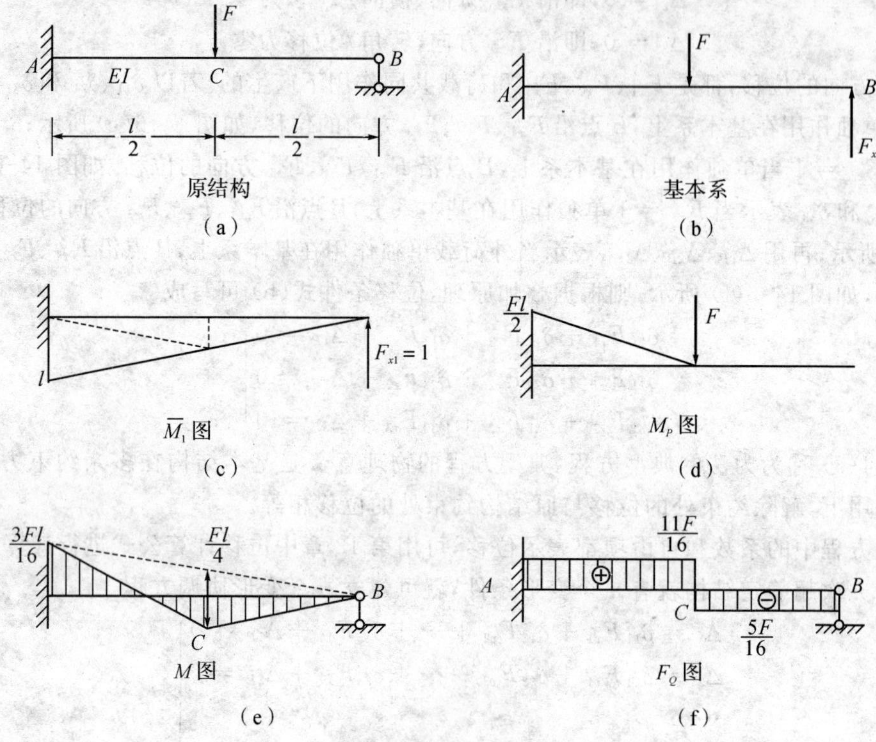

图 14-7

解 (1) 取悬臂梁为基本系，基本未知量为 F_{x1}，如图 14-7(b) 所示。

(2) 建立力法方程

$$\delta_{11}F_{x1}+\Delta_{1P}=0$$

(3) 求系数和自由项。首先作出基本系的单位弯矩图和 M_P 图，如图 14-7(c)(d) 所示。而后用图乘法计算系数和自由项

$$\delta_{11}=\frac{1}{EI}\times\left(\frac{1}{2}l\times l\right)\times\frac{2}{3}l=\frac{l^3}{3EI}$$

$$\Delta_{1P}=-\frac{1}{EI}\left(\frac{1}{2}\times\frac{1}{2}l\times\frac{1}{2}l\times\frac{1}{3}\times\frac{Fl}{2}+\frac{1}{2}l\times\frac{1}{2}l\times\frac{2}{3}\times\frac{Fl}{2}\right)=-\frac{5Fl^3}{48EI}$$

(4) 求基本未知量

$$F_{x1}=-\frac{\Delta_{1P}}{\delta_{11}}=\frac{5Fl^3}{48EI}\times\frac{3EI}{l^3}=\frac{5F}{16}(\uparrow)$$

(5) 绘出内力图。利用 $M=\overline{M}_1F_{x1}+M_P$ 可得

$$M_{AC}=l\times\frac{5F}{16}+\left(\frac{-Fl}{2}\right)=-\frac{3}{16}Fl(\text{上侧受拉})$$

用叠加法画出弯矩图如图 14-7(e) 所示。

再由平衡条件得

$$F_{QAC}=F-F_{x1}=\frac{11}{16}F\qquad F_{QCB}=-F_{x1}=-\frac{5F}{16}$$

画出剪力图如图 14-7(f) 所示。

【例 14-2】　用力法计算如图 14-8(a) 所示超静定刚架，并绘内力图。

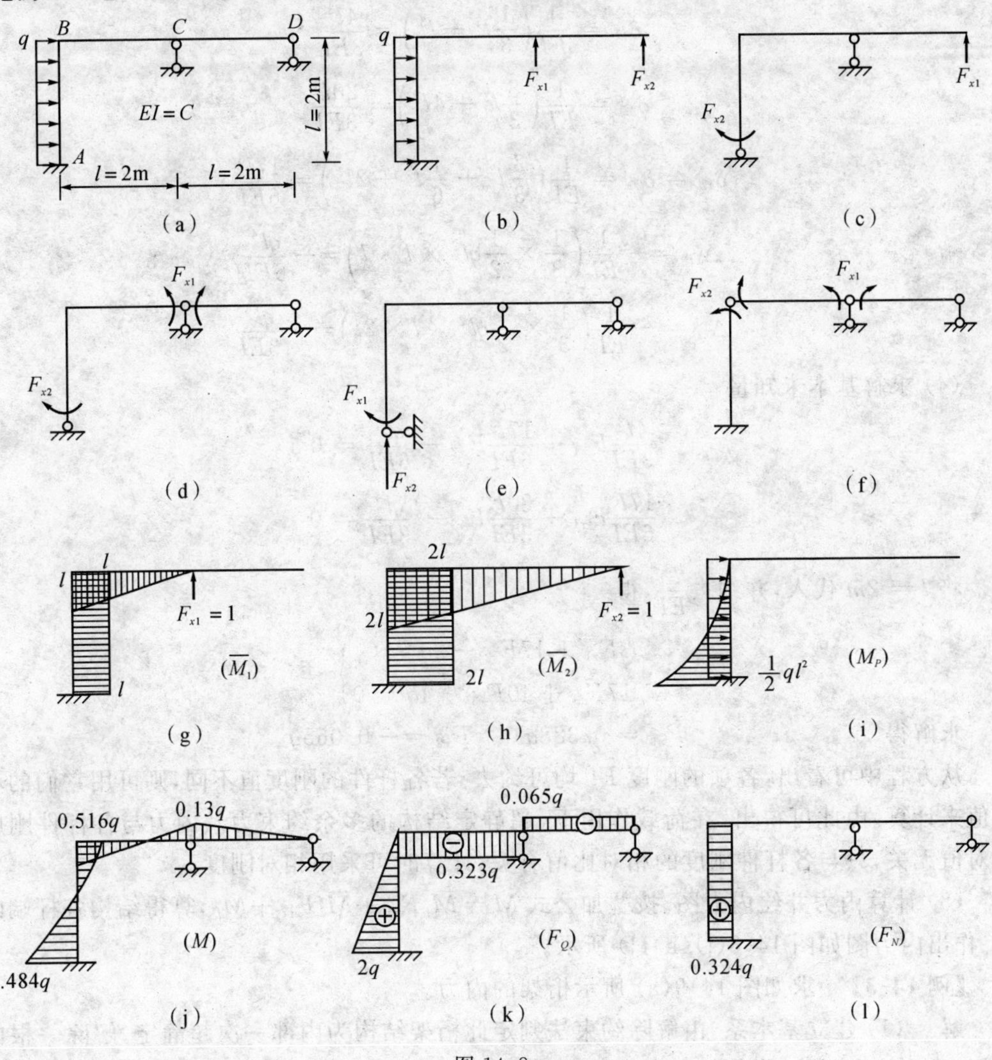

图 14-8

解　(1) 确定超静定次数，选基本系。由解除约束法确定此结构为二次超静定结构，基本系有如图 14-8(b)(c)(d)(e)(f) 等。它们都是静定的形式。计算系数和自由项比较简单的基本系如图 14-8(b)(d)(f) 所示。

(2) 建立典型方程。将原结构的荷载及多余约束力作用在基本系上，比较基本系与原结构在解除约束处的位移条件，建立典型方程为

$$\left.\begin{aligned}\delta_{11}F_{x1}+\delta_{12}F_{x2}+\Delta_{1P}=0\\ \delta_{21}F_{x1}+\delta_{22}F_{x2}+\Delta_{2P}=0\end{aligned}\right\} \tag{a}$$

(3) 计算系数和自由项。本例为直杆刚架，略去剪力和轴力的影响，取如图 14-8(b) 所示为基本系，用图乘法计算 δ_{kk}、Δ_{kP}。首先作出各单位弯矩图及荷载弯矩图。如 $F_{x1}=1$ 单独作用在基本系上，弯矩图 $\overline{M}_1$ 如图 14-8(g) 所示。同理可作 $\overline{M}_2$ 图，如图 14-8(h) 所示。M_P 图是荷载单独作用在基本系上引起的弯矩图，如图 14-8(i) 所示。由图乘法得

$$\delta_{11}=\frac{1}{EI}\left(\frac{1}{3}l^3+l^3\right)=\frac{4l^3}{3EI}$$

$$\delta_{22}=\frac{1}{EI}\left(\frac{8}{3}l^3+4l^3\right)=\frac{20l^3}{3EI}$$

$$\delta_{12}=\delta_{21}=\frac{1}{EI}\left(\frac{2}{3}l^3+\frac{1}{6}l^3+2l^3\right)=\frac{17l^3}{6EI}$$

$$\Delta_{1P}=-\frac{1}{EI}\left(\frac{1}{3}\times\frac{1}{2}ql^2\times l\times l\right)=-\frac{ql^4}{6EI}$$

$$\Delta_{2P}=-\frac{1}{EI}\left(\frac{1}{3}\times\frac{1}{2}ql^2\times l\times 2l\right)=-\frac{ql^4}{3EI}$$

(4) 求解基本未知量

$$\frac{4l^3}{3EI}F_{x1}+\frac{17l^3}{6EI}F_{x2}-\frac{ql^4}{6EI}=0$$

$$\frac{17l^3}{6EI}F_{x1}+\frac{20l^3}{3EI}F_{x2}-\frac{ql^4}{3EI}=0$$

将 $l=2m$ 代入，并约去$\frac{l^3}{EI}$，得

$$\left.\begin{aligned}8F_{x1}+17F_{x2}-2q=0\\17F_{x1}+40F_{x2}-4q=0\end{aligned}\right\}\qquad\text{(b)}$$

求解得 $F_{x1}=0.388q\qquad F_{x2}=-0.065q$

从方程中可看出，各项的刚度 EI 均可约去。若各杆件的刚度值不同，则可用它们的相对比值来计算。由此可得出，在荷载作用下，超静定结构的多余约束力及内力与各杆件刚度的绝对值无关，只与各杆件刚度的相对比值有关。计算时可采用相对刚度。

(5) 计算内力并绘内力图。按叠加公式 $M=\overline{M}_1F_{x1}+\overline{M}_2F_{x2}+M_P$，算得结构各杆端的弯矩。作出内力图如图 14-8(j)(k)(l) 所示。

【例 14-3】 求如图 14-9(a) 所示桁架的内力。

解 (1) 建立基本系。由解除约束法判定此桁架结构为内部一次超静定。解除一根内部桁杆，成为静定形式。内部的 6 根杆件，哪一根都可当成多余约束杆。就是说有 6 种基本系的形式，每一种形式都是简单桁架，从计算的繁简程度看，都相同。外部的支承约束不能解除。现选图 14-9(b) 为基本系，就是把杆 CD 切断轴力方向的约束，而另外两个约束还是存在的，如图 14-10(a) 所示。

(2) 建立典型方程

$$\delta_{11}F_{x1}+\Delta_{1P}=0$$

(3) 求系数和自由项。作 $F_{\overline{N}_1}$ 与图 F_{NP}，如图 14-9(c)(d) 所示，则

$$\delta_{11}=\sum_1^6\frac{F_{\overline{N}_1}^2l}{EA}=4\times\frac{1\times1\times a}{EA}+2\times\frac{(-\sqrt{2})\times(-\sqrt{2})}{EA}\sqrt{2}a=\frac{4(1+\sqrt{2})}{EA}a$$

(解除约束计算系数时杆 CD 应计算在内)

$$\Delta_{1P}=\sum_1^6\frac{F_{\overline{N}_1}F_{NP}l}{EA}=2\times\frac{1\times F_P\times a}{EA}+\frac{(-\sqrt{2})\times(-\sqrt{2}F_P)}{EA}\sqrt{2}a=\frac{2(1+\sqrt{2})}{EA}F_Pa$$

(4) 绘轴力图。求解方程得 F_{x1}，再由叠加原理 $F_N=F_{\overline{N}_1}F_{x1}+F_{NP}$，得最后轴力图如图 14-10(b) 所示。

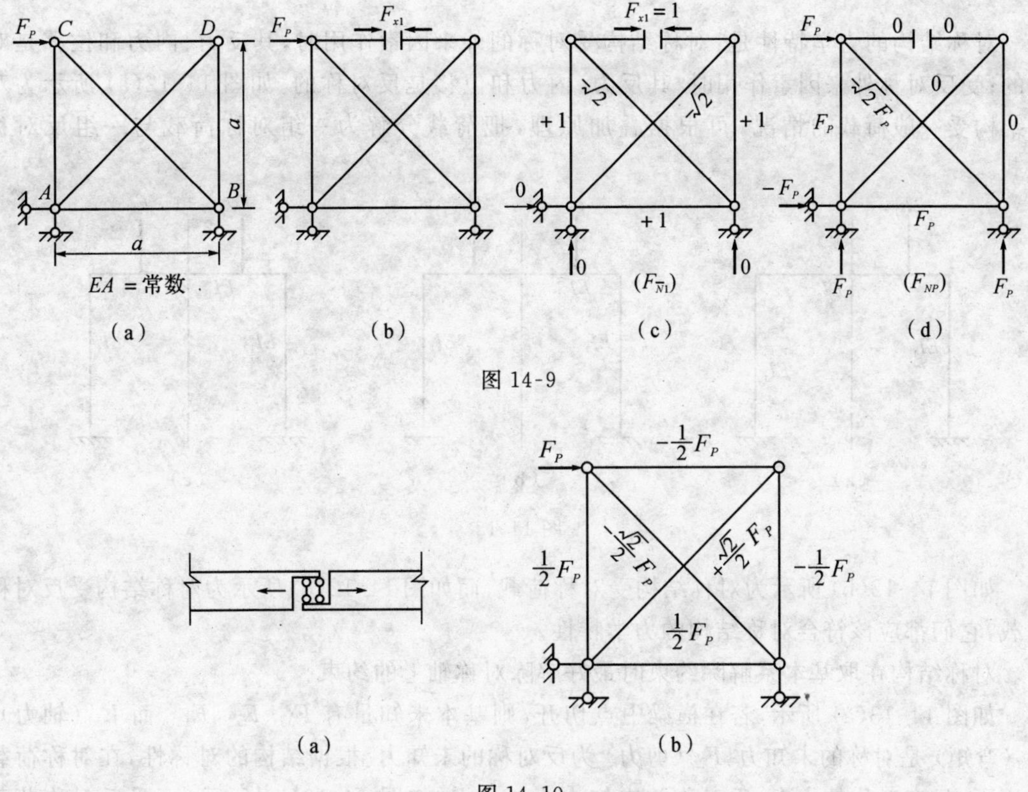

图 14-9

图 14-10

14.5　对称性的利用*

一、对称结构

利用结构的对称性往往可以达到简化计算的目的。对称结构在工程上是常有的。所谓对称结构，即它的几何图形、截面尺寸、材料性质、支承约束对称于对称轴。这种结构将其中的一半绕对称轴旋转后，左、右（或上、下）部分将重合在一起。

对称性利用的先决条件是结构为对称的。如图 14-11(a)(b) 所示，分别具有图示对称轴。对图 14-11(c)，在竖向结点荷载作用下，左端的水平支座反力为零，故也可看作为对称结构。

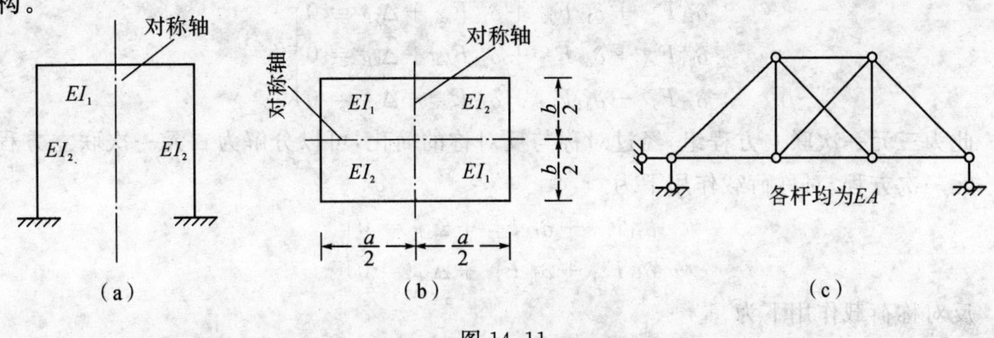

图 14-11

对称结构的力学特性是：对称结构受对称的外来因素作用时，其反力、内力和位移是对称的；受反对称外来因素作用时，其反力、内力和位移是反对称的。如图 14-12(a) 所示为对称结构受一般荷载的情况，可根据叠加原理，把荷载分解为一组对称荷载与一组反对称荷载。

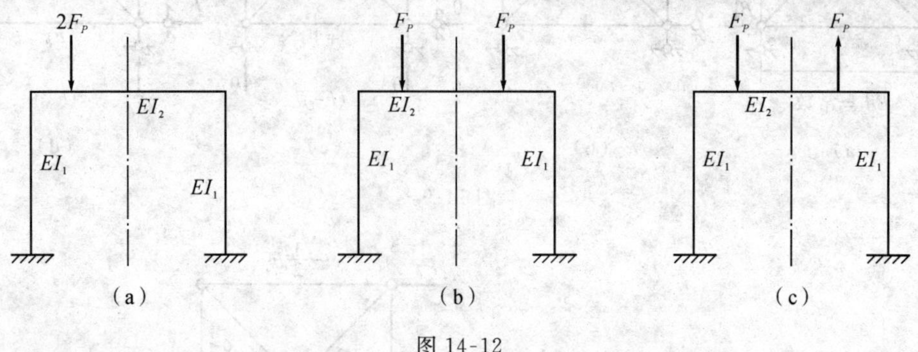

图 14-12

如图 14-12(b) 所示为对称结构受对称荷载，而如图 14-12(c) 所示为对称结构受反对称荷载，它们都应该符合对称结构的力学特性。

对称结构在取基本系解除约束时最好解除对称轴上的约束。

如图 14-13(a) 所示，若在横梁中点切开，则基本未知量有 F_{x1}、F_{x2}、F_{x3}。而 F_{x1}（轴力）、F_{x3}（弯矩）是对称的未知力，F_{x2}（剪力）为反对称的未知力。根据结构的对称性，在对称荷载作用下，只有对称的内力，反对称的未知力为 F_{x2} 零，如图 14-13(b) 所示。而受反对称荷载时，对称的未知力为零，如图 14-13(c) 所示。

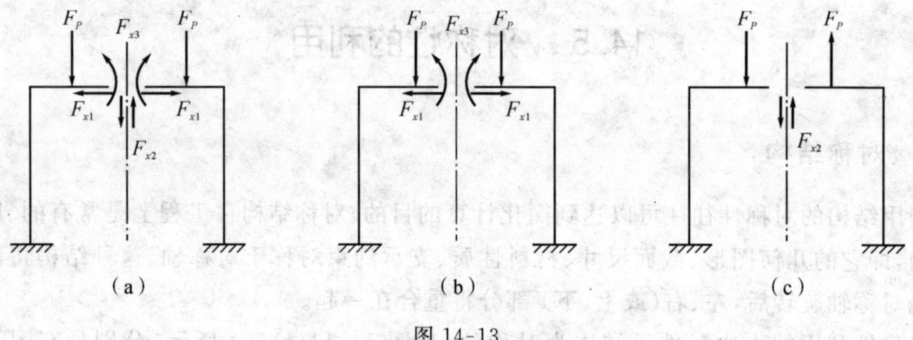

图 14-13

若不利用结构的对称性，则其力法的典型方程为

$$\left.\begin{aligned}\delta_{11}F_{x1}+\delta_{12}F_{x2}+\delta_{13}F_{x3}+\Delta_{1P}=0\\\delta_{21}F_{x1}+\delta_{22}F_{x2}+\delta_{23}F_{x3}+\Delta_{2P}=0\\\delta_{31}F_{x1}+\delta_{32}F_{x2}+\delta_{33}F_{x3}+\Delta_{3P}=0\end{aligned}\right\}$$

此为三元一次联立方程组，经过对称与反对称的简化，可以分解为二元一次联立方程组与一元一次方程。对称荷载作用下为

$$\left.\begin{aligned}\delta_{11}F_{x1}+\delta_{13}F_{x3}+\Delta_{1P}=0\\\delta_{31}F_{x1}+\delta_{33}F_{x3}+\Delta_{3P}=0\end{aligned}\right\}$$

反对称荷载作用下为

$$\delta_{22}F_{x2}+\Delta_{2P}=0$$

这样分别计算比解三元一次联立方程组要简单。

求出 F_{x1}、F_{x2} 和 F_{x3} 后，按叠加原理，有

$$M_{对称} = \overline{M}_1 F_{x1} + \overline{M}_3 F_{x3} + M_{P对称} \qquad M_{反对称} = \overline{M}_2 F_{x2} + M_{P反对称}$$

如图 14-13(a) 所示结构最后弯矩图为 $M = M_{对称} + M_{反对称}$。

如果该结构的基本系取为三铰刚架，如图 14-14(a) 所示，在对称荷载作用下两底脚的未知量应符合对称的关系必然等量反向，成为一组未知量，而顶铰处的 F_{x1} 仍是对称性质的，如图 14-14(b) 所示，所以，典型方程仍为二元一次方程组。而在反对称荷载作用下，要符合对称性，$F_{x1} = 0$，底脚处的两个未知量亦是成组的，但它是等量同向的，如图 14-14(c) 所示，典型方程为一元一次方程式。

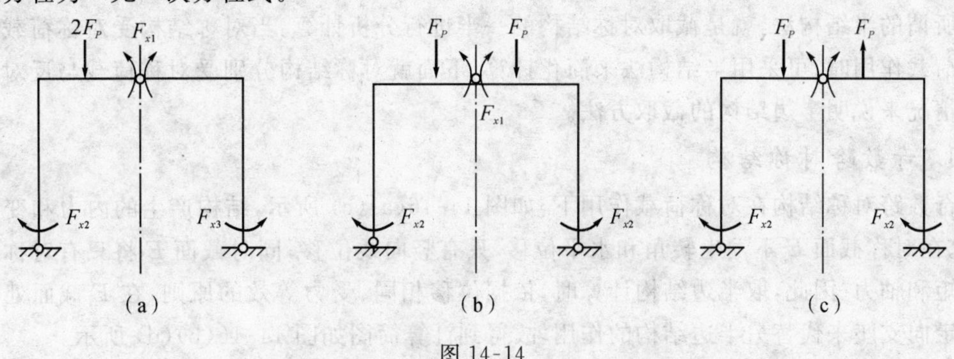

图 14-14

二、一般荷载分解为正对称荷载和反对称荷载

如图 14-15(a) 所示为对称结构受一般荷载，这时可根据叠加原理把荷载分解为一组对称与一组反对称的。若基本系取悬臂的对称形式，在对称荷载作用下两边的未知力同为 F_{x1}，如图 14-15(b) 所示，在反对称荷载作用下未知力同为 F_{x2}（但方向相反），如图 14-15(c) 所示。两者的典型方程都为一元一次方程，即

$$\delta_{11} F_{x1} + \Delta_{1P} = 0$$

$$\delta_{22} F_{x2} + \Delta_{2P} = 0$$

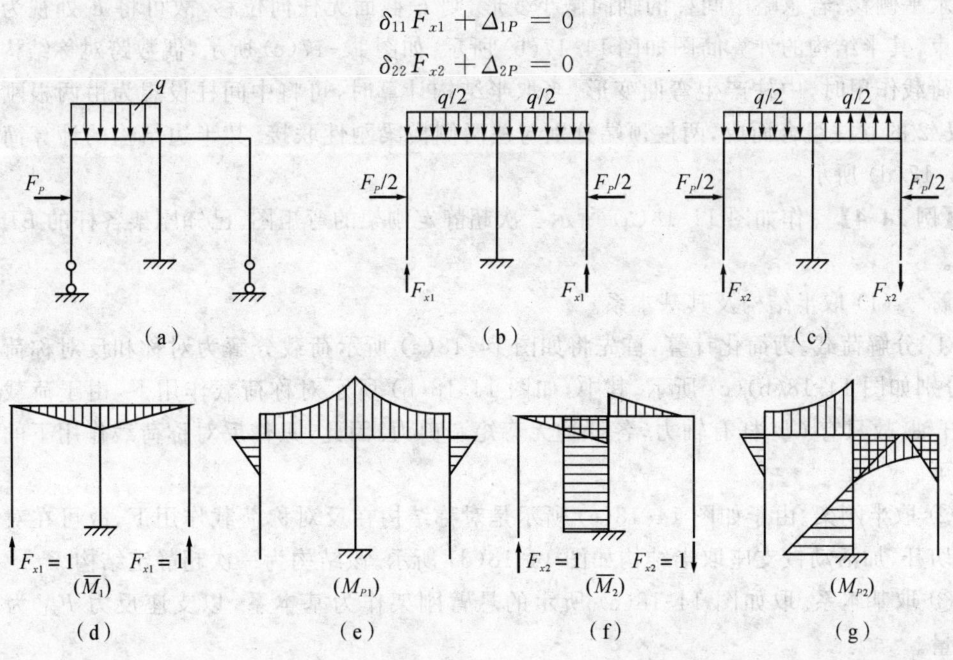

图 14-15

求 δ_{11} 与 δ_{22} 时要同时把两个 F_{x1} 与两个 F_{x2} 一起作用在基本系上作单位内力图，如图 14-15(d)(f) 所示。荷载图如图 14-15(e)(g) 所示。求出 F_{x1} 与 F_{x2} 后，按叠加原理，有

$$M_1 = \overline{M}_1 F_{x1} + M_{P1}$$

$$M_2 = \overline{M}_2 F_{x2} + M_{P2}$$

则最后的弯矩图为两者的叠加，即

$$M = M_1 + M_2$$

三、半结构法

所谓的半结构法，就是截取对称结构的一半进行分析计算。当对称结构受对称荷载或反对称荷载作用时，可采用半结构法来简化计算。下面就对称结构分别受对称荷载与反对称荷载的情况来说明半边结构的截取方法。

1. 奇数跨对称结构

奇数跨对称结构在对称荷载作用下，如图 14-16(a)(c) 所示，结构产生的内力和变形也对称。在对称截面 E 不发生转角和水平位移，只有竖向线位移，同时截面 E 将只有对称的内力弯矩和轴力。因此，取半边结构计算时，依据位移相同、受力等效的原则，在 E 截面处可用一个定向支座来代替另半边结构的作用，故得到计算简图如图 14-16(b)(d) 所示。

奇数跨对称结构在反对称荷载作用下，如图 14-16(e)(g) 所示，结构产生的变形也反对称。在对称截面 E 处没有竖向位移，但可以转动和沿水平侧移，该截面的弯矩和轴力为零，仅有反对称内力即剪力。取半边结构计算时，可在 E 截面处用竖向链杆支座约束来代替，得到计算简图如图 14-16(f)(h) 所示。

2. 偶数跨对称结构

如图 14-17(a) 所示，偶数跨对称结构受对称荷载作用时，在对称截面 E 处不可能产生转角和水平侧移，若忽略中间柱的轴向微小变形，则 E 截面无任何位移，故可将 E 处视为固定端约束，其半结构的计算简图如图 14-17(b) 所示。如图 14-17(c) 所示，偶数跨对称结构受反对称荷载作用时，中柱产生弯曲变形。当取半结构计算时，可将中间柱设想为由两根刚度各为 $EI/2$ 的立柱组合而成，两柱顶端分别与柱两侧横梁刚性联接。其半边结构的计算简图如图 14-17(d) 所示。

【例 14-4】 作如图 14-18(a) 所示三次超静定刚架的弯矩图。已知刚架各杆的 EI 均为常数。

解 (1) 取半结构及其基本系。

① 分解荷载。为简化计算，首先将如图 14-18(a) 所示荷载分解为对称和反对称荷载叠加，分别如图 14-18(b)(c) 所示。其中，如图 14-18(b) 所示对称荷载作用下，由于荷载通过 CD 杆轴，故只有 CD 杆有轴力，各杆均无弯矩和剪力。因此，只作反对称荷载作用下的弯矩图即可。

② 取半刚架。由于如图 14-18(c) 所示是对称结构在反对称荷载作用下，故可在对称轴截面切开，加活动铰支座取半结构如图 14-18(d) 所示。该结构为一次超静定结构。

③ 取基本系。取如图 14-18(e) 所示的悬臂刚架作为基本系，以支座反力 F_{x1} 为基本未知量。

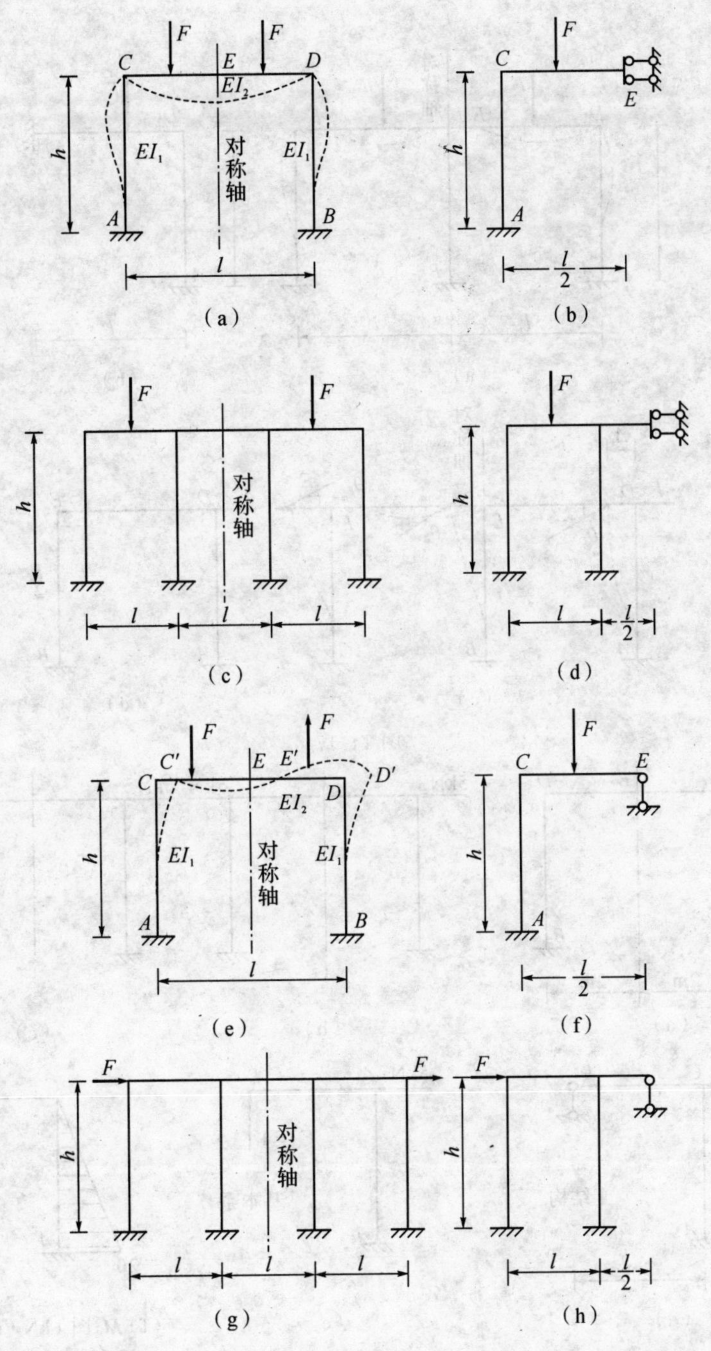

图 14-16

(2) 建立力法典型方程

$$\delta_{11}F_{x1}+\Delta_{1P}=0$$

(3) 计算系数和自由项。画出如图 14-18(f)(g) 所示的弯矩图并图乘计算系数和自由项

$$\delta_{11}=\frac{1}{EI}\times\left(\frac{1}{2}\times2\times2\times\frac{3}{4}+2\times4\times1\right)=\frac{56}{3EI}$$

$$\Delta_{1P}=-\frac{1}{EI}\times\left(\frac{1}{2}\times4\times20\times2\right)=-\frac{80}{3EI}$$

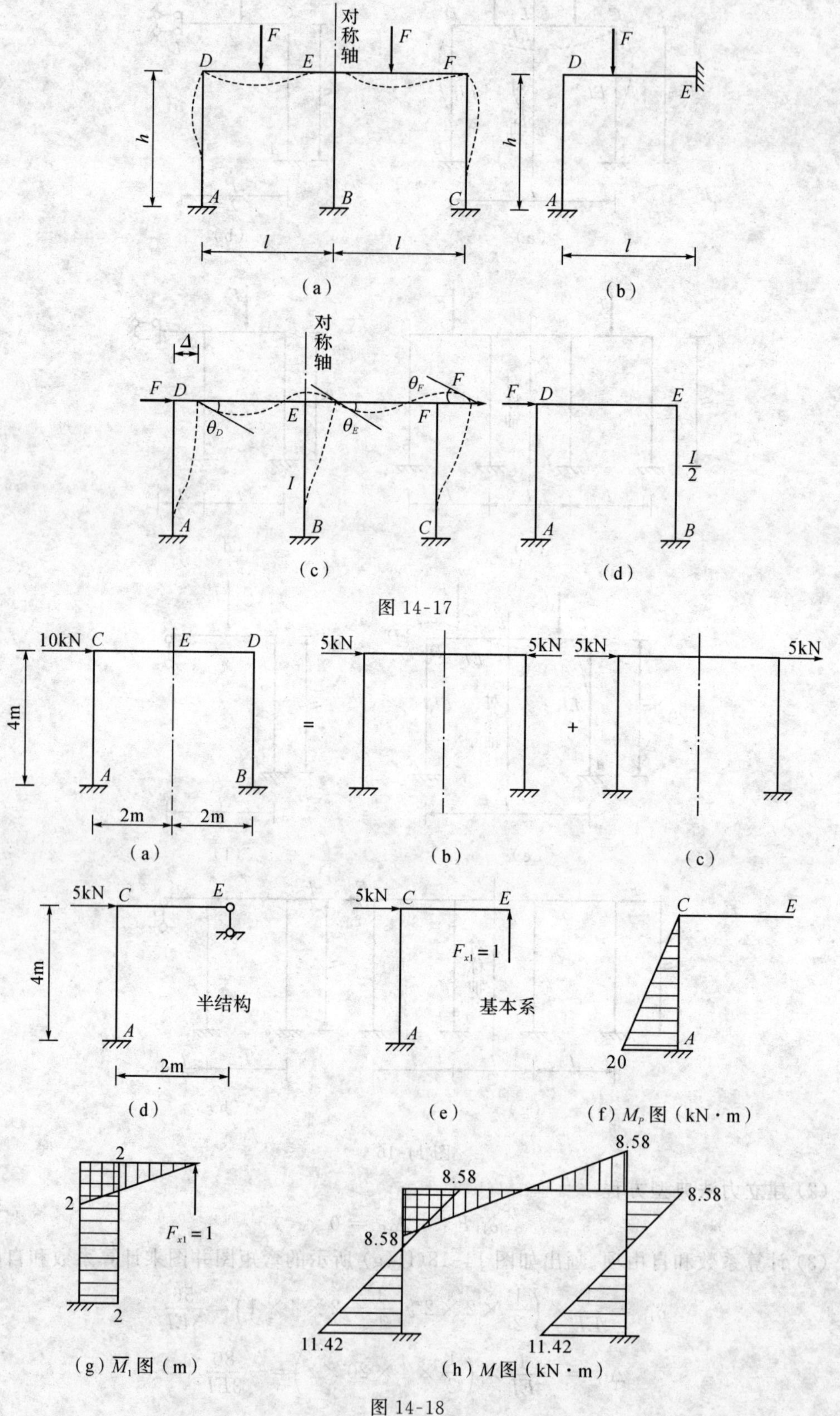

图 14-17

对称轴
F
D
E
F
h
A
B
C
l
(a)
D
E
A
(b)
Δ
θ_D
θ_E
θ_F
I
(c)
I/2
(d)
10kN
5kN
4m
2m
(a)
(b)
(c)
半结构
基本系
F_x1 = 1
20
(d)
(e)
(f) M_P 图（kN·m）
2
8.58
11.42
(g) M̄_1 图（m）
(h) M图（kN·m）

图 14-18

(4) 求多余未知力。将、代入力法方程得

$$F_{x1} = 4.29\text{kN}$$

(5) 作弯矩图。根据叠加原理作 ACE 半刚架弯矩图，如图 14-18(h) 所示。BDE 半刚架弯矩图可根据反对称荷载作用下的弯矩图为反对称的规律画出。

14.6　超静定结构的位移计算和最后内力图的校核*

一、超静定结构的位移计算

在进行超静定结构的位移计算时，由于基本结构在外荷载及多余未知力的共同作用下的受力情况和变形情况与原结构完全相同，故计算原结构的位移就可直接在基本系上进行。这样，超静定结构的位移计算就转化为静定问题求解了。由于超静定结构的内力图并不因所取基本系的不同而改变，因而，求位移时可任选一种便于计算的基本系来建立虚设力状态。

如图 14-19(a) 所示超静定结构，弯矩图(b) 作为实际状态的 M_P 图。若要求 CB 杆中点 F 的竖向位移 Δ_F^v 时，可取如图 14-19(c)(d) 中任一种基本系建立虚设受力状态，作 $\overline{M}$ 图，然后由图乘法求位移。显然，采用如图 14-19(d)(b) 所示的图乘计算更简单。

$$\Delta_F^v = -\frac{1}{EI} \times \left(\frac{1}{2} \times \frac{a}{4} \times a\right) \times \frac{1}{2} \times \frac{3}{88}Fa = -\frac{3Fa^3}{1408EI}(\uparrow)$$

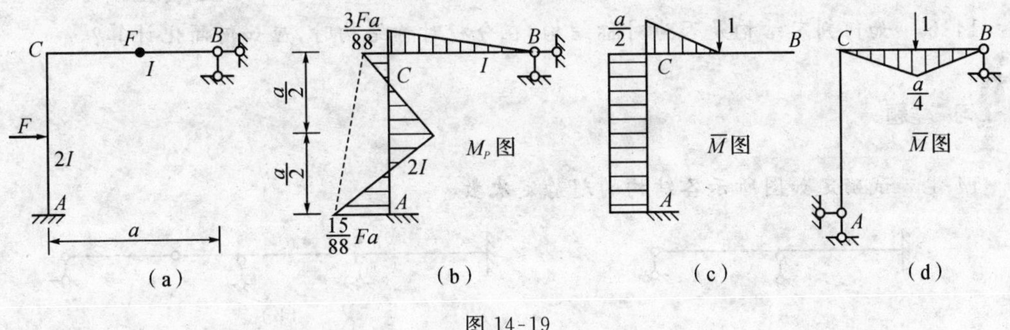

图 14-19

二、最后内力图校核

最后内力图是结构设计的依据，必须进行校核，以保证其正确无误。一般从静力平衡和位移两方面来校核最后内力图。

1. 静力平衡校核

静力平衡校核是判断所求各种内力是否满足结构任一部分(结点、杆件或局部结构) 的静力平衡条件。校核时，截取局部结构为研究对象，将作用于其上的荷载及截面上的内力(从 M、F_Q、F_N 中取值) 看作外力，列出相应力系的平衡方程进行校核。一般截取绘内力图时未选用的研究对象进行校核。

2. 位移校核

超静定结构的内力图是在受力等效、位移协调的基本系上绘出的，故还必须校核位移条

件。即校核原结构各多余约束处已知的位移是否符合实际情况。超静定结构的位移计算，仍将虚设状态建立在静定基本系上，原则上，n 个多余未知力应校核 n 个位移。为简化计算，使虚设状态的内力图尽量布满整个结构时，可用一个位移条件校核多个多余未知力。如图 14-19(b) 所示弯矩图的位移校核，可取如图 14-20 所示基本系并作其单位弯矩图。图乘结果为

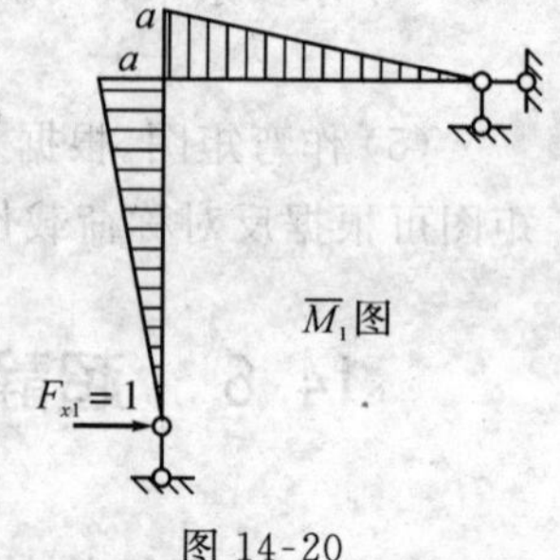

图 14-20

$$\Delta_{AH}=\frac{1}{EI}\left(\frac{1}{2}a^2\cdot\frac{2}{3}\cdot\frac{3}{88}Fa\right)+\frac{1}{2EI}\left(\frac{1}{2}\cdot\frac{3Fa}{88}\cdot\frac{2}{3}a+\frac{1}{2}\cdot\frac{15Fa}{88}a\cdot\frac{a}{3}-\frac{1}{2}\cdot\frac{Fa}{4}\cdot\frac{a}{2}\right)=0$$

说明原结构 M 图是正确的。

思考题

14-1　超静定结构与静定结构在几何组成上有何区别，解法上有什么不同？

14-2　超静定结构的超静定次数是如何确定的？

14-3　力法典型方程中各系数和自由项的物理意义是什么？

14-4　举例说明用力法解超静定结构的步骤。

14-5　力法典型方程中为什么主系数必为正值，而副系数可为正值、负值或为零？

14-6　如何判定结构是否为对称结构？在分析对称结构时，应如何简化计算？

习　题

14-1　试确定如图所示各结构的超静定次数。

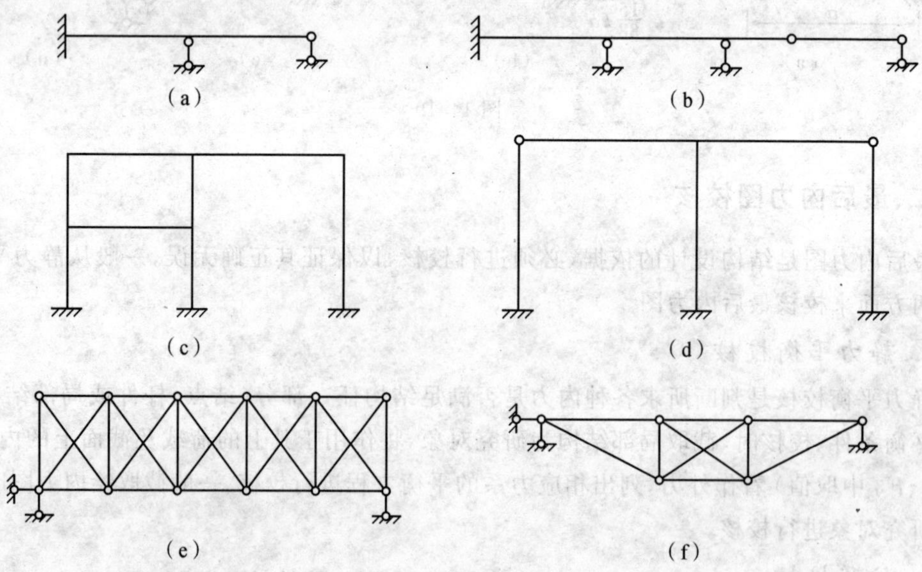

图 14-1

14-2　用力法计算如图所示连续梁，并绘弯矩图，EI 为常量。

14-3　用力法计算如图所示刚架，并绘制内力图，EI 为常量。

14-4　用力法计算如图所示刚架，并绘制内力图。

14-5　试计算如图所示超静定桁架各杆的内力。各杆 EA 均相同。

14-6　绘制如图所示结构中 CD 梁的弯矩图，各杆 $EI=$ 常数，立柱 AB 截面面积 $A=\frac{I}{l^2}$。

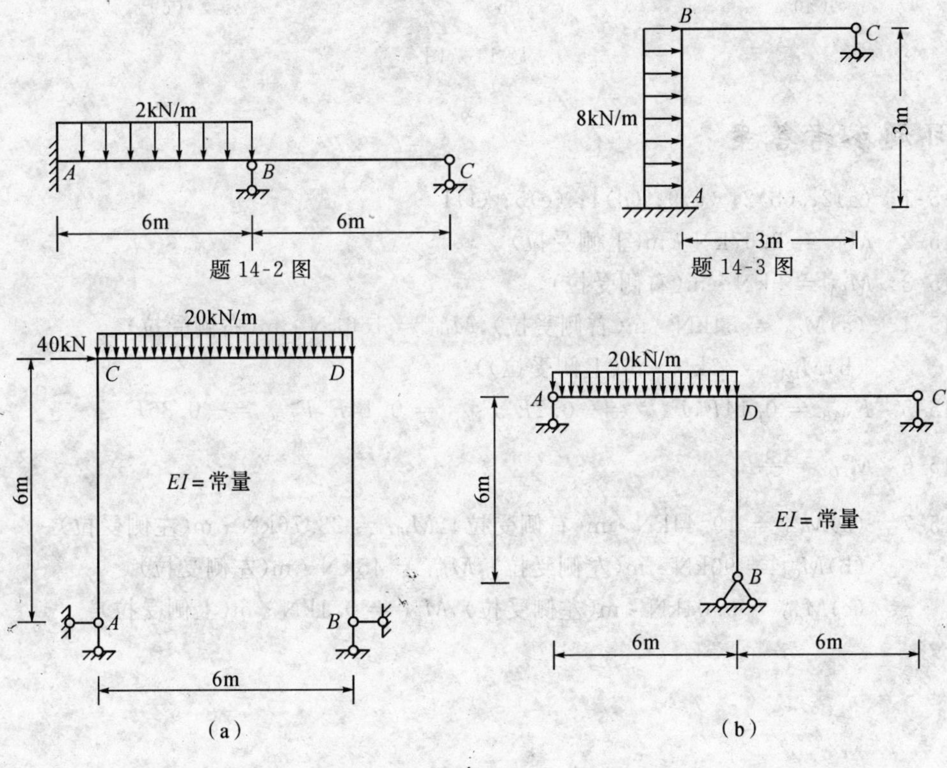

题 14-2 图　　题 14-3 图

(a)　　(b)

题 14-4 图

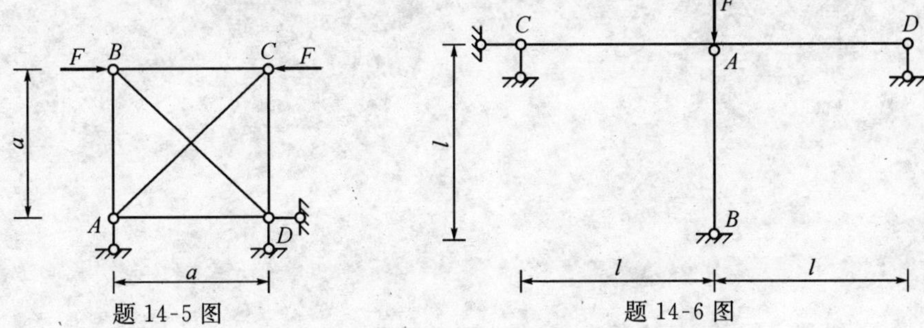

题 14-5 图　　题 14-6 图

14-7* 利用对称性计算如图所示结构，绘制弯矩图，EI 为常量。

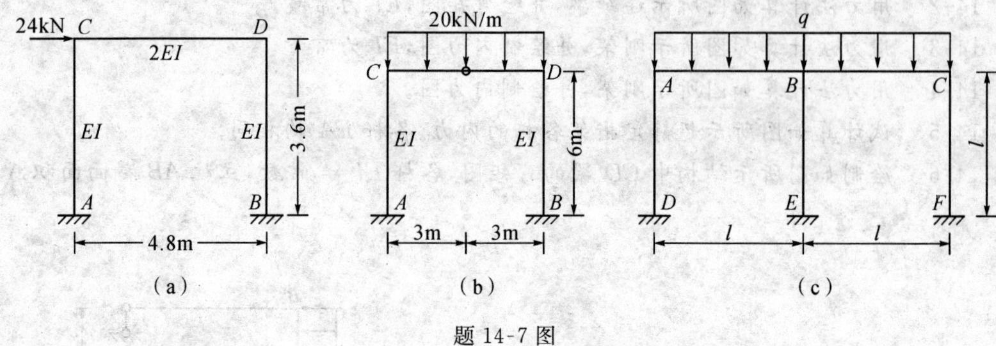

题 14-7 图

习题参考答案

15-1 (a)2；(b)2；(c)9；(d)4；(e)5；(f)1

15-2 $M_{BA}=2.57\text{kN}\cdot\text{m}$(上侧受拉)

15-3 $M_{BA}=9\text{kN}\cdot\text{m}$(右侧受拉)

15-4 (a)$M_{CA}=84\text{kN}\cdot\text{m}$(右侧受拉)，$M_{DB}=156\text{kN}\cdot\text{m}$(右侧受拉)

(b)$M_{DA}=45\text{kN}\cdot\text{m}$(上侧受拉))

15-5 $F_{NAB}=0.14F$，$F_{NAC}=-0.2F$，$F_{NAD}=0.14F$，$F_{NBC}=-0.86F$

15-6 $M_{FD}=\frac{3}{7}Fl$

15-7 (a)$M_{CA}=19.44\text{kN}\cdot\text{m}$(右侧受拉)，$M_{BD}=23.76\text{kN}\cdot\text{m}$(左侧受拉)

(b)$M_{CA}=90\text{kN}\cdot\text{m}$(左侧受拉)，$M_{BD}=45\text{kN}\cdot\text{m}$(左侧受拉)

(c)$M_{AD}=0.04\text{kN}\cdot\text{m}$(左侧受拉)，$M_{BA}=0.1\text{kN}\cdot\text{m}$(上侧受拉)

第 15 章 位移法和力矩分配法

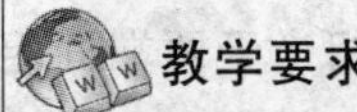

教学要求

通过本章学习，要求理解位移法基本原理、位移法典型方程及其物理意义。能正确判定位移法的基本未知量数目，正确选取基本结构，掌握用位移法计算荷载作用下的超静定梁、刚架的内力。理解力矩分配法的原理及转动刚度系数、分配系数与传递系数的概念并能熟练计算这三个系数；熟练掌握用力矩分配法计算超静定连续梁；了解用力矩分配法计算无侧移刚架。

本章重点是位移法基本原理，用位移法计算荷载作用下的超静定梁、刚架的内力和用力矩分配法计算多跨超静定连续梁。难点是位移法的基本未知量的确定。

15.1 位移法的基本概念

上一章所讨论的力法和本章将要讨论的位移法，都是计算超静定结构的基本方法。用力法计算超静定结构时，我们是将多余联系的力作为未知数，求出这些未知数后，即可利用静力平衡条件求出结构中各杆件的全部内力。

根据实践经验可知，当任一结构受外界影响（荷载、支座移动或温度变化）后，一般来说结构既产生了内力也产生了位移，内力和位移是结构中两种不同的量，并且两者之间在数量上有着确定的对应关系，也就是说它们之间应该是相互有联系的和具有内部规律的。因此，我们也可以用与上述相反的次序来解决问题，即可以先求出结构中的某些位移，然后再利用位移和内力之间确定的对应关系求出相应的内力，这便是位移法解决问题的基本思想，有时候按这个次序来解决问题较力法方便，如图 15-1 所示结构。若用力法来解，将有四个未知数，因为它是四次超静定的，但若采用位移法来求解，则只有一个未知数，因为当结构受到图示荷载作用后，结构产生变形如图中虚线所示，各杆相交的结点 A 处转动了一个相同的角位移 φ_A，所以只有一个未知量。

为了说明位移法的基本概念，我们来研究图 15-2 所示的刚架。此刚架在外荷载 q 的作用下，结构将产生变形如图中虚线所示。由于结点 1 为一刚性结点，故汇交于该处的两杆杆端将产生相同的转角 Z_1。此外，结点 1 实际上还具有微小的线位移，不过对于受弯直杆，通常均

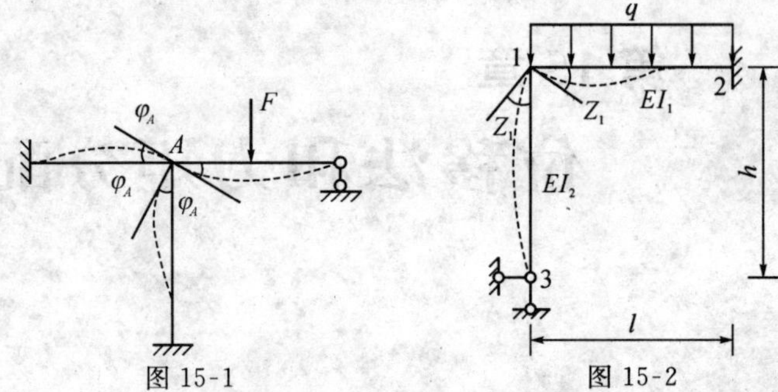

图 15-1　　图 15-2

可略去轴向变形和剪切变形的影响，并认为弯曲变形是微小的，故可假定各杆两端之间的距离在变形过程中保持不变。因此，在图 15-2 所示的刚架中，由于支座 2，3 都不能移动，而结点 1 和 2，3 两点之间的距离据上述假定又都保持不变，于是结点 1 也就被认为不能产生线位移了。在分析上述刚架时，我们可这样来考虑：因为 1-2 和 1-3 两杆的结点 1 是刚性连接的，如果分别来考虑这两杆，则其变形情况相当于图 15-3(a) 所示。其中杆 1-2 相当于两端固定的梁受到荷载 q 的作用，且在左端发生一个等于 Z_1 的转角，杆 1-3 则相当于一端固定另一端铰支的梁在其固定端发生转角 Z_1。

而图 15-3a 所示的情况，又可分解为如图 15-3(b)、(c) 所示两种情况的叠加。图 15-3b 中 1-2 和 1-3 两杆在结点 1 均无转角，其中 1-3 杆又没有外荷载，将不发生变形，故没有弯矩；而受外荷载 q 作用下的 1-2 杆，其弯矩图由力法解得。在图 15-3(c) 中，杆 1-2 和杆 1-3 相当于在支座 1 处分别发生 Z_1 转角的单跨超静定梁，只要转角 Z_1 为已知，其弯矩图可由力法解得。

由以上分析可知，如果能将结点 1 处的角位移 Z_1 求出，则原来刚架 1-2，1-3 杆的弯矩图，便可由图 15-3(b)、(c) 所示的两种情况叠加求得。因此，这种解题过程的关键就在于如何确定结点的角位移 Z_1 的大小和方向。

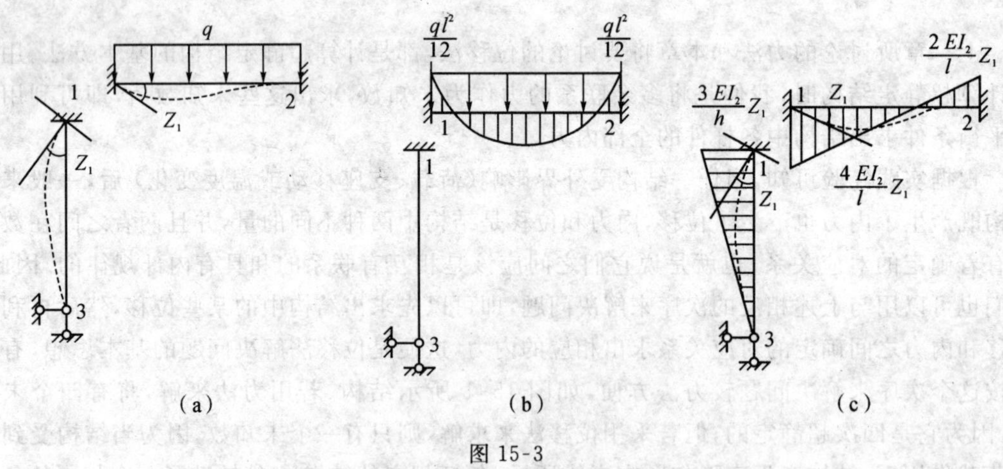

图 15-3

下面我们通过具体计算，进一步阐明位移法的基本概念。今仍以图 15-4(a) 刚架为例，为了计算简单起见，设已知 $l = h, I_1 = I_2 = I$。

由于结构变形很小，各直杆的弯曲前后两个端点之间距离的改变可以忽略，因此，图示刚架刚性结点 1 只有转角 Z_1，用位移法解此题时只有一个未知数 Z_1。

我们先设法阻止结点 1 转动，然后再恢复转角 Z_1，经过这两个步骤后便可求出 Z_1，从而

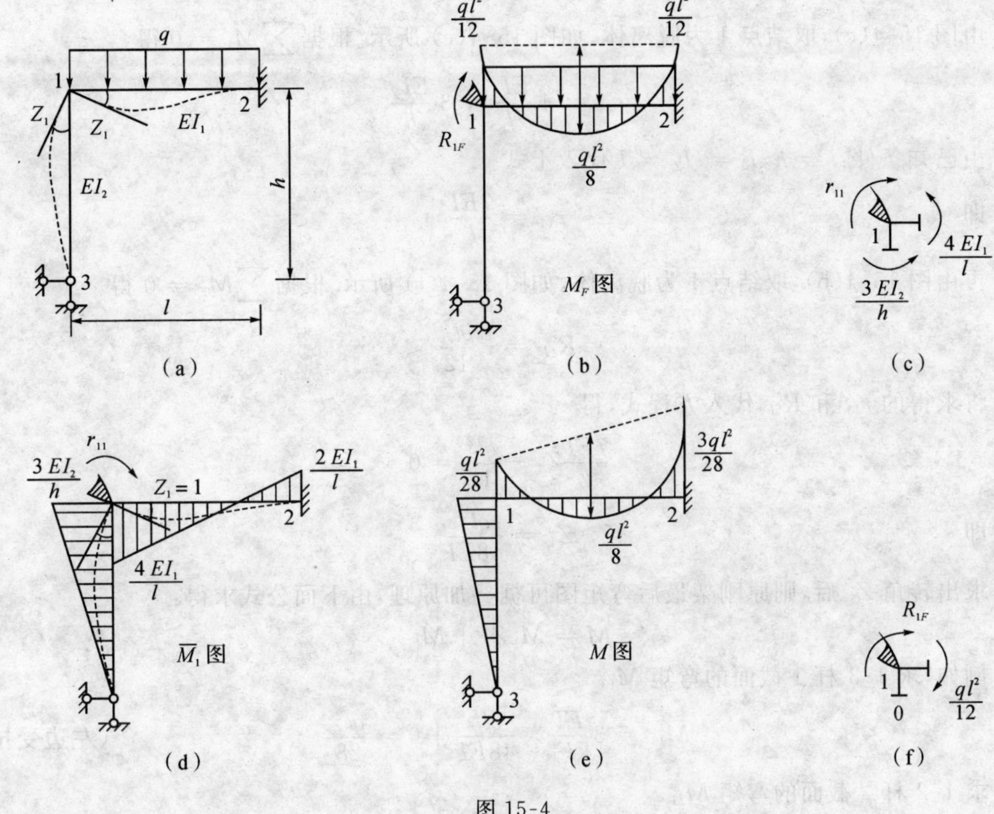

图 15-4

可求出各杆的内力，具体过程如下：

(1) 在结点 1 上，暂时附加一个仅能阻止结点转动的刚臂约束，使刚架暂时变成由两根超静定的单杆组成，1-2 杆两端都是固定端，1-3 杆一端是固定端，另一端则是铰支的，在荷载 q 作用下，由于刚臂约束阻止了结点 1 的转动，故在刚臂中产生了一个反力矩，以 R_{1F} 表示，这时刚架的弯矩图以 M_F 表示，如图 15-4(b) 所示。在作 M_F 图时可由力法解算超静定单杆所求得的结果，预先制成表后，应用时可查表。

(2) 为了使变形符合原来实际情况，必须转动附加刚臂以恢复转 Z_1。因为转角 Z_1 是未知数，所以，我们可令结点 1 先转动一个单位角度即 $Z_1=1$，这时刚架的弯矩图以 $\overline{M}_1$ 表示，如图 15-4(c) 所示。作 $\overline{M}_1$ 图时可由力法求解超静定单杆由于支座转动而求得结果，其可查有关的表。由于转动单位角度 $Z_1=1$，在刚臂中产生反力矩以 r_{11} 表示。但刚架结点 1 实际上应转动 Z_1 角度，因此，相应的弯矩图 $\overline{M}_1$ 应乘以 Z_1 倍，刚臂中的反力矩应是 $r_{11}Z_1$。

经过上述(1)、(2) 两个步骤后，结构变形和受力将符合原来的实际情况，因而就获得了符合原来实际情况的内力，即刚臂约束中反力为零，即

$$R_1 = r_{11}Z_1 + R_{1F} = 0$$

式中　R_1— 刚臂约束中的总反力矩；

r_{11}— 当结点 1 产生单位转角即 $Z_1=1$ 时，在刚臂中所产生的反力矩；

R_{1F}— 荷载作用时在刚臂中所产生的反力矩。

r_{11} 和 R_{1F} 的大小和方向分别由 $\overline{M}_1$ 和 M_F 图，根据平衡条件计算求得如下：

由图 15-4(c)，取结点 1 为脱离体，如图 15-4(e) 所示。根据 $\sum M_1=0$ 得

$$r_{11}=4\frac{EI_1}{l}+3\frac{EI_2}{h}$$

由已知条件：$l=h, I_1=I_2=I$ 代入上式

即
$$r_{11}=\frac{7EI}{l}$$

再由图 15-4(b)，取结点 1 为脱离体，如图 15-4(f) 所示。根据 $\sum M_1=0$ 得

$$R_{1F}=-\frac{ql^2}{12}$$

将求得的 r_{11} 和 R_{1F} 代入方程式，得

$$\frac{7EI}{l}Z_1-\frac{ql^2}{12}=0$$

即
$$Z_1=\frac{ql^3}{48EI}$$

求出转角 Z_1 后，则原刚架最后弯矩图可据叠加原理，由下面公式求得：

$$M=\overline{M}_1Z_1+M_F$$

例如，求 1-3 杆 1 截面的弯矩 M_{13}

$$M_{13}=3\frac{EI}{l}\times\frac{ql^3}{48EI}+0=\frac{ql^2}{28} \quad \text{（左边受拉）}$$

求 1-2 杆 2 截面的弯矩 M_{21}

$$M_{21}=2\frac{EI}{l}\times\frac{ql^3}{48EI}+\frac{ql^2}{12}=\frac{ql^2}{28} \quad \text{（上边受拉）}$$

由结点 1 的平衡条件可知 $M_{12}=M_{13}=\dfrac{ql^2}{28}$ （上边受拉）

原刚架的最后弯矩图如图 15-4(d) 所示。

在实际工程结构中，由于杆件的弹性弯曲，除了结点发生转角位移外，还可能引起结点的线位移。如图 15-5 所示结构，在图示荷载作用下，由于各杆的弹性弯曲如图中虚线所示，结点 1 和 2 除了产生转角位移外，结点 1 和 2 还产生水平线位移，结点 1 和 2 分别移动到1′ 和2′。

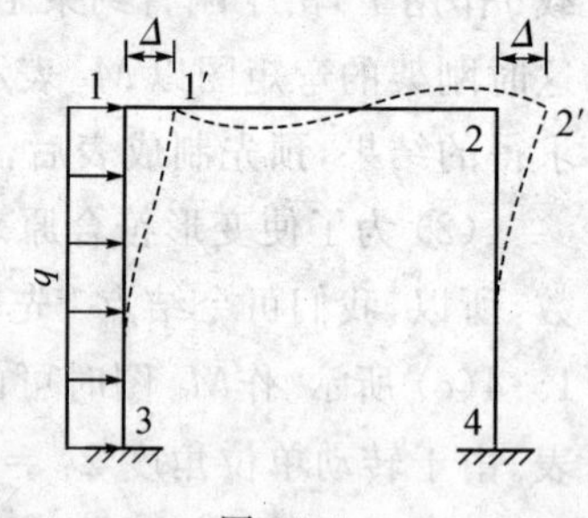

图 15-5

由于变形很小，可认为 11′ 垂直于 13，同时 22′ 垂直 24。又考虑到 1-2 杆在弯曲后假设两端间距离不变，则 11′ = 22′ = Δ，因此，结构只有一个线位移。此类既有结点角位移，又有结点线位移的结构，用位移法解算时其分析方法与前相似，具体的计算在本章第四节中详细讨论。

15.2 位移法的基本未知数和基本结构

在力法计算中，基本未知数的数目等于超静定次数。而在位移法计算中，我们从上一节分析可知，位移法的基本未知数的数目等于刚性结点的角位移数和结点线位移数的总和。

即
$$n = n_a + n_l$$
式中：n_a— 刚性结点的角位移数；n_l— 结点的线位移数；n— 基本未知数的数目。

刚性结点的角位移数 n_a 的确定非常简单，只要数一下结构中有多少刚性结点，就可以确定未知角位移的数目。但是应该注意，已知转角为零的结点，例如，属于结构的固定端那种结点，不应计算在内。

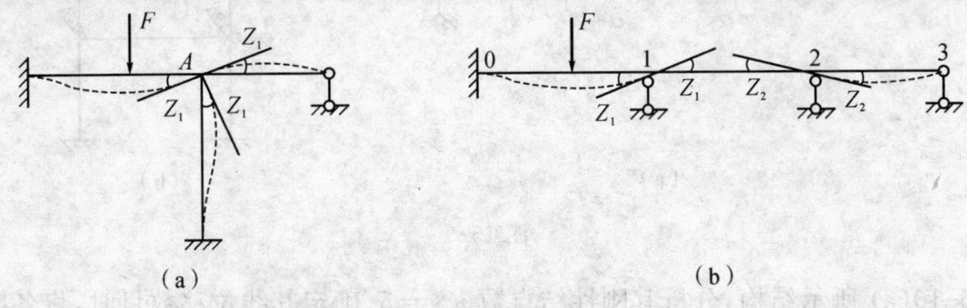

图 15-6

如图 15-6(a) 所示刚架只有一个刚性结点 A，即 $n_a = 1$。又如图 15-6(b) 所示连续梁有两个结点 1，2，所以，$n_a = 2$。

结点线位移数 n_l 的确定，除在简单情况下可直接看出外，在实用上一般由下面方法来确定：可以把原结构所有刚性结点以及固定端变成铰接而得到铰接图，然后求出使其成为几何不变所需增加的链杆数，这个链杆数即等于所求的结点线位移数。例如，图 15-7(a) 为一单层刚架，确定其线位移数 n_l 时，先将其变为铰接图如图 15-7(b) 所示，然后使其成为几何不变，则需要增加一个水平链杆，所以此结构的结点线位移数 $n_l = 1$。

根据以上的讨论，我们就不难算出任一结构用位移法解题时的基本未知数的数目 n。

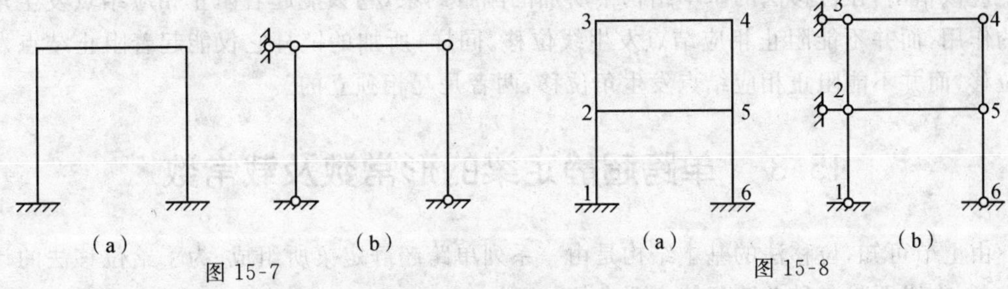

图 15-7　　图 15-8

例如，图 15-8(a) 为单跨双层刚架的计算简图。其刚性结点数 $n_a = 4$。结点线位移数 n_l 的计算，可将其化为铰接图如图 15-8(b)，分别在铰结点 2，3 处各加一链杆，则成为几何不变体系，所以 $n_l = 2$。故结构的基本未知数数目为
$$n = n_a + n_l = 4 + 2 = 6$$

上面我们分析了位移法的基本未知数是如何确定的，在此基础上便可讨论位移法的基本结构了。在力法计算中，是将原结构的多余联系解除而得其基本结构。而在位移法计算中，恰恰与上述相反，是在原结构中的刚性结点处暂时加上刚臂，以阻止全部刚性结点产生角位移，同时在结点有线位移处暂时加上链杆，以阻止全部结点产生线位移，这样便形成了位移法的基本结构。由此可见，位移法的基本结构是由一系列的单跨超静定梁所组成。

图 15-6(b) 所示的连续梁，其基本结构如图 15-9(a) 所示，在结点 1，2 处分别加上刚臂。

图 15-8(a) 所示的刚架，其基本结构如图 15-9(b) 所示。除在刚性结点处分别加上刚臂外，在结点有线位移处加上链杆。

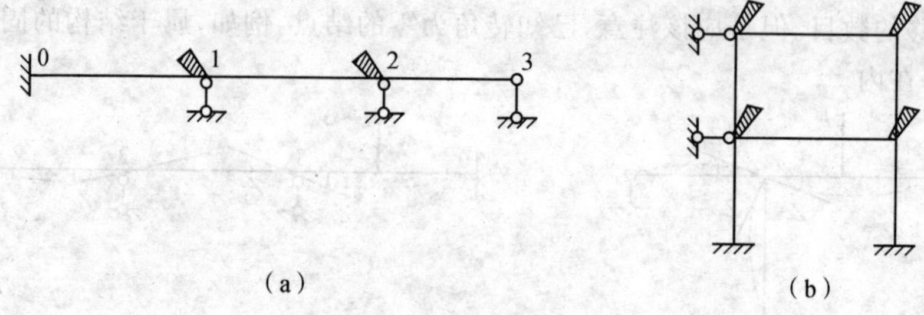

图 15-9

图 15-10(a) 所示结构，分析其刚性结点数 $n_a = 5$。确定其线位移数目时，将各刚性结点和固定端均化为铰接，得铰接图如图 15-10(b) 所示。则结点线位移数，$n_l = 2$，所以，该结构的未知数目 $n = 5 + 2 = 7$，相应地加上附加刚臂和链杆，得基本结构如图 15-10(c) 所示。

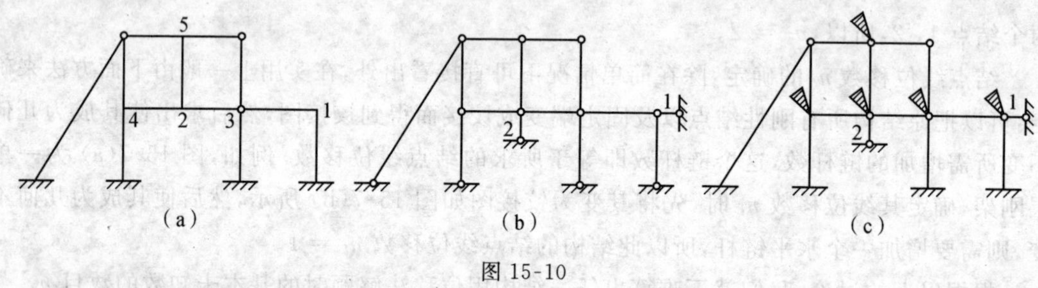

图 15-10

应该指出，在位移法的基本结构中所加的刚臂约束，它只能起着阻止相应结点发生角位移的作用，而并不能阻止相应结点发生线位移。同样，所加的链杆它仅能起着阻止结点发生线位移，而并不能阻止相应结点发生角位移，两者是互相独立的。

15.3 单跨超静定梁的形常数及载常数

由上节可知，位移法的基本结构是由一系列单跨超静定梁所组成。为了给位移法的计算作准备，有必要将各种单跨超静定梁介绍如下。

常用的单跨超静定梁的类型有：(1) 两端固定的梁，如图 15-11(a) 所示；(2) 一端固定另一端为铰支的梁，如图 15-11(b) 所示；(3) 一端固定另一端为定向支座的梁，如图 15-11(c) 所示。上述三种单跨超静定梁，不论是荷载作用，还是支座移动所引起的内力，都可用力法求得其结果。为解题时提供方便，现将计算结果列于表 15-1 中，这个表中所列的杆端弯矩和剪力数值，习惯上将荷载或温度变化作用产生的均称为载常数；将单位位移产生的均称为形常救。形常数和载常数都是今后常用的，必须非常熟悉表中数值的大小和正负号。

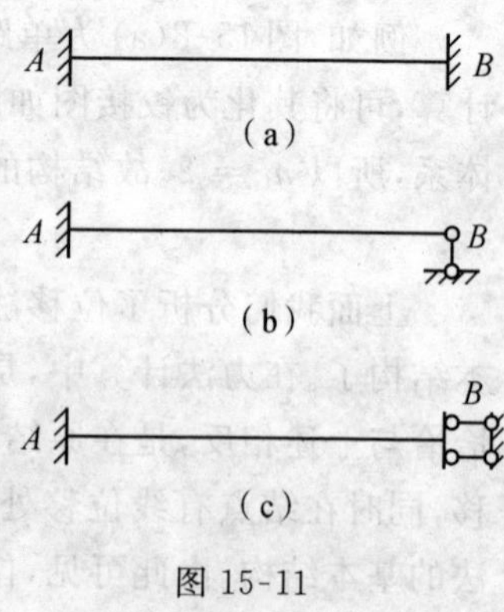

图 15-11

表 15-1 中的杆端弯矩、杆端剪力及单位位移的正负号的规

定如下：

M_{AB}，M_{BA} 分别表示 AB 杆 A 端和 B 端的弯矩，以顺时针转向为正，反之为负；

F_{QAB}，F_{QBA} 分别表示 AB 杆 A 端和 B 端的剪力，以使杆件绕另一端顺时针旋转者为正，反之为负；

ϕ_A 表示固定端 A 的角位移，以顺时针转为正，反之为负；

Δ 表示固定端或铰支座的线位移，以绕另一端顺时针转为正，反之为负。

在形常数中 $i=\dfrac{EI}{l}$ 称为杆件的线抗弯刚度。

应用表 15-1 时的注意点：

(1) 表中所有的杆端弯矩和杆端剪力，在图上表示的方向与在数值前的正负号是互相对应的，当荷载方向与表中情况相反时，其杆端内力的正负也应作相应的改变。

(2) 表中所给的形常数，是根据单位正向角位移 $\phi_A=1$ 和单位正向线位移 $\Delta=1$ 而算得的，如果单位角位移或单位线位移是负值，则表中所列形常数的正负号也应作相应的改变。

(3) 在竖向荷载作用下，一端固定一端铰支梁不论其铰支座是可动铰支座还是固定铰支座，其杆端弯矩和剪力是一样的，可查同一个表。

表 15-1　等截面单跨超静定梁的形常数和载常数表

图号	简　图	弯矩图（绘在受拉边缘）	杆端弯矩		杆端剪力	
			M_{AB}	M_{BA}	F_{QAB}	F_{QBA}
1	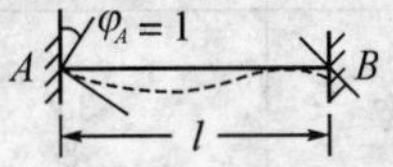	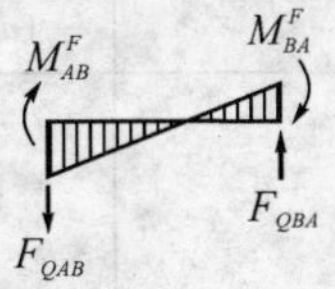	$4i_{AB}=S_{AB}$	$2i_{AB}$	$-\dfrac{6i_{AB}}{l}$	$-\dfrac{6i_{AB}}{l}$
2	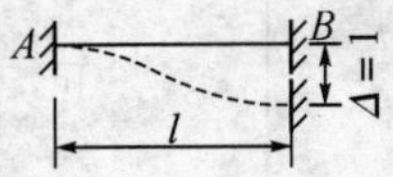	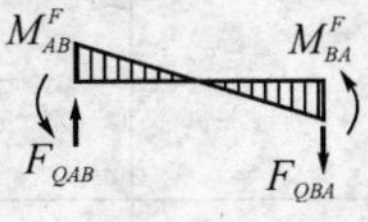	$-\dfrac{6i_{AB}}{l}$	$-\dfrac{6i_{AB}}{l}$	$-\dfrac{12i_{AB}}{l^2}$	$\dfrac{12i_{AB}}{l^2}$
3	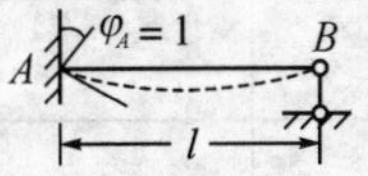	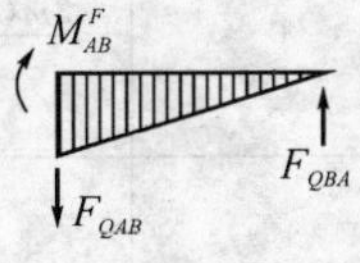	$3i_{AB}=S_{AB}$	0	$-\dfrac{3i_{AB}}{l}$	$-\dfrac{3i_{AB}}{l}$
4	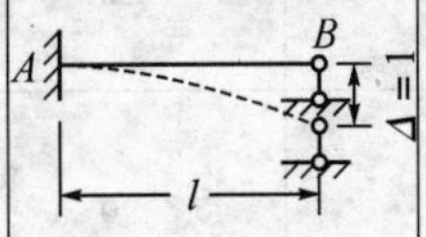	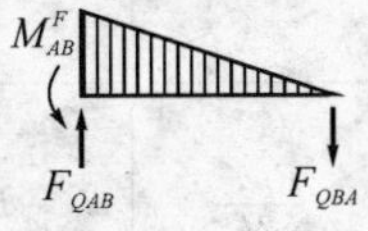	$-\dfrac{3i_{AB}}{l}$	0	$\dfrac{3i_{AB}}{l^2}$	$\dfrac{3i_{AB}}{l^2}$
5	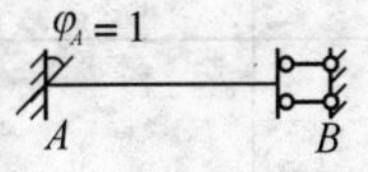	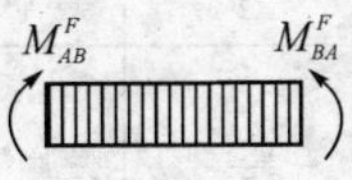	$i_{AB}=S_{AB}$	$-i_{AB}$	0	0
6	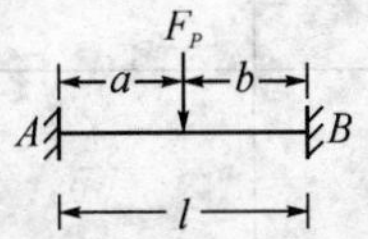	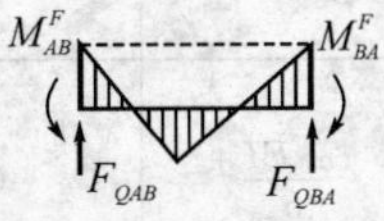	$-\dfrac{F_Pab^2}{l^2}$ $-\dfrac{F_Pl}{8}(a=b)$	$\dfrac{F_Pa^2b}{l^2}$ $\dfrac{F_Pl}{8}(a=b)$	$\dfrac{F_Pb^2}{l^2}(1+\dfrac{2a}{l})$ $\dfrac{F_P}{2}(a=b)$	$-\dfrac{F_Pb^2}{l^2}(1+\dfrac{2a}{l})$ $-\dfrac{F_P}{2}(a=b)$

续　表

图号	简　图	弯矩图（绘在受拉边缘）	杆端弯矩		杆端剪力	
			M_{AB}	M_{BA}	F_{QAB}	F_{QBA}
7	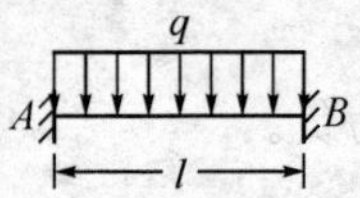	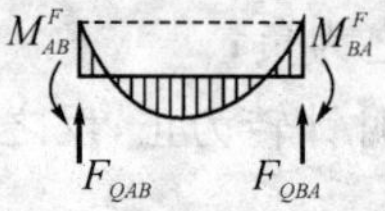	$-\frac{ql^2}{12}$	$\frac{ql^2}{12}$	$\frac{ql}{2}$	$-\frac{ql}{2}$
8	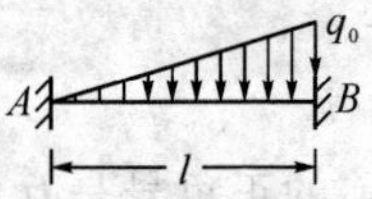	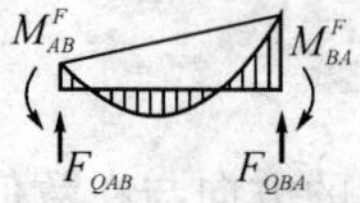	$-\frac{q_0l^2}{30}$	$\frac{q_0l^2}{20}$	$\frac{3q_0l}{20}$	$-\frac{7q_0l}{20}$
9	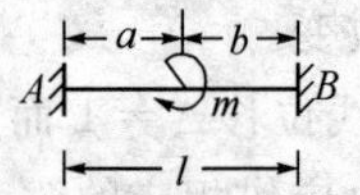	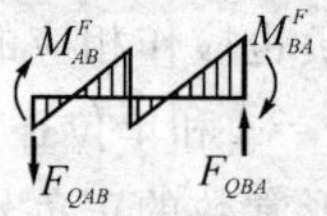	$\frac{mb}{l^2}(2l-3b)$	$\frac{ma}{l^2}(2l-3a)$	$-\frac{6ab}{l^3}m$	$-\frac{6ab}{l^3}m$
10	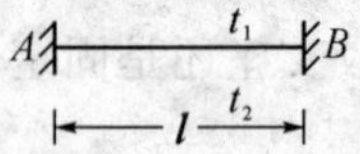 $t_2>t_1$，$t'=t_2-t_1$	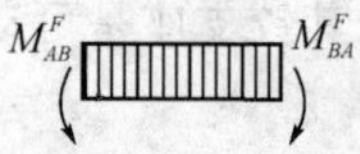	$-\frac{\alpha t'EI}{h}$	$\frac{\alpha t'EI}{h}$	0	0
11	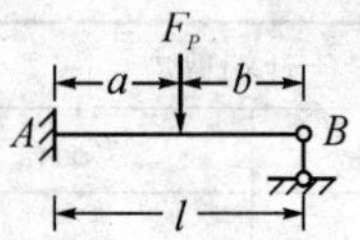	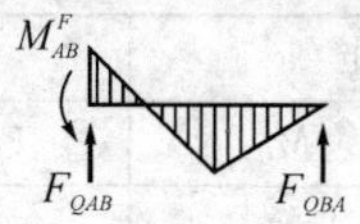	$-\frac{F_Pab(l+b)}{2l^2}$ $-\frac{3F_Pl}{16}$ $(a=b)$	0	$\frac{F_Pb(3l^2-b^2)}{2l^3}$ $\frac{11F_P}{16}$ $(a=b)$	$\frac{F_Pa^2(3l-a)}{2l^3}$ $-\frac{5F_P}{16}$ $(a=b)$
12	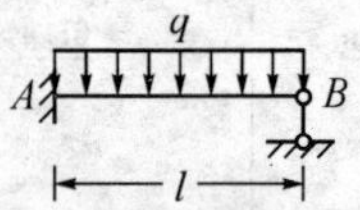	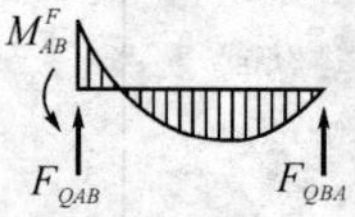	$-\frac{ql^2}{8}$	0	$\frac{5ql}{8}$	$-\frac{3ql}{8}$
13	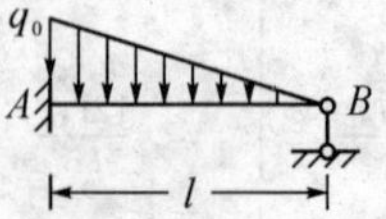	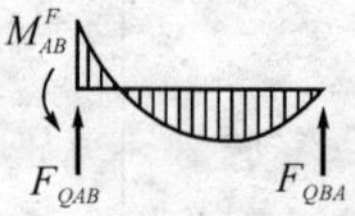	$-\frac{q_0l^2}{15}$	0	$\frac{2q_0l}{5}$	$-\frac{q_0l}{10}$
14	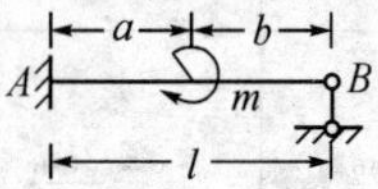	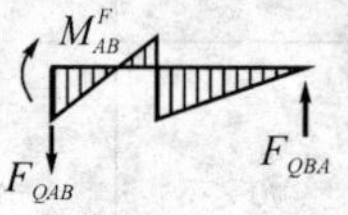	$\frac{m(l^2-3b^2)}{2l^2}$	0	$-\frac{3m(l^2-b^2)}{2l^3}$	$-\frac{3m(l^2-b^2)}{2l^3}$
15	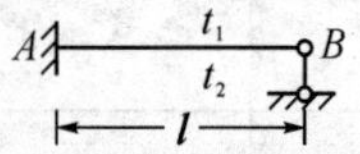 $t_2>t_1$，$t'=t_2-t_1$	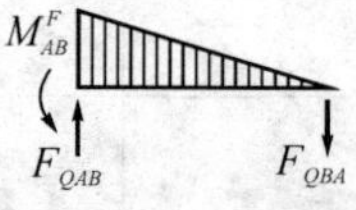	$-\frac{3\alpha t'EI}{2h}$	0	$\frac{3\alpha t'EI}{2hl}$	$\frac{3\alpha t'EI}{2hl}$
16	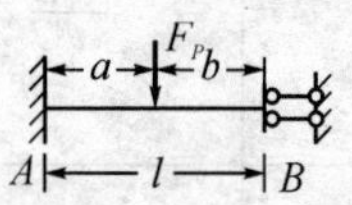	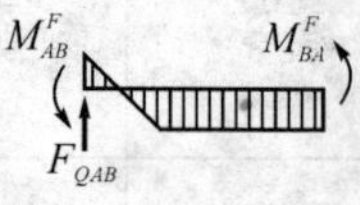	$-\frac{F_Pa(l+b)}{2l}$	$-\frac{F_Pa^2}{2l}$	F_P	0
17	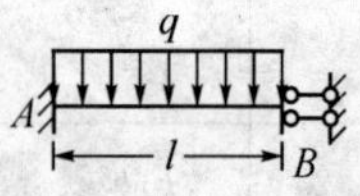	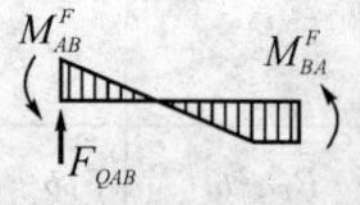	$-\frac{ql^2}{3}$	$-\frac{ql^2}{6}$	ql	0
18	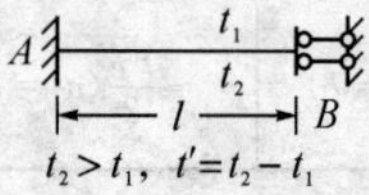 $t_2>t_1$，$t'=t_2-t_1$	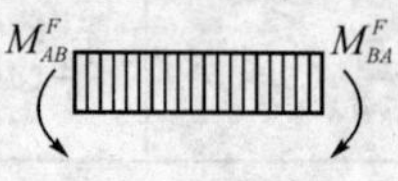	$-\frac{\alpha t'EI}{h}$	$\frac{\alpha t'EI}{h}$	0	0

15.4　位移法的典型方程和计算示例

一、位移法的典型方程

下面我们结合图 15-12(a) 所示的刚架来说明在一般情况下如何建立位移法的方程。此刚架具有两个基本未知数，即结点1的角位移 Z_1 和结点1的线位移 Z_2，Z_1 的方向假定是顺时针方向，Z_2 的方向假定是向右的，加上相应的刚臂和链杆约束后，便得到如图 15-12(b) 所示的基本结构。

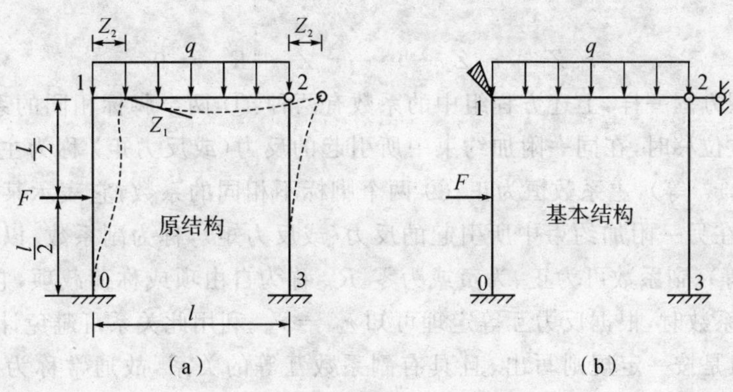

图 15-12

为使基本结构的变形与受力情况能与原结构相同，我们必须使附加刚臂和链杆分别发生与原结构相同的位移，如图 15-13 所示。再根据附加刚臂约束中总的反力矩和附加链杆约束中的总反力分别为零的条件，即 $R_1=0$，$R_2=0$ 可建立两个方程为

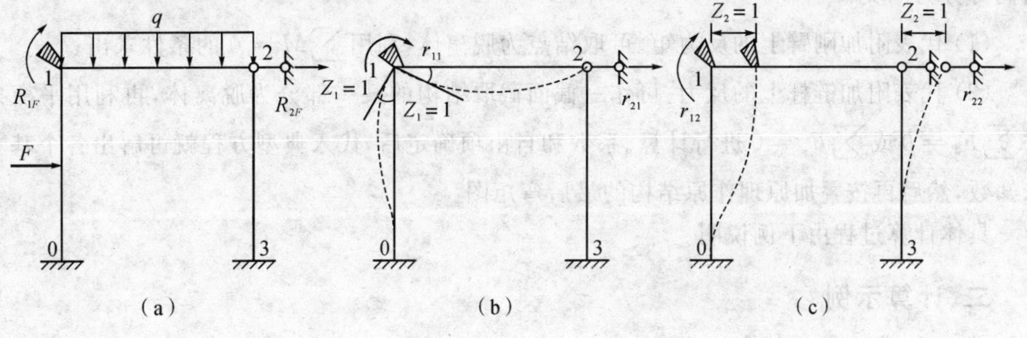

图 15-13

$$R_1=r_{11}Z_1+r_{12}Z_2+R_{1F}=0$$

$$R_2=r_{21}Z_1+r_{22}Z_2+R_{2F}=0$$

式中　r_{11}— 当 $Z_1=1$ 时，在刚臂约束内产生的反力矩，如图 15-13(b) 中所示；

r_{12}— 当 $Z_2=1$ 时，在刚臂约束内产生的反力矩，如图 15-13(c) 中所示；

r_{22}— 当 $Z_2=1$ 时，在链杆约束内产生的反力，如图 15-13(b) 中所示；

r_{21}— 当 $Z_1=1$ 时，在链杆约束内产生的反力，如图 15-13(b) 中所示；

R_{1F}— 在基本结构的刚臂约束内由于外荷载所引起的反力矩，如图 15-13(a) 中所示；

R_{2F}— 在基本结构的链杆约束内由于外荷载所引起的反力，如图 15-13(a) 中所示。

从上述方程组中即可解出两个位移未知数 Z_1，Z_2。

对于具有 n 个基本未知数的任一结构，作同样的分析，并根据每一附加约束内总的反力矩或总的反力都应等于零的条件，可得出如下 n 个方程：

$$r_{11}Z_1+r_{12}Z_2+\cdots+r_{1n}Z_n+R_{1F}=0$$
$$r_{21}Z_1+r_{22}Z_2+\cdots+r_{2n}Z_n+R_{2F}=0$$
$$\vdots$$
$$r_{n1}Z_1+r_{n2}Z_2+\cdots+r_{nn}Z_n+R_{nF}=0$$

同力法典型方程一样，上述方程组中的系数有两种：① 两个脚标相同的系数，表示由于附加约束作单位位移时，在同一附加约束中所引起的反力(或反力矩) 称为主系数。以 r_{ii} 表示(例如 r_{11}，r_{22}，r_{33} 等)，主系数恒为正；② 两个脚标不相同的系数，它表示某一附加约束发生单位位移时，在另一附加约束中所引起的反力(或反力矩)，称为副系数。以 r_{ik} 表示(例如 r_{12}，r_{21}，r_{23}，r_{32} 等)。副系数可为正、为负或为零。R_{iF} 称为自由项或称荷载项，它可为正、为负或为零。在求副系数时，根据反力互等定理可知 $r_{ik}=r_{ki}$。利用此关系可避免计算的重复。

此类方程组是按一定规则写出，且具有副系数互等的关系，故通常称为位移法的典型方程。

为了求得典型方程中的系数和自由项，需分别绘出基本结构中由于单位位移引起的单位弯矩图$\overline{M}_i$ 和由于外荷载引起的 M_F 图。由于基本结构的各杆都是单跨超静定梁，其弯矩图可利用表 15-1 进行绘制。绘出$\overline{M}_i$ 和 M_F 图后，即可利用静力平衡条件求出各系数和自由项。它们可分为两类：

(1) 代表附加刚臂上的反力矩。可取结点为脱离体，利用$\sum M=0$ 的条件求出；

(2) 代表附加链杆上的反力。可作一截面截取结构的某一部分为脱离体，再利用平衡条件$\sum F_x=0$或$\sum F_y=0$进行计算。系数和自由项确定后，代入典型方程就可解出各个基本未知数，然后再按叠加原理作原结构的最后弯矩图。

具体计算过程由下例说明。

二、计算示例

仍以上题为例，试用位移法计算图 15-14(a) 所示刚架，绘出最后弯矩图。已知：

$$F=20\text{kN},q=40\text{kN/m},l=4m,i_{01}=4,i_{12}=6,i_{23}=3$$

解 (1) 计算结点的位移未知数。经前面分析可知，此刚架有两个未知数，即结点 1 的角位移 Z_1 和线位移 Z_2。相应地加一个刚臂约束和一个链杆约束，得基本结构如图 15-14b 所示。

(2) 根据附加刚臂和链杆中的总反力矩和总反力应分别等于零的条件，可建立典型方程

$$R_1=r_{11}Z_1+r_{12}Z_2+R_{1F}=0$$
$$R_2=r_{21}Z_1+r_{22}Z_2+R_{2F}=0$$

(3) 为了计算典型方程中的系数和自由项，利用表 15-1 可分别绘出$\overline{M}_1$，$\overline{M}_2$，M_F图，如图

15-15(a),(b),(c) 所示。并算出各系数和自由项。

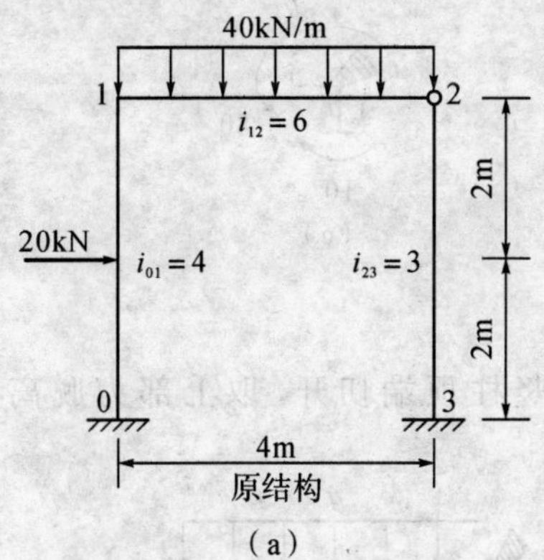

(a)

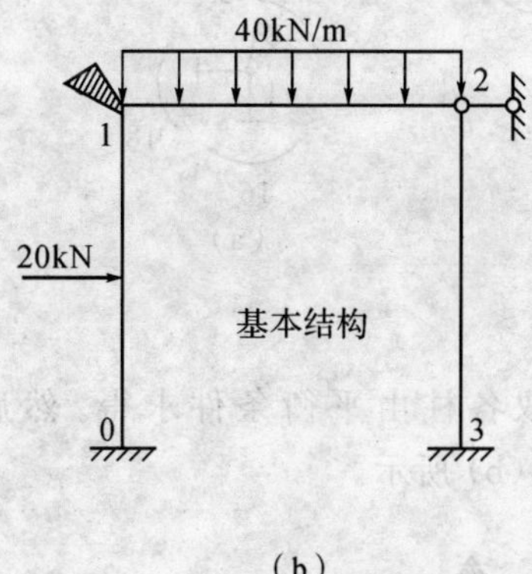

(b)

图 15-14

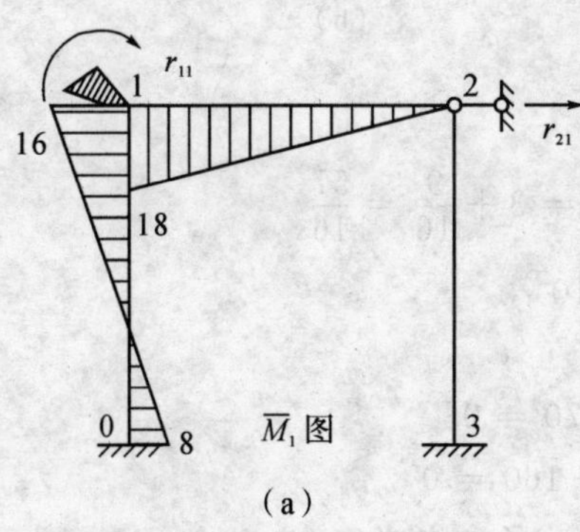

(a)

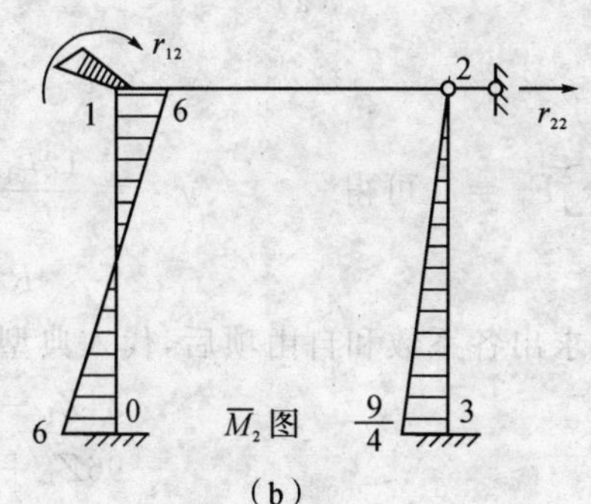

(b)

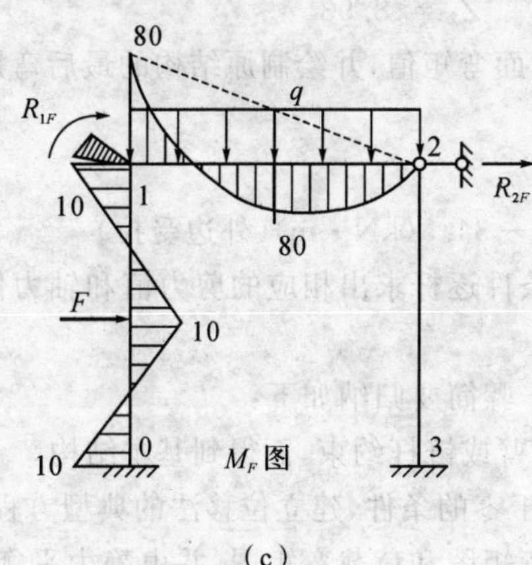

(c)

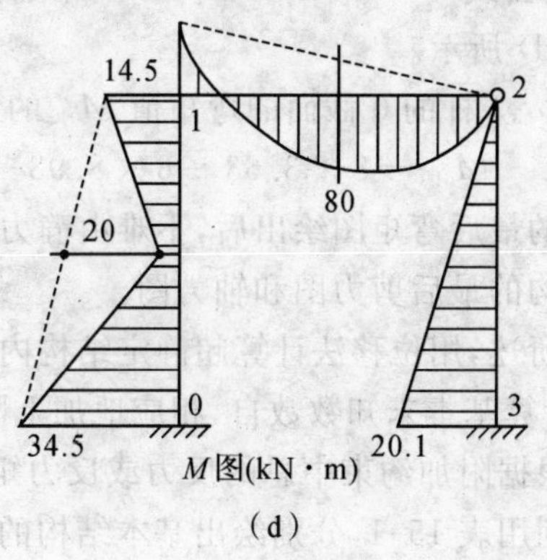

(d)

图 15-15

取结点 1：

从$\overline{M}_1$ 图中，由脱离体图 15-16(a) 得　$\sum M_1=0$，　$r_{11}=18+16=34$

从$\overline{M}_2$ 图中，由脱离体图 15-16(b) 得　$\sum M_1=0$，　$r_{12}=-6$

根据反力互等定理得：　$r_{21}=r_{12}=-6$

从 M_F图中，由脱离体图 15-16(c) 得　$\sum M_1=0$，　$R_{1F}=-70$

为了求附加链杆中的反力 r_{22} 和 R_{2F}，先须将$\overline{M}_2$ 图和 M_F 图中各竖柱的剪力由表 15-1 查

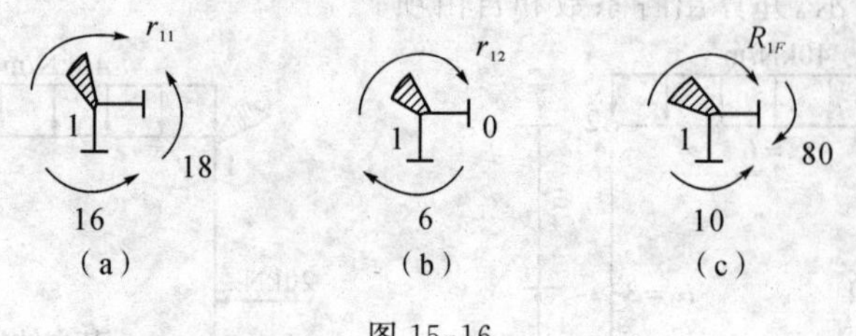

图 15-16

出，或截取各柱由平衡条件求得。然后再沿各竖柱顶端切开，取上部为脱离体，如图 15-17(a)，(b) 所示。

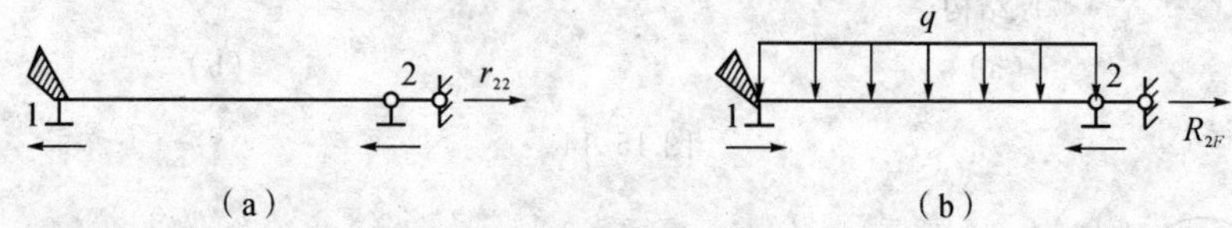

图 15-17

由 $\sum F_x = 0$ 可得 $$r_{22} = \frac{12i_{01}}{l^2} + \frac{3i_{23}}{l^2} = 3 + \frac{9}{16} = \frac{57}{16}$$

$$R_{2F} = -10$$

(4) 求出各系数和自由项后，代入典型方程

$$34Z_1 - 6Z_2 - 70 = 0$$

$$-96Z_1 + 57Z_2 - 160 = 0$$

解联立方程，得 $Z_1 = 3.63, \quad Z_2 = 8.93$

(5) 按公式 $M = \overline{M}_1 Z_1 + \overline{M}_2 Z_2 + M_F$ 求任一截面弯矩值，并绘制原结构的最后弯矩图，如图 15-15(d) 所示。

例如，o-1 杆的 0 截面的弯矩值 M_{01} 的计算：

$$M_{01} = 8 \times 3.63 - 6 \times 8.93 - 10 = -34.5(\text{kN} \cdot \text{m})\text{(外边受拉)}$$

结构的最后弯矩图绘出后，不难由静力平衡条件逐杆求出相应的剪力值和轴力值，然后可绘出结构的最后剪力图和轴力图。

综上所述，用位移法计算超静定结构内力的步骤简要归纳如下：

(l) 计算基本未知数数自，相应地加上附加刚臂或链杆约束，而得到基本结构。

(2) 根据附加约束中总的反力或反力矩应等于零的条件，建立位移法的典型方程。

(3) 利用表 15-1，分别绘出基本结构的单位弯矩图和荷载弯矩图，并由静力平衡条件算出各系数和自由项。

(4) 将各系数和自由项代入典型方程，解出基本未知数的数值。

(5) 按叠加公式：$M = \overline{M}_1 Z_1 + \overline{M}_2 Z_2 + \cdots + \overline{M}_n Z_n + M_F$，绘制原结构的最后弯矩图。

15.5 等截面直杆的转角位移方程

在前面几节中，我们全面介绍了位移法的原理和计算方法 —— 主要是通过基本结构建立典型方程的一种计算方式。现在我们将从另一角度介绍位移法的第二种计算方式 —— 利用转角位移方程，再由结点及截面的平衡条件来建立典型方程。这种计算方式同前几节介绍的第一种计算方式在原理上是相通的，但表达的方法是不同的。本节先介绍等截面直杆的转角位移方程。

从任一结构中截取一根受力变形的杆，如图 15-18(a) 所示为从结构中截出的两端为刚结的 AB 杆。AB 是等截面直杆，其抗弯刚度为 EI，长度为 l。AB 杆除直接承受外荷载外，还产生了位移和变形，在 A 端和 B 端有位移 φ_A 和 φ_B，以及相对线位移 Δ_{AB}。在此脱离体上还有杆端弯矩 M_{AB}，M_{BA} 和杆端剪力 F_{QAB}，F_{QBA}，并假设这些位移和内力都是正方向的(如图 15-18(a) 中所示)。现在我们要建立杆端内力与杆端位移、外荷载之间的关系式，即转角位移方程。

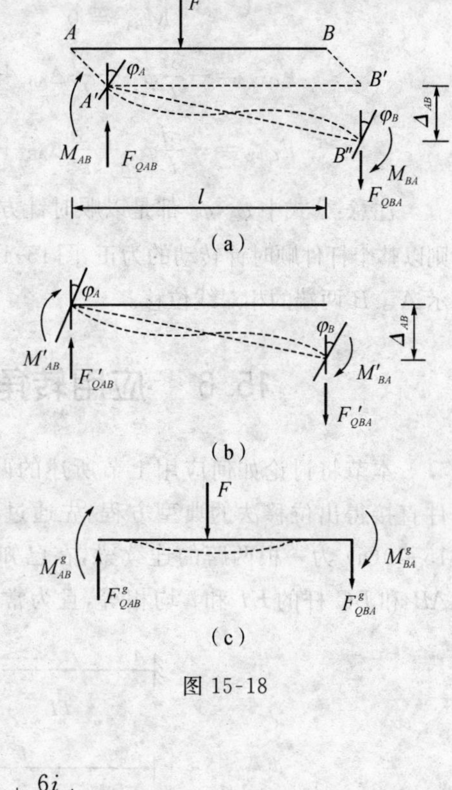

图 15-18

我们可将图 15-18(a) 所示受力和位移情况，分解为图 15-18(b) 和(c) 两种情况，图 15-18(b) 中只有位移 φ_A，φ_B，Δ_{AB} 作用而没有荷载作用，图 15-18(c) 中则只有荷载作用而没有位移作用。对于图 15-18(b) 所示情况，由表 15-1 中的形常数并利用叠加原理，可以得到杆端内力为

$$M'_{AB} = 4i\varphi_A + 2i\varphi_B - \frac{6i}{l}\Delta_{AB}$$

$$M'_{BA} = 2i\varphi_A + 4i\varphi_B - \frac{6i}{l}\Delta_{AB}$$

$$F'_{QAB} = -\frac{6i}{l}\varphi_A - \frac{6i}{l}\varphi_B + \frac{6i}{l^2}\Delta_{AB}$$

$$F'_{QBA} = -\frac{6i}{l}\varphi_A - \frac{6i}{l}\varphi_B + \frac{6i}{l^2}\Delta_{AB}$$

对于图 15-18(c) 所示的情况，其杆端内力与外荷载的性质有关，同时 AB 杆的两端没有位移，即相当于两端固定的单跨梁，这种单跨超静定梁在外荷载作用下杆端内力固端弯矩、固端剪力。我们分别以 M^g_{AB}，M^g_{BA} 和 F^g_{QAB}，F^g_{QBA} 来表示，其具体大小和方向，可查表 15-1 中的载常数。将上述两种情况的杆端内力叠加起来，就得到图 15-18(a) 中所示 AB 杆的杆端内力与杆端位移、荷载之间关系式为

$$\begin{aligned} M_{AB} &= 4i\varphi_A + 2i\varphi_B - \frac{6i}{l}\Delta_{AB} + M^g_{AB} \\ M_{BA} &= 2i\varphi_A + 4i\varphi_B - \frac{6i}{l}\Delta_{AB} + M^g_{BA} \end{aligned} \tag{15-1}$$

$$\begin{aligned} F_{QAB} &= -\frac{6i}{l}\varphi_A - \frac{6i}{l}\varphi_B + \frac{6i}{l^2}\Delta_{AB} + F^g_{QAB} \\ F_{QBA} &= -\frac{6i}{l}\varphi_A - \frac{6i}{l}\varphi_B + \frac{6i}{l^2}\Delta_{AB} + F^g_{QBA} \end{aligned} \tag{15-2}$$

式(15-1) 和式(15-2) 就是两端刚接杆(或两端固定单跨梁) 的转角位移方程。

同理可以得到如图 15-19 所示一端刚接一端铰接杆(或一端固定另一端铰支的单跨梁) 的转角位移方程为

$$M_{AB} = 3i\varphi_A - \frac{3i}{l}\Delta_{AB} + M_{AB}^g$$

$$M_{BA} = 0 \qquad (15\text{-}3)$$

$$F_{QAB} = -\frac{3i}{l}\varphi_A + \frac{3i}{l^2}\Delta_{AB} + F_{QAB}^g$$

$$F_{QBA} = -\frac{3i}{l}\varphi_A + \frac{3i}{l^2}\Delta_{AB} + F_{QBA}^g \qquad (15\text{-}4)$$

图 15-19

注意:公式中 φ_A,φ_B 都是以顺时针方向转动为正,而 Δ_{AB} 则以整个杆件顺时针转动的为正。图 15-18 和图 15-19。中所示的 φ_A,φ_B,Δ_{AB} 都为正方向,且 Δ_{AB} 表示 A,B 两端的相对线位移。

15.6 应用转角位移方程计算超静定结构

本节将讨论如何应用上节所述的两种基本杆的转角位移方程,由结点或截面的平衡条件直接得出位移法的典型方程。先通过只有一个角位移的连续梁为例来说明计算过程。如图 15-20(a) 为一根两跨的连续梁,在已知的外荷载 F 作用下,结构的变形如图中虚线所示,设 AB 和 BC 杆的 EI 和 l 均相等,且为常数。则 $i_{AB} = i_{BC} = i$。

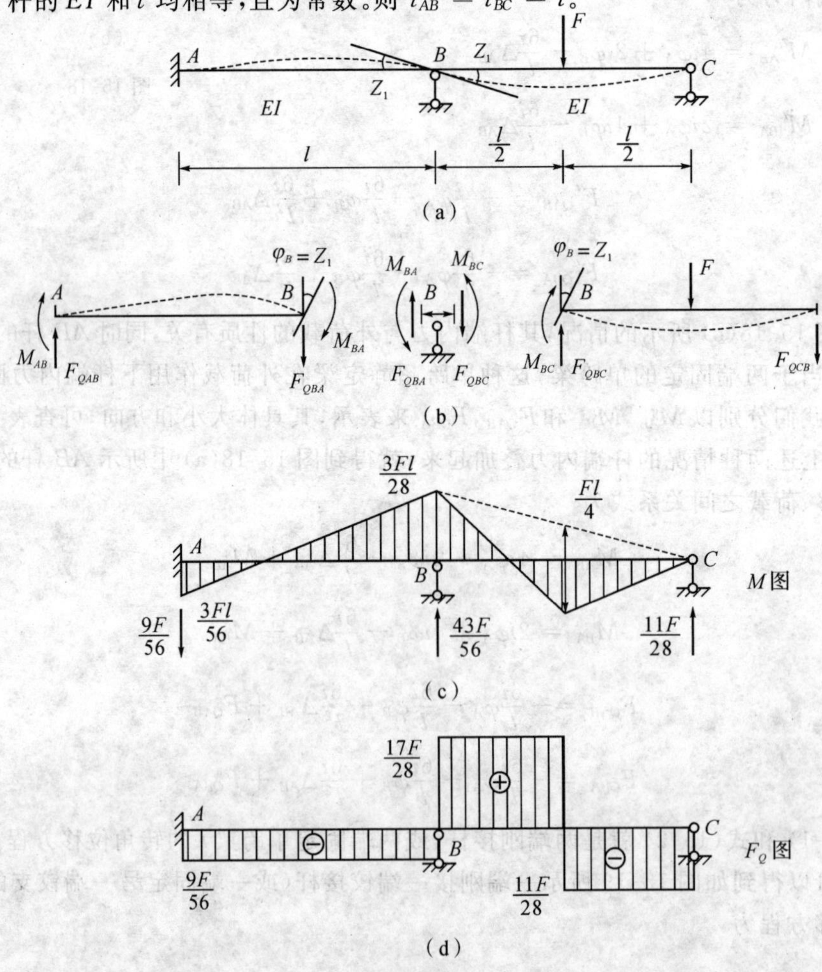

图 15-20

由图 15-20(a) 可知结点 B 只有角位移，而没有线位移，即 AB 和 BC 杆在 B 端的角位移相同 $\varphi_B = Z_1, \Delta_{AB} = \Delta_{BC} = 0$。分别取脱离体如图 15-20(b) 所示，$AB$ 杆在 A 端是固定的，则 $\varphi_A = 0$，各内力和位移方向均假设为正方向，分别代入上节中的转角位移方程公式，则有

AB 杆
$$M_{AB} = 2iZ_1, M_{BA} = 4iZ_1$$

$$F_{QAB} = -\frac{6i}{l}Z_1, F_{QBA} = -\frac{6i}{l}Z_1$$

BC 杆
$$M_{BC} = 3iZ_1 - \frac{3Fl}{16}, M_{CB} = 0$$

$$F_{QBC} = -\frac{3i}{l}Z_1 + \frac{11F}{16}, F_{QCB} = -\frac{3i}{l}Z_1 - \frac{5F}{16}$$

由结点 B 的平衡条件(如图 15-20(b) 中结点 B 的脱离体)，即 $\sum M_B = 0$，则有

$$M_{BA} + M_{BC} = 0$$

$$4iZ_1 + 3iZ_1 - \frac{3Fl}{16} = 0$$

得
$$Z_1 = \frac{3Fl}{112i}$$

将求得的 Z_1 代入上述各杆杆端力的表达式，即得

AB 杆
$$M_{AB} = \frac{3Fl}{56}, M_{BA} = \frac{3Fl}{28}$$

$$F_{QAB} = -\frac{9F}{56}, F_{QBA} = -\frac{9F}{56}$$

BC 杆
$$M_{BC} = -\frac{9Fl}{112} - \frac{3Fl}{16} = -\frac{3Fl}{28}, M_{CB} = 0$$

$$F_{QBC} = -\frac{9F}{112} + \frac{11F}{16} = \frac{17F}{28}, F_{QCB} = -\frac{11F}{28}$$

各杆的杆端弯矩和杆端剪力求出后，据此可作原结构的最后弯矩图和剪力图。如图 15-20(c) 和(d) 所示。

上面我们虽然仅从只有一个未知数的结构进行分析，但对于具有两个或更多未知数的结构，其原理、方法和计算过程完全与上述相同。下面仍以第四节中图 15-14(a) 为例，进一步说明第二种计算方式的过程和步骤，以便对两种计算方式进行比较。

图 15-21(a) 所示刚架，应用转角位移方程直接由原结构的平衡条件来建立位移法的典型方程，然后求解其内力。它具有两个基本未知量，即转角位移 φ_1 和线位移 Δ，令 $Z_1 = \varphi_1, Z_2 = \Delta$，并假设位移均为正方向。从图中可知 $\varphi_0 = \varphi_3 = 0$。

首先应用转角位移方程，将各杆杆端弯矩和杆端剪力表达为结点位移及荷载的函数，即

$$M_{01} = 2i_{01}Z_1 - \frac{6i_{01}}{4}Z_2 - 10 = 8Z_1 - 6Z_2 - 10$$

$$M_{10} = 4i_{01}Z_1 - \frac{6i_{01}}{4}Z_2 + 10 = 16Z_1 - 6Z_2 + 10$$

$$M_{12} = 3i_{12}Z_1 - 80 = 18Z_1 - 80$$

$$M_{32} = -\frac{3i_{32}}{4}Z_2 = -\frac{9}{4}Z_2$$

$$M_{21} = M_{23} = 0$$

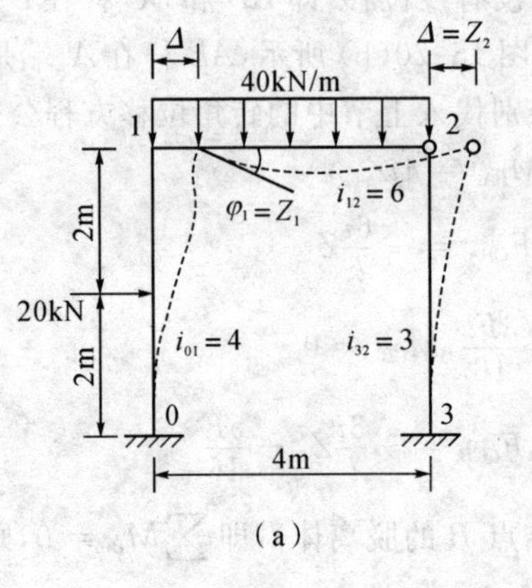

(a)

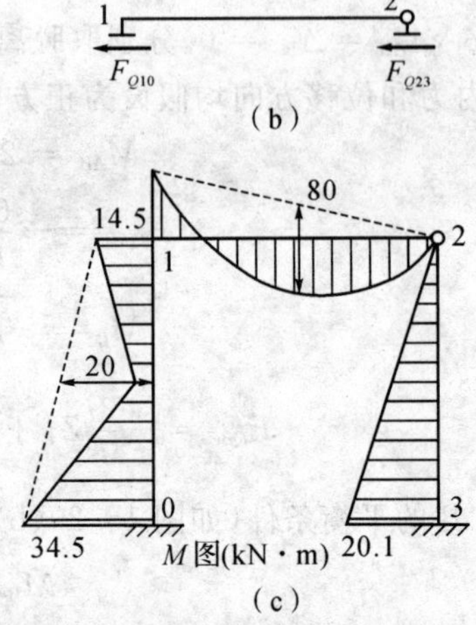

(b)

(c)

图 15-21

$$F_{Q10}=-\frac{6i_{01}}{4}Z_1+\frac{12i_{01}}{16}Z_2-10=-6Z_1+3Z_2-10$$

$$F_{Q23}=\frac{3i_{32}}{16}Z_2=\frac{9}{16}Z_2$$

其次,由结点 1 的平衡条件 $\sum M_1=0$ 和柱端的剪力平衡条件 $\sum F_x=0$ (如图 15-21b 所示)可建立如下两个方程式:

$$M_{10}+M_{12}=0$$

$$F_{10}+F_{23}=0$$

将上述有关的杆端弯矩和杆端剪力代入,得

$$34Z_1-6Z_2-70=0$$

$$-6Z_1+\frac{57}{16}Z_2-10=0$$

解联立方程,得 $Z_1=3.63$, $Z_2=8.93$

求得 Z_1 和 Z_2 之值后,代回到各杆杆端弯矩的表达式中,则得

$$M_{01}=8\times3.63-6\times8.93-10=-34.5(\mathrm{kN\cdot m})(\text{外侧受拉})$$

$$M_{10}=16\times3.63-6\times8.93+10=14.5(\mathrm{kN\cdot m})(\text{外侧受拉})$$

$$M_{12}=18\times3.63-80=-14.5(\mathrm{kN\cdot m})(\text{上侧受拉})$$

$$M_{32}=-\frac{9}{4}\times8.93=-20.1(\mathrm{kN\cdot m})(\text{里侧受拉})$$

根据上述各杆的杆端弯矩,可绘原结构的最后弯矩图,如图 15-21(c) 所示。计算结果与第四节示例相同。

由上述的计算过程可知,两种计算方式的本质相同,只不过在建立位移法典型方程时所取的途径不同。

15.7 力矩分配法的基本概念

在第 14 章和本章的前面几节中,我们分别介绍了力法和位移法,这是解算超静定结构的最基本的两种方法。两种最基本的方法在具体运算过程中的共同特点之一，就是往往需要解算联立方程组，当未知数数目较多时，解算方程组的工作是比较繁重的。在结构的计算中，为了避免或减少解算联立方程组，我们总是力求选用比较简捷的方法来计算结构的内力。本节和下一节将针对连续梁和结点无线位移刚架的特点，介绍力矩分配法的基本原理和计算步骤。这种方法既可避免解算联立方程，又可遵循一定的机械步骤进行运算。因其易于掌握，且可以直接算出杆端弯矩，故目前在我国工程中此法常被采用。

从分析方法的实质来说，力矩分配法仍属于位移法的范畴。它的原理、基本假定、基本结构和正负号的规定等都和位移法相同，所不同的仅仅是某些计算技巧上的改进而已。

下面我们通过一个简单例子，来说明力矩分配法的基本概念。如图 15-22(a) 所示的两跨连续梁，当用位移法计算时，只有一个未知角位移 Z_1，其位移法的方程为

$$r_{11}Z_1 + R_{1F} = 0$$

式中，系数和自由项可分别由单位弯矩图和荷载弯矩图（如图 15-22(c) 和(b) 所示）求得。其值为

$$r_{11} = 4i_{10} + 3i_{12}$$

$$R_{1F} = M_{10}^g + M_{12}^g = \sum M_{1j}^g$$

式中，$\sum M_{1j}^g$ 表示汇交于结点 1 各杆的固端弯矩的代数和。ij 杆 i 端的固端弯矩以 M_{ij}^g 表示，它就是表 15-1 中各种情况下相应的载常数。固端弯矩的大小和方向就等于杆端弯矩的大小和方向，如图 15-23(a)，(b) 中所示。

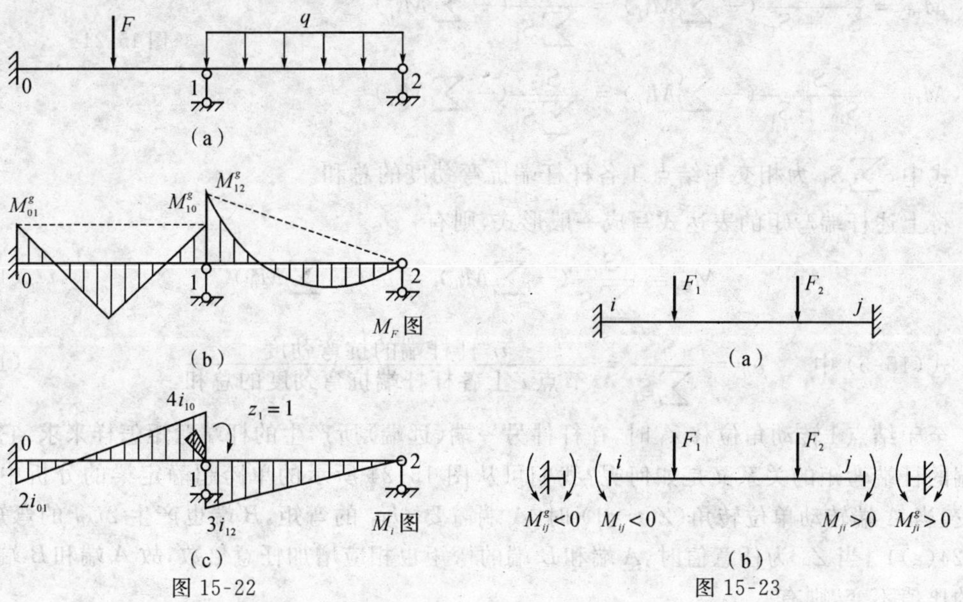

图 15-22　　图 15-23

将系数和自由项代入位移法方程，得

$$Z_1 = -\frac{R_{1F}}{r_{11}} = \frac{(-\sum M_{1j}^g)}{4i_{10} + 3i_{12}}$$

式中，R_{1F} 为结点 1 处附加刚臂中的反力矩，它等于汇交于结点 1 各杆的固端弯矩的代数和。解得 Z_1 后，从而可求出基本结构上由于使附加刚臂发生角位移 Z_1 时所引起的弯矩。在结

点 1 由于角位移 Z_1 所引起转动端(近端)的杆端弯矩为

$$M_{10}=4i_{10}Z_1=\frac{4i_{10}}{4i_{10}+3i_{12}}(-\sum M_{1j}^{g})$$

$$M_{12}=3i_{12}Z_1=\frac{3i_{12}}{4i_{10}+3i_{12}}(-\sum M_{1j}^{g})$$

为了使杆端弯矩的表达式简单起见,在这里我们引进杆端抗弯劲度 S。所谓杆端抗弯劲度就是在任一杆件 AB 中,使杆端 A 产生单位转角时所需的 A 端弯矩的绝对值,称为 A 端的抗弯劲度,用 S_{AB} 表示。各种单跨超静定梁的抗弯劲度如下(由表 15-1 中摘录于图 15-24(a),(b) 和(c)):

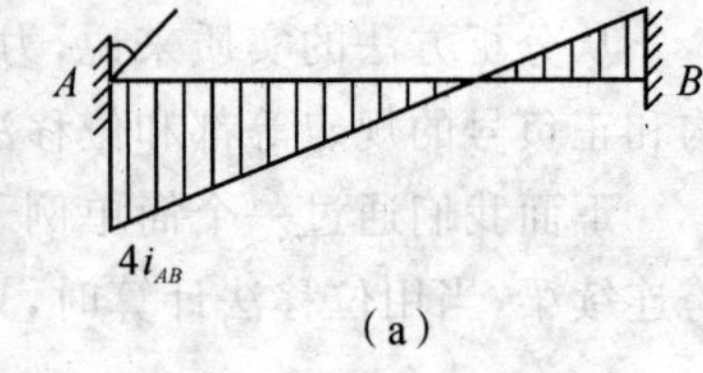

(a)

(1)B 端为固定端时,A 端抗弯劲度为

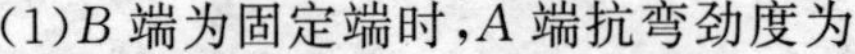

$$S_{AB}=4i_{AB}$$

(2)B 端为铰支端时,A 端抗弯劲度为

$$S_{AB}=3i_{AB}$$

(b)

(3)B 端为定向支端时,A 端抗弯劲度为

$$S_{AB}=i_{AB}$$

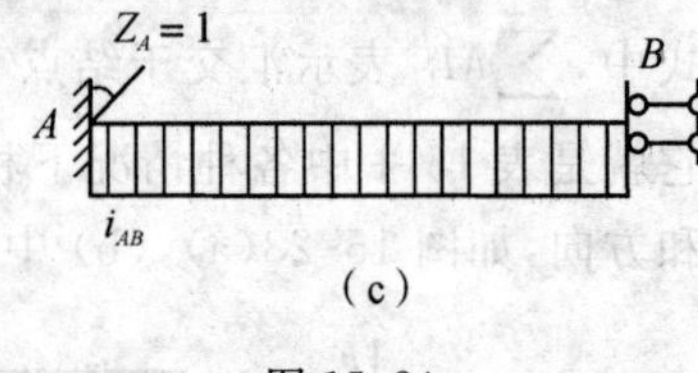

(c)

图 15-24

由此在结点 1 由于角位移 Z_1 所引起转动端的杆端弯矩的表达式为

$$M_{10}=\frac{S_{10}}{S_{10}+S_{12}}(-\sum M_{1j}^{g})=\frac{S_{10}}{\sum S_1}(-\sum M_{1j}^{g})$$

$$M_{12}=\frac{S_{12}}{S_{10}+S_{12}}(-\sum M_{1j}^{g})=\frac{S_{12}}{\sum S_1}(-\sum M_{1j}^{g})$$

式中,$\sum S_1$ 为相交于结点 1 各杆杆端抗弯劲度的总和。

将上述杆端弯矩的表达式写成一般形式,则有

$$M_{ij}=\frac{S_{ij}}{\sum S_i}(-\sum M_{ij}^{g})=\mu_{ij}(-\sum M_{ij}^{g}) \tag{15-5}$$

式(15-5) 中 $$\mu_{ij}=\frac{S_{ij}}{\sum S_i}=\frac{ij\text{ 杆杆端的抗弯劲度}}{\text{节点 }i\text{ 上各杆杆端抗弯劲度的总和}} \tag{15-6}$$

至于结点1转动角位移 Z_1 时,在杆件另一端(远端)所产生的杆端弯矩怎样来求,它与转动端的杆端弯矩的关系又是如何呢?我们可从图 15-24 所示的单跨超静定梁的分析中得到启发。当 A 端转动单位转角($Z_1=1$) 时,A 端需要 $4i_{AB}$ 的弯矩,B 端也产生 $2i_{AB}$ 的弯矩(图 15-24(a)),当 Z_A 为任意值时,A 端和 B 端的弯矩也相应增加任意倍数,故 A 端和 B 端的弯矩的比值不变,则有

$$\frac{M_{BA}}{M_{AB}}=\frac{2i_{AB}}{4i_{AB}}=\frac{1}{2}$$

即 $$M_{BA}=\frac{1}{2}M_{AB}$$

同理,当一端固定另一端为铰支时(图 15-24(b)),其比值为

$$\frac{M_{BA}}{M_{AB}}=\frac{0}{3i_{AB}}=0$$

即 $$M_{BA}=0\times M_{AB}$$

当一端为固定另一端为定向支座时(图 15-24(c)),其比值为

$$\frac{M_{BA}}{M_{AB}}=\frac{-i_{AB}}{i_{AB}}=-1$$

即 $$M_{BA}=-1\times M_{AB}$$

由上面分析可知,若知道转动端 A 的杆端弯矩 M_{AB},则只要乘以相应的某一系数就可得到另一端(远端)的杆端弯矩值,这个过程称为弯矩的传递。此系数称为传递系数,通常用 C_{AB} 表示。脚标 A 在前 B 在后,表示传递的方向是从 A 端向 B 端传递。

由此,我们再联系到对图 15-22 的分析,结点 1 转动角位移 Z_1 所引起(近端)的杆端弯矩由公式(15-5)求出后,另一端(远端)所产生的杆端弯矩的一般表达式为

$$M_{ji}=C_{ij}M_{ij} \tag{15-7}$$

式中,C_{ij} 表示由 i 向 j 方向传递的传递系数。其值当两端固定的超静定梁为 1/2;当一端固定另一端为铰支座时为 0;当一端固定另一端是定向支座时为 -1。

这样,我们只要知道各杆的抗弯劲度 S 和传递系数 C,便可以根据式(15-5),式(15-6)和式(15-7)直接求出由于角位移 Z_1 所引起的杆端弯矩,而不必先解出 Z_1。

上述计算过程和各式的结果,可以理解为:

(1) 附加刚臂上的反力矩 R_{1F} 是原结构所没有的,也就是基本结构的杆端弯矩所不能平衡的差额,我们称它为结点上的不平衡力矩。用一般的符号 R_{iF} 表示,并以顺时针方向为正,它等于汇交于 i 结点上各杆的固端弯矩的代数和,即

$$R_{iF}=\sum M_{ij}^{g}$$

(2) 为了符合原来结构的实际情况,必须使结点 1 发生角位移 Z_1 来消除这一不平衡力矩,也就是在结点 1 加上一个 R_{1F} 等值而方向相反的力矩($-R_{1F}$)(相当于消除刚臂的作用)。在这一过程中,汇交于结点 1 的各杆将在转动端得到杆端弯矩,其大小可根据式(15-5)计算求得。这就好像按 $\dfrac{S_{1j}}{\sum S_1}=\mu_{1j}$ 的比例将力矩($-R_{1F}$)分配给各杆一样。因此,我们把 μ_{1j} 称为 $1j$ 杆 1 端的分配系数,杆端所分配到的弯矩 M_{1j} 称为 $1j$ 杆 1 端的分配弯矩。现将 i 结点上各杆的杆端分配系数和分配弯矩以一般符号表示,分别为 μ_{ij} 和 M_{ij}。

(3) 将各杆杆端的分配弯矩 M_{ij} 乘上相应的传递系数,就得到各杆另一端(远端)的杆端弯矩 M_{ji},称为传递弯矩。

因此,对于只有一个结点角位移的连续梁或刚架,便可按上述方法进行计算。其步骤现归纳如下:

(1) 先算出各杆的固端弯矩、汇交于结点各杆的分配系数和传递系数,并求出结点的不平衡力矩;

(2) 将不平衡力矩反其符号后,乘以各杆的分配系数,便得到相应各杆端的分配弯矩。再将分配弯矩乘上传递系数,便得到各杆远端的传递弯矩;

(3) 最后将各杆杆端的固端弯矩、分配弯矩、传递弯矩三者代数和叠加,即得到各杆的最后弯矩。

这样,就用不着建立和解算位移法的典型方程了。以上所述就是力矩分配法的基本概念。

【例 15-1】 用力矩分配法计算图 15-25a 所示的连续梁，并作最后弯矩图。已知：$l_{12}=6\text{m}, F=6\text{kN}, q=4\text{kN/m}, EI=$ 常数

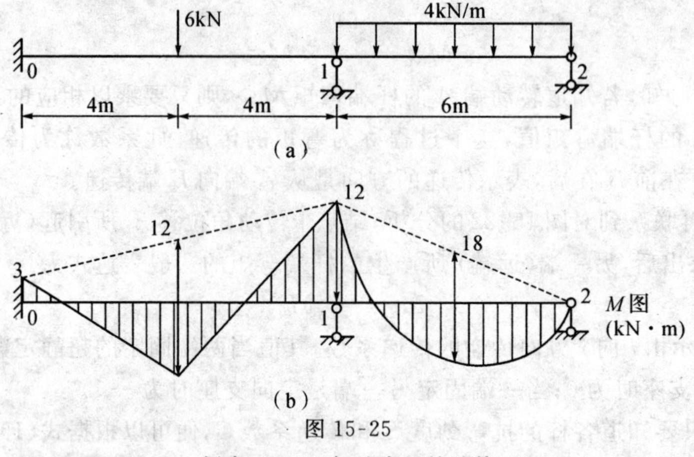

图 15-25

例表 15-1 杆端弯矩的计算

μ	0.5	0.5	0
M^g	−6 +6	−18	0
分配传递	+3 ←+6	+6	0
$\sum M$	−3 +12	−12	0

解 (1) 计算各杆的固端弯矩、抗弯劲度、分配系数和传递系数。查表 15-1 得

$$M_{10}^g=\frac{Fl}{8}=\frac{6\times 8}{8}=6(\text{kN}\cdot\text{m}), M_{01}^g=-6\text{kN}\cdot\text{m}$$

$$M_{12}^g=-\frac{ql^2}{8}=-\frac{4\times 36}{8}=-18(\text{kN}\cdot\text{m}), M_{21}^g=0$$

抗弯劲度、分配系数、传递系数：

$$S_{10}=4i_{10}=4\times\frac{EI}{8}=\frac{EI}{2}, S_{12}=4i_{10}=3\times\frac{EI}{6}=\frac{EI}{2}$$

$$\sum S_1=S_{10}+S_{12}=\frac{EI}{2}+\frac{EI}{2}=EI$$

$$\mu_{10}=\frac{S_{10}}{\sum S_1}=\frac{\frac{EI}{2}}{EI}=0.5, \mu_{12}=\frac{S_{12}}{\sum S_1}=\frac{\frac{EI}{2}}{EI}=0.5$$

$$C_{10}=\frac{1}{2}, C_{12}=0$$

(2) 力矩分配法的具体计算过程可列表进行，如例表 15-1 所示。结点 1 的不平衡力矩 $R_{1F}=\sum M_{1j}^g=6-18=-12(\text{kN}\cdot\text{m})$，将其反号后乘以各杆的分配系数便得到相应的分配弯矩，再将分配弯矩乘上传递系数，便得各杆远端的传递弯矩。

(3) 将固端弯矩、分配弯矩、传递弯矩三者代数和叠加，即得各杆杆端的最后弯矩值。据此便可画出最后弯矩图，如图 15-25(b) 所示。

【例 15-2】 试用力矩分配法计算图 15-26(a) 所示的刚架，并绘最后 M 图。

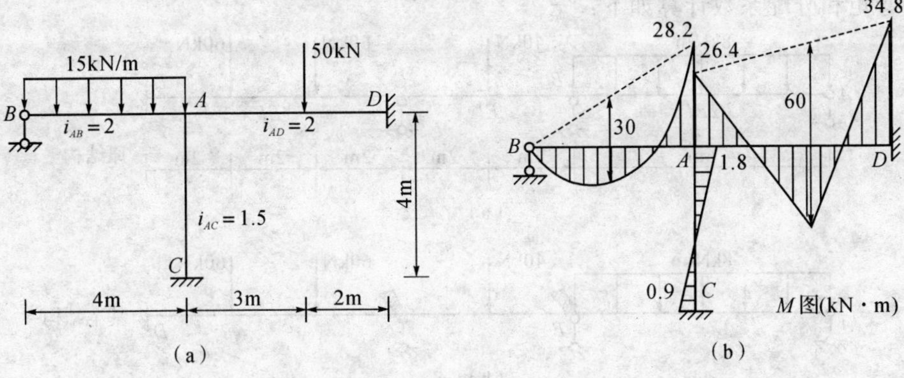

图 15-26

解　(1) 计算 M_{ij}^{g}，μ。查表 15-1 得

$$M_{AB}^{g}=\frac{ql^2}{8}=\frac{15\times 4^2}{8}=+30\text{kN}\cdot\text{m},M_{AD}^{g}=-\frac{Fab^2}{l^2}=-\frac{50\times 3\times 2^2}{5^2}=-24\text{kN}\cdot\text{m},$$

$$M_{DA}^{g}=\frac{Fa^2b}{l^2}=\frac{50\times 3^2\times 2}{5^2}=+36\text{kN}\cdot\text{m},$$

$$S_{AB}=3i_{AB}=3\times 2=6,S_{AD}=4i_{AD}=4\times 2=8,S_{AC}=4i_{AC}=4\times 1.5=6$$

$$\sum S_A=S_{AB}+S_{AD}+S_{AC}=6+8+6=20$$

$$\mu_{AB}=\frac{S_{AB}}{\sum S_A}=\frac{6}{20}=0.3,\mu_{AD}=\frac{S_{AD}}{\sum S_A}=\frac{8}{20}=0.4,\mu_{AC}=\frac{S_{AC}}{\sum S_A}=\frac{6}{20}=0.3$$

$$C_{AB}=0,C_{AD}=\frac{1}{2},C_{AC}=\frac{1}{2}$$

(2) 列表进行计算，见例表 15-2 。

例表 15-2　杆端弯矩的计算

结　点	B	A			D	C
杆　端	BA	AB	AC	AD	DA	CA
μ	—	0.3	0.3	0.4	—	—
M_g		+30	0	−24	+36	0
分配、传递		−1.8	−1.8	−2.4 →	−1.2	→ −0.9
ΣM		+28.2	−1.8	−26.4	+34.8	−0.9

(3) 绘最后 M 图，如图 15-26(b) 所示。

15.8　用力矩分配法计算连续梁和结点无线位移的刚架

上一节我们讨论的是按基本结构中只有一个附加刚臂的简单情况，介绍了力矩分配法的基本概念。利用这一概念，并结合逐次否定每一个附加刚臂作用的办法，来解算具有多个结点的连续梁和无线位移刚架的内力。现以图 15-27(a) 所示的连续梁来加以说明，此结构有两个结点，用附加刚臂将 B，C 两结点加以固定，得其基本结构如图 15-27(b) 所示，则各杆的固端弯矩和分配系数计算如下：

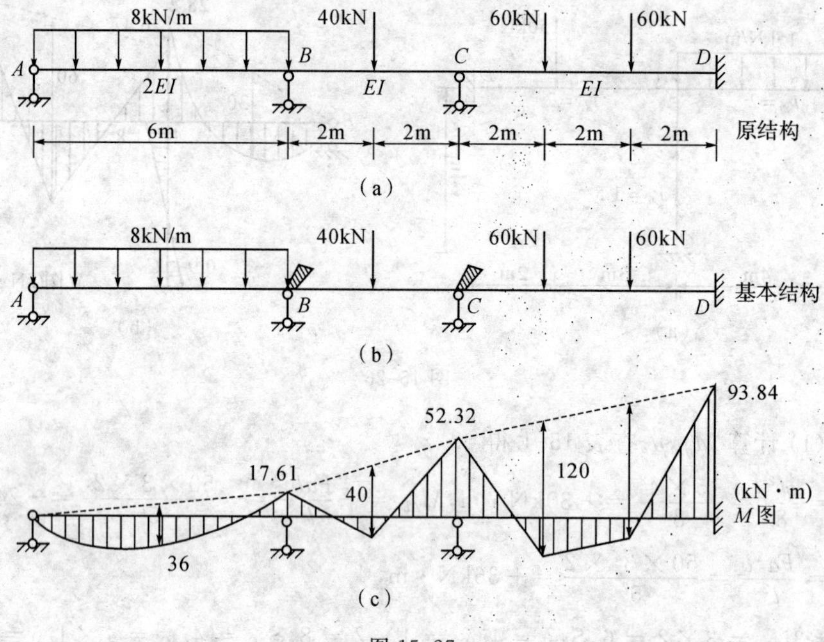

(a)

(b)

(c)

图 15-27

$$M_{BA}^{g}=+\frac{ql^2}{8}=+\frac{8\times 6^2}{8}=+36(\text{kN}\cdot\text{m}),$$

$$M_{BC}^{g}=-\frac{Fl}{8}=-\frac{40\times 4}{8}=-20(\text{kN}\cdot\text{m}),M_{CB}^{g}=+20\text{kN}\cdot\text{m}$$

$$M_{CD}^{g}=\frac{F_1ab^2}{l^2}+\frac{F_2ab^2}{l^2}=\frac{60\times 2\times 4^2}{6^2}+\frac{60\times 4\times 2^2}{6^2}=-80(\text{kN}\cdot\text{m}),M_{DC}^{g}=+80\text{kN}\cdot\text{m}$$

求分配系数时，为了计算方便可令 $EI=12$，则

$$S_{BA}=3i_{AB}=3\times\frac{2\times 12}{6}=12,S_{BC}=4i_{BC}=4\times\frac{12}{4}=12$$

$$S_{CB}=12,S_{CD}=4i_{CD}=4\times\frac{12}{6}=8$$

$$\sum S_B=S_{BA}+S_{BC}=12+12=24,\ \mu_{BA}=\mu_{BC}=\frac{12}{24}=0.5,$$

$$\sum S_C=S_{CB}+S_{CD}=12+8=20,\quad \mu_{CB}=0.6,\mu_{CD}=0.4$$

结点 B 的不平衡力矩 $\qquad R_{BF}=\sum M_{Bj}^{g}=+36-20=+16(\text{kN}\cdot\text{m})$

结点 C 的不平衡力矩 $\qquad R_{CF}=\sum M_{Cj}^{g}=+20-80=-60(\text{kN}\cdot\text{m})$

求出各杆的固端弯矩、分配系数及各结点的不平衡力矩后，便可逐一消除各个附加刚臂约束中的不平衡力矩，也就是说，逐一消除各个结点上的不平衡力矩。为了使计算结果收敛较快，一般我们先消除不平衡力矩绝对值较大的那个结点，即先消除（转动）结点 C，使该结点上的各杆端弯矩单独处于平衡。此时，其他结点仍固定不动，即结点 B 仍保持固定，这样每次只放松（转动）一个结点，它只影响梁的两跨。由此，两跨以上连续梁的计算就转化为两跨连续梁的计算，故可利用上节所述力矩分配和传递的办法来消除结点的不平衡力矩。将结点

C 的不平衡力矩 R_{CF} 反其符号并乘上分配系数，求得相应杆端的分配弯矩为

$$M_{CB}=+60\times0.6=+36(\text{kN}\cdot\text{m}),M_{CD}=+60\times0.4=+24(\text{kN}\cdot\text{m})$$

将分配弯矩列人表内，见表 15-2 。并在分配弯矩值下面划一横线，表示此时结点 C 暂时得到平衡。同时将每一分配弯矩乘上相应的传递系数，求得传递弯矩为

$$M_{BC}=36\times\frac{1}{2}=+18(\text{kN}\cdot\text{m}),M_{DC}=24\times\frac{1}{2}=+12(\text{kN}\cdot\text{m})$$

表 15-2　杆端分配弯矩的计算

结点	B		C		D
杆端	BA	BC	CB	CD	DC
μ	0.5	0.5	0.6	0.4	
M^g	+36	−20	+20	−80	+80
分配及传递		+18 ←	+36	+24 →	+12
	−17	−17 →	−8.5		
		+2.55 ←	+5.1	+3.4 →	+1.7
	−1.28	−1.28 →	−0.64		
		+0.20 ←	+0.38	+0.26 →	+0.13
	−0.1	−0.1 →	−0.05		
		+0.02 ←	+0.03	+0.02 →	+0.01
	−0.01	−0.01			
$\sum M$	+17.61	−17.61	+52.32	+52.32	+93.84

因为当转动结点 C 时，结点 B 仍固定，故结点 B 的不平衡力矩的数值除了原来在荷载作用下产生的不平衡力矩 R_{BF} 外，再加上结点 C 传来的传递弯矩 M_{BC}，即

$$R'_{BF}=+16+18=+34(\text{kN}\cdot\text{m})$$

在消除(转动)结点 B 的不平衡力矩时，这时结点 C 必须重新固定。将R'_{BF} 反其符号并乘上分配系数，得相应的分配弯矩为

$$M_{BA}=-34\times0.5=-17(\text{kN}\cdot\text{m}),M_{BC}=-34\times0.5=-17(\text{kN}\cdot\text{m})$$

同样，在此分配弯矩值下面划一横线以表示此时结点 B 暂时得到平衡。同时，将此分配弯矩乘以相应的传递系数得传递弯矩为

$$M_{AB}=-17\times0=0,M_{BC}=-17\times\frac{1}{2}=-8.5(\text{kN}\cdot\text{m})$$

这时结点 C 上又产生了新的不平衡力矩$R'_{CF}=-8.5\text{kN}\cdot\text{m}$，此值比第一次的不平衡力

矩 $R_{CF}=-60\text{kN}\cdot\text{m}$ 要小得多。按照上述完全相同的步骤，继续在结点 C 和结点 B 消去不平衡力矩，进行弯矩分配和传递。直至最后传递弯矩很小可以忽略不计为止，便可停止进行。此时结构非常接近于结构的真实平衡状态了。各次的计算过程和结果见表 15-2 。

将每一杆端各次的分配弯矩、传递弯矩和原有的固端弯矩相叠加，便得到各杆杆端的最后弯矩值。然后绘出原结构的最后弯矩图如图 15-27(c) 所示。

如果弯矩分配和传递的计算无误的话，那么，结点上的最后弯矩应该是平衡的，即各结点最后的杆端弯矩都应该是数值相等、符号相反，如列表中最下面一行的结果。

以上虽然是就连续梁的例子来说明的，但上述的计算方法同样可用于一般结点无线位移的刚架。

最后，应指出在计算过程中应该注意以下几个问题：

(1) 力矩分配法的基本假定及原理、基本结构、正负号的规定等，都与位移法相同；

(2) 结点上的不平衡力矩，等于汇交于该结点各杆端的固端弯矩的代数和；

(3) 分配系数与外荷载、支座移动等因素无关，只与超静定单杆的形式及其线性刚度 i 有关；在计算分配系数时，同一结点各杆端的分配系数公式中有同一的分母值，且同一结点所有各杆端的分配系数之和应等于 1 ；据此特点可检查分配系数是否算错。

【例 15-3】 用力矩分配法计算图 15-28(a) 所示的刚架，并绘出最后弯矩图。$EI=$ 常数。

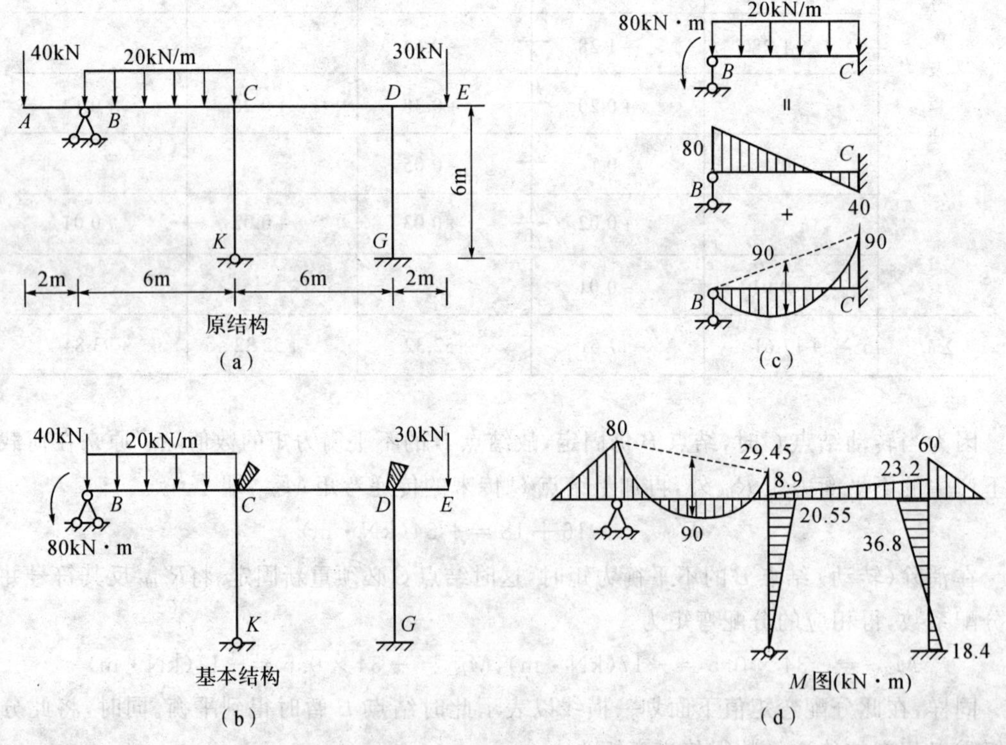

图 15-28

解此结构为结点无线位移的刚架，图中 AB 和 DE 为静定的伸臂部分，其内力可直接由静力平衡条件求得，取基本结构时在结点 B 处不必加刚臂约束，作为铰支座来处理，只须在结点 C、D 处附加刚臂约束，其基本结构如图 15-28(b) 所示。同时 AB 伸臂部分暂时可去掉，而代以等效的力。即集中力为 40kN 作用在 B 支座，直接由 B 支座承受，以及力矩 80kN·m 作用在 BC 杆的 B 端，作为已知的外荷载来看待。

下面的具体计算过程同前例一样，即

(1) 计算固端弯矩和分配系数。

计算 BC 杆 C 端的固端弯矩时，因其上作用有力矩 80kN·m 及均布荷载 $q=20\text{kN/m}$，两种情况叠加如图 15-28(c) 所示，得

$$M^{g}_{CB}=+\frac{ql^2}{8}-40=+\frac{20\times 6^2}{8}-40=+50(\text{kN}\cdot\text{m})$$

计算分配系数时可假定 $EI=6$，则各杆的 i 均等于 1 。结点 C 各杆的 μ 为

$$S_{CB}=3i_{CB}=3\times 1=3,S_{CK}=3i_{CK}=3\times 1=3,S_{CD}=4i_{CD}=4\times 1=4$$

$$\sum S_C=S_{CB}+S_{CD}+S_{CK}=3+4+3=10$$

所以　　$\mu_{CB}=0.3,\mu_{CD}=0.4,\mu_{CK}=0.3$

计算结点 D 各杆的分配系数时，可将静定部分 DE 杆的线性刚度 i_{DE} 当作零来处理，因为当结点 D 转动或受到外加力矩时，这静定部分仅作刚体运动不产生弯矩。结点 D 各杆的 μ 为

$$S_{DC}=4i_{CD}=4\times 1=4,S_{DG}=4i_{DG}=4\times 1=4$$

$$\sum S_D=S_{DC}+S_{DG}=4+4=8,\quad \mu_{DC}=\mu_{DG}=0.5$$

(2) 列表进行分配、传递计算，见例表 15-3，结点 D 的不平衡力矩为 −60kN·m。

(3) 根据表中计算的最后一行结果作最后弯矩图，如图 15-28(d) 所示。

例表 15-3　杆端弯矩的计算

结点	B			C				D				
杆端	BA	BC		CB	CK	CD		DC	DE	DG		GD
μ				0.3	0.3	0.4		0.5	—	0.5		
M^R	+80	−80		+50					−60			
分配及传递						+15	←	+30		+30	→	+16
				−19.5	−19.5	−26	→	−13				
						+3.2	←	+6.5		+6.5	→	+3.2
				−1	−1	−1.2	→	−0.6				
						0.15	←	+0.3		+0.3	→	+0.2
				−0.05	−0.05	−0.05	→	−0.02				
								+0.01		+0.01		
$\sum M$	+80	−80		+29.45	−20.55	−8.90		+23.2	−60	+36.8		+18.4

15.9　对称性的利用

在力法计算一章中，我们已经讨论了对称结构，并得到对称性的两个结论：即对称结构在对称荷载作用下，只产生对称位移(或变形) 和内力；在反对称荷载作用下，只产生反对称

的位移(或变形)和内力。应用上述结论可使对称结构的计算得到简化,根据位移和内力的这些特点,对称结构可只取出其结构的一半简图或$\frac{1}{4}$的简图来计算。下面用具体的例子来说明。

【例 15-4】 利用对称性求图 15-29(a) 所示闭合刚架的弯矩图。

已知:$EI=$ 常数,$q=60\text{kN/m}$。

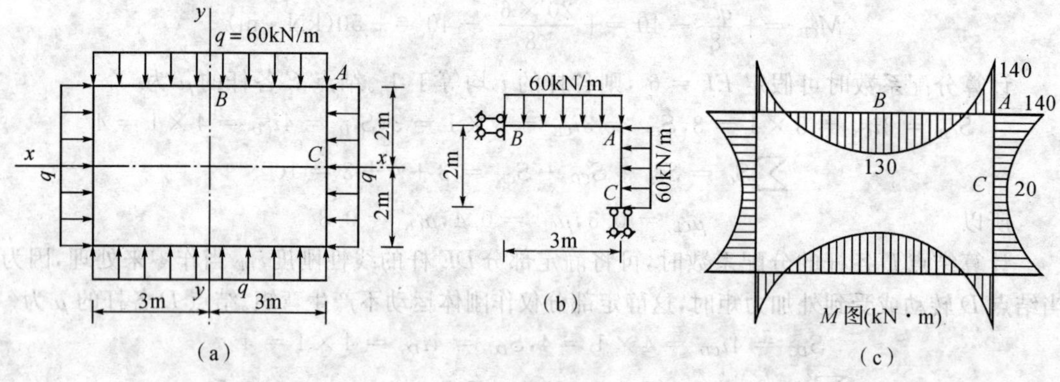

图 15-29

解 由于结构对称,外荷载也对称,同时结构有两个对称轴 $x-x$ 和 $y-y$,所以,结构的内力和位移均对称于此两轴。分析对称轴上 B 和 C 两处的位移条件:B 和 C 截面处的转角位移均为零,即 $\varphi_B=\varphi_C=0$;B 点的竖向线位移 $\Delta_{By}\neq 0$,B 点的水平线位移 $\Delta_{Bx}=0$;C 点的竖向线位移 $\Delta_{By}=0$,C 点的水平线位移 $\Delta_{Bx}\neq 0$。故可将 B 及 C 截面处用定向支座来代替,这样可取原结构的$\frac{1}{4}$的简图来进行计算,计算简图如图 15-29(b) 所示。

得到$\frac{1}{4}$的计算简图后,求其最后弯矩图时,则可选用力法、位移法、力矩分配法中任一种。现分别应用位移法和力矩分配法来求解,具体计算如下:

1. 用位移法求解最后弯矩图。

(1) 图 15-29b 所示 1/4 的计算简图只有一个铰位移,即 $Z_1=\phi_A$。取基本结构如图 15-30a 所示。

(2) 位移法方程为

$$r_{11}Z_1+R_{1F}=0$$

(3) 作 M_F 图和$\overline{M}_1$,图(如图 15-30a, b 所示),求系数和自由项。查表 15-1 载常数,得

$$M_{AB}=\frac{1}{3}ql^2=\frac{1}{3}\times 60\times 3^2=180(\text{kN}\cdot\text{m})$$

$$M_{BA}=\frac{1}{6}ql^2=\frac{1}{6}\times 60\times 3^2=90(\text{kN}\cdot\text{m})$$

$$M_{AC}=-\frac{1}{3}ql^2=-\frac{1}{3}\times 60\times 2^2=-80(\text{kN}\cdot\text{m})$$

$$M_{CA}=-\frac{1}{6}ql^2=-\frac{1}{6}\times 60\times 2^2=-40(\text{kN}\cdot\text{m})$$

查表 15-1 形常数,得

$$\overline{M}_{AB}=\frac{EI}{3},\overline{M}_{BA}=-\frac{EI}{3}$$

$$\overline{M}_{AC}=\frac{EI}{2},\overline{M}_{CA}=-\frac{EI}{2}$$

分别从 M_F 图和$\overline{M}_1$ 中取结点 A 为脱离体，由 $\sum M_A=0$

得　$R_{1F}=180-80=100(\mathrm{kN\cdot m})$，$r_{11}=\frac{5}{6}EI$

代入位移法方程，得　$Z_1=-\frac{R_{1F}}{r_{11}}=-\frac{100}{\frac{5}{6}EI}=-\frac{120}{EI}$

(a)

(b)

图 15-30

(4) 由叠加公式 $M=\overline{M}_1Z_1+M_F$，求得各杆杆端弯矩值，并绘最后弯矩图如图 15-29(c) 所示。

$$M_{AB}=\frac{EI}{3}\times(-\frac{120}{EI})+180=+140(\mathrm{kN\cdot m})\quad(\text{上侧受拉})$$

$$M_{BA}=-\frac{EI}{3}\times(-\frac{120}{EI})+90=+130(\mathrm{kN\cdot m})\quad(\text{下侧受拉})$$

$$M_{AC}=\frac{EI}{2}\times(-\frac{120}{EI})-80=-140(\mathrm{kN\cdot m})\quad(\text{右侧受拉})$$

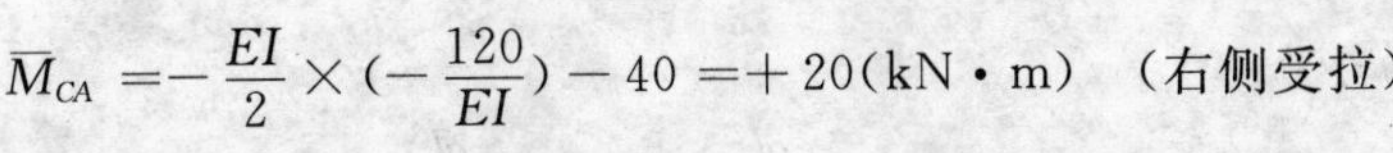

$$\overline{M}_{CA}=-\frac{EI}{2}\times(-\frac{120}{EI})-40=+20(\mathrm{kN\cdot m})\quad(\text{右侧受拉})$$

2. 用力矩分配法求解最后弯矩图

(1) 计算 M_{ij}^g，μ。　查表 15-1 得各杆的固端弯矩同前(即载常数)：

$M_{AB}^g=180\mathrm{kN\cdot m}$，$M_{BA}^g=90\mathrm{kN\cdot m}$，$M_{AC}^g=-80\mathrm{kN\cdot m}$，$M_{CA}^g=-40\mathrm{kN\cdot m}$

$$S_{BA}=i_{AB}=\frac{EI}{3},\quad S_{AC}=i_{AC}=\frac{EI}{2},\quad \sum S_A=S_{BA}+S_{AC}=\frac{EI}{3}+\frac{EI}{2}=\frac{5EI}{6}$$

所以　$\mu_{AB}=\frac{S_{AB}}{\sum S_A}=0.4$，　$\mu_{AC}=\frac{S_{AC}}{\sum S_A}=0.6$

(2) 列表计算(见例表 15-4)，进行分配、传递、叠加得最后各杆端弯矩值。

例表 15-4　杆端弯矩的计算

结点	A			
杆端	BA	AB	AC	CA
μ	—	0.4	0.6	—
M^R	+90	+180	−80	−40
分配　传递	+40	−40	−60	+60
$\sum M$	+130	+140	−140	+20

(3) 根据表中最后一行的数值，绘最后弯矩图如图 15-29(c) 所示。显然，用两种方法计算的结果完全一样，相比之下用力矩分配法计算要方便些，因它不必解方程。

【例 15-5】 图 15-31(a) 所示的刚架，已知：$q,l,EI=$ 常数。利用对称性，作最后弯矩图。

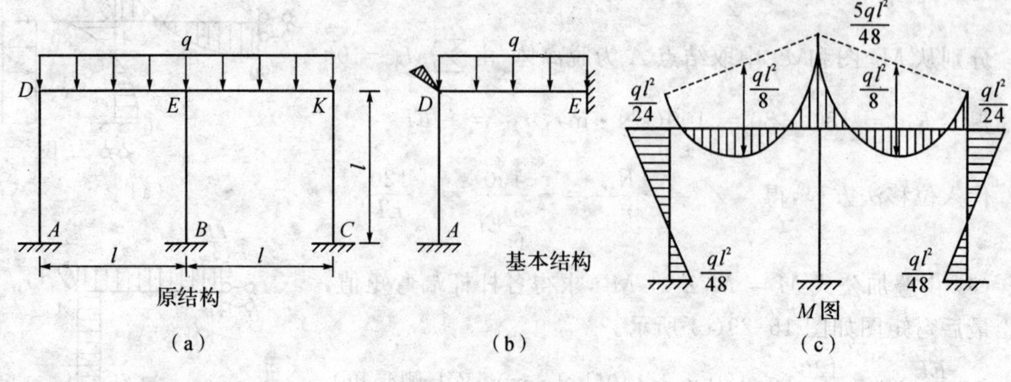

(a) (b) (c)

图 15-31

解 (1) 由于结构和外荷载均对称，对称轴 EB 上 E 点的位移条件为 $\Delta_{Ex}=\Delta_{Ey}=\varphi_E=0$，而 B 点为固定端其三个方向的位移也为零。故可取该结构的一半计算简图，并在结点 D 附加刚臂约束得基本结构如图 15-31(b) 所示。

(2) 计算 M_{ij}^g,μ。

$$M_{DE}^g=-\frac{ql^2}{12},M_{ED}^g=+\frac{ql^2}{12}$$

$$S_{DA}=4i_{DA}=4\frac{EI}{l},S_{DE}=4i_{DE}=4\frac{EI}{l}$$

$$\sum S_D=S_{DA}+S_{DE}=8\frac{EI}{l}$$

$$\mu_{DA}=\mu_{DE}=0.5$$

(3) 列表计算，见例表 15-5，并根据表中最后一行数值，绘最后 M 图，如图 15-31c 所示。

例表 15-5 杆端弯矩的计算

结 点	A	D		E
杆 端	AD	DA	DE	ED
μ		0.5	0.5	
M_g			$-\frac{ql^2}{12}$	$+\frac{ql^2}{12}$
分配、传递	$+\frac{ql^2}{48}$ ←	$+\frac{ql^2}{24}$	$+\frac{ql^2}{24}$ →	$+\frac{ql^2}{48}$
$\sum M$	$+\frac{ql^2}{48}$	$+\frac{ql^2}{24}$	$-\frac{ql^2}{24}$	$+\frac{5ql^2}{48}$

思考题

15-1 试将位移法与力法的解题思路和基本原理作一比较。

15-2 位移法中对杆端弯矩的正负号如何规定？

15-3　位移法的基本未知量数目与结构的超静定次数有没有关系？

15-4　什么是转动刚度，影响转动刚度确定的因素是什么？

15-5　分配系数与转动刚度有什么关系，为什么一刚结点处各杆端的分配系数之和等于 1？

15-6　何为固端弯矩与不平衡力矩，如何计算不平衡力矩，为何将它反号才能进行分配？

习　题

15-1　试计算下列各结构用位移法解时的基本未知数的数目，并绘制相应的基本结构。

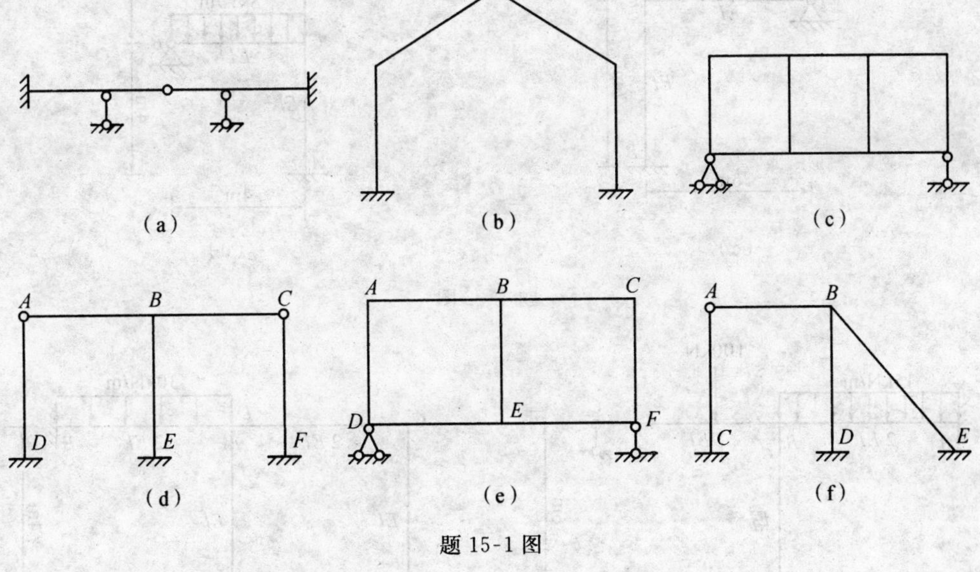

题 15-1 图

15-2　用位移法计算，绘最后 M 图。

15-3　用位移法计算，绘最后 M，F_Q，F_N 图。

15-4　用位移法计算，绘最后 M 图。

15-5　用力矩分配法计算，绘最后弯矩图。

15-6　用力矩分配法计算，绘最后弯矩图。

15-7　利用对称性，用力矩分配法计算，作 M 图。

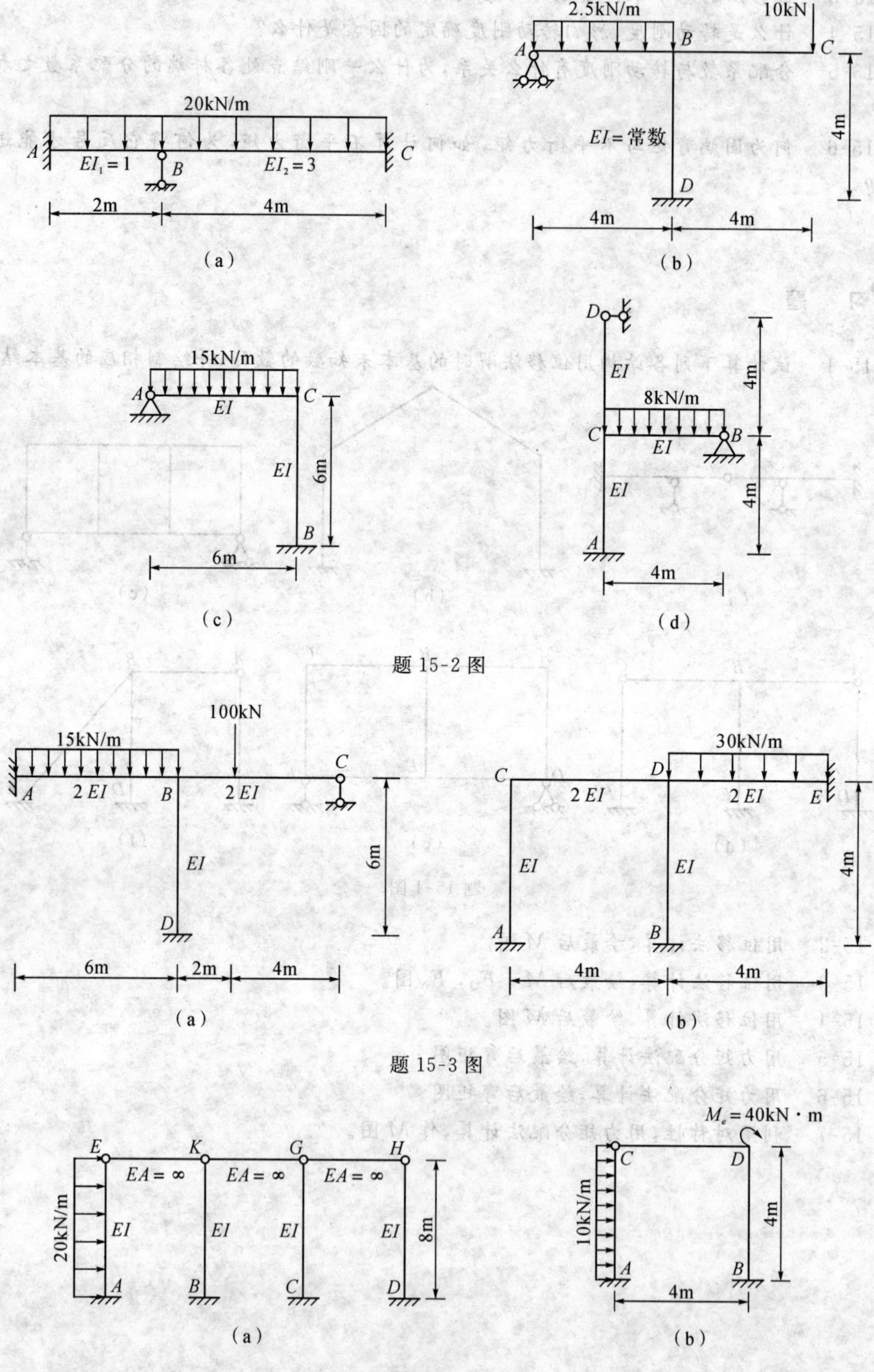

题 15-2 图

题 15-3 图

题 15-4 图

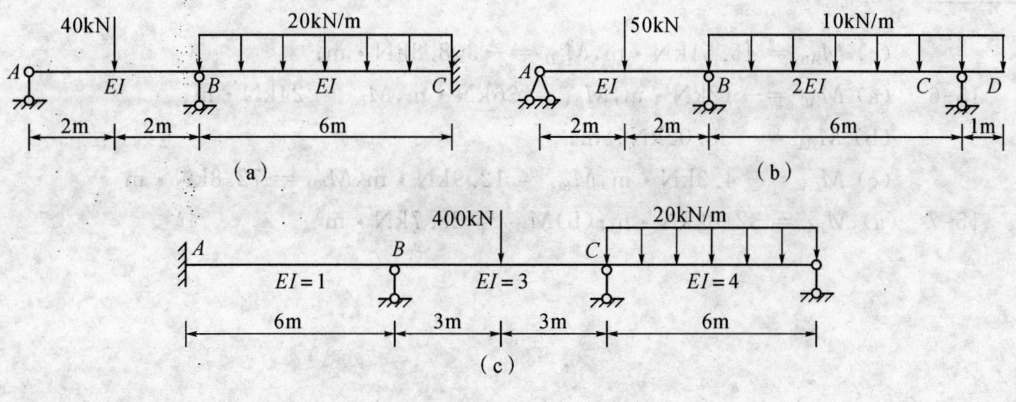

题 15-5 图

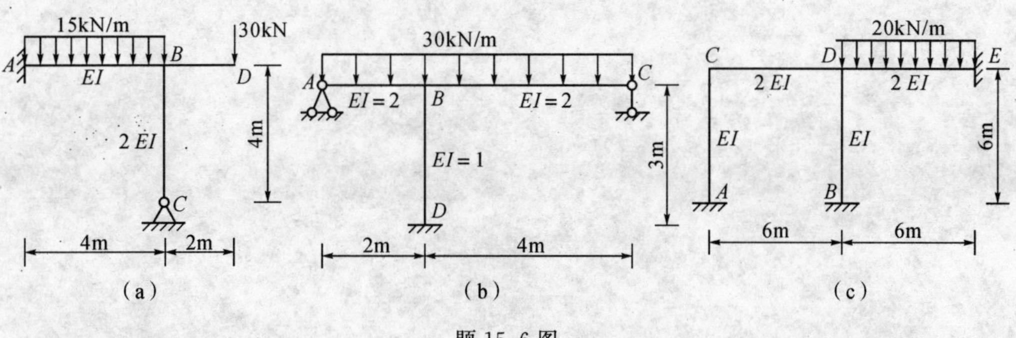

题 15-6 图

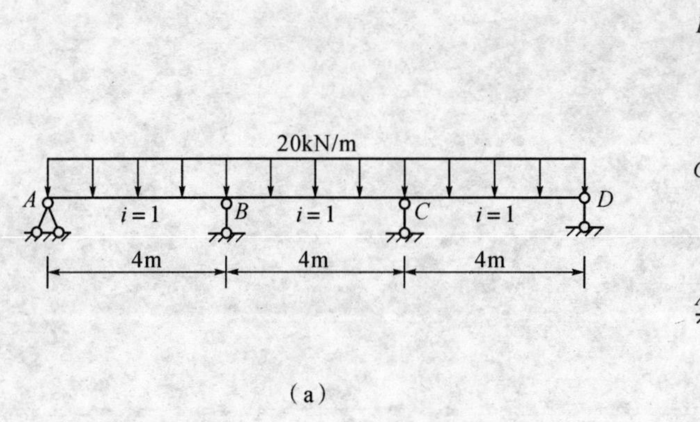

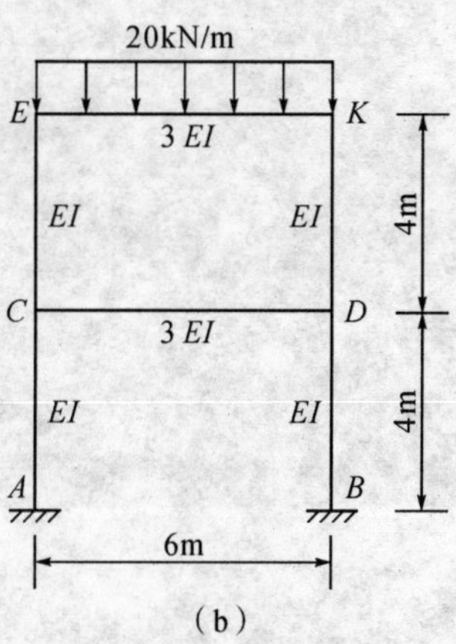

题 15-7 图

部分习题参考答案

15-1　(略)

15-2　(a) $M_{AB} = 14.671\text{kN}\cdot\text{m}$; (b) $M_{AB} = 201\text{kN}\cdot\text{m}$

(c) $M_{CA} = 38.571\text{kN}\cdot\text{m}$; (d) $M_{CB} = -11.2\text{kN}\cdot\text{m}$

15-3　(a) $M_{AB} = -30.31\text{kN}\cdot\text{m}$; (b) $M_{ED} = 48.6\text{kN}\cdot\text{m}$

15-4　(a) $M_{AB} = -280\text{kN}\cdot\text{m}$; (b) $M_{DC} = 50.52\text{kN}\cdot\text{m}$

15-5　(a) $M_{BA} = 45.9\text{kN}\cdot\text{m}$;　(b) $M_{BA} = 39.6\text{kN}\cdot\text{m}$;

(c) $M_{AB}=45.51\text{kN}\cdot\text{m}, M_{CD}=-308.8\text{kN}\cdot\text{m}$;

15-6 (a) $M_{AB}=-12\text{kN}\cdot\text{m}, M_{BA}=36\text{kN}\cdot\text{m}, M_{BC}=24\text{kN}\cdot\text{m}$;

(b) $M_{BA}=-38.02\text{kN}\cdot\text{m}$;

(c) $M_{CA}=-4.3\text{kN}\cdot\text{m}, M_{BD}=12.9\text{kN}\cdot\text{m}, M_{ED}=72.8\text{kN}\cdot\text{m}$

15-7 (a) $M_{BA}=32.02\text{kN}\cdot\text{m}$;(b)$M_{EC}=28.7\text{kN}\cdot\text{m}$

第 16 章 影响线及其应用

教学要求

通过本章学习，要求掌握影响线的概念和用静力法作静定梁的反力、内力影响线，掌握影响量的计算和最不利荷载位置的确定，会利用影响线求动荷载下静定梁的最大内力；了解用机动法作静定梁的的反力和内力影响线、简支梁内力包络图及绝对最大弯矩的计算；理解连续梁内力包络图。

本章重点是用静力法作静定梁的反力、内力影响线。难点是影响线的概念

16.1 概　述

一、工程中提出的问题

前面几章的内容都是属于静力荷载作用下的结构计算问题。所谓静力荷载，是指荷载的量值和作用位置固定不变，也称为永久荷载或恒荷载，如结构自重或固定设备的重量等。但有些结构还常常承受着另一类荷载，如桥梁上行驶的车辆和行走的人群，工业厂房或仓库中吊车梁上行驶的吊车（如图 16-1 所示），水闸工作桥上移动的启闭闸门的门机以及仓库中的储藏物、建筑物上的雪荷载等。这些荷载，因作用位置可以移动，或时有时无，所以统称为活荷载。

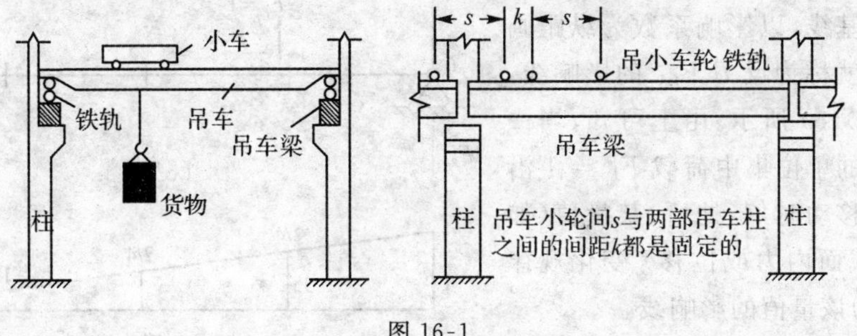

图 16-1

活荷载可分为两类：一类是作用点的位置可以移动的称为移动荷载，其大小、方向假定不变（即不考虑时间因素），只是位置可以移动，如火车、汽车、吊车、门机等的车轮压力；另一

类是时有时无并且可以任意布置的称为定位荷载或短期荷载，如仓库中的堆物及大楼中的人群等。当结构承受活荷载作用时，需解决以下几个问题：

(1) 当荷载移动到某一位置不动时，计算某一指定处所、量值(如某支座反力或截面内力) 的大小，即解决所谓影响量的计算问题。

(2) 当荷载移动到什么位置时，对某处所、某量值引起最大或最小影响量？即解决所谓荷载的最不利位置问题。

(3) 当荷载移动时，结构上各截面内力(弯矩或剪力) 最大值与最小值的变化范围，即解决所谓内力包络图问题。

(4) 当荷载移动到什么位置，又在哪一个截面产生的弯矩绝对最大，即解决所谓绝对最大弯矩的计算问题。

上述几类问题通常用在设计构件的尺寸、配置钢筋工作中。

在线性结构中，移动荷载作用下所需解决的上述几类问题，都可以用单位移动荷载 $F_P=1$ 作用下反力或内力的变化规律即影响线来解决。

二、影响线的概念

移动荷载通常是一系列相互保持一定距离的平行力或连续分布荷载。虽然移动荷载形式多种多样，但都可用一个简单、基本、移动的单位集中荷载 $F_P=1$ 来表示。研究单位定向荷载在移动中所引起的反力、内力的变化规律，其量值可应用叠加原理进行计算。

如图 16-2(a) 所示简支梁，受汽车荷载作用。F_{P1}、F_{P2} 为轮压，间距为 d，如图 16-2(b) 所示。当汽车自左向右移动时，某处所、某量值(如 A 支座反力 F_{RA}) 将随之变化。欲研究其变化规律与相应的图线，首先研究一个单位集中荷载 $F_P=1$ 在结构上定向移动时反力 F_{RA} 的变化。

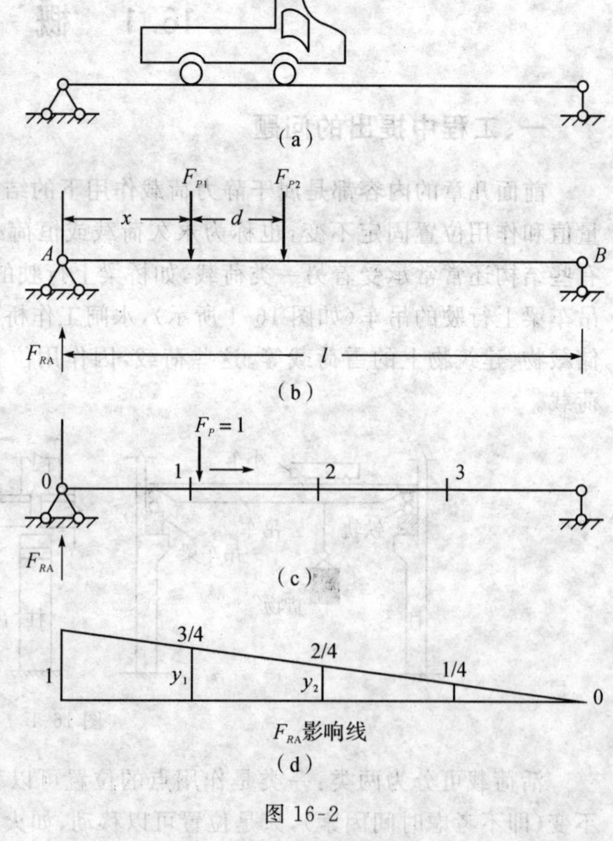

图 16-2

若将 AB 梁分为 4 等分，当 $F_P=1$ 自左向右移动，经过梁上 O、1、2、3、4 各点时，F_{RA} 的数值分别为 1，3/4，2/4，1/4，0。这些数值表示 $F_P=1$ 移动在上述各点时对 F_{RA} 的影响，称为影响系数。以水平线为基线，以影响系数为纵距画出来的直线就称为反力 F_{RA} 的影响线，如图 16-2(c)(d) 所示。由上可知，当一个方向不变的单位集中荷载 $F_P=1$ 沿荷载作用线移动时，某处所、某量值(如支座反力、截面内力或位移) 变化规律的图形，称为该量值的影响线。

影响线的纵距表示了单位荷载 $F_P=1$ 在结构上移动到各个位置时，对某处所、某量值产生的影响。例如，上面所

举的汽车在梁上移动到某一位置时，要求 A 支座反力 F_{RA}，可利用叠加原理求得

$$F_{RA} = F_{P1}y_1 + F_{P2}y_2$$

作影响线的方法有静力法和机动法两种，其中静力法是基本方法。

16.2　静力法绘制单跨静定梁影响线

静力法是以静力平衡条件为基础的。设定向单位集中荷载 $F_P = 1$ 在梁上移动时，建立坐标系，以 x 表示从坐标原点到 $F_P = 1$ 作用点的距离（x 是自变量），列出静力平衡方程，即可将某处所、某量值表示为单位荷载位置坐标 x 的函数（称为影响线方程），从而可绘出影响线。

一、简支梁的影响线

1. 支座反力影响线

如图 16-3(a) 所示简支梁 AB，受单位移动荷载 $F_P = 1$ 作用。

(1)F_{RA} 的影响线。坐标系如图 16-3 所示。假定此时荷载 $F_P = 1$ 移动到某一位置，则由梁的静力平衡条件 $\sum M_B = 0$

得

$$F_{RA} = \frac{l-x}{l} \quad (0 \leqslant x \leqslant l) \tag{16-1}$$

式(16-1) 为 F_{RA} 的影响线方程，表示反力 F_{RA} 随 x 的变化规律。由方程可见，反力 F_{RA} 是 x 的一次函数，定出两点的纵距即可连以直线成图。

当 $x = 0$ 时，$F_{RA} = 1$；当 $x = l$ 时 $F_{RA} = 0$。如图 16-3(b) 所示即为反力 F_{RA} 的影响线。

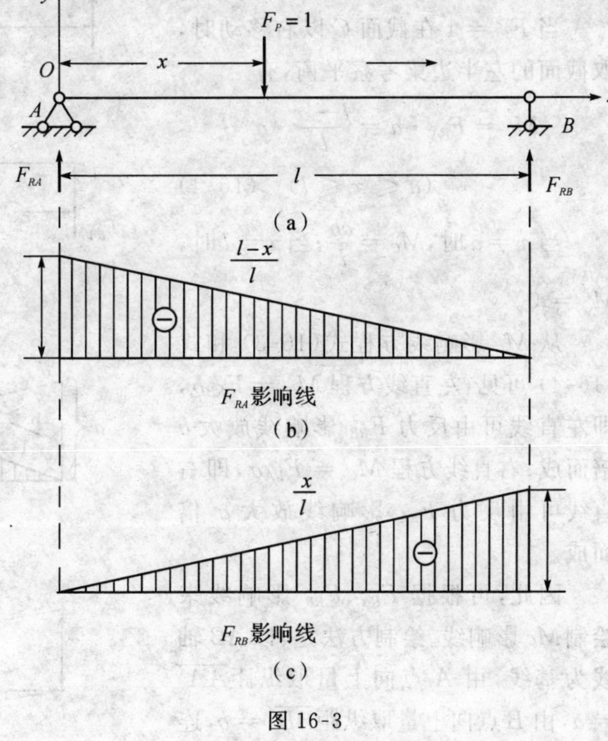

图 16-3

(2)F_{RB} 的影响线。同理，由梁的平衡条件 $\sum M_A = 0$

得

$$F_{RB} = \frac{x}{l} \quad (0 \leqslant x \leqslant l) \tag{16-2}$$

说明 F_{RB} 的影响线仍为一直线，如图 16-3(c) 所示。支座反力的影响线表示单位荷载 $F_P = 1$ 在梁上移动时支座反力的变化规律。影响线上任一纵距 y 表示 $F_P = 1$ 在该处时支座反力的数值。规定正号绘在基线以上，负号绘在基线以下；反力影响线的纵距是无因次量。

2. 内力影响线

设梁 AB 上任意截面 C 的位置及坐标系如图 16-4(a) 所示。

(1) 弯矩影响线。截面 C 的弯矩 M_C 与荷载 $F_P=1$ 在截面的左、右位置有关，所以必需分段建立的影响线方程，如图 16-4(b)(c)(d) 所示。

当 $F_P=1$ 在截面 C 以左移动时，取截面的右半边梁考察平衡，有

$$M_C = F_{RB} \cdot b = \frac{x}{l} \cdot b \quad (0 \leqslant x \leqslant a) \tag{16-3}$$

当时 $x=0$，$M_C=0$；当 $x=a$ 时 $M_C=\frac{ab}{l}$。

当 $F_P=1$ 在截面 C 以右移动时，取截面的左半边梁考察平衡，有

$$M_C = F_{RA} \cdot a = \frac{l-x}{l} \cdot a \quad (a \leqslant x \leqslant l) \tag{16-4}$$

当 $x=a$ 时，$M_C=\frac{ab}{l}$；当 $x=l$ 时，$M_C=0$。

从 M_C 影响线方程式(16-3) 和式(16-4) 可见，左直线方程 $M_C=F_{RB}b$，即左直线可由反力 F_{RB} 影响线放大 b 倍而成；右直线方程 $M_C=F_{RA}a$，即右直线可由反力 F_{RA} 影响线放大 a 倍而成。

因此，可根据 F_{RA}、F_{RB} 影响线来绘制 M_C 影响线。绘制方法是：以 AB 轴线为基线，由 A 点向上量取纵距 $\overline{AA'}=a$，由 B 点向上量取纵距 $\overline{BB'}=b$，连接 AB' 和 BA' 相交于点 C，则 $AC'B$ 即为 M_C 影响线，如图 16-4(e) 所示。弯矩影响线纵距的因次为 L。

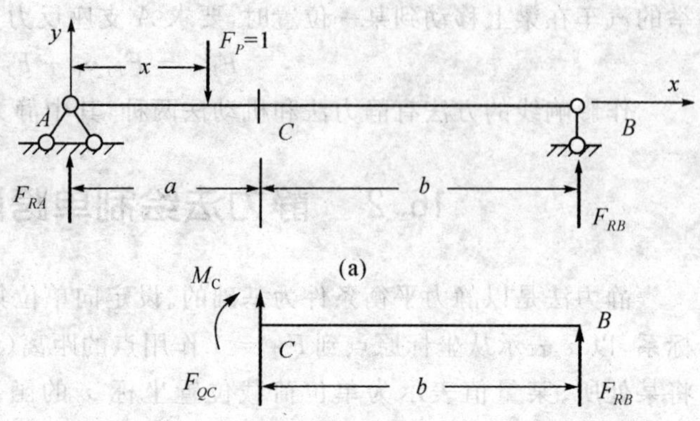

(a)

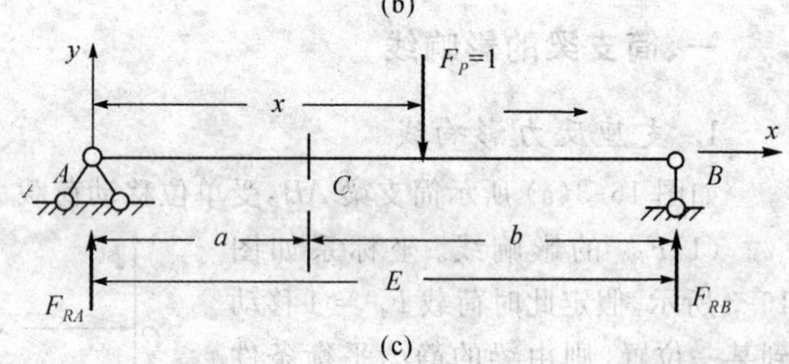

(b)

y
F_P=1
x
x
A
C
B
a
b
E
F_{RA}
F_{RB}

(c)

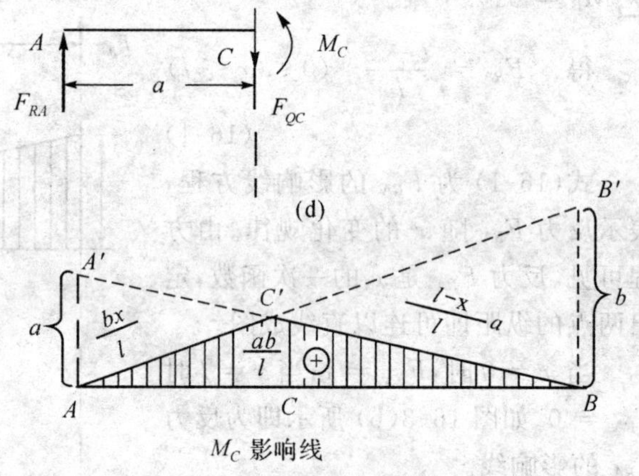

(d)

B'
A'
C'
a
b
bx/l
ab/l
(l−x)/l a
⊕
A
C
B
M_C 影响线

(e)

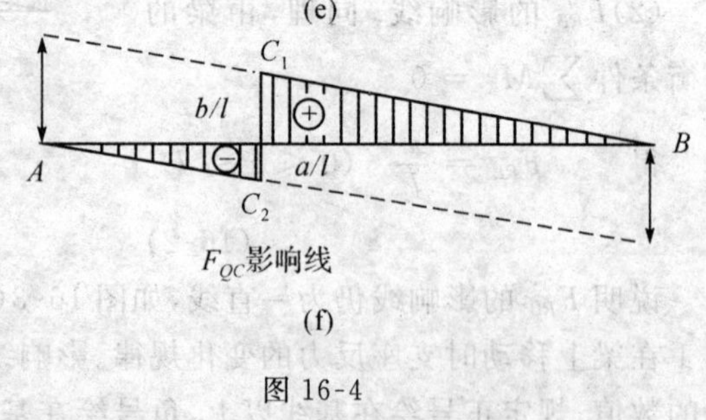

(f)

图 16-4

(2) 剪力影响线。与弯矩影响线一样，需分段建立影响线方程。当荷载 $F_P=1$ 在截面 C 以左移动时，如图 16-4(a) 所示，取截面 C 以右部分，考察平衡条件由，得

$$F_{QC}=-F_{RB}=-\frac{x}{l}\qquad(0\leqslant x\leqslant a)\tag{16-5}$$

当 $x=0$ 时，$F_{QC}=0$；当 $x=a$ 时，$F_{QC}=-\dfrac{a}{l}$。

式(16-5)表明，AC 段的剪力影响线与 F_{RB} 影响线相同，但符号相反。负号表示实际剪力方向与假设的相反。当荷载 $F_P=1$ 在截面 C 以右移动时，如图 16-4(c) 所示，则取截面 C 以左部分，由平衡条件 $\sum F_y=0$，得

$$F_{QC}=F_{RA}=\frac{l-x}{l}\qquad(a\leqslant x\leqslant l)\tag{16-6}$$

当 $x=a$ 时，$F_{QC}=\dfrac{b}{l}$；当 $x=l$ 时，$F_{QC}=0$。

可见，BC 段剪力影响线与 F_{RA} 影响线相同，纵距为正。

将两段影响线结合起来即得截面 C 的剪力影响线，如图 16-4(f) 所示阴影部分。两段影响线相互平行。

值得注意的是，弯矩影响线与集中荷载作用下梁的弯矩图在外形上有相似之处，但它们的意义有本质的区别。

如图 16-5(a) 为 M_C 影响线，如图 16-5(b) 所示为 M 图，它们都是三角形，但意义不同，见表 16-1。

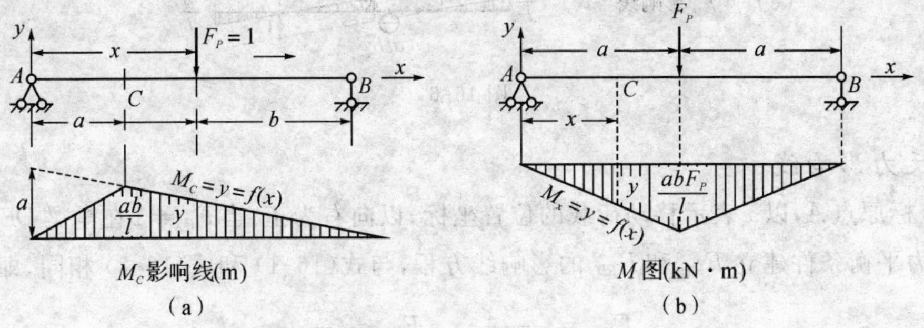

图 16-5

表 16-1　M_C 影响线和 M 图比较

	M_C 影响线	M 图
荷　载	$F_P=1$ 无单位	F_P 为真实值，有单位
位　置	荷载位置移动	荷载位置固定
图　形	描绘固定截面弯矩变化规律	描绘所有截面弯矩的变化规律
纵　距	$F_P=1$ 作用在该点时，指定截面的弯矩	真实的 F_P 作用在固定位置时该截面的弯矩值
顶　点	发生在与固定截面对应的位置	发生在 F_P 作用下对应的位置

综上所述，绘制简支梁任意截面 C 的剪力影响线的方法是：以梁轴线 AB 为基线，在左支座处向上量取纵距等于 1，与右支座的零点连以直线，然后经左支座的零点作该直线的平行线，再由截面 C 引竖线，分别与所作平行线相交于 C_1 和 C_2 两点，则 AC_2C_1B 即为 F_{QC} 影响线。

F_{QC} 影响线的纵距 y，表示 $F_P=1$ 移动到该位置时，所求的截面 C 剪力的大小。y 为无因次量。

二、外伸梁的影响线

如图 16-6(a) 所示外伸梁，受单位移动荷载 $F_P = 1$ 作用。

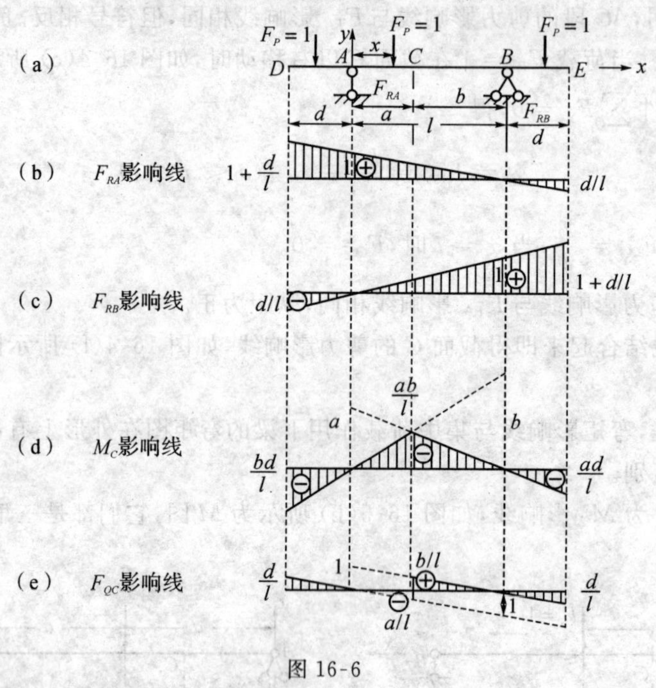

图 16-6

1. 反力影响线

取坐标原点 A，以 x 表示移动荷载的位置坐标，以向右为正。当 $F_P = 1$ 在全梁 DE 上移动时，由静力平衡条件建立 F_{RA} 和 F_{RB} 的影响线方程，与式(16-1) 和式(16-2) 相同，即

$$F_{RA} = \frac{l-x}{l} \qquad F_{RB} = \frac{x}{l}$$

均为直线方程。

将 $F_P = 1$ 分别作用在 D 与 E 点时，只需将 x 为$(-d)$ 与$(l+d)$ 代入上式方程即可作 F_{RA}、F_{RB} 影响线，如图 16-6(b)(c) 所示。它与相应的简支梁反力影响线相比较，反力影响线的外伸梁部分，只需将原有的影响线分别向外延伸即可。

2. 跨中内力影响线

有伸臂的简支梁，其跨中任一截面 C 的弯矩与剪力的影响线方程与无伸臂的简支梁相同，见式(16-4)、(16-5)。反力影响线的伸臂部分是原有影响线的延伸，所以，具有伸臂部分的简支梁其跨中截面内力的影响线，只需将原有的影响线往伸臂部分延伸即可，如图 16-6(d)(e) 所示。

3. 伸臂部分内力影响线

如作左悬臂上任意截面 F 的弯矩影响线，如图 16-7(a) 所示。

首先建立如图 16-7(a) 所示坐标系，当荷载 $F_P = 1$ 在截面 F 以左移动时，取 F 以左部分为隔离体，作受力图，如图 16-7(b) 所示。利用平衡条件 $\sum M_F = 0$，得

$$M_F = -F_P[x-(d-f)]$$
$$= -x+d-f \quad (x \geqslant d-f)$$

影响线方程仍为 x 的一次函数，其图形为一直线。

当 $x=d$ 时，$M_F=-f$；当 $x=d-f$ 时，$M_F=0$。

当荷载 $F_P=1$ 在截面 F 右边移动时，仍取原隔离体，作受力图，如图 16-7(c) 所示。因该部分无荷载，截面 F 的弯矩为零。即

$$M_F = 0 \quad (x \leqslant d-f)$$

因此，绘制 M_F 影响线时可按选定的比例尺由 D 点向下量取纵距等于 f，并与 F 截面处的零点连以直线，即得左段影响线，如图 16-7(d) 所示。图中负号表示荷载在该段时引起的弯矩 M_F 方向与假设相反，即为负弯矩。

对截面 F 作剪力影响线时，可由如图 16-7(b)(c) 所示，利用平衡条件 $\sum F_y=0$，得

$$F_{QF}=-1 \quad (x \geqslant d-f)$$
$$F_{QF}=0 \quad (x \leqslant d-f)$$

可见截面 F 的剪力影响线，左段($x \geqslant d-f$) 纵距为一常数1，右段($x \leqslant d-f$) 纵距为零，如图 16-7(e) 所示，图中负号的物理意义仍同前。

(a) $F_P=1$ y x x D F A B y $F_P=1$ x E x G f d l e
(b) $F_P=1$ D F M_F F_{QF}
(c) M_F F_{QF}
(d) f ⊖ M_F影响线
(e) 1 ⊖ F_{QF}影响线
(f) ⊖ e M_G影响线
(g) ⊕ 1 F_{QG}影响线

图 16-7

同理，可绘制右悬臂上任一截面 G 的弯矩和剪力的影响线，如图 16-7(f)(g) 所示。

从简支梁的反力、内力影响线讨论中得出如下几点结论：

(1) 影响线的纵距表示移动荷载 $F_P=1$ 移动到该位置时，指定位置、指定量值的大小。

(2) 简支梁结构反力、内力的影响均为直线。

(3) 每一直线段的分界点可以是所指截面的位置点。

16.3　影响线的应用

前面我们讨论了一个集中单位荷载 $F=1$ 在梁上移动时，反力和内力的变化规律，引出影响线的概念，以及如何绘制简支梁的反力和内力的影响线。本节将在此基础上进一步讨论它的应用中的两个问题，下面分别介绍。

一、利用影响线求结构的反力和内力

(1) 一组平行的竖向集中荷载作用。如图 16-8(a) 所示的简支梁，有一组平行的竖向集中荷载，作用于梁上某一固定位置时，若要求支座 B 的支座的反力，可利用 F_{RB} 的影响线(图 16-8(b)) 来求。因为在 F_1 作用点处 F_B 影响线的竖标 y_l 表示当 $F=1$ 作用在这点时 F_{RB} 的数值，所以在 F_1 的作用下，F_{RB} 的数值应为 F_1y_1。又根据叠加原理，可以得到梁在 F_1，F_2，F_3

和 F_4 共同作用下 F_{RB} 的数值为

$$F_{RB}=F_1y_1+F_2y_2+F_3y_3+F_4y_4$$

又如要求图 16-8(a) 所示简支梁截面 C 的 F_{QC} 值时，可以利用 F_{QC} 影响线（如图 16-8(c) 所示）。在 F_{QC} 影响线的图形中，与 F_1，F_2，F_3 和 F_4 相对应的竖标分别为 y_1，y_2，y_3 和 y_4。根据叠加原理得

$$F_{QC}=F_1y_1+F_2y_2+F_3y_3+F_4y_4$$

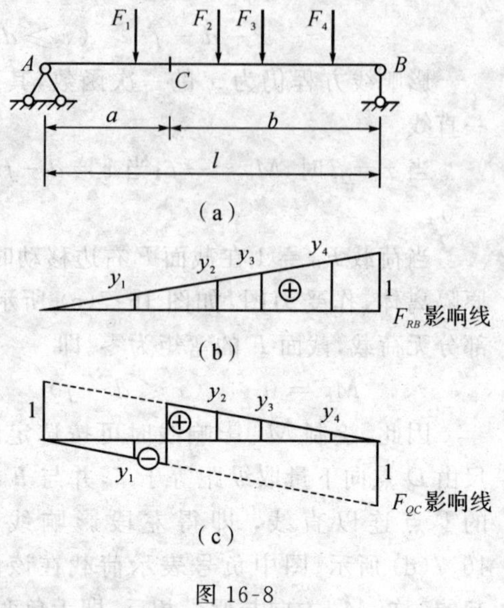

图 16-8

综合上述，写成一般性公式为

$$S=\sum F_iy_i \tag{16-7}$$

式中，F_i 表示某一集中荷载；y_i 表示与 F_i 相对应的某一影响线上的竖标值。S 统称为影响量。式(16-7)表述为由一组集中荷载作用而产生的影响量（反力或弯矩或剪力），等于各个荷载与其相对应的影响线竖标值的乘积的代数和。注意在式(16-7) 中，y_i 应以其正负号一起代入式中计算。

(2) 均布荷载的作用。当梁上作用有位置已定的均布荷载 q 时，也可利用影响线来求梁的反力和内力。如图 16-9(a) 所示，若求 C 截面剪力 F_{QC} 值，就可利用已经绘出的 F_{QC} 影响线，如图 16-9(b) 所示。将均布荷载分解为无穷多个微小的集中荷载 $q\mathrm{d}x$，由式(16-7) 可知，这个微小集中荷载的影响等于 $(q\mathrm{d}x)y$，其中 y 表示影响线上与此项微小集中荷载相对应的竖标（图 16-9(b) 中所示）。对这样微小影响进行积分，即得均布荷载作用下对 C 截面上剪力的总影响量为

$$S=F_{QC}=\int_m^n yq\,\mathrm{d}x=q\int_m^n y\,\mathrm{d}x$$

写成一般表达形式为

$$S=q\omega \tag{16-8}$$

式中，ω 为影响线在均布荷载范围内的面积。由此可见，结构在均布荷载作用下的支座反力或某截面的内力，等于相应影响线在荷载范围内的面积乘以荷载集度 q。但应注意，在计算面积 ω 时，应考虑影响线竖标的正负号。例如，在图 16-9(b) 中所示的情况。ω 应为

$$\omega=\omega_1+\omega_2$$

也就是说，利用公式(16-8) 计算面积 ω 时，必须采用各部分面积的代数和。

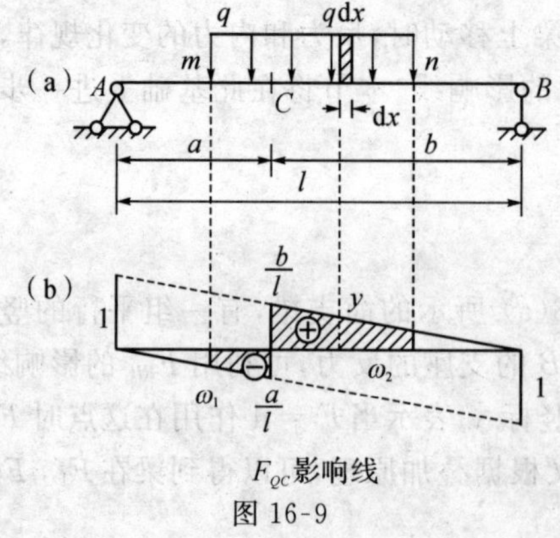

图 16-9

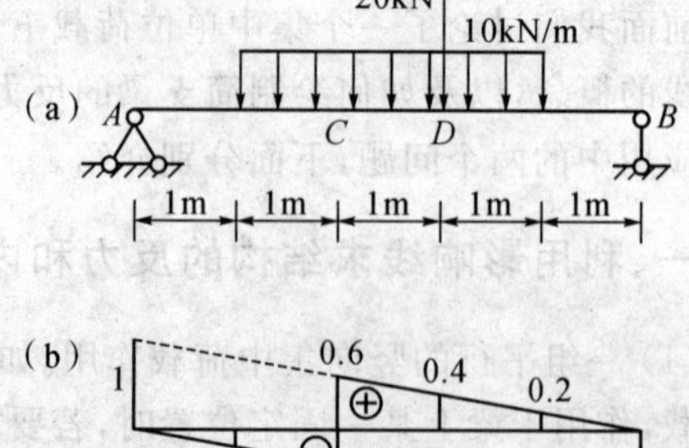

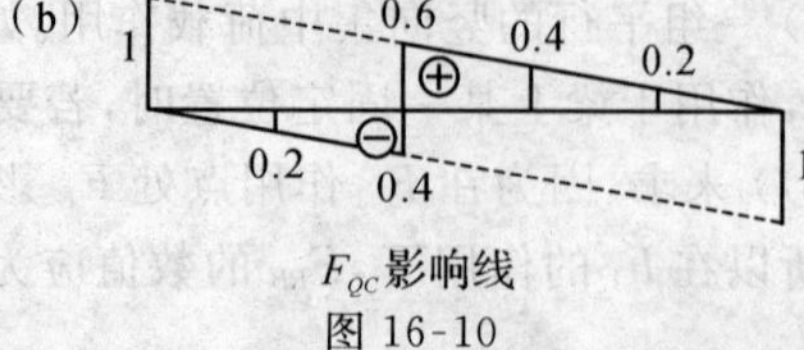

图 16-10

【例 16-1】 试利用影响线，求图 16-10(a) 所示简支梁在已知荷载作用下截面 C 的剪力 F_{QC} 值。

解 (1) 作 F_{QC} 影响线，如图 16-10(b) 所示，并算出各有关的竖标值。

(2) 现在结构上作用有集中荷载和均布荷载。根据叠加原理可知其计算公式为

$$S = F_{QC} = \sum F_i y_i + \sum q\omega$$

$$= 20 \times 0.4 + 10 \times \left(\frac{0.6+0.2}{2} \times 2 - \frac{0.4+0.2}{2} \times 1\right) = 13(\text{kN})$$

二、利用影响线确定最不利荷载的位置

上面讨论了影响量的计算，即当反力和内力影响线已绘出，荷载位置给定，可以利用影响线求出反力和内力的数值。而在结构设计中，往往要用到的是移动荷载移动到什么位置，上面所求的反力和内力数值，即影响量最大或最小(最大负值)，也就是所谓确定移动荷载的最不利位置和最大影响量的计算。

确定最不利荷载位置的方法，一般有两种：① 简单的情况下用观察法直接判断；② 复杂的情况下应用有关公式判别。由于在工业厂房中一般的钢筋混凝土吊车梁的跨度并不大，移动的集中荷载数目也不多，应用观察法直接判断还是切实可行的。所以，这里仅介绍第一种方法。

作出某一影响线后，对于比较简单的情况，一般只要通过观察就可直接确定其最不利荷载位置。如只有一个移动的集中荷载作用时，由 $S = \sum F_i y_i$ 可知，因 F 是常数，要使 S 产生最大值或最小值(最大负值)，只有将荷载 F 放在某影响线的竖标 y 值最大正(或负)值的位置上，就是最不利荷载的位置。如图 16-11(b) 中所示，将 F 放在截面 C 稍右，则得

$$S = F_{QC\max} = Fy$$

若将荷载 F 放在截面 C 稍左，则得

$$S = F_{QC\min} = Fy'$$

式中，y' 为负值。在图 16-11(c) 中将荷载 F 放在三角形影响线的顶点时，则得

$$S = M_{C\max} = Fy$$

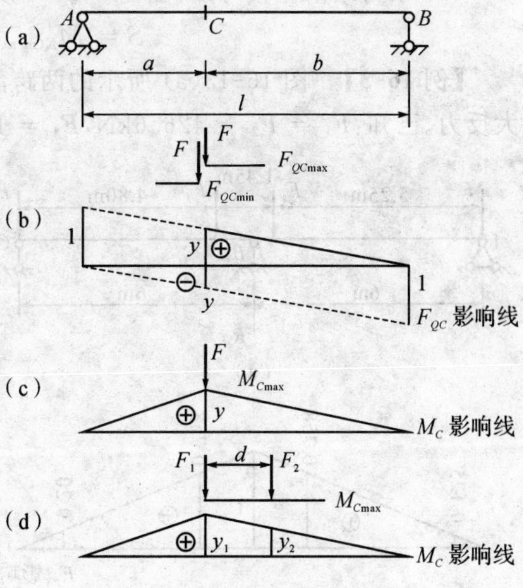

图 16-11

如果移动荷载是两个集中力 F_1 和 F_2(设 $F_1 > F_2$)，且此两力可以前后调换位置，要使影响量最大(或最小)，可以把其中数值较大的一个荷载(F_1)放在影响线竖标最大正(或负)值处，而把另一个荷载(F_2)放在影响线坡度较缓的那一边。如图 16-11(d) 所示，当两个集中荷载 F_1 和 F_2 放在 M_C 影响线的右直线上，且 F_1 在三角形影响线的顶点上，即为荷载的最不利位置。其最大值为

$$S = M_{C\max} = F_1 y_1 + F_2 y_2$$

当两个集中荷载位置不能前后调换时，有时需要计算 F_1 和 F_2 分别在影响线顶点时的 S 值，然后加以比较确定。

【例 16-2】 图 16-12(a) 所示简支梁，在图示吊车荷载作用下，求 K 截面的最大弯矩。已知：$F_1=F_2=F_3=F_4=152\text{kN}$ 。

解 (1) 作 M_K 的影响线如图 16-12(b) 所示。

(2) 由观察判断，M_K 的最不利荷载位置有如图 16-12(c)，(d) 所示的两种情况。分别计算与荷载对应的 M_K，然后加以比较确定。

如图 16-12(c) 所示的荷载位置，相应的算出 M_K 影响线(图 16-12(b)) 中的 y_i 值，分别为 $y_2=1.92$，$y_3=1.668$，$y_4=0.788$。代入式(16-7) 得

$$S=M_K=F_2y_2+F_3y_3+F_4y_4$$

$$=152\times(1.92+1.668+0.788)=665.15\text{kN}\cdot\text{m}$$

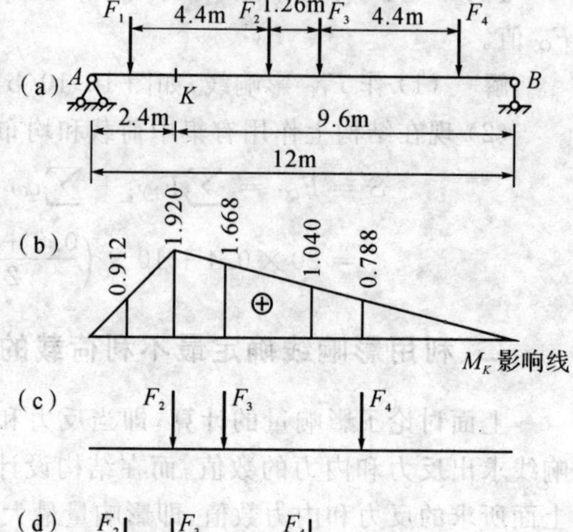

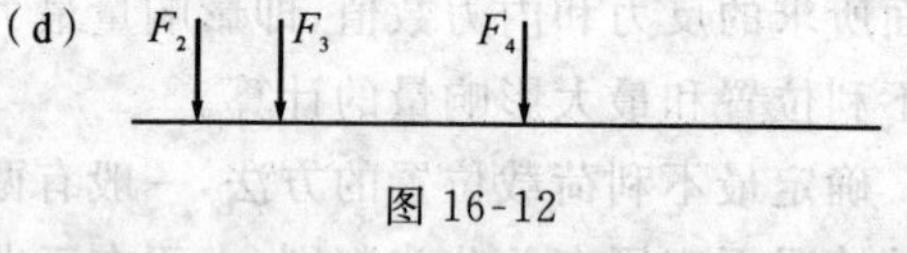

图 16-12

如图 16-12(d) 所示的荷载位置，相应的 y_i 值分别为 $y_2=0.912$，$y_3=1.92$，$y_4=1.040$。代入公式得

$$S=M_K=F_2y_2+F_3y_3+F_4y_4=152\times(0.912+1.92+1.040)=588.54\text{kN}\cdot\text{m}$$

(3) 求得结果比较可知，图 16-12(c) 所示的位置为 M 的最不利荷载位置。所以，其值为

$$S=M_{K(\max)}=665.15\text{kN}\cdot\text{m}$$

【例 16-3】 图 16-13(a) 所示的两跨静定梁，在图示的吊车荷载作用下，求支座 B 的最大反力。已知：$F_1=F_2=426.6\text{kN}$，$F_3=F_4=289.3\ \text{kN}$。

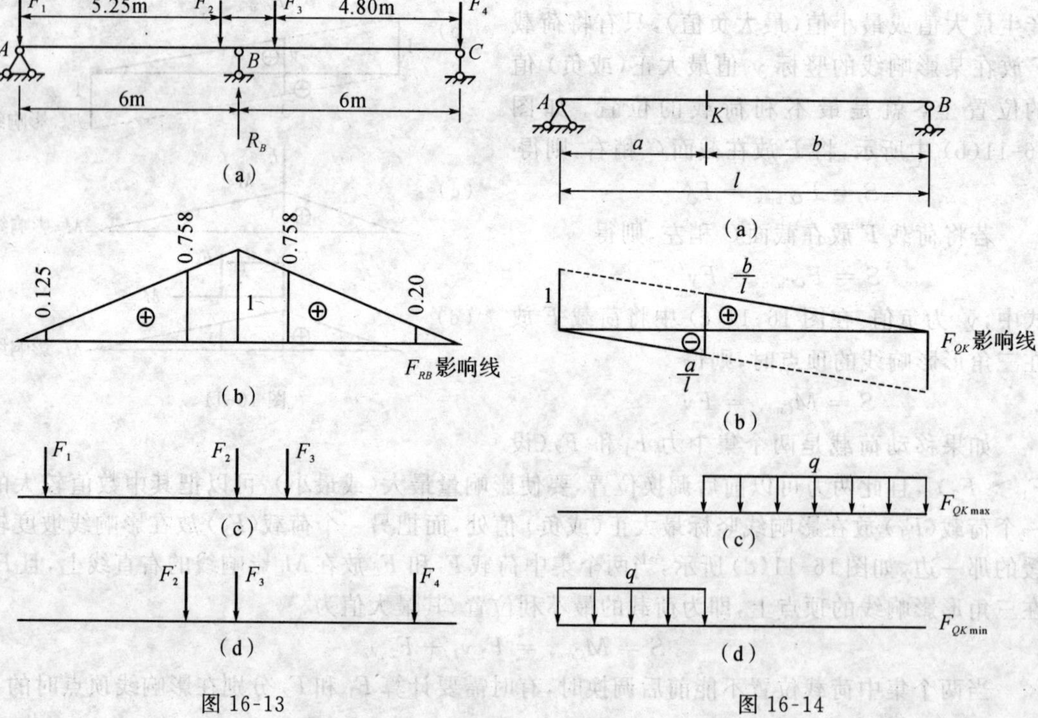

解　(1) 作 AB、BC 两跨简支梁支座 B 的支座反力 F_{RB} 影响线，如图 16-13(b) 所示。

(2) 经观察判断，其最不利荷载位置有如图 16-13(c)，(d) 所示的两种可能情况。分别算出对应与荷载作用点处 F_{RB} 影响线图上的竖标。

图 16-13(c) 所示荷载位置时，相应 F_{RB} 影响线图上的竖标分别为 $y_1 = 0.125$，$y_2 = 1$，$y_3 = 0.758$，代入式(16-7) 得

$$S = F_{RB} = 426.6 \times (0.125 + 1) + 289.3 \times 0.758 = 699.2(\text{kN})$$

在图 16-13(d) 所示荷载位置时，相应 F_{RB} 影响线图上的竖标分别为 $y_2 = 0.758$，$y_3 = 1$，$y_4 = 0.2$，代入公式得

$$S = F_{RB} = 426.6 \times 0.758 + 289.3 \times (1 + 0.2) = 670.52(\text{kN})$$

(3) 比较所得结果可知，图 16-13(c) 所示的位置为 F_R 的最不利荷载位置，其值为：

$$S = F_{RB(\max)} = 699.2\text{kN}$$

对于移动荷载为均布荷载时，由于它可以任意持续地布置，可根据观察很容易判断，确定其最不利荷载的位置。如图 16-14(a) 所示的简支梁，若求 K 截面的最大剪力 $F_{QK(\max)}$ 和最小剪力 $F_{QK(\min)}$ 值。先绘出 K 截面剪力 F_{QK} 的影响线，如图 16-14(b) 所示。由 $S = q\omega$ 可知：当将均布荷载 q 布满对应影响线的正号面积部分时，为最不利荷载位置，如图 16-14(c) 所示，其值为

$$S = F_{QK(\max)} = q\left(\frac{1}{2}b \times \frac{b}{l}\right) = \frac{qb^2}{2l}$$

当均布荷载 q 布满相应影响线的负号面积部分时，为最不利荷载位置，如图 16-14(d) 所示，其值为

$$S = F_{QK(\min)} = q\left(-\frac{1}{2}a \times \frac{a}{l}\right) = -\frac{qa^2}{2l}$$

16.4　简支梁的内力包络图和绝对最大弯矩

一、简支梁的内力包络图

上一节中，我们只讨论了在移动荷载作用下，如何计算梁的某一指定截面内力的最大值或最小值(最大负值)。但在钢筋混凝土梁的设计中，设计承受移动荷载的结构时，需要知道在恒载和移动荷载共同作用下，梁上各个截面内力的最大值和最小值，作为设计梁各个截面的承载能力的依据，以便确定梁的纵向和横向受力钢筋的布置。为了满足上述要求，我们可以将梁沿其轴线方向分成若干等分。在恒载和移动荷载共同作用下分别求出各截面内力(弯矩、剪力)的最大值和最小值，以横坐标表示各截面的位置，竖标表示各截面相应内力的最大值或最小值，将各点连成图线，则此图形表示出梁各截面内力的变化范围，通常称为内力包络图，其分别称为弯矩包络图和剪力包络图。

关于梁在恒载作用下，各截面的内力值(即内力图) 大家已经很熟悉了，故这里不再介绍。下面就梁在移动的吊车荷载作用下的内力包络图如何绘制作简单阐述。

图 16-15(a) 所示为一吊车梁，跨度 $l = 9\text{m}$。移动荷载为两台吊车，四个轮压均为 $F = 179.4\text{kN}$，各力之间的间距如图中所示。绘制其弯矩包络图时，通常先将梁分为 10 等分(可根

据设计精度的要求分为 6,8,10 或 12 等分),再利用影响线求出各等分截面弯矩的最大值(在简支梁的各截面上不产生负弯矩,所以没有最小值)。最后按同一比例把各等分截面的弯矩最大值用竖距标出,并将各竖距顶点连成一光滑曲线,即得到如图 16-15(b) 所示的弯矩包络图。

同理,作出各等分点的剪力影响线,求出各等分点剪力的最大值和最小值,即可绘制剪力包络图,如图 16-15(c) 所示。在实用中主要是只求支座附近处截面的剪力值,故常以两根直线代替原来的两根曲线,即只要求出两端支座处截面上剪力的最大值和最小值,就可以近似地作出剪力包络图,如图 16-15(d) 所示。

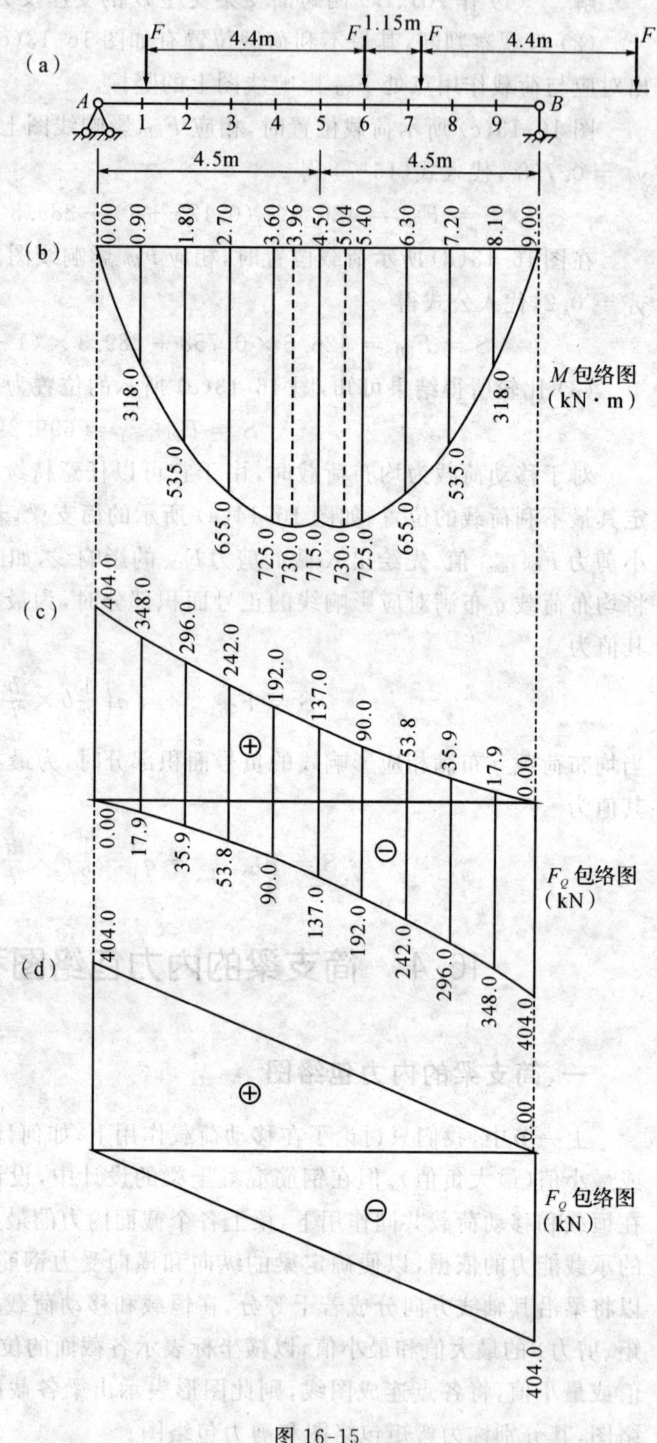

图 16-15

二、简支梁的绝对最大弯矩

上述弯矩包络图中各竖距,表示在移动荷载作用下各个截面的最大弯矩值,比较梁中所有各个截面的最大弯矩,其中,必有一个比其他各个最大弯矩值都要大的弯矩,我们称它为绝对最大弯矩。

在设计中有时并不需要绘制出简支梁的弯矩包络图,而只要求知道绝对最大弯矩值,所以,就没有必要化很多精力去作弯矩包络图了。对于图 16-15(a) 所示的吊车梁,在移动荷载作用下,它的绝对最大弯矩可以用下述较为简便的方法求得。

在移动荷载作用下,简支梁的绝对最大弯矩与两个可变因素有关,即荷载移动到哪一个位置和在梁的哪一个截面上的弯矩值最大。关于这一点我们可以从集中荷载作用下简支梁的弯矩图得到启发,不论荷载处在哪个位置,梁的弯矩图的顶点总是发生在集中荷载的下面。所以,可以断定绝对最大弯矩也必定发生在某一集中荷载的作用点处。这样,在计算时就可以把荷载位置和截面位置这两个变数统一起来了。由此我们可在移动荷载中先假定某一个荷载，然后按照下面推导出的条件求出它应在的截面，算出此截面的最大弯矩。再继续假定另一集中荷载并用同样的方法分别进行计算，最后从这些弯矩值中找出最大的一个，它就是绝对最大弯矩值。

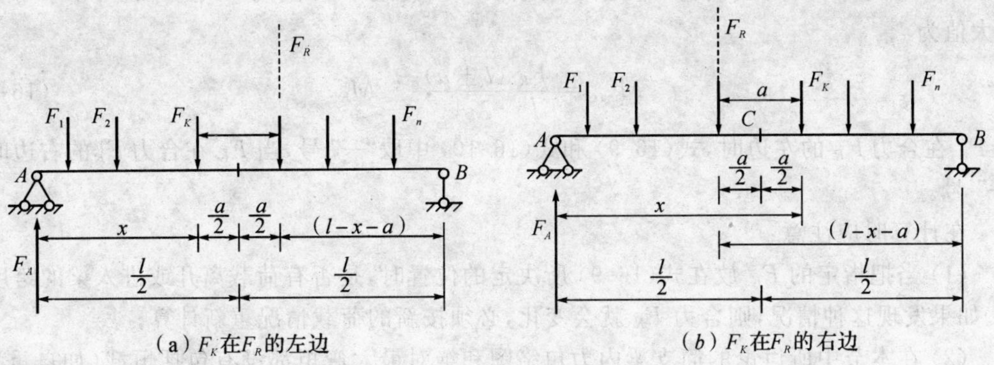

(a) F_K在F_R的左边　　(b) F_K在F_R的右边

图 16-16

如图 16-16 中 F_1 至 F_n 所示为已知一组集中移动荷载，设最大弯矩发生于 F_K 之下。并以 x 代表 F_K 到左支座 A 的距离，F_R 代表作用在梁上的所有荷载的合力，a 代表 F_R 与 F_K 之间的距离，F_A 代表左支座 A 的反力。设 F_K 在合力 F_R 的左边(图 16-16(a))，由 $\sum M_B = 0$，得

$$F_A = F_R \frac{(l-x-a)}{l} \tag{a}$$

今用 M_K 代表 F_K 以左所有作用在梁上的荷载对 F_K 作用点的力矩之和，则 F_K 作用点处截面的弯矩为

$$M = F_A x - M_K \tag{b}$$

将式(a) 代入式(b)，得

$$M = F_R \frac{(l-x-a)x}{l} - M_K \tag{c}$$

当整个荷载移动时，如果没有一个原有荷载移出梁外，同时也没有一个新的荷载移进梁内，且移动荷载的各集中荷载之间的间距是不变的，则 F_R 和 M_K 均保持不变，而不是 x 的函数。由 $\frac{\mathrm{d}M}{\mathrm{d}x} = 0$，得

$$\frac{F_R}{l}(l-2x-a) = 0 \tag{d}$$

因为 $\frac{F_R}{l} \neq 0$，故当 M 为最大时 F_K 所在截面的位置应满足下列条件：

$$(l-2x-a) = 0$$

即

$$x = \frac{l-a}{2} \tag{e}$$

如果 F_K 是在合力 F_R 的右边(图 16-16(b))，同理，可以得

$$x = \frac{l+a}{2} \tag{f}$$

综合以上两式，可得 F_K 作用点处截面弯矩成为最大时的条件：F_K 所在的位置应该为

$$x = \frac{l \pm a}{2} \tag{16-9}$$

由上分析可得结论：任一指定移动荷载 F_K 作用点处的截面弯矩最大值，发生在当梁跨度中点 C 恰好平分 F_K 与合力 F_R 之间的距离 a 时，将这个 x 值代入式(c)，就可以求得弯矩最大值为

$$M_{\max} = \frac{F_R}{l}\frac{(l \pm a)^2}{4} - M_K \tag{16-10}$$

当 F_K 在合力 F_R 的左边时，式(16-9) 和式(16-10) 中取"—"号，当 F_K 在合力 F_R 的右边时取"+"号。

在计算时应注意：

(1) 当把指定的 F_K 放在式(16-9) 所决定的位置时，是否有荷载离开或进入梁的跨度范围。如果发现这种情况，则合力 F_R 就会变化，必须按新的荷载情况重新计算；

(2) 在本节中所讨论的简支梁内力包络图和绝对最大弯矩都没有包括恒载(如自重) 所产生的影响。设计时应叠加由于恒载所引起的相应内力。

【例 16-4】 图 16-17(a) 所示为吊车梁，跨度 $l = 9\text{m}$。移动荷载为两台吊车，其四个轮压为 $F_1 = F_2 = F_3 = F_4 = 179.4\text{kN}$，试求吊车梁中的绝对最大弯矩。

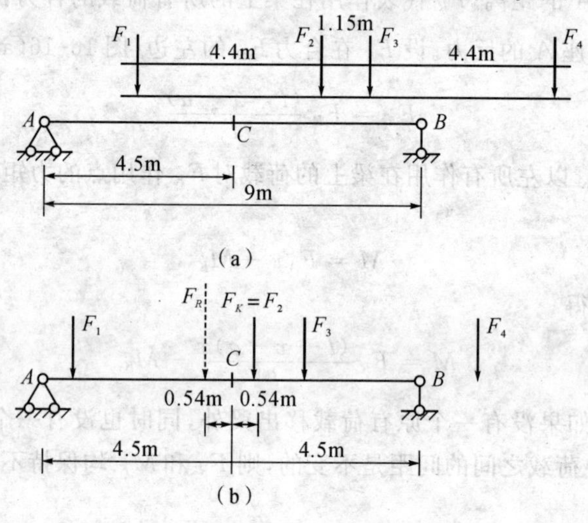

图 16-17

解 (1) 先设 $F_2 = F_K$，F_K 在合力 F_R 之右。此时梁上的合力为

$$F_R = F_1 + F_2 + F_3 = 3 \times 179.4 = 538.2(\text{kN})$$

以 F_2 作用点为力矩中心，求得 F_R 与 F_K 之间的距离为

$$a = \frac{179.4 \times 4.4 - 179.4 \times 1.15}{538.2} = 1.08(\text{m})$$

把 F_2 和 F_R 对称地放在梁跨中点 C 的两边(图 16-17b)，这时作用在梁上的荷载没有变化，仍为 F_1，F_2 和 F_3，代入式(16-10)，得

$$M_{\max} = \frac{F_R}{l}\frac{(l+a)^2}{4} - M_K = \frac{538.2}{9} \times \frac{(9-1.08)^2}{4} = 730(\text{kN} \cdot \text{m})$$

同样，可以计算出 F_3 作用点截面上的最大弯矩值也是 730kN · m。所以，绝对最大弯矩

值为 730kN·m,图 16-15(b) 所示的吊车梁的弯矩包络图中,两个弯矩最大值就是这样计算出来的。

16.5　连续梁的内力包络图

房屋建筑中的梁板式楼面是由主梁、次梁和板组成,它们一般均是按连续梁来计算其内力。当这些连续梁受到恒载和移动荷载共同作用时,必须求出各个截面所可能产生的最大弯矩(最大正弯矩)和最大剪力以及最小弯矩(最大负弯矩)和最小剪力,作为结构设计的依据。在恒载作用下,各个截面所产生的弯矩和剪力可由弯矩图和剪力图来表示,且对某一截面来讲它们的内力值是不变的。而在移动荷载作用下引起的内力则随移动荷载分布不同而变化的,考虑移动荷载的作用时,通常按每一跨单独布满移动荷载的情况,逐一作出其相应的弯矩图或剪力图。对于任一截面,只要将这些弯矩图中对应的所有正弯矩值与恒载作用下相应的弯矩值叠加起来,便得该截面的最大弯矩;若将相应的所有负弯矩值与恒载作用下相应的弯矩值叠加起来,便得该截面的最小弯矩。把各个截面的最大弯矩和最小弯矩按同一的比例尺用竖标表示,并分别连成两条曲线,这个图形称为连续梁的弯矩包络图。同理,求出在恒载和移动荷载共同作用下各个截面的最大剪力和最小剪力,按上述同样的方法,便可得连续梁的剪力包络图。在实际设计时,因主要考虑各支座附近截面上的剪力值,所以,一般只要将各跨两端靠近支座截面上的最大剪力和最小剪力求出,作出相应的竖标,每跨两端以直线相连,可近似地作出剪力包络图。

连续梁的内力包络图,表示在恒载和移动的荷载共同作用下,各个截面可能产生内力的变化范围。根据它可合理地选择截面尺寸,也是设计钢筋混凝土梁时布置钢筋的重要依据。

为了说明连续梁内力包络图的作法,现以图 16-18(a) 所示三跨等截面的连续梁为例。已知恒载 $q=20\text{kn/m}$,移动荷载 $q'=37.5\text{kn/m}$。为了简化计算,移动荷载假定为全跨均布,略去局部荷载的影响。

一、绘制弯矩包络图

(1) 应用力矩分配法作出恒载作用的弯矩图,如图 16-18(b) 所示,以及各跨分别承受移动荷载时的弯矩图,如图 16-18(c),(d),(e) 所示。

(2) 先将各跨分为四等分,分别求出各跨等分点弯矩竖标值,然后将图 16-18(b) 中竖标值和图 16-18(c),(d),(e) 中对应的正(负)竖标值相叠加,即得最大(小)弯矩值。例如:支座 1 的最大和最小弯矩分别为

$$M_{\max}=(-32.0)+1.00=-22.0(\text{kN}\cdot\text{m})$$

$$M_{\min}=(-32.0)+(-40.0)+(-30.0)=-102.0(\text{kN}\cdot\text{m})$$

(3) 把各截面的最大弯矩值和最小弯矩值分别用曲线相连,即得弯矩包络图,如图 16-18(f) 所示。

二、绘制剪力包络图

(1) 由图 16-18(b) 所示在恒载作用下的弯矩图可求出其剪力图,如图 16-19(a) 所示。另外,分别由图 16-18(c),(d),(e) 所示的移动荷载作用下的弯矩图,求出相应的剪力图分别如

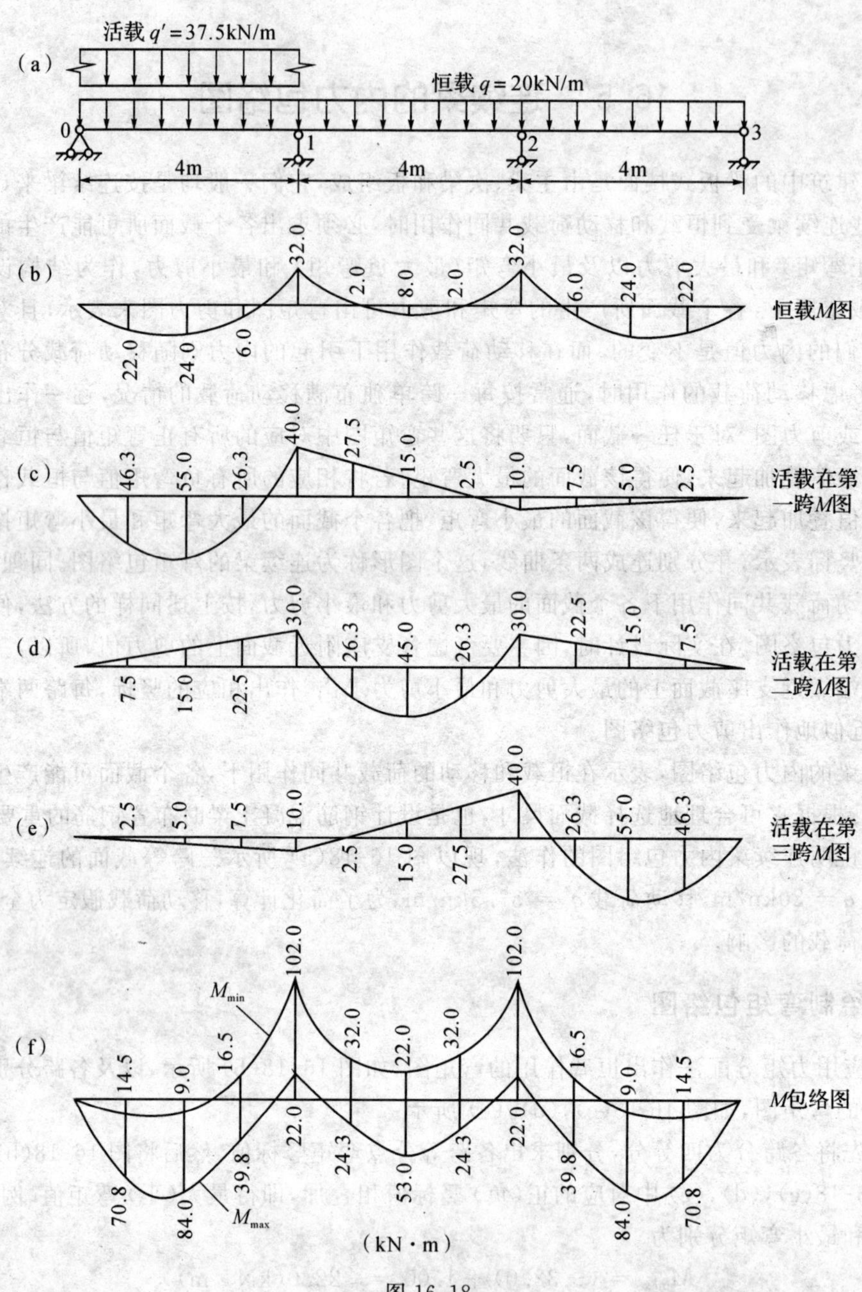

图 16-18

图 16-19(b),(c),(d) 所示。

(2) 将图 16-19(a) 中各支座左右两边截面处的剪力值和图 16-19(b),(c),(d) 中对应的正(负) 剪力值叠加起来,便得到最大(小) 剪力值。例如,支座 1 的左侧截面上的最大和最小剪力分别为

$$F_{Q\ \max}^{左} = (-48.0) + 2.5 = -45.5(\text{kN})$$

$$F_{Q\ \min}^{右} = (-48.0) + (-85.0) + (-7.5) = -140.5(\text{kN})$$

工程中,常把各支座两边截面上的最大剪力值和最小剪力值分别用直线相连,近似地得

到剪力包络图如图 16-19(e) 所示。

对于三跨以上的多跨连续梁,当计算移动荷载作用下相应的量值时,可查阅有关计算手册。

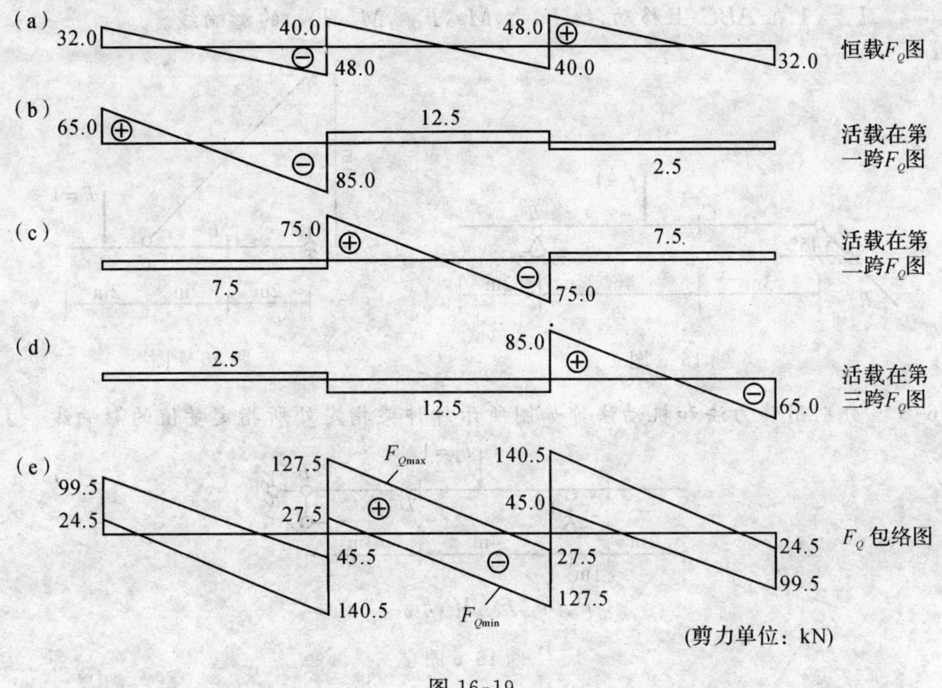

图 16-19

思考题

16-1　在工程中哪些荷载属于移动荷载?

16-2　影响线纵距的含义是什么,为什么绘制影响线时要选用无因次的单位荷载作用,影响线的纵距 y 与单位荷载有什么联系?

16-3　内力图、内力影响线和内力包络图有何区别?

16-4　简支梁绝对最大弯矩与跨中截面的最大弯矩是否相等,什么情况下相等?

16-5　试比较用静力法与机动法绘制影响线的基本原理和步骤。

习　题

16-1　$F=1$ 在 AB 上移动,绘 F_{RA},M_A,M_C,F_{QC} 的影响线。

16-2　绘斜梁 F_{RB},M_C,F_{QC} 的影响线。

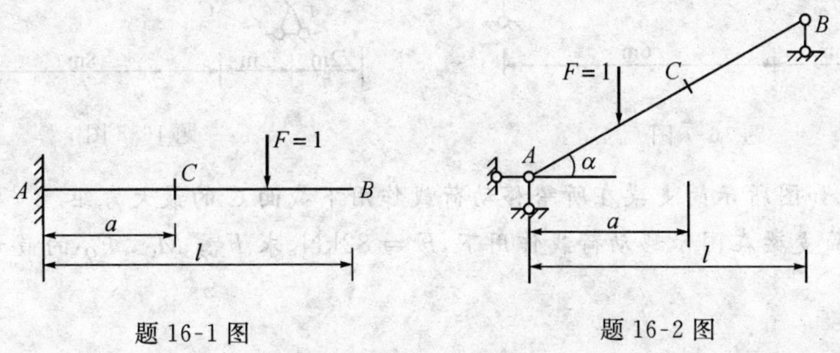

题 16-1 图　　题 16-2 图

16-3　绘斜梁 F_{RA}，F_{RB}，M_C，F_{QC} 的影响线。

16-4　$F=1$ 在 ABC 上移动，绘 F_{NBD}，M_E，F_{QE}，M_B，F_{QB} 的影响线。

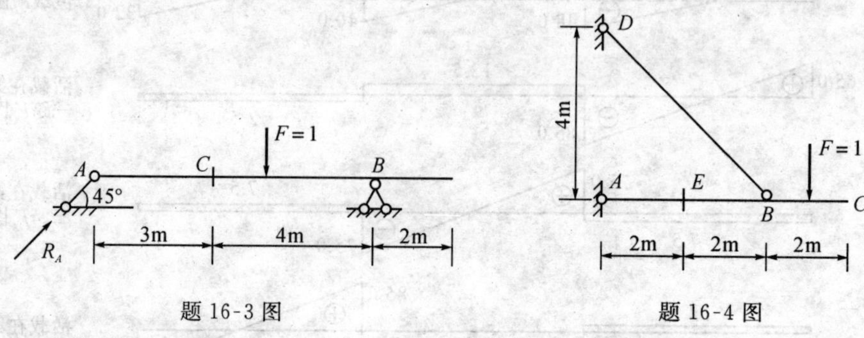

题 16-3 图　　　　题 16-4 图

16-5　分别用静力法和机动法作如图所示外伸梁指定处所指定量值的影响线。

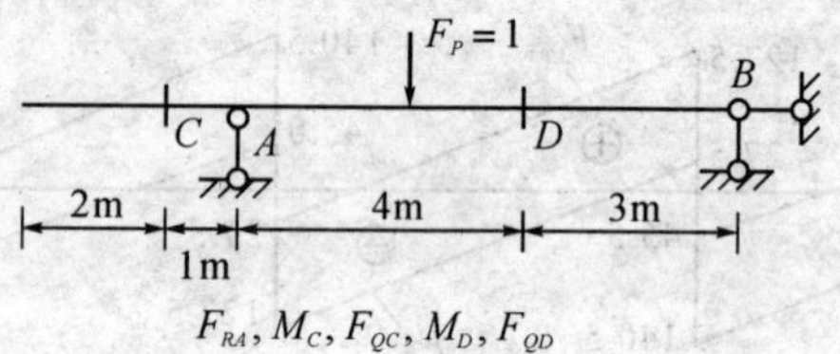

F_{RA}, M_C, F_{QC}, M_D, F_{QD}

题 16-5 图

16-6*　分别用静力法和机动法作如图所示多跨梁指定处所指定量值的影响线。

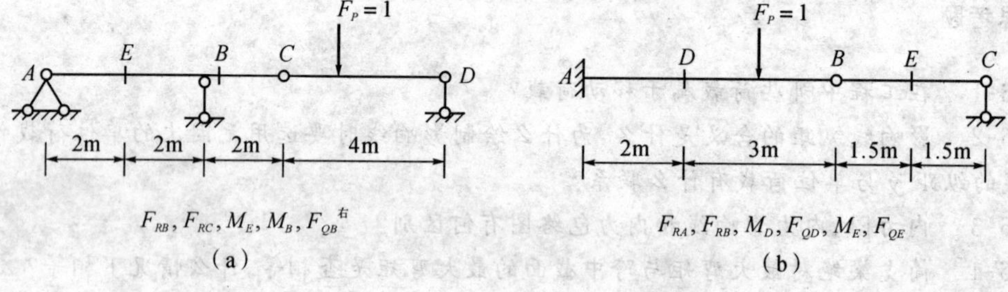

F_{RB}, F_{RC}, M_E, M_B, $F_{QB}^{右}$
（a）

F_{RA}, F_{RB}, M_D, F_{QD}, M_E, F_{QE}
（b）

题 16-6 图

16-7　简支梁在 $q=30\text{kN/m}$ 作用下，利用影响线求 M_C，F_{QC} 值。

16-8　在图示荷载作用下，利用影响线求 M_C，F_{QC} 值。

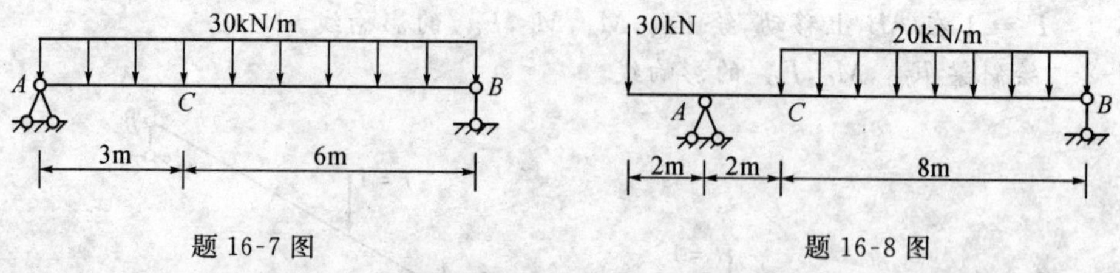

题 16-7 图　　　　题 16-8 图

16-9　求如图所示简支梁在所给移动荷载作用下截面 C 的最大弯矩。

16-10　简支梁在图示移动荷载作用下，$F=82\text{kN}$。求 F_A，M_C，F_{QC} 的最大值。

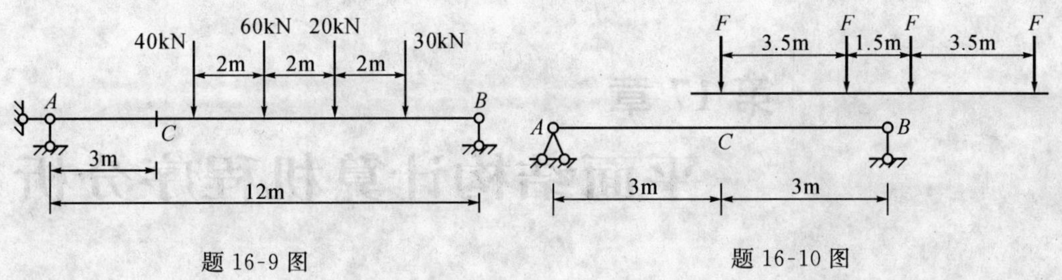

题 16-9 图　　　　题 16-10 图

16-11　图示为两台吊车的移动荷载。求吊车梁 AB 的绝对最大弯矩值，并与跨中截面 C 的最大弯矩值作比较

16-12　如图所示一坞墙顶吊车轨道梁，试求吊车荷载作用下梁的绝对最大弯矩。

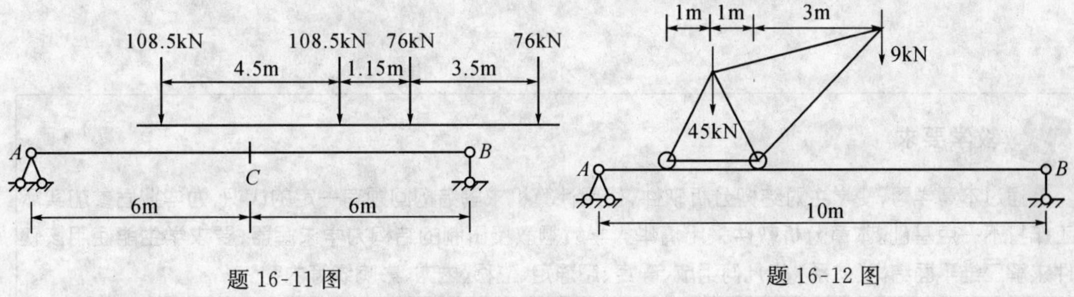

题 16-11 图　　　　题 16-12 图

部分习题参考答案

16-1 ～ 16-6 （略）；　16-7　$M_C = 270\text{kN} \cdot \text{m}, F_{QC} = 45\text{kN}$

16-8　$M_C = 80\text{kN} \cdot \text{m}, F_{QC} = 70\text{kN}$；16-9　$M_{\max} = 237.5\text{kN} \cdot \text{m}$

16-10　$F_{RA(\max)} = 157.2\text{kN}, M_{C(\max)} = 1184.5\text{kN} \cdot \text{m}, F_{QC} = 61.5\text{kN}$

16-11　$M_{C(\max)} = 648.5\text{kN} \cdot \text{m}$

16-12　$M_{C(\max)} = 126.3\text{kN} \cdot \text{m}$

第 17 章 平面结构计算机程序分析

教学要求

通过本章学习，使学生对结构分析软件，使用计算机求解结构问题有一定的认识，为毕业后参加实际工作打下一点基础。本章分析软件采用清华大学袁驷教授研制的结构力学求解器，要求学生能使用该软件求解二维平面结构(体系)的几何组成、静定、超静定、位移、内力、影响线等内容。

建筑力学中涉及到的平面杆系结构，包括静定结构和超静定结构的内力计算以及位移计算。当结构比较复杂时，手算求解计算量比较大，特别是超静定结构。因此，在建筑力学课程的学习过程中，我们要求在掌握对简单结构快速求解的同时，也要求掌握使用计算机程序对结构进行分析。

平面结构的计算机分析软件，采用清华大学袁驷教授研制的结构力学求解器。该软件求解内容包括了二维平面结构(体系)的几何组成、静定、超静定、位移、内力、影响线、自由振动、弹性稳定、极限荷载等建筑力学课程中所涉及的一系列问题，全部采用精确算法给出精确解答。求解功能分为自动求解和智能求解两种模式。

自动求解模式：

- 平面体系的几何组成分析，对于可变体系，可静态或动画显示机构模态；
- 平面静定结构和超静定结构的内力计算和位移计算，并绘制内力图和位移图；
- 平面结构的自由振动和弹性稳定分析，计算前若干阶频率和屈曲荷载，并静态或动画显示各阶振型和失稳模态；
- 平面结构的极限分析，求解极限荷载，并可静态或动画显示单向机构运动模态；
- 平面结构的影响线分析，并绘制影响线图。

智能求解模式：

- 平面体系的几何构造分析：按两刚片或三刚片法则求解，给出求解步骤；
- 平面桁架的截面法：找出使指定杆成为截面单杆的所有截面；
- 平面静定组合结构的求解按三种模式以文字形式或图文形式给出求解步骤。

17.1　在求解器中输入平面结构体系

欲输入一个结构体系，首先在“编辑器”中打开一个新文件，然后输入命令。在求解器输入命令有两种方法：

(1) 利用命令菜单中的子菜单，打开相应的对话框，在对话框中根据提示和选项输入命令；

(2) 在文档中直接键入命令行。

第(1) 种方法可以免除用户记忆命令格式，且可以利用对话框的预览功能随时修正输入的命令。如果用户对命令格式比较熟悉，则直接键入命令更为快捷。

修改命令也有两种方法：

(1) 将光标置于要修改的命令行，单击工具栏上的“修改”按钮(或在“命令”菜单下选择“修改”子菜单)，则求解器将自动打开相应的命令对话框，对话框中的各选项再现了该条命令中的各个参数，用户可以查看或修改。

(2) 在文档中直接修改命令行。

以下例题中，首先给出了完成命令的数据文档，同时给出了输入后的结构体系的图例，然后对个别命令行的输入作简要说明。

【例 17-1】　在求解器中输入图 17.1(a) 所示的结构体系。

输入后的结构如图 17.1(b) 所示，命令数据文档如下：

```
结点,1,0,0                  单元,2,3,1,1,1,1,1,0
结点,2,0,1                  单元,3,4,1,1,1,1,1,0
结点,3,1,1                  单元,3,5,1,1,1,1,1,1
结点,4,1,0                  单元,5,7,1,1,1,1,1,0
结点,5,1,2                  单元,7,6,1,1,0,1,1,1
结点,6,2.5,0                结点支承,1,4,0,0,0
结点,7,2.5,2.5              结点支承,4,4,0,0,0
单元,1,2,1,1,0,1,1,1        结点支承,6,6,0,0,0,0
```

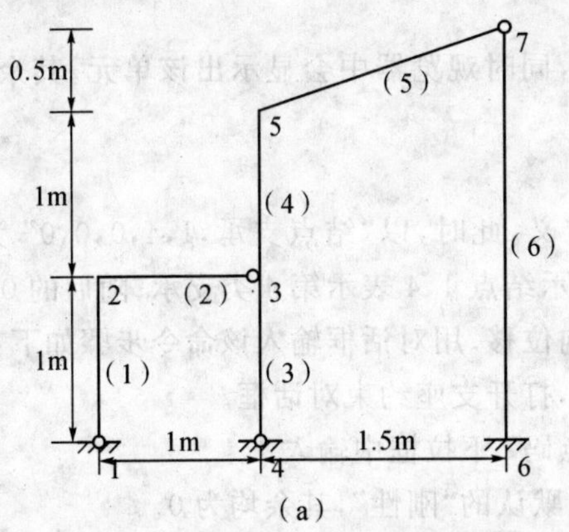

(a)

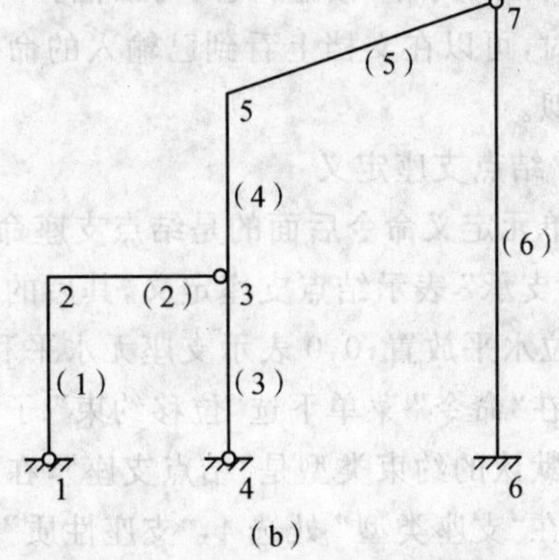

(b)

图 17.1

以上命令数据中主要有三种命令:结点定义、单元定义、结点支座定义。下面分别讨论如何用对话框输入这些命令。

(1) 结点定义

以第一行命令“结点,1,0,0”为例:1为结点码;0,0为整体坐标值。用对话框输入命令步骤如下:

1) 在“命令”菜单下选择“结点”子菜单,打开结点对话框;此时,默认的命令选择是结点定义。

2) 在“结点码”下拉框中输入(或从下拉选项中选)1。

3) 在“坐标 x”和“y”下拉框中分别输入0,0。

4) 单击“预览”按钮,可以在观览器中看到结点1的显示。

5) 若不满意,可以修改以上输入。

6) 单击“应用”按钮,将命令写到文档上。

7) 可以继续输入下一个命令。

8) 完成输入后,单击“关闭”按钮,关闭结点对话框。

此时,可以在文档上看到已输入的命令行,同时观览器中会同步显示出该结点。其余结点的输入类似。

(2) 单元定义

在结点定义命令后面的是单元定义命令。以“单元,1,2,1,1,0,1,1,1”命令为例,“单元”表示单元定义;其后的1,2为单元两端的结点码;随后的6个数据两端点与结点1,2的连接码。用对话框输入该命令步骤如下:

1) 在“命令”菜单下选择“单元”子菜单,打开单元对话框;此时,默认的命令选择是单元命令。

2) 单元编码按照输入顺序自动排列,因此没有单元码输入选项。

3) 在“杆端1”的“连接结点”处输入1,“连接方式”选“铰结”。

4) 在“杆端2”的“连接结点”处输入2,“连接方式”选“刚结”。

5) 若要预览,可以单击“预览”。

6) 单击“应用”按钮,将命令写到文档上,而后可以继续下一个命令。

7) 单击“关闭”按钮,关闭对话框。

此时,可以在文档上看到已输入的命令行,同时观览器中会显示出该单元。其余单元的输入类似。

(3) 结点支座定义

在单元定义命令后面的是结点支座命令定义。此时,以“结点支承,1,4,0,0,0”为例,其中“结点支承”表示结点支座定义,其后的1表示结点1,4表示第4类支承;随后的0代表支座方位位水平放置;0,0表示支座无水平和竖向位移。用对话框输入该命令步骤如下:

1) 在“命令”菜单下选“位移约束”子菜单,打开支座约束对话框。

2) 默认的约束类型是“结点支座”,在“结点码”下拉框中输入1。

3) 在“支座类型”处选4,“支座性质”保留默认的“刚性”,其余均为0。

4) 若要预览,可以单击“预览”。

5) 单击“应用”按钮,将命令写到文档上,而后可以继续下一个命令。

6）单击“关闭”按钮，关闭对话框。

此时，可以在文档上看到命令行，同时观览器中会显示出该支座。其余支座的输入类似。

17.2　用求解器进行平面体系的几何构造分析

对于几何构造分析，求解器具有两种求解模式：

1. 自动求解

可以对任意的平面体系进行几何构造分析：判断体系为几何可变还是不变体系；对于可变体系，给出体系自由度，指出是常变还是瞬变，并静态或动画显示结构运动模态；若体系有多于约束，给出多余约束的数目。

2. 智能求解

按两刚片或三刚片法则求解，给出具体的求解步骤。对于无法用三角形法则求解的问题，给出提示。

自动求解可用来求解所有问题，也是一个方便的研究工具；而智能求解可以模仿人工手算给出解题思路与步骤，对学生很有帮助。以下通过例题来分别加以说明和介绍。

【例 17-2】　试用两种求解模式分析图 17.2(a) 的几何构造，其结点 5、6 是组合结点。

首先，考虑自动求解，然后输入的命令文档为

```
结点,1,0,0
结点,2,0.4,0
结点,3,0.6,0
结点,4,1,0
结点,5,0.2,0.5
结点,6,0.8,0.5
结点,7,0.35,0.3
结点,8,0.65,0.3
单元,1,2,1,1,0,1,1,0
单元,2,3,1,1,0,1,1,0
单元,3,4,1,1,0,1,1,0
单元,1,5,1,1,0,1,1,1
单元,5,6,1,1,1,1,1,1
单元,6,4,1,1,1,1,1,0
单元,7,5,1,1,0,1,1,0
单元,2,7,1,1,0,1,1,0
单元,3,8,1,1,0,1,1,0
单元,8,6,1,1,0,1,1,0
单元,8,7,1,1,0,1,1,0
结点支承,1,2,-90,0,0
结点支承,4,1,0,0
```


(a)

(b)

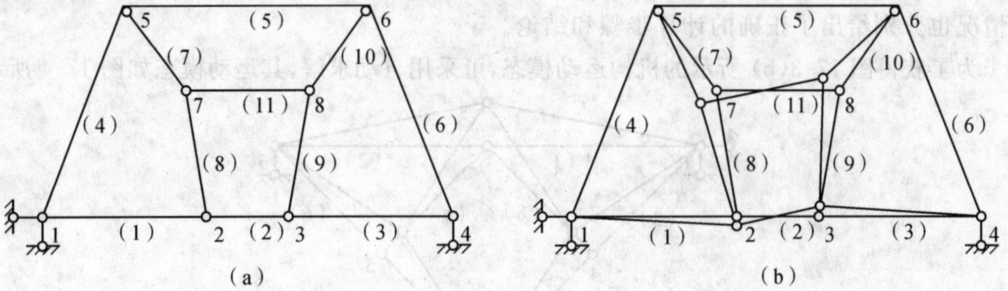

图 17-2

观览器中显示图形如图 17-2(a) 所示。然后在编辑器中依次选菜单“求解”、“几何组成”,得到“有多余约束的几何瞬变体系的结论”。在“几何构造分析”对话框中选“动态显示”,则可在观览器中看到机构运动模态的动画显示,如图 17-2(b) 所示。

其次,考虑智能求解。在编辑器中依次选菜单“求解”、“几何构造”,在弹出的对话框中单击“计算”按钮,得到计算机输出的结果如下:

不必考虑大地及其支座
刚片　1　由以下杆件构成:(4)　(5)　(6)
将刚片　1　看成第一个刚片
将杆件　(8) 看成第二个刚片
将杆件　(9) 看成第三个刚片
由三刚片规则,连接三刚片的三个(虚) 铰过一直线,瞬变体系

【例 17-3】　试用求解器分析图 17-3(a)(b) 所示的几何构造。

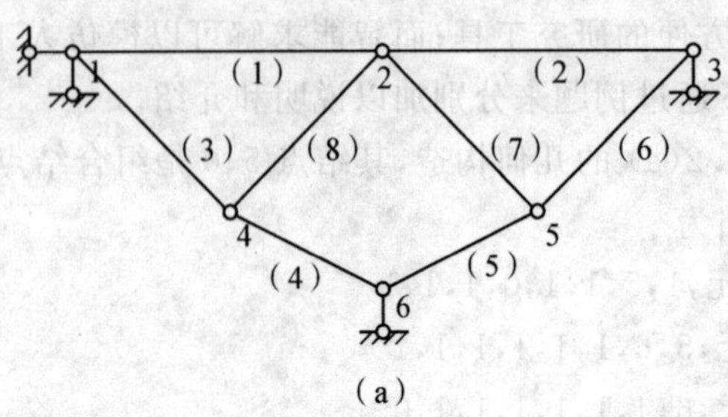

(a)

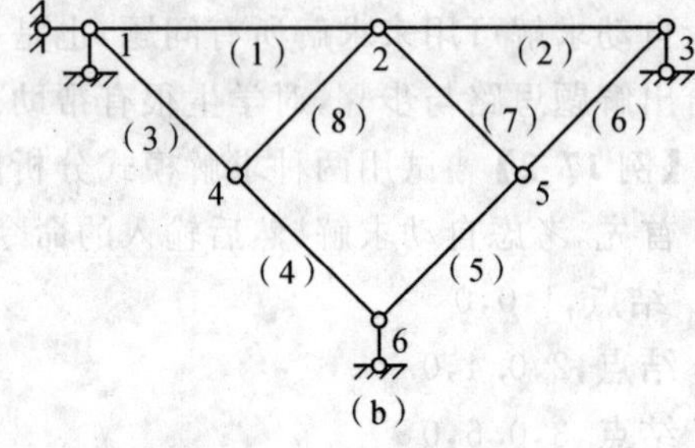

(b)

图 17-3

对图 17-3(a):	对图 17-3(b):
将大地看成一刚片,记为刚片 0 刚片　2　由以下杆件构成:(2)　(6)　(7)　由三刚片规则,将单元(4)　看成一刚片,另两刚片为:0 2,可得一大刚片 0	将大地看成一刚片,记为刚片　0 刚片　2　由以下杆件构成:(2)　(6)　(7) 将刚片　0　看成第一个刚片 将刚片　2　看成第二个刚片 将杆件　(4) 看成第三个刚片 由三刚片规则,连接三刚片的三个(虚) 铰过一直线,瞬变体系

图 17-3(b) 中的结点 6 的位置稍加调整,但使平面体系性质发生了改变,求解器对这两种情况也分别给出了正确的计算步骤和结论。

为了获得图 17-3(b) 所示的机构运动模态,可采用自动求解,其运动模态如图 17-4 所示。

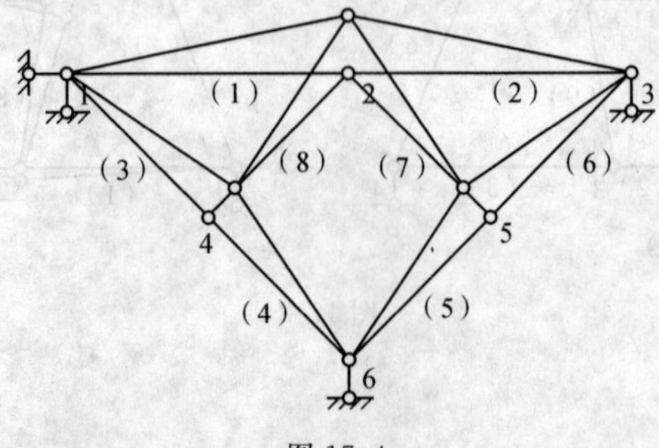

图 17-4

17.3　用求解器求解一般静定结构

求解器的自动求解模式可以求解一般的静定结构，包括静定桁架、刚架、多跨梁以及各样的组合结构。求解时，首先输入结构和荷载，而无须输入杆件刚度等材料性质，然后在“求解”菜单中选“内力计算”，从而打开内力计算对话框，从中可以根据需要查看各种内力计算结果。如果结构时超静定的，求解器将提示用户输入各个杆件的材料性质；如果是几何可变的，求解器也会给出提出而拒绝求解。如果要计算位移，即使是静定结构，也需要输入杆件的材料性质。所有这些，求解器都会自动给出提示。

求解器中内力的画法及其正负号规定如下弯矩图画在杆件受拉纤维一边；剪力正负教材中定义一致；轴力受拉为正，受压为负。

以下举例说明。

【例 17-4】　试用求解器求解图 17-5(a)、(b) 静定结构的内力。

解　先输入结构体系，两个结构的差别仅在于结点 5 的水平坐标不同。输入的数据文档如下：

```
结点,1,0,0                    单元,2,6,1,1,0,1,1,1
结点,2,2,0                    单元,6,7,1,1,1,1,1,0
结点,3,4,0                    单元,7,8,1,1,0,1,1,1
结点,4,6,0                    单元,8,4,1,1,1,1,1,0
结点,5,10,0                   结点支承,1,1,0,0
结点,6,2,－2                  结点支承,5,1,0,0
结点,7,4,－2                  结点支承,7,3,0,0,0
结点,8,6,－2                  单元荷载,1,1,1,1/2,90
单元,1,2,1,1,0,1,1,1          单元荷载,4,1,1,1/2,90
单元,2,3,1,1,1,1,1,0          文本,1.2,1.4,1,0,1,12
单元,3,4,1,1,0,1,1,1          文本,7.2,1.4,1,0,1,12
单元,4,5,1,1,1,1,1,0
```

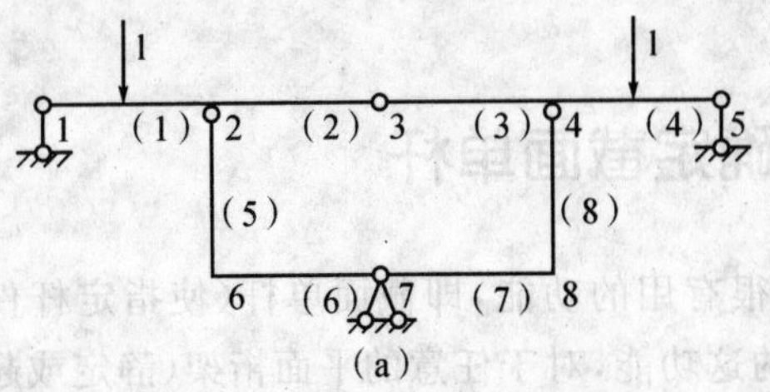

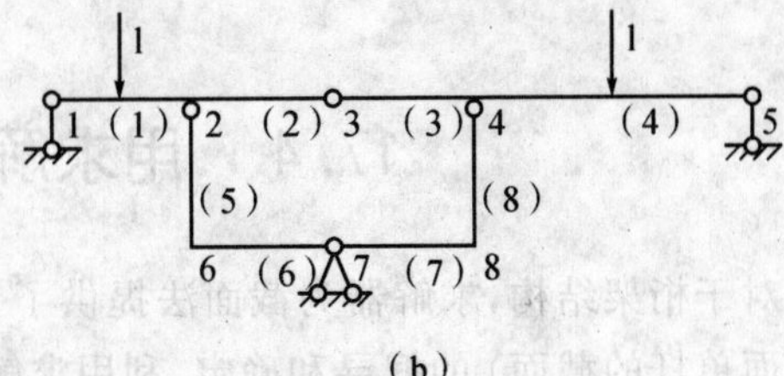

图 17-5

输入结构后，继续进行如下操作：

(1) 选择菜单“求解”、“内力计算”，求解器打开“内力计算”对话框，“内力显示”组中选“结构”，然后可在下面表格中看到杆端内力值。

(2)“内力类型”组中选“弯矩”，可在观览器中看到弯矩图。

(3)“内力类型”组中选“剪力”,可在观览器中看到剪力图。

(4)“内力类型”组中选“轴力”,可在观览器中看到轴力图。

(5)可单击观览器中的“加大幅值”或“减小幅值”按钮调节图形幅值;或者选“设置”菜单中的“显示幅值设置”,然后在对话框中给定具体的显示幅度值。

以上两个结构的内力图分别如图17-6和图17-7所示。

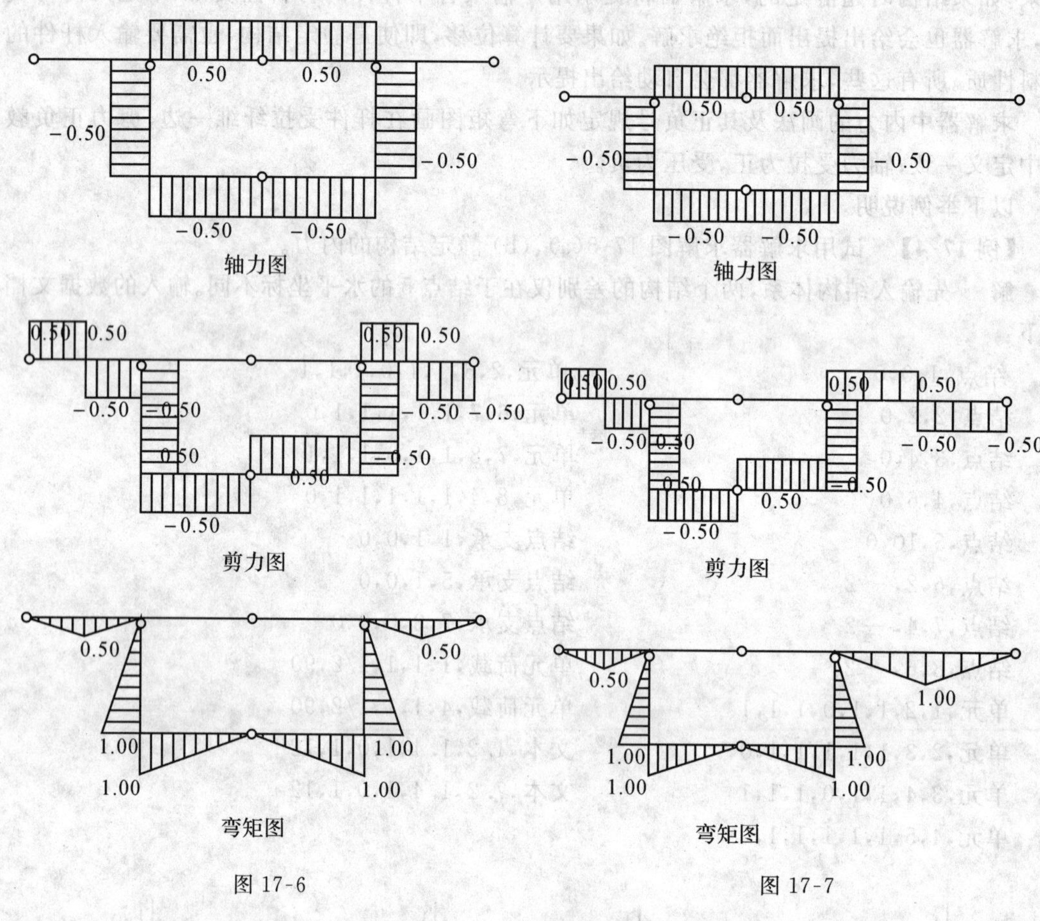

图 17-6　　图 17-7

17.4 用求解器确定截面单杆

对于桁架结构,求解器为截面法提供了一个很有用的功能,即截面单杆(使指定杆件成为截面单杆的截面)的搜寻和确定。利用求解器的这功能,对于任意的平面桁架(静定或超静定),求解器均可以找出使制定杆件成为截面单杆的所有截面。虽然其中有一些截面的截法令人感到意外,也很少用到,但却很有启发性,可以加深对截面法的理解和认识,并可强化训练截面法的应用技巧。

由于截面单杆的搜寻与荷载无关,因此例题中没有考虑荷载。求解器只是找出截面单杆,而后的平衡方程的建立则留给读者完成,没有进一步给出。以下结合具体例题来介绍。

【例 17-5】 试用求解器确定图17-8中使杆(6)和杆(9)成为截面单杆的所有截面。

解　先输入结构体系，输入的数据文档如下：

结点,1,0,0
结点,2,1,0
结点,3,2,0
结点,4,3,0
结点,5,0,1
结点,6,3,1
单元,1,2,1,1,0,1,1,0
单元,2,3,1,1,0,1,1,0
单元,3,4,1,1,0,1,1,0
单元,4,5,1,1,0,1,1,0
单元,5,3,1,1,0,1,1,0
单元,2,6,1,1,0,1,1,0
单元,6,1,1,1,0,1,1,0
单元,1,5,1,1,0,1,1,0
单元,4,6,1,1,0,1,1,0
结点支承,1,3,0,0,0
结点支承,4,1,0,0

输入结构体系后，依次选菜单“求解”、“截面法”，弹出“截面单杆”对话框；在“预求内力的单元码”下拉框中选 6，单击“计算”按钮计算。然后可以看到，共有 4 个单杆截面，可以逐一显示，如图 17-9(a)、(b)、(c)、(d) 所示。

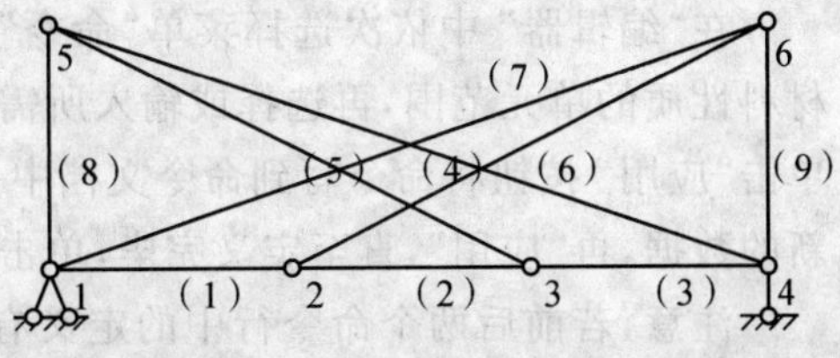

图 17-8

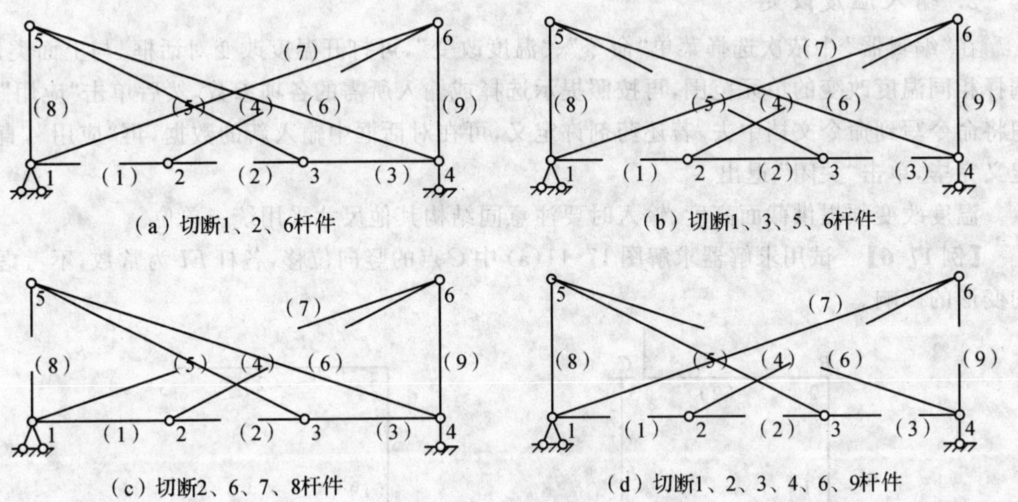

(a) 切断1、2、6杆件

(b) 切断1、3、5、6杆件

(c) 切断2、6、7、8杆件

(d) 切断1、2、3、4、6、9杆件

图 17-9

再用类似的方法计算杆件(9) 的单杆截面，共有 2 个，如图 17-10 所示

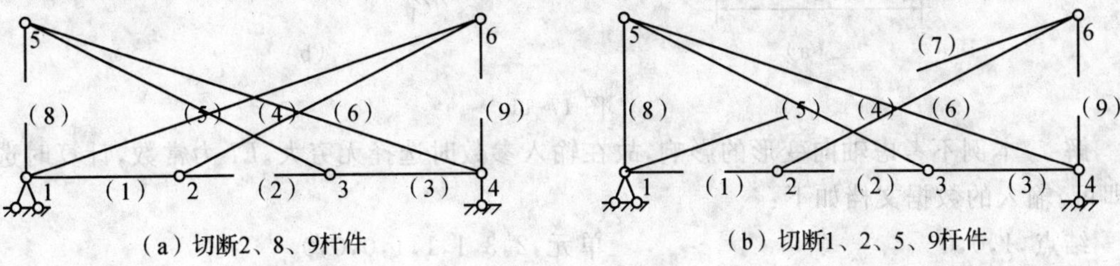

(a) 切断2、8、9杆件

(b) 切断1、2、5、9杆件

图 17-10

有些隔离体不是单连通的，通常也不太会去想，但是作为完备的解答，求解器还是给出

了这个解，希望对解题思路有所启发和拓宽。

17.5 用求解器进行位移计算

用求解器可以求解一般平面结构的位移。本节主要以静定结构为例进行讨论，但是做法同样适用于后面章节中讨论的超静定结构的位移计算。位移计算通常与结构各杆件的材料性质有关，因此本节首先介绍如何输入各杆件的材料性质，然后介绍如何输入温度的改变，最后结合具体例题进一步介绍位移的计算。

1. 输入材料性质

在“编辑器”中依次选择菜单“命令”、“材料性质”便可打开材料性质对话框。选择相同材料性质的单元范围，再选择或输入所需的杆件刚度性质（质量和极限弯矩可以空缺），然后单击“应用”按钮将命令写到命令文档中去。若还有单元刚度未定义，可在对话框中继续输入新的数据，再“应用”，直至定义完毕，单击“关闭”退出。

注意，若前后两个命令行中的定义有重复和冲突时，则以后面的定义为准，亦即前面的定义被后面的定义覆盖和取代。

2. 输入温度改变

在“编辑器”中依次选择菜单“命令”、“温度改变”，可打开温度改变对话框。与上面类似，选择相同温度改变的单元范围，再按照提示选择或输入所需的各项参数，然后单击“应用”按钮将命令写到命令文档中去。若还药剂许定义，可在对话框中输入新的数据，再“应用”，直至定义完毕，单击“关闭”退出。

温度改变须提供截面高度、输入时要注意同结构其他尺寸采用统一单位。

【例 17-6】 试用求解器求解图 17-11(a) 中 C 点的竖向位移，各杆 EI 为常数，不考虑轴向变形的影响。

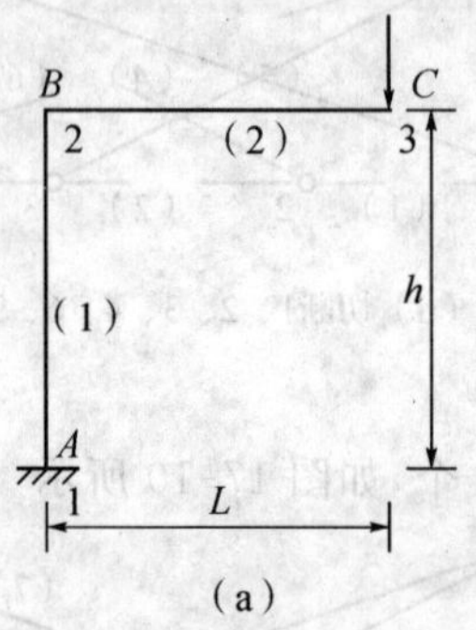

(a)

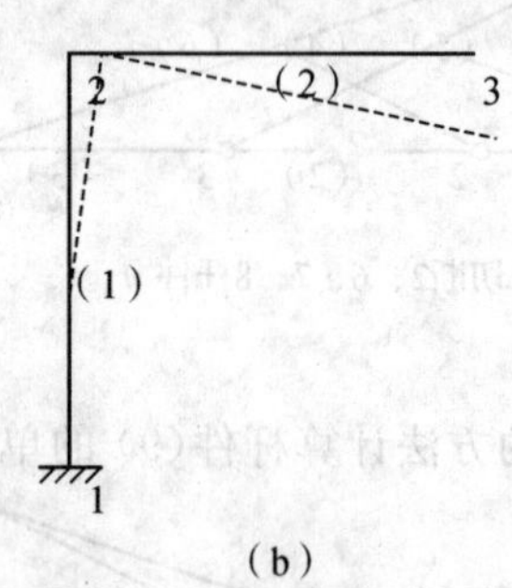

(b)

图 17-11

解 本例不考虑轴向变形的影响，故在输入参数时选择无穷大。EI 为常数，计算时选择 1 即可。输入的数据文档如下：

结点,1,0,0
结点,2,0,1
结点,3,1,1
单元,1,2,1,1,1,1,1,1
单元,2,3,1,1,1,0,0,0
结点支承,1,6,0,0,0,0
单元荷载,2,1,1,1,90
单元材料性质,1,2,－1,1,0,0,－1

输入结构体系后，继续如下操作：

(1) 选择菜单“求解”、“位移计算”，打开“位移计算”对话框。

(2)“位移显示”栏中选“结构”，在观览栏中便可看到变形图，如图 17-11(b) 所示。

(3) 在下面的“杆端位移值”的表格里，找到单元 2 的第 2 个端点的竖向位移即可。计算过程中注意单位的统一。

17.6　用求解器进行力法计算

求解器可以求解一般的平面超静定结构的位移和内力。超静定结构计算通常与结构各杆件的刚度有关。在第五节已经介绍了如何输入各杆件的材料性质，因此超静定结构的求解无需引入新的输入命令；在位移计算的基础上，直接选择“求解”菜单中的“内力计算”、“位移计算”或“位移内力”等菜单即可。

为了加深和加强力法的概念，本节讨论如何用求解器进行力法的辅助计算。

传统上，将力法的基本体系取为静定结构，主要是因为静定结构容易摆弄和计算，手算时尤其如此。其实，只要计算上无困难，超静定结构同样可以被用作基本体系。下面看一个超静定结构基本体系的具体例题。

【例 17-7】　用求解器试求图 17-12 中二次超静定刚架。取结点 3 水平支杆反力为基本未知力，各杆长相等 $l=4\text{m}$，刚度参数如下：

杆件(1)：$EA=5.2\times10^6\text{kN}, EI=1.25\times10^5\text{kN}\cdot\text{m}^2$

杆件(1)：$EA=4.5\times10^6\text{kN}, EI=1.2\times10^5\text{kN}\cdot\text{m}^2$

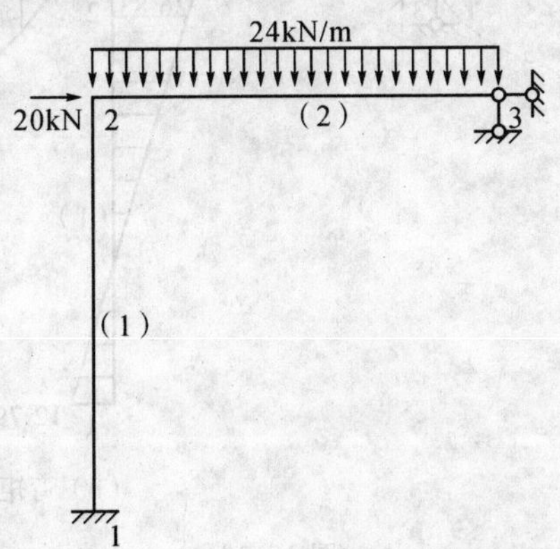

图 17-12

解　力的单位为 kN，尺寸的单位为 m。依题意，取基本体系如图 17-13(a) 所示，此基本体系是超静定的。图 17-13(b) 和 17－13(c) 分别给出了仅荷载作用和仅单位未知力作用下的计算简图。命令文档在下面，其(b)(c) 的文档只在个别命令有所区别。

```
结点,1,0,0                 单元荷载,2,3,24,0,1,90
结点,2,0,4                 结点荷载,3,－1,1,180
结点,3,4,4                 单元材料性质,1,1,5200000,4500000,0,0,－1
单元,1,2,1,1,1,1,1,1       单元材料性质,2,2,1250000,120000,0,0,－1
单元,2,3,1,1,1,1,1,1       文本,－0.9,4,20kN,1,1,9.6
```

结点支承,1,6,0,0,0,0　　　　文本,2,4.8,24kN/m,1,1,9.6
结点支承,3,1,0,0　　　　　　文本,4.58,3.9,X,1,1,9.6
结点荷载,2,1,20,0

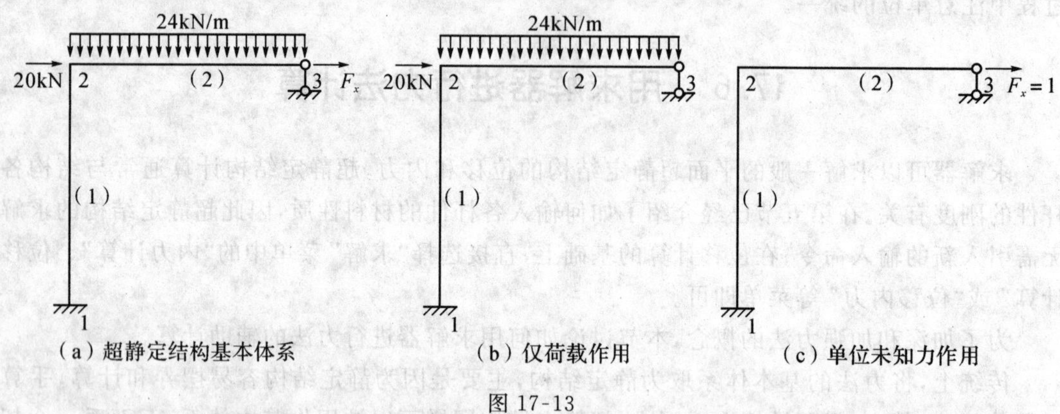

(a)超静定结构基本体系　　(b)仅荷载作用　　(c)单位未知力作用

图 17-13

首先计算荷载作用下结点 3 水平位移 Δ_P。输入图 17-13(b) 的命令文档后,在“求解”菜单下选“位移计算”打开位移计算对话框。在“位移显示”栏中选“结构”,可以看到对话框下端表格中给出的杆端位移。用求解器求解,得变形图、弯矩图如图 17-14 所示。

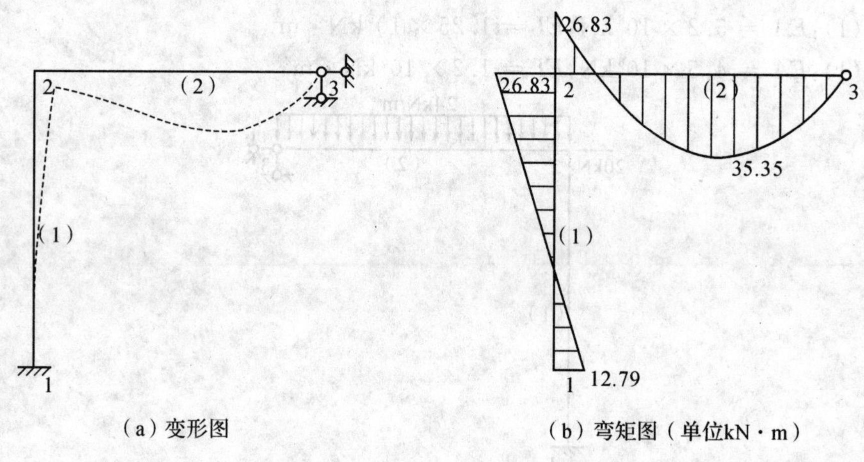

(a)变形图　　(b)弯矩图(单位kN·m)

图 17-14

计算超静定结构时,要同时运用平衡条件和变形条件。这里要着重了解变形条件的运用:对于每一个超静定结构,它有几个独立的变形条件?每个变形条件的几何意义是什么?如何考虑荷载、温度和支座移动等不同因素的影响?变形条件如何用方程来表示?方程中每一项代表什么意义?如何求出方程中的系数和自由项?

17.7　用求解器计算结构的影响线

基于机动法,静定结构影响线的计算可以归结为几何可变体系的刚体位移(机构运动)模态的计算,因此可以利用求解器中几何构造问题的自动求解功能间接地计算影响线。求解器中专门设置了影响线的求解功能，可以直接计算一般平面结构的影响线。

本节只讨论静定结构影响线的求解器计算方法。

用求解器计算静定结构影响线时，用户首先要输入一个静定结构，然后要输入计算影响线所需要的其他控制参数。

1. 输入影响线求解参数

求解器可以求得人以平面结构的任意一个单元内任一截面内力的影响线。单位荷载可以是单位竖向力、水平力或单位力矩；截面内力可以是轴力、剪力或弯矩。

在编辑器中依次选择菜单："命令"、"其他控制参数"、"影响线"，便可打开"影响线求解参数" 对话框，从中可以看到"单位荷载" 和"截面内力" 两个数据栏。在"单位荷载" 栏中，可以按需要选择单位荷载的"类型" 和"方向"；在截面内力栏中可以选择欲求影响线的截面内力的类型、所在单元及其截面的位置。

输入数据后单击"应用" 按钮将命令写到命令文档中，然后单击"关闭" 退出对话框。以下用具体的例题来说明。

2. 例题

【例 17-8】 试求解图 17-15 中结构在竖直荷载下杆件(2) 和(6) 中点弯矩、剪力和轴力的影响线。

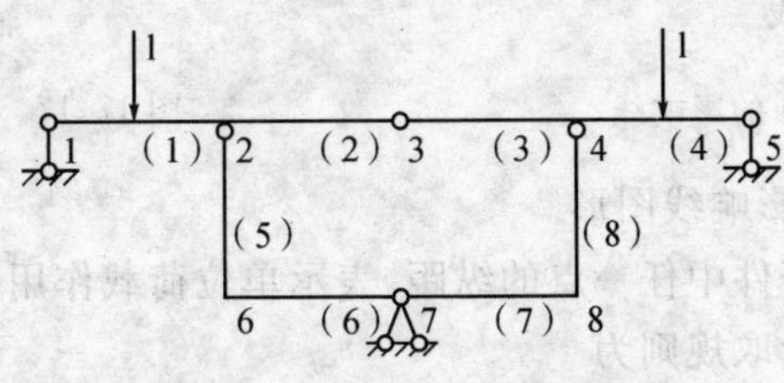

图 17-15

解 先输入结构体系，输入的数据文档省略。下面以杆件(2) 中点的弯矩影响线为例，进一步说明做法。

打开"影响线求解参数" 对话框。在单位荷载数据栏中，类型选为"力"，方向选"向下"。在截面内力框中，单元码选 2，距杆端 1 选"1/2"L 处，内力类型选"弯矩"。单击"应用"、"关闭" 后，可在命令文档中见到命令行：影响线参数，-2,2,1/2,3。其中，-2 代表单位荷载沿 y 轴方向(竖直的) 向下；后面的 2 代表第 2 个单元；1/2 表示截面位置；3 代表弯矩。杆件(2) 和(6) 中点弯矩、剪力和轴力的影响线计算所需的命令行分别为：

杆件(2)	杆件(6)
影响线参数，－2,2,1/2,3	影响线参数，－2,6,1/2,3
影响线参数，－2,2,1/2,2	影响线参数，－2,6,1/2,2
影响线参数，－2,2,1/2,1	影响线参数，－2,6,1/2,1

注意，求解器只能接受一条命令，如果像上面一样输入了 3 条命令，则只接受最后一条命令。

为计算影响线，依次选菜单："求解"、"影响线"。在打开的"影响线" 对话框的最上部，可以看到影响线的一些参数。在影响线的图形，具体数值可以从"单元影响线分析" 数据框中获得。各影响线图形图 17-16 和 17-17 所示。

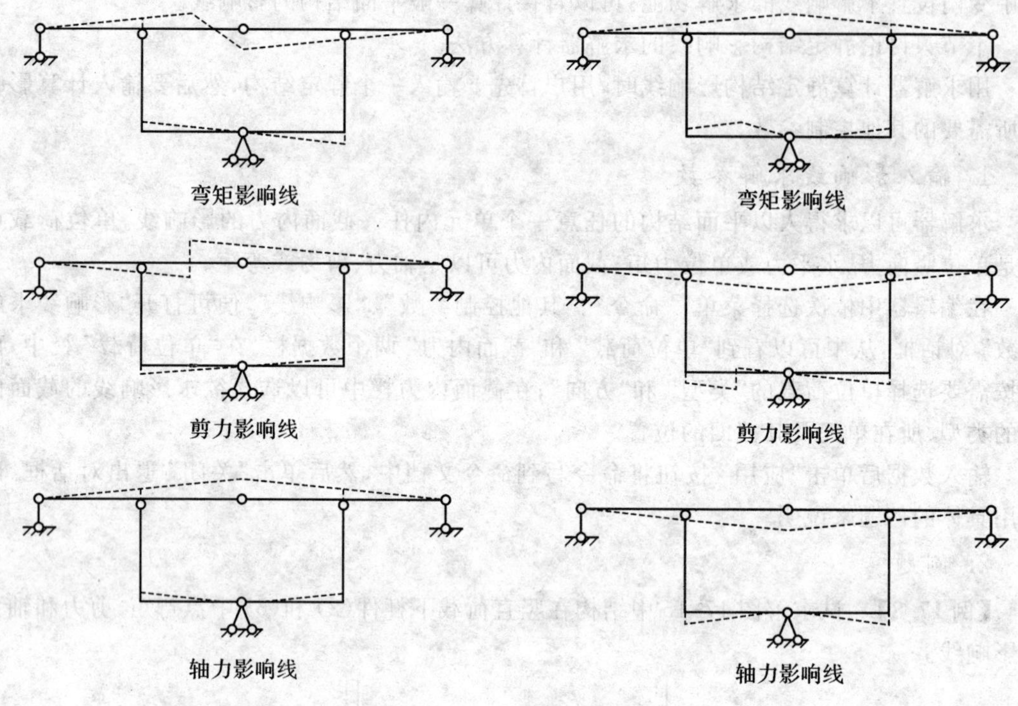

图 17-16 杆件(2)的影响线　　图 17-17 杆件(3)的影响线

下面再讨论如何使用影响线图形。

影响线图形中，任一杆件中任一点的纵距，表示单位荷载作用在该点时指定截面处的内力值。影响线的纵距值的量取规则为

荷载类型	标距方向	正负号
竖直荷载	整体竖直方向	正值标在上方
水平荷载	整体水平方向	正值标在上方
单位力矩	杆件垂直方向	正值标在局部坐标$\bar{y}$的正方向

以杆件(2)中点截面轴力的影响线为例，当单位荷载作用在上面的梁上时，作用在中间的铰接点处时指定截面轴力最大(受拉)，而当单位荷载作用在下面的水平杆件上时，作用在竖杆处时指定截面上轴力最大(也是受拉)。

可以看出，求解器给出的影响线图形是一个完整的图形，包括了单位荷载作用在结构任一杆件上的指定截面内力的影响线。

思考题

17-1　利用结构力学求解器求解静定结构的内力时，是否需要输入杆件刚度等材料性质？为什么？

17-2　利用结构力学求解器求解超静定结构的内力时，是否需要输入杆件刚度等材料性质？为什么？

17-3　计算超静定的结构的位移不能用各杆 EI 或 EA 的相对值，而需用其绝对值；若用变形条件校核荷载产生的内力图时，为什么又可以用 EI 或 EA 的相对值？

习　题

17-1　试在求解器中输入以下结构，作几何构造分析。

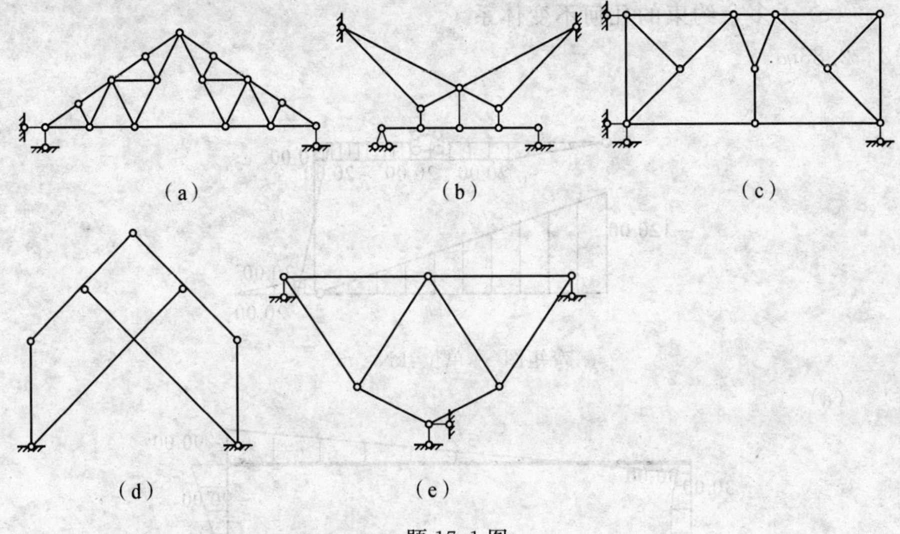

题 17-1 图

17-2　利用结构力学求解器计算杆件 5 的轴力。

17-3　利用结构力学求解器画图示结构的弯矩图。

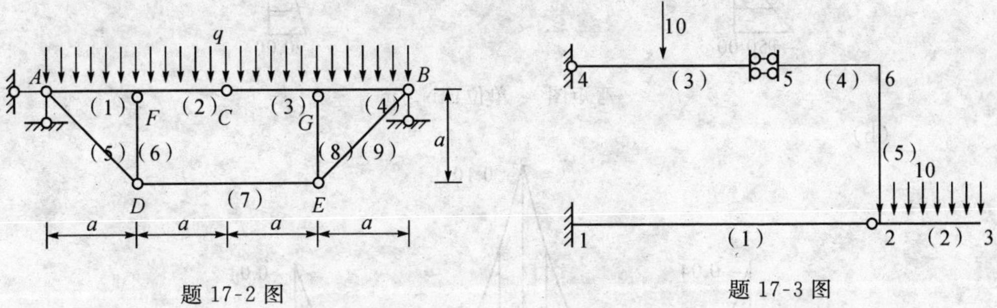

题 17-2 图　　　　题 17-3 图

17-4　利用结构力学求解器计算图示超静定结构的内力。

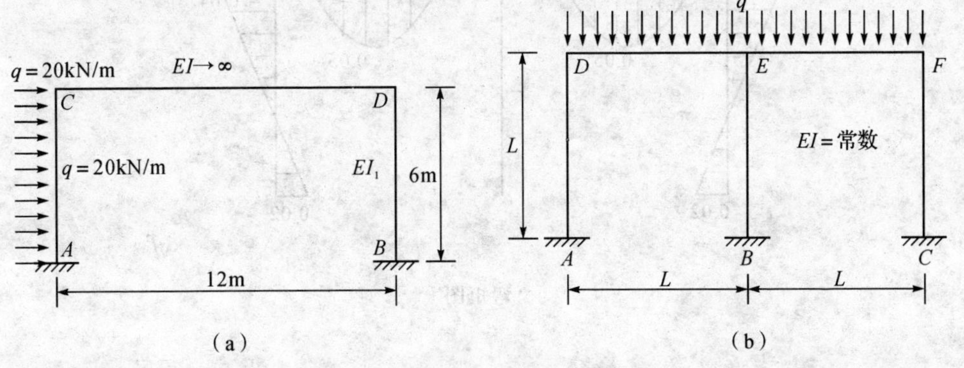

题 17-4 图

习题参考答案

17-1　(a) 无多余约束的几何不变体系　(b) 无多余约束的几何不变体系

(c) 有多余约束的几何不变体系　(d) 有多余约束的几何瞬变体系

(e) 无多余约束的几何不变体系

17-2　$2.83qa$

17-3

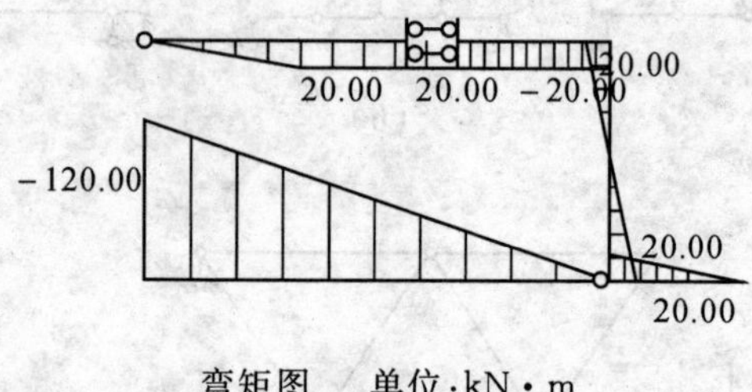

弯矩图　单位:kN・m

17-4　(a)

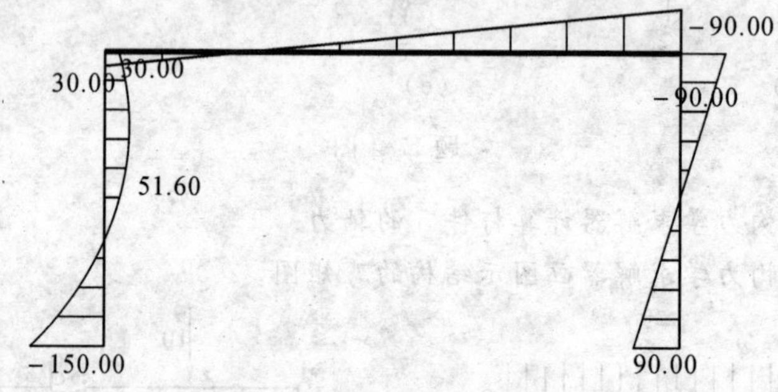

弯矩图　单位:kN・m

(b)

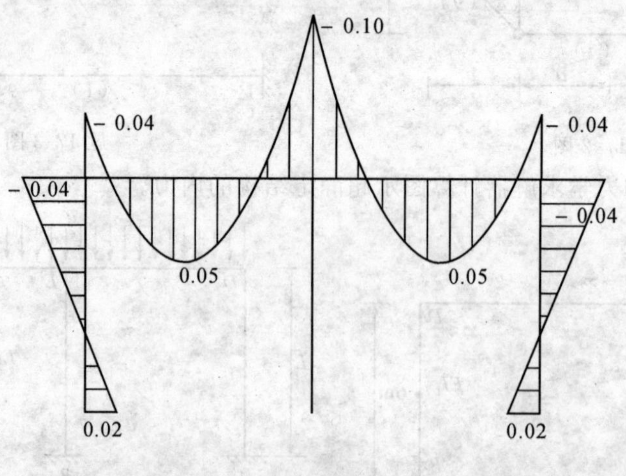

弯矩图

附　录　型钢表

一、热轧等边角钢(GB9787-88)

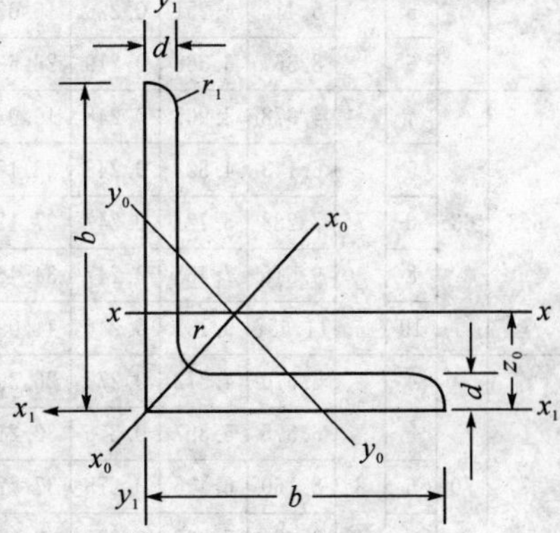

符号意义：

b—— 边宽度；　　　　　　I—— 惯性矩；

d—— 边厚度；　　　　　　i—— 惯性半径；

r—— 内圆弧半径；　　　　—— 截面系数；

r_l—— 边端内弧半径；　　z_0—— 重心距离。

角钢号码	尺寸(mm)			截面面积	理论重量	外表面积	参考数值										z_0
							$x-x$			x_0-x_0			y_0-y_0		x_1-x_1		
	b	d	r	cm²	kg/m	m²/m	I_x cm⁴	i_x cm	W_x cm³	I_{r_0} cm⁴	i_{x_0} cm	W_{x_0} cm³	I_{y_0} cm⁴	i_{y_0} cm	W_{y_0} cm³	I_{x_1} cm⁴	cm
2	20	3	3.5	1.132	0.889	0.078	0.40	0.59	0.29	0.63	0.75	0.45	0.17	0.39	0.20	0.81	0.60
		4		1.459	1.145	0.077	0.50	0.58	0.36	0.78	0.78	0.55	0.22	0.38	0.24	1.09	0.64
2.5	25	3		1.432	1.124	0.098	0.82	0.76	0.46	1.29	0.95	0.73	0.34	0.49	0.33	1.57	0.73
		4		1.859	1.459	0.097	1.03	0.74	0.59	1.62	0.93	0.92	0.43	0.48	0.40	2.11	0.76
3.0	30	3	4.5	1.749	1.373	0.117	1.46	0.91	0.68	2.31	1.15	1.09	0.61	0.59	0.51	2.71	0.85
		4		2.276	1.786	0.117	1.84	0.90	0.87	2.92	1.13	1.37	0.77	0.58	0.62	3.63	0.89
3.6	36	3		2.109	1.656	0.141	2.58	1.11	0.99	4.09	1.39	1.61	1.07	0.71	0.76	4.68	1.00
		4		2.756	2.163	0.141	3.29	1.09	1.28	5.22	1.38	2.05	1.37	0.70	0.93	6.25	1.04
		5		3.382	2.654	0.141	3.95	1.08	1.56	6.24	1.36	2.45	1.65	0.70	1.09	7.84	1.07
4.0	40	3	5	2.359	1.852	0.157	3.59	1.23	1.23	5.69	1.55	2.01	1.49	0.79	0.96	6.41	1.09
		4		3.086	2.422	0.157	4.60	1.22	1.60	7.29	1.54	2.58	1.91	0.79	1.19	8.56	1.13
		5		3.791	2.976	0.156	5.53	1.21	1.96	8.76	1.52	3.01	2.30	0.78	1.39	10.74	1.17
4.5	45	3		2.659	2.088	0.177	5.17	1.40	1.58	8.20	1.76	2.58	2.14	0.90	1.24	9.12	1.22
		4		3.486	2.736	0.177	6.65	1.38	2.05	10.56	1.74	3.32	2.75	0.89	1.54	12.18	1.26
		5		4.292	3.369	0.176	8.04	1.37	2.51	12.74	1.72	4.00	3.33	0.88	1.81	15.25	1.30
		6		5.076	3.985	0.176	9.33	1.36	2.95	14.76	1.70	4.64	3.89	0.88	2.06	18.36	1.33
5.0	50	3	5.5	2.971	2.332	0.197	7.18	1.55	1.96	11.37	1.96	3.22	2.98	1.00	1.57	12.50	1.34
		4		3.897	3.059	0.197	9.26	1.54	2.56	14.70	1.94	4.16	3.82	0.99	1.96	16.69	1.38
		5		4.803	3.770	0.196	11.21	1.53	3.13	17.79	1.92	5.03	4.64	0.98	2.31	20.90	1.42
		6		5.688	4.465	0.196	13.05	1.52	3.68	20.68	1.91	5.85	5.42	0.98	2.63	25.14	1.46

续　表

角钢号码	尺寸(mm)			截面面积	理论重量	外表面积	参考数值										z0
							$x-x$			x_0-x_0			y_0-y_0			x_1-x_1	
	b	d	r	cm^2	kg/m	m^2/m	I_x cm^4	i_x cm	W_x cm^3	I_{r_0} cm^4	i_{x_0} cm	W_{x_0} cm^3	I_{y_0} cm^4	i_{y_0} cm	W_{y_0} cm^3	I_{x_1} cm^4	z_0 cm
5.6	56	3	5.5	3.343	2.624	0.221	10.19	1.75	2.48	16.14	2.20	4.08	4.24	1.13	2.02	17.56	1.48
		4		1.390	3.446	0.220	13.18	1.73	3.24	20.92	2.18	5.28	5.46	1.11	2.52	23.43	1.53
		5		5.415	4.251	0.220	16.02	1.72	3.97	25.42	2.17	6.42	6.61	1.10	2.98	29.33	1.57
		6		8.367	6.568	0.219	23.63	1.68	6.03	37.37	2.11	9.44	9.89	1.09	4.16	47.24	1.68
6.3	63	4	7	4.978	3.907	0.248	19.03	1.96	4.13	30.17	2.46	6.78	7.89	1.26	3.29	33.35	1.70
		5		6.143	4.822	0.248	23.17	1.94	5.08	36.77	2.45	8.25	9.57	1.25	3.90	41.73	1.74
		6		7.288	5.721	0.247	27.12	1.93	6.0	43.03	2.43	9.66	11.20	1.24	4.46	50.14	1.78
		8		9.515	7.468	0.247	34.46	1.90	7.75	54.56	2.40	12.25	14.33	1.23	5.47	67.11	1.85
		10		11.657	9.151	0.246	41.09	1.88	9.39	64.85	2.36	14.56	17.33	1.22	6.36	84.31	1.93
7	70	4	8	5.570	4.372	0.275	26.39	2.18	5.14	41.80	2.74	8.44	10.99	1.40	4.17	45.74	1.86
		5		6.875	5.397	0.275	32.21	2.16	6.32	51.08	2.73	10.32	13.34	1.39	4.95	57.21	1.91
		6		8.160	6.406	0.275	37.77	2.15	7.48	59.93	2.71	12.11	15.61	1.38	5.67	68.73	1.95
		7		9.424	7.398	0.275	43.09	2.14	8.59	68.35	2.69	13.81	17.82	1.38	6.34	80.29	1.99
		8		10.667	8.373	0.274	48.17	2.12	9.68	76.37	2.68	15.34	19.98	1.37	6.98	91.92	2.03
7.5	75	5	9	7.367	5.818	0.295	39.97	2.33	7.32	63.30	2.92	11.94	16.63	1.50	5.77	70.56	2.04
		6		8.797	6.905	0.294	46.95	2.31	8.64	74.38	2.90	14.02	19.51	1.49	6.67	84.55	2.07
		7		10.160	7.976	0.294	53.57	2.30	9.93	84.96	2.89	16.02	22.18	1.48	7.44	98.71	2.11
		8		11.503	9.030	0.294	59.96	2.28	11.20	95.07	2.88	17.93	24.86	1.47	8.19	112.97	2.15
		10		14.126	11.089	0.293	71.98	2.26	13.64	113.92	2.84	21.48	30.05	1.46	9.56	141.71	2.23
8	80	5	9	7.912	6.211	0.315	48.79	2.48	8.34	77.33	3.13	13.67	20.25	1.60	6.66	85.36	2.15
		6		9.397	7.376	0.314	57.35	2.47	9.87	90.89	3.11	16.08	23.72	1.59	7.65	102.50	2.19
		7		10.860	8.525	0.314	65.58	2.46	11.37	104.07	3.10	18.40	27.09	1.58	8.58	119.70	2.23
		8		12.303	9.658	0.314	73.49	2.44	12.83	116.60	3.08	20.61	30.39	1.57	9.46	136.97	2.27
		10		15.126	11.874	0.313	88.43	2.42	15.64	140.09	3.04	24.76	36.77	1.56	11.08	171.74	2.35
9	90	6	10	10.637	8.350	0.354	82.77	2.79	12.61	131.26	3.51	20.63	34.28	1.80	9.95	145.87	2.44
		7		12.301	9.656	0.354	94.83	2.78	14.54	150.17	3.50	23.64	39.18	1.78	11.19	170.30	2.48
		8		13.944	10.946	0.353	106.47	2.75	16.42	168.97	3.48	26.55	43.97	1.78	12.35	194.80	2.52
		10		17.167	13.476	0.353	128.58	2.74	20.07	203.90	3.45	32.04	53.26	1.76	14.52	244.07	2.59
		12		20.306	15.940	0.352	149.22	2.71	23.57	236.21	3.41	37.12	62.22	1.75	16.49	293.76	2.67
10	100	6	12	11.932	9.366	0.393	114.95	3.10	15.68	181.98	3.90	25.74	47.92	2.00	12.69	200.07	2.67
		7		13.796	10.830	0.393	131.86	3.09	18.10	208.97	3.89	29.55	54.74	1.99	14.26	233.54	2.71
		8		15.638	12.276	0.393	148.24	3.08	20.47	235.07	3.88	33.24	61.41	1.98	15.75	267.09	2.76
		10		19.261	15.120	0.392	179.51	3.05	25.06	284.68	3.84	40.26	74.35	1.96	18.54	344.48	2.84
		12		22.800	17.898	0.391	208.90	3.03	29.48	330.95	3.81	46.80	86.84	1.95	21.08	402.34	2.91
		14		26.256	20.611	0.391	236.53	3.00	33.73	374.06	3.77	52.90	99.00	1.94	23.44	470.75	2.99
		16		20.627	23.257	0.390	262.53	2.98	37.82	414.16	3.74	58.57	110.89	1.94	25.63	539.80	3.06

续　表

角钢号码	尺寸(mm)			截面面积	理论重量	外表面积	参考数值										z0
							$x-x$			x_0-x_0			y_0-y_0			x_1-x_1	
	b	d	r	cm²	kg/m	m²/m	I_x cm⁴	i_x cm	W_x cm³	I_{x_0} cm⁴	i_{x_0} cm	W_{x_0} cm³	I_{y_0} cm⁴	i_{y_0} cm	W_{y_0} cm³	I_{x_1} cm⁴	cm
11	110	7	12	15.196	11.928	0.433	177.16	3.41	22.05	280.94	4.30	36.12	73.38	2.20	17.51	310.64	2.96
		8		17.238	13.532	0.433	199.46	3.40	24.95	316.49	4.28	40.69	82.42	2.19	19.39	355.20	3.01
		10		21.261	16.690	0.432	242.19	3.38	30.60	384.39	4.25	49.42	99.98	2.17	22.91	444.65	3.09
		12		25.200	19.782	0.431	282.55	3.35	36.05	448.17	4.22	57.62	116.93	2.15	26.15	534.60	3.16
		14		29.056	22.809	0.431	320.71	3.32	41.31	508.01	14.18	65.31	133.40	2.14	29.14	625.16	3.24
12.5	125	8	14	19.750	15.504	0.492	297.03	3.88	32.52	470.89	4.88	53.28	123.16	2.50	25.86	521.01	3.37
		10		24.373	19.133	0.491	361.67	3.85	39.97	573.89	4.85	64.93	149.46	2.48	30.62	651.93	3.45
		12		28.912	22.696	0.491	423.16	3.83	41.17	671.44	4.82	75.97	174.88	2.46	35.03	783.42	3.53
		14		33.367	26.193	0.490	481.65	3.80	54.16	763.73	4.78	86.41	199.57	2.45	39.13	915.61	3.61
14	140	10		27.373	21.488	0.551	514.65	4.34	50.58	817.27	5.46	82.56	212.04	2.78	39.20	915.11	3.82
		12		32.512	25.522	0.551	603.68	4.31	59.80	958.79	5.43	96.85	248.57	2.76	45.02	1099.28	3.90
		14		37.567	29.490	0.550	688.81	4.28	68.75	1093.56	5.40	110.47	284.06	2.75	50.45	1284.22	3.98
		16		42.539	33.393	0.549	770.24	4.26	77.46	1221.81	5.36	123.42	318.67	2.74	55.55	1470.07	4.06
16	160	10	16	31.502	24.729	0.630	779.53	4.98	66.70	1237.30	6.27	109.36	321.76	3.20	52.76	1365.33	4.31
		12		37.411	29.391	0.630	916.58	4.95	78.98	1455.68	6.24	128.67	377.49	3.18	60.74	1639.57	4.39
		14		43.296	33.987	0.629	1048.36	4.92	90.95	1665.02	6.20	147.17	431.70	3.16	68.24	1914.68	4.47
		16		49.067	38.518	0.629	1175.08	4.89	102.63	1865.57	6.17	164.89	484.59	3.14	75.31	2190.82	4.55
18	180	12		42.241	33.159	0.710	1321.35	5.59	100.82	2100.10	7.05	165.00	542.61	3.58	78.41	2332.80	4.89
		14		48.896	38.388	0.709	1514.48	5.56	116.25	2407.42	7.02	189.14	625.53	3.56	88.38	2723.48	4.97
		16		55.467	43.542	0.709	1700.99	5.54	131.13	2703.37	6.98	212.40	698.60	3.55	97.83	3115.29	5.05
		18		61.955	48.634	0.708	1875.12	5.50	145.64	2988.24	6.94	234.78	762.01	3.51	105.14	3502.43	5.13
20	200	14	18	54.642	42.894	0.788	2103.55	6.20	144.70	3343.26	7.82	236.40	863.83	3.98	111.82	3734.10	5.46
		16		62.013	48.680	0.788	2366.15	6.18	163.65	3760.89	7.79	265.93	971.41	3.96	123.96	4270.39	5.54
		18		69.301	54.401	0.787	2620.64	6.15	182.22	4164.54	7.75	294.48	1076.7	3.94	135.52	4808.13	5.62
		20		76.505	60.056	0.787	2867.30	6.12	200.42	4554.55	7.72	322.06	1180.0	3.93	146.55	5347.51	5.69
		24		90.661	71.168	0.785	3338.25	6.07	236.17	5294.97	7.64	374.41	1381.5	3.90	166.55	6457.16	5.87

注：截面图中的 $r_1=\frac{1}{3}d$ 及表中 r 值的数据用于孔型设计，不作交货条件。

二、热轧不等边角钢(GB9788-88)

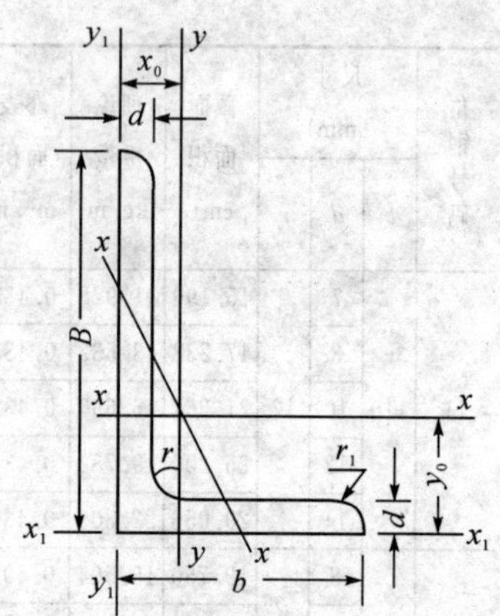

符号意义：

B—— 长边宽度；　　b—— 短边宽度；

d—— 边厚度；　　r—— 内圆弧半径；

r_1—— 边端内弧半径；　　I—— 惯性矩；

i—— 惯性半径；　　W—— 截面系数；

x_0—— 重心距离；　　y_0—— 重心距离。

角钢号码	尺寸(mm)				截面面积	理论重量	外表面积	参考数值													
								$x-x$			$y-y$			x_1-x_1		y_1-y_1		$u-u$			
	B	b	d	r	cm²	kg/m	m²/m	I_x cm⁴	i_x cm	W_x cm³	I_y cm⁴	i_y cm	W_y cm³	I_{x_1} cm⁴	y_0 cm	I_{y_1} cm⁴	x_0 cm	I_u cm⁴	i_u cm	W_u cm³	tanα
2.5/1.6	25	16	3	3.5	1.162	0.912	0.080	0.70	0.78	0.43	0.22	0.44	0.19	1.56	0.86	0.43	0.42	0.14	0.34	0.16	0.392
			4		1.499	1.176	0.079	0.88	0.77	0.55	0.27	0.43	0.24	2.09	0.90	0.59	0.46	0.17	0.34	0.20	0.381
3.2/2	32	20	3		1.429	1.171	0.102	1.53	1.01	0.72	0.46	0.55	0.30	3.27	1.08	0.82	0.49	0.28	0.43	0.25	0.382
			4		1.939	1.522	0.101	1.93	1.00	0.93	0.57	0.54	0.39	4.37	1.12	1.12	0.53	0.35	0.43	0.32	0.374
4/2.5	40	25	3	4	1.890	1.484	0.127	3.08	1.28	1.15	0.93	0.70	0.49	6.39	1.32	1.59	0.59	0.56	0.54	0.40	0.386
			4		2.467	1.936	0.127	3.93	1.26	1.49	1.18	0.69	0.63	8.53	1.37	2.14	0.63	0.71	0.54	0.52	0.381
4.5/2.8	45	28	3	5	2.149	1.687	0.143	4.45	1.44	1.47	1.34	0.79	0.62	9.10	1.47	2.23	0.64	0.80	0.61	0.51	0.383
			4		2.806	2.203	0.143	5.69	1.42	1.91	1.70	0.78	0.80	12.13	1.51	3.00	0.68	1.02	0.60	0.66	0.380
5/3.2	50	32	3	5.5	2.431	1.908	0.161	6.24	1.60	1.84	2.02	0.91	0.82	12.49	1.60	3.31	0.73	1.20	0.70	0.68	0.404
			4		3.177	2.494	0.60	8.02	1.59	2.39	2.58	0.90	1.06	16.65	1.65	4.45	0.77	1.53	0.69	0.87	0.402
5.6/3.6	56	36	3	6	2.743	2.153	0.181	8.88	1.80	2.32	2.92	1.03	1.05	17.54	1.78	4.70	0.80	1.73	0.79	0.87	0.408
			4		3.590	2.818	0.180	11.45	1.79	3.03	3.76	1.02	1.37	23.39	1.82	6.33	0.85	2.23	0.79	1.13	0.408
			5		4.415	3.466	0.180	13.86	1.77	3.71	4.49	1.01	1.65	29.25	1.87	7.94	0.88	2.67	0.78	1.36	0.404
6.3/4	63	40	4	7	4.058	3.185	0.202	16.49	2.02	3.87	5.23	1.14	1.70	33.30	2.04	8.63	0.92	3.12	0.88	1.40	0.398
			5		4.993	3.920	0.202	20.02	2.00	4.74	6.31	1.12	2.74	41.63	2.08	10.86	0.95	3.76	0.87	1.71	0.396
			6		5.908	4.638	0.201	23.36	1.96	5.59	7.29	1.11	2.43	49.98	2.12	13.12	0.99	4.34	0.86	1.99	0.393
			7		6.802	5.339	0.201	26.53	1.98	6.40	8.24	1.10	2.78	58.07	2.15	15.47	1.03	4.97	0.83	2.29	0.389
7/4.5	70	45	4	7.5	4.547	3.570	0.226	23.17	2.25	4.86	7.55	1.29	2.17	45.92	2.24	12.26	1.02	4.40	0.98	1.77	0.410
			5		5.609	4.403	0.225	27.95	2.23	5.92	9.13	1.28	2.65	57.10	2.28	15.39	1.06	5.40	0.98	2.19	0.407
			6		6.647	5.218	0.225	32.54	2.21	6.95	10.62	1.26	3.12	68.35	2.32	18.58	1.09	6.35	0.98	2.59	0.404
			7		7.657	6.011	0.225	37.22	2.20	8.03	12.01	1.25	3.57	79.99	2.36	21.84	1.13	7.16	0.97	2.94	0.402
(7.5/5)	75	50	5	8	6.125	4.808	0.245	34.86	2.39	6.83	12.61	1.44	3.30	70.00	2.40	21.04	1.17	7.41	1.10	2.74	0.435
			6		7.260	5.699	0.245	41.12	2.38	8.12	14.70	1.42	3.88	84.30	2.44	25.37	1.21	8.54	1.08	3.19	0.435
			8		9.467	7.431	0.244	52.39	2.35	10.52	18.53	1.40	4.99	112.50	2.52	34.23	1.29	10.87	1.07	4.10	0.429
			10		11.590	9.098	0.244	62.71	2.33	12.79	21.96	1.38	6.04	140.80	2.60	43.43	1.36	13.10	1.06	4.99	0.423

续　表

角钢号码	尺寸(mm)				截面面积	理论重量	外表面积	参考数值													
								$x-x$			$y-y$			x_1-x_1		y_1-y_1		$u-u$			
	B	b	d	r	cm^2	kg/m	m^2/m	I_x cm^4	i_x cm	W_x cm^3	I_y cm^4	i_y cm	W_y cm^3	I_{x_1} cm^4	y_0 cm	I_{y_1} cm^4	x_0 cm	I_u cm^4	i_u cm	W_u cm^3	$\tan\alpha$
8/5	80	50	5	8	6.375	5.005	0.256	41.96	2.56	7.78	12.82	1.42	3.32	85.21	2.60	21.06	1.14	7.66	1.10	2.74	0.388
			6		7.560	5.935	0.255	49.49	2.56	9.25	14.95	1.41	3.91	102.53	2.65	25.41	1.18	8.85	1.08	3.20	0.387
			7		8.724	6.848	0.255	56.16	2.54	10.58	16.95	1.39	4.48	119.33	2.69	29.82	1.21	10.18	1.08	3.70	0.384
			8		9.867	7.745	0.254	62.83	2.52	11.92	18.85	1.38	5.03	136.41	2.73	34.32	1.25	11.38	1.07	4.16	0.381
9/5.6	90	56	5	9	7.212	5.661	0.287	60.45	2.90	9.92	18.32	1.59	4.21	121.32	2.91	29.53	1.25	10.98	1.23	3.49	0.385
			6		8.557	6.717	0.286	71.03	2.88	11.74	21.42	1.58	4.96	145.59	2.95	35.58	1.29	12.90	1.23	4.18	0.384
			7		9.880	7.756	0.286	81.01	2.86	13.49	24.36	1.57	5.70	169.66	3.00	41.71	1.33	14.67	1.22	4.72	0.382
			8		11.183	8.779	0.286	91.03	2.85	15.27	27.15	1.56	6.41	194.17	3.04	47.93	1.36	16.34	1.21	5.29	0.380
10/6.3	100	63	6	10	9.617	7.550	0.320	99.06	3.21	14.64	30.94	1.79	6.35	199.71	3.24	50.50	1.43	18.42	1.38	5.25	0.394
			7		11.111	8.722	0.320	113.45	3.20	16.88	35.26	1.78	7.29	233.00	3.28	59.14	1.47	21.00	1.38	6.02	0.393
			8		12.584	9.878	0.319	127.37	3.18	19.08	39.39	1.77	8.21	266.32	3.32	67.88	1.50	23.50	1.37	6.78	0.391
			10		15.467	12.142	0.319	153.81	3.15	23.32	47.12	1.74	9.98	333.06	3.40	85.73	1.58	28.33	1.35	8.24	0.387
10/8	100	80	6	10	10.637	8.350	0.354	107.04	3.17	15.19	61.24	2.40	10.16	199.83	2.95	102.68	1.97	31.65	1.72	8.37	0.627
			7		12.301	9.656	0.354	122.73	3.16	17.52	70.08	2.39	11.71	233.20	3.00	119.98	2.01	36.17	1.72	9.60	0.626
			8		13.944	10.945	0.353	137.92	3.14	19.81	78.58	2.37	13.21	266.61	3.04	137.37	2.05	40.58	1.71	10.80	0.625
			10		17.167	13.476	0.353	166.87	3.12	24.24	94.65	2.35	16.12	333.63	3.12	172.48	2.13	49.10	1.69	13.12	0.622
11/7	110	70	6		10.637	8.350	0.354	133.37	3.54	17.85	42.92	2.01	7.90	265.78	3.53	69.00	1.57	25.36	1.54	6.53	0.403
			7		12.301	9.656	0.354	153.00	3.53	20.60	49.01	2.00	9.00	310.07	3.57	80.82	1.61	28.95	1.53	7.50	0.402
			8		13.944	10.946	0.353	172.04	3.51	23.30	54.87	1.98	10.25	354.39	3.62	92.70	1.65	32.45	1.53	8.45	0.401
			10		17.167	13.476	0.353	208.39	3.48	28.54	65.88	1.95	12.48	443.13	3.70	116.83	1.72	39.20	1.51	10.29	0.397
12.5/8	125	80	7	10	14.096	11.066	0.403	227.98	4.02	26.86	74.42	2.30	12.01	454.90	4.01	120.32	1.80	43.81	1.76	9.92	0.408
			8		15.989	12.551	0.403	256.77	4.01	30.41	83.49	2.28	13.56	519.99	4.06	137.85	1.84	49.15	1.75	11.18	0.407
			10		19.712	15.474	0.402	312.04	3.98	37.33	100.67	2.26	16.56	650.09	4.14	173.40	1.92	59.45	1.74	13.64	0.404
			12		23.351	18.330	0.402	364.41	3.95	44.01	116.67	2.24	19.43	780.39	4.22	209.67	2.00	69.35	1.72	16.01	0.400
14/9	140	90	8	12	18.308	14.160	0.453	365.64	4.50	38.48	120.69	2.59	17.34	730.53	4.50	196.79	2.04	70.83	1.98	14.31	0.411
			10		22.261	17.475	0.452	445.50	4.47	47.31	146.03	2.56	21.22	913.20	4.58	245.92	2.12	85.82	1.96	17.48	0.409
			12		26.040	20.724	0.451	521.59	4.44	55.87	169.79	2.54	24.95	1096.09	4.66	296.89	2.19	100.21	1.95	20.54	0.406
			14		30.456	23.908	0.451	594.10	4.42	64.18	192.10	2.54	23.54	1279.2	4.74	348.82	2.27	114.13	1.94	23.52	0.403
16/10	160	100	10	13	25.315	19.872	0.512	668.69	5.14	62.13	205.03	2.85	26.66	1362.8	5.24	336.59	2.28	121.74	2.19	21.92	0.390
			12		30.054	23.592	0.511	784.91	5.11	73.49	239.06	2.82	31.28	1635.55	5.32	405.9	2.36	142.3	2.17	25.79	0.388
			14		34.709	27.247	0.510	896.30	5.08	84.56	271.20	2.80	35.83	1908.50	5.40	476.42	2.43	162.2	2.16	29.56	0.385
			16		39.281	30.835	0.510	1003.04	5.05	95.33	301.60	2.77	40.24	2181.75	5.48	548.22	2.51	182.3	2.16	33.44	0.382
18/11	180	110	10	14	28.373	22.273	0.571	956.25	5.80	78.96	278.11	3.13	32.49	1940.40	5.89	447.22	2.44	166.5	2.42	26.88	0.376
			12		33.712	26.464	0.571	1124.72	5.78	93.53	325.03	3.10	38.32	2328.38	5.98	538.94	2.52	194.9	2.40	31.66	0.374
			14		38.967	30.589	0.570	1286.91	5.75	107.76	369.55	3.08	43.97	2716.60	6.06	631.95	2.59	222.3	2.39	36.32	0.372
			16		14.139	34.649	0.569	1443.06	5.72	121.64	41.85	3.06	49.44	3105.15	6.14	726.46	2.67	248.9	2.38	40.87	0.369

续　表

角钢号码	尺寸(mm)				截面面积	理论重量	外表面积	参考数值													
								$x-x$			$y-y$			x_1-x_1		y_1-y_1		$u-u$			
	B	b	d	r	cm^2	kg/m	m^2/m	I_x cm^4	i_x cm	W_x cm^3	I_y cm^4	i_y cm	W_y cm^3	I_{x_1} cm^4	y_0 cm	I_{y_1} cm^4	x_0 cm	I_u cm^4	i_u cm	W_u cm^3	$\tan\alpha$
20/12.5	200	125	12	14	337.912	29.761	0.641	1570.90	6.44	116.73	483.16	3.57	49.99	3193.85	6.54	787.74	2.83	285.8	2.74	41.23	0.392
			14		43.857	34.436	0.640	1800.97	6.41	134.65	550.83	3.54	57.44	3726.17	6.62	922.47	2.91	326.6	2.73	47.34	0.390
			16		49.739	39.045	0.639	2023.35	6.38	152.18	615.41	3.52	64.69	4258.86	6.70	1058.86	2.99	366.2	2.71	53.32	0.388
			18		55.526	43.588	0.639	2238.30	6.35	69.32	677.19	3.49	71.74	4792.00	6.78	1197.13	3.06	404.8	2.70	59.18	0.385

注:(1) 括号内型号不推荐使用。

(2) 截面图中的 $r_1=\frac{1}{3}d$ 及表中 r 值的数据用于孔型设计,不作交货条件。

三、热轧普通工字钢(GB706-88)

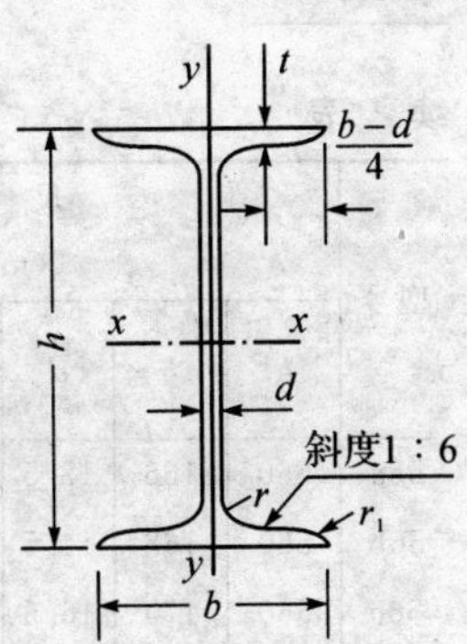

符号意义：

h——高度；

b——腿宽；

d——腰厚；

t——平均腿厚；

r——内圆弧半径；

r_1——腿端圆弧半径；

I——惯性矩；

W——截面系数；

i——惯性半径；

S——半截面的面积矩。

型号	尺寸 (mm)						截面面积	理论重量	参考数值						
									$x-x$				$y-y$		
	h	b	d	t	r	r_1	cm^2	kg/m	I_x cm^4	W_x cm^3	i_x cm	$I_x:S_x$ cm	I_y cm^4	W_y cm^3	i_y cm
10	100	68	4.5	7.6	6.5	3.3	14.3	11.2	245	49	4.14	8.59	33	9.72	1.52
12.6	126	7.4	5	8.4	7	3.5	18.1	14.2	488.43	77.529	5.105	10.85	46.906	12.677	1.609
14	140	80	5.5	9.1	7.5	3.8	21.5	16.9	712	102	5.76	12	64.4	16.1	1.73
16	160	88	6	9.9	8	4	26.1	20.5	1130	141	6.58	13.8	93.1	21.1	1.89
18	180	94	6.5	10.7	8.5	4.3	30.6	24.1	1660	185	7.36	15.4	122	26	2
20a	200	100	7	11.4	9	4.5	35.5	27.9	2370	237	8.15	17.2	158	31.5	2.12
20b	200	102	9	11.4	9	4.5	39.5	31.1	2500	250	7.96	16.9	169	33.1	2.06
22a	220	110	7.5	12.3	9.5	4.8	42	33	3400	309	8.99	18.9	225	40.9	2.31
22b	220	112	9.5	12.3	9.5	4.8	46.4	36.4	3570	325	8.78	18.7	239	42.7	2.27
25a	250	116	8	13	10	5	48.5	38.1	5023.54	401.88	10.18	21.58	280.046	43.283	2.403
25b	250	118	10	13	10	5	53.5	42	5283.96	422.72	9.938	21.27	309.297	52.423	2.404
28a	280	122	8.5	13.7	10.5	5.3	55.45	43.4	7114.14	508.15	11.32	24.62	345.051	56.565	2.495
28b	280	124	10.5	12.7	10.5	5.3	61.05	47.9	7480	534.29	11.08	24.24	379.496	61.208	2.493
32a	320	130	9.5	15	11.5	5.8	67.05	52.7	11075.5	692.2	12.84	27.46	459.93	70.758	2.619
32b	320	132	11.5	15	11.5	5.8	73.45	57.7	11621.4	726.33	12.58	27.09	501.53	75.989	2.614
32c	320	134	13.5	15	11.5	5.8	79.95	62.8	12167.5	760.47	12.34	26.77	543.81	81.166	2.608
36a	360	136	10	15.8	12	6	76.3	59.9	15760	875	14.4	30.7	552	81.2	2.69
36b	360	138	12	15.8	12	6	83.5	65.6	16530	919	14.1	30.3	582	84.3	2.64
36c	360	140	14	15.8	12	6	90.7	71.2	17310	962	13.8	29.9	612	87.4	2.6
40a	400	142	10.5	16.5	12.5	6.3	86.1	67.6	21720	1090	15.9	34.1	660	93.2	2.77
40b	400	144	12.5	16.5	12.5	6.3	94.1	73.8	22780	1140	15.6	33.6	692	96.2	2.71
40c	400	146	14.5	16.5	12.5	6.3	102	80.1	23850	1190	15.2	33.2	727	99.6	2.65
45a	450	150	11.5	18	13.5	6.8	102	80.4	32240	1430	17.7	38.6	855	114	2.89
45b	450	152	13.5	18	13.5	6.8	111	87.4	33760	1500	17.4	38	894	118	2.84
45c	450	154	15.5	18	13.5	6.8	120	94.5	35280	1570	17.1	37.6	938	122	2.79
50a	500	158	12	20	14	7	119	93.6	46470	1860	19.7	42.8	1120	142	3.07
50b	500	160	14	20	14	7	129	101	48560	1940	19.4	42.4	1170	146	3.01
50c	500	162	16	20	14	7	139	109	50640	2080	19	41.8	1220	151	2.96

续 表

型号	尺寸 (mm)						截面面积	理论重量	参考数值						
									$x-x$				$y-y$		
	h	b	d	t	r	r_1	cm^2	kg/m	I_x cm^4	W_x cm^3	i_x cm	$I_x:S_x$ cm	I_y cm^4	W_S cm^3	i_y cm
56a	560	166	12.5	21	14.5	7.3	135.25	106.2	65585.6	2342.31	22.02	47.73	1370.16	165.08	3.182
56b	560	168	14.5	21	14.5	7.3	146.45	115	68512.5	2446.69	21.63	47.17	1486.75	174.25	3.162
56c	560	170	16.5	21	14.5	7.3	157.85	123.9	71439.4	2551.41	21.27	46.66	1558.39	183.34	3.158
63a	630	176	13	22	15	7.5	154.9	121.6	93916.2	2981.47	24.62	54.17	1700.55	193.24	3.314
63b	630	178	15	22	15	7.5	167.5	131.5	98083.6	3163.98	24.2	53.51	1812.07	203.6	3.289
63c	630	180	17	22	15	7.5	180.1	141	102251.1	3298.42	23.82	52.92	1927.91	213.88	3.268

注：截面图和表中标注的圆弧半径 r, r_1 的数据用于孔型设计，不作交货条件。

四、热轧普通槽钢(GB707-88)

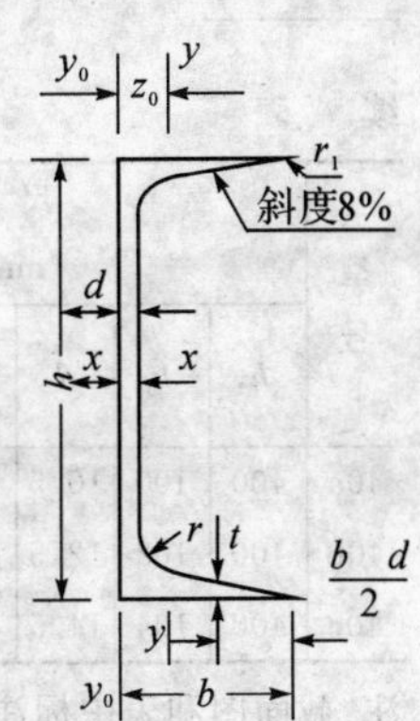

符号意义：

h—— 高度；　　r_1—— 腿端圆弧半径；

b—— 腿宽；　　I—— 惯性矩；

d—— 腰厚；　　W—— 截面系数；

t—— 平均腿厚；　　i—— 惯性半径；

r—— 内圆弧半径；　　z_0—— $y-y$ 与 y_0-y_0 轴线间距离。

型号	尺寸 (mm)						截面面积	理论重量	参考数值							
									$x-x$			$y-y$			y_0-y_0	z_0
	h	b	d	t	r	r_1	cm^2	kg/m	W_x cm^3	I_x cm^4	i_x cm	W_y cm^3	I_y cm^4	i_y cm	I_{y_0} cm^4	cm
5	50	37	4.5	7	7	3.5	6.93	5.44	10.4	26	1.94	3.55	8.3	1.1	20.9	1.35
6.3	63	40	4.8	7.5	7.5	3.75	8.444	6.63	16.123	50.186	2.453	4.5	11.872	1.186	28.38	1.36
8	80	43	5	8	8	4	10.24	8.04	25.3	101.3	3.15	5.79	16.6	1.27	37.4	1.43
10	100	48	5.3	8.5	8.5	4.25	12.74	10	39.7	198.3	3.95	7.8	25.6	1.41	54.9	1.52
12.6	126	53	5.5	9	9	4.5	15.69	12.37	62.137	391.466	4.953	10.242	37.99	1.567	77.09	1.59
14a	140	58	6	9.5	9.5	4.75	18.51	14.53	80.5	563.7	5.52	13.01	53.2	1.7	107.1	1.71
14b	140	60	8	9.5	9.5	4.75	21.31	16.73	87.1	609.4	5.35	14.12	61.1	1.69	120.6	1.67
16a	160	63	6.5	10	10	5	21.95	17.23	108.3	866.2	6.28	16.3	73.3	1.83	144.1	1.8
16b	160	65	8.5	10	10	5	25.15	19.74	116.8	934.5	6.1	17.55	83.4	1.82	160.8	1.75
18a	180	68	7	10.5	10.5	5.25	25.69	20.17	141.4	1272.7	7.04	20.03	98.6	1.96	189.7	1.88
18b	180	70	9	10.5	10.5	5.25	29.29	22.99	152.2	1369.9	6.84	21.52	111	1.95	210.1	1.84
20a	200	73	7	11	11	5.5	28.83	22.63	178	1780.4	7.86	24.2	128	2.11	241	2.01
20b	200	75	9	11	11	5.5	32.83	25.77	191.1	1913.7	7.64	25.88	143.6	2.09	268.4	1.95
22a	220	77	7	11.5	11.5	5.75	31.84	24.99	217.6	2393.9	8.67	28.17	157.8	2.23	298.2	2.1
22b	220	79	9	11.5	11.5	5.75	36.24	28.45	233.8	2571.4	8.42	30.05	176.4	2.21	326.3	2.03
25a	250	78	7	12	12	6	34.91	27.47	269.597	3369.62	9.823	30.607	175.529	2.243	322.256	2.065
25b	250	80	9	12	12	6	39.91	31.39	282.402	3530.04	9.405	32.657	196.421	2.218	353.187	1.982
25c	250	82	11	12	12	6	44.91	35.32	295.236	3690.45	9.065	35.926	218.415	2.206	384.133	1.921
28a	280	82	7.5	12.5	12.5	6.25	40.02	31.42	340.328	4764.59	10.91	35.718	217.989	2.333	387.566	2.097
28b	280	84	9.5	12.5	12.5	6.25	45.62	35.81	366.46	5130.45	10.6	37.929	242.144	2.304	427.589	2.016
28c	280	86	11.5	12.5	12.5	6.25	51.22	40.21	392.594	5496.32	10.35	40.301	267.602	2.286	426.597	1.951
32a	320	88	8	14	14	7	48.7	38.22	474.879	7598.06	12.49	46.473	304.787	2.502	552.31	2.242
32b	320	90	10	14	14	7	55.1	43.25	509.012	8144.2	12.15	49.157	336.332	2.471	592.933	2.158
32c	320	92	12	14	14	7	61.5	48.28	543.145	8690.33	11.88	52.642	374.175	2.467	643.299	2.092
36a	360	96	9	16	16	8	60.89	47.8	659.7	11874.2	13.97	63.54	455	2.73	818.4	2.44
36b	360	98	11	16	16	8	60.09	53.45	702.9	12651.8	13.63	66.85	496.7	2.7	880.4	2.37
36c	360	100	13	16	16	8	75.29	50.1	746.1	13429.4	13.36	70.02	536.4	2.67	947.9	2.34

续　表

型号	尺寸 (mm)						截面面积	理论重量	参考数值							
									$x-x$			$y-y$			y_0-y_0	z_0
	h	b	d	t	r	r_1	cm^2	kg/m	W_x cm^3	I_x cm^4	i_x cm	W_y cm^3	I_y cm^4	i_y cm	I_{y_0} cm^4	cm
40a	400	100	10.5	18	18	9	75.05	58.91	878.9	17577.9	15.30	78.83	592	2.81	1067.7	2.49
40b	400	102	12.5	18	18	9	83.05	65.19	932.2	18644.5	14.98	82.52	64.3	2.78	1135.6	2.44
40c	400	104	14.5	18	18	9	91.05	71.47	985.6	19711.2	14.71	86.19	687.8	2.75	1220.7	2.42

注：截面图和表中标注的圆弧半径 r,r_1 的数据用于孔型设计，不作交货条件。

主要参考文献

[1] 高健主编:《建筑力学》,郑州:黄河水利出版社,2009
[2] 高健主编:《工程力学》,杭州:浙江科学技术出版社,2005
[3] 高健主编:《建筑力学复习与训练》,郑州:黄河水利出版社,2009
[4] 李舒瑶等编:《工程力学》,郑州:黄河水利出版社,2002
[5] 刘志宏、将晓燕:《建筑力学》,北京:人民交通出版社出版,2007
[6] 沈养中主编:《工程力学》(第一、二分册),北京:高等教育出版社,2008
[7] 计欣华,邓宗白,鲁阳等编著:《工程实验力学》,北京:机械工业出版社,2005
[8] 刘鸿文,吕荣坤 编,吕荣坤 修订:《材料力学实验》(第三版),北京:高等教育出版社,2006
[9] 哈尔滨工业大学理论力学教研室:《理论力学》(第六版),北京:高等教育出版社,2002
[10] 孙训方,方孝淑,关来泰:《材料力学》(第三版),北京:高等教育出版社,1994
[11] 徐道远,黄孟生,朱为玄,王向东:《材料力学》,南京:河海大学出版社,2001
[12] 范钦珊主编:《工程力学》(工程静力学与材料力学),北京:机械工业出版社,2002
[13] 张宗尧,于德顺,王德信:《结构力学》,南京:河海大学出版社,2003
[14] 龙驭球,包世华:《结构力学》,北京:高等教育出版社,1999
[15] 庄表中、王惠明编著:《理论力学工程应用新实例》,北京:高等教育出版社,2009
[16] 庄表中、王惠明编著:《应用理论力学实验》,北京:高等教育出版社,2009
[17] [英]季天健、Adrian Beii 著,武岳、孙晓颖、李强译:《感知结构概念》(Seeing and Touching Structural Concepts),北京:高等教育出版社,2009